應用數值方法 第四版
使用 MATLAB®

Applied Numerical Methods
with MATLAB® for Engineers and Scientists, 4e

Steven C. Chapra

Berger Chair in Computing and Engineering
Tufts University

著

吳俊諆

國立中央大學機械工程學系

譯

國家圖書館出版品預行編目資料

應用數值方法：使用 MATLAB® / Steven C. Chapra 著；吳俊諆譯. – 四版. -- 臺北市：麥格羅希爾, 2018.01
　　面；　公分. -- (電子電機系列叢書；EE039)
譯自：Applied numerical methods with MATLAB® for engineers and scientists, 4th ed.
ISBN 978-986-341-375-2 (平裝附光碟片)
1. 數值分析　2.Matlab(電腦程式)

318

106023028

電子/電機系列叢書 EE039

應用數值方法：使用 MATLAB® 第四版

作　　　者	Steven C. Chapra
譯　　　者	吳俊諆
教科書編輯	許玉齡
企 劃 編 輯	陳佩狄
業 務 行 銷	李本鈞 陳佩狄
業 務 副 理	黃永傑
出 版 者	美商麥格羅希爾國際股份有限公司台灣分公司
地　　　址	台北市 10044 中正區博愛路 53 號 7 樓
讀 者 服 務	E-mail: tw_edu_service@mheducation.com TEL: (02) 2383-6000　　FAX: (02) 2388-8822
法 律 顧 問	惇安法律事務所盧偉銘律師、蔡嘉政律師
總經銷(台灣)	臺灣東華書局股份有限公司
地　　　址	10045 台北市重慶南路一段 147 號 3 樓 TEL: (02) 2311-4027　　FAX: (02) 2311-6615 郵撥帳號：00064813
網　　　站	http://www.tunghua.com.tw
門　　　市	10045 台北市重慶南路一段 147 號 1 樓　TEL: (02) 2371-9320
出 版 日 期	2018 年 1 月（四版一刷）

Traditional Chinese Adaptation Copyright © 2018 by McGraw-Hill International Enterprises, LLC., Taiwan Branch
Original title: Applied Numerical Methods with MATLAB® for Engineers and Scientists, 4e
ISBN: 978-0-07-339796-2
Original title copyright © 2018 by McGraw-Hill Education
All rights reserved.

ISBN：978-986-341-375-2

※著作權所有，侵害必究。如有缺頁破損、裝訂錯誤，請寄回退換

譯者序

　　繼上一次的審閱工作，此次我接下了翻譯《應用數值方法：使用 MATLAB®》(*Applied Numerical Methods with MATLAB® for Engineers and Scientists*, 4e) 第四版改版任務。第四版的內容維持了前一版的特色——淺顯易懂，此外，採用直譯語法的 MATLAB，可利用簡易語法來呈現不同的數值計算結果（甚至繪圖），讓初學者領會各種數值方法的簡潔求解過程和答案的意義。過去我在講授數值分析這門課，參考過數十本各類的教科書，這本書無疑是上上之選。因此能有機會審閱和翻譯這本書，感到相當榮幸。

　　本書的另一個特色也是我相當激賞的，就是有多元的案例。在許多章節附上各種工程應用類型的案例，每個案例從背景說明到詳細的解題過程，到最後的評論與解釋都擴大了學習者對工程應用的廣度和了解。幾個有趣的案例包括：第二章的「勘探的資料分析」，教科書中常充滿著過去著名科學家與工程師所發展的公式。雖然這些公式非常有用，科學家與工程師往往必須蒐集並分析他們擁有的資料，來補充公式的關係式。有時可因此推導出新的公式。在預測出最後的方程式前，通常需要計算這些資料並製成圖形，彈性繪圖功能又是 MATLAB 的強項。在多數的實例中，透過這樣的解析過程有可能找到隱藏在資料內的模式與機制。第五章的案例以「研究溫室氣體和雨水」讓我們得以了解兩者的關聯。過去 50 年二氧化碳的濃度快速增加，這個案例面對的問題是此趨勢正如何影響雨水的酸鹼值。在都市和工業區外，依據研究指出二氧化碳是雨水中酸鹼值主要的決定因素。面對日益惡化的生態環境，能在教科書上透過這樣的簡明問題了解科技解決環境衝擊問題的流程，我們應該有所啟發。第六章的「管線摩擦力」案例，是研究流體流經輸送管及管路的情況，和工程與科學的許多領域有相當大的關聯。在工程中，典型應用包括流體的流動，以及氣體流經輸送管和冷卻系統。科學家感興趣的主題範圍從流體在血管中流動，到植物經由脈管輸送養分系統等。第十一章的「室內空氣污染」案例，室內空氣污染是處理空氣在密閉空間（如家中、辦公室及工作場所）的污染。如果你在室內待久了，常常會覺的頭昏腦脹，多半是二氧化碳濃度過高的影響。這個案例是研究一家緊鄰八車道高速公路旁、卡車司機經常惠顧的加油站餐廳的通風系統。餐廳的服務區包含吸菸區和兒童區的幾個房間，其中的幾間房間和一區分別有來自於吸菸者及烤肉的一氧化碳和從通風口流進被高速公路污染的一氧化碳。第十三章（請見隨書光碟）的「特徵值和地震」案例，說明工程師和科學家利用質量—彈簧模型來深入了解如地震等干擾對於動態結構的影響。這個案例使用 MATLAB 求出此系統的特徵值和特徵向量（是一種數學上處理振動的方法），再用每個特徵向量的振幅與高度的圖示，說明

結構的各種振動模式。第十四章的「酵素動力學」案例，酵素在活細胞裡的作用如催化劑，可加速化學反應。多數情況下，它們會將一種化學物，又稱為基質，轉換成另一種化學物，也就是產物。我們可以經常用數學式來描述這樣的反應，因此即可用數值分析方法求解。更多有趣的案例可以在本書的章節中找到，希望讀者在閱讀中能理解並欣賞這些問題的背景和巧妙的解題過程。

第四版的章節和前一版相同未作更動，但增加了部分小單元，包括在前一版中未能介紹但相當有用的 MATLAB 函數（例如 fsolve、integrate、bvp4c 等），以及 MATLAB 新的設定讓參數傳遞到函數中的函數。各章的習題數據也有修改並加入新的題目（題目的類型增加，此外部分題目的難度更具挑戰，這些有難度的題目部分收錄在隨書光碟中）。

出版社編輯相當用心，對每一章都仔細修改前一版的翻譯語法和錯誤，讓整體內文閱讀更流暢也與原文相符。有這本好的數值分析教科書在手，相信讀者在學習數值分析的方法和運用 MATLAB 演算更能得心應手。

吳俊祺
國立中央大學機械工程學系副教授

目次

第一篇　建模、計算機和誤差分析　1

1.1　動機　1
1.2　本篇的架構　2

第 1 章　數學模型、數值方法及問題求解　3

1.1　一個簡單的數學模型　4
1.2　工程與科學的守恆定律　10
1.3　本書涵蓋的數值方法　13
1.4　案例研究：真實的阻力　15
習題　17

第 2 章　MATLAB 基本原理　23

2.1　MATLAB 環境　24
2.2　指派　25
2.3　數學運算　32
2.4　使用內建函數　36
2.5　圖形　38
2.6　其他資源　42
2.7　案例研究：勘探的資料分析　42
習題　45

第 3 章　撰寫 MATLAB 程式　49

3.1　何謂 M 檔　50
3.2　輸入與輸出　57
3.3　結構化的程式　61
3.4　巢狀結構與縮排　75
3.5　傳送函數至 M 檔　77

3.6　案例研究：高空彈跳者的速度　83
習題　86

第 4 章　捨入誤差及截斷誤差　95

4.1　誤差　96
4.2　捨入誤差　102
4.3　截斷誤差　109
4.4　總數值誤差量　120
4.5　大錯誤、模型誤差與資料不確定性　124
習題　126

第二篇　根與最佳化　129

2.1　概述　129
2.2　本篇的架構　130

第 5 章　方程式的根：包圍法　131

5.1　工程與科學的根　132
5.2　圖形法　133
5.3　包圍法與初始猜測值　134
5.4　二分法　139
5.5　試位法　144
5.6　案例研究：研究溫室氣體和雨水　147
習題　151

第 6 章　方程式的根：開放法　155

6.1　簡單固定點迭代法　155
6.2　牛頓－拉夫生法　159
6.3　正割法　165

6.4 布倫特法 167
6.5 MATLAB 函數：`fzero` 171
6.6 多項式 173
6.7 案例研究：管線摩擦力 176
習題 180

第 7 章 最佳化 187

7.1 介紹和背景 188
7.2 一維的最佳化 190
7.3 多維最佳化 199
7.4 案例研究：均衡和最小位能 201
習題 203

第三篇 線性系統 209

3.1 概述 209
3.2 本篇的架構 211

第 8 章 線性代數方程式與矩陣 213

8.1 矩陣代數概述 214
8.2 使用 MATLAB 求解線性代數方程式 224
8.3 案例研究：電路的電流和電壓 226
習題 229

第 9 章 高斯消去法 233

9.1 求解小型方程式 234
9.2 單純高斯消去法 239
9.3 軸元 246
9.4 三對角線系統 250
9.5 案例研究：加熱桿的模型 252
習題 255

第 10 章 LU 分解 259

10.1 LU 分解概論 260
10.2 高斯消去法的 LU 分解 261
10.3 丘列斯基（矩陣）分解 268
10.4 MATLAB 左除法 271
習題 272

第 11 章 反矩陣與條件 273

11.1 反矩陣 273
11.2 錯誤分析與系統條件 277
11.3 案例研究：室內空氣污染 282
習題 286

第 12 章 迭代法 289

12.1 線性系統：高斯－塞德法 289
12.2 非線性系統 296
12.3 案例研究：化學反應 304
習題 306

第 13 章 特徵值 本章請見隨書光碟

第四篇 曲線配適 309

4.1 概述 309
4.2 本篇的架構 311

第 14 章 線性迴歸 313

14.1 統計學複習 314
14.2 隨機數字與模擬 320
14.3 線性最小平方迴歸 325
14.4 非線性關係的線性化 332
14.5 電腦應用 337

14.6 案例研究：酵素動力學 339
習題 344

第 15 章 一般線性最小平方與非線性迴歸 349

15.1 多項式迴歸 349
15.2 多線性迴歸 352
15.3 一般線性最小平方 355
15.4 QR 分解與反斜線運算子 358
15.5 非線性迴歸 359
15.6 案例研究：配適實驗數據 361
習題 363

第 16 章 傅立葉分析　本章請見隨書光碟

第 17 章 多項式內插 367

17.1 內插概論 368
17.2 牛頓內插多項式 371
17.3 拉格朗日內插多項式 379
17.4 反內插 382
17.5 外插與振盪 383
習題 387

第 18 章 樣條與分段內插 391

18.1 樣條簡介 391
18.2 線性樣條 393
18.3 二階樣條 397
18.4 三階樣條 400
18.5 MATLAB 中的分段內插 406
18.6 多維內插 410
18.7 案例研究：熱傳遞 413
習題 417

第五篇 積分與微分 421

5.1 概述 421
5.2 本篇的架構 422

第 19 章 數值積分公式 423

19.1 介紹與背景 424
19.2 牛頓－科特公式 427
19.3 梯形法則 429
19.4 辛普森法則 435
19.5 高階牛頓－科特公式 441
19.6 不等分割的積分 442
19.7 開放法 445
19.8 重積分 446
19.9 案例研究：數值積分計算 448
習題 452

第 20 章 函數的數值積分 457

20.1 簡介 457
20.2 龍貝格積分 458
20.3 高斯二次式 462
20.4 適應性二次式 470
20.5 案例研究：均方根電流 473
習題 477

第 21 章 數值微分 481

21.1 介紹與背景 482
21.2 高正確度微分公式 485
21.3 理查森外插法 488
21.4 不等間距數據的導數 490
21.5 有誤差的數據之導數與積分 491
21.6 偏導數 492
21.7 使用 MATLAB 的數值微分 493

21.8 案例研究：視覺化向量場　497
習題　499

第六篇　常微分方程式　503

6.1 概述　503
6.2 本篇的架構　507

第 22 章　初始值問題　509

22.1 概述　510
22.2 歐拉法　511
22.3 歐拉法的改進　517
22.4 倫基—庫達法　523
22.5 方程式系統　528
22.6 案例研究：捕食模型與混沌　534
習題　538

第 23 章　適應性方法與勁度系統　543

23.1 適應性倫基—庫達法　543
23.2 多步法　551
23.3 勁度　556
23.4 MATLAB 應用：綁繩索的高空彈跳者　561
23.5 案例研究：普林尼的間歇噴泉　563
習題　566

第 24 章　邊界值問題　571

24.1 介紹和背景　572
24.2 射擊法　576
24.3 有限差分法　583
24.4 MATLAB 函數：**bvp4c**　589
習題　591

索引　597

第一篇

建模、計算機和誤差分析

1.1 動機

數值方法是什麼，為什麼應該學習數值方法？

數值方法 (numerical methods) 是將數學問題公式化的技術，如此數學問題便能以算術和邏輯運算求解。由於數位計算機執行這類運算的功能強大，數值方法有時也稱為**計算機數學 (computer mathematics)**。

在還沒有計算機的時代，冗長的計算時間和枯燥的執行工作限制了數值方法的實際用途。然而，隨著快速且平價的數位電腦問世，數值方法在解決工程和科學問題上的重要性暴增。因為數值方法對於我們大部分的工作而言相當重要，數值方法應該是所有工程師和科學家基礎教育的一部分。正如我們必須在數學和科學的其他領域擁有堅實的基礎，我們也應該對數值方法有基本的認識。尤其是，我們應該對於數值方法的能力和限制有確切的認識。

除了有助於你的整體教育，還有其他你應該學習數值方法的理由：

1. 數值方法大幅擴展了所能處理的問題類型。在工程和科學中常見且幾乎不可能以演算法求精確解的大型方程式、非線性系統及複雜幾何圖形系統，數值方法都能處理。因此，數值方法可大幅提升解決問題的技巧。

2. 透過數值方法，可以在使用現成的軟體時對問題的本質有所了解。在職業生涯中，總有機會使用和數值方法相關的現成計算機程式。了解這些方法背後的基礎理論，才能有效地使用這些程式。如果不加以理解，就只能將這些套裝軟體當作「黑盒子」，無法了解其內部的運作原理或判斷其產生結果的有效性。

3. 許多問題無法用現成的程式來處理。如果精通數值方法，並擅於撰寫程式，就可以設計自己的程式來解決問題，而不需要購買昂貴的軟體。

4. 數值方法是學習使用電腦的有效工具。數值方法顯然是為了計算機執行而設計，因此很適合用來說明計算機的計算能力及其限制。當讀者成功地在計算機上執行數值方法，並用這些方法來解決其他難解的問題時，你將會明白計算機對你的專業發展有何助益。同時，讀者也將學習到如何確認並控制在大規模數值計算中無法避免的近似值誤差。

5. 數值方法提供了強化數學理解力的工具。因為數值方法的一項功能是將高等數學簡化為基本的算術運算，它們會觸及某些晦澀難懂主題的基本概念。從這個觀點來看，可增強理解和洞察力。

有了這些理由作為動機，我們可以開始了解數值方法和數位計算機如何一起運作以得出數學問題的可靠解，這也是本書的目的。

1.2 本篇的架構

本書共分為六篇。後五篇為數值方法的主要領域，雖然可能會想直接進入這些主題，但第一篇的四個章節包含了必要的背景內容。

第 1 章提供了一個具體的例子，說明如何使用數值方法解決實際的問題。為此，本書建立了一個自由落體的**數學模型 (mathematical model)**。該模型是基於牛頓第二運動定律的基礎所建立，並導出一個常微分方程式。我們先使用微積分得到一個閉式解，接著說明如何用一個簡單的數值方法產生一個可與之比較的解。我們將在本章結尾概述會在第二篇至第六篇介紹的數值方法領域。

第 2 章和第 3 章提供 MATLAB® 軟體環境的介紹。第 2 章透過在所謂的**計算器模式 (calculator mode)** 或**指令模式 (command mode)** 下一次輸入一個指令的方式，介紹操作 MATLAB 的標準方式。程式中的互動模式提供了一個簡單的方式引導讀者使用 MATLAB 環境，並說明如何用 MATLAB 執行計算和建立圖形等常用的功能。

第 3 章說明 MATLAB 的**編程模式 (programming mode)** 如何透過組合個別指令來編寫演算法。目的是說明如何以 MATLAB 作為一種方便的編程環境，來發展自己的軟體。

第 4 章則說明誤差分析這個重要主題，一定要了解誤差分析才能有效使用數值方法。前半部的重點是**捨入誤差 (roundoff errors)**，這是因為計算機無法精準表示某些數量所致。後半部則討論**截斷誤差 (truncation errors)**，這是因為使用近似值來代替正確的數學程序所致。

第 1 章

數學模型、數值方法及問題求解

章節目標

本章的主要目標是提供讀者有關數值方法的具體觀念,以及數值方法和求解工程與科學問題之間的關係。個別的目標和主題包括:

- 學習如何根據科學原理寫出數學模型的方程式,以模擬實體系統的行為。
- 了解如何使用數值方法提供一套可以用電腦執行產生解答的解決方案。
- 了解以不同形式存在於各種工程領域所使用模型中的守恆定律,並鑑別這些模型的穩態解和動態解。
- 學習本書中所提及的各種數值方法。

有個問題考考你

假設你受聘於一間高空彈跳公司,你必須預測參與高空彈跳者(圖 1.1)自由落下時的速度,並且以時間函數來表示。這個資訊將被用來進行一個更大型的分析,用以決定不同體重的參與者在高空彈跳時,所需使用繩索的長度以及彈性。

根據你從物理學所得的知識,加速度等於外力與作用體質量的比值(牛頓第二運動定律)。再加上對於物理以及流體力學的了解,我們可以得到下列速度對於時間變化的數學模型:

$$\frac{dv}{dt} = g - \frac{c_d}{m}v^2$$

其中 v 是垂直速度 (m/s),t 是時間 (s),g 是重力加速度 ($\cong 9.81$ m/s²),c_d 是集總阻力係數 (kg/m),以及 m 為參與者的質量 (kg)。阻力係數被稱為「集總」是因為其數值的大小和一些參數是相依的,例如參與者的面積以及流體密度(見 1.4 節)。

圖 1.1 施於高空彈跳者的力。

因為這是一個微分方程式，你知道可利用微積分求出 v 對於 t 的函數的解析解或精確解。然而，在接下來的內容中，我們將說明另一種求解的方式。我們將會發展一個以電腦為導向的數值解或者是近似解。

除了介紹如何使用電腦求解這個特定問題之外，還有一個更重要的目的就是要說明 (a) 什麼是數值方法以及 (b) 數值方法在求解工程或科學問題中所扮演的角色。藉此，我們將解釋工程師和科學家在使用數值方法時，數學模型在其中的重要性。

1.1 一個簡單的數學模型

一個**數學模型 (mathematical model)** 可以廣義地定義為，以數學的角度出發，建立一組可表示某實體系統或程序基本特性的方程式或等式。一般而言，可表示為下列形式的函數關係：

$$\text{應變數} = f(\text{自變數，參數，強制函數}) \tag{1.1}$$

其中**應變數 (dependent variable)** 是一個用來表示系統行為或者狀態的特性；而**自變數 (independent variable)** 通常有單位，例如時間和空間，系統行為隨之而定；**參數 (parameter)** 表示系統的特性或組成；**強制函數 (forcing function)** 則是外部作用於系統的影響。

式 (1.1) 的實際數學表示法，範圍從簡單的代數關係式，到數組龐大複雜的微分方程組都有可能。例如，牛頓根據其觀察而寫出了第二運動定律，此定律表示物體動量的時變率等於施加於物體的外力。牛頓第二運動定律的數學表示式（或數學模型）為以下眾所周知的方程式：

$$F = ma \tag{1.2}$$

其中 F 是施於物體的淨力（N，或是 $kg \cdot m/s^2$），m 為物體的質量 (kg)，a 是物體的加速度 (m/s^2)。

藉由將等式兩邊除以 m，可將第二運動定律寫成如式 (1.1) 的形式：

$$a = \frac{F}{m} \tag{1.3}$$

其中 a 是表示系統行為的應變數，F 是強制函數，m 是參數。注意，在這個簡單的例子中沒有自變數，因為我們還沒有探討時間或空間中加速度的變化。

式 (1.3) 具有一些物理世界中基本數學模型的特性：

- 式 (1.3) 以數學型態描述了一個自然的程序或者一個系統。
- 式 (1.3) 代表了現實世界的理想化和簡化。也就是說，這個模型省去了在這個自然程序中可忽略的細節，並專注在最基本的性質上。因此，討論第二運動定律時，將問題的焦點集中於發生在地球表面的物體與外力，其速度和空間規模是人類可見的，而不考慮相對論的效應或者其他不重要的影響。

- 最後,式 (1.3) 具可重複性,因此可以用於預測。例如,如果作用於物體的外力以及物體的質量為已知,則可利用式 (1.3) 求出加速度。

因為式 (1.2) 只是簡單的代數形式,所以其解很容易求得。然而,其他物理現象的數學模型很可能相當複雜,甚至無法求出精確的解,或者是需要利用其他更為複雜的數學技巧才能求出解。要說明一個具有這種複雜特性的模型,我們以牛頓第二運動定律求解在地表附近自由落體的終端速度 (terminal velocity) 來當作一個例子。我們的自由落體是一個高空彈跳的參與者(如圖 1.1)。在這個例子中,我們可以導出一個模型,將加速度表示成速度的時變率 (dv/dt),將此方程式代入式 (1.3) 中,可得到

$$\frac{dv}{dt} = \frac{F}{m} \tag{1.4}$$

其中 v 是速度(公尺 / 秒)。因此,速度的時變率等於作用於此物體的淨力除以質量。如果淨力為正,則物體加速;如果淨力為負,則表示物體減速;如果淨力為零,則表示此物體的速度保持定值。

接下來,我們以可量測的變數和參數來表示物體的淨力。當物體在地表自由落下,則淨力包含兩部分:由重力造成的向下拉力 F_D,以及由空氣阻力造成的向上推力 F_U(如圖 1.1):

$$F = F_D + F_U \tag{1.5}$$

如果往下的力設定為正向,則根據第二運動定律,重力造成的力如下:

$$F_D = mg \tag{1.6}$$

其中 g 是重力加速度 (9.81 m/s^2)。

空氣阻力可以用各種不同的方式來表示。根據流體力學的知識,一個好的近似表示,就是假定阻力正比於速度的平方:

$$F_U = -c_d v^2 \tag{1.7}$$

其中 c_d 是比例常數 (proportionality constant),叫做**集總阻力係數 (lumped drag coefficient)** (kg/m)。因此,當下落的速度愈快,則空氣阻力造成往上的力量愈大。此參數 c_d 與落下物體的本質有關,例如物體的形狀和表面的粗糙度,這些都會影響空氣阻力。以這個例子而言,c_d 可能是高空彈跳者自由落下時所穿著衣服或者是跳躍方向的函數。

淨力則是往下和往上的力的總和。因此,綜合式 (1.4) 到式 (1.7),我們可以得到

$$\frac{dv}{dt} = g - \frac{c_d}{m}v^2 \tag{1.8}$$

式 (1.8) 是一個將自由落體加速度和所受作用力關連起來的數學模型。式 (1.8) 是一個**微分方程式 (differential equation)**，因為式中包含了我們關注並且想要預測的變數變化率 (dv/dt)。然而，相對於式 (1.3) 中牛頓第二運動定律的解，式 (1.8) 雖然可以得到比較詳實的解，但這個解很難使用簡單的代數運算求得。我們需要比較進階的數學技巧，例如微積分，才能算出正確的解或解析解。舉一個例子，如果高空彈跳參與者起始時為靜止（$v = 0$ 當 $t = 0$），微積分可以用來求解式 (1.8)，我們得到

$$v(t) = \sqrt{\frac{gm}{c_d}} \tanh\left(\sqrt{\frac{gc_d}{m}}t\right) \tag{1.9}$$

其中 tanh 是雙曲正切函數 (hyperbolic tangent)，可以直接計算[1] 或透過基本的指數函數形式來計算

$$\tanh x = \frac{e^x - e^{-x}}{e^x + e^{-x}} \tag{1.10}$$

注意式 (1.9) 為式 (1.1) 的一般形式，其中 $v(t)$ 是應變數，t 是自變數，c_d 和 m 是參數，g 是強制函數。

範例 1.1　高空彈跳者問題的解析解

問題敘述　一個體重為 68.1 kg 的人，從靜止的熱氣球做高空彈跳，使用式 (1.9) 來計算其自由落下過程前 12 秒的速度。同時，假設這個人所綁的繩索為無限長（或者你可以解釋成高空彈跳的工作人員今天運氣非常不好），求出自由落下的終端速度。假設阻力係數為 0.25 kg/m。

解法　代入參數於式 (1.9)，我們可以得到

$$v(t) = \sqrt{\frac{9.81(68.1)}{0.25}} \tanh\left(\sqrt{\frac{9.81(0.25)}{68.1}}t\right) = 51.6938 \tanh(0.18977t)$$

利用此式可以計算得到下表

t, s	v, m/s
0	0
2	18.7292
4	33.1118
6	42.0762
8	46.9575
10	49.4214
12	50.6175
∞	51.6938

---

[1] MATLAB 提供直接運算雙曲正切函數的方法，就是使用內建函數 `tanh(x)`。

根據這個模型，高空彈跳者很快地加速，如圖 1.2 所示。在 10 秒鐘之後達到 49.4214 m/s（大約 110 mi/hr）。注意在一段夠長的時間之後，會達到一個固定的速度，稱之為**終端速度 (terminal velocity)**，大約為 51.6938 m/s (115.6 mi/hr)。此速度為定值是因為空氣阻力最後和重力達成平衡。因此，作用於物體的淨力為零且加速度為零。

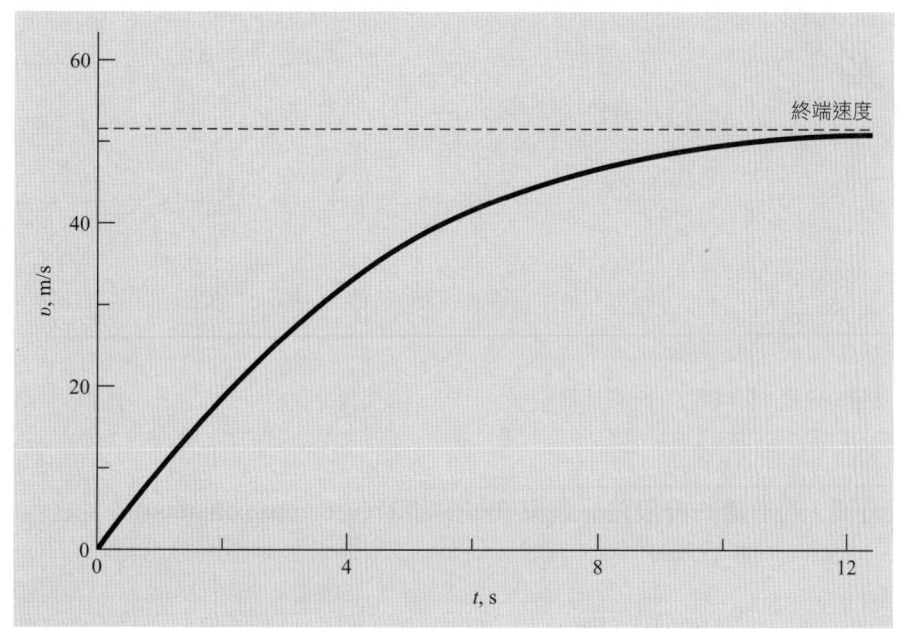

圖 1.2 用來計算範例 1.1 高空彈跳者問題的解析解。速度隨時間增加，並且漸近於終端速度。

式 (1.9) 稱為**解析解 (analytical solution)** 或**閉式解 (closed-form solution)**，因為此解答剛好滿足原始的微分方程式。不幸地，有很多數學模型根本就沒有辦法確實算出來。在這樣的情況下，我們只能採用數值方法去求得精確解的近似值。

數值方法 (numerical methods) 就是將數學問題重新列式，使之能利用算術運算來求解。我們藉由圖 1.3 說明，式 (1.8) 中速度對時間的變化率可以近似成：

$$\frac{dv}{dt} \cong \frac{\Delta v}{\Delta t} = \frac{v(t_{i+1}) - v(t_i)}{t_{i+1} - t_i} \tag{1.11}$$

其中 Δv 和 Δt 是速度和時間在一小段區間之內的差分，$v(t_i)$ 則是在初始時間 t_i 的速度，而 $v(t_{i+1})$ 則是在下一個時刻 t_{i+1} 的速度。注意 $dv/dt \cong \Delta v/\Delta t$ 這個近似在 Δt 有限小的情況下才成立。因為根據微積分，

$$\frac{dv}{dt} = \lim_{\Delta t \to 0} \frac{\Delta v}{\Delta t}$$

式 (1.11) 則表示反向的程序。

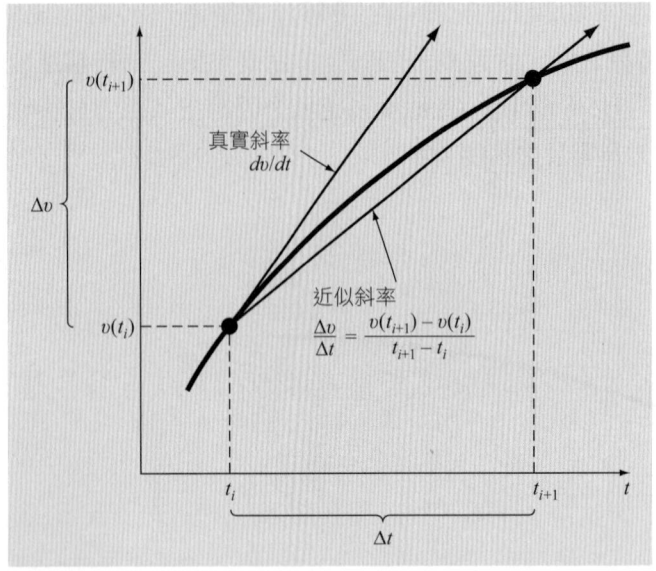

圖 1.3 利用有限差分法近似速度 v 對時間 t 的一階導數。

式 (1.11) 稱為在時間 t_i 的導數的**有限差分近似 (finite-difference approximation)**。將之代入式 (1.8) 得到

$$\frac{v(t_{i+1}) - v(t_i)}{t_{i+1} - t_i} = g - \frac{c_d}{m} v(t_i)^2$$

這個方程式可以改寫成

$$v(t_{i+1}) = v(t_i) + \left[g - \frac{c_d}{m} v(t_i)^2 \right](t_{i+1} - t_i) \tag{1.12}$$

注意中括號裡面那一項是式 (1.8) 這個微分方程式本身的右手邊項。也就是說，它提供一個計算變化率或者是斜率的方法。因此，這個方程式可以被更簡潔地改寫成

$$v_{i+1} = v_i + \frac{dv_i}{dt} \Delta t \tag{1.13}$$

其中 v_i 表示在時間 t_i 的速度，且 $\Delta t = t_{i+1} - t_i$。

因此，我們可以察覺微分方程式已轉換成一個可以利用斜率及前一個 v 和 t 的值做代數運算以求得在時間 t_{i+1} 之速度的方程式。如果給定在某一時刻 t_i 的速度的初始值，便可以容易地計算出下一個時刻 t_{i+1} 的速度。而這一個在 t_{i+1} 時刻的新速度可以用來計算下一個時刻 t_{i+2} 的速度，依此類推。以此方法，任何時間，

$$\text{新的值} = \text{舊的值} + \text{斜率} \times \text{步長大小}$$

這個方法叫做**歐拉法 (Euler's method)**，我們將會在後面的章節討論微分方程式時對此法做更詳盡的介紹。

> **範例 1.2** 以數值方法求解高空彈跳者問題

問題敘述 進行範例 1.1 中的計算，但是使用式 (1.12) 以及歐拉法來計算速度。用來計算的步長設為 2 秒。

解法 在開始計算時 ($t_0 = 0$)，高空彈跳者的速度為零。利用這項資訊與範例 1.1 中的參數值，使用式 (1.12) 算出在 $t_1 = 2$ 時的速度：

$$v = 0 + \left[9.81 - \frac{0.25}{68.1}(0)^2\right] \times 2 = 19.62 \text{ m/s}$$

對於下一個時刻（從 $t = 2$ 到 $t = 4$），重複此一運算，可以得到結果

$$v = 19.62 + \left[9.81 - \frac{0.25}{68.1}(19.62)^2\right] \times 2 = 36.4137 \text{ m/s}$$

依此形式不斷進行計算，我們可以得到以下數值：

t, s	v, m/s
0	0
2	19.6200
4	36.4137
6	46.2983
8	50.1802
10	51.3123
12	51.6008
∞	51.6938

這些數值方法的結果和精確解一起繪於圖 1.4。我們發現數值方法抓住了精確解的基本特性。然而，因為我們使用一小段一小段直線來近似一個連續的曲線函數，所以兩者之間還是有一些差異。要將這些差異縮小的一個方法就是採用比較小的步長。例如，以步長大小 1 秒為間隔用於式 (1.12) 中，可以得到比較小的誤差，每個更小段的直線會更貼近真實解。取更小的步長來做計算，運算量會變得非常大，如果仍然使用手寫計算是不實際的。然而，藉由電腦的幫助，我們可以輕易地做大量的運算。因此，我們可以在不求解微分方程式的情況之下，仍然可以精確地模型化高空彈跳者的速度。

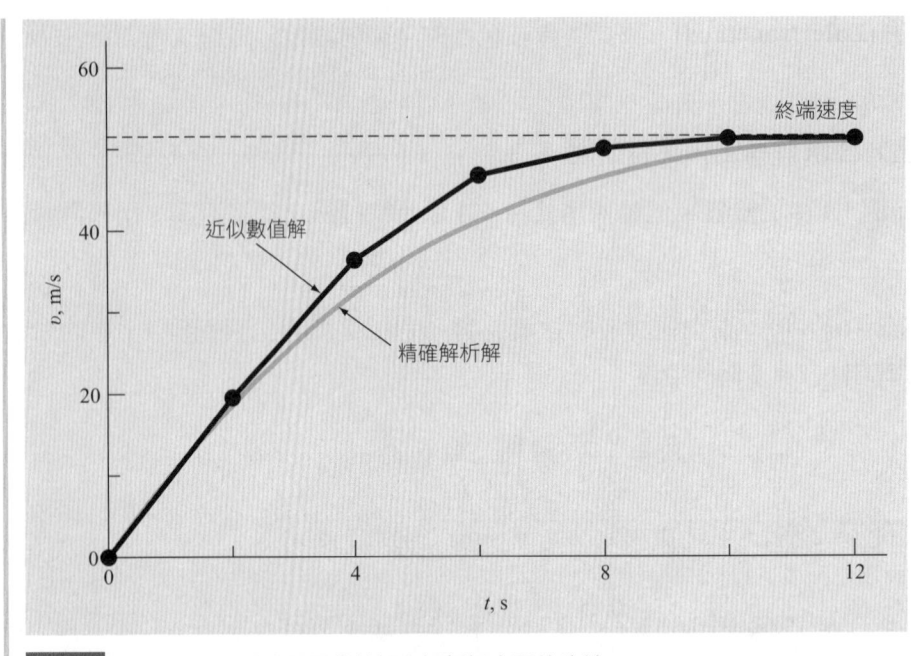

圖 1.4 對於高空彈跳者問題數值解和解析解之間的比較。

　　如同範例 1.2 中所述，要得到更為精確的數值結果，需要付出更多運算量的代價。每一次減半步長大小可以增加正確度，但也會使得運算量變成兩倍。因此，我們發現在正確度以及運算量之間需要取捨。關於這些數值方法的取捨考量是本書的重點。

1.2 工程與科學的守恆定律

　　除了牛頓第二運動定律之外，還有其他在工程與科學方面的重要定律。其中最重要的就是**守恆定律 (conservation laws)**。雖然它們形成了各式各樣複雜且強而有力的數學模型的基礎，應用於工程與科學中重要的守恆定律在觀念上是很容易了解的。守恆定律可以歸結成

$$變化 = 增加 - 減少 \tag{1.14}$$

這正是我們在式 (1.8) 中使用牛頓定律來推導高空彈跳者力平衡時所用的形式。

　　雖然式 (1.14) 很簡單，它具體化了在工程與科學問題中守恆定律的最基本形式——可以用來預測對時間的變化率。我們給予一個專有的命名——**時間變數 (time-variable)**（或**暫態 (transient)**）計算。

　　除了預測變化之外，守恆定律也應用在變化不存在的情況。若變化為零，式 (1.14) 變成

$$變化 = 0 = 增加 - 減少$$

或者

$$\text{增加} = \text{減少} \tag{1.15}$$

因此，如果變化量為零，則增加和減少必定達到平衡。在這個情況下，也有一個專有的命名——**穩態 (steady-state)** 計算——這在工程與科學中被廣泛地應用。例如，不可壓縮液體流在水管中流動的穩態，也就是指在同一個交接處上的流入量等於流出量，我們可以寫成

$$\text{流入} = \text{流出}$$

對於圖 1.5 中的交接處，由平衡可知四號水管的流出量必定為 60。

對於高空彈跳者，其穩態條件就是所受的淨力為零（或者如式 (1.8) 所表示的 $dv/dt = 0$）：

$$mg = c_d v^2 \tag{1.16}$$

因此，在穩態時，所有向下以及向上的力達到平衡，且式 (1.16) 可以用來求解終端速度：

$$v = \sqrt{\frac{gm}{c_d}}$$

雖然式 (1.14) 以及式 (1.15) 看起來非常簡單，但是它們能夠具體化在工程與科學應用的守恆定律的兩個基本概念。它們在接下來的數個章節中也扮演了說明數值方法與工程和科學之間關係的重要角色。

表 1.1 整理了一些在工程上相當重要的模型與相關的與守恆定律。很多化學工程的問題也包括反應器的質量平衡。這些質量平衡關係也是由質量守恆定律而來，說明了反應器中某化學物的質量變化必定等於流入減去流出的質量。

在土木工程以及機械工程方面，則專注在以動量守恆觀念衍生出來的模型。對於土木工程，力平衡用來分析例如表 1.1 提到的簡單桁架 (simple truss) 的結構性。同樣的法則亦適用於機械工程中，例如探討分析車輛上下運動或者振動的暫態。

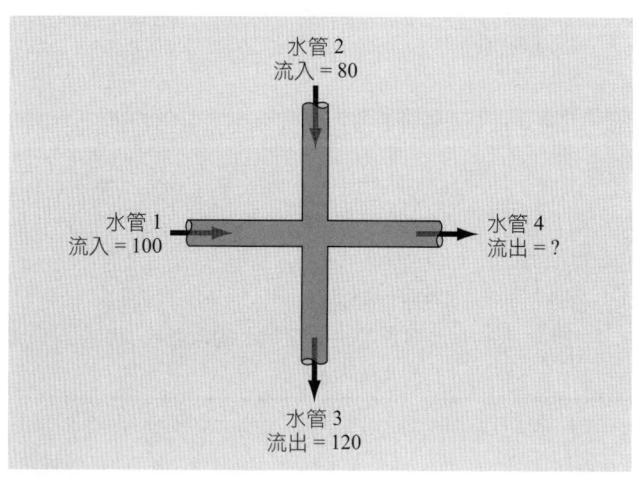

圖 1.5 在水管的交接處，穩態不可壓縮的流體達到流量平衡。

表 1.1 在四個主要的工程領域中,廣泛應用的裝置和各種平衡。每一個例子用於達成平衡的守恆定律皆已標明。

領域	裝置	組成定律	數學表示式
化學工程	反應器	質量守恆	質量平衡: 一個單位時間內 質量 = 輸入 − 輸出
土木工程	結構	動量守恆	力平衡: 在每一個節點 Σ 水平方向的力 $(F_H) = 0$ Σ 垂直方向的力 $(F_V) = 0$
機械工程	機械	動量守恆	力平衡: $m\dfrac{d^2x}{dt^2} =$ 向下力 − 向上力
電機工程	電路	電荷守恆	電流平衡: 在每一個節點 Σ 電流 $(i) = 0$
		能量守恆	電壓平衡: 在每一個迴路 Σ 電動勢 − Σ 電阻上的電壓降 = 0, $\Sigma \xi - \Sigma iR = 0$

最後，電機工程方面也會探討有關電流以及能量的平衡來模型化電路。電流的平衡，其原理就是來自於電荷守恆，和圖 1.5 所述流量守恆的基本精神是一致的。和交接處的流量平行一樣，在電線的交接處，其電流量必定達到平衡。能量的平衡意思是指在電路中的任何迴路，其電壓的變化總和為零。

我們應該注意到在化學、土木、電機與機械工程之外，仍然還有其他許多類別的工程支系，但大部分皆可以歸類成這四大類。舉個例子，化學工程的技巧就被廣泛地應用於如環境工程、石油工程以及生物醫學工程。同樣地，航太工程和機械工程則有非常多的共同之處。我們會在接下來的章節中盡可能地包含這些例子。

1.3 本書涵蓋的數值方法

我們在這個介紹章節中選取歐拉法來說明，是因為它是各種數值方法中的一個典型。基本上，大部分的數值方法就是將各種數學運算轉換成可應用於數位電腦的簡單代數與邏輯運算。圖 1.6 總結了在本書中涵蓋的主要範圍。

第二篇討論兩個相關的主題：求根和最佳化。如圖 1.6a 所描述，**根位置 (root location)** 是尋找使函數為零的地點。相對地，**最佳化 (optimization)** 是指求出一個最佳值或一個符合的自變數的最佳值，亦即一個函數的最佳值。因此，在圖 1.6a 中，最佳化包括辨別極大值和極小值。雖然使用略微不同的方法，但是求根和最佳化兩者都典型地出現在設計背景中。

第三篇是關於求解線性代數方程式系統的問題（圖 1.6b）。這種系統是類似在解方程式的根問題，但特別著重於滿足方程式的性質，不同於第二篇中只求出滿足一個方程式的根，我們將求出滿足線性代數方程組的值。這種線性代數方程組經常可以在工程或科學的問題中發現，特別是它們多以互相連接元素的大型系統的數學模型呈現，例如，結構、電路和流體網路的系統。然而，它們也需要使用如曲線配適和微分方程式的數值分析方法來求解。

身為一位工程師或科學家，你時常需要求配適曲線到資料點。為這一個目的所發展的技術可區分為兩個種類：迴歸和內插。如第四篇所述（圖 1.6c），**迴歸 (regression)** 應用在有相當程度誤差的資料，實驗所產生的結果時常是這種類型。對於這些情形，迴歸分析策略是推導出一個不需與任何的個別點契合就能代表數據一般趨勢的單一曲線。

相對地，**內插 (interpolation)** 使用的目的是決定在相對無錯誤資料點之間的中間值。內插通常應用在表列資料。內插策略是配適一條直接通過數據點的曲線，並用這條曲線來預測中間值。

如同在圖 1.6d 所描述的，第五篇是積分和微分。**數值積分 (numerical integration)** 的物理意義是求出一曲線下的面積。從決定特定物件的中心到不連續離散總量的計算，積分在工程和科學上有許多的應用，此外，數值積分公式在微分方程式的求解中也扮演了重要的角色。第五篇也介紹了一些數值微分的方法。依讀者的微積分知識，數值微分的方法包括決定函數的斜率或變化的比率。

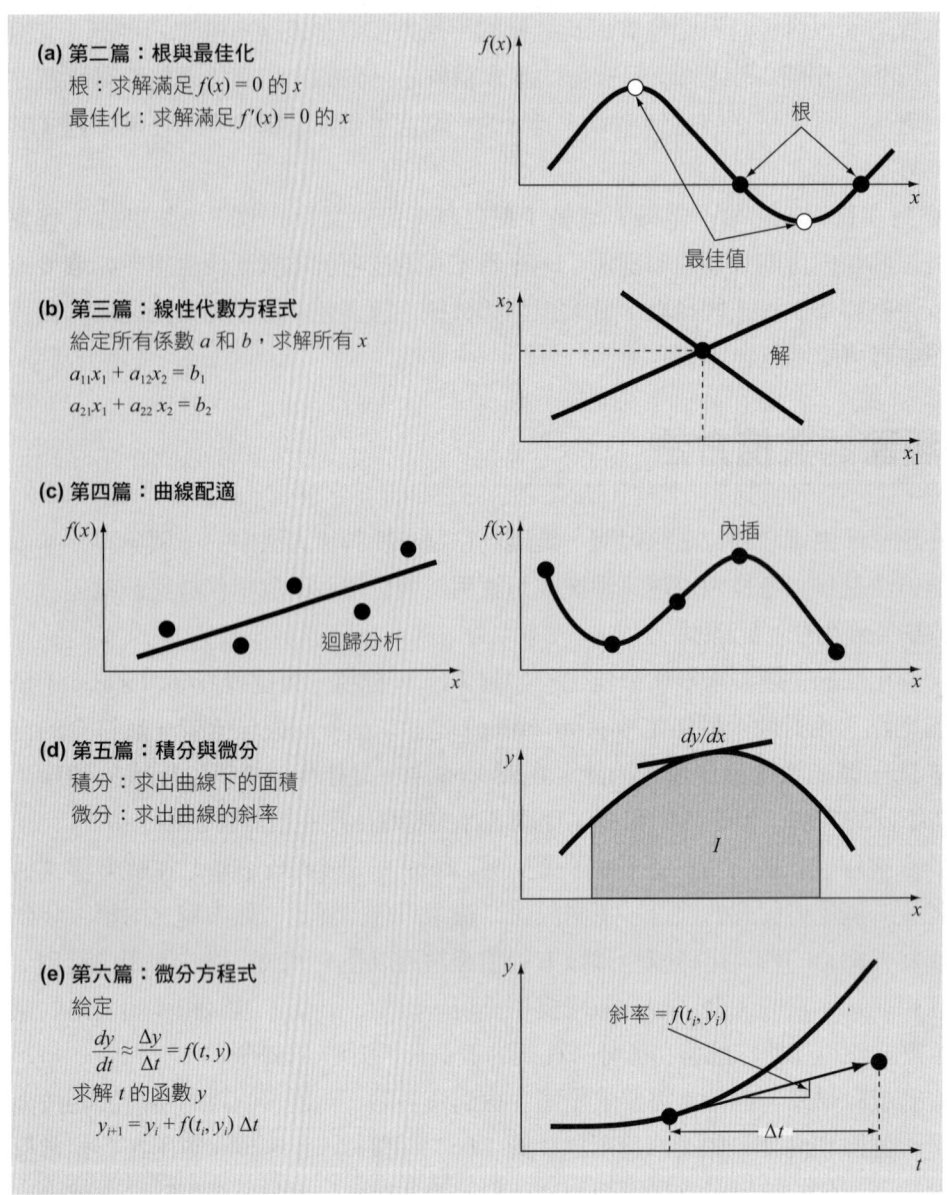

圖 1.6 本書涵蓋的各種數值方法。

最後，第六篇著重在**常微分方程式 (ordinary differential equations)** 的求解上（圖 1.6e），常微分方程式在所有的工程和科學的領域中都是非常重要的。因為許多實際的定理是根據量變化的比率，而不是量的大小。例如，從預測人口的模型（人口變化率）到掉落物體的加速度（速度變化率）都是。我們討論兩種問題類型：初始值問題和邊界值問題。

1.4 案例研究　真實的阻力

背景　在我們的自由落體模型中,我們假設阻力係數和速度的平方是相依的(式 (1.7))。一個最初由 Lord Rayleigh 所推導而得到的更詳細表示式可以表示如下:

$$F_d = -\frac{1}{2}\rho v^2 AC_d \vec{v} \tag{1.17}$$

其中 F_d = 阻力 (N),ρ = 流體密度 (kg/m³),A = 物體在垂直移動方向的平面迎風面積 (m²),C_d = 一個無因次的阻力係數,$\vec{v}$ = 單位向量,是用來指示速度方向。

這個關係式假設在紊流條件下(亦即**雷諾數 (Reynolds number)** 很高),此關係式可以讓我們用更基本的項次來表示集總阻力係數,表示如下:

$$c_d = \frac{1}{2}\rho AC_d \tag{1.18}$$

因此,集總阻力係數和物體表面積、流體密度以及無因次阻力係數都是相關的,而後者解釋了其他造成空氣阻力的因素(像是物體的粗糙度)。例如,參與者穿了一件鬆垮的外套,這將使 C_d 值比起穿一件光滑跳傘裝的參與者來得高。

注意在速率非常低的狀況下,在物體四周的流動狀態會比較流暢,而且阻力以及速度之間的關係式也變得比較線性,這可以稱為**史托克斯阻力 (Stokes drag)**。

在建立高空彈跳模型時,我們假設向下的方向為正。因此,式 (1.7) 是式 (1.17) 的正確表示式,因為 $\vec{v}$ = +1 且阻力係數是負的。因此,阻力減少了速度。

但是如果參與者有一個向上速度(亦即負的速度)呢?在此情況下,$\vec{v}$ = −1 且式 (1.17) 得出了一個正的阻力。同樣地,這在物理上是正確的,因為正的阻力會產生一個向下的速度來對抗向上的速度。

不幸地,在此案例中,式 (1.7) 產生了一個負的阻力,因為算式並沒有包含單位方向向量。換句話說,將算式平方以後,式子的正負號(也就是方向性)會消失。因此,此模型在物理上是不真實的,因為此模型會導致空氣阻力加速向上的物體速度!

在此案例研究中,我們將修改模型,使這個模型在向下以及向上的速率應用中都可以正常運作。我們將使用和範例 1.2 相同的案例來測試這個修改過後的模型,但是初始速度是 $v(0)$ = −40 m/s。此外,我們也將描述如何用數值分析來求得參與者的位置。

解法　以下是簡單的修改,可以將阻力結合正負號:

$$F_d = -\frac{1}{2}\rho v|v|AC_d \tag{1.19}$$

或是用集總阻力來表示:

$$F_d = -c_d v|v| \tag{1.20}$$

因此，欲求解的微分方程如下：

$$\frac{dv}{dt} = g - \frac{c_d}{m} v|v| \tag{1.21}$$

為了確定參與者的位置，我們知道單位時間距離 x(m) 的變化就是速度，可以表示如下：

$$\frac{dx}{dt} = -v \tag{1.22}$$

和速度相對，方程式假設向上的距離是正的。以和式 (1.12) 相同的形式表示，這個方程式可以用歐拉法進行數值積分：

$$x_{i+1} = x_i - v(t_i)\Delta t \tag{1.23}$$

假設參與者的初始位置可以被定義為 $x(0) = 0$，並且代入範例 1.1 以及範例 1.2 的參數值，在 $t = 2$ 秒的速度以及距離可以計算如下：

$$v(2) = -40 + \left[9.81 - \frac{0.25}{68.1}(-40)(40)\right]2 = -8.6326 \text{ m/s}$$

$$x(2) = 0 - (-40)2 = 80 \text{ m}$$

注意，如果我們使用了錯誤的阻力方程式，結果會是 –32.1274 m/s 以及 80 m。

下一個區間（$t = 2$ 到 4 秒）的計算可以重複上述的計算方式：

$$v(4) = -8.6326 + \left[9.81 - \frac{0.25}{68.1}(-8.6326)(8.6326)\right]2 = 11.5346 \text{ m/s}$$

$$x(4) = 80 - (-8.6326)2 = 97.2651 \text{ m}$$

錯誤的阻力方程式會得到 –20.0858 m/s 以及 144.2549 m。

持續計算的結果顯示在圖 1.7 中，圖中同時也顯示了錯誤的阻力模型所求出來的結果。注意，正確方程式的速度減幅會更快速，因為阻力總是使速度減少。

隨著時間經過，兩個模型的速度解會收斂到一個相同的終端速度，因為最終兩個模型都會導向向下的速度，但是式 (1.20) 是正確的。然而，在高度的預測上，不同模型的影響是很劇烈的，在錯誤的阻力案例中會得到高了許多的軌跡。

這個案例研究顯示，有正確的物理模型有多重要。在某些案例中，不正確的模型會得到明顯不切實際的答案。目前的範例沒有顯而易見的線索可以發現所求得的解答是錯誤的，因為錯誤的解答「看起來」挺合理的！

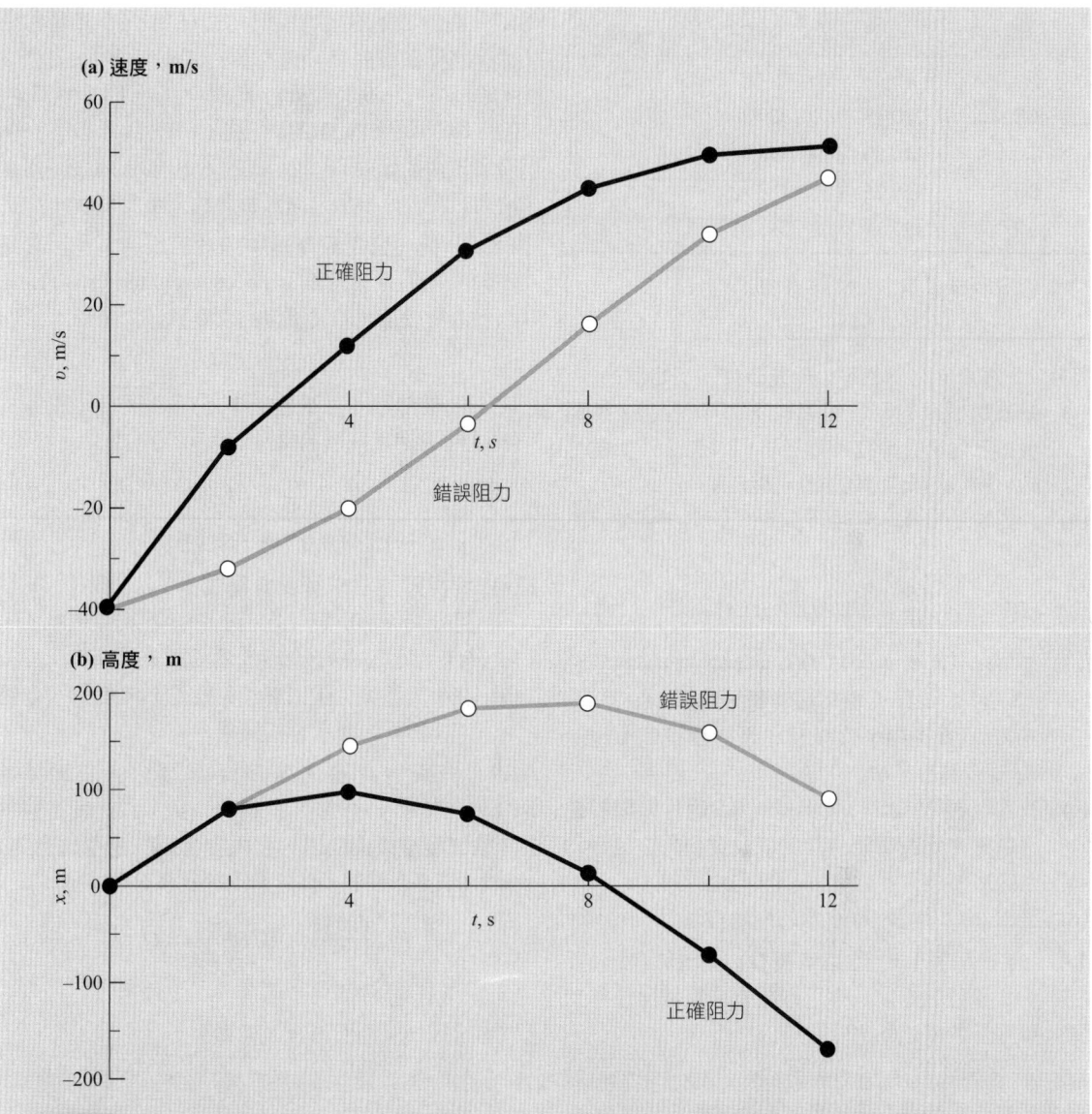

圖 1.7 自由落體的 (a) 速度以及 (b) 高度圖形，分別使用歐拉法所得到的向上（負的）的初始速度，所顯示的結果分別是用正確（式 (1.20)）以及錯誤（式 (1.7)）的阻力方程式所計算得到的結果。

習題

1.1 使用微積分驗證式 (1.9) 是式 (1.8) 的解，初始條件是 $v(0) = 0$。

1.2 利用微積分求解式 (1.21)，使用下列的初始速度：**(a)** 正速度，**(b)** 負速度，**(C)** 根據讀者所求得 **(a)** 以及 **(b)** 的結果，執行和範例 1.1 相同的運算方式，但初始速度為 − 40 m/s。計算 $t = 0$ 到 12 秒的速度，以兩秒為一個區間。注意在這個案例中，速度為零發生在 $t = 3.470239$ 秒。

1.3 下列是銀行一個帳戶的資訊：

日期	存款	提款	結餘
5/1			1512.33
6/1	220.13	327.26	
7/1	216.80	378.61	
8/1	450.25	106.80	
9/1	127.31	350.61	

注意銀行利率是用下列式子計算：

$$\text{利息} = iB_i$$

其中 i = 每月的利息利率，B_i 是該月的初始值。

(a) 如果每個月的利率是 1%（$i = 0.01$/ 月），使用現金守恆來計算在 6/1、7/1、8/1 以及 9/1 的結餘。詳細列出計算的每一個步驟。

(b) 針對現金結餘，使用下列形式列出一個微分方程式

$$\frac{dB}{dt} = f[D(t), W(t), i]$$

其中 t = 時間（月），$D(t)$ = 存款對時間的函數（\$ / 月），$W(t)$ = 提領對時間的函數（\$ / 月）。在這個案例中，假設利率是連續複利；也就是說，利息 = iB。

(c) 利用歐拉法，以時間步長為 0.5 個月來模擬結餘狀態。假設每個月存款以及提款的數目平均地適用。

(d) 畫出 **(a)** 小題及 **(c)** 小題的結餘對時間的圖形。

1.4 重複範例 1.2，並以步長 **(a)** 1 及 **(b)** 0.5 計算在 $t = 12$ 秒時的速度。你可以根據結果做出任何有關計算誤差的陳述嗎？

1.5 除了如式 (1.7) 所述的非線性關係，你也可以選擇建立作用於高空彈跳者的向上力的線性關係：

$$F_U = -c'v$$

其中 c' = 一階阻力係數（kg/s）。

(a) 使用微積分，求出當高空彈跳者起始為靜止時（當 $t = 0$，$v = 0$）的閉式解。

(b) 重複範例 1.2 中的數值計算，初始條件與參數值的選取維持一樣。使用 $c' = 11.5$ kg/s。

1.6 對於自由落下且面臨線性阻力（參考習題 1.5）的高空彈跳者，假設第一位體重為 70 kg 且阻力係數為 12 kg/s。如果第二位體重為 80 kg 且阻力係數為 15 kg/s，則第二位要花多少時間才能達到第一位在 $t = 9$ 秒時的速度？

1.7 對於二階的阻力模型（式 (1.8)），利用歐拉法計算跳傘者自由落下的速度，在此案例中，質量 $m = 80$ kg，$c_d = 0.25$ kg/m，時間步長為 1 s，計算 $t = 0$ 到 20 的時間內的結果。在 $t = 0$，跳傘者有一個向上的初始速度 20 m/s，在 $t = 10$ 時，假設降落傘瞬間打開，使得阻力係數瞬間跳升至 1.5 kg/m。

1.8 一個在密閉反應器中的放射線污染物，其量均勻分布，且濃度為 c（becquerel/liter 或 Bq/L）。此污染物以正比於其濃度的衰變率減少，即：

$$\text{衰變率} = -kc$$

其中 k 是常數，且單位是 1／天。 因此，根據式 (1.14)，密閉反應器的質量守恆可以寫成：

$$\frac{dc}{dt} = -kc$$

（質量的變化）=（衰變率）

(a) 利用歐拉法求解此方程式從 $t = 0$ 到 1（天），且此時 $k = 0.175$（1／天）。步長則選取為 $\Delta t = 0.1$（天）。在 $t = 0$ 時的濃度為 100 Bq/L。

(b) 在半對數圖上畫出解（也就是 $\ln c$ 對 t），並且求出斜率。解釋你的結果。

1.9 一個儲存槽內裝有深度為 y 的液體（圖 P1.9），其中 $y = 0$ 表示此槽為半滿。以一固定速率 Q 抽出液體以達要求，而內容物以一正弦比例 $3Q \sin^2(t)$ 填滿。將式 (1.14) 應用於此系統可寫成：

$$\frac{d(Ay)}{dt} = 3Q\sin^2(t) - Q$$

（容量的變化）= 流入　　 − 流出

或者，因為液面面積 A 為常數，

$$\frac{dy}{dt} = 3\frac{Q}{A}\sin^2(t) - \frac{Q}{A}$$

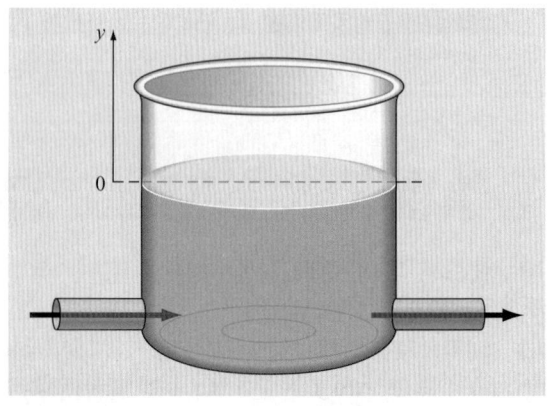

圖 P1.9

使用歐拉法求解從 $t = 0$ 到 10（天）高度 y 的變化，其中步長等於 0.5（天）。其他參數為 $A = 1250 \text{ m}^2$ 以及 $Q = 450 \text{ m}^3$／天。假設初始條件是 $y = 0$。

1.10 給予和習題 1.9 相同的儲存槽，假設流出量非常數，而是依深度決定，其微分方程式可寫成：

$$\frac{dy}{dt} = 3\frac{Q}{A}\sin^2(t) - \frac{\alpha(1+y)^{1.5}}{A}$$

使用歐拉法計算深度，其中 t 由 0 到 10 d，採 0.5 天的步長大小。參數為 $A = 1250 \text{ m}^2$，$Q = 450 \text{ m}^3/\text{d}$，$\alpha = 150$，假設初始條件是 $y = 0$。

1.11 利用容量守恆（參考習題 1.9），模擬液體在倒三角錐中的液面高度（圖 P1.11）。液體呈正弦比例 $Q_{in} = 3\sin^2(t)$ 流入，流出的速率則是根據

$$Q_{out} = 3(y - y_{out})^{1.5} \quad y > y_{out}$$
$$Q_{out} = 0 \quad y \leq y_{out}$$

其中流動的單位為 m^3/d，y 則是指液體表面和容器底部的距離 (m)。利用歐拉法求解 $t = 0$ 到 10 d 時深度 y 的值，步長為 0.5 d，參數 $r_{top} = 2.5 \text{ m}$，$y_{top} = 4 \text{ m}$ 以及 $y_{out} = 1 \text{ m}$。假設液體的表面在初始時低於出口管線 0.8 m，亦即 $y(0) = 0.8 \text{ m}$。

1.12 有 35 個學生進入一間 11 m × 8 m × 3 m 的教室，每個學生占據大約 0.075 m^3 且釋放出 80 W 的熱量 (1 W = 1 J/s)。假設教室完全封閉且隔熱，計算前 20 分鐘溫度上升的狀況。假設空氣的熱容量 C_v 是 $0.718 \text{ kJ/(kg} \cdot \text{K)}$，空氣是 20 °C 的理想氣體且為 101.325 kPa。注意，熱被空氣吸收的量 Q 與空氣質量 m 和溫度變化有關，其關係為

$$Q = m\int_{T_1}^{T_2} C_v dT = mC_v(T_2 - T_1)$$

根據理想氣體定律，空氣的質量可由下式取得：

$$PV = \frac{m}{\text{Mwt}}RT$$

其中 P 是氣體壓力，V 是氣體體積，Mwt 是氣體的分子量（空氣為 28.97 kg/kmol），R 是理想氣體常數 $[8.314 \text{ kPa m}^3/(\text{kmol} \cdot \text{K})]$。

1.13 正常人一天的穩態水質量平衡如圖 P1.13 所示。1 公升由消化食物得來，並且身體會新陳代謝出 0.3 公升的水。在呼吸作用中，約吸入 0.05 公升，而一天會呼出 0.4 公升。身體也會分別由汗水、尿液、糞便及皮膚流失 0.3 公升、1.4 公升、0.2 公升以及 0.35 公升。若要維持這個穩態，則每一天必須喝多少水？

1.14 在彈跳者自由落下的範例中，我們假設因重力產生的加速度 9.81 m/s^2 為一常數。我們檢查接近地球表面的落體時，這是合理的估計，但重力會隨著距離海平面的高度增加而降低。基於牛頓重力的反平方定律更一般的表示法為：

$$g(x) = g(0)\frac{R^2}{(R+x)^2}$$

其中 $g(x)$ 是距離海平面的高度 x(m) 的重力加速度 (m/s^2)，$g(0)$ 是地球表面的重力加速度 $(\cong 9.81 \text{ m/s}^2)$，$R$ 是地球半徑 $(\cong 6.37 \times 10^6 \text{ m})$。

(a) 依照類似式 (1.8) 的推導方式，使用力平衡，推導時間函數的速度微分方程式，此方程式表達更完整的重力表示式。但此推導式中，假設向上的速度是正值。

(b) 忽略阻力的影響，利用連鎖律展開高度對速度的微分方程式，其中連鎖律為：

$$\frac{dv}{dt} = \frac{dv}{dx}\frac{dx}{dt}$$

(c) 使用微積分來求閉式解，其中在 $x = 0$，$v = v_0$。

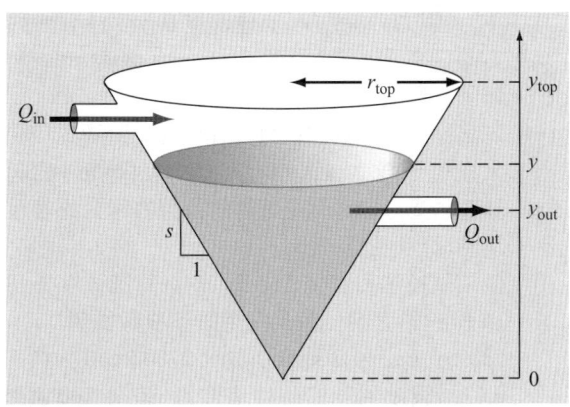

圖 P1.11

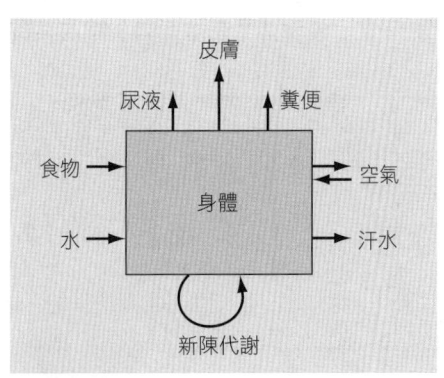

圖 P1.13

(d) 使用歐拉法求得數值解，其中 x 由 0 到 100,000 m，以 100,000 m 為步長大小，且初始向上速度為 1500 m/s。將你的結果和解析解作比較。

1.15 假設水滴蒸發的速率和表面積成正比：

$$\frac{dV}{dt} = -kA$$

其中 V 是體積 (mm^3)，t 是時間 (min)，k 是蒸發速率 (mm/min)，A = 表面積 (mm^2)。使用歐拉法計算水滴的體積，其中 t 由 0 到 10 分鐘，以 0.25 分鐘的步長大小。假設 $k = 0.08$ mm/min 且水滴初始半徑為 2.5 mm，藉由決定最後計算出體積的半徑，證實你所導出的結果和與蒸發速率的一致性。

1.16 將流體注入圖 P1.16 的網路，假設 $Q_2 = 0.7$，$Q_3 = 0.5$，$Q_7 = 0.1$ 以及 $Q_8 = 0.3 m^3/s$，求其他流量。

1.17 根據牛頓的冷卻定律，一物體的溫度變化和周圍介質溫度的差值成正比，即

$$\frac{dT}{dt} = -k(T - T_a)$$

其中 T = 物體的溫度 (°C)，t = 時間 (min)，k = 正比常數（每分鐘），且 T_a = 周圍溫度 (°C)。假設一杯咖啡原來的溫度是 70 °C，使用歐拉法計算溫度，其中 t 由 0 到 20 分鐘，以 2 分鐘為步階，假設 T_a = 20 °C 且 $k = 0.019/$ 分鐘。

1.18 身為犯罪調查員，你必須預測凶殺案受害者在案發後 5 個小時內的體溫。已知受害者被發現時房間中的溫度為 10 °C。

(a) 利用牛頓的冷卻定律（習題 1.17）以及歐拉法，計算受害者在 5 個小時內的體溫，其中 $k = 0.12/$ 小時且 $\Delta t = 0.5$ 小時。假設受害者的體溫在死亡時是 37 °C，且房間的室溫在這 5 個小時的期間內維持在 10 °C。

(b) 再進一步調查，發現室溫在這 5 個小時內其實是從 20 °C 線性下降到 10 °C。重複 **(a)** 小題相同的計算，但要考慮新的資訊。

(c) 將 **(a)** 及 **(b)** 的計算結果畫在相同圖上比較。

1.19 速率是距離 x(m) 的改變速度：

$$\frac{dx}{dt} = v(t) \tag{P1.19}$$

利用歐拉法對式 (P1.19) 及 (1.8) 進行數值積分，以確定自由落體者在前 10 秒的速度以及下降距離，以時間的函數表示，使用和範例 1.2 相同的參數和條件。將你的結果畫出來。

1.20 除了重力（體重）及阻力等向下的力量外，物體通過流體的下落也同時受浮力（和所占的體積成正比）的影響。例如，對一個直徑為 d(m)、體積為 $V = \pi d^3/6$ 以及投影面積為 $A = \pi d^2/4$ 的球體來說，浮力可以用 $F_b = -\rho V g$ 來計算。我們在式 (1.8) 的微分過程中忽略浮力的因次，因為此因次對於像高空彈跳者通過空氣的狀況是很微小的，然而對於密度像水等較高的流體，這個因次將變得重要。

(a) 以和式 (1.8) 相同的方式推導一微分方程式，但要考慮浮力並以 1.4 節的形式表示阻力。

(b) 針對此特殊案例的球體，重寫 **(a)** 小題的微分方程式。

(c) 利用 **(b)** 小題求得的方程式計算最終的速度（亦即穩定狀態）。利用下列參數值計算一通過水的球體，球體直徑為 1 cm，密度為 2700 kg/m^3，水的密度為 1000 kg/m^3，$C_d = 0.47$。

(d) 利用歐拉法，步長為 $\Delta t = 0.03125$ s，求 $t = 0$ 到 0.25 秒的數值解，初始速度為零。

1.21 如同在 1.4 節說明，假設在高雷諾數的紊流條件下阻力的基本表示式為

$$F_d = -\frac{1}{2} \rho A C_d v|v|$$

其中 F_d = 阻力 (N)，ρ = 流體密度 (kg/m^3)，A = 與流動方向正交面的前向面積 (m^2)，v = 速度 (m/s) 和 C_d = 無因次的阻力係數。

(a) 寫出速度與位置的微分方程組（見習題 1.19）來描述一直徑為 d(m)，密度為 ρ_s (kg/m^3) 的圓球在垂直方向運動。速度的微分方程式應表示為圓球直徑的函數。

(b) 使用歐拉法和步長 $\Delta t = 2$ s 來計算圓球在最初 14 秒的速度與位置。採用以下參數計算：$d = 120$ cm，$\rho = 1.3$ kg/m^3，$\rho_s = 2700$ kg/m^3，$C_d = 0.47$。假設圓球的初始條件為 $x(0) = 100$ m，$v(0) = -40$ m/s。

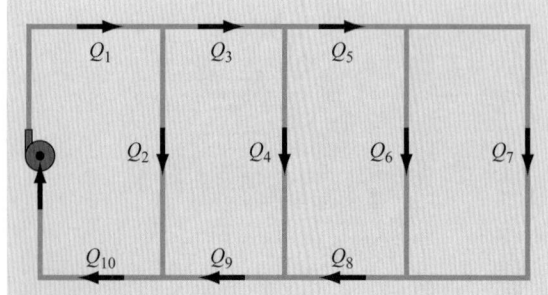

圖 **P1.16**

(c) 畫出你的結果（即 y 和 v 對應 t）並用此圖估算何時球會落地。

(d) 計算二階阻力係數的數值 c_d' (kg/m)。注意二階阻力係數是最後微分方程式的速度乘積項 $v|v|$。

1.22 如圖 P1.22 所示，一圓粒子從靜止流體沉降受到三種力：往下的重力 (F_G)、往上的浮力 (F_B) 和阻力 (F_D)。重力與浮力都可用牛頓第二定律計算，後者等於排開流體的重量。對於層流，阻力可用史托克斯定律計算：

$$F_D = 3\pi\mu dv$$

其中 μ = 流體的動力黏度係數 (N·s/m^2)，d = 粒子直徑 (m)，v = 粒子沉降速度 (m/s)。粒子的質量可表示為粒子體積與密度 ρ_s (kg/m^3) 相乘，排開流體的質量可以粒子體積與流體密度 ρ (kg/m^3) 乘積計算。圓粒子的體積為 $\pi d^3/6$。此外，層流對應的雷諾數 Re 小於 1，其中 Re $= \rho dv/\mu$。

(a) 使用粒子的力平衡來推導以 d、ρ、ρ_s 和 μ 為函數的 dv/dt 的微分方程式。

(b) 穩態時，用此方程式求解粒子的終端速度。

(c) 採用 (b) 的結果來計算粒子在水中沈降的終端速度，以 m/s 為單位：$d = 10\ \mu m$，$\rho = 1$ g/cm^3，$\rho_s = 2.65$ g/cm^3，$\mu = 0.014$ g/(cm·s)。

(d) 檢視流場是否為層流。

(e) 使用歐拉法來計算從 $t = 0$ 到 2^{-15} s 在步長 $\Delta t = 2^{-18}$ s 的速度，給定初始條件 $v(0) = 0$。

1.23 如圖 P1.23 所示，懸臂樑受到一均勻負載 $w = 10{,}000$ kg/m 向下的偏移 y(m) 可以計算如下：

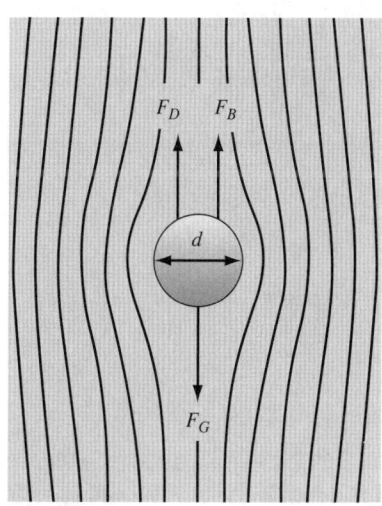

圖 P1.22

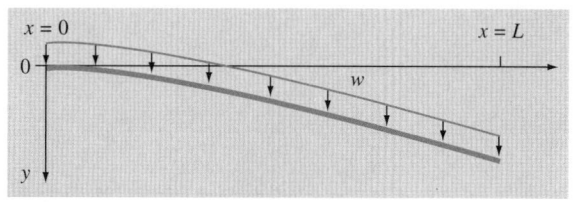

圖 P1.23

$$y = \frac{w}{24EI}(x^4 - 4Lx^3 + 6L^2x^2)$$

其中 x = 距離 (m)，E = 彈性模數 $= 2 \times 10^{11}$ Pa，I = 慣性矩 $= 3.25 \times 10^{-4}$ m^4，L = 長度 $= 4$ m。此方程式能被微分產生以 x 為函數的向下位移的斜率

$$\frac{dy}{dx} = \frac{w}{24EI}(4x^3 - 12Lx^2 + 12L^2x)$$

如果在 $x = 0$ 時 $y = 0$，使用此方程式和歐拉法（$\Delta x = 0.125$ m）來計算從 $x = 0$ 到 L 的位移。畫出你的結果和用第一個方程式計算的解析解。

1.24 利用阿基米德原理來推導一個浮在海面的圓冰球的穩態力平衡。力平衡應表示為一個高於海面高度 (h)，和海水密度 (ρ_f)，球密度 (ρ_s) 和半徑 (r) 的三階多項式（立方）。

1.25 除了流體外，阿基米德原理已在地質實證可有效應用於地殼的固體。圖 P1.25 描繪這樣的例子，一輕質圓錐形花崗岩山「浮在」地球表面較重的玄武岩層上。注意在地表之下的部分組成稱為**截頭錐體 (frustum)**。推導一個以下列參數表示的穩態力平衡：玄武岩密度 (ρ_b)、花崗岩密度 (ρ_g)、圓錐半徑 (r)，高於 (h_1) 和低於 (h_2) 地表的高度。

1.26 如圖 P1.26 所示，一個 RLC 電路由三個元件組成：一個電阻 (R)、一個電感 (L) 和一個電容 (C)。電流通過各元件誘發電位降。克希赫夫二次電壓定律敘述一封閉電路的電壓降代數和為零

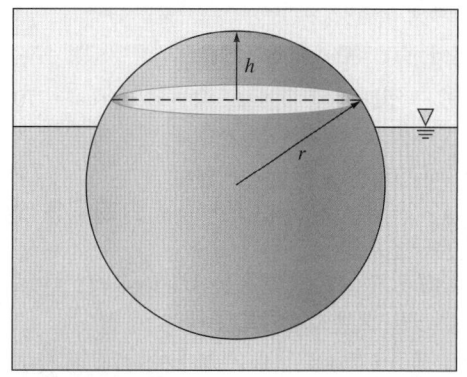

圖 P1.24

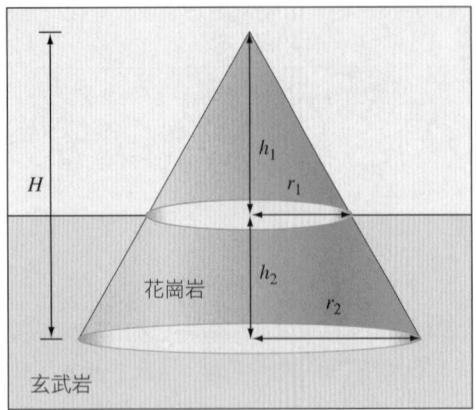

圖 P1.25

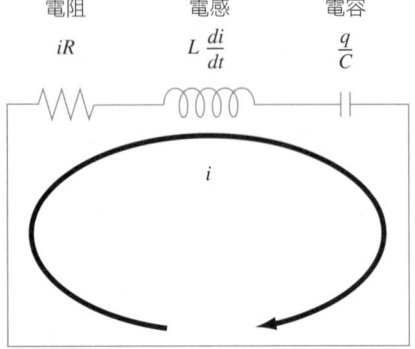

圖 P1.26

$$iR + L\frac{di}{dt} + \frac{q}{C} = 0$$

其中 i = 電流，R = 電阻，L = 電感，t = 時間，q = 電荷，C = 電容。此外，電流可以下式和電荷關聯

$$\frac{dq}{dt} = i$$

(a) 若初始值為 $i(0) = 0$ 和 $q(0) = 1$ C，使用歐拉法求解從 $t = 0$ 到 0.1 s 和步長 $\Delta t = 0.01$ s 的方程組。使用以下參數計算：$R = 200\,\Omega$，$L = 5$ H，$C = 10^{-4}$F。

(b) 畫出分別以 i 和 q 對應 t 的圖。

1.27 假設一個跳傘者受到一線性阻力（$m = 70$ kg，$c = 12.5$ kg/s）從高度 200 m 和相對於地表水平速度 180 m/s 的飛機跳下。

(a) 寫出 x，y，$v_x = dx/dt$ 和 $v_y = dy/dt$ 的四個微分方程的一組系統。

(b) 如果初始水平位置定義為 $x = 0$，使用歐拉法和 $\Delta t = 1$ s 來計算跳傘者在前 10 秒的位置。

(c) 畫出 y 對應 t 和 y 對應 x 的圖。用此圖以圖示估算若傘未能打開，則跳傘者會在何時與何地觸及地面。

1.28 圖 P1.28 顯示施加在一熱氣球系統的力。阻力表示為

$$F_D = \frac{1}{2}\rho_a v^2 A C_d$$

其中 ρ_a = 空氣密度 (kg/m³)，v = 速度 (m/s)，A = 前向投影面積 (m²)，C_d = 無因次阻力系數（對於圓球 $\cong 0.47$）。注意氣球的總質量包含二部分

$$m = m_G + m_p$$

其中 m_G = 膨脹氣球內的氣體質量，而 m_p = 負載（載籃、乘客和未膨脹的氣球 = 265 kg）的質量。假設理想氣體可適用 ($P = \rho RT$)，氣球是一完美的圓球且直徑為 17.3 m，且氣球外罩內的加熱空氣大致與外面的空氣壓力相同。其餘必要參數為：

標準大氣壓力 $P = 101{,}300$ Pa

乾空氣的氣體常數 $R = 287$ J/(kg · K)

氣球內的空氣被加熱至平均溫度 $T = 100°C$

標準空氣密度 $\rho_a = 1.2$ kg/m³

(a) 使用一力平衡來推導以模型基礎參數為函數的 dv/dt 微分方程式。

(b) 使用歐拉法和 Excel 軟體來計算從 $t = 0$ 到 60 s 和步長 $\Delta t = 2$ s 的速度，給定先前參數及初始條件：$v(0) = 0$。將結果繪圖。

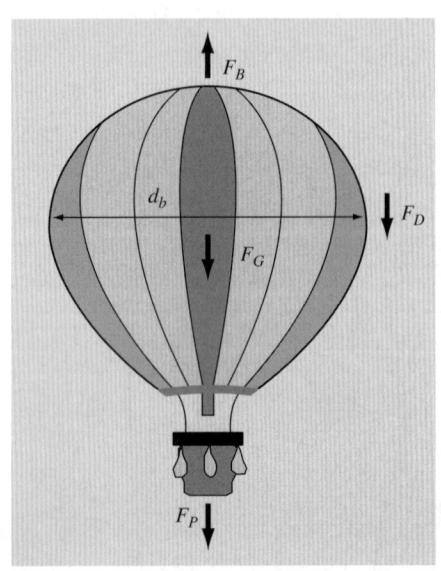

圖 P1.28 熱氣球上的力：F_B = 浮力，F_G = 氣體的重力，F_P = 負載的重力（包括氣球外包覆面），和 F_D = 阻力。注意當氣球上升時阻力方向往下。

第 2 章

MATLAB 基本原理

章節目標

本章的主要目標是提供讀者可與電腦互動之 MATLAB 指令的介紹與概要。個別的目標和主題包括：

- 學習如何指派實數和複數給變數。
- 學習利用簡單的指派方法和冒號運算子來指派向量與矩陣，還有學習 `linspace` 及 `logspace` 這些函數。
- 利用優先權規則建立數學表示式。
- 對內建函數有概括了解，以及如何利用 MATLAB 的 Help 工具更熟悉內建函數。
- 學習根據方程式並利用向量來建立簡單的線圖。

有個問題考考你

在第 1 章中，我們使用下列的力平衡式，來決定高空彈跳者的終端速度：

$$v_t = \sqrt{\frac{gm}{c_d}}$$

其中 v_t = 終端速度 (m/s)，g = 重力加速度 (m/s^2)，m = 質量 (kg)，c_d = 阻力係數 (kg/m)。除了預測終端速度之外，此方程式也能重組以計算阻力係數：

$$c_d = \frac{mg}{v_t^2} \tag{2.1}$$

因此，假使我們欲量測一些已知質量高空彈跳者的終端速度，可經由表 2.1，並藉由式 (2.1) 估計所需的阻力係數。

本章我們將學習如何利用 MATLAB 來分析類似終端速度的數據。除了顯示如何使用 MATLAB 來計算像阻力係數的值以外，我們也將說明 MATLAB 中圖形內附加的分析資訊。

表 2.1 一些高空彈跳者的質量與其終端速度的數據。

m, kg	83.6	60.2	72.1	91.1	92.9	65.3	80.9
v_t, m/s	53.4	48.5	50.9	55.7	54	47.7	51.1

2.1 MATLAB 環境

MATLAB 是一種可以提供使用者便利的環境，以進行各種數學運算的電腦程式。尤其是，此程式提供了進行數值方法運算的絕佳工具。

操作 MATLAB 最簡單的方法，就是在 MATLAB 的命令視窗中鍵入一行一行的指令。在本章中，我們會使用互動或**計算器模式 (calculator mode)** 來介紹如何進行計算和繪圖。在第 3 章中，我們將介紹如何使用這些指令來建立 MATLAB 程式。

此外，本章是為了手動練習而撰寫的，也就是希望讀者閱讀本章時能坐在電腦前面。一個讓你熟練 MATLAB 最快、最有效率的方式，便是一邊閱讀本章，一邊操作 MATLAB 指令。

MATLAB 使用三個主要視窗：

- 命令視窗：用來輸入指令和數據。
- 圖形視窗：用來顯示繪圖與圖形。
- 編輯視窗：用來建立與編輯 M 檔。

在本章中，我們會使用命令視窗和圖形視窗。在第 3 章中，我們將使用編輯視窗建立與編輯 M 檔。

啟動 MATLAB 之後，會跳出命令視窗，並且顯示指令提示字元：

```
>>
```

MATLAB 的命令模式是循序的形式，正如同一行一行地輸入指令。對於每一個指令，會立即得到一個結果。因此，你可以想像成正在操作一台很奇幻的計算機。例如，當你輸入

```
>> 55 - 16
```

MATLAB 會顯示結果[1]：

```
ans =
    39
```

注意 MATLAB 會自動地將答案指派給一個變數，稱為 ans。因此，你可以使用 ans 來進行下一步計算：

```
>> ans + 11
```

---

[1] MATLAB 在名稱 (ans =) 和數字 (39) 之間會自動空出一行。此處為了簡潔，我們將省略那一行空白。你能以 `format compact` 與 `format loose` 的指令來控制是否空行。

結果為：

```
ans =
    50
```

每當你未將計算明確指派給自己選擇的變數時，MATLAB 都會將結果指派給 ans。

2.2 指派

指派的意思就是將值分配到各個變數名稱，也就是將計算結果儲存到對應於變數名稱的記憶體當中。

2.2.1 純量

要指派值給純量變數，就跟一般的電腦程式語言一樣，直接鍵入

```
>> a = 4
```

每一個指派動作都會自動回應在螢幕上做確認：

```
a =
    4
```

這個回應輸出是 MATLAB 的特色，但也可以利用分號(;)這個指令暫時終止這個動作。我們鍵入

```
>> A = 6;
```

你可以在同一行之中鍵入好幾個指派，中間用逗號或者分號隔開。如果以逗號隔開，則會自動回應顯示，如果用分號隔開，就不會自動回應顯示。舉例如下，

```
>> a = 4,A = 6;x = 1;
a =
    4
```

MATLAB 是有區分大小寫的，也就是說 a 和 A 並不一樣。要說明這一點，我們鍵入

```
>> a
```

再鍵入

```
>> A
```

看看它們有什麼不同。它們的確代表了不一樣的變數。

我們也可以將複數指派為變數，因為 MATLAB 可以進行複數運算。單位虛數 $\sqrt{-1}$ 預先以變數 i 來表示。要指派一個複數，我們鍵入

```
>> x = 2+i*4
```

```
    x =
       2.0000 + 4.0000i
```

而 MATLAB 也可以使用 j 來表示單位虛數，但還是以 i 顯示在螢幕上。例如：

```
>> x = 2+j*4
x =
   2.0000 + 4.0000i
```

另外還有很多預先定義的變數，例如 pi：

```
>> pi
ans =
   3.1416
```

注意，MATLAB 自動顯示 4 位小數。如果想要增加精密度，鍵入：

```
>> format long
```

輸入 pi 則結果顯示出 15 位有效位數：

```
>> pi
ans =
   3.14159265358979
```

要回到 4 位小數的表示法，我們鍵入

```
>> format short
```

下表總結一些在工程和科學計算上常見的格式指令，這些指令的語法都是：format type。

type	結果	範例
short	5 位數之定點格式	3.1416
long	15 位數倍精度及 7 位數倍精度之定點格式	3.14159265358979
short e	5 位數之浮點格式	3.1416e+000
long e	15 位數倍精度及 7 位數倍精度之浮點格式	3.141592653589793e+000
short g	5 位數定點或浮點之最佳格式	3.1416
long g	15 位數倍精度及 7 位數倍精度定點或浮點之最佳格式	3.14159265358979
short eng	至少 5 位數及 3 的倍數之工程格式	3.1416e+000
long eng	至少 16 位數及 3 的倍數之工程格式	3.14159265358979e+000
bank	貨幣格式	3.14

2.2.2 陣列、向量和矩陣

所謂陣列 (array) 就是將一堆數值集合起來，並用一個單一的變數名稱表示。一維的陣列稱為**向量 (vectors)**，二維的陣列則稱為**矩陣 (matrices)**。在 2.2.1 節中，我們使用的純量其實是一個具有一行和一列的矩陣。

在命令模式下，中括號用來輸入陣列。例如，一個列向量 (row vector) 可以依下列方法指派：

```
>> a = [ 1 2 3 4 5 ]
a =
     1    2    3    4    5
```

注意之前的指派 a = 4 在這時候被覆蓋。

實際上，列向量很少用來求解數學問題。當我們提及向量時，通常是指行向量 (column vector)。行向量可以很多不同的方式輸入，敘述如下：

```
>> b = [2;4;6;8;10]
```

或

```
>> b = [ 2
4
6
8
10 ]
```

或者用「'」這個運算子將列向量轉置：

```
>> b = [ 2 4 6 8 10 ]'
```

以上三個方式最後都顯示以下結果：

```
b =
     2
     4
     6
     8
    10
```

一個矩陣可以用以下方法輸入：

```
>> A = [1 2 3 ; 4 5 6 ; 7 8 9]
A =
     1    2    3
     4    5    6
     7    8    9
```

另外，ENTER 鍵（或者 RETURN 鍵）可以用來分開每一列。例如下列情況，ENTER 鍵會被敲擊三次，分別於 3、6 以及] 之後各一次來完成矩陣的指派：

```
>> A = [1 2 3
        4 5 6
        7 8 9 ]
```

最後，我們可以建立一個相同的矩陣，經由**連接 (concatenate)**（加入）向量來代表每一行：

```
>> A = [[1 4 7]'[2 5 8]'[3 6 9]']
```

在這些程序中的任何時刻，我們都可以利用 who 這個指令列出目前指派的所有變數：

```
>> who
Your variables are:
A    a    ans    b    x
```

或者，利用 whos 指令可以顯示出這些變數的詳細資訊：

```
>> whos
  Name      Size      Bytes    Class
  A         3x3          72    double array
  a         1x5          40    double array
  ans       1x1           8    double array
  b         5x1          40    double array
  x         1x1          16    double array (complex)
  Grand total is 21 elements using 176 bytes
```

請注意，下標標記可以用來存取陣列中的每一個元素。例如，我們可以利用以下指令顯示出行向量 b 中的第四個元素：

```
>> b(4)
ans =
     8
```

對於一個矩陣，A(m,n) 可以選擇第 m 列第 n 行的元素。例如：

```
>> A(2,3)
ans =
     6
```

另外還有很多內建的函數可以建立矩陣。例如，ones 和 zeros 這兩個函數分別可以建立元素皆為 1 或者皆為 0 的向量或者矩陣。這兩個函數都有兩個引數 (argument)，第一個引數代表列數，第二個引數代表行數。例如，我們可以建立 2×3 的零矩陣：

```
>> E = zeros(2,3)
E =
     0     0     0
     0     0     0
```

同樣地，用 ones 這個函數可以建立元素皆為 1 的列向量：

```
>> u = ones(1,3)
```

```
u =
     1     1     1
```

2.2.3 冒號運算子

冒號運算子是一個可以用來建立和操作陣列的有用工具。如果以冒號分隔兩個數字，MATLAB 會自動產生這兩個數字之間增量為 1 的所有數字：

```
>> t = 1:5
t =
     1     2     3     4     5
```

如果以冒號分隔三個數字，則 MATLAB 會產生一個數列，此數列的元素介於第一個數字與第三個數字之間，第一個數字為此數列之第一個元素，其他元素則以第二個數字當作增量，依序給定：

```
>> t = 1:0.5:3
t =
    1.0000    1.5000    2.0000    2.5000    3.0000
```

注意，也可以使用負的增量：

```
>> t = 10:-1:5
t =
    10     9     8     7     6     5
```

除了建立一系列的數字外，冒號還可以當作通配符 (wildcard) 使用，用來選取矩陣個別的列或行。在某一個下標位置使用冒號時，冒號表示一整列或一整行。例如，矩陣 A 的第二列被下列指令選取出來：

```
>> A(2,:)
ans =
     4     5     6
```

我們也可以利用冒號來選取陣列中一系列的元素。例如，根據前一個向量 t 的定義：

```
>> t(2:4)
ans =
     9     8     7
```

因此，會回傳第二個到第四個元素。

2.2.4 `linspace` 以及 `logspace` 函數

`linspace` 及 `logspace` 函數的功能，就是讓我們很方便地產生指定間隔數值的向量。

linspace 函數可以產生固定間隔數值的列向量。下列形式

   linspace(x1, x2, n)

會在 x1 和 x2 之間建立 n 個點。例如：

```
>> linspace(0,1,6)
ans =
       0    0.2000    0.4000    0.6000    0.8000    1.0000
```

如果省略 n，則此函數自動在這之間產生 100 個點。

logspace 函數建立起以對數間隔的列向量。下列形式

   logspace(x1, x2, n)

會在 10^{x1} 和 10^{x2} 之間等對數間隔地建立出 n 個點。例如：

```
>> logspace(-1,2,4)
ans =
    0.1000    1.0000   10.0000  100.0000
```

如果省略 n，則此函數自動在這之間產生 50 個點。

2.2.5 字元串列

除了數字以外，**字母（alphanumeric）**資訊以及**字元串列（character string）**可以用單一上引號，將字元序列括起來表示，舉例來說：

```
>> f = 'Miles';
>> s = 'Davis';
```

每個在串列中的字母是陣列中的一個元素，因此，我們可以用以下的形式連接串列：

```
>> x = [f s]
x =
Miles Davis
```

注意，如果是很長的串列，可以使用**省略符號（ellipsis）**（即…）接續下一列，舉例來說，可以用下列的方式輸入一列向量：

```
>> a = [1 2 3 4 5 ...
6 7 8]
a =
     1     2     3     4     5     6     7     8
```

然而，不可以在單一個上引號中使用省略符號來接續字元串列。要在一串字元以後再延伸一列敘述，將比較短的字串組在一起，如下所示：

```
>> quote = ['Any fool can make a rule,' ...
' and any fool will mind it']
```

```
quote =
Any fool can make a rule, and any fool will mind it
```

一些 MATLAB 內建的函數可用來在字串上操作。表 2.2 列出幾個最常用的函數。例如，

```
>> x1 = 'Canada' ; x2 = 'Mexico' ; x3 = 'USA' ; x4 = '2010' ; x5 = 810;

>> strcmp(a1,a2)

ans =

0

>> strcmp(x2,'Mexico')

ans =

1

>> str2num(x4)

ans =

2010

>> num2str(x5)

ans =

810

>> strrep

>> lower

>> upper
```

注意，如果你要在多行中呈現字串，用字串函數和在字串中插入二個字元序列 \n。例如，

```
>> disp(sprintf('Yo\nAdrian!'))
```

表 2.2 一些有用的字串函數。

函數	敘述
n=length(s)	在一字串 s 中的字元個數 n。
b=strcmp(s1,s2)	比較二個字串 s1 和 s2；如果相同，傳回真 (b = 1)。如果不同，傳回否 (b = 0)。
n=str2num(s)	轉換一字串 s 為一數字 n。
s=num2str(n)	轉換一數字 n 為一字串 s。
s2=strrep(s1,c1,c2)	在一字串中以不同的字元取代字元。
i=strfind(s1,s2)	傳回在字串 s1 中任何發生字串 s2 開始的指標。
S=upper(s)	轉換一字串為大寫。
s=lower(S)	轉換一字串為小寫。

得到

```
Yo
Adrian!
```

2.3 數學運算

純量的數學運算是非常直覺的，和其他的電腦程式語言一樣。下列常用的運算子，其優先順序如下：

^	冪
−	負號
*/	乘法和除法
\	左除法[2]
+ −	加法和減法

這些運算子的使用方法和一般計算一樣。鍵入

```
>> 2*pi
ans =
    6.2832
```

另外，也可以使用純量實變數：

```
>> y = pi/4;
>> y ^ 2.45
ans =
    0.5533
```

和上上個例子一樣，計算的結果被指派到一個變數，或者如同上一個例子所顯示的。

如同其他的電腦計算，使用括號會超越上面所述的優先權順序。例如，冪的優先權比負號為高，所以會得到以下結果：

```
>> y = -4 ^ 2
y =
    -16
```

因此，4 會先被平方，然後再取負號。利用括號來改變這個優先權順序，如下：

```
>> y = (-4) ^ 2
y =
    16
```

---

[2] 左除法適用於矩陣代數，將會在本書後面的章節討論。

在每個優先權層級,運算子有相同的優先權而且是從左到右計算。例如:

```
>> 4^2^3
>> 4^(2^3)
>> (4^2)^3
```

在第一個案例 $4^2 = 16$ 先被計算,接著再三次方得到 4096。在第二案例 $2^3 = 8$ 先被計算,接著 $4^8 = 65,536$。第三個案例和第一個相同,但用了括弧更清楚。

一個容易混淆的運算是否定 (negation);那就是,當負號被用在單一引數來指示記號改變。例如,

```
>> 2*-4
```

−4 是視為一個數字,因此你得到 −8。這個可能不夠清楚,你可以用括弧來釐清此運算

```
>> 2*(-4)
```

此處是最後一個範例其中負號用來否定

```
>> 2^-4
```

再次 −4 是視為一個數字,因此 $2^{\wedge}-4 = 2^{-4} = 1/2^4 = 1/16 = 0.0625$。括弧能讓運算更清楚

```
>> 2^(-4)
```

MATLAB 也能夠進行複數的運算。以下是利用之前定義的兩個值 x (2 + 4*i*) 和 y(16) 所做的運算:

```
>> 3 * x
ans =
   6.0000 + 12.0000i
>> 1 / x
ans =
   0.1000 - 0.2000i
>> x ^ 2
ans =
  -12.0000 + 16.0000i
>> x + y
ans =
   18.0000 + 4.0000i
```

MATLAB 的強大功能可以用向量−矩陣計算來說明。關於這些計算,我們會在第 8 章說明,在這裡先簡單地介紹一些操作。

兩個向量的**內積 (inner product)**(或者叫做點積 (dot product)),可以使用「*」這個運算子來完成:

```
>> a * b
ans =
    110
```

同理,我們可以計算**外積** (outer product):

```
>> b * a
ans =
     2     4     6     8    10
     4     8    12    16    20
     6    12    18    24    30
     8    16    24    32    40
    10    20    30    40    50
```

要更進一步說明向量-矩陣運算,我們重新定義 a 和 b:

```
>> a = [1 2 3];
```

以及

```
>> b = [4 5 6]';
```

現在,鍵入

```
>> a * A
ans =
    30    36    42
```

或是鍵入

```
>> A * b
ans =
    32
    77
   122
```

MATLAB 對於內部維度不同的矩陣不能進行矩陣相乘,以下顯示當維度不能符合此操作規則時所產生的情形。嘗試

```
>> A * a
```

MATLAB 會自動顯示以下的錯誤訊息:

```
??? Error using ==> mtimes
Inner matrix dimensions must agree.
```

矩陣-矩陣乘法必須以下列形式執行:

```
>> A * A
ans =
    30    36    42
    66    81    96
   102   126   150
```

也可以和純量一起計算:

```
>> A/pi
ans =
    0.3183    0.6366    0.9549
    1.2732    1.5915    1.9099
    2.2282    2.5465    2.8648
```

我們必須永遠記住,MATLAB 會盡可能地在向量矩陣形式中使用簡單算術運算。有時需要對矩陣或向量逐項進行計算,而 MATLAB 也提供這些功能。例如,

```
>> A ^ 2
ans =
    30    36    42
    66    81    96
   102   126   150
```

結果就是矩陣 A 和它自己做矩陣的乘法。

如果想要將矩陣 A 中的每一個元素取平方要如何做?利用以下指令:

```
>> A .^ 2
ans =
     1     4     9
    16    25    36
    49    64    81
```

在「^」之前的「.」這個符號表示執行元素對元素的運算。MATLAB 的說明手冊稱之為**陣列運算 (array operations)**,也稱為**元素對元素運算 (element-by-element operations)**。

MATLAB 也包括一些有用的捷徑,可以用來進行已經輸入的運算,例如按向上鍵,可以回到上一行鍵入的文字:

```
>> A .^ 2
```

按下 ENTER 鍵可以再一次進行運算,同時也可以重新編輯這一行。例如,根據下面敘述修改這一行,然後按下 ENTER:

```
>> A .^ 3
ans =
     1     8    27
    64   125   216
   343   512   729
```

利用向上鍵,可以回到任何之前所輸入的指令。按壓向上鍵直到回到以下這一行:

```
>> b * a
```

或者,可以直接鍵入 b 並按一次向上鍵,則 MATLAB 程式會自動帶出上一個以 b 字母開頭的指令。向上鍵捷徑是一個快速修改錯誤的好方式,不必再重新輸入整行的指令。

2.4 使用內建函數

MATLAB 及其工具箱 (Toolbox) 包含了非常豐富的內建函數。你可以使用線上輔助說明找出更多的內建函數。例如，想要更了解 log 函數，鍵入

```
>> help log
LOG     Natural logarithm.
   LOG(X) is the natural logarithm of the elements of X.
   Complex results are produced if X is not positive.
   See also LOG2, LOG10, EXP, LOGM.
```

想要列出所有的初等函數 (elementary function)，則鍵入

```
>> help elfun
```

MATLAB 內建函數有一個重要特性，就是它們可以直接對向量及矩陣進行運算。例如，鍵入

```
>> log(A)
ans =
         0    0.6931    1.0986
    1.3863    1.6094    1.7918
    1.9459    2.0794    2.1972
```

接下來你會看到自然對數函數以陣列形式，且元素對元素被應用在矩陣 A 之上。大部分的函數，例如 sqrt、abs、sin、acos、tanh 以及 exp，都可以用陣列形式來運算。某一些特定的函數，例如指數以及平方根，也有針對矩陣的定義。MATLAB 對於處理矩陣版本的指令，則是加上一個字母 m 做為區別，例如

```
>> sqrtm(A)
ans =
   0.4498 + 0.7623i    0.5526 + 0.2068i    0.6555 - 0.3487i
   1.0185 + 0.0842i    1.2515 + 0.0228i    1.4844 - 0.0385i
   1.5873 - 0.5940i    1.9503 - 0.1611i    2.3134 + 0.2717i
```

有一些用於取整數而捨棄小數的函數，舉例來說，我們輸入一個向量：

```
>> E = [-1.6 -1.5 -1.4 1.4 1.5 1.6];
```

由 round 函數可得到最接近 E 之元素的整數：

```
>> round(E)
ans =
    -2    -2    -1     1     2     2
```

由 ceil 函數可得到最接近 E 之元素的最大整數：

```
>> ceil(E)
ans =
    -1   -1   -1    2    2    2
```

由 floor 函數可得到最接近 E 之元素的最小整數：

```
>> floor(E)
ans =
    -2   -2   -2    1    1    1
```

也有一些針對矩陣元素執行的特殊運算，例如，sum 函數可計算矩陣元素總和：

```
>> F = [3 5 4 6 1];
>> sum(F)
ans =
    19
```

同樣地，下列指令的意義應該很容易了解：

```
>> min(F), max(F), mean(F), prod(F), sort(F)
ans =
     1
ans =
     6
ans =
    3.8000
ans =
    360
ans =
     1    3    4    5    6
```

這個函數的一般用法是用來計算具有一系列引數的公式。回想自由落下的高空彈跳者，其速度可以式 (1.9) 描述：

$$v = \sqrt{\frac{gm}{c_d}} \tanh\left(\sqrt{\frac{gc_d}{m}}t\right)$$

其中 v 是速度 (m/s)，g 是因為重力造成的加速度 (9.81 m/s^2)，m 是質量 (kg)，c_d 是阻力係數 (kg/m)，以及 t 是時間 (s)。

建立一個包括 0 到 20 的行向量 t，步長為 2：

```
>> t = [0:2:20]'
t =
     0
     2
     4
```

```
          6
          8
         10
         12
         14
         16
         18
         20
```

利用 length 指令檢查 t 陣列中元素的數目是否正確：

```
>> length(t)
ans =
   11
```

以及指派的參數的值：

```
>> g = 9.81; m = 68.1; cd = 0.25;
```

MATLAB 可以用來計算例如 $v = f(t)$ 的公式，其中此公式是計算 t 陣列的每個數值，而計算結果會被指派到 v 陣列中的對應位置。在此例中，

```
>> v = sqrt(g*m/cd)*tanh(sqrt(g*cd/m)*t)
v =
         0
   18.7292
   33.1118
   42.0762
   46.9575
   49.4214
   50.6175
   51.1871
   51.4560
   51.5823
   51.6416
```

2.5 圖形

MATLAB 可以快速且方便地建立圖形。例如，根據上述資料建立一個 t 和 v 陣列的圖形，鍵入

```
>> plot (t, v)
```

則在圖形視窗中出現一個圖形，此圖形可以列印出來，或是剪貼到其他程式中。

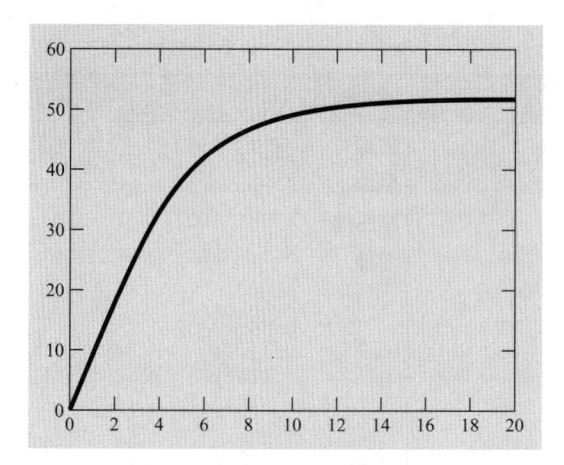

你也可以利用下列指令對此圖形做一些處理：

```
>> title('Plot of v versus t')
>> xlabel('Values of t')
>> ylabel('Values of v')
>> grid
```

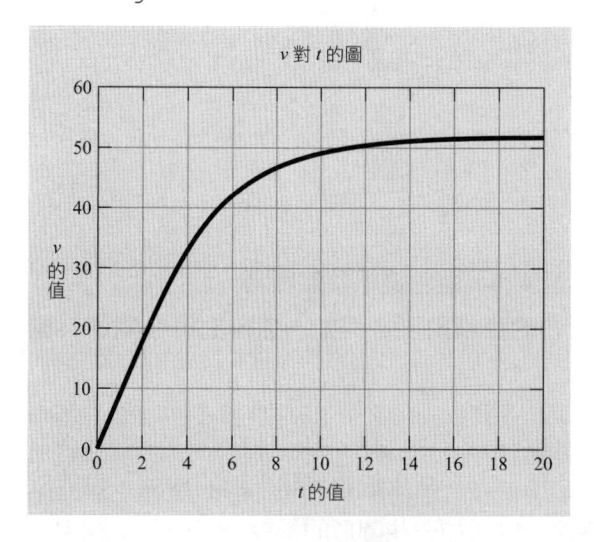

指令 plot 的預設值是顯示實線。如果想要把每一個資料點用符號表示，可以在指令 plot 中將設定符號 (specifier) 用單引號括起來。表 2.3 列出所有可用的設定符號。例如，我們想要使用空心的圓圈，則鍵入

```
>> plot(t, v, 'o')
```

你也可以同時結合多種設定符號。例如，如果你想要綠色正方形標記，並且用綠色虛線連接，你可以輸入

```
>> plot(t,v, 's--g')
```

你也可以控制線的寬度及標記的大小、邊線、填滿（例如：內部色彩）色彩。例如，下列的指令用比較粗（2 pt）的青綠色虛線來連接較大的（10 pt）菱形標記，此菱形標記為黑色邊線並

表 2.3　用以標示顏色、符號以及線條形式的設定符號。

顏色		符號		線條形式	
藍色	b	點	.	實線	—
綠色	g	圈	o	點線	:
紅色	r	叉	x	虛點線	—.
青綠色	c	加號	+	虛線	— —
洋紅色	m	星號	*		
黃色	y	方塊	s		
黑色	k	菱形	d		
白色	w	三角形（往下）	v		
		三角形（往上）	^		
		三角形（往左）	<		
		三角形（往右）	>		
		五邊形	p		
		六邊形	h		

用洋紅色填滿。

```
>> plot(x,y,'--dc', 'LineWidth', 2,…
    'MarkerSize,10,…
    'MarkerEdgeColor','k',…
    'MarkerFaceColor','m')
```

注意預設的線寬是 1 pt。對標記來說，預設的大小是 6 pt、藍色邊線及無填滿。

　　MATLAB 可以讓你在同一張圖形上顯示出更多的資料組別。例如，想要把每一個資料標記用直線連結，可以鍵入

```
>> plot (t, v, t, v, 'o')
```

　　特別需要提醒的是，MATLAB 的預設是每次使用 plot 指令皆會清除先前的繪圖，也能以 hold on 指令保留現在的繪圖及所有座標軸的特性，以增加一些圖形的指令至目前的繪圖中，而 hold off 的指令則會返回到預設的模式中。例如，假如我們鍵入下列的指令，則最後的繪圖將只顯示出符號：

```
>> plot(t, v)
>> plot(t, v, 'o')
```

相對地，在下列的指令，符號和線都能被顯示出來：

```
>> plot(t, v)
>> hold on
>> plot(t, v, 'o')
>> hold off
```

　　除了 hold 的指令外，另一種便利的指令是 subplot，它允許你將圖形視窗切割出子視

窗或**窗格**（**panes**），其語法如下：

subplot(m, n, p)

這個指令能將圖形視窗分割成一個 m × n 的小軸矩陣，並且選擇第 p 軸為現在的繪圖。

我們以一個三維的繪圖來示範 MATLAB 指令 subplot 的功能，最簡單的表現形式是以 plot3 的指令用下列的語法顯示：

plot3(x, y, z)

其中 x、y 和 z 是三個相同長度的向量，此指令將繪出通過一座標點 x、y 和 z 的三維空間直線。

繪製螺旋線是一個顯示繪圖功能的好例子。首先，我們使用二維 plot 函數的繪圖指令，並給予 $x = \sin(t)$ 和 $y = \cos(t)$ 參數繪出圖形，再利用 subplot 的指令產生三維的繪圖：

```
>> t = 0:pi/50:10*pi;
>> subplot(1, 2, 1); plot(sin(t), cos(t))
>> axis square
>> title('(a)')
```

圖 2.1a 顯示畫圖的結果。注意，假如我們沒有使用 axis square 的指令，繪出來的圖可能會扭曲。

現在，我們加入螺旋線到圖的右視窗，為了達成這個目的，再次使用參數陣列表示法：表

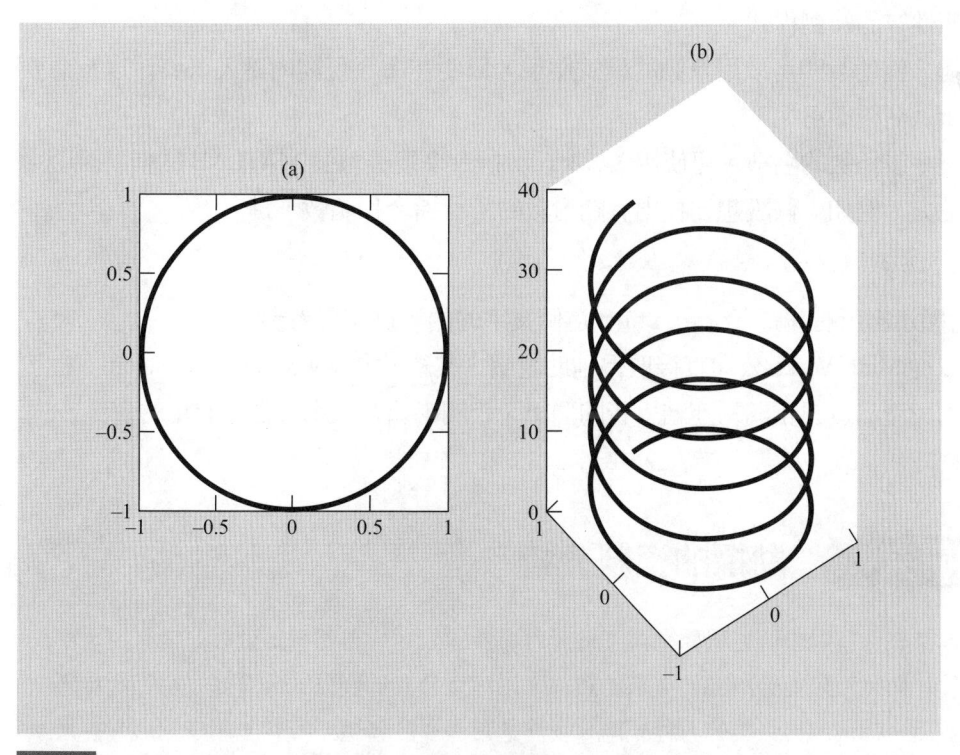

圖 2.1　(a) 二維圓形；(b) 三維螺旋線之兩視窗繪圖。

示 $x = \sin(t)$，$y = \cos(t)$ 和 $z = t$ 參數陣列，以產生螺旋線：

```
>> subplot(1, 2, 2); plot3(sin(t), cos(t), t);
>> title('(b)')
```

結果顯示在圖 2.1b。你能想像後續發生的事嗎？x 軸和 y 軸將逐步以二維模式在平面上繪製圓周長。然而，該曲線也會因 z 座標軸值的線性增加而垂直上升，所產生的網狀圖是一個像彈簧或螺旋線的螺旋梯狀。

還有一些其他有用的圖形特質 —— 例如，以繪製物件取代線條、曲線族群的繪製、複雜平面的繪製、對數與對數或半對數的繪製、三維網狀物的繪製，以及等值圖的繪製。接下來要描述的是關於這些可利用的多樣化學習資源，以及其他 MATLAB 的功能。

2.6 其他資源

前面各節都是在描述 MATLAB 的特色，且會在本書接下來的章節持續使用。然而，這並未包羅所有 MATLAB 功能的概要。如果讀者有興趣想要學習更多的內容，建議參考專門探討 MATLAB 功能的書籍（例如，Attaway, 2009; Palm, 2007; Hanselman and Littlefield, 2005; 以及 Moore, 2008）。

此外，此電腦語言包含廣泛的輔助說明功能，只要在命令視窗中用滑鼠按下 Help 選單就可以閱讀。這提供使用者許多選項可以探索以及搜尋整個 MATLAB 的輔助說明資料。另外，它也提供許多說明性質的範例程式。

如同本章所述，輔助說明可以用互動的模式顯現，只要在命令視窗內鍵入 help 以及想要更了解的指令或函數名稱即可。

如果不知道指令或函數的名稱，可使用 lookfor 指令來搜尋整個 MATLAB 的輔助說明中出現這些文字的地方。例如，假設想要找出有關對數的所有指令和函數，鍵入

```
>> lookfor logarithm
```

接著 MATLAB 會顯示出所有包括 logarithm 這個文字的內容供使用者參考。

最後，也可以從 MathWorks 公司直接取得輔助說明，其網站為 www.mathworks.com。你可以在該網頁上查到與產品資訊相關的連結、新聞群組、相關書籍及技術支援等有用的資源。

2.7 案例研究　　勘探的資料分析

背景　你的課本常充斥著過去著名科學家與工程師所發展的公式。雖然這些公式非常有用，科學家與工程師往往必須蒐集並分析他們擁有的資料，以補充公式的關係式。有時候可因此推導出新的公式。然而，在預測出最後的方程式前，我們通常需要計算這些資料並製成圖形。在大

多數的實例中,我們希望了解隱藏在資料內的模式與機制。

在此案例研究中,我們將以如何使用 MATLAB 幫助進行勘探資料的分析為例,藉由式 (2.1) 及表 2.1 的資料估計一個自由落下者的阻力係數。除了計算阻力係數外,我們也將利用 MATLAB 的圖形能力來了解資料內的模式。

解法 由表 2.1 與重力加速度相關的數據,我們輸入:

```
>> m = [83.6 60.2 72.1 91.1 92.9 65.3 80.9];
>> vt = [53.4 48.5 50.9 55.7 54 47.7 51.1];
>> g = 9.81;
```

由式 (2.1) 可計算出阻力係數。因為我們是在向量上逐一執行元素的操作,所以必須在運算前,將週期的資訊考慮進去:

```
>> cd = g*m./vt.^2
cd =
    0.2876   0.2511   0.2730   0.2881   0.3125   0.2815   0.3039
```

我們現在使用 MATLAB 的內建函數來產生一些統計的結果:

```
>> cdavg = mean(cd), cdmin = min(cd), cdmax = max(cd)
cdavg =
    0.2854
cdmin =
    0.2511
cdmax =
    0.3125
```

因此,由 0.2511 到 0.3125 kg/m 的平均值為 0.2854。

現在,讓我們使用式 (2.1),在平均的阻力係數下,預測終端速度:

```
>> vpred = sqrt(g*m/cdavg)
vpred =
    53.6065   45.4897   49.7831   55.9595   56.5096   47.3774   52.7338
```

注意在公式的運算子之前,我們沒有使用句號,你了解原因嗎?

我們繪出這些值與真實量測終端速度的相對圖,也將加上一條線指出真正的預測(1:1 線)以幫助了解產生的結果。因為我們最後需要產生第二個繪圖,故使用 `subplot` 指令:

```
>> subplot(2, 1, 1); plot(vt, vpred, 'o', vt, vt)
>> xlabel('measured')
>> ylabel('predicted')
>> title('Plot of predicted versus measured velocities')
```

在圖 2.2 的上圖中,因為預測總是跟隨 1:1 線,你一開始可能會認為平均阻力係數已能產生不錯的結果。然而,必須注意模型愈偏向低估低速率的地方,以及高估高速率的地方,預測的不準確性愈高。這顯示阻力係數並非定值,而是有變化趨勢,這可由繪出估計的阻力係數與

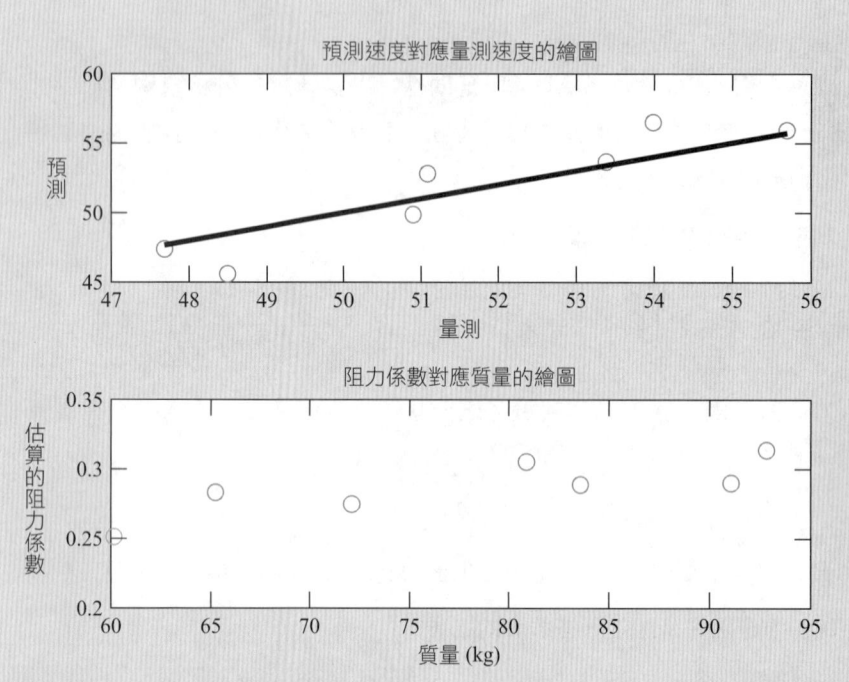

圖 2.2　用 MATLB 繪出的兩張圖

質量的對照圖觀察得知：

```
>> subplot(2, 1, 2); plot(m, cd, 'o')
>> xlabel('mass (kg)')
>> ylabel('estimated drag coefficient (kg/m)')
>> title('Plot of drag coefficient versus mass')
```

在圖 2.2 的下圖中，不是常數的阻力係數會隨彈跳者質量的增加而增加，根據這個結果，你可以知道此模型是需要改進的。至少這會使你想更進一步推導一個適用於大量彈跳者的實驗，以確認你的初步發現。

此外，這個成果也可能激勵你研讀流體力學並學習更多關於阻力的知識。正如前面 1.4 節所述，你會發現參數 c_d 其實是集總阻力係數，包含了實際的阻力和其他因素（如彈跳者的表面積及空氣密度等）：

$$c_d = \frac{C_d \rho A}{2} \tag{2.2}$$

其中 C_d = 無因次的阻力係數，ρ = 空氣密度 (kg/m^3)，A = 彈跳者表面積 (m^2)，也就是投射於速度方向的投影面積。

假設在資料蒐集期間，密度相對不變（良好的假設是所有的彈跳者都在同一天自同一高度跳下），式 (2.2) 說明體重較重的彈跳者可能有較大的面積，這個假設可由量測具不同質量之個體的表面積而獲得證實。

習題

2.1 執行下列指令的結果為何？
```
A=[1:3;2:2:6;3:-1:1]
A=A'
A(:,3)=[]
A=[A(:,1) [4 5 7]' A(:,2)]
A=sum(diag(A))
```

2.2 你要寫 MATLAB 方程式，使用下列方程式來計算一向量的 y 值

(a) $y = \dfrac{6t^3 - 3t - 4}{8\sin(5t)}$

(b) $y = \dfrac{6t-4}{8t} - \dfrac{\pi}{2}t$

其中 t 是一向量。要確定你只在必要時使用句點，才能使方程式妥善地處理向量運算。多的句點將會被認定為錯。

2.3 寫一個 MATLAB 表示式，使用下列方程式來計算並顯示向量 x 的數值

$$x = \dfrac{y(a+bz)^{1.8}}{z(1-y)}$$

假設 y 和 z 是相同長度的向量，a 和 b 為純量。

2.4 下列 MATLAB 指令被執行時會顯示什麼？

(a) `A=[1 2; 3 4; 5 6]; A(2,:)'`

(b) `y=[0:1.5:7]'`

(c) `a=2; b=8; c=4; a + b/c`

2.5 MATLAB 的 humps 函數定義一條涵蓋 $0 \le x \le 2$ 區段有兩個不同高度極值（峰）的曲線：

$$f(x) = \dfrac{1}{(x-0.3)^2+0.01} + \dfrac{1}{(x-0.9)^2+0.04} - 6$$

使用 MATLAB 產生一個 f(x) 對應 x 的圖形，當
```
x=[0:1/256:2];
```
不要用 MATLAB 內建的 humps 函數來產生 f(x) 的數值。此外，使用最少數目的句點來執行產生 f(x) 數值的圖所需的向量運算。

2.6 使用 linspace 函數建立與下列冒號標記法相同的向量。

(a) `t = 4:6:35`

(b) `x = -4:2`

2.7 使用冒號標記法建立與下列 linspace 函數相同的向量。

(a) `v = linspace(-2, 1.5, 8)`

(b) `r = linspace(8, 4.5, 8)`

2.8 `linspace(a, b, n)` 指令產生一列在 a 和 b 之間 n 等分的向量，利用冒號標記法寫一行另一種指令產生相同的向量，用 a = –3, b = 5, n = 6 來測試你的公式。

2.9 在 MATLAB 中輸入下列矩陣：
```
>> A=[3 2 1;0:0.5:1;linspace(6,8,3)]
```
(a) 寫出矩陣的結果。

(b) 利用冒號標記法寫出單一行的 MATLAB 指令，將第二列和第三行相乘，然後將結果指派給變數 C。

2.10 下列方程式是用來計算不同 x 值所得到 y 的結果：

$$y = be^{-ax}\sin(bx)(0.012x^4 - 0.15x^3 + 0.075x^2 + 2.5x)$$

其中 a 以及 b 是參數，使用 MATLAB 實現這個方程式，其中 a = 2, b = 5，且 x 是一個向量，x 值為 0 到 π/2 之間，增加的步長是 Δx = π/40。使用最少數目的句點（即點標記法），如此你會得到一個 y 向量。此外，計算向量 $z = y^2$ 的值，會得到每個 y 的平方值。結合 x、y 以及 z 值得到矩陣 w，其中 w 的每一行各自儲存了每個向量的值，並且用 short g 格式來表示 w。此外，產生一個具有標記的 x 對 y 以及 z 的作圖，並且標上圖示（用 help 了解如何做到）。對 y 作圖時，用寬度 1.5 pt 的紅色虛線與紅色邊線、白色填滿及 14 pt 大小的五角星符號。對 z 作圖時，用標準大小（即預設）的藍色實線，以及預設大小、藍色邊界、綠色填滿的正方形標示。

2.11 一個由電阻、電容以及電感組成的簡單電路，如圖 P2.11 所示。儲存在電容上的電荷 q(t) 是時間的函數，並且可以表示為：

$$q(t) = q_0 e^{-Rt/(2L)} \cos\left[\sqrt{\dfrac{1}{LC} - \left(\dfrac{R}{2L}\right)^2}\, t\right]$$

其中 t 是時間，q_0 是初始的電荷量，R 是電阻值，L 是電感值，C 是電容值。使用 MATLAB 畫出此函數從 t = 0 到 0.8 的圖形，其中 $q_0 = 10$，R = 60，L = 9，C = 0.00005。

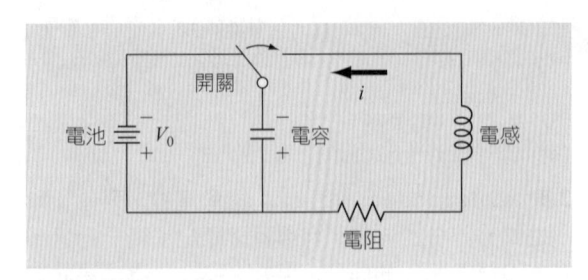

圖 P2.11

2.12 標準常態機率密度函數是一個鐘型曲線，並且可用下列數學式表示：

$$f(z) = \frac{1}{\sqrt{2\pi}} e^{-z^2/2}$$

使用 MATLAB 畫出此函數中 z 從 -5 到 5 的圖形。標示縱座標為「頻率」以及橫座標為 z。

2.13 如果施力 F(N) 壓縮彈簧，彈簧的位移量為 x(m)，此現象可以用**虎克定律 (Hooke's law)** 描述：

$$F = kx$$

其中 k = 彈力常數 (N/m)。儲存在彈簧中的彈力位能 U (J) 可以計算為：

$$U = \frac{1}{2}kx^2$$

分別測試五個彈簧，測試結果如下：

F, N	14	18	8	9	13
x, m	0.013	0.020	0.009	0.010	0.012

使用 MATLAB 以向量形式儲存 F 和 x，並且計算彈力常數以及彈力位能。利用 max 指令找出最大的彈力位能。

2.14 淡水的密度可以表示成溫度的函數，如下列三次方程式所示：

$$\rho = 5.5289 \times 10^{-8} T_C^3 - 8.5016 \times 10^{-6} T_C^2 \\ + 6.5622 \times 10^{-5} T_C + 0.99987$$

其中 ρ = 密度 (g/cm^3)，且 T_C = 溫度 (°C)。使用 MATLAB 產生溫度的向量，範圍從 32 °F 到 93.2 °F，且增量為 3.6 °F。將這個向量轉換成攝氏溫度，並根據這個三次公式計算一密度向量。建立 ρ 對 T_C 的圖形。提示：$T_C = 5/9(T_F - 32)$。

2.15 曼寧方程式 (Manning's equation) 可以用來計算在一個矩形明渠中的水速：

$$U = \frac{\sqrt{S}}{n} \left(\frac{BH}{B + 2H} \right)^{2/3}$$

其中 U 是速度 (m/s)，S 是渠道的斜率，n 是粗糙度係數 (roughness coefficient)，B 是寬度 (m) 以及 H 是深度 (m)。下列是五個渠道的資料：

n	S	B	H
0.035	0.0001	10	2
0.020	0.0002	8	1
0.015	0.0010	20	1.5
0.030	0.0007	24	3
0.022	0.0003	15	2.5

將這些資料以一個矩陣儲存，矩陣的五列分別各代表一個渠道的資料，且每一行表示一個參數。使用一行 MATLAB 的指令，根據此參數矩陣，計算出一個包括速度的行向量。

2.16 在工程與科學應用中，我們常常需要把方程式以直線畫出，並且將每一個資料點以符號表示，以下是液態溴光降解的濃度 (c) 對時間 (t) 的數據。

t, min	10	20	30	40	50	60
c, ppm	3.4	2.6	1.6	1.3	1.0	0.5

資料可以用下列函數表示：

$$c = 4.84 e^{-0.034t}$$

使用 MATLAB 建立數據（用菱形、紅色填滿的符號表示）和函數（用綠色、虛線表示）的圖形。畫出從 $t = 0$ 到 70 min 的函數。

2.17 semilogy 函數和 plot 函數的使用方式很類似，除了 y 軸為使用對數刻度（基底為 10）。使用此函數畫出習題 2.16 中的數據與函數，並解釋此結果。

2.18 以下是某風洞的力 (F) 對應速度 (v) 的數據：

v, m/s	10	20	30	40	50	60	70	80
F, N	25	70	380	550	610	1220	830	1450

數據可以用下列函數表示：

$$F = 0.2741 v^{1.9842}$$

使用 MATLAB 建立數據（用洋紅圓形符號表示）和函數（用黑色虛點線表示）的圖形。畫出從 $v = 0$ 到 100 m/s 的函數，並且標示兩軸。

2.19 loglog 指令和 plot 指令的使用方式很類似，除了 x 軸和 y 軸都使用對數刻度。使用這個函數畫出習題 2.18 中的數據與函數，並解釋此結果。

2.20 餘弦函數 (cosine) 的**馬克勞林級數展開式 (Maclaurin series expansion)** 如下：

$$\cos x = 1 - \frac{x^2}{2!} + \frac{x^4}{4!} - \frac{x^6}{6!} + \frac{x^8}{8!} - \cdots$$

使用 MATLAB 建立餘弦函數（實線）與級數展開到 $x^8/8!$ 項（黑色虛線）的圖形。使用內建的 factorial 函數來計算這個級數展開。橫座標的範圍設定在 $x = 0$ 到 $3\pi/2$ 之間。

2.21 你聯絡一些彈跳者而得到表 2.1 的數據，並且也量測了這些彈跳者的表面積。按照與表 2.1 相同的次序排列，得到下列結果：

A, m²	0.455	0.402	0.452	0.486	0.531	0.475	0.487

(a) 假如空氣密度為 $\rho = 1.223$ kg/m³，使用 MATLAB 計算出無因次阻力係數 C_d 的值。
(b) 計算結果的平均、最小與最大值。
(c) 繪出 A 對 m（上方）與 C_d 對 m（下方）之同步對照圖，圖中包含軸標記與名稱。

2.22 下列的參數方程式可以產生一個圓錐形螺旋線：

$$x = t\cos(6t)$$
$$y = t\sin(6t)$$
$$z = t$$

計算在 $t = 0$ 到 6π 時，x、y 及 z 的值，時間步階 $\Delta t = \pi/64$，用 subplot 指令產生一個二維作圖 (x, y) 的上方圖（紅色實線），與一個三維作圖 (x, y, z) 的下方圖（青色實線）。並且在軸上標上標記。

2.23 下列 MATLAB 指令執行之後會顯示什麼結果？

(a)
```
>> x = 5;
>> x ^ 3;
>> y = 8 - x
```

(b)
```
>> q = 4:2:12;
>> r = [7 8 4; 3 6 -5];
>> sum(q)*r(2, 3)
```

2.24 下列方程式為一物體軌道的模型：

$$y = (\tan\theta_0)x - \frac{g}{2v_0^2\cos^2\theta_0}x^2 + y_0$$

其中 y = 高度 (m)，θ_0 = 初始角 (rad)，x = 水平距離 (m)，g = 重力加速度 (= 9.81 m/s²)，v_0 = 初始速度 (m/s)，y_0 = 初始高度。以 $y_0 = 0$，$v_0 = 28$ m/s 及用步階 15° 遞增自 15° 到 75° 的初始角，使用 MATLAB 找出軌跡。採用步階 5 m 遞增自 $x = 0$ 到 80 m 的水平距離，結果應以陣列形式集合起來，其中第一個維度（列）對應距離，第二個維度（行）對應不同的初始角。使用此矩陣產生對每一個初始角的高度對應水平距離的相對圖。你需要使用圖例，區別不同的例子，並且使用 axis 指令將圖比例調整使最小高度為零。

2.25 **阿瑞尼斯方程式 (Arrhenius equation)** 可用來計算溫度的化學反應式：

$$k = Ae^{-E/(RT_a)}$$

其中，k = 反應速率 (s⁻¹)，A = 頻率因素，E = 活化能 (J/mol)，R = 氣體常數 [8.314 J/(mole · K)]，T_a = 絕對溫度 (K)。一合成物 $E = 1 \times 10^5$ J/mol，$A = 7 \times 10^{16}$。使用 MATLAB 產生溫度範圍在 253 K 到 325 K 的反應速率，並以 subplot 指令產生 **(a)** k 對 T_a（綠色線）及 **(b)** $\log_{10} k$（紅色線）與 $1/T_a$ 的對照圖。使用 semilogy 函數來建立 **(b)**。兩個子圖皆須包含軸標記和標題，並解釋你的結果。

2.26 圖 P2.26a 顯示一道均勻的樑，受到一個線性增加的分布負載，如圖 P2.26b 所示，變形 $y(m)$ 可以用下式計算

$$y = \frac{w_0}{120EIL}(-x^5 + 2L^2x^3 - L^4x)$$

其中 E = 彈性係數，I = 動量慣性力矩 (m⁴)。使用這個方程式來計算並且產生下列數值對沿著樑距離的 MATLAB 圖形：

(a) 位移 (y)
(b) 斜率 [$\theta(x) = dy/dx$]
(c) 動量 [$M(x) = EI d^2y/dx^2$]
(d) 剪力 [$V(x) = EI d^3y/dx^3$]
(e) 負載 [$w(x) = -EI d^4y/dx^4$]

使用下列參數進行計算，$L = 600$ cm，$E = 50,000$ kN/cm²，$I = 30,000$ cm⁴，$w_0 = 2.5$ kN/cm，$\Delta x = 10$ cm。使用 subplot 指令顯示所有圖案，並且垂直排列在同一頁中，順序由 **(a)** 到 **(e)**。包含標記，在繪製這些圖形時採用 MKS 單位系統。

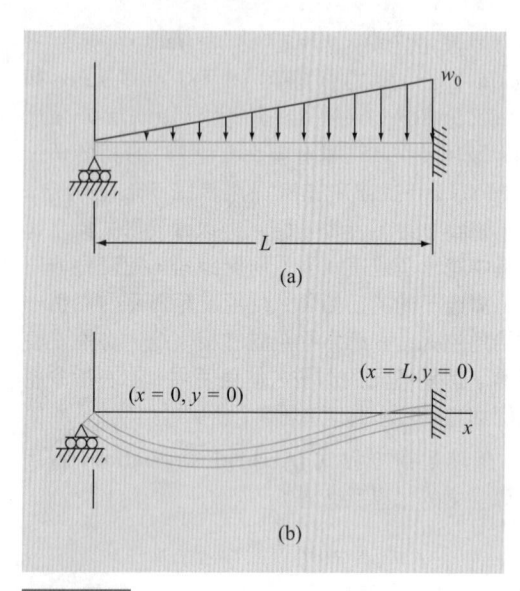

圖 P2.26

2.27 以下是**蝴蝶曲線 (butterfly curve)** 的參數方程式：

$$x = \sin(t)\left(e^{\cos t} - 2\cos 4t - \sin^5 \frac{t}{12}\right)$$

$$y = \cos(t)\left(e^{\cos t} - 2\cos 4t - \sin^5 \frac{t}{12}\right)$$

產生 $t = 0$ 到 100 的 x 值以及 y 值，時間步階 $\Delta t = 1/16$。畫出下列圖形：**(a)** x 以及 y 對 t 的作圖，**(b)** y 對 x 的作圖。使用 subplot 指令將三個圖垂直堆疊，並且使圖形在 **(b)** 的正方形中。**(a)** 的兩張圖都標上標題以及軸標記，並且標上圖例，**(b)** 則用虛線畫出 y 以便和 x 作區別。

2.28 習題 2.27 的蝴蝶曲線也可以用極座標的方程式表示：

$$r = e^{\sin\theta} - 2\cos(4\theta) - \sin^5\left(\frac{2\theta - \pi}{24}\right)$$

產生 θ 從 0 到 8π 的 r 值，其中 $\Delta\theta = \pi/32$。使用 MATLAB 的 polar 函數產生蝴蝶曲線的極座標圖，以紅色虛線畫出。使用 MATLAB 的 Help 指令了解如何產生此圖形。

第 3 章

撰寫 MATLAB 程式

章節目標

本章的主要目標是教導讀者如何撰寫 M 檔來完成數值方法。個別的目標和主題包括：

- 學習如何在編輯視窗中建立具清晰註解的 M 檔，並且在命令視窗中啟動。
- 了解腳本和函數檔案的不同。
- 了解如何合併幫助 (help) 註解到函數中。
- 了解如何設定 M 檔，使其能與使用者互動且提供資訊，並在命令視窗顯示結果。
- 了解子函數的規則及如何存取子函數。
- 了解如何建立及擷取資料檔案。
- 學習如何利用結構化的程式來撰寫清晰註解的 M 檔，並完成邏輯執行以及反覆執行。
- 明瞭 if...elseif 與 switch 架構的不同。
- 明瞭 for...end 與 while 架構的不同。
- 知道如何以 MATLAB 做動畫。
- 了解向量化及其優點。
- 了解如何將函數傳遞至 M 檔。

有個問題考考你

在第 1 章中，我們使用力平衡發展一個數學模型來預測高空彈跳者落下的速度。將這個模型以微分方程式的形式表示：

$$\frac{dv}{dt} = g - \frac{c_d}{m}v|v|$$

我們也學習到此方程式的數值解可以用歐拉法求得：

$$v_{i+1} = v_i + \frac{dv_i}{dt}\Delta t$$

這個方程式可以一直重複用來計算以時間為函數的速度。然而，要達到好的正確度，我們必須使用很小的步長，而以手動運算相當複雜且耗時。利用 MATLAB 的幫助，這些計算可以很容易地進行。

所以我們現在的問題是如何進行這個過程。本章將會為讀者介紹如何使用 MATLAB 的 M 檔來求解。

3.1 何謂 M 檔

一個最普遍用來執行 MATLAB 的方式，就是在命令視窗中一次輸入一個指令。M 檔提供另一個進行運算的方式，可以擴展 MATLAB 解決問題的能力。一個 **M 檔 (M-file)** 包括一系列可以在同一時間執行的敘述。專有名詞「M 檔」的由來是因為這些檔案的副檔名都是 .m。M 檔有兩種內涵：腳本檔案與函數檔案。

3.1.1 腳本檔案

所謂**腳本檔案 (script file)** 是指一系列儲存於檔案中的 MATLAB 指令。這些腳本可以在命令視窗中輸入檔案名稱來執行，或者可以利用編輯視窗中的選單，下拉後選取 **Run**，也可以執行。

範例 3.1　腳本檔案

問題敘述　發展一個腳本檔案用來計算自由落下的高空彈跳者的速度，其中初始速度為零。

解法　開啟編輯器，並且在下拉選單中選取 **New**，**Script**。輸入下列敘述以計算在某一個特定時間自由落下的高空彈跳者的速度（利用式 (1.9)）：

```
g = 9.81; m = 68.1; t = 12; cd = 0.25;
v = sqrt(g * m / cd) * tanh(sqrt(g * cd / m) * t)
```

將檔案儲存為 `scriptdemo.m`。回到命令視窗並鍵入

```
>> scriptdemo
```

則可以得到以下結果，並顯示

```
v =
   50.6175
```

由此可見，腳本執行的結果和在命令視窗中逐行執行的狀況是一樣的。

最後一個步驟可決定 g 值，藉由鍵入

```
>> g
g =
   9.8100
```

由此可見，即使 g 已在腳本中被定義，仍然可在命令工作列中設定，下節中我們可發現這是腳本和函數檔案的重大不同處。

3.1.2 函數檔案

所謂**函數檔案 (function file)** 就是以 function 這個文字起頭的 M 檔。和腳本檔案不同，函數檔案可以接受引數並且傳回輸出值，因此它們就像 Fortran、Visual Basic 以及 C 等電腦程式語言中的使用者定義函數 (user-defined functions)。

函數檔案的語法通常可以表示成

```
function outvar = funcname(arglist)
% helpcomments
statements
outvar = value;
```

其中 `outvar` = 輸出變數的名稱，`funcname` = 函數的名稱，`arglist` = 函數的引數清單（也就是以逗點界定的值，可以傳遞到函數），`helpcomments` = 可以提供給使用者有關此函數資訊的文字（可以在命令視窗中鍵入 `Help funcname` 來啟動），以及 `statements` = 可以用來計算指派給 `outvar` 的 `value` 之 MATLAB 敘述。

除了描述函數的規則外，稱為 **H1 行（H1 line）** 的 `helpcomments` 中的第一行，則是藉由 `lookfor` 指令（回顧 2.6 節）搜尋而得。因此，你應該將與此檔案相關之關鍵字的描述陳述在此行中。

此 M 檔應儲存為 `funcname.m`。此函數可以藉由在命令視窗中鍵入 `funcname` 來執行，如同接下來的範例所描述的。注意，MATLAB 是會區分大小寫的，但是使用者的作業系統則未必。也就是 MATLAB 會將 `freefall` 以及 `FreeFall` 這兩個名稱當作不同的兩個變數，而使用者的作業系統則未必會如此。

範例 3.2　函數檔案

問題敘述　與範例 3.1 相同，計算自由落下的高空彈跳者的速度，但使用函數檔案來求得。

解法　在檔案編輯器中輸入下列敘述：

```
function v = freefall(t, m, cd)
% freefall: bungee velocity with second-order drag
% v=freefall (t, m, cd) computes the free-fall velocity
%                       of an object with second-order drag
% input:
%   t = time (s)
%   m = mass (kg)
%   cd = second-order drag coefficient (kg/m)
% output:
```

```
%   v = downward velocity (m/s)
g = 9.81;        % acceleration of gravity
v = sqrt(g * m / cd) * tanh(sqrt(g * cd / m) * t);
```

將此檔案儲存成 `freefall.m`。要啟動此函數,回到命令視窗並且鍵入

```
>> freefall(12, 68.1, 0.25)
```

則結果會顯示出

```
ans =
   50.6175
```

函數 M 檔的好處就是可以反覆執行並且代入不同的引數。如果我們要計算一個體重為 100 kg 的高空彈跳者經過 8 秒的速度:

```
>> freefall(8, 100, 0.25)
ans =
   53.1878
```

要啟動輔助說明註解,則鍵入

```
>> help freefall
```

則會將檔案中所輸入的註解顯示出來。

```
freefall: bungee velocity with second-order drag
  v=freefall (t, m, cd) compute the free-fall velocity
                   of an object with second-order drag
input:
  t = time (s)
  m = mass (kg)
  cd = second-order drag coefficient (kg/m)
output:
  v = downward velocity (m/s)
```

假設在往後的資料中,你忘記函數的名稱,但記得是高空彈跳的函數,則可輸入

```
>> lookfor bungee
```

你可得到下列的資訊:

```
freefall.m - bungee velocity with second-order drag
```

注意,在上述範例中,假如你輸入

```
>> g
```

則可得到下列的資訊:

```
??? Undefined function or variable 'g'
```

即使在 M 檔中,g 值已被設定為 9.81,此值並不會在命令工作列中顯示出來。注意,在範例 3.1 中曾提過,這是腳本和函數檔案的重大不同處。函數中的變數稱為**區域函數 (local**

function)，因為該函數執行後其值即不儲存；相對地，腳本的變數在執行後其值依然存在。

函數 M 檔能夠傳回一個以上的結果。在這樣的例子中，包括結果的變數會以逗點分開，並且用中括號括起來。例如，stats.m 可以計算一個向量的平均值以及標準差：

```
function [mean, stdev] = stats(x)
n = length(x);
mean = sum(x)/n;
stdev = sqrt(sum((x-mean).^2/(n-1)));
```

下面是一個可以說明此函數如何應用的例子：

```
>> y = [8 5 10 12 6 7.5 4];
>> [m,s] = stats(y)
m =
    7.5000
s =
    2.8137
```

在本書接下來的內容當中，雖然還是會用到腳本 M 檔，但函數 M 檔會是主要的程式設計工具。因此，我們時常將 M 檔函數檔簡單地用 M 檔稱之。

3.1.3　變數範圍

MATLAB 變數有一個性質稱為**範圍 (scope)**，是指計算環境的脈絡 (context) 當中變數有獨特的身分和數值。一般而言，一個變數的範圍不是限制於 MATLAB **工作空間 (workspace)**，就是限制於函數內。此原則防止程式設計師無意間將在不同情境的變數指定相同名字的錯誤。

任何變數透過指令行定義都是在 MATLAB 工作空間之內，而且你可經由在指令行鍵入變數名稱立即檢視一工作空間變數的數值。但是函數不能直接讀取工作空間變數，而是經由引數來送至函數。例如，在此有一函數將二數字相加

```
function c = adder(a,b)
x = 88
a
c = a + b
```

假設在指令行我們鍵入

```
>> x = 1; y = 4; c = 8
c =
    8
```

因此如同預期，c 的數值在工作空間是 8。如果你鍵入

```
>> d = adder(x,y)
```

此結果應是

```
    x =
        88
    a =
        1
    c =
        5
    d =
        5
```

但是，如果你再鍵入

```
    >> c, x, a
```

結果是

```
    c =
        8
    x =
        1

    Undefined function or variable 'a'.
    Error in ScopeScript (line 6)
    c, x, a
```

在此的重點是即使 x 在函數內被指定一新的數值，在 MATLAB 工作空間相同名稱的變數仍然未變。即使它們有相同名稱，個別的範圍受限於它們的脈絡且不能重複。在函數中，變數 a 和 b 受限於那個函數的範圍，並只在函數執行時才存在。這類變數被正式稱為**局部變數(local variable)**。因此當我們試圖要在工作空間顯示 a 的數值時，通常會發生錯誤訊息，因為工作空間中無法存取在函數中的 a。

另一個限制範圍變數的明顯後果是函數需要的任何參數都必須以一輸入引數或其他明確方式傳遞。否則一函數無法在工作空間中或在其他函數中存取變數。

3.1.4 全域變數

如同我們剛剛所描述，函數的引數清單像一扇窗，資訊透過它在工作空間和函數之間或在二個函數之間選擇性的傳遞。但有時，在數個脈絡不以引數傳遞來存取一個變數會比較方便。在這種情況，可以定義變數為**全域變數（global variable）**。全域指令定義如下

```
    global X Y Z
```

其中 X，Y 和 Z 的範圍是全域。如果幾個函數（或者工作空間）都宣告一個特別名稱為全域，那麼它們都和那個變數共享同一數值。在任何函數中對全域變數做任何改變，都會讓其他宣告為全域的函數跟著改變。風格上 MATLAB 建議全域變數全用大寫字母，但是這並非必要。

範例 3.3　使用全域變數

問題敘述　斯特凡－波茲曼 (Stefan-Boltzmann) 定律用來計算黑體[1]的輻射通量如下：

$$J = \sigma T_a^4$$

其中 J = 輻射通量 [W/(m²s)]，σ = 斯特凡－波茲曼常數 (5.670367×10^{-8} Wm^{-2}K^{-4})，T_a = 絕對溫度 (K)。在評估氣候變遷對水溫的衝擊，它被用來計算水域熱平衡中的輻射項。例如，從大氣到水域的長波輻射 J_{an} (W/m²s) 可計算為

$$J_{an} = 0.97\sigma(T_{air} + 273.15)^4 (0.6 + 0.031\sqrt{e_{air}})$$

其中 T_{air} = 水域上的空氣溫度 (°C)，e_{air} = 水域上的空氣的蒸氣壓 (mmHg)：

$$e_{air} = 4.596 e^{\frac{17.27 T_d}{237.3 + T_d}} \quad \text{(E3.3.1)}$$

其中 T_d = 露點溫度 (°C)。從水域表面的輻射回大氣，J_{br} [W/(m²s)] 可計算為

$$J_{br} = 0.97\sigma(T_w + 273.15)^4 \quad \text{(E3.3.2)}$$

其中 T_w = 水溫 (°C)。寫一腳本，要利用兩個函數來計算在一個炎熱 (T_{air}=30°C)、潮濕 (T_d = 27.7°C) 的夏天，表面溫度為 T_w=15°C 的冰冷湖泊其淨長波輻射（亦即進入的大氣輻射與離開的水輻射之差值）為多少。使用全域指令在腳本與函數之間分享斯特凡－波茲曼常數。

解答　腳本如下

```
clc, format compact
global SIGMA
SIGMA = 5.670367e-8;
Tair = 30; Tw = 15; Td = 27.7;
Jan = AtmLongWaveRad(Tair, Td)
Jbr = WaterBackRad(Tw)
JnetLongWave = Jan-Jbr
```

以下是一個函數來計算從大氣入射至湖面的輻射長波

```
function Ja = AtmLongWaveRad(Tair, Td)
global SIGMA
eair=4.596*exp(17.27*Td/(237.3+Td));
Ja=0.97*SIGMA*(Tair+273.15)^4*(0.6+0.031*sqrt(eair));
end
```

以下是一個函數來計算從湖面回大氣的輻射長波

```
function Jb = WaterBackRad(Twater)
global SIGMA
Jb=0.97*SIGMA*(Twater+273.15)^4;
end
```

---

[1] 黑體是在任何頻率或入射角吸收所有入射電磁輻射的物體。白體是完全且全方位均勻地反射所有入射光的物體。

當腳本執行時，輸出為
```
Jan =
   354.8483
Jbr =
   379.1905
JnetLongWave =
   -24.3421
```

因此，對於此例，因為反射輻射大於入射輻射，所以受到二長波通量造成湖的熱損失率為 24.3421 W/(m^{2}s)。

如果你需要全域變數額外的訊息，你可以在指令行鍵入 `help global`。Help 功能也能呼叫來學習其他 MATLAB 的範圍指令，例如 `persistent`。

3.1.5　子函數

函數可以呼叫其他的函數，雖然這樣的函數可以不同的 M 檔儲存，但也能以單一個 M 檔儲存。例如，在範例 3.2 中的 M 檔可分成兩個函數，並且存成單一個 M 檔[2]：

```
function v = freefallsubfunc(t, m, cd)
v = vel(t, m, cd);
end
function v = vel(t, m, cd)
g = 9.81;
v = sqrt(g * m / cd)*tanh(sqrt(g * cd / m)*t);
end
```

此一 M 檔可儲存為 `freefallsubfunc.m`。在此例中，第一個函數稱為**主函數 (main function** 或 **primary function)**，它是唯一能在命令視窗中存取其他腳本和函數檔案的函數，其他的函數只能被視為**子函數**（**subfunction**，在此例中為 `vel`）。

在 M 檔中，子函數只能被主函數或其他檔案內的子函數存取。假如我們在命令視窗中執行 `freefallsubfunc`，其結果和範例 3.2 是一樣的：

```
>> freefallsubfunc(12, 68.1, 0.25)
ans =
    50.6175
```

然而，假如我們嘗試執行子函數 `vel`，將產生一個錯誤的訊息：

```
>> vel(12, 68.1, .25)
??? Undefined function or method 'vel' for input arguments of type 'double'.
```

---

[2] 注意，雖然在單一個 M 檔中 end 敘述並非用來終止函數，我們仍傾向於包含此敘述，以區別主函數與子函數的邊界。

3.2 輸入與輸出

與 3.1 節一樣，資訊可以透過引數清單傳遞到函數當中，並且透過函數的名稱輸出。另外還有兩個函數可以在命令視窗中直接輸入以及顯示資訊。

input 函數　此函數可以讓你直接從命令視窗中向使用者要求一個值。語法如下：

```
n = input('promptstring')
```

此函數顯示出 *promptstring*，等待從鍵盤的輸入，並且從鍵盤傳回這個值。例如，

```
m = input('Mass (kg): ')
```

當這一行執行之後，使用者會得到以下的訊息提示：

```
Mass (kg):
```

如果使用者輸入一個值，則此值會被指派為變數 m。

這個 input 函數也可以將使用者的輸入以一個字串的形式回傳。要執行這個功能，必須在函數的引數清單後面加上 's'。例如，

```
name = input('Enter your name: ', 's')
```

disp 函數　此函數提供一個可方便顯示值的方法。語法如下：

```
disp(value)
```

其中 *value* =你想要顯示的值。它可以是一個常數或一個變數，甚至是一個以連字號(hyphen)括起來的字串。其應用以下列範例說明。

範例 3.4　一個互動式的 M 檔函數

問題敘述　如範例 3.2，計算自由落下的高空彈跳者的速度，但是使用 input 和 disp 這兩個函數來完成輸入和輸出。

解法　在檔案編輯器中鍵入下列敘述：

```
function freefalli
% freefalli: interactive bungee velocity
%    freefalli interactive computation of the
%             free-fall velocity of an object
%             with second-order drag.
g = 9.81;      % acceleration of gravity
m = input('Mass (kg): ');
cd = input('Drag coefficient (kg/m): ');
t = input('Time (s): ');
disp(' ')
disp('Velocity (m/s): ')
disp(sqrt(g * m / cd )*tanh(sqrt(g * cd / m ) * t))
```

將此檔案儲存成 `freefalli.m`。要呼叫這個函數，回到命令視窗並且鍵入

```
>> freefalli
Mass (kg): 68.1
Drag coefficient (kg/m): 0.25
Time (s) : 12
Velocity (m/s):
   50.6175
```

fprintf 函數　此函數提供顯示訊息額外的控制功能。關於此語法的簡單例子如下：

```
fprintf('format', x, …)
```

其中 *format* 是一個字串，用以指定如何顯示變數 x 的值。此函數的操作最好還是以範例來說明較為恰當。

最簡單的例子是將值與一段訊息同時顯示。例如，變數 velocity 具有值 50.6175。若要以包含四位小數總共八位數的格式顯示這個值，並且同時顯示一段訊息，則敘述的結果如下：

```
>> fprintf(' The velocity is %8.4f m/s\n', velocity)
The velocity is 50.6175 m/s
```

這個例子應該可以清楚地說明格式字串如何運作。MATLAB 從字串的最左邊開始顯示文字，直到遇上數個符號才停止，包括：% 或 \。在我們的例子中，遇到 % 且發現下一個文字是格式符號。如表 3.1 中，**格式符號 (format code)** 讓你可以指定數字以整數、小數或科學記號的格式顯示。在顯示 velocity 的值之後，MATLAB 繼續顯示字元的資訊（在我們的例子中，單位是 m/s），直到再度遇上換行符號 \。這個符號告訴 MATLAB 下面的文字是控制符號。如表 3.1 中所列，**控制符號 (control code)** 提供各種動作，例如，省略到下一行中間的所有字元。如果我們在上面例子中省略 \n，則提示符號會出現在 m/s 這個文字後面，而不是換到下一行。

fprintf 函數也可以用來在同一行中顯示數個不同格式的數值。例如，

表 3.1　`fprintf` 函數中常用的格式符號以及控制符號。

格式符號	描述
%d	整數格式
%e	以小寫 e 顯示的科學記號格式
%E	以大寫 E 顯示的科學記號格式
%f	小數格式
%g	更緊密的 %e 或者 %f

控制符號	描述
\n	開始新的一行
\t	定位 (Tab)

```
>> fprintf('%5d %10.3f %8.5e\n' , 100, 2*pi , pi);
  100      6.283 3.14159e+000
```

它也可以用來顯示向量或矩陣。以下是一個將數值輸入成兩組向量的 M 檔。接下來將兩個向量合併成一個矩陣,並且加上標題:

```
function fprintfdemo
x = [1 2 3 4 5];
y = [20.4 12.6 17.8 88.7 120.4];
z = [x;y];
fprintf('     x        y\n');
fprintf('%5d %10.3f\n',z);
```

執行此 M 檔得到的結果如下:

```
>> fprintfdemo
     x        y
     1     20.400
     2     12.600
     3     17.800
     4     88.700
     5    120.400
```

3.2.1 建立與存取檔案

MATLAB 能讀寫資料檔,最簡單的方法是一個稱為 **MAT 檔 (MAT-file)** 的二進位檔案,它能以 save 和 load 指令在 MATLAB 中執行建立與存取檔案。

save 指令是用來在工作空間或選擇的變數中產生 MAT 檔。其語法為:

save *filename var1 var2 … varn*

此指令建立一個包含 *var1* 到 *varn* 變數且名為 *filename*.mat 的 MAT 檔。假如變數被省略,所有的工作空間變數都會被儲存。接著,使用 load 指令擷取此檔案:

load *filename var1 var2 … varn*

此指令是用來從 *filename*.mat 中擷取 *var1* 到 *varn* 的變數。和 save 指令一樣,假如變數被省略,所有的工作變數都會被取回。

例如,假設你使用式 (1.9) 對一些阻力係數產生速度:

```
>> g = 9.81; m = 80; t = 5;
>> cd = [.25 .267 .245 .28 .273]';
>> v = sqrt(g*m ./cd).*tanh(sqrt(g*cd/m)*t);
```

你能以下列指令建立一檔案儲存阻力係數和速度:

```
>> save veldrag v cd
```

為了方便後面舉例如何擷取值,我們先以 clear 指令從工作區中移除所有的值:

```
>> clear
```

此時,假如你欲顯示速度的值,你將得到:

```
>> v
??? Undefined function or variable 'v'.
```

然而,假如你想恢復早先的值,你可鍵入以下指令恢復該值:

```
>> load veldrag
```

現在,速度的值已經恢復,可以藉由鍵入以下指令確認:

```
>> who
Your variables are:
cd   v
```

雖然 MAT 檔在 MATLAB 的環境中相當有用,但仍需要一些 MATLAB 和其他程式之間不同的技巧。一個簡單技巧是能以 ASCII 格式的文字檔儲存。

ASCII 格式的文字檔能以附加指令 -ascii 在指令 save 的 MATLAB 環境產生。相對於 MAT 檔,如果要儲存整個工作,你只需儲存單一個矩陣值,例如:

```
>> A = [5 7 9 2;3 6 3 9];
>> save simpmatrix.txt -ascii
```

在此例中,指令 save 以 8 位元的 ASCII 格式儲存 A 矩陣。假如你要以倍精度的方式儲存該數字,則需要附加 -ascii -double。在任一形式,此檔都能以試算表或 Word 軟體的其他程式存取。假如你以文字編輯器開啟此檔,你能看到:

```
   5.0000000e+000   7.0000000e+000   9.0000000e+000   2.0000000e+000
   3.0000000e+000   6.0000000e+000   3.0000000e+000   9.0000000e+000
```

你也能在 MATLAB 環境以 load 的指令讀取值:

```
>> load simpmatrix.txt
```

因為 simpmatrix.txt 並非 MAT 檔,MATLAB 會建立一個名為 *filename* 的倍精度陣列:

```
>> simpmatrix
simpmatrix =
     5     7     9     2
     3     6     3     9
```

你也能將 load 指令當作一個函數,並且給變數安排值:

```
>> A = load('simpmatrix.txt')
```

上述資料為 MATLAB 檔案管理的一小部分。例如,一個方便且重要的方法是涵蓋在選單選項中的 **File, Import Data**。你可以練習使用此方法來開啟 simpmatrix.txt,即可發現此輸入法的便利性。此外,你也能查閱 help 以學習更多關於此方法的其他特色。

3.3 結構化的程式

M 檔會循序地執行每一個指令,也就是從函數檔案的最上面一行開始,逐行執行程式的敘述,直到最後一行。因為僵化的順序會限制功能,所有的電腦程式語言一定都包括讓程式使用非循序途徑的敘述(指令)。這些可以分類成:

- **決策 (Decisions)**〔或稱選擇 (Selection)〕:根據決策決定流程的分支。
- **迴圈 (Loops)**〔或稱反覆執行 (Repetition)〕:流程的迴圈可以讓敘述反覆地被執行。

3.3.1 決策

if 結構　這個結構可以讓你在邏輯條件為真時執行一組敘述。一般的語法如下:

```
if condition
   statements
end
```

其中 `condition` 是一個邏輯表示式,不是真就是假。例如,以下是一個簡單的 M 檔,用來判斷成績是否及格:

```
function grader(grade)
% grader(grade):
%    determines whether grade is passing
% input:
%    grade = numerical value of grade (0-100)
% output:
%    displayed message
if grade >= 60
  disp('passing grade')
end
```

結果說明如下:

```
>> grader(95.6)
passing grade
```

此例子中只有執行一條敘述,像這種情況常常會將 `if` 結構寫成一行文字:

```
if grade > 60, disp('passing grade'), end
```

這個結構稱為**單行 if (single-line if)**。在某些例子中,若要執行超過一行以上的敘述,則 `if` 結構通常會寫成很多行,以方便閱讀。

error 函數　一個說明單行 `if` 功能的最好例子就是配合 `error` 函數來捕捉程式中非語法錯誤的部分,此錯誤為邏輯錯誤所導致。`error` 函數之使用語法如下:

```
error(msg)
```

當遇到此函數，則顯示文字訊息 *msg*，指出哪邊發生錯誤，並且使 M 檔停止執行以及回到命令視窗。

當我們想要終止 M 檔運作以避免除以零的情況發生時，我們會使用 error 函數。下列的 M 檔說明如何達成這件事情：

```
function f = errortest(x)
if x == 0, error('zero value encountered'), end
f = 1/x;
```

如果傳入一個不為零的引數，則此除法會順利進行，並且顯示：

```
>> errortest(10)
ans =
    0.1000
```

然而，若是一個為零的引數，則此函數會在除法開始之前終止，並且以紅色字體顯示出以下錯誤訊息：

```
>> errortest(0)
??? Error using ==> errortest at 2
zero value encountered
```

邏輯條件　最簡單的 *condition* 格式是一條單一關係表示式，用來比較兩個數值：

value$_1$ *relation value*$_2$

其中 *values* 可以是常數、變數或表示式，且 *relation* 是表 3.2 中的任何一個關係運算子。

MATLAB 容許藉由邏輯運算子的幫助，同時測試一個以上的邏輯條件。我們以下列敘述強調：

- ~(*Not*)（反相）：將表示式取邏輯上的負值。

    ~ *expression*

    如果 *expression* 為真，則結果為假。相反地，如果 *expression* 為假，則結果為真。
- &(*And*)（以及）：用來將兩個表示式做邏輯連接 (logical conjunction)。

表 3.2　MATLAB 中的關係運算子摘要。

範例	運算子	關係
x == 0	==	等於
unit ~= 'm'	~=	不等於
a < 0	<	小於
s > t	>	大於
3.9 <= a/3	<=	小於或等於
r >= 0	>=	大於或等於

```
expression₁ & expression₂
```

如果兩個 *expressions* 都為真，則結果為真。如果任何一個或兩個 *expressions* 為假，則結果為假。

- ||(*Or*)（或者）：用來執行兩個表示式的邏輯不連接 (logical disjunction)。

```
expression₁ || expression₂
```

如果任何一個或兩個 *expressions* 為真，則結果為真。

表 3.3 總結了對於每一個運算子可能的結果。和數學運算一樣，邏輯運算是有優先順序的。優先順序由高排列到低分別為：~、& 以及 ||。如果優先順序相同，則 MATLAB 由左至右判斷。最後，也跟運算子一樣，可以用括號來改變優先順序。

讓我們來進一步研究電腦如何利用這些優先順序來決定邏輯關係。如果 a = -1、b = 2、x = 1 以及 y = 'b'，判斷下一行為真或假：

```
a * b > 0 & b == 2 & x > 7 || ~(y > 'd')
```

為讓這一行容易運算，我們將這些變數的值代入：

```
-1 * 2 > 0 & 2 == 2 & 1 > 7 || ~('b' > 'd')
```

MATLAB 所做的第一件事就是進行數學運算。在此例中，只有一個數學運算：-1 * 2，

```
-2 > 0 & 2 == 2 & 1 > 7 || ~('b' > 'd')
```

接著，進行所有的關係表示式：

```
-2 > 0 & 2 == 2 & 1 > 7 || ~('b' > 'd')
   F   &   T   &   F   ||  ~     F
```

此時，邏輯運算子依照優先順序進行。因為 ~ 有最高優先權，所以最後面這個表示式 (~F) 先被進行而得到

```
F & T & F || T
```

接下來是 & 這個運算子。因為有兩個，所以是依照從左至右的順序進行，而且第一個表示式 (F & T) 先進行：

表 3.3 總結 MATLAB 所有邏輯運算子可能結果的真值表 (truth table)。運算子的優先順序在表的最上面一行。

x	y	~x	x & y	x || y
T	T	F	T	T
T	F	F	F	T
F	T	T	F	T
F	F	T	F	F

最高 ──────────────────────────→ 最低

```
F & F || T
```

接下來另一個 & 有最高優先權：

```
F || T
```

最後處理 ||，得到真。整個程序如圖 3.1 所示。

if...else 結構　當某一個邏輯條件為真的時候，這個結構可以讓使用者執行一整組敘述；而此邏輯條件為假的時候，則進行第二組敘述。一般的語法如下：

```
if condition
    statements₁
else
    statements₂
end
```

if...elseif 結構　我們還可以在 if...else 結構中的假選項中進行第二個決策。當我們要為一個問題設定兩個以上的選項時，需使用這種結構。對於這樣的情形，我們發展出一個特殊的決策結構，就是 if...elseif 結構。一般的語法如下：

```
if condition₁
    statements₁
elseif condition₂
    statements₂
elseif condition₃
```

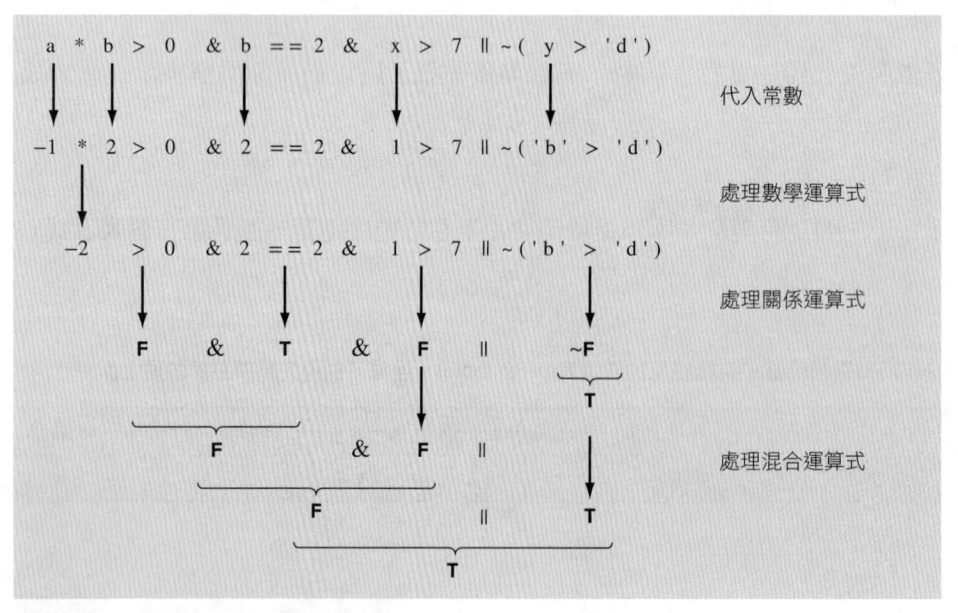

```
a * b > 0  &  b == 2  &  x > 7  || ~( y > 'd')
 ↓   ↓       ↓          ↓          ↓                    代入常數
-1 * 2 > 0  &  2 == 2  &  1 > 7  || ~('b' > 'd')
     ↓                                                  處理數學運算式
    -2   > 0  &  2 == 2  &  1 > 7  || ~('b' > 'd')
         ↓       ↓          ↓          ↓                處理關係運算式
         F    &    T     &    F    ||   ~F
                                          T
                   F         &   F    ||
                                                        處理混合運算式
                         F             ||    T
                                  T
```

圖 3.1　一個複雜決策的逐步邏輯運算。

```
        statements₃
           .
           .
           .
    else
        statements_else
    end
```

範例 3.5 if 結構

問題敘述　對於一個純量，我們使用 MATLAB 內建的 sign 函數傳回其引數 (–1, 0, 1) 的正負號。以一個 MATLAB 的對話說明如下：

```
>> sign(25.6)
ans =
     1
>> sign(-0.776)
ans =
     -1
>> sign(0)
ans =
     0
```

開發一個 M 檔來進行相同的函數功能。

解法　首先，if 結構可以在引數為正的情況下傳回 1：

```
function sgn = mysign(x)
% mysign(x) returns 1 if x is greater than zero.
if x > 0
 sgn = 1;
end
```

此函數執行如下：

```
>> mysign(25.6)
ans =
     1
```

雖然此函數可以正確地處理正數，但是對於負數或零就無法顯示出任何結果。要修改這個缺點，則需要使用 if...else 結構在邏輯條件為假的時候顯示 -1：

```
function sgn = mysign(x)
% mysign(x) returns 1 if x is greater than zero.
%                -1 if x is less than or equal to zero.
if x > 0
  sgn = 1;
else
  sgn = -1;
```

```
end
```

此函數執行如下：

```
>> mysign(-0.776)
ans =
    -1
```

雖然現在可以正確地處理正數與負數，但是當引數為零的時候會傳回 -1，而這仍是錯誤的，所以最後使用 if...elseif 結構。在此例子中：

```
function sgn = mysign(x)
% mysign(x) returns 1 if x is greater than zero.
%                 -1 if x is less than zero.
%                  0 if x is equal to zero.
if x > 0
  sgn = 1;
elseif x < 0
  sgn = -1;
else
  sgn = 0;
end
```

現在此函數就可以處理所有的可能狀況。例如，

```
>> mysign(0)
ans =
     0
```

switch 結構　　switch 結構和 if...elseif 結構非常相似。然而，相對於測試個別情況，任一分支都是基於單一測試表示式的值，方塊的程式碼會因應值的不同來執行。此外，如果該表示式的值不是設定值時，就會執行選項方塊，其一般性的語法為：

```
switch testexpression
  case value₁
     statements₁
  case value₂
     statements₂
     .
     .
     .
  otherwise
     statements_otherwise
end
```

舉例來說，以下函數所顯示的訊息是由字串 grade 的值來決定：

```
grade = 'B';
switch grade
  case 'A'
```

```
      disp('Excellent')
    case 'B'
      disp('Good')
    case 'C'
      disp('Mediocre')
    case 'D'
      disp('Whoops')
    case 'F'
      disp('Would like fries with your order?')
    otherwise
      disp('Huh!')
  end
```

當此程式碼被執行,將會顯示「Good」訊息。

可變引數列表 MATLAB 允許將引數的可變數目傳送至函數,此特色包含能將**預設值 (default value)** 傳送至函數。預設值是如果使用者未傳送數值至函數,就會自動安排的一個數值。

回想在本章稍早,我們曾發展一包含三個引數的函數 freefall:

```
v = freefall(t, m, cd)
```

雖然使用者顯然需要指出時間及質量,然而他們不見得對合適的阻力係數有明確的概念。如果程式能在使用者的引數清單遺漏阻力係數時提供一個數值,將會很有幫助。

MATLAB 中有一個 nargin 函數能提供使用者輸入引數個數的設定,此函數能使用在像是 if 或 switch 等決策結構,來設定預設值和錯誤的訊息到你的函數中。下例顯示上述方法如何能在 freefall 等函數中執行:

```
function v = freefall2(t, m, cd)
% freefall2: bungee velocity with second-order drag
%   v=freefall2(t, m, cd) computes the free-fall velocity
%                     of an object with second-order drag.
% input:
%   t = time (s)
%   m = mass (kg)
%   cd = drag coefficient (default = 0.27 kg/m)
% output:
%   v = downward velocity (m/s)
switch nargin
  case 0
    error('Must enter time and mass')
  case 1
    error('Must enter mass')
  case 2
    cd = 0.27;
end
g = 9.81;      % acceleration of gravity
v = sqrt(g * m / cd)*tanh(sqrt(g * cd / m) * t);
```

注意,我們已經藉由使用者傳送的引數數目,使用 switch 結構來顯示錯誤訊息及設定預設

值。以下是命令視窗中顯示的結果：

```
>> freefall2(12, 68.1, 0.25)
ans =
    50.6175
>> freefall2(12, 68.1)
ans =
    48.8747
>> freefall2(12)
??? Error using ==> freefall2 at 15
Must enter mass
>> freefall2()
??? Error using ==> freefall2 at 13
Must enter times and mass
```

注意，nargin 在命令視窗中所顯示的結果有些不同。在命令視窗中，nargin 必須指定引數且須在函數中給予引數數目，例如，

```
>> nargin('freefall2')
ans =
     3
```

3.3.2 迴圈

和字面上的意義一樣，迴圈可以將一個運算不斷地重複。一共有兩種迴圈，根據如何終止反覆執行的程序來區分。**for** 迴圈 (**for loop**) 在進行指定次數的重複動作之後停止。**while** 迴圈 (**while loop**) 則在某一個邏輯條件成立時終止。

for...end 結構　　一個 for 迴圈會重複執行敘述直到指定次數。一般的語法如下：

```
for index = start:step:finish
    statements
end
```

for 迴圈依照下列敘述進行。index 是一個變數，並且在一開始被設定初始值，start。程式會比較 index 和想要的終值（finish）。如果 index 小於等於 finish，則程式會不斷執行 statements。當達到此迴圈尾端 end 這一行（表示迴圈結束的地方），index 變數會增加 step，然後程式回到 for 迴圈中這個敘述。此程序會不斷進行，直到 index 大於 finish 這個值。此時，迴圈終止，且程式會立即跳到 end 後面的敘述。

如果我們需要步長為 1（最普遍的情況），則可以省略 step。例如，

```
for i = 1:5
    disp(i)
end
```

當執行這幾行程式，MATLAB 會連續顯示 1, 2, 3, 4, 5。換句話說，預設的 step 為 1。

step 這個值的大小預設為 1，但是可以改變成任何數值。它不見得是整數，也不一定是正數。例如，步長可以是 0.2、-1 或 -5。

如果使用負的 step，則表示迴圈「倒數」。在這種情況下，迴圈的邏輯也被反過來。因此，當 index 比 finish 小的時候，finish 變得比 start 還小且迴圈終止。例如，

```
for j = 10:-1:1
   disp(j)
end
```

當執行這幾行程式，MATLAB 會顯示最典型的「倒數」：10, 9, 8, 7, 6, 5, 4, 3, 2, 1。

範例 3.6　使用 for 迴圈計算階乘

問題敘述　開發一個 M 檔來計算階乘 (factorial)[3]：

$$0! = 1$$
$$1! = 1$$
$$2! = 1 \times 2 = 2$$
$$3! = 1 \times 2 \times 3 = 6$$
$$4! = 1 \times 2 \times 3 \times 4 = 24$$
$$5! = 1 \times 2 \times 3 \times 4 \times 5 = 120$$
$$\vdots$$

解法　一個可以用來執行此計算的簡單函數如下：

```
function fout = factor(n)
% factor(n):
%   Computes the product of all the integers from 1 to n.
x = 1;
for i = 1:n
  x = x * i;
end
fout = x;
end
```

可以得到以下的結果：

```
>> factor(5)
ans =
   120
```

這個迴圈會執行五次（從 1 到 5）。在程序結束的時候，x 的值會是 5!（意思是 5 階乘或 $1 \times 2 \times 3 \times 4 \times 5 = 120$）。

注意，假如 $n = 0$，for 迴圈將不會被執行，我們會得到 $0! = 1$ 的結果。

---

[3] 注意，MATLAB 已經有內建函數 factorial 可以用來執行階乘的運算。

向量化　　for 迴圈是容易執行並且容易了解的。然而，對於 MATLAB，根據某一指定次數重複執行一個敘述有時並非是最有效率的方式。因為 MATLAB 有能力直接對陣列做運算，**向量化 (vectorization)** 可以提供一個更有效率的選擇。如下列的 for 迴圈結構：

```
i = 0;
for t = 0:0.02:50
  i = i + 1;
  y(i) = cos(t);
end
```

可以用向量化的形式表示成：

```
t = 0:0.02:50;
y = cos(t);
```

當程式變得很複雜，要改寫成向量化形式的需求有時似乎沒那麼明顯。然而，如果可能，還是使用向量化比較好。

記憶體預先分配　　當使用者增加一個新的元素時，MATLAB 會自動增加陣列的容量大小。然而，在迴圈中一次增加一個新的值是非常耗費時間的。例如，以下這段程式會根據 t 是否比 1 大而決定 y 的值：

```
t = 0:.01:5;
for i = 1:length(t)
  if t(i) > 1
    y(i) = 1/t(i);
  else
    y(i) = 1;
  end
end
```

在這個例子中，MATLAB 每次都會在新增一個值時重新設定一次 y 的容量大小。接下來的程式利用向量化的敘述，在進入迴圈之前會預先分配適當容量的記憶體，並且把 y 的每一個元素都先設定為 1：

```
t = 0:.01:5;
y = ones(size(t));
for i = 1:length(t)
  if t(i)>1
    y(i) = 1/t(i);
  end
end
```

因此，陣列的容量大小只被指派一次。另外，預先分配記憶體也會降低記憶體被雜亂分割的機會，提升記憶體的效率。

while 結構　　while 迴圈是只要某一邏輯條件仍為真，就會不停地重複執行。一般的語法如下：

```
while condition
   statements
end
```

在 while 到 end 之間的 *statements* 會一直重複執行，只要 *condition* 為真。一個簡單的例子如下：

```
x = 8
while x > 0;
   x = x - 3;
   disp(x)
end
```

此函數執行結果如下：

```
x =
    8
    5
    2
   -1
```

while...break 結構　雖然 while 結構已經很有用了，但是在迴圈剛開始時，若邏輯條件判定為假就會直接跳出迴圈，這在應用上會受到限制。有鑒於此，某些電腦程式語言如 Fortran 90 或 Visual Basic，都有一種特別的架構可以在邏輯條件為真的情況下，可隨時從迴圈的任何一處跳出。雖然 MATLAB 沒有這樣的結構，我們還是可以用一個特別版本的 while 迴圈來模仿這項功能。此版本的語法稱為 **while...break 結構**（**while...break structure**），使用如下：

```
while (1)
   statements
   if condition, break, end
   statements
end
```

其中 break 終止迴圈的執行。因此，在此條件為真的情況下，單行 if 可以用來跳出這個迴圈。注意在下列所述中，break 可以放在迴圈中間（也就是在敘述之前或之後）。這樣的結構稱為**中間測試迴圈 (midtest loop)**。

如果問題需要，我們可以把 break 放在一開始的地方，形成**預先測試迴圈 (pretest loop)**，一個簡單的例子如下：

```
while (1)
   if x < 0, break, end
   x = x - 5;
end
```

注意每一次迭代 (iteration) 中，x 都被減去 5。這表示此迴圈有一個終究會結束的機制。每一個決策迴圈都應該要有這樣的機制，否則它會變成**無窮迴圈 (infinite loop)** 而永不停止。

或者，我們可以把 if...break 敘述放在最後，建立出**事後測試迴圈 (posttest loop)**：

```
while (1)
  x = x - 5;
  if x < 0, break, end
end
```

事實上，我們可以很清楚地發現這三種結構都一樣，也就是差別只在於將「跳出」放在哪裡（開始、中間或結束），指示我們做預先、中間或事後測試。就是因為它是如此簡單明瞭，才促使電腦科學家開發了 Fortran 90 或 Visual Basic 這些電腦程式語言來取代其他形式的決策迴圈，例如，傳統的 while 結構。

pause 指令　有時你會希望一個程式能暫時停止，pause 指令能使一程序停止直到鍵入任一鍵為止。一個好的例子是鍵入一連串的繪圖指令，且能讓使用者有充分的時間檢視現在的動作，直到下一個動作執行為止。以下的編碼以 for 迴圈建立一連串的繪圖指令：

```
for n = 3:10
  mesh(magic(n))
  pause
end
```

pause 指令也可以用 pause(n) 使程式暫時停止 n 秒，此特質亦適用在結合其他有用的 MATLAB 函數中。beep 指令能使電腦發出「嗶」的聲響，tic 及 toc 指令則一起用來量測經過的時間。tic 指令儲存現在的時間，再以 toc 指令量測經過的時間。以下指令確認 pause(n) 能以聲音的方式確認時間的量測：

```
tic
beep
pause(5)
beep
toc
```

當上列指令執行，電腦會發出「嗶」的聲響。5 秒後，會再發出「嗶」的聲響，且顯示出下列訊息：

```
Elapsed time is 5.006306 seconds.
```

順道一提，假使你有迫切的需求必須使用 pause(inf)，MATLAB 會執行無窮迴圈，你可利用 **Ctrl+c** 或 **Ctrl+Break** 來返回命令列。

雖然上述的指令有點無聊，有時也是有用的。例如，tic 和 toc 可用來量測演算法的執行時間，**Ctrl+c** 或 **Ctrl+Break** 可用來停止你不小心在 MATLAB 環境中所產生的無窮迴圈。

3.3.3　動畫

有兩種方式可以在 MATLAB 製作動畫。第一種是足夠快速的計算，標準的 plot 函數可以讓動畫能夠以一種流暢的方式實現。在此有一段程式碼指出 for 迴圈及標準繪圖函數如何用

來執行一個動畫，

```
% create animation with standard plot functions
for j=1:n
    plot commands
end
```

因為我們並沒有包含hold on，所以圖案在每次迴圈迭代中將會被更新。透過適當地使用軸指令，將能夠產生一個順暢變換的影像。

第二種方式，特殊的函數（如getframe及moive）讓讀者可以捕捉一連串的圖形並重放。正如名稱所示，getframe函數可以擷取一個位於軸上或圖上的**快照(pixmap)**，通常會使用for迴圈來組合電影畫面所組成的陣列，以利於之後用movie函數播放，使用以下的語法：

```
moive(m,n,fps)
```

其中 m = 組成電影的一連串畫面的向量或是矩陣；n = 一個選擇性的變數，決定電影要被重複播放幾次（如果沒有指定，電影就只會播放一次）；fps = 一個選擇性的變數，決定電影畫面的**播放速度**（**frame rate**；如果沒有指定，預設是每秒播 12 格）。這裡有一段程式碼說明如何使用for迴圈配合兩個函數來製作出一段影片：

```
% create animation with getframe and movie
for j=1:n
    plot commands
    M(j) = getframe;
end
movie(M)
```

每次迴圈執行的時候，plot commands 會建立一個更新過的圖案版本，此版本會儲存在向量M中，當迴圈結束以後，此 n 張影像會用movie重播。

範例 3.7　發射體運動的動畫

問題敘述　不存在空氣阻力的狀況下，在笛卡爾座標系中，一個發射體在以初始速度 v_0 以及初始角度 θ_0 的狀況下被發射，可以計算如下：

$x = v_0 \cos(\theta_0) t$

$y = v_0 \sin(\theta_0) t - 0.5 g t^2$

其中 g = 9.81 m/s^2。寫一段腳本，產生此發射體軌跡的動畫，初始速度 v_0 = 5 m/s，初始角度 θ_0 = 45°。

解法　用來產生動畫的腳本如下所示：

```
clc,clf,clear
g=9.81; theta0 = 45*pi/180; v0=5;
```

```
t(1) = 0;x=0;y=0;
plot(x,y,'o','MarkerFaceColor','b', 'MarkerSize',8)
axis([0 3 0 0.8])
M(1)=getframe;
dt = 1/128;
for j = 2:1000
  t(j) = t(j-1) + dt;
  x = v0*cos(theta0)*t(j);
  y = v0*sin(theta0)*t(j)-0.5*g*t(j)^2;
  plot(x,y,'o','MarkerFaceColor','b','MarkerSize',8)
  axis([0 3 0 0.8])
  M(j)=getframe;
  if y<=0, break, end
end
pause
movie(M,1)
```

此腳本有數項特色需要注意，首先，我們已經將 x 軸以及 y 軸的範圍固定，如果不這麼做，座標軸會產生新的刻度，並使動畫跳躍。第二，當投射體的高度 y 小於零的時候，我們終止 for 迴圈。

當腳本被執行的時候，會顯示兩個動畫（我們已經在兩個動畫之間加入 pause）。第一個是在迴圈中依序地產生畫面，第二個是真正的動畫。雖然在這邊我們無法秀出結果，但是在兩個案例中的軌跡會如圖 3.2 所示。你必須在 MATLAB 中輸入並執行前面的腳本，才能看到真正的動畫。

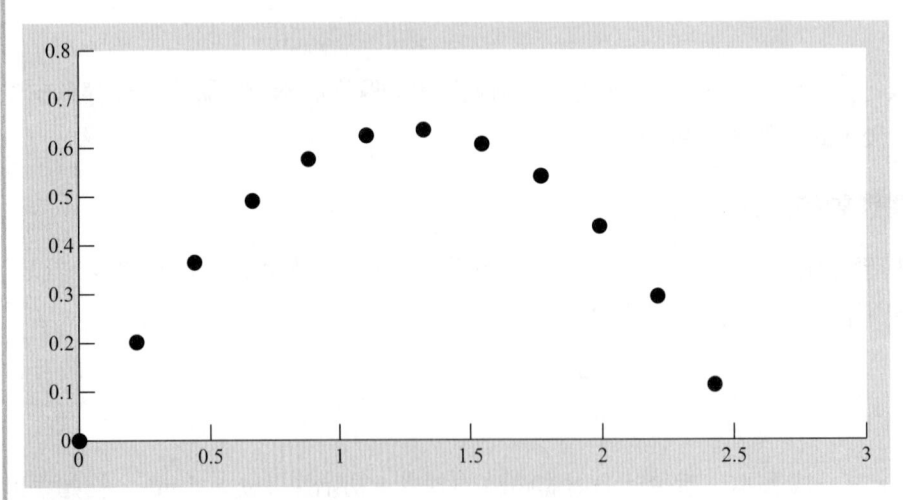

圖 3.2 發射體的軌跡圖。

3.4 巢狀結構與縮排

我們需要明白結構可以在彼此之中築巢，**巢狀結構 (nesting)** 是指將結構放置在其他結構中。以下範例描述此概念。

範例 3.8　巢狀結構

問題敘述　下列二次方程式的根：

$$f(x) = ax^2 + bx + c$$

可以用下列的二次公式來求得：

$$x = \frac{-b \pm \sqrt{b^2 - 4ac}}{2a}$$

開發一個函數，以在給定係數時執行這個公式。

解法　由上而下的設計 (top-down design) 提供了一個很不錯的方法來計算根的演算法。首先制定出一般但不含細節的結構，然後再不斷地精修演算法。一開始，我們先判斷參數 a 是否為零，以決定是「特殊」的情況（也就是單一根或明顯解 (trivial values)），還是可以直接套用二次公式的一般情況。這個「大方向」版本的程式如下：

```
function quadroots(a, b, c)
% quadroots: roots of quadratic equation
%   quadroots(a, b, c): real and complex roots
%                       of quadratic equation
% input:
%   a = second-order coefficient
%   b = first-order coefficient
%   c = zero-order coefficient
% output:
%   r1 = real part of first root
%   i1 = imaginary part of first root
%   r2 = real part of second root
%   i2 = imaginary part of second root
if a == 0
  %special cases
else
  %quadratic formula
end
```

接下來，我們發展精確的程式碼來處理「特殊」的情況：

```
%special cases
if b ~= 0
  %single root
```

```
    r1 = -c / b
else
  %trivial solution
  disp('Trivial solution. Try again')
end
```

我們發展精確的程式碼來處理「二次公式」的情況：

```
%quadratic formula
d = b ^ 2 - 4 * a * c;
if d >= 0
  %real roots
  r1 = (-b + sqrt(d)) / ( 2 * a )
  r2 = (-b - sqrt(d)) / ( 2 * a )
else
  %complex roots
  r1 = -b / (2 * a)
  i1 = sqrt(abs(d)) / ( 2 * a )
  r2 = r1
  i2 = -i1
end
```

然後，我們可以將這些區塊代入簡單的「大方向」框架，得到最後結果：

```
function quadroots(a, b, c)
% quadroots: roots of quadratic equation
%   quadroots(a, b, c): real and complex roots
%                       of quadratic equation
% input:
%   a = second-order coefficient
%   b = first-order coefficient
%   c = zero-order coefficient
% output:
%   r1 = real part of first root
%   i1 = imaginary part of first root
%   r2 = real part of second root
%   i2 = imaginary part of second root
if a == 0
  %special cases
  if b ~= 0
    %single root
    r1 = -c / b
  else
    %trivial solution
    disp('Trivial solution. Try again')
  end
else
  %quadratic formula
  d = b ^ 2 - 4 * a * c;        %discriminant
  if d >= 0
```

```
      %real roots
      r1 = (-b + sqrt(d)) / ( 2 * a )
      r2 = (-b - sqrt(d)) / ( 2 * a )
   else
      %complex roots
      r1 = -b / ( 2 * a )
      i1 = sqrt(abs(d)) / ( 2 * a )
      r2 = r1
      i2 = -i1
   end
end
```

以陰影標示的地方，我們利用縮排使隱藏在框架中的邏輯結構變得清晰。也要注意此結構「模組化」(modular) 的情況。下面是命令視窗中執行此程式的說明：

```
>> quadroots(1, 1, 1)
r1 =
   -0.5000
i1 =
   0.8660
r2 =
   -0.5000
i2 =
   -0.8660
>> quadroots(1, 5, 1)
r1 =
   -0.2087
r2 =
   -4.7913
>> quadroots(0, 5, 1)
r1 =
   -0.2000
>> quadroots(0, 0, 0)
Trivial solution. Try again
```

3.5 傳送函數至 M 檔

本章接下來的大部分內容將發展評估其他函數的函數。雖然每一個需要分析的新方程式都能發展成客製化的函數，更好的設計方式是先設計一般化的函數，再將我們欲分析的特殊方程式當作引數。在 MATLAB 環境中，這樣的函數稱為**函數中的函數 (function functions)**。在認識這些函數前，我們先介紹匿名函數，這是一個由使用者自行定義且不需要發展成熟 M 檔的函數。

3.5.1 匿名函數

匿名函數 (anonymous function) 允許你在不建立 M 檔的情況下，建立一個簡單的函數，我們可以用下列語法在命令視窗中定義這些函數：

```
fhandle = @(arglist) expression
```

其中 `fhandle` 是用以呼叫函數的函數名稱，`arglist` 是以逗號分隔欲傳至函數的輸入引數，`expression` 則是一個 MATLAB 的正確表示式。例如，

```
>> f1 = @(x, y) x^2 + y^2;
```

一旦這些函數在命令視窗中被定義，我們就能使用它來計算一些運算式：

```
>> f1(3, 4)
ans =
    25
```

除了引數清單列出的變數外，匿名函數也能使用在工作區所建立的變數。例如，我們可建立一個匿名函數 $f(x) = 4x^2$ 如下：

```
>> a = 4;
>> b = 2;
>> f2 = @(x) a*x^b;
>> f2(3)
ans = 36
```

注意，假如隨後我們給予 a 及 b 新值，匿名函數並未改變：

```
>> a = 3;
>> f2(3)
ans = 36
```

因此，此函數能快速掌控函數的特質。假如我們想要給予新的變數值，我們必須重新建立一個新的函數，就能立即計算出來。例如，我們將 a 改成 3：

```
>> f2 = @(x) a*x^b;
```

結果如下：

```
>> f2(3)
ans =
    27
```

在 MATLAB 7 之前的版本，`inline` 函數能執行和匿名函數相同的功能。例如，在上例所發展的匿名函數 f1 可改寫成：

```
>> f1 = inline('x^2 + y^2', 'x', 'y');
```

雖然它們已逐步被淘汰以匿名函數取代，一些讀者可能還是使用先前的版本，我們認為此函數

仍然有用，所以於此提及。利用 MATLAB 的協助工具可學習更多關於此函數的使用及限制。

3.5.2 函數中的函數

「**函數中的函數**」是一個將函數當作輸入引數以操作另一函數的函數，被傳遞到「函數中的函數」的函數被稱為**傳遞函數 (passed function)**。以一個簡單的內建函數為例，fplot 是一個繪圖的函數，其語法為：

```
fplot(func, lims)
```

其中 `func` 是一個 x 軸範圍定義在 `lims = [xmin xmax]` 區間的繪圖函數。此例中，`func` 就是傳遞函數，此函數很「聰明」，能自動分析並決定數值以建立函數圖形。

以下是一個使用 fplot 繪製自由落下的高空彈跳者速度的例子，此函數可以用匿名函數來建立：

```
>> vel = @(t)...
sqrt(9.81*68.1/0.25)*tanh(sqrt(9.81*0.25/68.1)*t);
```

我們可產生由 $t = 0$ 到 12 的圖形，如下：

```
>> fplot(vel, [0 12])
```

其結果顯示在圖 3.3 中。

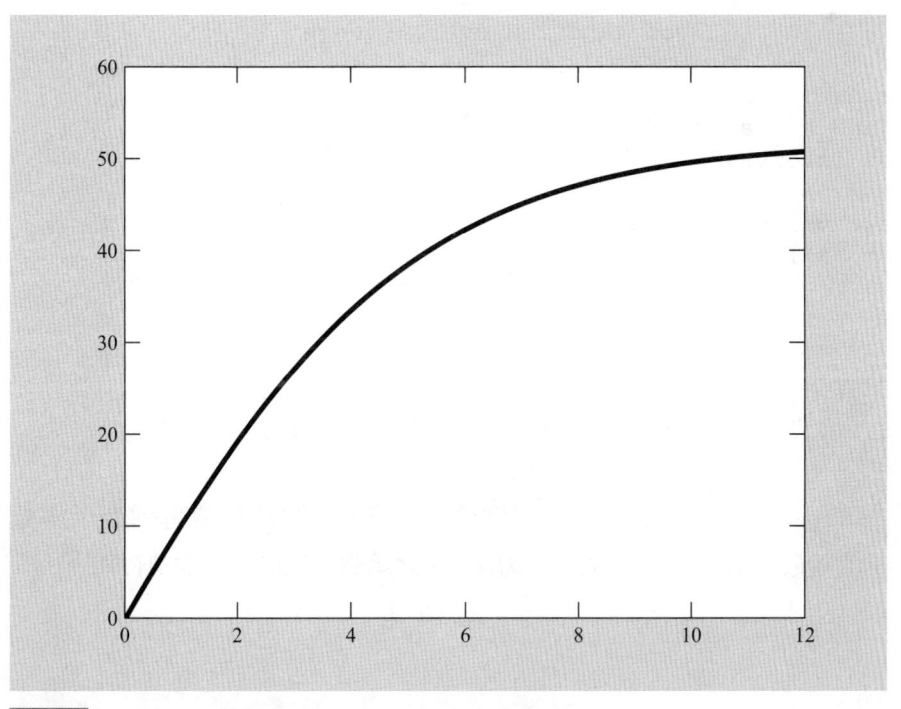

圖 3.3 以 **fplot** 函數產生的速度與時間的對應圖。

在本書的其他部分，我們將有很多機會使用 MATLAB 內建的「函數中的函數」。下列的範例中，我們也將發展自己的函數。

範例 3.9　建立與執行一個「函數中的函數」

問題敘述　開發一個 M 檔「函數中的函數」，用以計算在一段範圍內一函數的平均值。舉例說明如何將其用於高空彈跳者在 $t = 0$ 到 12 s 範圍間的速度：

$$v(t) = \sqrt{\frac{gm}{c_d}}\tanh\left(\sqrt{\frac{gc_d}{m}}t\right)$$

其中 $g = 9.81$，$m = 68.1$，$c_d = 0.25$。

解法　函數平均值可以 MATLAB 的標準指令計算求得：

```
>> t = linspace(0, 12);
>> v = sqrt(9.81*68.1/0.25)*tanh(sqrt(9.81*0.25/68.1)*t);
>> mean(v)
ans =
   36.0870
```

檢查函數的圖形（圖 3.3），發現曲線平均高度的估計結果是合理的。

我們可以撰寫一個 M 檔進行相同的運算：

```
function favg = funcavg(a, b, n)
% funcavg: average function height
%   favg = funcavg(a, b, n): computes average value
%                            of function over a range
% input:
%   a = lower bound of range
%   b = upper bound of range
%   n = number of intervals
% output:
%   favg = average value of function
x = linspace(a, b, n);
y = func(x);
favg = mean(y);
end
function f = func(t)
f = sqrt(9.81*68.1/0.25)*tanh(sqrt(9.81*0.25/68.1)*t);
end
```

主函數先使用 `linspace` 於設定的範圍內平均分配 x 值，再將這些值傳遞到子函數 `func` 以產生相對的 y 值，最後這些平均值會被計算出來。此函數可在命令視窗執行如下：

```
>> funcavg(0, 12, 60)
ans =
   36.0127
```

現在讓我們重寫 M 檔，不指定到 `func`，而改成利用一個叫做 `f` 的函數並當作引數傳

送，來達成與上述程式相同的計算：

```
function favg = funcavg(f, a, b, n)
% funcavg: average function height
%    favg = funcavg(f, a, b, n): computes average value
%                                of function over a range
% input:
%    f = function to be evaluated
%    a = lower bound of range
%    b = upper bound of range
%    n = number of intervals
% output:
%    favg = average value of function
x = linspace(a, b, n);
y = f(x);
favg = mean(y);
```

因為我們已經移除子函數 `func`，此為一般性的版本。此函數可在命令視窗執行如下：

```
>> vel = @(t)...
sqrt(9.81*68.1/0.25)*tanh(sqrt(9.81*0.25/68.1)*t);
>> funcavg(vel, 0, 12, 60)
ans =
   36.0127
```

為了顯示其一般的性質，`funcavg` 能根據僅僅傳遞一個不同的函數而輕易地被應用於其他情況。舉例來說，它能用來計算內建函數 sin 在 0 到 2π 之間的平均值：

```
>> funcavg(@sin, 0, 2 * pi, 180)
ans =
 -6.3001e-017
```

此結果合理嗎？

在本書接下來的內容中，當討論求解非線性方程式到微分方程式等各種主題時，我們將有很多機會能看出 `funcavg` 是被設計用來估計任何 MATLAB 正確的表示式。

3.5.3　傳遞參數

回想第 1 章中，以數學模型組成的項目可分為自變數、應變數、參數及強制函數。在自由落下的彈跳者模型中，速度 (v) 是應變數，時間 (t) 是自變數，質量 (m) 和阻力係數 (c_d) 是參數，而重力加速度 (g) 是強制函數。我們可執行**敏感性分析 (sensitivity analysis)** 來了解這種模型的行為，包括觀察應變數如何隨參數及強制函數而變化。

在範例 3.9 中，我們發展了一個「函數中的函數」`funcavg`，且使用它求解高空彈跳者的平均速度。此例中，參數被設定為 m = 68.1 及 c_d = 0.25。假使我們要以不同的參數分析同一個函數，當然可以對每一個例子給予新值重設函數，但更好的方式是只要改變參數即可。

依照在 3.5.1 節所學習的,我們能將參數包含在匿名函數中。舉例來說,我們可以用下列程式碼完成這個任務,而不是輸入一連串的數值,執行如下:

```
>> m = 68.1; cd = 0.25;
>> vel = @(t) sqrt(9.81*m/cd)*tanh(sqrt(9.81*cd/m)*t);
>> funcavg(vel, 0, 12, 60)
ans =
    36.0127
```

然而,假如我們需要取得新的參數值,我們必須重建匿名函數。

MATLAB 提供一個更好的方法,即增加 varargin 作為「函數中的函數」的最後輸入引數。另外,每當在「函數中的函數」呼叫傳遞函數時,varargin{:} 就應加到引數清單之末(注意 {})。以下顯示如何修改 funcavg 函數並執行(為了簡潔,省略命令):

```
function favg = funcavg(f, a, b, n, varargin)
x = linspace(a, b, n);
y = f(x, varargin{:});
favg = mean(y);
```

當傳遞函數被定義後,正確的參數應被加到引數清單中。假如我們使用匿名函數,此法將以下列形式執行:

```
>> vel = @(t, m, cd) sqrt(9.81*m/cd)*tanh(sqrt(9.81*cd/m)*t);
```

當所有的改變都執行後,分析不同的參數變得容易。為了執行 $m = 68.1$ 及 $c_d = 0.25$ 的例子,我們輸入

```
>> funcavg(vel, 0, 12, 60, 68.1, 0.25)
ans =
    36.0127
```

另一個例子,$m = 100$ 及 $c_d = 0.28$ 只需改變引數即可快速產生:

```
>> funcavg(vel, 0, 12, 60, 100, 0.28)
ans =
    38.9345
```

一個傳遞參數的新方式 在本版編輯期間,MATLAB 正經歷轉變,要用一個更好的新方式傳遞參數到函數中的函數。如同先前的範例,如果被傳遞的函數為

```
>> vel=@(t,m,cd) sqrt(9.81*m/cd)*tanh(sqrt(9.81*cd/m)*t);
```

接著啟動函數

```
>> funcavg(vel,0,12,60,68.1,0.25)
```

Mathworks 的開發者認為這種方式很累贅,因此他們設計以下的替代作法

```
>> funcavg(@(t) vel(t,68.1,0.25),0,12,60)
```

因此,這些額外參數在結尾並未離開,使得參數清單很明確是在函數中。

「舊的」和新的傳遞參數方式都加以描述,是因為 MATLAB 為了支援降低後向不相容,將會維持在函數中的舊方法。因此如果你有在過去能用的舊程式碼,並不需要回去轉換舊程式碼為新方法。但是對於新程式碼則強烈建議使用新方法,因為它比較容易閱讀,也更有彈性。

3.6 案例研究　高空彈跳者的速度

背景　在此節中,我們使用 MATLAB 來求解本章開頭所提出的自由落下的高空彈跳者問題。這和下列方程式的解有關:

$$\frac{dv}{dt} = g - \frac{c_d}{m}v|v|$$

回想在給定時間與速度的初始條件之下,此問題涉及反覆解以下公式:

$$v_{i+1} = v_i + \frac{dv_i}{dt}\Delta t$$

現在我們想要得到足夠的正確度,則必須採用小的步長。因此,我們在這個公式中,從初始時間每次增加這個很小的步長,直到最終的時間。我們需要一個迴圈來執行這個演算法求解。

解法　假設我們從 $t = 0$ 開始計算,並且想要預測在 $t = 12$ s 時的速度,且時間步長為 $\Delta t = 0.5$ s。我們必須使用迭代方程式 24 次,也就是

$$n = \frac{12}{0.5} = 24$$

其中 n = 這個迴圈迭代的次數。因為這個結果是正確的(換言之,這個比值是整數),所以我們可以使用 `for` 迴圈來當作這個演算法的基底。以下是一個可以完成包含一個定義不同子函數方程式的 M 檔:

```
function vend = velocity1(dt, ti, tf, vi)
% velocity1: Euler solution for bungee velocity
%   vend = velocity1(dt, ti, tf, vi)
%          Euler method solution of bungee
%          jumper velocity
% input:
%   dt = time step(s)
%   ti = initial time(s)
%   tf = final time(s)
%   vi = initial value of dependent variable(m/s)
% output:
%   vend = velocity at tf(m/s)
```

```
t = ti;
v = vi;
n =(tf - ti) / dt;
for i = 1:n
  dvdt = deriv(v);
  v = v + dvdt * dt;
  t = t + dt;
end
vend = v;
end
function dv = deriv(v)
dv = 9.81 - (0.25 / 68.1)* v*abs(v);
end
```

此函數可以在命令視窗中執行並得到:

```
>> velocity1(0.5, 0, 12, 0)

ans =
    50.9259
```

注意,我們從解析解得到這個真實值是 50.6175(參考範例 3.1)。我們可以使用更小的 dt 來得到更為正確的數值結果:

```
>> velocity1(0.001, 0, 12, 0)

ans =
    50.6181
```

雖然這個函數很容易寫成程式,但並不是萬無一失的。特別是如果計算的區間無法被步長整除時,這個程式會無法運作。想要解決這個情況,必須在下列的陰影部分使用 while...break 迴圈來取代(注意,為了簡潔,我們已經忽略不做註解):

```
function vend = velocity2(dt, ti, tf, vi)
t = ti;
v = vi;
h = dt;
while(1)
  if t + dt > tf, h = tf - t; end
  dvdt = deriv(v);
  v = v + dvdt * h;
  t = t + h;
  if t >= tf, break, end
end
vend = v;
end
function dv = deriv(v)
dv = 9.81 - (0.25 / 68.1 ) * v*abs(v);
end
```

當我們一進入 while 迴圈時,使用單行 if 結構測試增加 t+dt 是否將超過區間的盡頭。如果沒有(通常是一開始的情況),我們什麼都不做;否則,我們則縮短區間──也就是設定步長變數 h 為 tf - t 保留的區間。藉由這個做法,我們確保最後一個步長正好落在 tf。在執行完最後步長之後,因為條件 t >= tf 將測得為真,所以迴圈也將結束。

注意在進入迴圈之前,我們指派時間步長的值 dt 給另一個變數 h。我們建立此**虛變數 (dummy variable)**,如此一來,當縮短時間步長時,我們的例行程序不會改變原本給定的 dt 值。我們如預期地寫指令,當程式被整合到一個更大的程式中時,在某個時候可能需要使用 dt 的初始值。

假如我們執行這個新的版本,其結果會和 for 迴圈結構的版本相同:

```
>> velocity2(0.5, 0, 12, 0)
ans =
    50.9259
```

再者,我們可以使用不能平均除盡 tf - ti 的 dt:

```
>> velocity2(0.35, 0, 12, 0)
ans =
    50.8348
```

我們應該注意到這個演算法仍然不是完全可靠的。舉例來說,使用者可能會不小心輸入比要計算的區間更大的步長大小(例如,tf - ti = 5,而 dt = 20)。因此,你可能需要在程式中包含誤差的捕捉器以捕捉誤差,然後允許使用者改正這個錯誤。

最後要注意,前述的程式碼並非一般性的,也就是我們設計的是求解一特定高空彈跳者的速度問題。一般性的版本可發展為:

```
function yend = odesimp(dydt, dt, ti, tf, yi)
t = ti; y = yi; h = dt;
while(1)
    if t + dt > tf, h = tf - t; end
    y = y + dydt(y) * h;
    t = t + h;
    if t >= tf, break, end
end
yend = y;
```

注意我們已經在保持求解技巧的基本特性下,呈現對解特定彈跳者演算法的例子(包含定義微分方程式的子函數),接著我們可使用以微分方程式的匿名函數並傳遞函數到 odesimp 的例行程序來求解高空彈跳者的例子:

```
>> dvdt = @(v) 9.81-(0.25/68.1)*v*abs(v);
>> odesimp(dvdt, 0.5, 0, 12, 0)
ans =
    50.9259
```

我們可以不修改 M 檔即能分析不同的函數。例如,假如在 $t = 0$ 時 $y = 10$,此微分方程式 $dy/dt = -0.1y$ 有解析解 $y = 10e^{-0.1t}$。因此在 $t = 5$ 時,解會是 $y(5) = 10e^{-0.1(5)} = 6.0653$。我們可以使用 odesimp 來獲得相同的結果,如下所示:

```
>> odesimp(@(y) - 0.1*y, 0.005, 0, 5, 10)
ans =
    6.0645
```

最後,我們能用 varargin 以及新的傳輸參數方式來開發一個最後、也是更好的版本。為此,首先透過加入灰階程式碼來修正 odesimp 函數

```
function yend = odesimp2(dydt, dt, ti, tf, yi, varargin)
t = ti; y = yi; h = dt;
while(1)
  if t + dt > tf, h = tf - t; end
  y = y + dydt(y, varargin{:}) * h;
  t = t + h;
  if t >= tf, break, end
end
yend = y;
```

接著,我們可以開發一腳本來執行運算

```
clc
format compact
dvdt=@(v,cd,m) 9.81-(cd/m)*v*abs(v);
odesimp2(@(v) dvdt(v,0.25,68.1),0.5,0,12,0)
```

這會得到正確的結果

```
ans =
    50.9259
```

習題

3.1 圖 P3.1 顯示一圓柱水槽,其具有圓錐形的底部。如果液面很低而落在圓錐部分,則此液體的體積為圓錐的體積;若液面落在圓柱部分,則總體積就是裝滿的圓錐加上所占圓柱體部分的體積。利用決策結構撰寫一個 M 檔,對於給定 R 和 d 的函數,計算水槽內的液體體積。設計一個函數可以傳回所有深度小於 $3R$ 情況的體積,並且在水槽滿出來的情況下傳回「Overtop」的錯誤訊息,也就是 $d > 3R$。最後以下列數據測試:

R	0.9	1.5	1.3	1.3
d	1	1.25	3.8	4.0

注意 R 是水槽的半徑。

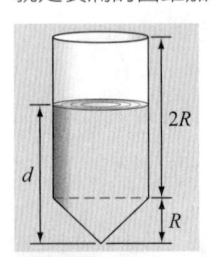

圖 P3.1

3.2 某帳戶投資某一數量的本金 P,在每一期結束後可得到以複利計算的利息。n 期後,利率為 i 的本利和 F 可以由以下公式決定:

$$F = P(1+i)^n$$

撰寫一個 M 檔，計算 1 到 n 年投資每一年的本利和。對於本利和的計算，函數一開始要求使用者輸入起始的本金 P、利率 i（以小數表示）以及期數 n（n 年）。輸出一個表格，表頭是期數 n 與本利和 F。以參數 P = \$100,000、i = 0.05 以及 n = 10 年來執行此程式。

3.3 經濟公式可以計算每年應用來支付償還的貸款。假設貸款本金為 P，且同意 n 年償還並支付 i 的利息，則每年要支付用來償還貸款的款項 A 為：

$$A = P\frac{i(1+i)^n}{(1+i)^n - 1}$$

撰寫一個 M 檔，計算 A。以 P = \$100,000 且利率 3.3 %（i = 0.033）作為測試。計算 n = 1, 2, 3, 4, 5 的結果，並且將結果顯示成表格的格式，其中表頭為 n 和 A 為行。

3.4 某地區每天的平均溫度可用下列公式估計：

$$T = T_{\text{mean}} + (T_{\text{peak}} - T_{\text{mean}})\cos(\omega(t - t_{\text{peak}}))$$

其中 T_{mean} = 一年的平均溫度，T_{peak} = 一年的最高溫度，ω = 每一年變化的頻率（= $2\pi/365$），以及 t_{peak} = 最高溫度的天數（$\cong$ 205 天）。以下是美國某些城鎮的參數：

城鎮	T_{mean} (°C)	T_{peak} (°C)
Miami, FL	22.1	28.3
Yuma, AZ	23.1	33.6
Bismarck, ND	5.2	22.1
Seattle, WA	10.6	17.6
Boston, MA	10.7	22.9

開發一個 M 檔來計算特定城市在年中的兩天之間的平均溫度。利用下列數據測試：**(a)** 1 月到 2 月的 Yuma, AZ（t = 0 到 59）以及 **(b)** 7 月到 8 月的 Seattle, WA（t = 180 到 242）。

3.5 sin 函數可以用下列的無限級數來計算：

$$\sin x = x - \frac{x^3}{3!} + \frac{x^5}{5!} - \cdots$$

建立一個 M 檔來執行這個公式，使其可以計算並顯示當級數的每一項增加時，sin x 的值。換句話說，計算並顯示下列的值：

$$\sin x = x$$
$$\sin x = x - \frac{x^3}{3!}$$
$$\sin x = x - \frac{x^3}{3!} + \frac{x^5}{5!}$$
$$\vdots$$

直到你所選擇的項數為止。對於前述各項，計算並顯示相對誤差百分比為

$$\% \text{ 誤差} = \frac{\text{真實值} - \text{級數近似值}}{\text{真實值}} \times 100\%$$

作為測試，用此程式來計算 sin(0.9) 直到包含 8 項數為止——也就是到 $x^{15}/15!$。

3.6 在二維空間中，某一個點相對於原點的位置可以用兩個距離來標定，如圖 P3.6 所示：
- 在直角座標中水平與垂直的距離 (x, y)。
- 在極座標中的半徑與角度 (r, θ)。

以極座標 (r, θ) 換算直角座標 (x, y) 是相當直觀的，反向處理並沒有如此簡單。半徑可以用下列公式計算：

$$r = \sqrt{x^2 + y^2}$$

如果座標落在第一與第四象限（意即 x > 0），則可以用下列的簡單公式計算 θ：

$$\theta = \tan^{-1}\left(\frac{y}{x}\right)$$

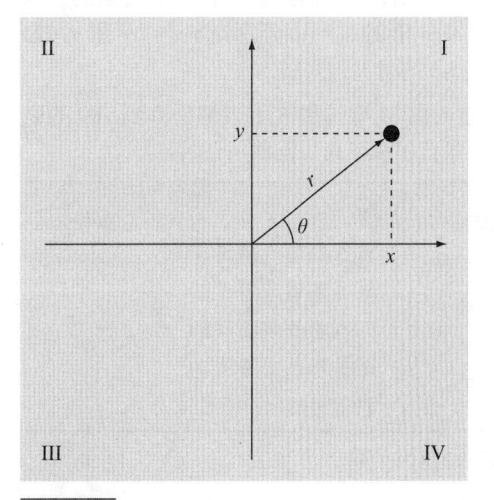

圖 P3.6

在其他的實例會出現困難，下表概括了可能發生的狀況：

x	y	θ
< 0	> 0	$\tan^{-1}(y/x) + \pi$
< 0	< 0	$\tan^{-1}(y/x) - \pi$
< 0	= 0	π
= 0	> 0	$\pi/2$
= 0	< 0	$-\pi/2$
= 0	= 0	0

使用 if...elseif 結構撰寫一個結構良好的 M 檔，以計算 x 和 y 的函數 r 與 θ，其中 θ 必須以度為單位表示。用下列實例的值來測試你的程式：

x	y	r	θ
2	0		
2	1		
0	3		
–3	1		
–2	0		
–1	–2		
0	0		
0	–2		
2	2		

3.7 建立一個 M 檔，計算習題 3.6 所述的極座標。然而，設計這個函數不僅要能計算單一的情況，還要能傳回 x 和 y 的向量。將這個函數的結果顯示於表中，表的每一行分別為 x、y、r 和 θ。最後以習題 3.6 的情況來測試。

3.8 建立一個 M 檔函數，可以傳送 0 到 100 的數值成績，並且根據下表，回傳一個等級代號：

字母	標準
A	90 ≤ 數值成績 ≤ 100
B	80 ≤ 數值成績 < 90
C	70 ≤ 數值成績 < 80
D	60 ≤ 數值成績 < 70
F	數值成績 < 60

函數的第一行必須是

function grade = lettergrade(score)

設計一個函數，當使用者輸入的分數 score 小於零或是大於 100 時，會顯示錯誤訊息並且終止程序。使用 89.9999、90、45、120 來測試你的函數。

3.9 利用曼寧方程式計算矩形明渠中的水速：

$$U = \frac{\sqrt{S}}{n}\left(\frac{BH}{B+2H}\right)^{2/3}$$

其中 U 是速度 (m/s)，S 是渠道的斜率，n 是粗糙度係數，B 是寬度 (m)，以及 H 是深度 (m)。下列是五個渠道的資料：

n	S	B	H
0.036	0.0001	10	2
0.020	0.0002	8	1
0.015	0.0012	20	1.5
0.030	0.0007	25	3
0.022	0.0003	15	2.6

撰寫一個 M 檔，可以計算每一個渠道中的水速。將這些數值輸入到一個矩陣之內，其中每一行代表一個參數，並且每一列代表一個渠道。使 M 檔可以用表格的形式顯示輸入的數據以及計算出來的速度，且速度列在第 5 行。表頭需有每一行的標示。

3.10 一個簡單支撐的橫梁掛上負載，如圖 P3.10 所示。使用奇異函數 (singularity function)，沿橫梁的位移可以下列方程式表示：

$$u_y(x) = \frac{-5}{6}[\langle x-0 \rangle^4 - \langle x-5 \rangle^4] + \frac{15}{6}\langle x-8 \rangle^3 + 75\langle x-7 \rangle^2 + \frac{57}{6}x^3 - 238.25x$$

根據定義，奇異函數可以表示如下：

$$\langle x-a \rangle^n = \begin{cases} (x-a)^n & \text{當 } x > a \\ 0 & \text{當 } x \leq a \end{cases}$$

建立一個 M 檔，可以畫出位移（虛線）對沿橫梁的距離 x 的圖形。注意在橫梁的左端為 $x = 0$。

3.11 半徑為 r、長度為 L 的空心水平圓柱中內含深度為 h 的液體，其內含的液體體積 V 為：

$$V = \left[r^2 \cos^{-1}\left(\frac{r-h}{r}\right) - (r-h)\sqrt{2rh - h^2} \right] L$$

建立一個 M 檔，可以畫出體積對深度的圖形。以下是前面幾行的程式碼：

```
function cylinder(r, L, plot_title)
% volume of horizontal cylinder
% inputs:
% r = radius
% L = length
% plot_title = string holding plot
  title
```

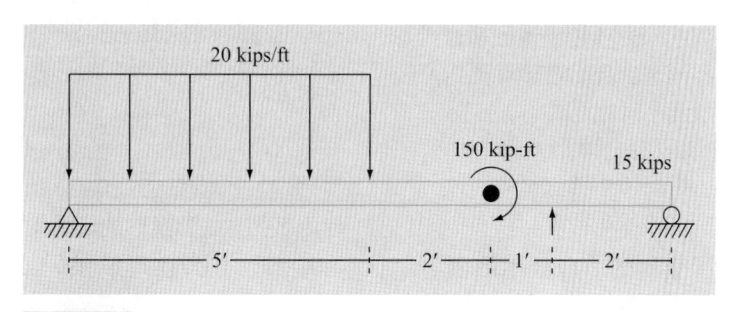

圖 P3.10

用下列的指令測試你的程式：
```
>> cylinder(3,5,...
'Volume versus depth for horizontal ...
cylindrical tank')
```

3.12 以下列程式建立一個向量化的形式：
```
tstart=0; tend=20; ni=8;
t(1)=tstart;
y(1)=12 + 6*cos(2*pi*t(1)/(tend-
tstart));
for i=2:ni+1
  t(i)=t(i-1)+(tend-tstart)/ni;
  y(i)=12 + 6*cos(2*pi*t(i)/...
      (tend-tstart));
end
```

3.13 在切割平均法 (divide and average method) 裡，對於任意正數 a，估計平方根值的古老時間法 (old-time method) 可被定義為：

$$x = \frac{x + a/x}{2}$$

撰寫一個基於 `while...break` 迴圈結構且定義良好的 M 檔函數以執行此演算法，適當使用縮排使結構清楚呈現，每一個步驟都以下式估計誤差：

$$\varepsilon = \left|\frac{x_{new} - x_{old}}{x_{new}}\right|$$

重複迴圈，直到 ε 小於或等於一個特定值。設計程式傳回結果和誤差，確定你能估計等於或小於零之數字的平方根。在後者的情況，用虛數顯示其結果。例如，-4 的平方根是 $2i$。在 $\varepsilon = 1 \times 10^{-4}$ 時，以 $a = 0, 2, 10$ 及 -4 測試你的程式。

3.14 當應變數和自變數的關係無法在單一方程式中顯示時，**片段函數 (piecewise function)** 有時是有用的。例如，火箭的速度可被描述成：

$$v(t) = \begin{cases} 10t^2 - 5t & 0 \le t \le 8 \\ 624 - 3t & 8 \le t \le 16 \\ 36t + 12(t-16)^2 & 16 \le t \le 26 \\ 2136e^{-0.1(t-26)} & t > 26 \\ 0 & \text{其他} \end{cases}$$

發展一個 M 檔函數，計算 t 的函數 v，然後用此函數寫一個腳本，以產生 v 對 t 的繪圖（$t = -5$ 到 50）。

3.15 發展一個稱為 rounder 的 M 檔函數，將一個數字 x 四捨五入到十進位制數字 n。此函數的第一行應設為

```
function xr = rounder(x, n)
```

將下列每個數字四捨五入成兩位的十進位制數字以測試此程式：$x = 477.9587, -477.9587, 0.125, 0.135, -0.125$ 及 -0.135。

3.16 發展一個 M 檔函數，計算一年中經過的天數，此函數的第一行應設為：

```
function nd = days(mo, da, leap)
```

其中，mo 代表 1～12 月，da 代表 1～31 天，leap=（0 代表非閏年且 1 代表閏年）。使用 (1, 1, 1997)，(2, 29, 2004)，(3, 1, 2001)，(6, 21, 2004) 以及 (12, 31, 2008) 測試此程式。提示：一個漂亮的作法是結合 for 與 switch 結構。

3.17 發展一個 M 檔函數，計算一年中經過的天數，此函數的第一行設為：

```
function nd = days(mo, da, year)
```

其中，mo 代表 1～12 月，da 代表 1～31 天，year 代表年。使用 (1, 1, 1997)，(2, 29, 2004)，(3, 1, 2001)，(6, 21, 2004) 以及 (12, 31, 2008) 測試此程式。

3.18 發展一個函數中的函數 M 檔，傳回傳遞函數的最大值與最小值的不同。此外，在該範圍內產生函數的繪圖。以下列狀況測試此程式：

(a) $f(t) = 8e^{-0.25t}\sin(t-2)$，由 $t = 0$ 到 6π。
(b) $f(x) = e^{4x}\sin(1/x)$，由 $x = 0.01$ 到 0.2。
(c) 內建 humps 函數，由 $x = 0$ 到 2。

3.19 修正在 3.6 節所發展的「函數中的函數」odesimp，以便傳遞傳遞函數中的參數。以下列狀況測試此程式：

```
>> dvdt=@(v,m,cd) 9.81-(cd/m)*v*abs(v);
>> odesimp(dvdt, 0.5, 0, 12, -10,
   70,0.23)
```

3.20 一個笛卡爾向量可以想成沿著 x 軸、y 軸及 z 軸乘上一個單位向量 (i, j, k)。對於這樣的例子，向量 {a} 以及 {b} 的點乘積是向量的大小相乘，以及乘上 cos（角度），其中角度是兩個向量之間的夾角，如下所示：

$$\{a\} \cdot \{b\} = ab\cos\theta$$

叉積會產生另一個向量，{c} = {a} × {b}，這個向量垂直 {a} 以及 {b} 所定義的平面，此向量的方向是用右手法則定義。發展一個 M 檔函數，可以用來傳遞兩個向量，並且回傳 θ、{c} 以及 {c} 的大小，並且產生一個由向量 {a}、{b} 以及 {c} 所構成的三維圖形，原點在零，向量 {a} 以及 {b} 用虛線表示，{c} 則用實線表示，用下列的例子測試你的方程式：

(a) a = [6 4 2]; b=[2 6 4];
(b) a = [3 2 -6]; b=[4 -3 1];
(c) a = [2 -2 1]; b=[4 2 -4];
(d) a = [-1 0 0]; b=[0 -1 0];

3.21 依據範例 3.7，發展一個腳本程式產生一個彈跳球的動畫，其中 $v_0 = 5$ m/s，$\theta_0 = 50°$。為了達到此目的，你必須能夠準確地預測什麼時候球會撞擊地面。此時，方向會改變（新的角度會等於撞擊角度加上負號），而且速度大小會減小，以反應球撞擊地面後的能量消耗，速度的改變可以用**恢復係數 (coefficient of restitution)** C_R 量化，此係數比等於撞擊後的速度比上撞擊前的速度。在此例中，使用 $C_R = 0.8$。

3.22 發展一個函數產生一個粒子移動的動畫，即一個在笛卡爾座標中的圓移動，基底是極座標。假設半徑是常數 r，允許角度 θ 從 0 增加到 2π，增加的步階固定。這個函數的第一行必須是

```
function phasor(r, nt, nm)
% function to show the orbit of a
  phasor
% r = radius
% nt = number of increments for theta
% nm = number of movies
```

使用下列方式測試你的函數：

```
phasor(1, 256, 10)
```

3.23 發展一個腳本程式，畫出習題 2.22 的蝴蝶圖。用一個位於 x-y 座標的粒子，使其可以看見圖案如何隨著時間改變。

3.24 開發一個 MATLAB 腳本來計算如同習題 1.28 的一個熱氣球的速度 v 和位置 z。執行計算從 $t = 0$ 到 60 s 使用一步長 1.6 s。在 $z = 200$ m，假設部分負載 (100 kg) 從氣球掉落。你的腳本應架構如下：

```
% YourFullName
% Hot Air Balloon Script

clear,clc,clf

g = 9.81;
global g

% set parameters
r = 8.65; % balloon radius
Cd = 0.47; % dimensionless drag
coefficient
mP = 265; % mass of payload
P = 101300; % atmospheric pressure
Rgas = 287; % Universal gas constant
for dry air
TC = 100; % air temperature
rhoa = 1.2; % air density
zd = 200; % elevation at which mass is
jettisoned
md = 100; % mass jettisoned
ti = 0; % initial time (s)
tf = 60; % final time (s)
vi = 0; % initial velocity
zi = 0; % initial elevation
dt = 1.6; % integration time step

% precomputations
d = 2 * r; Ta = TC + 273.15; Ab = pi /
4 * d ^ 2;
Vb = pi / 6 * d ^ 3; rhog = P / Rgas /
Ta; mG = Vb * rhog;
FB = Vb * rhoa * g; FG = mG * g; cdp =
rhoa * Ab * Cd / 2;
```

```
% compute times, velocities and
elevations
[t,y] = Balloon(FB, FG, mG, cdp, mP,
md, zd, ti,vi,zi,tf,dt);

% Display results
Your code to display a nice labeled
table of times, velocities, and
elevations

% Plot results
Your code to create a nice labeled plot
of velocity and elevation versus time.
```

你的函數應架構如下：

```
function [tout,yout]=Balloon(FB, FG,
mG, cdp, mP, md, zd, ti,vi,zi,tf,dt)
global g

% balloon
% function [tout,yout]=Balloon(FB, FG,
mG, cdp, mP1, md, zd, ti,vi,zi,tf,dt)
% Function to generate solutions of
vertical velocity and elevation
% versus time with Euler's method for a
hot air balloon
% Input:
% FB = buoyancy force (N)
% FG = gravity force (N)
% mG = mass (kg)
% cdp=dimensional drag coefficient
% mP= mass of payload (kg)
% md=mass jettisoned (kg)
% zd=elevation at which mass is
jettisoned (m)
% ti = initial time (s)
% vi=initial velocity (m/s)
% zi=initial elevation (m)
% tf = final time (s)
% dt=integration time step (s)
% Output:
% tout = vector of times (s)
% yout[:,1] = velocities (m/s)
% yout[:,2] = elevations (m)
% Code to implement Euler's method to
compute output and plot results
```

3.25 一個通用的正弦曲線方程可寫為

$$y(t) = \bar{y} + \Delta y \sin(2\pi ft - \phi)$$

其中 y = 應變數，$\bar{y}$ = 平均值，Δy = 振幅，f = 頻率（即每單位時間的震盪次數），t = 自變數（在此例為時間），ϕ = 相位偏移。開發一個 MATLAB 腳本來產生一個 5 塊垂直圖來描述函數如何隨著參數改變。在每一個圖以紅線呈現簡單正弦波，$y(t) = \sin(2\pi t)$。然後，在每個圖以黑線加上以下函數

子圖	函數	標題
5,1,1	$y(t)=1+\sin(2\pi t)$	(a) 平均效應
5,1,2	$y(t)=2\sin(2\pi t)$	(b) 振幅效應
5,1,3	$y(t)=\sin(4\pi t)$	(c) 頻率效應
5,1,4	$y(t)=\sin(2\pi t-\pi/4)$	(d) 相位偏移的效應
5,1,5	$y(t)=\cos(2\pi t-\pi/2)$	(e) 正弦與餘弦的關係

設定範圍 $t = 0$ 到 2π 和刻劃每個子圖的橫軸從 0 到 2π 和縱軸從 -2 到 2。每個子圖包括標題，子圖的縱軸標示為 `'f(t)'`，橫軸標示為 `'t'`。

3.26 碎形 (fractal) 是一個曲線或幾何圖，每一部分都有做為整體相同的統計特徵。碎形在模擬結構（例如侵蝕海岸或雪花）很有用，其中相似型態以漸進的小尺度重複出現，描述部分隨機或混沌 (chaotic) 現象，例如晶體生長、流體紊流和銀河形成。德瓦尼 Devaney (1990) 已寫了一本很棒的小書，包含了一個簡易演算法來創造一個有趣的碎形型態。在此一步步地列出這個演算法的敘述：

步驟 1：指派數值給 m 和 n 並設定 hold on。

步驟 2：啟動一個 for 迴圈來迭代 ii = 1:100000

步驟 3：計算一隨機數，q = 3*rand(1)

步驟 4：如果 q 的數值小於 1，到步驟 5。否則到步驟 6。

步驟 5：計算 m = m/2 和 n = n/2 的新數值，然後到步驟 9。

步驟 6：如果 q 的數值小於 2，到步驟 7。否則到步驟 8。

步驟 7：計算 m = m/2 和 n = (300 + n)/2 的新數值，然後到步驟 9。

步驟 8：計算 m = (300 + m)/2 和 n = (300 + n)/2 的新數值。

步驟 9：如果 ii 的數值小於 100000，到步驟 10。否則到步驟 11。

步驟 10：在座標 (m,n) 畫一個點。

步驟 11：結束 ii 迴圈。

步驟 12：設定 hold off。

使用 for 和 if 結構為這個演算法開發一個

MATLAB 腳本。用以下這兩個例子去執行它：(a) m = 2 和 n = 1，(b) m = 100 和 n = 200。

3.27 寫一個結構良好的 MATLAB 函數程序稱為 Fnorm，來計算一個 $m \times n$ 矩陣的弗比尼斯範數

$$\|A\|_f = \sqrt{\sum_{i=1}^{m}\sum_{j=1}^{n} a_{i,j}^2}$$

以下是一個使用此函數的腳本

```
A = [5 7 9; 1 8 4; 7 6 2];
Fn = Fnorm(A)
```

以下是此函數的第一行

```
function Norm = Fnorm(x)
```

開發此函數的兩個版本：(a) 使用巢狀 for 迴圈，(b) 使用 sum 函數。

3.28 大氣的壓力和溫度受到包括高度、經緯度、每日時刻和季節等種種因素而經常改變。飛行載具的設計和性能要將這些變化都納入考慮並不實際。因此，一個「標準大氣」常用來提供工程師和科學家作為研發的共同參考值。國際標準大氣就是這樣的一種模型，呈現大氣條件如何隨高度等變化。下表顯示在選定的高度下溫度和壓力的數值。

個別高度的溫度可以計算為

$$T(h) = T_i + \gamma_i(h - h_i) \qquad h_i < h \leq h_{i+1}$$

其中 $T(h)$ = 在高度 h 的溫度 (°C)，$T_i = i$ 層的基底溫度 (°C)，γ_i = 遞減率或大氣溫度隨 i 層高度上升產生線性下降速率 (°C/km)，h_i = 基底重力位高於平均海平面。

個別高度的壓力可以計算為

$$p(h) = p_i + \frac{p_{i+1} - p_i}{h_{i+1} - h_i}(h - h_i)$$

其中 $p(h)$ = 在高度 h 的壓力 (Pa ≡ N/m²)，$p_i = i$ 層的基底壓力 (Pa)。密度 ρ (kg/m³)，接著能依照以莫耳數型式的理想氣體定律計算：

$$\rho = \frac{pM}{RT_a}$$

其中 M = 莫耳數 (≅0.0289644 kg/mol)，R = 通用氣體常數 (8.3144621 J/(mol · K))，和 T_a = 絕對溫度 (K) = T + 273.15。

開發一個 MATLAB 函數 StdAtm 來確定一個給定高度的三個性質。如果使用者請求是在高度範圍之外，讓函數呈現一個錯誤訊息並終止使用。使用下列的腳本作為起點來產生一個高度對應性質的三個版面圖。

```
% Script to generate a plot of
temperature, pressure and density
% for the International Standard
Atmosphere
clc, clf
h=[0 11 20 32 47 51 71 84.852];
gamma=[-6.5 0 1 2.8 0 -2.8 -2];
T=[15 -56.5 -56.5 -44.5 -2.5 -2.5 -58.5
-86.28];
p=[101325 22632 5474.9 868.02 110.91
66.939 3.9564 0.3734];
hint=[0:0.1:84.852];
for i=1:length(hint)
   [Tint(i),pint(i),rint(i)]=StdAtm(h,T,
p,gamma,hint(i));
end

% Create plot
% Function call to test error trap
[Tint(i),pint(i),rint(i)]=StdAtm(h,T,p,
gamma,85);
```

層指標，i	層名稱	基底重力位高於平均海平面，h (km)	遞減率 (°C/km)	基底溫度 T (°C)	基底壓力 p (Pa)
1	對流層	0	−6.5	15	101,325
2	對流層頂	11	0	−56.5	22,632
3	平流層	20	1	−56.5	5474.9
4	平流層	32	2.8	−44.5	868.02
5	平流層頂	47	0	−2.5	110.91
6	中層	51	−2.8	−2.5	66.939
7	中層	71	−2.0	−58.5	3.9564
8	中層頂	84.852	—	−86.28	0.3734

3.29 開發一個 MATLAB 函數，將一個溫度向量從攝氏轉換到華氏，或從華氏轉換到攝氏。用以下加州死亡谷和南極的月平均溫度數據來做測試。

天	死亡谷 °F	南極 °C
15	54	−27
45	60	−40
75	69	−53
105	77	−56
135	87	−57
165	96	−57
195	102	−59
225	101	−59
255	92	−59
285	78	−50
315	63	−38
345	52	−27

使用以下腳本作為起點來產生一個兩地的溫度對應日數的二版面的堆圖，攝氏時間序列在上、華氏值在下。如果使用者請求的單位不是攝氏或華氏，讓函數呈現一個錯誤訊息並終止使用。

```
% Script to generate stacked plots of
temperatures versus time
% for Death Valley and the South Pole
with Celsius time series
% on the top plot and Fahrenheit on the
bottom

clc, clf
t=[15 45 75 105 135 165 195 225 255 285
315 345];
TFDV=[54 60 69 77 87 96 102 101 92 78
63 52];
TCSP=[-27 -40 -53 -56 -57 -57 -59 -59
-59 -50 -38 -27];
TCDV=TempConv(TFDV,'C');
TFSP=TempConv(TCSP,'F');

% Create plot

% Test of error trap
TKSP=TempConv(TCSP,'K');
```

3.30 如同習題 3.29 只有兩種可能，因此要在攝氏與華氏溫度單位之間轉換相對容易。而由於常用單位多得多，要在壓力單位間轉換就更有挑戰。以下是巴斯卡 (Pascals) 數值表示的可能方式：

指標，i	單位，U_i	描述或用法	Pa, C_i 的數值
1	psi	胎壓，高於大氣壓力	6894.76
2	atm	用在高壓實驗	101,325
3	inHg	氣象播報員給的大氣壓	3376.85
4	kg/cm^2	歐洲公制單位在美國用 psi	98,066.5
5	inH$_2$O	用在建築物的暖氣 / 通風系統	248.843
6	Pa	標準 SI（公制）壓力單位，1 N/m^2	1
7	bar	常用於氣象科學家	100,000
8	dyne/cm^2	從 CGS 系統中舊的科學壓力單位	0.1
9	ftH$_2$O	美國和英國的低壓單位	2988.98
10	mmHg	用於實驗室壓力量測	133.322
11	torr	和 1 mmHg 相同但用於真空量測	133.322
12	ksi	用於結構工程	6,894,760

表中資訊可以用來作為單位轉換計算。其中一種作法是將單位和對應的巴斯卡數值都儲存在個別陣列用下標對應每個條目。例如：

```
U(1)='psi'   C(1)=6894.76
U(2)='atm'   C(2)=101325.
   .            .
   .            .
   .            .
```

從一個單位轉換到另一個單位可用以下通式計算：

$$P_d = \frac{C_j}{C_i} P_g$$

其中 P_g = 給定壓力，P_d = 所需壓力，j = 所需單位的指標，i = 給定單位的指標。舉例來説，將胎壓 28.6 psi 轉換為大氣壓，我們可以用

$$P_d = \frac{C_2}{C_1} P_g = \frac{101325. \text{ atm/Pa}}{6894.76 \text{ psi/Pa}} \, 28.6 \text{ psi} = 420.304 \text{ atm}$$

因此我們從一個單位轉換到另一個首先涉及決定對應給定和所需單位的指標，接著執行轉換公式。此處是逐步演算法：

1. 指派單位 U 的數值和轉換值 C 陣列。
2. 要使用者透過鍵入 i 數值來選擇輸入單位。
   如果使用者鍵入一個對的數值介於 1-12 的範圍，繼續步驟 3。
   如果使用者鍵入一個數值落在此範圍之外，顯示錯誤訊息並重複步驟 2。
3. 要使用者鍵入壓力 P_i 的給定數值。
4. 要使用者透過鍵入數值 j 來選擇所需單位。
   如果使用者鍵入一個對的數值介於 1-12 的範圍，繼續步驟 5。
   如果使用者鍵入一個數值落在此範圍之外，顯示錯誤訊息並重複步驟 4。
5. 使用公式將輸入單位的數量轉換為所需輸出的數值。
6. 顯示原來數量和單位與輸出的數量和單位。
7. 詢問相同輸入是否需要另一個輸出結果。
   如果是，回到步驟 4 並從那裡繼續。
   如果否，到步驟 8。
8. 詢問是否需要另一個轉換。
   如果是，回到步驟 2 並從那裡繼續。
   如果否，結束演算法。

開發一個結構良好的 MATLAB 腳本使用迴圈和 if 結構來實現此演算法。用以下方式實測它：

(a) 複製手算例子來確保你輸入 28.6 psi 得到約 420.304 atm。

(b) 試著輸入一個選項碼 i = 13。程式有抓到這個錯誤並讓你修正它嗎？如果沒有，它應該要。現在，嘗試一個字母 Q 的選項碼。會怎樣？

第 4 章

捨入誤差及截斷誤差

章節目標

本章的主要目標是讓讀者熟悉數值方法中主要的誤差來源。個別的目標和主題包括：
- 了解正確度與精密度之間的差別。
- 學習如何量化誤差。
- 學習如何利用誤差估計來決定迭代計算何時終止。
- 了解捨入誤差是因為數位電腦在表示數字的能力上有所限制。
- 了解為什麼浮點數字在它們的範圍和精密度上有所限制。
- 了解當以近似值取代正確的數學公式時，便會發生截斷誤差。
- 知道如何使用泰勒級數來估計截斷誤差。
- 了解如何撰寫一階與二階導數的向前、向後以及中央有限差分近似。
- 了解努力使截斷誤差減到最少，有時可能會增加捨入誤差。

有個問題考考你

在第 1 章中，你建立了一個數值模型來計算高空彈跳者的速度。要利用電腦求解這個問題，你必須用有限差分法來近似速度的導數：

$$\frac{dv}{dt} \cong \frac{\Delta v}{\Delta t} = \frac{v(t_{i+1}) - v(t_i)}{t_{i+1} - t_i}$$

因此，最後的結果並非是精密的——也就是，它存在誤差。

另外，你用來求解的電腦也不是一個完美的工具。因為電腦是一個數位裝置，它在表現數字大小以及精密度上受到限制。因此，這個機器本身就會給予包含誤差的結果。

所以你的數學近似值和數位電腦兩者皆會使得你的模型預測存在不確定性。你面臨的問題是：如何處理這樣的不確定性？尤其是，是否有可能去了解、量化以及控制這些誤差，以獲得更可以接受的結果？本章介紹一些工程師與科學家用來處理這個難題的方法和想法。

4.1 誤差

工程師和科學家常常發現他們必須根據不確定的資訊來完成目標。雖然完美是一個值得讚賞的目標，它卻很難達到。舉例來說，根據牛頓第二運動定律所建立的模型是一個非常好的近似值，但實際上卻無法精密預測高空彈跳者如何落下。各式各樣的因素，如風速、空氣阻力的輕微變化，這些都會導致預測上的偏差。如果這些偏差是有系統的高或低，則我們需要建立一個新的模型。然而，如果它們是隨機分布並且與預測相當接近，則這些偏差被認為是可以忽略的，而且這個模型也會被認為是適當的。數值的近似值對於分析也會引進類似的差異。

本章包含了基本的主題：誤差的鑑別、量化及最小化。與誤差的量化相關的一般資訊也會在本節中討論。接下來的 4.2 節及 4.3 節，分別處理兩種主要形式的數值誤差：捨入誤差（來自於電腦近似）以及截斷誤差（來自於數學近似）。我們也會描述減少截斷誤差的策略為何有時會增加捨入誤差。最後，我們討論一些並不直接與數值方法相關的誤差，包括粗心大意、模型誤差，以及資料的不確定性。

4.1.1 正確度與精密度

與計算和量測相關的誤差，可以根據它們的正確度與精密度來分類。**正確度 (accuracy)** 是指計算值或量測值與真實值有多相近。**精密度 (precision)** 則是指每筆計算值或量測值彼此之間有多相近。

這個觀念可以用打靶練習為例來圖解說明。如圖 4.1 所示，每一個彈孔可以想成是數值技巧的預測值，而靶心則代表真實值。**不正確度 (inaccuracy)**（或稱作**偏差 (bias)**）是根據與真實值之間的系統性偏差來定義。因此，雖然圖 4.1c 中每一槍之間的距離皆比圖 4.1a 中的情形還要接近，但這兩個情況都有相同的偏差，因為它們的中心點都落在目標的左上方。另一方面，**不精密度 (imprecision)**（或稱作**不確定性 (uncertainty)**）指的是散布範圍的大小。因此，雖然圖 4.1b 和圖 4.1d 同樣正確（也就是中央點落在靶心），但後者比前者更為精密，因為每一槍與每一槍之間的落點更為靠近。

數值方法應該有足夠的正確度或無偏差性，才能達成某一個特定問題的要求，在適當的設計之下也必須很精密。在本書中，我們將用一個集合名稱**誤差 (error)** 來表示預測的不正確度及不精密度。

4.1.2 誤差的定義

數值誤差的產生，是因為使用近似值來代表正確的數學運算和數量。對於這樣的誤差，近似值與正確值（或稱為真實值）兩者間的關係可以用公式表示如下：

$$真實值 = 近似值 + 誤差 \tag{4.1}$$

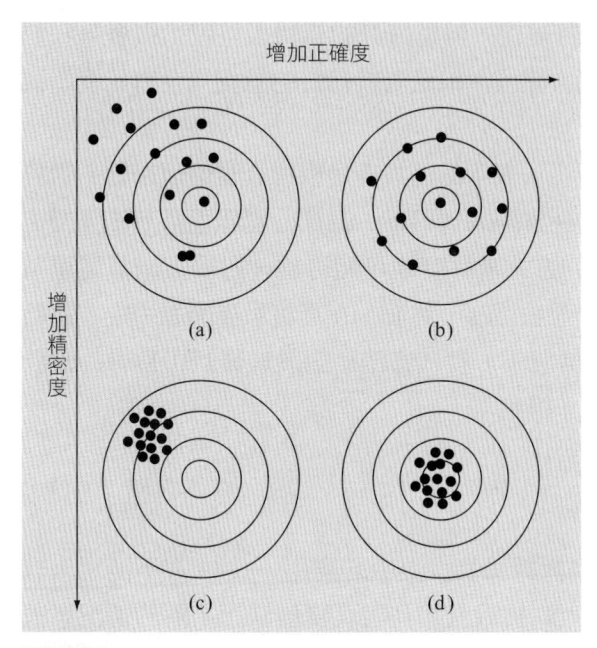

圖 4.1 一個用來說明正確度以及精密度概念的圖解範例：(a) 不正確且不精密，(b) 正確但不精密，(c) 不正確但是精密，以及 (d) 正確且精密。

將式 (4.1) 改寫，我們可以發現數值誤差等於真實值與近似值之間的差異：

$$E_t = 真實值 - 近似值 \tag{4.2}$$

其中 E_t 表示誤差的值，下標 t 用來表示這是一個「真實的」誤差。這是相對於其他之前所述的例子，必須進行對於誤差的「近似」估計。注意真實誤差一般是被視為一個**絕對誤差 (absolute error)**，且可以絕對值 (absolute value) 表示。

這個定義的缺點是對於想要檢驗的值並沒有大小程度的估算。例如，測量撞釘而非橋梁的誤差時，利用公分來表示對於釘子比較有意義。要估算此大小的量有一個方法，即以真實值**正規化 (normalize)** 誤差如下：

$$真實比例相對誤差 = \frac{真實值 - 近似值}{真實值}$$

這個相對誤差也可以乘上 100% 來表示成百分比：

$$\varepsilon_t = \frac{真實值 - 近似值}{真實值} 100\% \tag{4.3}$$

其中 ε_t 表示真實相對誤差百分比 (true percent relative error)。

舉例來說，假設我們要測量橋梁與撞釘的長度，分別得到 9999 cm 以及 9 cm。如果真實值分別為 10,000 cm 與 10 cm，則誤差都是 1 cm。然而，根據式 (4.3) 所得的相對誤差百分比分別

是 0.01% 與 10%。因此，同樣是一個 1 cm 的絕對誤差，但是撞釘的相對誤差就大得多。我們可以得到一個結論，測量橋梁的工作可以算是適當完成，但是對於撞釘的量測一定有什麼遺漏之處。

注意式 (4.2) 與式 (4.3)，E 與 ε 都以下標 t 標示，表示這個誤差是根據真實值而來的。對於撞釘與橋梁的例子，我們有這些真實值。然而，在實際的情形下，這樣的資訊通常無法獲得。對於數值方法，真實值只有在函數可以用解析的方式求解時才可能得到。對於某一個簡單系統，當然可以用一個特別的數學技巧來找出它的理論行為。然而，在真實世界的應用中，我們**事前 (a priori)** 根本無法知道真實值。在這樣的情況下，替代方法是對於最好且可獲得的估計真實值對誤差做正規化，也就是針對近似值本身，得到：

$$\varepsilon_a = \frac{\text{估計的誤差}}{\text{近似值}} 100\% \tag{4.4}$$

其中下標 a 強調誤差被近似的值正規化。注意到對於真實世界中的應用，式 (4.2) 不能用來計算式 (4.4) 中分子的誤差項。對於數值方法，最大的挑戰就是在對真實值缺乏了解的情況下去估計誤差。例如，有些數值方法利用**迭代 (iteration)** 來計算答案。用這樣的方法，根據前一次近似值，我們又再找出這次的近似值。此程序不斷地被重複，最後計算出（希望是）愈來愈準確的近似。對於這種例子，誤差通常以前一次與目前的近似值之間的差異來估計。因此，相對誤差百分比可以由下列式子決定：

$$\varepsilon_a = \frac{\text{目前的近似值} - \text{前一次的近似值}}{\text{目前的近似值}} 100\% \tag{4.5}$$

這個和其他表示誤差的方法在接下來的章節中會詳細說明。

式 (4.2) 到式 (4.5) 的值可以是正也可以是負。如果近似值比真實值還要大（或者前一次的近似值比目前的近似值還要大），則誤差為負；如果近似值比真實值還要小，則誤差為正。另外，式 (4.3) 到式 (4.5) 的分母有可能比零還小，也會導致負的誤差。當進行計算時，我們通常比較不會關心誤差的正負號，反而較關心百分比的絕對值是否小於某一個指定的百分比容許量 ε_s。因此，我們經常取式 (4.5) 的絕對值。對於這樣的例子，我們會重複進行計算，直到

$$|\varepsilon_a| < \varepsilon_s \tag{4.6}$$

這樣的關係稱為**停止準則 (stopping criterion)**。如果滿足此條件，則我們的結果被認定為落在某一個預先設定可接受的範圍 ε_s 內。注意到在接下來的部分，我們幾乎都是使用相對誤差的絕對值。

有時候我們也可以用有效位數的形式來表示在近似值中誤差的量。我們可以知道（參考 Scarborough, 1966）當下列的準則成立，可以確保結果至少有 n 位有效數字是正確的：

$$\varepsilon_s = (0.5 \times 10^{2-n})\,\% \tag{4.7}$$

範例 4.1　迭代方法的誤差估計

問題敘述　在數學中，函數可以用無窮級數來表示。例如，指數函數可以用下列式子計算：

$$e^x = 1 + x + \frac{x^2}{2!} + \frac{x^3}{3!} + \cdots + \frac{x^n}{n!} \tag{E4.1.1}$$

因此，在這個序列中，當項數愈多，則近似值會愈來愈接近 e^x 的真實值。式 (E4.1.1) 就是所謂的**馬克勞林級數展開式 (Maclaurin series expansion)**。

從最簡單的 $e^x = 1$ 開始，一次增加一個項來計算 $e^{0.5}$。每加入一項，即分別利用式 (4.3) 及式 (4.5) 計算真實值與近似的相對誤差百分比。注意，$e^{0.5}$ 的真實值是 $1.648721\cdots$。增加項數，直到近似的誤差估計值 ε_a 的絕對值低於某一個預先指定的誤差標準 ε_s 的三位有效數字誤差，則結束迭代。

解法　首先，式 (4.7) 可以用來決定誤差準則，以確保最少有三位有效數字正確：

$$\varepsilon_s = (0.5 \times 10^{2-3})\% = 0.05\%$$

因此，我們可以增加項數，直到 ε_a 比這個等級還小。

第一次的估計僅僅等於式 (E4.1.1)，只有一項。因此，第一個估計值等於 1。第二次的估計值可由加入第二項得到：

$$e^x = 1 + x$$

或者 $x = 0.5$：

$$e^{0.5} = 1 + 0.5 = 1.5$$

根據式 (4.3)，我們得到真實相對誤差百分比為：

$$\varepsilon_t = \left| \frac{1.648721 - 1.5}{1.648721} \right| \times 100\% = 9.02\%$$

根據式 (4.5)，可以用來決定近似的誤差估計值如下：

$$\varepsilon_a = \left| \frac{1.5 - 1}{1.5} \right| \times 100\% = 33.3\%$$

因為 ε_a 並未比所需要的 ε_s 還小，我們必須加入第三項繼續計算，也就是 $x^2/2!$，並且重複計算誤差。此程序會持續進行，直到 $|\varepsilon_a| < \varepsilon_s$。整個計算過程如下表：

項	結果	ε_t, %	ε_a, %
1	1	39.3	
2	1.5	9.02	33.3
3	1.625	1.44	7.69

項	結果	ε_t, %	ε_a, %
4	1.645833333	0.175	1.27
5	1.648437500	0.0172	0.158
6	1.648697917	0.00142	0.0158

因此，在加總六項之後，近似的誤差小於 ε_s = 0.05%，所以這個計算終止。然而此結果比所需的三位有效數字還要正確，達到五位數字。這是因為在這個情況下，式 (4.5) 與式 (4.7) 是保守的，也就是它們確保了這個結果至少和指定的一樣好。雖然這並不表示式 (4.5) 一定是如此，但是大部分時候的確是這樣。

4.1.3 迭代計算的電腦演算法

書中許多數值方法的敘述涉及了如範例 4.1 這類的迭代計算。這些都需要藉由計算來自一個初始猜測值的連續近似來求得最後的解。

用電腦執行像這樣用迭代求解的方法通常都包含迴圈。正如我們在 3.3.2 節所看到，這方式有兩種：計數控制與決策迴圈。大多數的迭代解會用到決策迴圈。因此，典型的程序會一直重複，直到一個近似誤差估計低於停止準則，如範例 4.1 所示，而不是用一個預先決定的值來設定迭代的次數。

要用這個方法解決類似的問題，例如範例 4.1，級數展開可以表示為下列形式：

$$e^x \cong \sum_{i=0}^{n} \frac{x^n}{n!}$$

用來實現這個公式的 M 檔如圖 4.2 所示。一個要被估算的數值 (x)，還有一個停止的誤差準則 (es) 以及一個最大能容許的迭代次數 (maxit) 會傳給函數。如果使用者沒有輸入後面兩個參數的任意一個，函數會指定參數一個預設的值。

這個函數會先將三個變數初始化：(a) iter，會用來追蹤迭代的次數；(b) sol，用來儲存現在的估計值；(c) 變數 ea，用來儲存相對誤差的近似百分比。注意，ea 變數在一開始的時候會被設定成 100，以保證迴圈會執行至少一次。

在初始化後，接著就是一個決策迴圈，確實地執行迭代計算。在產生一個新的解之前，前一個值 (sol) 會先被指定到 solold，接著會計算一個新的 sol 值，並且迭代計數器的值增加。如果新的 sol 值不是零，相對誤差的百分比 (ea) 會被計算出來，接著再測試停止準則。如果兩個準則都不成立，迴圈會重複執行。如果任一個準則為真，迴圈會終止並且將最終所得到的值送回函數。

當 M 檔被執行的時候，會產生一個指數函數的估計值，與估計誤差以及迭代次數一起回傳。舉例來說，e^1 可以用下列的方式求得：

```
function [fx,ea,iter] = IterMeth(x,es,maxit)
% Maclaurin series of exponential function
%    [fx,ea,iter] = IterMeth(x,es,maxit)
% input:
%    x = value at which series evaluated
%    es = stopping criterion (default = 0.0001)
%    maxit = maximum iterations (default = 50)
% output:
%    fx = estimated value
%    ea = approximate relative error(%)
%    iter = number of iterations

% defaults:
if nargin < 2 | isempty(es), es = 0.0001;end
if nargin < 3 | isempty(maxit),maxit = 50;end
% initialization
iter = 1; sol = 1; ea = 100;
% iterative calculation
while (1)
   solold = sol;
   sol = sol + x^iter / factorial(iter);
   iter = iter + 1;
   if sol~=0
      ea=abs((sol - solold)/sol)*100;
   end
   if ea<=es | iter >= maxit,break,end
end
fx = sol;
end
```

圖 4.2 一個用來解決迭代計算的 M 檔。這個範例是用來估計 e^x 的馬克勞林級數展開，如範例 4.1 所述。

```
>> format long
>> [approxval, ea, iter] = IterMeth(1,1e-6,100)
approxval =
   2.718281826198493
ea =
   9.216155641522974e-007
iter =
   12
```

我們可以看到在 12 次迭代以後，會得到 2.7182818 的結果，近似誤差估計值 = 9.2162×10^{-7}%，此結果可以用內建的 exp 函數直接計算精密的值與真實的相對誤差百分比來驗證，

```
>> trueval=exp(1)
trueval =
```

```
          2.718281828459046
>> et = abs((trueval-approxval)/trueval)*100
et =
          8.316108397236229e-008
```

正如範例 4.1 的情況,我們可以得到所需要的結果,其真實誤差比估計誤差還小。

4.2 捨入誤差

捨入誤差 (roundoff error) 起源於數位電腦無法準確地表示某些數量。在許多工程與科學問題求解中,這樣的誤差會導致錯誤的結果。在某些特殊的情況,誤差會使得計算過程不穩定,並且產生很明顯錯誤的結果。這類計算是**病態條件 (ill-conditioned)**。更糟的情況是,誤差會導致難以發現的差異。

以下是數值方法中兩個主要的捨入誤差來源:

1. 數位電腦對於表示數字的容量與精密度有限制。
2. 某些數學運算對捨入誤差很敏感。這可能來自於數學方面的考量,且與電腦如何執行這些算術運算有關。

4.2.1 電腦的數字表示法

數值的四捨五入運算與電腦以何種形式儲存數字有關。表示資訊的基本單位是**字元 (word)**。字元由一串二進位制的位數組成,稱之為**位元 (bit)**(二進位的位數稱為 *binary digit*,取開始和最後的字母組成 bit)。數字通常以一個或一個以上的字元來儲存。要了解如何達成這個目標,我們首先複習一些有關數字系統的觀念。

數字系統 (number system) 是表示數量的規則。因為我們有 10 隻手指頭與 10 隻腳趾頭,所以我們最熟悉的數字系統是**十進位制 (decimal)**,或稱做**基底為 10 (base-10)** 的數字系統。用來建立此系統的數字就叫基底。在基底為 10 的系統中,我們使用 10 個不同的數字,0、1、2、3、4、5、6、7、8、9,來表示所有的數值。藉由這些數字,每一位數都是由 0 到 9 其中之一。

對於較大的量,這些基本的位數可集合起來一起使用,**位置值(position value 或 place value)**也代表了與數量大小有關的訊息。全數中最右邊一位數代表數字 0 到 9。由右邊數來第二位表示要乘上 10 倍,由右邊數來第三位表示要乘上 100 倍,依此類推。例如,如果有一個數字寫成 8642.9,表示我們有八組 1000、六組 100、四組 10、兩組 1 及九組 0.1,或寫成:

$$(8 \times 10^3) + (6 \times 10^2) + (4 \times 10^1) + (2 \times 10^0) + (9 \times 10^{-1}) = 8642.9$$

這種表示式稱為**位置標記 (positional notation)**。

因為十進位制是我們所熟悉的，所以大部分人並不知道還有其他種類的數字進位系統。例如，如果人類只有 8 根手指頭與 8 根腳趾頭，我們一定會發展出**八進位制 (octal)**，或者稱做**基底為 8 (base-8)** 的表示式。用同樣的概念，我們的好朋友——電腦就像是一種只有 2 根手指頭的動物，因為電腦只允許兩個狀態，不是 0 就是 1。這是因為數位電腦所使用的主要邏輯單位是電子元件，只能夠開／關 (on/off)。因此，電腦中的數字是以**二進位制 (binary)** 來表示，或者稱做**基底為 2 (base-2)** 的系統。和十進位制的系統一樣，數量可以用位置標記來表示。例如，二進位制的數字 101.1 等於十進位制底下的 $(1 \times 2^2) + (0 \times 2^1) + (1 \times 2^0) + (1 \times 2^{-1}) = 4 + 0 + 1 + 0.5 = 5.5$。

整數表示　現在已經知道如何將十進位數字轉換為二進位數字，依此類推，我們也能推論出電腦表示整數的方法。**符號大小表示法 (signed magnitude method)** 是最簡單的方法，它使用字元中的第一個位元表示符號，0 是正數，1 為負數，其餘的位元用來儲存該數值。例如，整數 173 可以二進位數 10101101 表示：

$$(10101101)_2 = 2^7 + 2^5 + 2^3 + 2^2 + 2^0 = 128 + 32 + 8 + 4 + 1 = (173)_{10}$$

因此，−173 以二進位數儲存在 16 位元電腦中，就如圖 4.3 所示。

假使我們使用這種表示方式，很明顯地會有整數範圍限制。再次假設一個 16 位元的字，假如使用字中的一個位元表示符號，將會有 15 個位元可以表示由 0 至 111111111111111 的二進位整數。將上限轉換為十進位數為 $(1 \times 2^{14}) + (1 \times 2^{13}) + \cdots + (1 \times 2^1) + (1 \times 2^0) = 32,767$，此值可簡單地表示成 $2^{15} - 1$，因此，16 位元電腦所能儲存的十進位數範圍為 −32,767 至 32,767。

此外，因為零已經能以 0000000000000000 來表示，再以 1000000000000000 表示「負零」就變得多餘。我們也就能多一個額外的負數：−32,768，使得範圍為 −32,768 至 32,767。就一 n 位元字而言，其範圍為 -2^{n-1} 至 $2^{n-1} - 1$。因此，32 位元電腦所能儲存的十進位數範圍為 −2,147,483,648 至 +2,147,483,647。

注意，雖然符號大小表示法是電腦表示整數的好方法，但在傳統的電腦中卻不使用這種方法。傳統的電腦是使用**二補數 (2s complement)** 的技巧直接表示數值，而非犧牲一個位元表示負數，但其所能表示的範圍仍與符號大小表示法相同。

上述說明數位電腦因容量所限，其所能表示的整數範圍也會受限，也就是低於或高於範圍的數值均無法顯示。在接下來的內容中我們將發現，對浮點數而言會有更嚴格的限制。

| 1 | 0 | 0 | 0 | 0 | 0 | 0 | 0 | 1 | 0 | 1 | 0 | 1 | 1 | 0 | 1 |

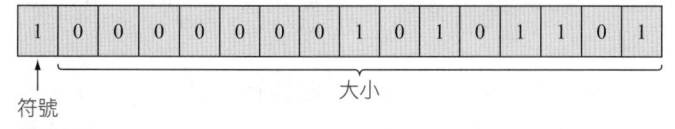

↑　　　　　　　　　　大小
符號

圖 4.3　十進位數字 −173 在 16 位元電腦中使用符號大小表示法的二進位數。

浮點數表示 電腦中典型的分數表示法是使用**浮點數格式 (floating-point format)**，此法是類似科學記號表示法，其格式如下：

$$\pm s \times b^e$$

其中 s 是**有效位數**或**尾數 (significand 或 mantissa)**，b 是基底，e 是指數。

要以此格式表示之前，我們可先**正規化 (normalize)** 一數字，藉由移動小數點使小數點左側只有一位數，這樣可以不浪費儲存尾數的零的記憶空間。例如，將 0.005678 以 0.005678×10^0 儲存會浪費記憶空間，然而以正規化的方式將數字儲存成 5.678×10^{-3} 可以節省儲存在零尾數的記憶空間。

在描述使用於電腦基底為 2 的補數之前，我們先探討浮點數所蘊含的意義；特別是一些延伸的事實，例如尾數與指數應被限制在多少位元數？在以下範例中，我們將提出一種比十進位制更適合實際應用的方法。

範例 4.2　浮點數表示法的涵義

問題敘述　假設我們有一部十進位制 5 位元字組的電腦。假定一個數字用來表示符號，兩個數字表示指數，兩個數字表示尾數。為了簡單起見，假設指數的其中一個數字用來表示它的符號，另一個數字用來表示它的大小。

解法　一般性正規化的數字表示法為：

$$s_1 d_1 . d_2 \times 10^{s_0 d_0}$$

其中 s_0 與 s_1 表示符號，d_0 表示指數大小，d_1 與 d_2 表示尾數大小。

現在讓我們考慮此系統所能表示的最大正數值為何？很清楚地，在本系統中，以 10 為基底的最大數值為 9，其所形成的最大正數為

$$\text{最大數值} = +9.9 \times 10^{+9}$$

此數值略小於 100 億，此數看似很大，但對電腦而言並不如此。例如，電腦常需儲存的亞佛加厥數 (Avogadro's number, 6.022×10^{23}) 就遠大於此數。

同樣地，此系統最小正數為：

$$\text{最小數值} = +1.0 \times 10^{-9}$$

再次地，雖然此數似乎非常小，卻無法用它來表示像是蒲朗克常數 (Planck's constant, 6.626×10^{-34} J・s) 的數量。

類似的負數值也可推展而出。圖 4.4 顯示結果的範圍，大的正數或負數若超出範圍，則將造成**溢位錯誤 (overflow error)**。在類似的情形下，對於非常小的數量而言，在零位置有缺位 (hole)，且這些非常小的數量通常會被轉換變成零。

指數值是決定範圍的關鍵值。例如，假使我們加一位數給尾數，則最大數值增為

9.99×10^9；但假使我們加一位數給指數，則最大數值增為 9.9×10^{99}！

當以精密度為主時，狀況就正好相反了。有效位數對精密度而言有重要的影響，我們能由限制尾數只有兩個數字來發現此一戲劇性的現象。如圖 4.5 所示，只有一個缺位在零處，同樣也有缺位在值之間。

舉例來說，一個簡單的有限位數有理數像是 $2^{-5} = 0.03125$ 將會儲存成 3.1×10^{-2} 或是 0.031 的形式，因此將會產生**捨入誤差 (roundoff error)**。在此例中，它代表一相對誤差：

$$\frac{0.03125 - 0.031}{0.03125} = 0.008$$

雖然在有效位數為無限大時，我們可正確儲存 0.03125，但只要有效位數有限制，就必定有誤差出現。例如，最常見的數字 π (= 3.14159…) 如以 3.1×10^0 或 3.1 表示，其相對誤差為：

$$\frac{3.14159 - 3.1}{3.14159} = 0.0132$$

雖然增加有效位數能改善誤差，但儲存到電腦仍會有捨入誤差。

圖 4.5 說明另一個浮點數效應。注意當數字增加時，區間的大小也會增加。指數為 −1 的數（也就是介於 0.1 和 1 之間），空間為 0.01。一旦我們由 1 跨入到 10 的範圍，空間增為 0.1，這意味著捨入誤差會和數字大小成正比。此外，它代表相對誤差會有上限。在此例中，最大的相對誤差是 0.05，此值稱為**機器精度 (machine epsilon 或 machine precision)**。

在範例 4.2 中，指數與有效位數均為有限數字，意味著浮點數的範圍與精密度均為有限。現在，我們將檢視浮點數實際上如何儲存在二進位制的電腦中。

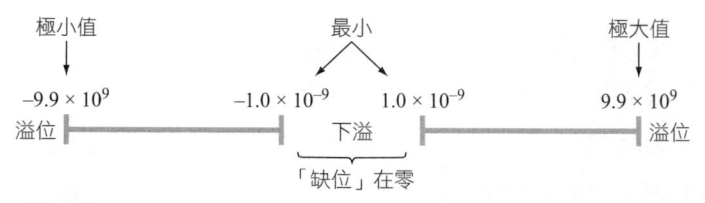

圖 4.4 此數線顯示在範例 4.2 中，十進位制浮點數格式下的可能範圍。

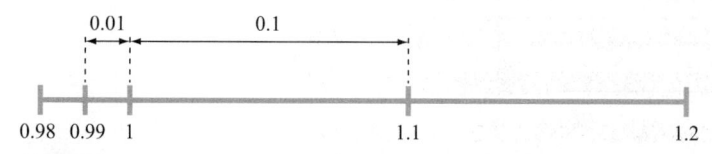

圖 4.5 範例 4.2 中基底為 10 的浮點數之數線一小部分。數字能正確代表其值。其他落在數字「缺位」的數將產生捨入誤差。

我們先檢視正規化。因為二進位制只包含 0 和 1，因此在小數點的左邊永遠只有一個數，此意味領導位元 (leading bit) 不需儲存，因此，非零二進位浮點數可表示成：

$$\pm(1 + f) \times 2^e$$

其中 f 為**尾數**（**mantissa**，為有效位數之小數部分）。例如，我們正規化二進位數 1101.1 為 1.1011 × (2)$^{-3}$ 或 (1 + 0.1011) × 2^{-3}。雖然原本的數有五個數字為有效位數，我們只儲存四個小數：0.1011。

MATLAB 預設以 **IEEE 倍精度 (IEEE double-precision format)** 8 位元組（64 位元）格式代表浮點數字。圖 4.6 中，1 位元表示符號，此和整數儲存有相同的意義，指數與指數符號儲存成 11 位元，最後以 52 個位元儲存尾數。然而，因為正規化，也可以儲存 53 尾數位元。

範例 4.2 顯示範圍與精密度均為有限。然而，因為 IEEE 格式使用更多位元，所顯示的結果數字系統將能使用在實際生活中。

範圍 以和整數儲存相同的模式，儲存指數的 11 個位元的範圍為 –1022 到 1023，以二進位表示的最大正數為：

$$最大數值 = +1.1111 \ldots 1111 \times 2^{+1023}$$

此處尾數有 52 個位元為 1，因為有效位數近乎 2(真實值為 $2 - 2^{-52}$)，其最大值為 2^{1024} = 1.7977 × 10^{308}。相同地，最小正數為：

$$最小數值 = +1.0000 \ldots 0000 \times 2^{-1022}$$

轉換成十進位制為 2^{-1022} = 2.2251 × 10^{-308}。

精密度 用以表示尾數的 52 個位元是相對於十進位制的 15 或 16 位元。因此，π 可表示成：

```
>> format long
>> pi
ans =
   3.14159265358979
```

注意機器精度是 2^{-52} = 2.2204 × 10^{-16}。

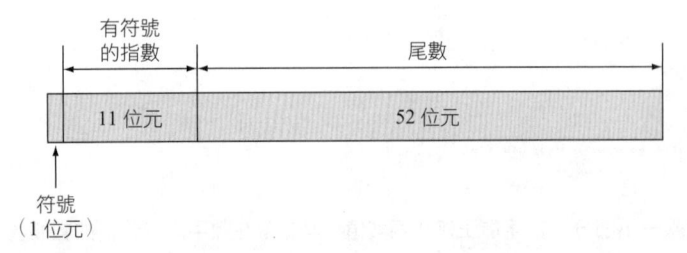

圖 4.6 以 IEEE 倍精度 8 位元組字格式儲存浮點數字之樣式。

MATLAB 使用內建函數的數字與內部的數字表示方法相關。例如，realmax 函數可以顯示最大的正實數：

```
>> format long
>> realmax
ans =
    1.797693134862316e+308
```

在運算中，若是數字超過這個大小則會發生**溢位 (overflow)**。在 MATLAB 中，它們被設成無限大，inf。函數 *realmin* 顯示最小的正實數為：

```
>> realmin
ans =
    2.225073858507201e-308
```

比這個值還要小的數字會造成**下溢 (underflow)**，並且通常會被設為零。最後，eps 函數顯示機器精度為：

```
>> eps
ans =
    2.220446049250313e-016
```

4.2.2 電腦數字的算術運算

除了電腦數字系統的限制之外，實際上的算術運算也會造成捨入誤差。要了解這如何發生，我們從研究電腦如何進行加法與減法來著手。

因為它們的相似性，正規化的基底為 10 的數字將會被用來做加法與減法，用以說明捨入誤差的影響。對於以其他數字為基底的情形也會是相似的。為了簡化討論，我們使用一個十進位制的假想電腦，該電腦使用四位數的尾數以及一位數的指數。

當兩個浮點數相加時，需先將兩個數字的指數調整成一致。例如，我們想要做加法 1.557 + 0.04341，則電腦會將這兩個數字表示成 $0.1557 \times 10^1 + 0.004341 \times 10^1$。接下來，尾數相加得到 0.160041×10^1。現在，因為電腦使用四位數的尾數，超過的數字位數會被去掉而剩下 0.1600×10^1。注意到第二個數字的最後兩個位數 (41) 被移到右邊，然後在計算中遺失。

除了減數的符號是負的之外，減法與加法的狀況一模一樣。例如，我們要從 36.41 減去 26.86，也就是：

$$\begin{array}{r} 0.3641 \times 10^2 \\ -0.2686 \times 10^2 \\ \hline 0.0955 \times 10^2 \end{array}$$

在此狀況的結果必須正規化，因為第一個零是不需要的。所以我們將小數點往右移，使得 $0.9550 \times 10^1 = 9.550$。注意最後面補上零，只是為了把因為平移所造成的空間補足。當兩個數字

很相近時,做減法會得到一個更誇張的結果,如下:

$$\begin{array}{r} 0.7642 \times 10^3 \\ -0.7641 \times 10^3 \\ \hline 0.0001 \times 10^3 \end{array}$$

其中必須轉換成 $0.1000 \times 10^0 = 0.1000$。因此,這個狀況是加進了三個無效位數的零。

兩個很相近的數字做減法稱為**減法相消 (subtractive cancellation)**。這是一個典型的範例,告訴我們電腦進行這些機制的方式而導致的數值問題。其他與計算相關的問題包括:

大型計算　某些方法需要做很大的數字運算以得到最後的結果。而這些計算通常是相關的,也就是後面的計算結果需要根據前面的結果而來。因此,雖然個別的捨入誤差很小,但最後大型計算所累積的結果卻是很可觀的。我們舉一個非常簡單的例子來說明十進位制的數字無法完全以二進位制表示。一個 M 檔如下:

```
function sout = sumdemo()
s = 0;
for i = 1:10000
  s = s + 0.0001;
end
sout = s;
```

當函數執行,結果為:

```
>> format long
>> sumdemo

ans =
    0.99999999999991
```

因為 `format long` 指令讓我們可以看到 MATLAB 用 15 位有效位數的表示式。你會希望看到的和為 1。然而,雖然 0.0001 在十進位制中是一個好的整數,但是卻無法完全正確地使用二進位制來表示。因此,此總和與 1 有一些不同。我們要注意到 MATLAB 有可以最小化這類誤差的方法。例如,我們建立一個向量:

```
>> format long
>> s = [0:0.0001:1];
```

在這個情況下,最後一項會變成完全正確的 1,而不是 0.99999999999991:

```
>> s(10001)
ans =
    1
```

大數字和小數字的加法　假設我們使用 4 位數尾數以及 1 位數指數的假想電腦,將一個小的數字 0.0010 和一個大的數字 4000 相加。調整後,小的數字的指數與較大的數字一致:

$$\begin{array}{r} 0.4000 \quad \times 10^4 \\ 0.0000001 \times 10^4 \\ \hline 0.4000001 \times 10^4 \end{array}$$

這會被取捨成 0.4000×10^4。因此，就和完全沒有執行這個加法一樣。這樣的誤差常常在計算無窮級數的時候發生。數列中的起始項與數列中後面幾項相較起來非常大。因此，當加入幾項之後，就會變成上述將很小的數字加到很大的數字的相同情形。要緩和這種形式的誤差，就是以反向的順序來總計級數。 如此一來，每一個新的項將成為與累積總和相當的量。

模糊　模糊通常在總和的每一項比總和的數字還要大的時候發生。例如，有正負號項混合的級數和。

內積　由上述的內容中可知，無窮級數很容易發生捨入誤差。而幸運的是，級數的計算並不是數值方法中常見的操作。另一個較為常見的運算是內積，公式如下：

$$\sum_{i=1}^{n} x_i y_i = x_1 y_1 + x_2 y_2 + \cdots + x_n y_n$$

這樣的運算很常見，特別是在求解聯立線性方程式的時候，不過這些加總很容易導致捨入誤差。因此，最好是像在 MATLAB 中自動用倍精度來計算這樣的加總。

4.3 截斷誤差

截斷誤差 (truncation error) 是因為使用近似值來取代完全正確的數學程序而發生的。例如，在第 1 章中，我們用式 (1.11) 的有限差分方程式來近似高空彈跳者速度的導數：

$$\frac{dv}{dt} \cong \frac{\Delta v}{\Delta t} = \frac{v(t_{i+1}) - v(t_i)}{t_{i+1} - t_i} \tag{4.8}$$

此數值解會有截斷誤差，因為差分方程式只是導數真實值的近似值（參考圖 1.3）。想了解這種誤差的性質，我們要先探討一個常在數值方法中用來表近似函數的數學公式──泰勒級數。

4.3.1 泰勒級數

泰勒定理及其相關公式（泰勒級數），對於數值方法的學習很重要。基本上，**泰勒定理 (Taylor theorem)** 敘述了任何平滑函數皆可以用多項式來近似。**泰勒級數 (Taylor series)** 提供了一個數學形式的想法，用以提供實際的結果。

理解泰勒級數的一個有效方法就是逐項建立它。此練習的一個好問題背景是，依據在某一點的函數值與其導數來預測在另一點的函數值。

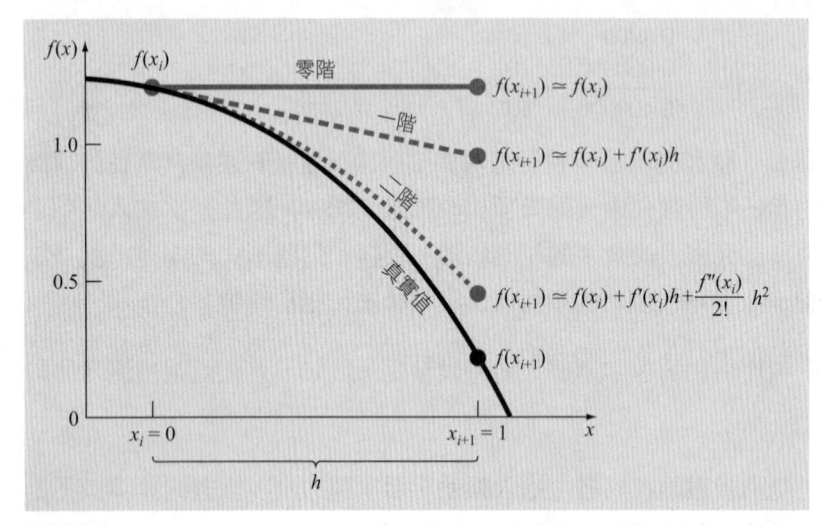

圖 4.7 $f(x) = -0.1x^4 - 0.15x^3 - 0.5x^2 - 0.25x + 1.2$ 在 $x = 1$ 的零階、一階及二階的泰勒級數展開式近似。

假設你被蒙著眼睛並被帶到山丘的一側，面對下坡的位置（如圖 4.7）。我們會根據山丘底部告訴你現在的水平距離 x_i 以及垂直距離 $f(x_i)$，然後請你預測和現在位置距離 h 的位置 x_{i+1} 的高度。

首先，因為你被放在一個完全水平的平台，所以你並不知道你面向的是山丘的下坡。在這個點，你對於位置 x_{i+1} 的高度的最佳預測是什麼？假如你認真思考（記住你不知道你人在哪裡，並且面臨什麼），最佳猜測應該是和你自己現在所站立的地方一樣高！你可以將這個預測以數學式表示如下：

$$f(x_{i+1}) \cong f(x_i) \tag{4.9}$$

這個關係式稱為**零階近似 (zero-order approximation)**，意思是新位置 f 的值和你原本位置的值是一樣的。這個結果是很直覺的，因為 x_i 和 x_{i+1} 很接近，所以新的值當然很接近原本的值。

如果被近似的函數事實上是常數，則式 (4.9) 提供了一個完美的估計。對於我們的問題，只有當你正站在一個完美的平地上，你所近似的高度才會是正確的。然而，如果這個函數在整個區間是會變化的，則需要額外更多項的泰勒級數才能提供較好的估計。

所以你現在離開平台並且站在山丘表面，一腳在前，一腳在後，你會立刻發現前腳比後腳低。事實上，你被允許藉由測量升降高度的差異除以你腳步的距離，而得到一個有關斜率的量化估計。

根據這個資訊，你正站在一個可以用來預測高度 $f(x_{i+1})$ 的更佳位置。本質上，你可以使用斜率來估計投影一條直線到 x_{i+1}。你可以將你的預測以下列數學式表示：

$$f(x_{i+1}) \cong f(x_i) + f'(x_i)h \tag{4.10}$$

這稱為**一階近似 (first-order approximation)**，因為公式中有一個額外的一次項，是以斜率 $f'(x_i)$ 和高度 h（也就是 x_i 和 x_{i+1} 之間的距離）相乘而來。因此，這個表示式目前的形式是一條直線，可以用來預測 x_{i+1} 和 x_i 之間函數的遞增或遞減。

雖然式 (4.10) 可以預測變化，但也僅限於直線，或者是**線性的 (linear)** 趨勢。要得到更好的預測，我們需要對方程式增加更多的項。現在你站在山丘的表面並且做兩次量測。首先，你藉由保持一隻腳踩在 x_i 不動，並且移動另一隻腳往後一小段距離 Δx 來量測你背後的斜率，我們稱這個斜率為 $f'_b(x_i)$。接下來你藉由保持一隻腳踩在 x_i 不動，並且移動另一隻腳往前一小段距離 Δx 來量測你前面的斜率，我們稱這個斜率為 $f'_f(x_i)$。你立刻可以發現背後的斜率比前面的斜率 (x_i) 緩和。很明顯地，在你面前的下降高度是「加速進行」的，因此可預期 $f(x_i)$ 會比你之前的線性預測還要低。

如你所預期的，你打算增加一個二次項到方程式中，使它成為拋物線。泰勒級數提供了正確的方法：

$$f(x_{i+1}) \cong f(x_i) + f'(x_i)h + \frac{f''(x_i)}{2!}h^2 \tag{4.11}$$

要使用這個公式，首先必須估計出二階導數。你可以使用最近兩次的斜率來求出這個估計值：

$$f''(x_{i+1}) \cong \frac{f'_f(x_i) - f'_b(x_i)}{\Delta x} \tag{4.12}$$

因此，二階導數只是一階導數的導數；在這個例子中，就是斜率的變化率。

在往下進行之前，我們先仔細審視式 (4.11)。所有下標為 i 的值都是你估計出來的，亦即它們通通都是數字。唯一的未知數就是在預測位置 x_{i+1} 處的值。所以，它是一個二次方程式的形式：

$$f(h) \cong a_2 h^2 + a_1 h + a_0$$

因此，我們可以看到二階泰勒級數以二階多項式的方式來近似這個函數。

很明顯地，我們可以增加更多的導數來貼近該函數的彎曲程序。如此一來，我們可以達到完整的泰勒級數展開式：

$$f(x_{i+1}) \cong f(x_i) + f'(x_i)h + \frac{f''(x_i)}{2!}h^2 + \frac{f^{(3)}(x_i)}{3!}h^3 + \cdots + \frac{f^{(n)}(x_i)}{n!}h^n + R_n \tag{4.13}$$

注意因為式 (4.13) 是一個無窮級數，可以等號取代式 (4.9) 到式 (4.11) 的近似符號。剩下從 $n+1$ 到無窮大的項以下列式子表示：

$$R_n = \frac{f^{(n+1)}(\xi)}{(n+1)!}h^{n+1} \tag{4.14}$$

其中下標 n 表示這是 n 階近似的剩餘項，且 ξ 是一個介於 x_{i+1} 和 x_i 中間的 x 值。

我們可以了解為什麼泰勒定理描述一個平滑函數可以用多項式函數來近似，且泰勒級數提供了一個表示數學形式的方法。

通常，n 階泰勒級數展開式剛好是 n 階多項式函數。對於其他可微分與連續的函數，如指數函數與正弦函數，有限的項數並無法達到完全正確的估計。每增加一個項就會更加接近，無論幅度有多小。這個特性將會在範例 4.3 中說明。只有在列出無窮多個項數時，此級數才是完全正確的。

雖然前面的敘述是正確的，在泰勒級數展開式的實際值上，大多數時候只需要前幾項就能提供相當接近真實值的估計值。但需要多少項才「足夠靠近」真實值的估計呢？這是根據展開式 (4.14) 的剩餘項而來。此關係有兩個主要的缺點。首先，ξ 完全是未知的，僅僅知道它落在 x_{i+1} 和 x_i 之間的某處。第二，要計算式 (4.14)，我們需要求解 $f(x)$ 的 $(n+1)$ 階導數。要做到這些，我們則需要知道 $f(x)$。然而，假如我們知道 $f(x)$，就不需要執行泰勒級數展開！

儘管進退兩難，要對截斷誤差獲得深刻的理解，式 (4.14) 仍然是有用的。這是因為我們控制了方程式中的 h 項。換句話說，我們可以決定與 x 相距多遠處來計算 $f(x)$，並且可以控制展開式的項數。如此一來，式 (4.14) 可以表示成：

$$R_n = O(h^{n+1})$$

其中 $O(h^{n+1})$ 表示截斷誤差的數量級是 h^{n+1}，也就是誤差和步長大小 h 的 $(n+1)$ 次方成正比。雖然這個近似值並沒有告訴我們導數的數值大小要乘上 h^{n+1}，但是這對於判定根據泰勒級數展開式數值方法的相對誤差是很有幫助的。例如，如果誤差是 $O(h)$，將步長減半則誤差會減半；另一方面，如果誤差是 $O(h^2)$，將步長減半則誤差會變四分之一。

通常，我們會假設截斷誤差隨著泰勒級數的項數增加而降低。在很多情況中，若 h 很小，則一階與其他低階的項數就可以提供不造成比例誤差的高百分比，因此只需要一些項數就可以得到適當的近似。這個特性可以由下面的範例來說明。

範例 4.3　利用泰勒級數展開式來近似一個函數

問題敘述　使用 $n = 0$ 到 6 的泰勒級數展開式，根據 $f(x)$ 及其導數在 $x_i = \pi/4$ 的值，近似 $f(x) = \cos x$ 在 $x_{i+1} = \pi/3$ 的值。注意，這表示 $h = \pi/3 - \pi/4 = \pi/12$。

解法　由我們對 cos 函數的了解，可以決定正確值 $f(\pi/3) = 0.5$。而零階近似為（式 (4.9)）

$$f\left(\frac{\pi}{3}\right) \cong \cos\left(\frac{\pi}{4}\right) = 0.707106781$$

相對誤差百分比為：

$$\varepsilon_t = \left|\frac{0.5 - 0.707106781}{0.5}\right| 100\% = 41.4\%$$

對於一階近似，我們增加一階導數項，其中 $f'(x) = -\sin x$：

$$f\left(\frac{\pi}{3}\right) \cong \cos\left(\frac{\pi}{4}\right) - \sin\left(\frac{\pi}{4}\right)\left(\frac{\pi}{12}\right) = 0.521986659$$

可得到 $|\varepsilon_t| = 0.40\%$。對於二階近似，我們加入二階導數項，其中 $f''(x) = -\cos x$：

$$f\left(\frac{\pi}{3}\right) \cong \cos\left(\frac{\pi}{4}\right) - \sin\left(\frac{\pi}{4}\right)\left(\frac{\pi}{12}\right) - \frac{\cos(\pi/4)}{2}\left(\frac{\pi}{12}\right)^2 = 0.497754491$$

可得到 $|\varepsilon_t| = 0.449\%$。因此，愈多的項可讓結果愈好。此程序可以繼續進行，結果列於下表：

階數 n	$f^{(n)}(x)$	$f(\pi/3)$	$|\varepsilon_t|$
0	$\cos x$	0.707106781	41.4
1	$-\sin x$	0.521986659	4.40
2	$-\cos x$	0.497754491	0.449
3	$\sin x$	0.499869147	2.62×10^{-2}
4	$\cos x$	0.500007551	1.51×10^{-3}
5	$-\sin x$	0.500000304	6.08×10^{-5}
6	$-\cos x$	0.499999988	2.44×10^{-6}

我們注意到此函數的導數不會等於零。因此，每一次增加的項都會對於最後的結果有改善。然而，我們也要注意到最顯著的改善來自於前面幾項。在這個例子中，當我們加入第三項的時候，誤差減少到 0.026%，也就是我們真實值的 99.974%。因此，雖然增加更多的項可以更進一步減少誤差，但改善的部分小到可以忽略。

4.3.2 泰勒級數展開式的剩餘項

在說明如何使用泰勒級數來估計數值誤差之前，我們先使用一簡單直覺的展開式解釋為何將引數 ζ 包含在式 (4.14) 中。

假設我們將泰勒級數展開式 (4.13) 零階項後面的項次截去，產生：

$$f(x_{i+1}) \cong f(x_i)$$

圖 4.8 顯示零階項的描繪。此預測的剩餘項或誤差，由被截斷的無窮多項式組成，也顯示在此：

$$R_0 = f'(x_i)h + \frac{f''(x_i)}{2!}h^2 + \frac{f^{(3)}(x_i)}{3!}h^3 + \cdots$$

我們顯然無法以無窮多項的格式討論剩餘項，一個可表示剩餘截斷項的簡單表示式為：

$$R_0 \cong f'(x_i)h \tag{4.15}$$

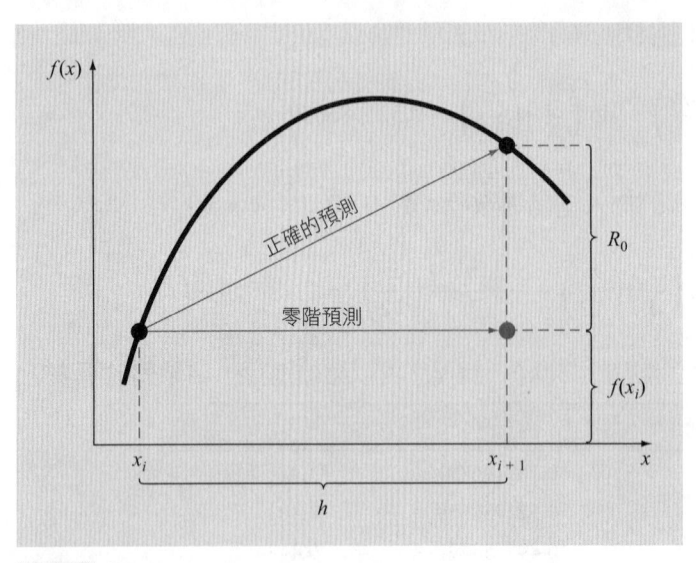

圖 4.8 零階泰勒級數展開式預測與剩餘項之圖形描述。

雖然依前節所述，低階導數比高階導數占較大的分配項，但如忽略二階或更高階的項次則依然會產生不正確的結果。我們用式 (4.15) 的近似符號意指「不正確」(inexactness)。

我們可基於圖形的觀察，轉換近似值產生替代的簡單等式轉換式。在圖 4.9 中，依**導數均值定理 (derivative mean-value theorem)** 所述，假使函數 $f(x)$ 與其一階導數在區間 x_i 到 x_{i+1} 均為連續，此函數至少有一個點，其斜率平行於由 $f(x_i)$ 與 $f(x_{i+1})$ 連接形成的線，被設為 $f'(\xi)$，參數 ξ 和 x 則用來指出在圖 4.9 中由 x 所形成的斜率。此定理的一個物理例子是，假使你以一平均速率在兩點間前進，則你至少會有一時刻是真的以此平均速率在前進。

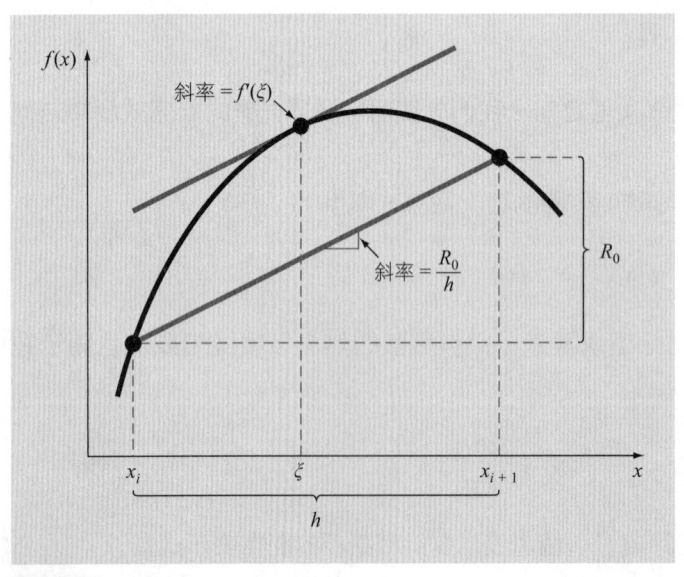

圖 4.9 導數均值定理的圖形描述。

在使用此定理前，依圖 4.9 所示，斜率 $f'(\xi)$ 可表示為 R_0 除以 h 之商：

$$f'(\xi) = \frac{R_0}{h}$$

重新整理為：

$$R_0 = f'(\xi)h \tag{4.16}$$

由此可導出式 (4.14) 的零階導數，而更高階的導數只是用得到式 (4.16) 的相同邏輯對運算式做合理的展開，一階導數為：

$$R_1 = \frac{f''(\xi)}{2!}h^2 \tag{4.17}$$

此例中，ξ 值與對應於讓式 (4.17) 為正解的二階導數之 x 值一致，更高階的導數可使用式 (4.14) 導出。

4.3.3 利用泰勒級數估計截斷誤差

雖然在本書中，泰勒級數對於估計截斷誤差非常有用，但是你可能還不明白展開式如何能實際應用在數值方法中。事實上，我們已經在高空彈跳者的例子中完成了這件事情。回想範例 1.1 和範例 1.2 的目標都是預測速度，並試著將之表示成時間的函數，也就是我們對於 $v(t)$ 有興趣。在式 (4.13) 中，$v(t)$ 可用泰勒級數展開為：

$$v(t_{i+1}) = v(t_i) + v'(t_i)(t_{i+1} - t_i) + \frac{v''(t_i)}{2!}(t_{i+1} - t_i)^2 + \cdots + R_n$$

讓我們在一階導數項之後截斷此級數：

$$v(t_{i+1}) = v(t_i) + v'(t_i)(t_{i+1} - t_i) + R_1 \tag{4.18}$$

式 (4.18) 能解為：

$$v'(t_i) = \underbrace{\frac{v(t_{i+1}) - v(t_i)}{t_{i+1} - t_i}}_{\text{一階近似}} - \underbrace{\frac{R_1}{t_{i+1} - t_i}}_{\text{截斷誤差}} \tag{4.19}$$

式 (4.19) 的第一個部分和我們在範例 1.2（式 (1.11)）中用來近似導數的關係式完全相同。然而，因為泰勒級數方法，我們得到了一個與導數近似值有關的截斷誤差估計。使用式 (4.14) 以及式 (4.19) 產生：

$$\frac{R_1}{t_{i+1} - t_i} = \frac{v''(\xi)}{2!}(t_{i+1} - t_i)$$

或

$$\frac{R_1}{t_{i+1} - t_i} = O(t_{i+1} - t_i)$$

如此一來，導數的估計值（式 (1.11) 或者式 (4.19) 的第一部分）具有 $t_{i+1} - t_i$ 階的截斷誤差。換句話說，用導數近似的誤差應和步長大小成比例。也因此，如果我們將步長大小減半，則導數的誤差也會減半。

4.3.4 數值微分

式 (4.19) 在數值方法中有一個正式的名稱，稱為**有限差分 (finite difference)**。一般可以表示為：

$$f'(x_i) = \frac{f(x_{i+1}) - f(x_i)}{x_{i+1} - x_i} + O(x_{i+1} - x_i) \tag{4.20}$$

或

$$f'(x_i) = \frac{f(x_{i+1}) - f(x_i)}{h} + O(h) \tag{4.21}$$

其中 h 是步長大小，也就是進行近似的區間長度，即 $x_{i+1} - x_i$。因為是使用 i 與 $i+1$ 的資料來估計導數，我們將之視為「向前」(forward) 差分（圖 4.10a）。

向前差分是可以在數值上用泰勒級數來近似導數所衍生的數學技巧之一。例如，一階導數的向後以及中央差分近似可以用類似於推導式 (4.19) 的方式展開，前者使用在 x_{i-1} 到 x_i 的值（圖 4.10b），而後者使用與此點左右兩側等寬的點的值（圖 4.10c）。藉由引入泰勒級數更高階的項數，可以發展出更正確的一階導數近似。最後，所有前面提到的版本都適用於二階、三階及更高階的導數。接下來的內容將探討並總結說明如何導出這些情形。

一階導數的向後差分近似　泰勒級數可以向後展開，並根據目前的值來計算前一個值，如下：

$$f(x_{i-1}) = f(x_i) - f'(x_i)h + \frac{f''(x_i)}{2!}h^2 - \cdots \tag{4.22}$$

在一階導數之後截斷這個方程式，將剩下的部分重新整理，得到：

$$f'(x_i) \cong \frac{f(x_i) - f(x_{i-1})}{h} \tag{4.23}$$

其中誤差為 $O(h)$。

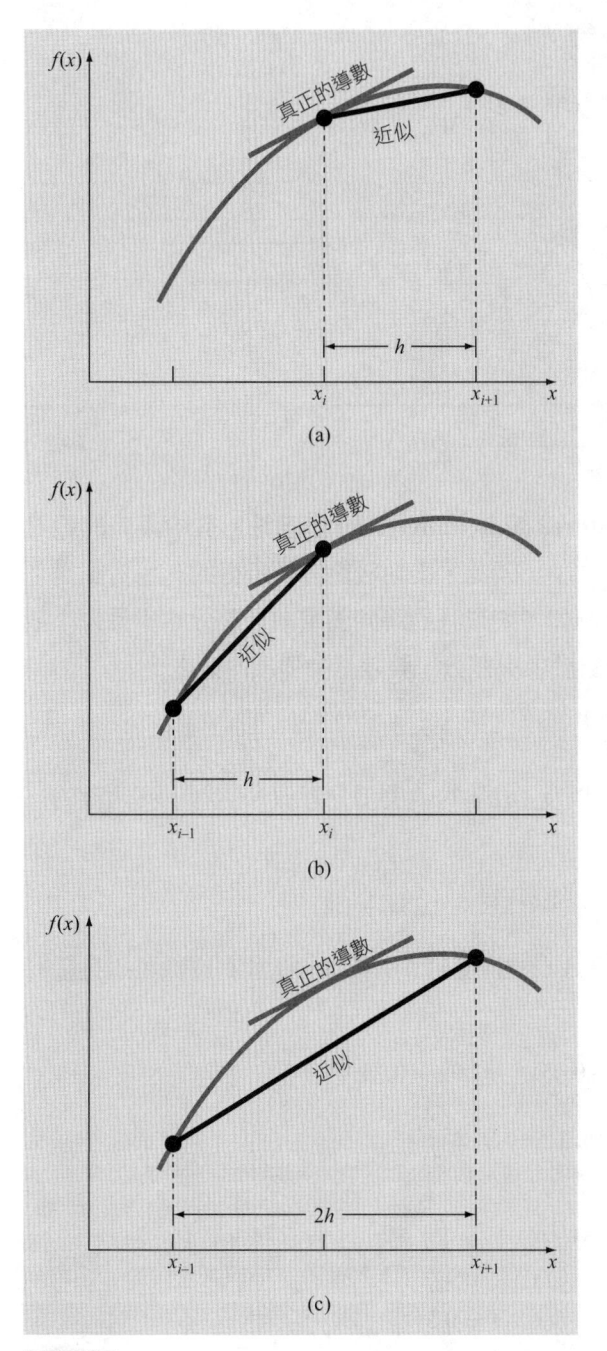

圖 4.10 (a) 向前，(b) 向後，以及 (c) 中央有限差分的一階導數近似圖解。

一階導數的中央差分近似 第三個近似一階導數的方法就是將向前的泰勒級數展開式減去式 (4.22)：

$$f(x_{i+1}) = f(x_i) + f'(x_i)h + \frac{f''(x_i)}{2!}h^2 + \cdots \tag{4.24}$$

可以得到

$$f(x_{i+1}) = f(x_{i-1}) + 2f'(x_i)h + 2\frac{f^{(3)}(x_i)}{3!}h^3 + \cdots$$

可以解得：

$$f'(x_i) = \frac{f(x_{i+1}) - f(x_{i-1})}{2h} - \frac{f^{(3)}(x_i)}{6}h^2 + \cdots$$

或是

$$f'(x_i) = \frac{f(x_{i+1}) - f(x_{i-1})}{2h} - O(h^2) \tag{4.25}$$

式 (4.25) 是一階導數的**中央有限差分 (centered finite difference)** 表示法。其中誤差的數量級為 h^2，相對於向前與向後近似的誤差數量級為 h。因此，泰勒級數分析所得的有用資訊是：中央差分是導數較正確的表示法（圖 4.10c）。例如，如果我們將向前或向後差分的步長大小減半，我們也可以減少大約一半的截斷誤差；但對於中央差分，誤差量會變成四分之一。

範例 4.4　導數的有限差分近似

問題敘述　使用 $O(h)$ 的向前與向後差分近似以及 $O(h^2)$ 的中央差分近似，估計下列函數的一階導數：

$$f(x) = -0.1x^4 - 0.15x^3 - 0.5x^2 - 0.25x + 1.2$$

在 $x = 0.5$ 使用步長大小為 $h = 0.5$。重複此計算，並且使用 $h = 0.25$。注意到導數可以直接計算如下：

$$f'(x) = -0.4x^3 - 0.45x^2 - 1.0x - 0.25$$

並且我們可以利用這個函數來計算真實值 $f'(0.5) = -0.9125$。

解法　對於 $h = 0.5$，函數可以用來求：

$$\begin{aligned} x_{i-1} &= 0 & f(x_{i-1}) &= 1.2 \\ x_i &= 0.5 & f(x_i) &= 0.925 \\ x_{i+1} &= 1.0 & f(x_{i+1}) &= 0.2 \end{aligned}$$

這些值可以用來計算向前差分（式 (4.21)）：

$$f'(0.5) \cong \frac{0.2 - 0.925}{0.5} = -1.45 \qquad |\varepsilon_t| = 58.9\%$$

向後差分（式 (4.23)）：

$$f'(0.5) \cong \frac{0.925 - 1.2}{0.5} = -0.55 \qquad |\varepsilon_t| = 39.7\%$$

以及中央差分（式 (4.25)）：

$$f'(0.5) \cong \frac{0.2 - 1.2}{1.0} = -1.0 \qquad |\varepsilon_t| = 9.6\%$$

對於 $h = 0.25$，

$$x_{i-1} = 0.25 \qquad f(x_{i-1}) = 1.10351563$$
$$x_i = 0.5 \qquad f(x_i) = 0.925$$
$$x_{i+1} = 0.75 \qquad f(x_{i+1}) = 0.63632813$$

可以用來計算向前差分：

$$f'(0.5) \cong \frac{0.63632813 - 0.925}{0.25} = -1.155 \qquad |\varepsilon_t| = 26.5\%$$

向後差分：

$$f'(0.5) \cong \frac{0.925 - 1.10351563}{0.25} = -0.714 \qquad |\varepsilon_t| = 21.7\%$$

以及中央差分：

$$f'(0.5) \cong \frac{0.63632813 - 1.10351563}{0.5} = -0.934 \qquad |\varepsilon_t| = 2.4\%$$

對於兩種步長大小，中央差分近似比向前或向後差分近似都要來得正確。由泰勒級數分析得知，將步長大小減半也可以將向前與向後差分的誤差減半，以及把中央差分的誤差減為四分之一。

高階導數的有限差分近似 除了一階導數之外，泰勒級數展開還可以用來推導高階導數的數值估計。要達成這個目標，我們以 $f(x_i)$ 寫出 $f(x_{i+2})$ 的向前泰勒級數展開式：

$$f(x_{i+2}) = f(x_i) + f'(x_i)(2h) + \frac{f''(x_i)}{2!}(2h)^2 + \cdots \qquad (4.26)$$

由式 (4.26) 中減去 2 倍的式 (4.24)，得到：

$$f(x_{i+2}) - 2f(x_{i+1}) = -f(x_i) + f''(x_i)h^2 + \cdots$$

可以解得：

$$f''(x_i) = \frac{f(x_{i+2}) - 2f(x_{i+1}) + f(x_i)}{h^2} + O(h) \qquad (4.27)$$

這個關係式稱為二次向前有限差分 (second forward finite difference)。我們也可以進行類似的運算得到向後的版本：

$$f''(x_i) = \frac{f(x_i) - 2f(x_{i-1}) + f(x_{i-2})}{h^2} + O(h)$$

藉由將式 (4.22) 和 (4.24) 相加，並且重新整理結果，可以得到一個二階導數的中央差分近似：

$$f''(x_i) = \frac{f(x_{i+1}) - 2f(x_i) + f(x_{i-1})}{h^2} + O(h^2)$$

和一階導數近似的例子一樣，中央差分的情況比較正確。我們注意到中央差分的版本可以用另一種形式表示：

$$f''(x_i) \cong \frac{\frac{f(x_{i+1}) - f(x_i)}{h} - \frac{f(x_i) - f(x_{i-1})}{h}}{h}$$

如此一來，二階導數是一階導數的導數，二階有限差分近似就是兩個一階有限差分的差分（參考式 (4.12)）。

4.4 總數值誤差量

總數值誤差量 (total numerical error) 是截斷誤差與捨入誤差的總和。一般來說，要減少捨入誤差的方式就是增加電腦的有效位數。另外，我們發現捨入誤差會因為減法相消而增加，或者因為計算步驟的增加而使捨入誤差變大。相對地，範例 4.4 示範了截斷誤差可以藉由減少步長大小而降低。又因為減少步長大小會使得減法相消發生，或計算步驟增加，所以截斷誤差會減少而同時捨入誤差會增加。

因此，我們面臨這個兩難：減少總誤差量的其中一部分，會導致另一部分增加。在計算中，我們會自然地減少步長大小來縮小截斷誤差，但是捨入誤差會影響解答並使總誤差量開始增加。如此一來，我們的改善方法卻造成問題（圖 4.11）。對於某一個計算，我們面臨的挑戰就是決定一個適當的步長大小。我們會希望選擇一個大的步長大小來減少計算量以及捨入誤差，而又不會產生大的截斷誤差。如果總誤差量如圖 4.11 所示，挑戰在於找出誤差量又開始增加的點，也就是捨入誤差開始抵消因為減少步長大小帶來的好處。

當我們使用 MATLAB，這樣的情況是很少見的，因為我們只有 15 到 16 位數的精密度。然而，它們有時會發生並且提醒我們，「數值不確定性定律」(numerical uncertainty principle) 對於可以由某些計算數值方法的正確度而言，是一個絕對的限制。我們將在下一節探討這一個案例。

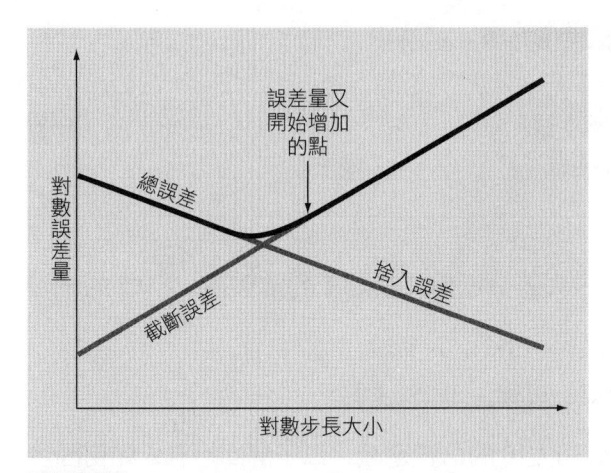

圖 4.11 有關數值方法的重要課題，捨入誤差與截斷誤差之間取捨的圖解說明。誤差量又開始增加的點如圖所示，捨入誤差開始抵消減少步長大小所帶來的好處。

4.4.1 數值微分的誤差分析

依 4.3.4 節所描述，一階導數的中央差分近似可依式 (4.25) 寫成：

$$f'(x_i) = \frac{f(x_{i+1}) - f(x_{i-1})}{2h} - \frac{f^{(3)}(\xi)}{6}h^2 \tag{4.28}$$

實際值 ＝ 有限差分近似 － 截斷誤差

因此，假如兩函數在有限差分近似的分子無捨入誤差，則唯一的誤差將來自截斷誤差。

然而，因為我們使用數位電腦，函數值會存在下列的捨入誤差：

$$f(x_{i-1}) = \tilde{f}(x_{i-1}) + e_{i-1}$$
$$f(x_{i+1}) = \tilde{f}(x_{i+1}) + e_{i+1}$$

其中 $\tilde{f}$ 是四捨五入函數值，e 和捨入誤差相關，將這些值代入式 (4.28)：

$$f'(x_i) = \frac{\tilde{f}(x_{i+1}) - \tilde{f}(x_{i-1})}{2h} + \frac{e_{i+1} - e_{i-1}}{2h} - \frac{f^{(3)}(\xi)}{6}h^2$$

真實值 ＝ 有限差分近似 ＋ 捨入誤差 － 截斷誤差

由此可見，有限差分近似的總誤差量，包括隨步長大小減少的捨入誤差和隨步長大小增加的截斷誤差。

假設捨入誤差中每一部分的絕對值都有一上限 ε，則最大可能的差分值 $e_{i+1} - e_{i-1}$ 為 2ε。進一步地，假設三階導數有一最大絕對值 M，總誤差的上限絕對值可以表示為：

$$\text{總誤差} = \left| f'(x_i) - \frac{\tilde{f}(x_{i+1}) - \tilde{f}(x_{i-1})}{2h} \right| \leq \frac{\varepsilon}{h} + \frac{h^2 M}{6} \tag{4.29}$$

最佳步長大小可由式 (4.29) 所求得，設定結果值為零，並解出：

$$h_{opt} = \sqrt[3]{\frac{3\varepsilon}{M}} \tag{4.30}$$

範例 4.5　數值微分的捨入誤差與截斷誤差

問題敘述　在範例 4.4 中，我們使用 $O(h^2)$ 的中央差分近似來估計下列函數在 $x = 0.5$ 的一階導數：

$$f(x) = -0.1x^4 - 0.15x^3 - 0.5x^2 - 0.25x + 1.2$$

由 $h = 1$ 開始執行相同的計算，然後將步長大小以 10 的倍數遞減，以了解四捨五入如何因步長大小減少而變化。將你的結果關聯到式 (4.30)。回想此導數的真實值是 –0.9125。

解法　我們可執行下列的 M 檔並繪出結果，注意我們傳遞此函數及解析導數作為引數：

```
function diffex(func, dfunc, x, n)
format long
dftrue = dfunc(x);
h=1;
H(1)=h;
D(1)=(func(x+h)-func(x-h))/(2*h);
E(1)=abs(dftrue-D(1));
for  i=2:n
  h=h/10;
  H(i)=h;
  D(i)=(func(x+h)-func(x-h))/(2*h);
  E(i)=abs(dftrue-D(i));
end
L=[H' D' E']';
fprintf('step size finite difference true error\n');
fprintf('%14.10f %16.14f %16.13f\n', L);
loglog(H,E),xlabel('Step Size'), ylabel('Error')
title ('Plot of Error Versus Step Size')
format short
```

M 檔可使用下列指令執行：

```
>>  ff=@(x) -0.1*x^4-0.15*x^3-0.5*x^2-0.25*x+1.2;
>>  df=@(x) -0.4*x^3-0.45*x^2-x-0.25;
>>  diffex(ff, df, 0.5, 11)
   step size         finite difference       true error
   1.0000000000      -1.26250000000000       0.3500000000000
   0.1000000000      -0.91600000000000       0.0035000000000
   0.0100000000      -0.91253500000000       0.0000350000000
   0.0010000000      -0.91250035000001       0.0000003500000
   0.0001000000      -0.91250000349985       0.0000000034998
   0.0000100000      -0.91250000003318       0.0000000000332
```

0.0000010000	−0.91250000000542	0.0000000000054
0.0000001000	−0.91249999945031	0.0000000005497
0.0000000100	−0.91250000333609	0.0000000033361
0.0000000010	−0.91250001998944	0.0000000199894
0.0000000001	−0.91250007550059	0.0000000755006

依圖 4.12 所示，此結果是在預期中。起初，捨入誤差很小，誤差主要由截斷誤差造成。在式 (4.29) 中，每次以 10 除以其步長，總誤差以 100 為倍數減少。但是由 $h = 0.0001$ 開始，捨入誤差緩慢地增加而誤差降低的速度變得緩慢，最小的誤差產生在 $h = 10^{-6}$ 時，超過此點，誤差增大是因為捨入誤差主導。

因為我們以一個容易微分的函數討論，也可以檢驗此結果是否與式 (4.30) 一致。我們先以函數的三階導數估計 M 值：

$$M = \left|f^{(3)}(0.5)\right| = |-2.4(0.5) - 0.9| = 2.1$$

因為 MATLAB 有十進位制 15 到 16 位數的精密度，四捨五入的初估誤差為 $\varepsilon = 0.5 \times 10^{-16}$，代入式 (4.30) 中：

$$h_{opt} = \sqrt[3]{\frac{3(0.5 \times 10^{-16})}{2.1}} = 4.3 \times 10^{-6}$$

此與以 1×10^{-6} 由 MATLAB 所得到的結果有相同的階數。

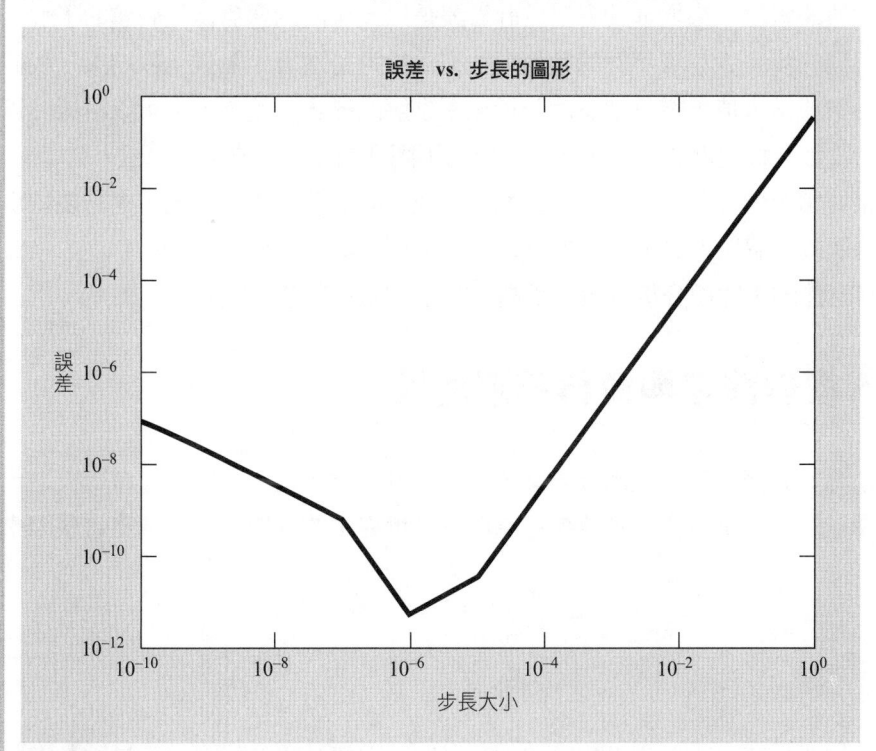

圖 4.12

4.4.2 數值誤差控制

在大部分實際的情況，我們並不知道與數值方法相關的精密誤差。當然，例外的情況是當我們已經知道精密解時，數值近似就變得不是那麼必要。因此，對於大部分工程與科學的應用，我們必須承認計算當中包含誤差估計。

並沒有系統化及普遍的方法可以適用於計算所有問題的數值誤差。在很多情形中，誤差估計是根據工程師與科學家本身的經驗與判斷。

雖然有時誤差分析像是一種藝術，我們還是能提供許多實用的程式守則可供遵循。首先，避免讓兩個很相近的數相減，經常會因為這種相減而發生有效位數的遺失。有時候你可以重新安排順序或甚至重新列式問題來防止減法相消。如果做不到，則只好使用更高精密度的算術。另外，當我們加減數字的時候，最好先排序所有的數字，並且從最小的數字開始處理，這可以預防有效位數的遺失。

除了這些計算上的提示，我們也能以理論性的公式來預測總數值誤差量。泰勒級數是我們用來分析這種誤差的主要工具。即便對於大小適中的問題，總誤差量的預測也是非常複雜，而且不樂觀的，因此我們常常只試著處理小規模的工作。

我們該進行計算並估計結果的正確度。我們可以用結果是否滿足某一條件或方程式來檢查，或者可以將計算所得的結果代回原來的方程式來檢查是否滿足。

最後可進行一個數值的實驗，來增進讀者對於計算誤差以及可能的惡劣條件問題的了解。這個實驗內容是使用不同的步長大小或不同的數值方法來重複進行運算，並且比較結果。我們也可以針對改變模型參數或輸入值，進行敏感度分析以觀察解的變化。此外，也可以根據計算策略的不同或是不同的收斂及穩定度的特性，使用對應的不同理論基礎之數值演算法。

當數值計算的結果非常重要，甚至可能是人命關天，或是有嚴重的經濟後果，則需要特別注意。我們可以使用兩個或兩個以上的工作小組來計算同樣的問題，並比較其結果。

誤差將是本書所有章節的主題與分析目標，我們會在接下來的章節中討論。

4.5 大錯誤、模型誤差與資料不確定性

雖然下列誤差的來源並非與本書中大部分的數值方法直接相關，這些因素還是會對模型化的成功與否有重大影響。因此，當我們以數值技巧處理真實世界中的問題時，必須將這些因素牢記在心。

4.5.1 大錯誤

我們常常遇到嚴重的錯誤或是大錯誤 (blunder)。在早期，數值結果的錯誤常常是因為電腦故障而發生。而在今日，這樣的錯誤幾乎是不可能的，大錯誤通常來自於人類的不完美。

大錯誤可能會在數學模型的程序中發生，並且引起所有其他部分的誤差。可以藉由對於基本定理的完整了解來避免，並且仔細處理你求解問題的方式與設計。

討論數值方法時，通常不去討論大錯誤。無庸置疑地，就某種程度來說，錯誤是無法避免的。然而，我們相信還有許多數學方法可以將這些錯誤的發生降到最低。特別是我們在第 3 章曾提到如何建立良好的寫程式習慣，這對減緩程式的大錯誤非常有用。另外，對於檢查某一個數值方法是否正常運作通常有很多簡單的方法。在本書中，我們會討論檢查這些數值計算結果的方法。

4.5.2 模型誤差

模型誤差 (model errors) 是源於數學模型的描述不夠完整。一個可忽略的模型誤差的例子是，在牛頓第二運動定律中並沒有包括相對論的效應。這並不影響我們在範例 1.1 所得解的適當性，因為在高空彈跳者這種規模的問題中，其對於時間和空間的誤差是很小的。

然而，假設空氣阻力並不是如式 (1.7) 和落下速度的平方成比例，而是和速度以及其他的因素有關。在這樣的情況下，我們在第 1 章所得到的解析解以及數值解都會有誤差。我們知道，如果使用一個理解度很差的模型，則沒有任何數值方法可以提供適當的解。

4.5.3 資料不確定性

有時候，分析的誤差來自於所根據模型的實際資料之不確定性。例如，如果想要測試高空彈跳者的模型，則我們讓一個人不斷做高空彈跳且每隔一段時間測量其速度。不確定性無疑會和這些量測有關，正如同彈跳者在跳下過程中的速度有快有慢。這些誤差會顯示出不正確度與不精密度。如果你的儀器常常高估或低估速度，則我們使用的就是一個偏差的、不正確的裝置。另一方面，如果量測值忽高忽低，則精密度是大問題。

量測誤差可以藉由總結一個或一個以上仔細挑選且可以表達真實特性資訊的資料來量化。這些統計方法常常用來表示：(1) 資料中央點及分布情形，以及 (2) 資料分散的程度。如此一來，這些資料就可以提供量測的偏差以及不精密度。我們將於第四篇回到這個界定資料不確定性的主題。

雖然我們承認大錯誤、模型誤差、資料不確定性的存在，用來建立模型的數值方法通常可以在不考慮它們的情況下仔細研究。因此在本書中，將假設我們並沒有巨大誤差，有一個很圓滿的模型，並且量測本身是沒有誤差的。在這樣的情況之下，我們得以撇開複雜的因素來探討數值誤差。

習題

4.1 「除法與平均」是一個近似任一正數 a 的均方根的舊方法，可以寫成下列方程式：

$$x = \frac{x + a/x}{2}$$

基於圖 4.2 所列出的演算法，撰寫一個架構良好的函數來實現這個演算法。

4.2 轉換下列二進位數成為十進位數：**(a)** 1011001，**(b)** 0.01011，**(c)** 110.01001。

4.3 轉換下列八進位數成為十進位數：61,565 和 2.71。

4.4 對電腦而言，機器精度 ε 也可被視為與 1 相加的和會大於 1 的最小數字。基於此觀念，我們發展一個演算法：

步驟 1：設 $\varepsilon = 1$。

步驟 2：假如 $1 + \varepsilon$ 小於或等於 1，執行步驟 5；否則執行步驟 3。

步驟 3：$\varepsilon = \varepsilon/2$。

步驟 4：返回步驟 2。

步驟 5：$\varepsilon = 2 \times \varepsilon$。

基於此演算法，撰寫 M 檔計算機器精度，並和內建函數 eps 做比較。

4.5 以類似習題 4.4 的方式，發展在 MATLAB 中決定最小正實數的 M 檔。在你的演算法中，假設你的電腦無法分辨零及比此數更小的數字。注意，你所得到的結果會與內建函數 realmin 所算出的有所不同。挑戰問題：將你的與 realmin 所得的結果各取基底為 2 的對數，並加以研究比較。

4.6 雖然不是經常使用，但 MATLAB 允許以單精度表示數字，每個值以 4 個位元組儲存，其中 1 位元儲存符號，23 位元儲存尾數，8 位元儲存指數。求出以單精度表示之最小及最大正浮點數。注意指數範圍在 −126 到 127。

4.7 針對範例 4.2 的十進位制電腦，證明機器精度為 0.05。

4.8 $f(x) = 1/(1 - 3x^2)$ 的導數為：

$$\frac{6x}{(1 - 3x^2)^2}$$

你認為計算在 $x = 0.577$ 的函數值會有困難嗎？使用三位數與四位數截斷算術。

4.9 (a) 計算多項式

$$y = x^3 - 7x^2 + 8x - 0.35$$

在 $x = 1.37$，使用三位數截斷算術，計算相對誤差百分比。

(b) 重複 **(a)**，但將 y 表示成：

$$y = ((x - 7)x + 8)x - 0.35$$

計算誤差並與 **(a)** 的結果比較。

4.10 下列無窮級數可以用來近似 e^x：

$$e^x = 1 + x + \frac{x^2}{2!} + \frac{x^3}{3!} + \cdots + \frac{x^n}{n!}$$

(a) 證明馬克勞林級數展開是泰勒級數展開式 (4.13) 在 $x_i = 0$ 以及 $h = x$ 的特例。

(b) 使用泰勒級數估計 $f(x) = e^{-x}$ 在 $x_{i+1} = 1$ 以及 $x_i = 0.25$ 的值。使用零階、一階、二階以及三階的版本，計算每一個情況的 $|\varepsilon_t|$。

4.11 $\cos x$ 的馬克勞林級數展開式如下：

$$\cos x = 1 - \frac{x^2}{2!} - \frac{x^4}{4!} + \frac{x^6}{6!} - \frac{x^8}{8!} - \cdots$$

從最簡單的版本 $\cos x = 1$ 開始，每一次增加一個項計算 $\cos(\pi/3)$。在加入每一項之後，計算真實值與近似值的相對誤差百分比。使用口袋型計算機或 MATLAB 來決定真實值。不斷增加項數，直到近似誤差的絕對值小於兩位有效數字這個誤差準則。

4.12 進行與習題 4.11 一樣的計算，但使用 $\sin x$ 的馬克勞林級數展開式計算 $\sin(\pi/3)$：

$$\sin x = x - \frac{x^3}{3!} + \frac{x^5}{5!} - \frac{x^7}{7!} + \cdots$$

4.13 使用零階到三階的泰勒級數展開式來計算下列函數的 $f(3)$：

$$f(x) = 25x^3 - 6x^2 + 7x - 88$$

在 $x = 1$，對於每一個近似計算真實相對誤差百分比 ε_t。

4.14 證明式 (4.11) 對所有的 x 是正確的，如果 $f(x) = ax^2 + bx + c$。

4.15 使用零階到四階的泰勒級數展開式預測 $f(2)$，其中 $f(x) = \ln x$，在 $x = 1$，計算真實相對誤差百分比 ε_t，並討論此結果的意義。

4.16 使用向前與向後差分近似 $O(h)$ 以及中央差分近似 $O(h^2)$，來估計習題 4.13 中函數的一階導數。並使用步長大小為 $h = 0.25$ 計算在 $x = 2$ 的導數值。將你的結果與導數的真實值做比較，並根據泰勒級數展開式的剩餘項來解釋你的結果。

4.17 使用中央差分近似 $O(h^2)$ 來估算習題 4.13 中檢視的函數的二階導數。在 $x = 2$ 處執行計算，使用步長大小為 $h = 0.2$ 和 0.1。將你的結果與第二個導數的真實值做比較，並根據泰勒級數展開式的剩餘項來解釋你的結果。

4.18 如果 $|x| < 1$，我們知道：
$$\frac{1}{1-x} = 1 + x + x^2 + x^3 + \cdots$$
重複習題 4.11，此時 $x = 0.1$。

4.19 計算行星的空間座標，我們使用下列函數：
$$f(x) = x - 1 - 0.5 \sin x$$
我們根據區間 $[0, \pi]$ 中的點 $a = x_i = \pi/2$，決定最高階泰勒級數展開式於某一個區間中會導致一個最大的誤差 0.015。這個誤差量等於給定函數與泰勒級數展開式兩者之差的絕對值（提示：利用圖形求解）。

4.20 考慮函數 $f(x) = x^3 - 2x + 4$ 在區間 $[-2, 2]$，並且 $h = 0.25$。使用向前、向後與中央有限差分近似來計算一階導數與二階導數，並且以圖形說明哪一種近似是最正確的。將三者的理論值以及一階導數、二階導數有限差分近似值一併畫出。

4.21 推導式 (4.30)。

4.22 重複範例 4.5，在 $x = \pi/6$，$f(x) = \cos(x)$。

4.23 重複範例 4.5，但改為式 (4.21) 的向前除法差分式。

4.24 一個減法相消的例子是發生在求拋物線方程式的根，其方程式為 $ax^2 + bx + c$，公式解如下所示：
$$x = \frac{-b \pm \sqrt{b^2 - 4ac}}{2a}$$
在 $b^2 \gg 4ac$ 的例子中，分子之間的差會非常小，可能會發生捨入誤差。在這樣的例子中，可以使用一個替代的公式去減少減法相消所造成的誤差：
$$x = \frac{-2c}{b \pm \sqrt{b^2 - 4ac}}$$
採用 5 位數的截斷算術，以兩種版本的解根公式求下列二次方程式的根：
$$x^2 - 5000.002x + 10$$

4.25 開發一個結構良好的 MATLAB 函數來計算在習題 4.11 描述的正弦函數的馬克勞林級數展開。模仿圖 4.2 為指數函數所寫的函數來撰寫你的函數。以 $\theta = \pi/3(60^\circ)$ 和 $\theta = 2\pi + \pi/3 = 7\pi/3(420^\circ)$ 測試你的程式。解釋得到正確結果和近似絕對誤差 (ε_a) 所需的迭代次數的差異。

4.26 開發一個結構良好的 MATLAB 函數來計算習題 4.12 描述的正弦函數的馬克勞林級數展開。模仿圖 4.2 為指數函數所寫的函數來撰寫你的函數。以 $\theta = \pi/3(60^\circ)$ 和 $\theta = 2\pi + \pi/3 = 7\pi/3(420^\circ)$ 測試你的程式。解釋得到正確結果和近似絕對誤差 (ε_a) 所需的迭代次數的差異。

4.27 回想你的微積分課中，以蘇格蘭數學家柯林 · 馬克勞林 (Colin Maclaurin, 1698-1746) 命名的馬克勞林級數，是一個函數對 0 的泰勒級數展開。使用泰勒級數來推導在習題 4.11 和 4.25 的正弦函數馬克勞林級數展開的前四項。

4.28 反正切函數 x 的馬克勞林級數展開對 $|x| \leq 1$ 定義為
$$\arctan x = \sum_{n=0}^{\infty} \frac{(-1)^n}{2n+1} x^{2n+1}$$

(a) 寫出前四項 ($n = 0, \cdots, 3$)。
(b) 從最簡單的版本開始，$\arctan x = x$，一次加入一項來估算 $\arctan(\pi/6)$。當每個新項加入後，計算真實和近似相對誤差的百分比。用你的計算機來計算真實值。增加項數，直到近似誤差估計值的絕對值小於誤差要求的二位有效位數。

第二篇

根與最佳化

2.1 概述

多年前,你曾經學過使用二次公式:

$$x = \frac{-b \pm \sqrt{b^2 - 4ac}}{2a} \tag{PT2.1}$$

以求解

$$f(x) = ax^2 + bx + c = 0 \tag{PT2.2}$$

式 (PT2.1) 所求的結果稱為式 (PT2.2) 的「根」。它們代表使得式 (PT2.2) 等於零的 x 值。因此,根有時候會稱為方程式的**零值 (zero)**。

雖然二次公式很容易徒手計算式 (PT2.2) 求解,但還有許多其他函數的根不是那麼容易地被精確計算出來。在數位計算機出現之前,就有許多方法來求解這種方程式的根值。在某些情況下,可以直接用數學算式的方式求得根值,如同式 (PT2.1)。雖然有像這種可以直接求解的方程式,但有更多情況是無法直接求解。在這種情況下,唯一的選擇是採用近似值求解的技巧。

一個獲得近似解的方法是畫出函數,並且確定與 x 軸相交的點。此交點 x 值代表使函數 $f(x) = 0$。雖然圖形法在粗略估計根值上是很有用的,但因為其缺乏精密度而受到局限。另一種方法則是使用**試誤法 (trial and error)**。這種「技術」包括猜測 x 值,以及計算 $f(x)$ 是否為零。如果不是(幾乎總是這樣),會再進行另一次猜測,然後再次計算 $f(x)$,以確定新的值是否提供了更好根值的估計。這個過程反覆進行,直至猜測出一個值使 $f(x)$ 的結果接近於零。

這種任意猜測的方法顯然不符合工程及科學實用的效率要求。數值方法是以近似值但具系統策略的去逼近真正根值。在下列內容中，結合這些方法和計算機系統的解決方案，將能簡單且有效率地應用於方程式求根問題的任務。

除了根值外，另一個讓工程師和科學家感興趣的問題是極小值和極大值。求得這樣的最佳值即是**最佳化 (optimization)**。

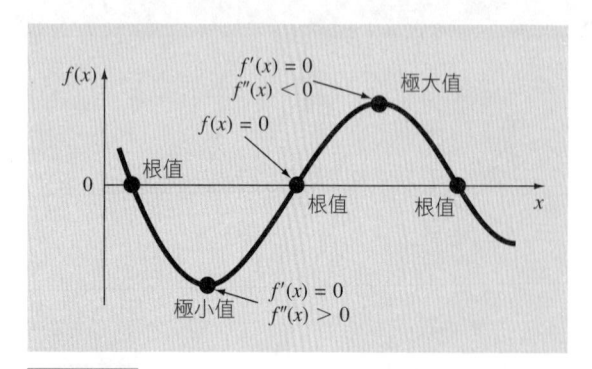

圖 PT2.1 單一變數函數中，根值和最佳值之間的不同。

正如你在微積分中學到的，藉由分析平滑曲線函數即可找出解，亦即它的導數為零的地方。雖然這種分析的解決方案有時是可行的，但許多實際的最佳化問題需要數值以及電腦計算。從數值的角度來看，這樣的數值最佳化方法類似找出根位置方法的精神，亦即兩者都涉及猜測和尋找一個函數的位置。圖 PT2.1 說明了兩種類型問題的差異。根位置搜尋函數為零的位置，而最佳化涉及搜尋函數的極值點。

2.2 本篇的架構

本篇的前兩章說明根位置。第 5 章的重點是用**包圍法 (bracketing methods)** 找到根值。這些方法開始於推測根值的範圍，然後有系統地減少範圍的寬度。兩個具體方法包括：**二分法 (bisection)** 和**試位法 (false position)**。圖形法則用來提供直覺觀察的技術。誤差公式則發展來幫助你估計求根到指定的精密度，需要花多少功夫。

第 6 章涵蓋**開放法 (open methods)**。這些方法還涉及系統的反覆試誤，但並不要求猜測初始根值的範圍。我們會發現，這些方法通常在計算上比包圍法更有效率，但不見得都會成功。我們將說明一些開放法，包括**固定點迭代法 (fixed-point iteration)**、**牛頓－拉夫生法 (Newton-Raphson)** 和**正割法 (secant method)**。

在說明這些個別開放法之後，接著討論一個稱為**布倫特求根法 (Brent's root-finding method)** 之複合式方法，它展現了包圍法的可靠性和開放法的速度。它是 MATLAB 尋找根值函數 `fzero` 的基礎。在說明如何使用 `fzero` 求解工程和科學問題之後，第 6 章最後簡要討論用於尋找多項式根值的特殊方法，尤其是我們將描述 MATLAB 完成這項任務的出色內建函數。

第 7 章討論**最佳化 (optimization)**。首先，我們描述兩個包圍法：**黃金分割搜尋法 (golden-section search)** 和**拋物線內插法 (parabolic interpolation)**，以尋找單一變數函數的最佳值。然後，我們討論一個結合黃金分割搜尋法和二次內插法之強健的複合式方法。這種做法也是屬於布倫特法，形成 MATLAB 一維根值函數 `fminbnd` 的基本原理。在闡述和說明 `fminbnd` 後，第 7 章的最後提供了一個多維函數最佳化的簡要說明，重點是介紹和說明在此領域可使用的 MATLAB 函數：`fminsearch`。該章最後會舉一個例子說明如何用 MATLAB 來解決在工程和科學上的最佳化問題。

第 5 章

方程式的根：包圍法

章節目標

本章的主要目標是讓讀者熟悉包圍法用來求單一非線性方程式的解。個別的目標和主題包括：

- 了解求根問題以及在工程與科學上的應用。
- 知道如何以圖形決定根。
- 了解遞增搜尋法以及它的缺點。
- 知道如何用二分法求解根的問題。
- 知道如何估計二分法的誤差，以及了解和其他求根位置的演算法不同之處。
- 了解試位法以及和二分法的不同。

有個問題考考你

醫學報告指出，高空彈跳者在自由落下 4 秒之後，若速度超過 36 m/s，則脊椎受傷的機會大增。所以高空彈跳公司的老闆希望你計算出在給定的阻力係數 0.25 kg/m 下，會超過這個準則的質量。

根據之前的探討，你知道下列的解析解可以用來預測自由落下的速度為一時間函數：

$$v(t) = \sqrt{\frac{gm}{c_d}} \tanh\left(\sqrt{\frac{gc_d}{m}}t\right) \tag{5.1}$$

盡你所能地嘗試，你會發現無法精確地算出 m，也就是無法將 m 整理在等號的左邊。

另一個看待這個問題的方式，就是兩邊同時減去 $v(t)$，得到以下的式子：

$$f(m) = \sqrt{\frac{gm}{c_d}} \tanh\left(\sqrt{\frac{gc_d}{m}}t\right) - v(t) \tag{5.2}$$

現在我們可以了解問題的答案就是使函數為零的 m 值。因此，我們稱這是一個「根」的問題。本章將介紹讀者如何使用電腦來求得這個解。

5.1 工程與科學的根

雖然方程式的根也會在其他問題中產生，但還是最常出現在工程設計領域。表 5.1 列出常用於設計工作的基本定理。與第 1 章中介紹的一樣，由這些基本定理推導出的數學方程式或模型，可用來預測以自變數、強制函數及參數為函數的應變數。注意到在這種情況之下，應變數表示系統的性能或狀態，而參數表示系統的性質與組成。

這種模型的一個例子是高空彈跳者的速度方程式。如果參數已知，可以用式 (5.1) 來預測彈跳者的速度。這樣的計算可以直接進行，因為可以表示為以模型參數 v 為函數的**顯函數 (explicit function)**，也就是可以被整理到等號的一邊。

然而，與本章一開始提出的一樣，假設我們要在給定阻力係數的情形下在一段時間內達到對應速度，來決定所需要的質量。雖然式 (5.1) 提供一個可說明模型變數與參數之間關係的數學表示式，卻不能顯性地解出質量。在這樣的情況下，m 則稱為**隱性的 (implicit)**。

這真是一個兩難的問題，因為許多工程設計問題指定了系統的性質與組成（以參數表示），以確保系統可以如我們的期望（以變數表示）運作。因此，這些問題常常需要求隱性的參數。

對於這個難題的解法，就是使用數值方法來求解方程式的根。要用數值方法求解這個問題，我們依照慣例將式 (5.1) 等號兩邊同時減去應變數 v，最後得到式 (5.2)。而可以使得 $f(m) = 0$ 的質量 m，也就是這個方程式的根，這個值也表示了可以解決此問題的質量。

接下來會處理各式各樣的數值與圖形方法，來求如式 (5.2) 中這種關係式的根。這些數學技巧可以應用在許多工程與科學上常常遇到的問題。

表 5.1 用於工程設計問題中的基本定理

基本定理	應變數	自變數	參數
熱平衡	溫度	時間和位置	材料的熱性質、系統的幾何形狀
質量平衡	濃度或質量的量	時間和位置	材料的化學特性、質量傳遞、系統的幾何形狀
力平衡	力的量值與方向	時間和位置	材料的強度、結構性質、系統的幾何形狀
能量平衡	動能或位能的改變	時間和位置	材料的熱性質與質量、系統的幾何形狀
牛頓運動定律	加速度、速度與位移	時間和位置	材料的質量、系統的幾何形狀、消耗參數
克希赫夫定律	電流以及電壓	時間	電的性質（電阻、電容、電感）

5.2 圖形法

一個用來估計方程式 $f(x) = 0$ 的根的簡單方法，就是畫出這個函數的圖，並觀察它和 x 軸的交點。交點處表示這個 x 值可以使得 $f(x) = 0$，因而得到了一個大略根的近似。

範例 5.1　圖形法

問題敘述　使用圖形法來決定高空彈跳者在自由落下 4 s 之後，速度超過 36 m/s 的質量，給定的阻力係數為 0.25 kg/m。注意到重力加速度為 9.81 m/s^2。

解法　下列一小段 MATLAB 指令可以畫出式 (5.2) 對於質量的圖：

```
>> cd = 0.25; g = 9.81; v = 36; t = 4;
>> mp = linspace(50,200);
>> fp = sqrt(g*mp/cd).*tanh(sqrt(g*cd./mp)*t)-v;
>> plot(mp,fp),grid
```

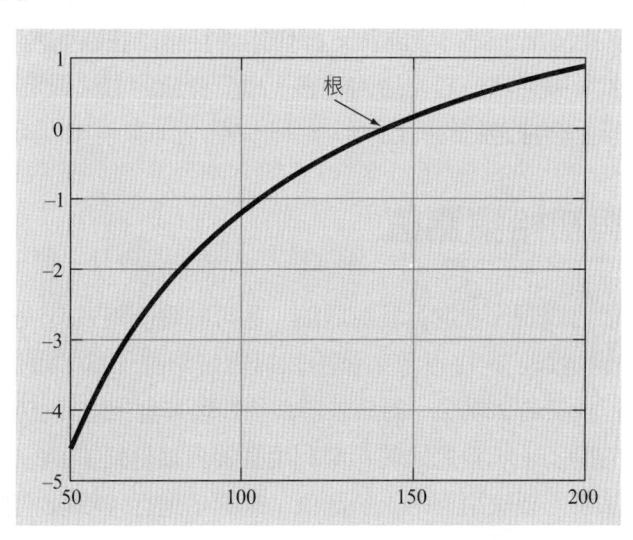

函數跨過 m 軸的地方落於 140 kg 與 150 kg 之間。目視檢查這個圖，可以得到大略的根值估計為 145 kg（約等於 320 lb）。可將此估計代回式 (5.2)，以測試這個圖形估計的有效性：

```
>> sqrt(g*145/cd)*tanh(sqrt(g*cd/145)*t)-v
ans =
    0.0456
```

它很接近零。我們也可以將這個值以及此範例的參數值代入式 (5.1) 中，得到：

```
>> sqrt(g*145/cd)*tanh(sqrt(g*cd/145)*t)
ans =
    36.0456
```

也非常接近所希望的落下速度 36 m/s。

圖形的技巧因為不夠精確，所以實際用途是有限的。然而，圖形法可以用來得到大略的根值估計，這些估計可以用來當作本章所討論數值方法的初始猜測值。

除了得到一個大略的根值估計之外，圖形也是一個讓我們了解函數性質的有用說明，並且讓我們預先發現數值方法的陷阱。例如，圖 5.1 表示在某一段區間中，幾種根出現（或無根）的情形，其中上界表示成 x_u，而下界表示成 x_l。圖 5.1b 顯示單一個根被正的以及負的函數值 $f(x)$ 包圍。而圖 5.1d 中，$f(x_u)$ 以及 $f(x_l)$ 是在 x 軸的兩側，表示在這個區間有三個根。通常，如果 $f(x_l)$ 和 $f(x_u)$ 是正負號相反，則中間的區間會有奇數個根。如果 $f(x_l)$ 和 $f(x_u)$ 具有相同的正負號，如圖 5.1a 以及圖 5.1c，則表示在兩個值中間可能沒有根或是偶數個根。

雖然這些一般性通常為真，但仍有很多例子是不成立的。例如，與 x 軸相切的函數（如圖 5.2a）以及不連續的函數（如圖 5.2b）會違背這些定律。一個和 x 軸相切的函數的例子是三次方程式 $f(x) = (x - 2)(x - 2)(x - 4)$。注意 $x = 2$ 使得多項式中兩個項等於零。從數學角度而言，$x = 2$ 稱為**重根 (multiple root)**。雖然它們不在本書描述的範圍，但仍有一些特殊的數學技巧可以用來找出重根的位置（參考 Chapra 和 Canale, 2010）。

如圖 5.2 所示的這些情況，使得發展防止操作錯誤且可以在區間內找出所有根的電腦演算法非常困難。然而，當與圖形法一起使用的時候，以下介紹的方法還是能夠很有效地解決許多工程、科學及應用數學上經常遇到的問題。

5.3 包圍法與初始猜測值

如果有一個求解根的問題，在進行計算之前，你可能會使用試誤法來找根。也就是你會不斷地使用猜測值，直到函數足夠接近零。藉由試算表這類的工具，可以很方便地進行這個程序。這種可以快速進行多次的試誤法，對於求解某些問題其實相當具有吸引力。

但是在許多其他的問題上，我們比較希望利用直接自動得到答案的方法。很有趣的是，與試誤法一樣，這些方法都需要使用初始「猜測值」來開始進行，然後才能有系統地以迭代的方式求得根。

以下是兩種主要方法的分類，依照初始猜測值的類型不同來分類：

- **包圍法 (bracketing methods)**。顧名思義，這是根據兩個「包圍」根的初始猜測值來進行，也就是這兩個值分別落在根的兩側。
- **開放法 (open methods)**。這個方法需要一個或更多的初始猜測值，但是並不需要包圍這個根。

對於型態良好的問題，一定可以使用包圍法，但是收斂速度非常慢（也就是在得到答案之前需要很多次的迭代）。相對地，開放法不見得每次都能夠找到解（也就是有時候會發散），但是通常收斂得比較快。

這兩種情況都需要初始猜測值，而猜測的內容則是依照所分析系統的實際情形。然而，在

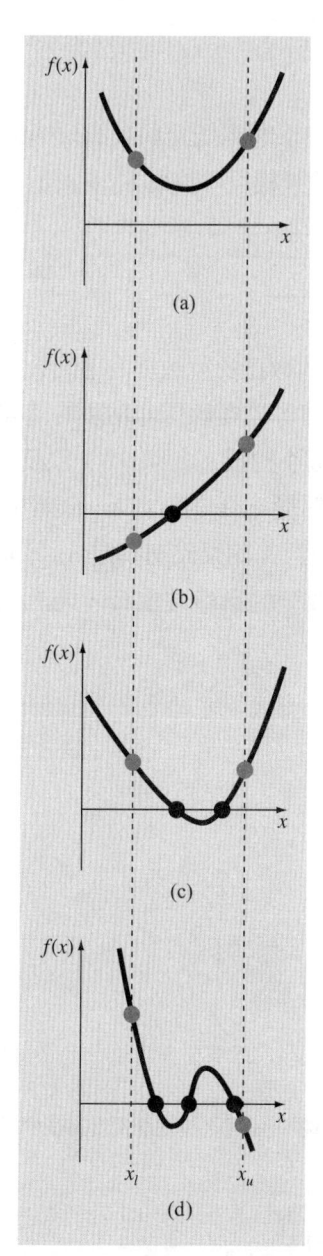

圖 5.1 表示在某一段區間中，幾種根出現（或無根）的情形，其中上界表示成 x_u，而下界表示成 x_l。(a) 與 (c) 表示 $f(x_l)$ 和 $f(x_u)$ 具有相同的正負號，兩個值中間的區間可能沒有根或是偶數個根。(b) 和 (d) 顯示兩個函數值不同號，表示中間有奇數個根。

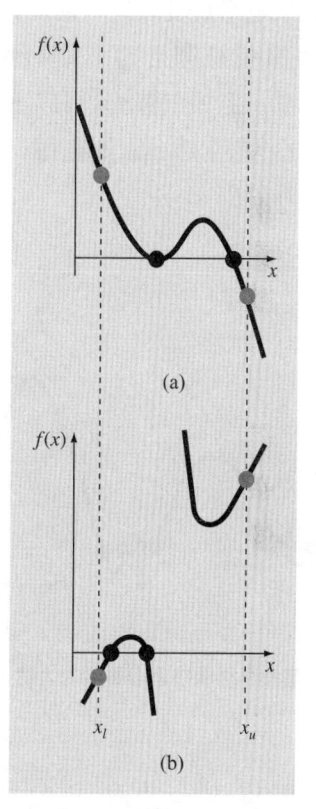

圖 5.2 一些圖 5.1 的例外。(a) 與 x 軸相切的函數會出現重根。在這個例子中，雖然函數兩端的函數值正負號不一樣，但是區間中只有偶數個根。(b) 不連續的函數，兩端的函數值符號相反，其中的區間包含了偶數個根。要求解這些特殊情形的根，則需要使用特別的策略。

某些例子中，良好的初始猜測值並不明顯。在這種情形下，自動產生猜測值的方法會很有用。以下即探討這種方法，也就是遞增搜尋。

5.3.1 遞增搜尋

當我們在範例 5.1 中使用圖形技巧，你可以觀察到 $f(x)$ 在根的兩側正負號改變。通常，如果 $f(x)$ 在區間 x_l 到 x_u 中是實數且連續，而 $f(x_l)$ 和 $f(x_u)$ 的正負號相反，亦即：

$$f(x_l)f(x_u) < 0 \tag{5.3}$$

則在 x_l 到 x_u 之間至少有一個根。

遞增搜尋 (incremental search) 法是根據這個觀察來尋找函數正負號改變的區間。遞增搜尋的一個潛在問題就是遞增長度的選擇。如果遞增長度太小，搜尋需要耗費非常多的時間。另一方面，如果遞增長度太長，則很有可能會漏掉一些相鄰距離很小的根（如圖 5.3）以及重根。

一個 M 檔被開發[1]用以執行遞增搜尋，尋找 func 函數從 xmin 到 xmax 範圍中間的根（如圖 5.4）。選項引數 ns 可以讓使用者指定範圍中區間的數目。如果沒有指定 ns，則會自動指定為 50。使用 for 迴圈在每一個區間之間執行。當符號改變的事件發生時，則上界與下界會被儲存在陣列 xb。

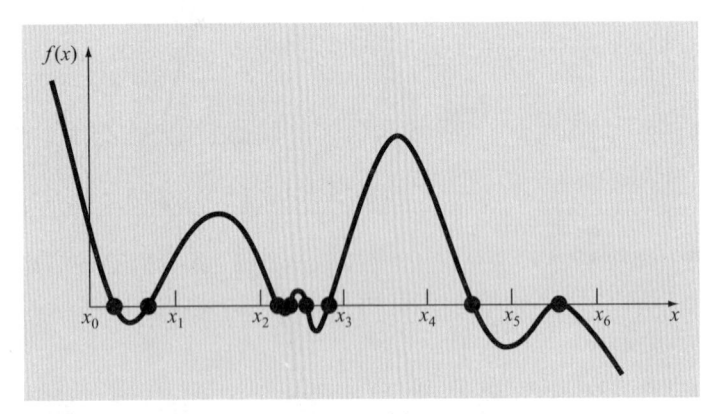

圖 5.3 當搜尋程序中遞增長度太大時，會遺漏一些根。最右邊的根是重根，而且不論遞增長度為多少都會遺漏。

```
function xb = incsearch(func,xmin,xmax,ns)
% incsearch: incremental search root locator
%   xb = incsearch(func,xmin,xmax,ns):
%       finds brackets of x that contain sign changes
%       of a function on an interval
% input:
%   func = name of function
%   xmin, xmax = endpoints of interval
```

圖 5.4 一個用來執行遞增搜尋的 M 檔。

---

[1] 這個函數是根據 Recktenwald (2000) 所提出的原始 M 檔修改而得的版本。

```
%     ns = number of subintervals (default = 50)
% output:
%    xb(k,1) is the lower bound of the kth sign change
%    xb(k,2) is the upper bound of the kth sign change
%    If no brackets found, xb = [].
if nargin < 3, error('at least 3 arguments required'), end
if nargin < 4, ns = 50; end %if ns blank set to 50
% Incremental search
x = linspace(xmin,xmax,ns);
f = func(x);
nb = 0; xb = []; %xb is null unless sign change detected
for k = 1:length(x)-1
  if sign(f(k)) ~= sign(f(k+1)) %check for sign change
    nb = nb + 1;
    xb(nb,1) = x(k);
    xb(nb,2) = x(k+1);
  end
end
if isempty(xb) %display that no brackets were found
  disp('no brackets found')
  disp('check interval or increase ns')
else
  disp('number of brackets:') %display number of brackets
  disp(nb)
end
```

圖 5.4（續） 一個用來執行遞增搜尋的 M 檔。

範例 5.2　遞增搜尋

問題敘述　使用 M 檔 incsearch（圖 5.4）來找出下列函數在區間 [3, 6] 中的包圍值：

$$f(x) = \sin(10x) + \cos(3x) \tag{5.4}$$

解法　MATLAB 使用預設值 (50) 的區間數目，執行如下：

```
>> incsearch(@(x) sin(10*x)+cos(3*x),3,6)
number of brackets:
    5

ans =
    3.2449    3.3061
    3.3061    3.3673
    3.7347    3.7959
    4.6531    4.7143
    5.6327    5.6939
```

式 (5.4) 沿著根的位置所繪製的圖如下：

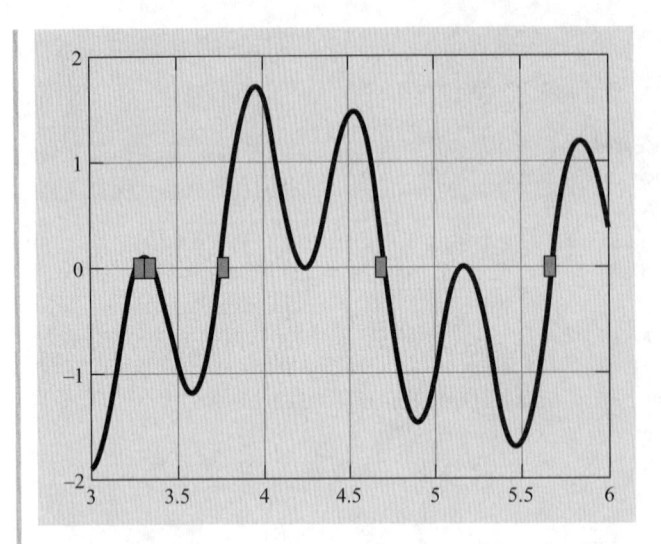

雖然搜尋到五次的正負號改變，但因為子區間太寬，所以漏掉了可能的根 $x \cong 4.25$ 與 $x \cong 5.2$。這些根看起來像是二重根。然而，使用工具中的縮放功能，可發現它們都是兩個非常靠近的實數根，而不是重根。這個函數可以重新執行並且選取更多的子區間，最後找到九次正負號的轉變：

```
>>incsearch(@(x) sin(10*x)+cos(3*x),3,6,100)
number of brackets:
     9
ans =
     3.2424    3.2727
     3.3636    3.3939
     3.7273    3.7576
     4.2121    4.2424
     4.2424    4.2727
     4.6970    4.7273
     5.1515    5.1818
     5.1818    5.2121
     5.6667    5.6970
```

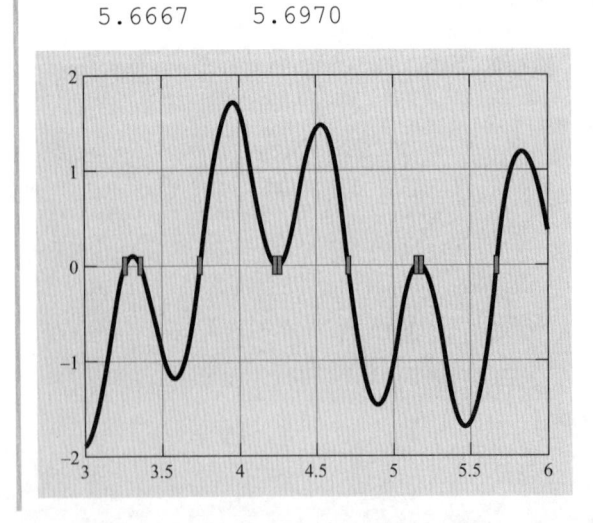

> 前面的例子說明了像遞增搜尋這樣的蠻力法 (brute-force method) 並不能防止操作錯誤。應該要利用一些補充方法來提供我們對於根的位置的更透徹了解。這樣的資訊可以由畫出這個函數而得到，或是根據方程式導向的實質問題來了解。

5.4 二分法

二分法 (bisection method) 是遞增搜尋的變形，搜尋的區間每一次都切成兩部分。如果在整個區間中函數的正負號有變化，則計算區間中點的函數值。可根據在這兩個子區間中哪裡有正負號的改變來找出根位置，且這個子區間將變成下一次迭代的區間。此程序會不斷進行，直到根達到我們要的精密度。圖解說明如圖 5.5 所示。以下範例是根據此方法所做的完整計算。

範例 5.3　二分法

問題敘述　使用二分法求解範例 5.1 中以圖形求解的問題。

解法　二分法的第一個步驟是猜測未知數（在本例中是 m）的兩個函數值，會使得 $f(m)$ 的正負號不同。根據範例 5.1 中的圖形解，我們可以發現函數在 50 到 200 之間改變正負號。雖然圖形又明顯地提供更好的猜測於 140 與 150 之間，但是為了說明二分法，我們不利用從圖形解中得到的了解，而是使用保守的猜測。因此，對根 x_r 的初始估計值為此區間的中點：

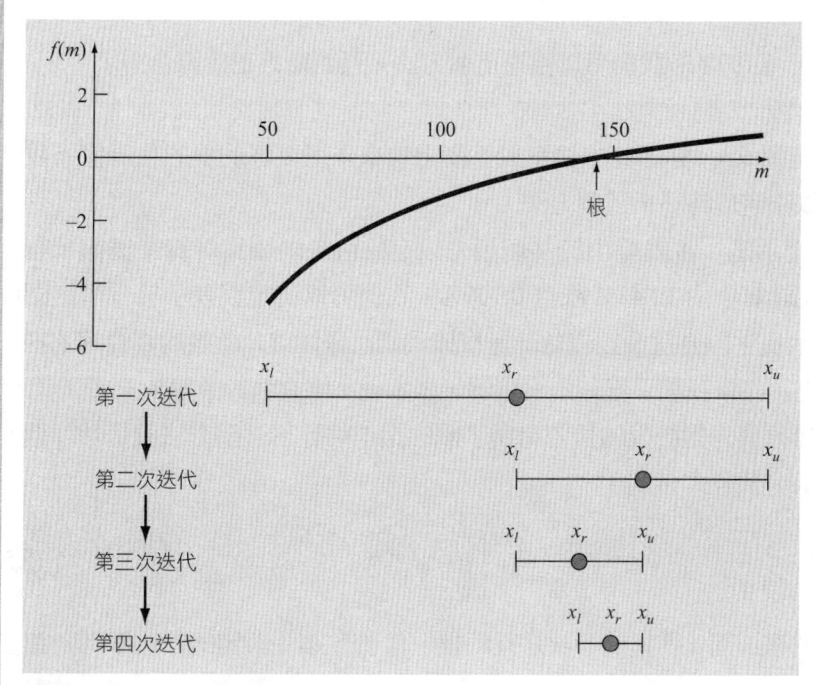

圖 5.5　二分法的圖解說明。這個圖形說明了範例 5.3 中前四次迭代的過程。

$$x_r = \frac{50 + 200}{2} = 125$$

注意根的精確值為 142.7376，表示這裡計算的值 125 具有真實相對誤差百分比如下：

$$|\varepsilon_t| = \left|\frac{142.7376 - 125}{142.7376}\right| \times 100\% = 12.43\%$$

接下來，計算下限以及中點分別對應的函數值的乘積：

$$f(50)f(125) = -4.579(-0.409) = 1.871$$

其值大於零，因此在這個區間中沒有正負號的變化，根必定落在上限於 125 到 200 之間。重新定義下界為 125，我們建立了一個新的區間。

現在，新的區間為從 $x_l = 125$ 到 $x_u = 200$。新的估計根為：

$$x_r = \frac{125 + 200}{2} = 162.5$$

其真實誤差百分比 $|\varepsilon_t| = 13.85\%$。這個程序可以不斷重複以精修估計值。例如，

$$f(125)f(162.5) = -0.409(0.359) = -0.147$$

因此，根落於下半區間 125 及 162.5 之間。上界改為 162.5，且第三次迭代中新的估計根等於

$$x_r = \frac{125 + 162.5}{2} = 143.75$$

其真實相對誤差百分比 $\varepsilon_t = 0.709\%$。我們可以重複這個方法，直到結果正確符合需求。

我們以一個敘述總結範例 5.3，亦即此方法可以不斷重複來求得更好的根的估計值。我們現在需要一個明確的準則以決定何時終止這個方法。

一個用來結束計算的提示是，當誤差小於某個預先設定的值，則結束計算。例如，在範例 5.3 中，真實相對誤差在計算中由 12.43% 降到 0.709%。我們可以決定誤差小於一個值即停止，如 0.5%。這個策略有瑕疵，因為這個誤差估計是根據我們已經知道此函數的真實解才推算出相對百分比，而在實際上，如果我們早就知道真實解，根本就不需要執行計算。

因此，我們需要一種無須事先對於根的位置有所了解的誤差估計。一個方法就是估計近似相對誤差百分比，如下所示（參考式 (4.5)）：

$$|\varepsilon_a| = \left|\frac{x_r^{\text{new}} - x_r^{\text{old}}}{x_r^{\text{new}}}\right| 100\% \tag{5.5}$$

其中 x_r^{new} 是目前這次迭代的根，而 x_r^{old} 是前一次迭代的根。當 ε_a 比事先設定的停止準則 ε_s 還要小的時候，則計算終止。

範例 5.4　二分法誤差估計

問題敘述　繼續範例 5.3，直到近似誤差小於停止準則 $\varepsilon_s = 0.5\%$。使用式 (5.5) 來計算誤差。

解法　在範例 5.3 中，前兩次迭代所得的值為 125 以及 162.5。將這兩個值代入式 (5.5)，可以得到：

$$|\varepsilon_a| = \left|\frac{162.5 - 125}{162.5}\right| 100\% = 23.08\%$$

而此次估計根 162.5 的真實相對誤差百分比為 13.85%。因此，$|\varepsilon_a|$ 比 $|\varepsilon_t|$ 大。此行為可以由其他迭代了解：

迭代	x_l	x_u	x_r	$|\varepsilon_a|$ (%)	$|\varepsilon_t|$ (%)
1	50	200	125		12.43
2	125	200	162.5	23.08	13.85
3	125	162.5	143.75	13.04	0.71
4	125	143.75	134.375	6.98	5.86
5	134.375	143.75	139.0625	3.37	2.58
6	139.0625	143.75	141.4063	1.66	0.93
7	141.4063	143.75	142.5781	0.82	0.11
8	142.5781	143.75	143.1641	0.41	0.30

經過八次迭代後，$|\varepsilon_a|$ 最終會小於 $\varepsilon_s = 0.5\%$，則此計算可以終止。

　　這些結果總結於圖 5.6。在此真實誤差「凹凸不平」的特性是因為二分法的關係，真實根可以落於包圍區間內任一點。真實誤差與近似誤差相差很大的時候，表示真實根落於區間中央，而差別很小時，則表示真實根落在區間的兩端。

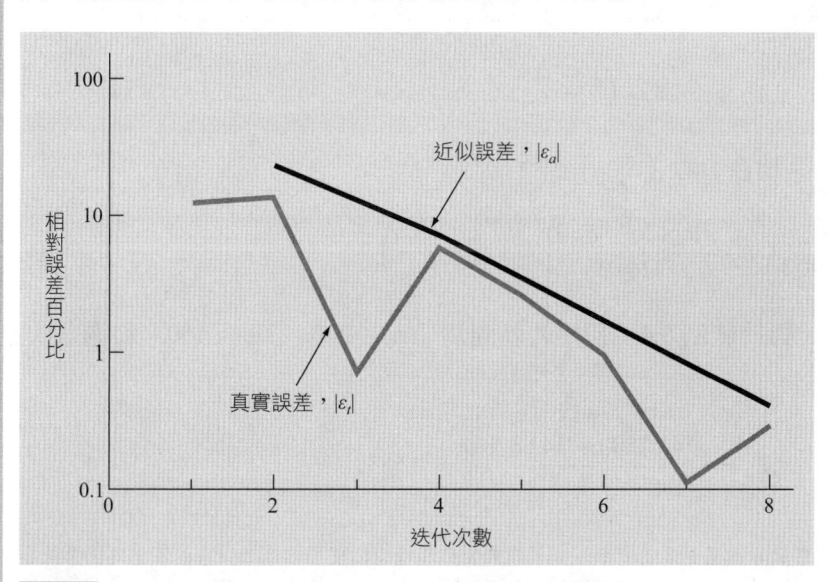

圖 5.6　二分法的誤差。真實誤差與近似誤差對迭代次數的圖。

雖然近似誤差無法對真實誤差提供完全正確的估計，圖 5.6 提示我們 $|\varepsilon_a|$ 還是可以抓住 $|\varepsilon_t|$ 的向下趨勢。另外，圖 5.6 告訴我們一個很吸引人的特性，即 $|\varepsilon_a|$ 永遠比 $|\varepsilon_t|$ 大。因此當 $|\varepsilon_a|$ 比 ε_s 小時，我們可以很有信心地終止計算，因為根至少和我們預先設定的程度一樣正確。

雖然只從單一個例子就下一般結論是很危險的，不過我們可以看到二分法中，$|\varepsilon_a|$ 永遠比 $|\varepsilon_t|$ 大。這是因為每一次近似的根都是落在 $x_r = (x_l + x_u)/2$，我們知道真實根落在 $\Delta x = x_u - x_l$ 這個區間中。因此，根一定落在與我們估計的 $\pm \Delta x/2$。例如，當範例 5.4 終止時，我們可以下一個可靠的結論：

$$x_r = 143.1641 \pm \frac{143.7500 - 142.5781}{2} = 143.1641 \pm 0.5859$$

本質上，式 (5.5) 提供了真實誤差的上限。若是超過這個邊界，真實根會落在包圍的區間之外，但根據定義，二分法並不會發生這樣的可能。其他求解根的方法並不見得那麼好。雖然二分法和其他方法比起來較慢，但其精確且有系統的誤差分析之優點，使得二分法對於某些工程與科學應用極具吸引力。

另一個二分法的好處是：要得到一個絕對誤差所需的迭代次數可以被**事前 (a priori)** 計算──亦即在計算開始之前就預估出來。在開始計算之前，絕對誤差等於

$$E_a^0 = x_u^0 - x_l^0 = \Delta x^0$$

其中上標表示迭代。因此，在二分法開始前，我們稱為「零次迭代」(zero iteration)。而在第一次迭代之後，則誤差變成：

$$E_a^1 = \frac{\Delta x^0}{2}$$

因為逐次的迭代可以使誤差減半，所以表示成一個和迭代次數 n 有關的誤差公式：

$$E_a^n = \frac{\Delta x^0}{2^n}$$

如果 $E_{a,d}$ 是我們期待的誤差，則此方程式可以解出 [2]

$$n = \frac{\log(\Delta x^0/E_{a,d})}{\log 2} = \log_2\left(\frac{\Delta x^0}{E_{a,d}}\right) \tag{5.6}$$

讓我們測試這個公式。對於範例 5.4，初始的區間為 $\Delta x_0 = 200 - 50 = 150$。經過八次迭代，則絕對誤差變成：

$$E_a = \frac{|143.7500 - 142.5781|}{2} = 0.5859$$

---

[2] MATLAB 提供函數 log2 來直接計算基底為 2 的對數。如果口袋型計算機或你使用的電腦程式語言本身並無基底為 2 的對數作為內在函數，則此方程式顯示一個便於計算它的方式。通常，$\log_b(x) = \log(x)/\log(b)$。

我們可以將這個值代入式 (5.6)，得到：

$$n = \log_2(150/0.5859) = 8$$

因此，如果我們預先知道小於 0.5859 的誤差是可接受的，則此公式告訴我們八次迭代之後可以得到想要的結果。

雖然我們針對某些明顯的原因強調了相對誤差的使用方式，但很多情況（要根據對於問題內容的徹底了解）還是要由你來指定一個絕對誤差。在這些例子中，二分法與式 (5.6) 可以提供一個求解根位置的有用演算法。

5.4.1 MATLAB M 檔：`bisect`

用以執行二分法的 M 檔如圖 5.7 所示。可以傳遞函數 (func) 以及下界猜測值 (xl) 和上界猜測值 (xu)。除了可選擇性的停止準則 (es) 外，也可以輸入最大的迭代次數 (maxit)。函數首先會檢查引數是否足夠以及初始猜測值的包圍是否有正負號改變。如果沒有，則顯示錯誤訊息而且函數會被終止。若是沒有設定 `maxit` 以及 `es`，系統會給定預設值。`while...break` 迴圈用來執行二分法演算法，直到近似誤差比 `es` 小或者迭代次數超過 `maxit`。

我們可使用此函數來解本章一開始提的問題。回想在給定的阻力係數 0.25 kg/m 下，你必須求高空彈跳者在自由落下 4 秒之後，速度會超過 36 m/s 的質量，因此你得求下式的根值：

$$f(m) = \sqrt{\frac{9.81m}{0.25}} \tanh\left(\sqrt{\frac{9.81(0.25)}{m}}4\right) - 36$$

在範例 5.1 中，我們產生此函數和質量的相對圖，並且估計根值介於 140 kg 與 150 kg 之間。圖 5.7 的 `bisect` 函數可用來求根值：

```
fm=@(m,cd,t,v) sqrt(9.81*m/cd)*tanh(sqrt(9.81*cd/m)*t)-v;
[mass fx ea iter] = bisect(@(m) fm(m,0.25,4,36),40,200)
mass =
       142.7377
fx =
   4.6089e-007
ea =
    5.345e-005
iter =
    21
```

因此，m = 142.74 kg 是在執行 21 次迭代之後而產生的結果，且其相對估計誤差為 ε_a = 0.00005345%，且函數的值會趨近於零。

```
function [root,fx,ea,iter]=bisect(func,xl,xu,es,maxit,varargin)
% bisect: root location zeroes
%    [root,fx,ea,iter]=bisect(func,xl,xu,es,maxit,p1,p2,...):
%        uses bisection method to find the root of func
% input:
%   func = name of function
%   xl, xu = lower and upper guesses
%   es = desired relative error (default = 0.0001%)
%   maxit = maximum allowable iterations (default = 50)
%   p1,p2,... = additional parameters used by func
% output:
%   root = real root
%   fx = function value at root
%   ea = approximate relative error (%)
%   iter = number of iterations

if nargin<3,error('at least 3 input arguments required'),end
test = func(xl,varargin{:})*func(xu,varargin{:});
if test>0,error('no sign change'),end
if nargin<4|isempty(es), es=0.0001;end
if nargin<5|isempty(maxit), maxit=50;end
iter = 0; xr = xl; ea = 100;
while (1)
  xrold = xr;
  xr = (xl + xu)/2;
  iter = iter + 1;
  if xr ~= 0,ea = abs((xr - xrold)/xr) * 100;end
  test = func(xl,varargin{:})*func(xr,varargin{:});
  if test < 0
    xu = xr;
  elseif test > 0
    xl = xr;
  else
    ea = 0;
  end
  if ea <= es | iter >= maxit,break,end
end
root = xr; fx = func(xr, varargin{:});
```

圖 5.7　執行二分法的 M 檔。

5.5 | 試位法

試位法 (false position)（也稱為**線性內插法 (linear interpolation method)**）是另一個大家所熟知的包圍法。和二分法非常類似，只是利用不同的策略來得到一個新的根的估計值。試位法是利用 $f(x_l)$ 和 $f(x_u)$ 以及一條直線來標定一個根，而不是直接把區間分成兩半（如圖 5.8）。這

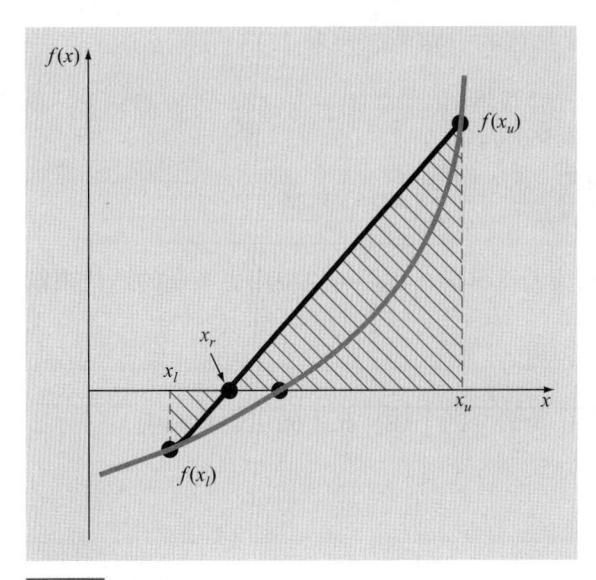

圖 5.8 試位法。

條直線和 x 軸的交會點代表了一個改善的根的估計值。因此，函數的形狀影響新根的估計。使用相似三角形，則這條直線和 x 軸的交會點（詳細內容參考 Chapra 和 Canale, 2010）可以估計為：

$$x_r = x_u - \frac{f(x_u)(x_l - x_u)}{f(x_l) - f(x_u)} \tag{5.7}$$

以上就是**試位公式 (false-position formula)**。以式 (5.7) 計算所得的 x_r，用來取代兩個初始猜測值 x_l 與 x_u 的其中之一，被取代的是函數值和 $f(x_r)$ 具有相同正負號的那一個。如此一來，x_l 與 x_u 永遠包圍真實根。這個程序可以不斷重複，直到取得適當的根。除了使用式 (5.7) 之外，其演算法和二分法一樣（如圖 5.7 所示）。

範例 5.5　試位法

問題敘述　使用試位法，求解範例 5.1 以圖形法與範例 5.3 以二分法求解的相同問題。

解法　在範例 5.3 中，初始猜測值為 $x_l = 50$ 及 $x_u = 200$。第一次迭代：

$$x_l = 50 \quad f(x_l) = -4.579387$$
$$x_u = 200 \quad f(x_u) = 0.860291$$
$$x_r = 200 - \frac{0.860291(50 - 200)}{-4.579387 - 0.860291} = 176.2773$$

其中真實相對誤差為 23.5%。
第二次迭代：

$$f(x_l)f(x_r) = -2.592732$$

因此，根落在第一個子區間，以及 x_r 變成下一次迭代的上界，$x_u = 176.2773$。

$$x_l = 50 \qquad f(x_l) = -4.579387$$
$$x_u = 176.2773 \qquad f(x_u) = 0.566174$$
$$x_r = 176.2773 - \frac{0.566174(50 - 176.2773)}{-4.579387 - 0.566174} = 162.3828$$

其中真實相對誤差與近似相對誤差分別為 13.76% 及 8.56%。我們可以使用更多次的迭代來精修根的估計值。

雖然試位法常常表現得比二分法好，但仍有許多情況則不然。在下面這個範例中，二分法是比較好的。

範例 5.6　一個二分法優於試位法的例子

問題敘述　使用二分法與試位法求解函數根的位置：

$$f(x) = x^{10} - 1$$

介於 $x = 0$ 與 $x = 1.3$ 之間。

解法　使用二分法，結果列於下表：

迭代	x_l	x_u	x_r	ε_a (%)	ε_t (%)
1	0	1.3	0.65	100.0	35
2	0.65	1.3	0.975	33.3	2.5
3	0.975	1.3	1.1375	14.3	13.8
4	0.975	1.1375	1.05625	7.7	5.6
5	0.975	1.05625	1.015625	4.0	1.6

因此，經過五次迭代，真實誤差減少到 2% 以下。試位法的結果如下，可看出和二分法非常不同：

迭代	x_l	x_u	x_r	ε_a (%)	ε_t (%)
1	0	1.3	0.09430		90.6
2	0.09430	1.3	0.18176	48.1	81.8
3	0.18176	1.3	0.26287	30.9	73.7
4	0.26287	1.3	0.33811	22.3	66.2
5	0.33811	1.3	0.40788	17.1	59.2

經過五次迭代，真實誤差只減少到 59%，其背後意義可以由函數圖形得知。圖 5.9 中，可看出曲線很明顯地違背了試位法的前提 —— 如果 $f(x_l)$ 遠比 $f(x_u)$ 還接近零，則根較靠近 x_l 而離 x_u 較遠（回想圖 5.8）。不過，目前函數的形狀可看出，情況正好相反。

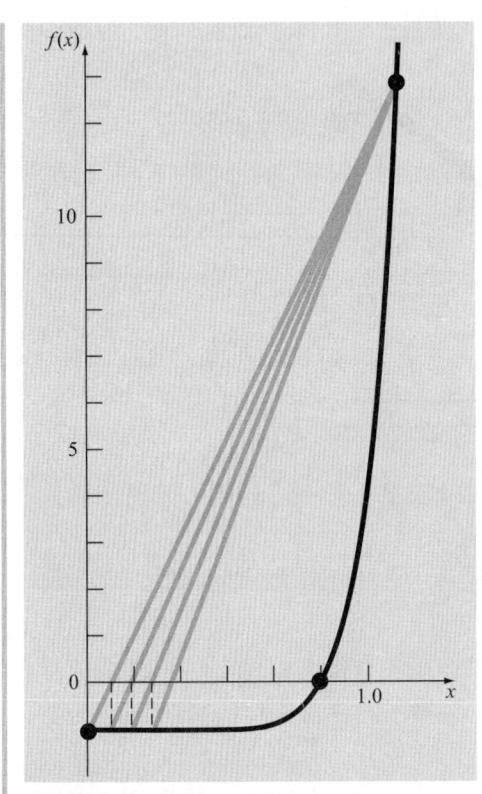

圖 5.9 $f(x) = x^{10} - 1$ 的圖形，說明為什麼試位法收斂較慢。

前述範例說明了求解根的位置之方法常常是不可行的。雖然試位法大多時候比二分法好，我們仍要小心各種情況，因為總是會有違反一般結論的情形。所以，除了使用式 (5.5) 外，此結果也應藉由將估計的根值代入原方程式，並判斷結果是否逼近於零來驗證。

此範例也說明了試位法的主要缺點：一邊性 (one-sidedness)，也就是當迭代進行的時候，有一邊的包圍點傾向固定不動。這將導致非常差的收斂性，特別是在有顯著彎曲的函數中。可能的改善方法請參閱其他文獻（見 Chapra 和 Canale, 2010）。

5.6 案例研究　　研究溫室氣體和雨水

背景　文件指出，過去 50 年來大氣中的溫室氣體濃度一直持續增加。例如，圖 5.10 顯示自 1958 年到 2008 年在夏威夷 Mauna Loa 蒐集二氧化碳的分壓數據，數據的趨勢很適合用二次多項式配適[3]，

$$p_{CO_2} = 0.012226(t - 1983)^2 + 1.418542(t - 1983) + 342.38309$$

---

[3]　第四篇將會學習到如何求這種多項式。

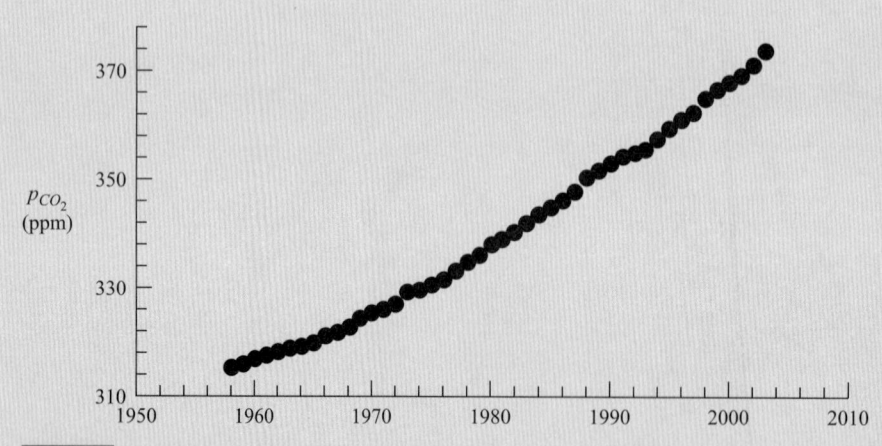

[圖 5.10] 在夏威夷 Mauna Loa 測量大氣二氧化碳 (ppm) 的年平均分壓。

其中 p_{CO_2} = CO_2 分壓 (ppm)。數據指出水準已經在此期間從 315 ppm 到 386 ppm 稍微增加，超過 22%。

我們能處理的一個問題是此趨勢正如何影響雨水的 pH 值。在都市和工業區外，文件紀錄指出二氧化碳是雨水中 pH 值主要的決定因素。pH 值是氫離子的量測值，可決定酸鹼度。對淡水的溶液來說，它可以被計算為：

$$\text{pH} = -\log_{10}[\text{H}^+] \tag{5.8}$$

[H^+] 是氫離子的莫耳分子量濃度。

以下是五個統御雨水化學的方程式：

$$K_1 = 10^6 \frac{[\text{H}^+][\text{HCO}_3^-]}{K_H p_{CO_2}} \tag{5.9}$$

$$K_2 = \frac{[\text{H}^+][\text{CO}_3^{-2}]}{[\text{HCO}_3^-]} \tag{5.10}$$

$$K_w = [\text{H}^+][\text{OH}^-] \tag{5.11}$$

$$c_T = \frac{K_H p_{CO_2}}{10^6} + [\text{HCO}_3^-] + [\text{CO}_3^{-2}] \tag{5.12}$$

$$0 = [\text{HCO}_3^-] + 2[\text{CO}_3^{-2}] + [\text{OH}^-] - [\text{H}^+] \tag{5.13}$$

其中 K_H 是亨利常數 (Henry's constant)，K_1、K_2 和 K_w 是均衡係數。五個未知數為：c_T = 總無機碳，[HCO_3^-] = 重碳酸鹽，[CO_3^{-2}] = 碳酸鹽，[H^+] = 氫離子以及 [OH^-] = 烴基離子。注意 CO_2 的分壓如何在式 (5.9) 及式 (5.12) 出現。

使用這些方程式來計算雨水的 pH 值，給定 $K_H = 10^{-1.46}$，$K_1 = 10^{-6.3}$，$K_2 = 10^{-10.3}$ 以及 $K_w = 10^{-14}$。1958 年 p_{CO_2} 是 315 ppm，而在 2008 年是 386 ppm，比較此二結果。當你的計算選擇數值方法時，考慮以下內容：

- 你確信知道在原始地區雨水的 pH 值總是在 2 和 12 之間。

- 你也知道 pH 值只能測量精密度到小數點以下二位數。

解法 求解此系統的五個方程式有多種方法。其中之一是結合它們以消除未知數，產生單一 $[H^+]$ 函數。使用此法，首先解式 (5.9) 及式 (5.10)：

$$[HCO_3^-] = \frac{K_1}{10^6[H^+]} K_H p_{CO_2} \tag{5.14}$$

$$[CO_3^{-2}] = \frac{K_2[HCO_3^-]}{[H^+]} \tag{5.15}$$

將式 (5.14) 代入式 (5.15)：

$$[CO_3^{-2}] = \frac{K_2 K_1}{10^6[H^+]^2} K_H p_{CO_2} \tag{5.16}$$

式 (5.14) 及式 (5.16) 可以式 (5.11) 代入式 (5.13) 取代：

$$0 = \frac{K_1}{10^6[H^+]} K_H p_{CO_2} + 2\frac{K_2 K_1}{10^6[H^+]^2} K_H p_{CO_2} + \frac{K_w}{[H^+]} - [H^+] \tag{5.17}$$

雖然可能無法立即看出，但結果是一個 $[H^+]$ 三階多項式。因此它的根能用來計算雨水 pH 值。

現在我們必須決定利用哪種數值方法來求解。選擇二分法有兩個理由。第一是 pH 值在 2 到 12 的範圍，提供我們兩個好的初始猜測值。第二則是因為 pH 值只能測量精密度到小數點以下二位數，符合絕對誤差 $E_{a,d} = \pm 0.005$。假如已知初始包圍值和能容忍的錯誤，我們就能事先計算迭代的次數。將目前的數值代入式 (5.6)：

```
>>dx = 12-2;
>>Ead = 0.005;
>>n = log2(dx/Ead)
n =
    10.9658
```

二分法的 11 次迭代將產生需求的精密度。

在執行二分法之前，我們首先必須展開式 (5.17) 成一函數。因為它相當複雜，我們將其儲存作為一個 M 檔：

```
function f = fpH(pH, pCO2)
K1=10^-6.3;K2=10^-10.3;Kw=10^-14;
KH=10^-1.46;
H=10^-pH;
f=K1/(1e6*H)*KH*pCO2+2*K2*K1/(1e6*H)*KH*pCO2+Kw/H-H;
```

然後，我們能使用圖 5.7 的 M 檔獲得解法。注意到我們已經在此一步驟設定需求的相對誤差值 ($\varepsilon_a = 1 \times 10^{-8}$)，而且設得相當低，因此能以 11 次迭代符合迭代限制 (maxit)：

```
>>[pH1958 fx ea iter]=bisect(@fpH, fpH(pH,315),2, 12, 1e-8,11)
pH1958 =
```

```
        5.6279
fx =
 -2.7163e-008
ea =
    0.0868
iter =
    11
```

因此，pH 值可以 0.0868% 的相對誤差計算為 5.6279。我們以小數點以下二位數正確顯示為 5.63。這可以透過執行更多的迭代來證實。例如，設定 maxit 為 50：

```
>>[pH1958 fx ea iter]=bisect(@fpH, fpH(pH,315),2,12,1e-8,50)
pH1958 =
    5.6304
fx =
    1.615e-015
ea =
    5.1690e-009
iter =
    35
```

對 2008 年來說，結果為：

```
>>[pH2008 ea iter]=bisect(@fpH, fpH(pH,386),2,12,1e-8,50)
pH2008 =
    5.5864
fx =
    3.2926e-015
ea =
    5.2098e-009
iter =
    35
```

有趣的是，結果顯示大氣的 CO_2 提升了 22.5%，pH 值卻只降低 0.78%。當然這是事實，因為 pH 值在式 (5.8) 被定義為對數值，單位 pH 值的減少代表在氫離子一個數量級的增加（即 10 倍），氫離子濃度可以用 $[H^+] = 10^{-pH}$ 計算，其百分比的改變可以用下列算式計算：

```
>> ((10^-pH2008-10^-pH1958)/10^-pH1958)*100
ans =
    10.6791
```

因此，氫離子濃度已經增加大約 10.7%。

有相當多議題與溫室氣體趨勢代表的意義有關，大多數討論集中於溫室氣體增加是否造成全球暖化。不管最後的結果如何，它說明了我們的大氣已經在相當短的時間內產生巨大變化。此案例研究說明如何應用數值方法和 MATLAB 來分析並解釋這樣的趨勢。未來，工程師和科學家將能充滿希望地使用這樣的工具以對這些現象有更多的了解，幫助合理化他們的結果。

習題

5.1 利用二分法求出需要的阻力係數，使得質量 95 kg 的高空彈跳者在自由落下 9 s 之後速度為 46 m/s。注意，重力加速度為 9.81 m/s^2。初始猜測值是 $x_l = 0.2$ 及 $x_u = 0.5$，以及迭代到近似相對誤差小於 5%。

5.2 用類似圖 5.7 的方式，開發你的二分法 M 檔。但是使用式 (5.6) 作為你的停止準則，而不是使用最大迭代數與式 (5.5)。確保將式 (5.6) 的結果進位至第二高的整數（提示：ceil 函數提供一個便利方式來做此工作）。你的函數的第一行應為

```
function[root,Ea,ea,n] = bisectnew(func,x1,xu,Ead,varargin)
```

注意輸出，Ea= 絕對誤差的近似值，ea= 相對誤差的近似百分比。接著開發你的腳本，稱為 **LastNameHmwk04Script** 來求解問題 5.1。注意，你**必須**透過引數來傳遞參數。此外，設定函數使用 Ead=0.000001 為預設值。

5.3 圖 P5.3 顯示一個銷固定樑受到均勻負載。導致的位移方程式為

$$y = -\frac{w}{48EI}(2x^4 - 3Lx^3 + L^3 x)$$

開發一個 MATLAB 腳本：

(a) 畫 dy/dx 對應 x 函數（要有適當標示），

(b) 使用 LastNameBisect 來求最大位移處（即 $dy/dx = 0$ 的 x 的值）。再來將此值代入位移方程式來求最大位移量。使用初始猜測值 $x_l = 0$ 和 $x_u = 0.9L$。在你的計算中使用以下的參數值（確保你使用一致的單位）：$L = 400$ cm，$E = 52{,}000$ kN/cm^2，$I = 32{,}000$ cm^4，和 $w = 4$ kN/cm。此外，使用 Ead = 0.0000001。另外，在你的腳本設為 format long 以便你的結果呈現 15 位有效位數。

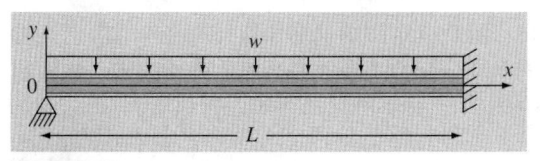

圖 P5.3

5.4 如圖 P5.4 所示，自圓筒經一長管釋放的水速度 v (m/s) 可計算為

$$v = \sqrt{2gH} \tanh\left(\sqrt{\frac{2gH}{2L}}\, t\right)$$

其中 $g = 9.81$ m/s^2，$H =$ 初始揚程 (m)，$L =$ 管長 (m)，$t =$ 持續時間 (s)。開發一個 MATLAB 腳本：

(a) 畫出函數 $f(H)$ 對應 H 在 $H = 0$ 到 4 m（確保圖加上標示），

(b) 使用 LastNameBisect 和初始猜測值 $x_l = 0$ 和 $x_u = 4$ m 來求在一根長 4 m 管在 2.5 s 達到 $v = 5$ m/s 所需的初始揚程。此外，使用 Ead = 0.0000001。還有，在你的腳本設為 format long 以便你的結果呈現 15 位有效位數。

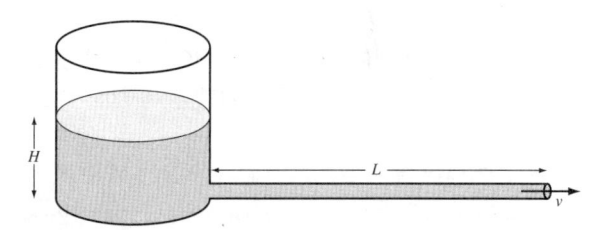

圖 P5.4

5.5 重複習題 5.1，但是使用試位法得到你的解。

5.6 開發一個 M 檔給試位法。透過求解習題 5.1 測試它。

5.7 (a) 以圖形法求解 $f(x) = -12 - 21x + 18x^2 - 2.75x^3$ 的根。另外，以 (b) 二分法以及 (c) 試位法求出函數的第一個根。對於 (b) 以及 (c)，初始猜測值為 $x_l = -1$ 及 $x_u = 0$，計算停止準則為 1%。

5.8 求解 $\sin(x) = x^2$ 第一個有意義的根，其中 x 的單位是弧度 (radian)。使用圖形的技巧以及二分法求解，其中初始區間為 0.5 到 1。進行計算直到 ε_a 小於 $\varepsilon_s = 2\%$。

5.9 求解 $\ln(x^2) = 0.7$ 的正實數根。以 (a) 圖形法；(b) 使用二分法迭代三次，且初始猜測值為 $x_l = 0.5$ 及 $x_u = 2$；以及 (c) 使用試位法迭代三次，且初始猜測值的條件與 (b) 相同。

5.10 在淡水中，氧氣溶解量的飽和濃度可以依照下列公式計算：

$$\ln o_{sf} = -139.34411 + \frac{1.575701 \times 10^5}{T_a} - \frac{6.642308 \times 10^7}{T_a^2} + \frac{1.243800 \times 10^{10}}{T_a^3} - \frac{8.621949 \times 10^{11}}{T_a^4}$$

其中 o_{sf} 為在 1 atm 下水中氧氣溶解量的飽和濃度 (mgL^{-1})，T_a 為絕對溫度 (K)。記得 $T_a = T + 273.15$，其中 T = 溫度 (°C)。根據這個方程式，濃度隨著溫度升高而降低。對於溫帶氣候中自然界的水，此方程式可以用來求氧氣濃度的範圍，從 0°C 的 14.621 mg/L 到 35 °C 的 6.949 mg/L。給定一個氧氣濃度的值，這個公式和二分法可以用來求解溫度，單位為 °C。

(a) 如果初始猜測值為 0 °C 和 35 °C，則需要多少次的迭代才能求得一個絕對誤差為 0.05 °C 的溫度？

(b) 根據 (a)，開發並測試一個二分法的 M 檔來求出以 T 函數表示的氧氣濃度。以 $o_{sf} = 8$、10 以及 14 mg/L 來測試你的函數。檢查你的結果。

5.11 一根橫梁的負載如圖 P5.11 所示。使用二分法求解此橫梁內部的哪一個位置沒有受到力矩。

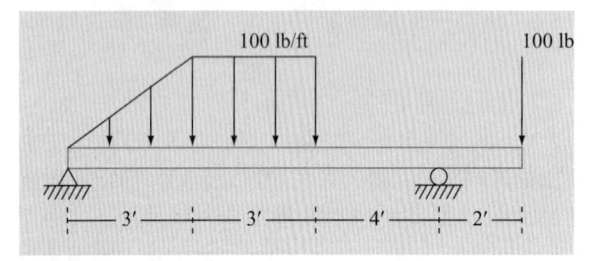

圖 P5.11

5.12 水在梯形渠道中的流量速率為 $Q = 20$ m³/s。其臨界深度 y 必須滿足下式：

$$0 = 1 - \frac{Q^2}{gA_c^3}B$$

其中，$g = 9.81$ m/s²，A_c = 截面積 (m²)，以及 B = 渠道在水面的寬度 (m)。在這個情況中，寬度與截面面積和深度 y 的關係為：

$$B = 3 + y$$

和

$$A_c = 3y + \frac{y^2}{2}$$

使用 **(a)** 圖形法，**(b)** 二分法，以及 **(c)** 試位法求解臨界深度。對於 **(b)** 及 **(c)**，初始猜測值是 $x_l = 0.5$ 及 $x_u = 2.5$，以及迭代到近似相對誤差小於 1% 或者迭代次數大於 10。討論你的結果。

5.13 米凱利斯－馬丁模型 (Michaelis-Menten model) 描述酵素的調停反應：

$$\frac{dS}{dt} = -v_m \frac{S}{k_s + S}$$

其中 S 為基質濃度 (moles/L)，v_m 為最大攝取率 (moles/L/d)，k_s 為半飽和常數，基質攝取的層次為最大值的一半 (moles/L)。假設最初基質的層次在 $t = 0$ 為 S_0，下列微分方程式可解此問題：

$$S = S_0 - v_m t + k_s \ln(S_0/S)$$

發展一個 M 檔，以產生 S 對 t 在 $S_0 = 8$ moles/L，$v_m = 0.7$ moles/L/d，$k_s = 2.5$ moles/L 的對應圖。

5.14 一可逆的化學反應：

$$2A + B \rightleftharpoons C$$

可以平衡關係表示：

$$K = \frac{c_c}{c_a^2 c_b}$$

其中 c_i 表示成分 i 的濃度。假使我們定義變數 x 代表產物 C 的莫耳數，質量的轉換可重新定義為下列平衡關係：

$$K = \frac{(c_{c,0} + x)}{(c_{a,0} - 2x)^2(c_{b,0} - x)}$$

下標 0 表示每個成分的初始濃度。假如 $K = 0.016$，$c_{a,0} = 42$，$c_{b,0} = 28$，$c_{c,0} = 4$，求出 x 值。

(a) 產生圖形解。

(b) 以 **(a)** 為基礎，初始猜側值 $x_l = 0$，$x_u = 20$，$\varepsilon_s = 0.5\%$，以二分法或試位法解出根值並證明你的選擇是對的。

5.15 圖 P5.15a 以線性增加負荷為條件，顯示一根等截面梁。下列方程式為最終的彈性曲線 (參閱圖 P5.15b)：

$$y = \frac{w_0}{120EIL}(-x^5 + 2L^2x^3 - L^4x) \quad \text{(P5.15)}$$

使用二分法找出最大的偏移（亦即在 $dy/dx = 0$ 時的 x 值），並代入式 (P5.15)，找出最大的偏移。在你的計算中請使用下列參數：$L = 600$ cm，$E = 50{,}000$ kN/cm²，$I = 30{,}000$ cm⁴，$\omega_0 = 2.5$ kN/cm。

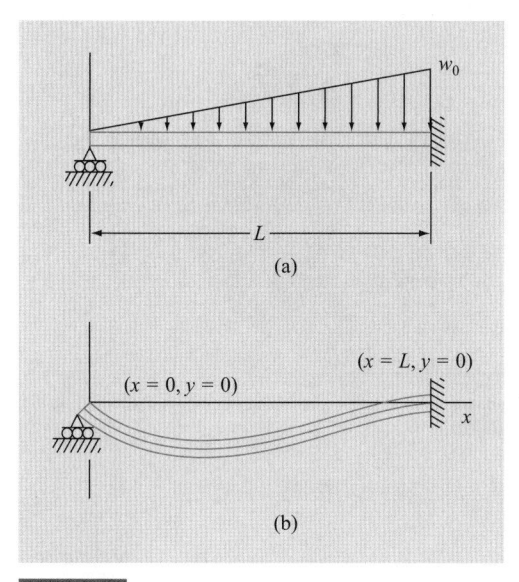

圖 P5.15

5.16 你每年支付 8,500 美元，共支付 7 年購買一輛 35,000 美元的車子。利用圖 5.7 的 bisect 函數計算你所支付的利率為何。代入初始的猜測利率 0.01 以及 0.3，並且設定停止條件為 0.00005。對應於現值 P、年數 n 和利率 i 的年支付額 A 公式是：

$$A = P\frac{i(1+i)^n}{(1+i)^n - 1}$$

5.17 許多工程領域都會要求準確的人口估計。例如，運輸工程師必須分別確定一座城市和鄰近市郊的人口成長趨勢。市區人口隨時間下降可根據：

$$P_u(t) = P_{u,\max}e^{-k_u t} + P_{u,\min}$$

郊區的人口則以下列公式增長：

$$P_s(t) = \frac{P_{s,\max}}{1 + [P_{s,\max}/P_0 - 1]e^{-k_s t}}$$

其中 $P_{u,\max}$、k_u、$P_{s,\max}$、P_0 和 k_s 是以經驗為根據得到的參數。求出當市郊比城市大 20% 時的相應值 $P_u(t)$ 和 $P_s(t)$。參數 $P_{u,\max}$ 是 80,000 人，k_u 是 0.05／年，$P_{u,\min}$ 是 110,000 人，$P_{s,\max}$ 是 320,000 人，P_0 是 10,000 人和 k_s 是 0.09／年。使用 **(a)** 圖形法，以及 **(b)** 試位法求解。

5.18 摻雜矽的電阻率 ρ，是由電子帶電量 q、電子密度 n 和電子遷移率 μ 所決定，電子密度則由摻雜密度 N 和固有載流子密度 n_i 所決定。電子遷移率由溫度 T、參考溫度 T_0 和參考遷移率 μ_0 所決定。計算電阻率所需的方程式是：

$$\rho = \frac{1}{qn\mu}$$

其中

$$n = \frac{1}{2}\left(N + \sqrt{N^2 + 4n_i^2}\right) \quad \text{和} \quad \mu = \mu_0\left(\frac{T}{T_0}\right)^{-2.42}$$

給定 T_0 =300 K，T = 1000 K，μ_0 = 1360 cm^2 (Vs)$^{-1}$，q = 1.7 × 10^{-19} C，n_i = 6.21×10^9 cm^{-3} 及一個需要的 ρ = 6.5×10^6 Vs cm/C，使用初始的猜測值 N = 0 及 2.5×10^{10}。利用 **(a)** 二分法，**(b)** 試位法求解。

5.19 一個半徑 a 的環狀導體帶有均勻分布的電量 Q，一電荷 q 位於距離中心 x 的位置（圖 P5.19）。此環狀導體施予電荷的電力為：

$$F = \frac{1}{4\pi e_0}\frac{qQx}{(x^2+a^2)^{3/2}}$$

其中 e_0 = 8.9 × 10^{-12} C^2/(N m^2)，求出施力為 1.25 N 的距離 x，假設對環狀導體來說，在半徑 0.85 m 時，q 以及 Q 皆是 2×10^{-5}。

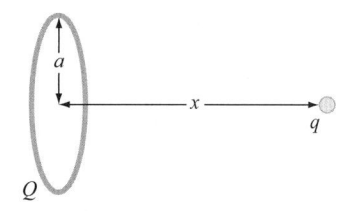

圖 P5.19

5.20 對在管子裡的流體而言，摩擦力由一無因次數決定，稱為**費寧摩擦因子 (Fanning friction factor)** f。費寧摩擦因數與管子裡流體大小的**雷諾數 (Reynolds number)** 所描述的無因次參數有關。當給定雷諾數，**馮卡曼方程式 (von Karman equation)** 可用來預測 f 值：

$$\frac{1}{\sqrt{f}} = 4\log_{10}\left(\text{Re}\sqrt{f}\right) - 0.4$$

典型流體的雷諾數是 10,000 到 500,000，而費寧摩擦因子是 0.001 到 0.01。以二分法發展一函數解在雷諾數是 2,500 到 1,000,000 的 f 值，此函數解必須確保絕對誤差值 $E_{a,d}$ < 0.000005。

5.21 機械工程師和大多數其他工程師一樣，在他們的工作中廣泛地使用熱力學。下列多項式能用來敘述乾空氣的等壓比熱 c_p kJ/(kg K) 與溫度 (K)：

$$c_p = 0.99403 + 1.671 \times 10^{-4}T + 9.7215 \times 10^{-8}T^2 \\ - 9.5838 \times 10^{-11}T^3 + 1.9520 \times 10^{-14}T^4$$

畫出 c_p 對 T = 0~1200 K 範圍中的關係圖，並且利

用二分法求出在比熱為 1.1 kJ/(kg K) 下的溫度。

5.22 下列公式可以計算一枚火箭的向上速度：

$$v = u \ln \frac{m_0}{m_0 - qt} - gt$$

其中 v 是向上速度，u 是燃料推進火箭的速度，m_0 是在時間 $t = 0$ 火箭的初始質量，q 是燃料消耗率，以及 g 是向下的重力加速度（假設常數 = 9.81 m/s^2）。如果 $u = 1800$ m/s，$m_0 = 160,000$ kg，以及 $q = 2600$ kg/s，估計在 $v = 750$ m/s 的時間。（提示：t 介於 10 和 50 s 之間。）確認你的結果是在真實值的 1% 內。檢查你的答案。

5.23 雖然我們在 5.6 節中並未提到，式 (5.13) 是**電中性 (electroneutrality)** 的表示式，也就是說正電荷以及負電荷必須平衡，這可以用下列表示式更清楚地了解：

$$[H^+] = [HCO_3^-] + 2[CO_3^{2-}] + [OH^-]$$

換句話說，正電荷必須等於負電荷，因此，當你計算自然水體（像是湖水）的 pH 值時，你也必須考慮可能會有其他離子。離子是來自於無反應性的鹽，所以計算這些離子的負電荷減去正電荷值時，是合併在一起看成一個總量，稱為**鹼度 (alkalinity)**，並且方程式可以整理如下：

$$Alk + [H^+] = [HCO_3^-] + 2[CO_3^{2-}] + [OH^-] \quad (P5.23)$$

其中 Alk = 鹼度 (eq/L)。舉例來說，蘇必略湖鹼度大約是 0.4×10^{-3} eq/L，用類似 5.6 節的相同運算方式，計算蘇必略湖在 2008 年的 pH 值。假設就像是雨滴，湖水鹼度與大氣的 CO_2 含量平衡，但式 (P5.23) 也解釋了鹼度。

5.24 根據**阿基米德定律 (Archimedes' principle)**，**浮力 (buoyancy)** 會等於物體潛在水中體積之等體積的液體重量，對圖 P5.24 中所畫的球體，用二分法求出球體高出水面的高度 h，在你的計算中代入下列數值：$r = 1$ m，以及 ρ_s = 球體密度 = 200 kg/m^3，ρ_w = 水的密度 = 1,000 kg/m^3。注意球體

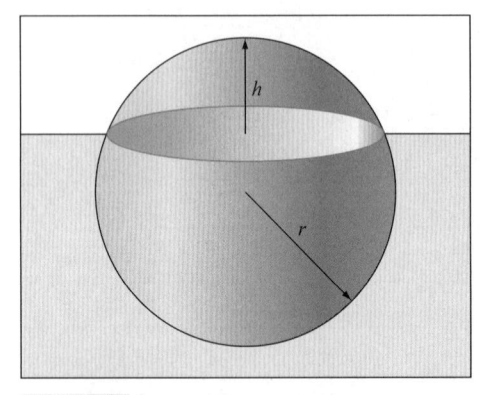

圖 P5.24

在水面上的體積可以用下列算式計算：

$$V = \frac{\pi h^2}{3}(3r - h)$$

5.25 運用與習題 5.24 相同的計算方式，但物體是一個如圖 P5.25 的光錐圓臺，在你的計算中代入下列數值：$r_1 = 0.5$ m，$r_2 = 1$ m，$h = 1$ m，ρ_f = 圓臺密度 = 200 kg/m^3，ρ_w = 水的密度 = 1,000 kg/m^3。注意圓臺的體積可用下列公式計算：

$$V = \frac{\pi h}{3}(r_1^2 + r_2^2 + r_1 r_2)$$

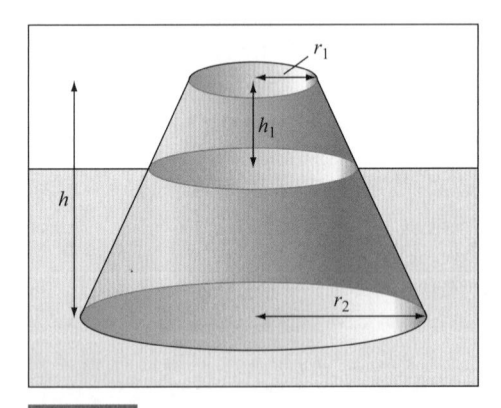

圖 P5.25

第 6 章

方程式的根：開放法

章節目標

本章的主要目標是讓讀者熟悉開放法，用來求單一非線性方程式的解。個別的目標和主題包括：

- 認知包圍法與開放法兩種求根方法的不同。
- 了解固定點迭代法，以及能如何評估它的收斂特性。
- 知道如何使用牛頓－拉夫生法求解根的問題，並學習二次收斂的觀念。
- 知道如何執行正割法與修改的正割法。
- 了解如何用布倫特法結合可靠的包圍法和快速的開放法，以強健且有效率的方式找出根的位置。
- 知道如何使用 MATLAB 的 `fzero` 函數來估計根。
- 學習如何使用 MATLAB 來操作並求多項式的根。

從第 5 章中的包圍法得知，根落在下界與上界包圍的區間內。重複地運用這個方法，可以得到與根的真實值更為接近的估計值。我們稱這樣的方法是**收斂的 (convergent)**，因為隨著計算過程的演進，我們更接近真實解（參考圖 6.1a）。

相對地，本章探討的**開放法 (open method)** 只需要一個或兩個初始值就足夠，並不一定要包圍根。如此一來，此方法有時候會隨著計算的進行**發散 (diverge)**，或說是離真實值愈來愈遠（參考圖 6.1b）。然而，當開放法收斂時（參考圖 6.1c），通常會比包圍法的收斂速度更快。我們利用一個簡單的方式來開始開放法數學技巧的討論，且這個簡單的方式對於說明其一般的形式以及收斂的觀念都是非常有用的。

6.1 簡單固定點迭代法

如同剛剛所提到的，開放法利用公式來預測根的位置。這樣的公式可以藉由改寫函數 $f(x) = 0$，好讓 x 在方程式的左邊，最後發展成**固定點迭代法 (fixed-point iteration)**（或稱為**單一點**

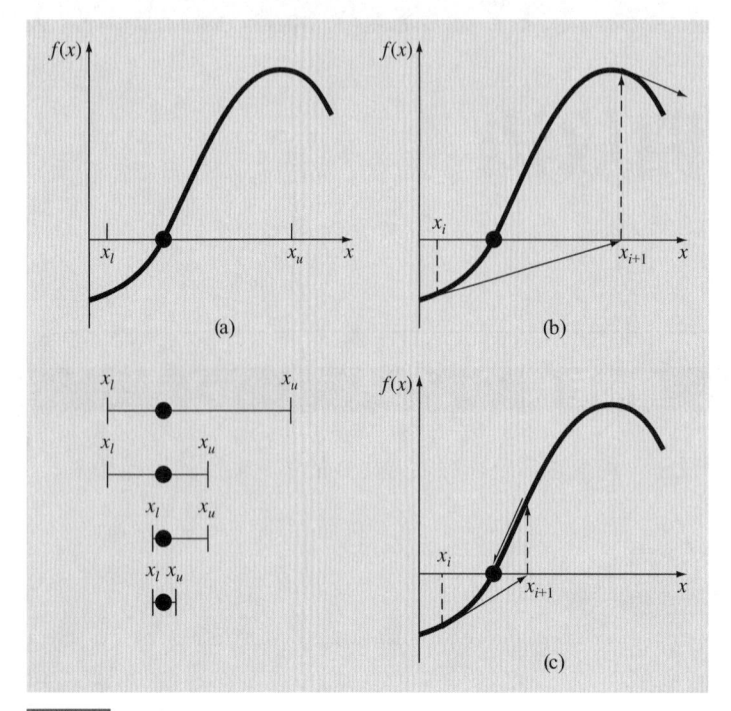

圖 6.1 數種狀況的基本差異：(a) 包圍法，以及 (b) 和 (c) 開放法求根的位置。在 (a) 中使用的是二分法，根被局限於 x_l 與 x_u 包圍的區間中。(b) 和 (c) 說明了使用開放法中的牛頓－拉夫生法，是一個迭代地從 x_i 投影到 x_{i+1} 的公式。因此這個方法可能會如 (b) 一樣發散，或是如 (c) 一樣很快地收斂，視函數的形狀和初始猜測值而定。

迭代法 (one-point iteration) 或逐次代換法 (successive substitution)：

$$x = g(x) \tag{6.1}$$

這樣的轉換可以藉由代數運算，或是在原本的方程式兩邊加上 x 來完成。

式 (6.1) 的作用是預測新的 x，並且可以用舊的 x 的函數表示。所以，當給定初始猜測值 x_i，式 (6.1) 可以用來計算新的估計值 x_{i+1}，並且表示成迭代的公式如下：

$$x_{i+1} = g(x_i) \tag{6.2}$$

與本書中很多迭代的方法一樣，此方程式的近似誤差可以利用下列的誤差估計公式求得：

$$\varepsilon_a = \left| \frac{x_{i+1} - x_i}{x_{i+1}} \right| 100\% \tag{6.3}$$

範例 6.1　簡單固定點迭代法

問題敘述　使用固定點迭代法求解 $f(x) = e^{-x} - x$ 的根的位置。

解法　此函數可以直接分開表示成式 (6.2) 的形式：

$$x_{i+1} = e^{-x_i}$$

初始猜測值為 $x_0 = 0$，此迭代方程式可以計算得到：

i	x_i	$|\varepsilon_a|$, %	$|\varepsilon_t|$, %	$|\varepsilon_t|_i / |\varepsilon_t|_{i-1}$
0	0.0000		100.000	
1	1.0000	100.000	76.322	0.763
2	0.3679	171.828	35.135	0.460
3	0.6922	46.854	22.050	0.628
4	0.5005	38.309	11.755	0.533
5	0.6062	17.447	6.894	0.586
6	0.5454	11.157	3.835	0.556
7	0.5796	5.903	2.199	0.573
8	0.5601	3.481	1.239	0.564
9	0.5711	1.931	0.705	0.569
10	0.5649	1.109	0.399	0.566

因此，迭代法使得估計值愈來愈接近根的真實值：0.56714329。

注意到範例 6.1 的每一次迭代中，真實相對誤差百分比約略和前一次迭代的誤差成比例（約 0.5 到 0.6 倍）。此特性稱為**線性收斂 (linear convergence)**，這是固定點迭代法的一個特性。

除了收斂的「速率」之外，我們還要討論收斂的「可能性」。收斂與發散的觀念可以利用圖來說明。回想 5.2 節，我們利用圖解說明函數的結構與行為。圖 6.2a 則以類似的方法來說明 $f(x) = e^{-x} - x$。另一個方式是把此方程式分成兩個部分，例如，

$$f_1(x) = f_2(x)$$

接下來可以得到兩個方程式：

$$y_1 = f_1(x) \tag{6.4}$$

以及

$$y_2 = f_2(x) \tag{6.5}$$

並且可以分開畫在圖 6.2b 中。而兩者交會點所對應到的 x 值就是函數 $f(x) = 0$ 的解。

兩曲線的方法可以用來說明固定點迭代法的收斂與發散。首先，式 (6.1) 可以表示為一對方程式 $y_1 = x$ 與 $y_2 = g(x)$。這兩個方程式可以分別畫出來。與式 (6.4) 以及式 (6.5) 的情況一樣，兩條曲線交會點對應橫軸的值就是函數 $f(x) = 0$ 的根。圖 6.3 畫出函數 $y_1 = x$ 與四個不同形狀的 $y_2 = g(x)$。

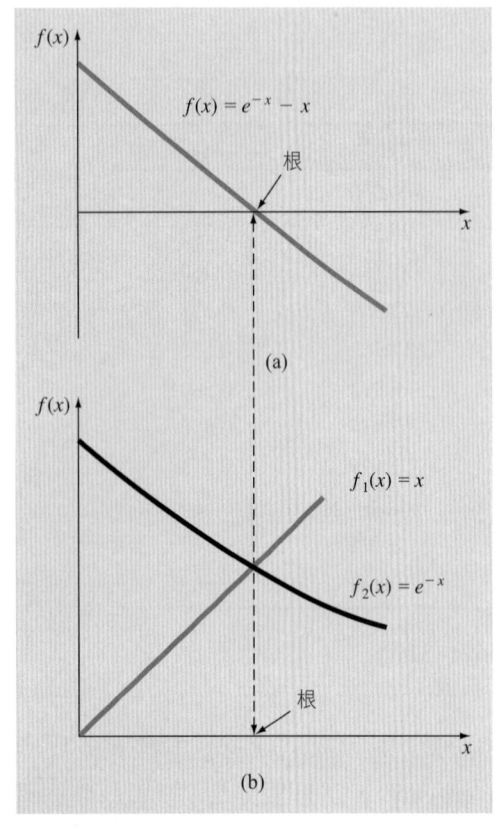

圖 6.2 兩個用來說明函數 $f(x) = e^{-x} - x$ 的根的圖形法。(a) 根是與 x 軸交會處；(b) 根是兩部分函數交會處。

對於第一個例子（圖 6.3a），初始猜測值 x_0 可用來求在曲線 y_2 上的點 $[x_0, g(x_0)]$。點 $[x_1, x_1]$ 是水平移動到曲線 y_1 而得來。這些動作等效於固定點迭代法的第一次迭代：

$$x_1 = g(x_0)$$

因此，在方程式以及圖中可以從初始值 x_0 得到估計值 x_1。下一次的迭代就是移動到 $[x_1, g(x_1)]$ 以及 $[x_2, x_2]$。這次迭代等效於下列方程式：

$$x_2 = g(x_1)$$

圖 6.3a 中的解是收斂的，因為 x 的估計值經過每一次迭代就會更靠近根。圖 6.3b 也是如此。然而，圖 6.3c 和圖 6.3d 則否，而是迭代與根背離。

可以用一個理論性的推導來了解這個程序。在 Chapra 和 Canale (2010) 中提到，任何迭代的誤差都與前一次迭代的誤差和斜率 g 的絕對值乘積成線性比例：

$$E_{i+1} = g'(\xi) E_i$$

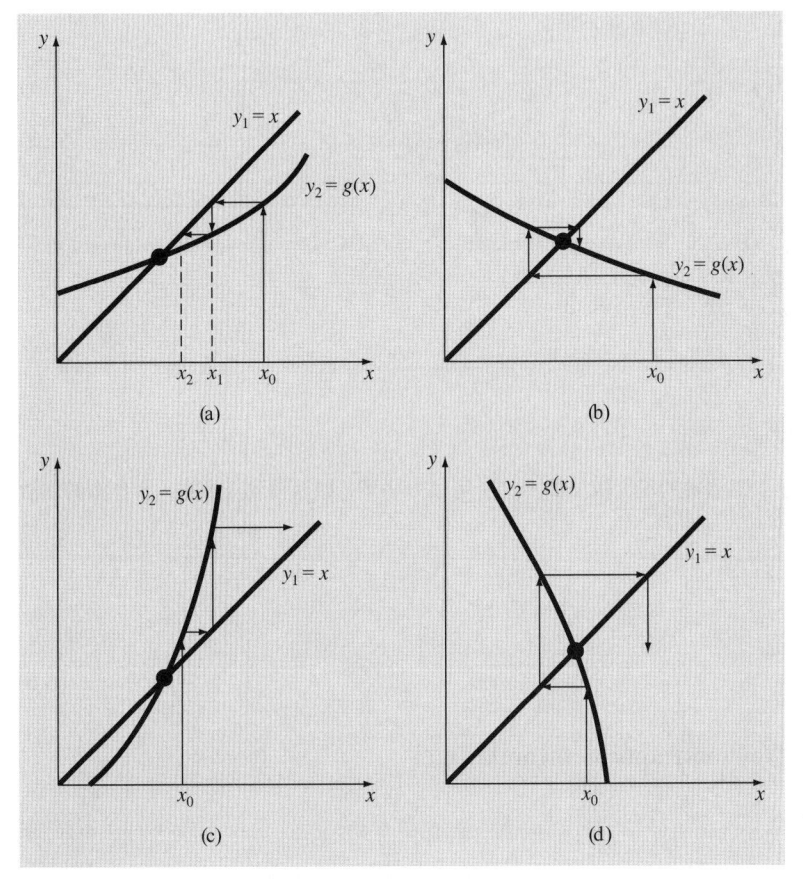

圖 6.3 簡單固定點迭代法的數種狀況：(a) 和 (b) 收斂的情況，以及 (c) 和 (d) 發散的情況。(a) 和 (c) 稱為單調形式，另外 (b) 和 (d) 稱為振盪形式或螺旋形式。當 $|g'(x)| < 1$ 才會發生收斂。

因此，若 $|g'| < 1$，則誤差會隨著每一次迭代減少；若 $|g'| > 1$，則會增加。我們也注意到如果導數是正的，則誤差也會是正的，所以誤差會有相同的正負號（圖 6.3a 與圖 6.3c）；如果導數是負的，則誤差會隨著每一次的迭代變換一次正負號（圖 6.3b 與圖 6.3d）。

6.2 牛頓－拉夫生法

求解根的位置的最普遍方法可能就是**牛頓－拉夫生法 (Newton-Raphson method)**（如圖 6.4）。如果初始猜測值為 x_i，則可以從點 $[x_i, f(x_i)]$ 建立一條切線。切線與 x 軸的交會點代表了修改的根之估計值。

牛頓－拉夫生法可以根據幾何關係推導出來。如圖 6.4，在 x 的一階導數等於斜率：

$$f'(x_i) = \frac{f(x_i) - 0}{x_i - x_{i+1}}$$

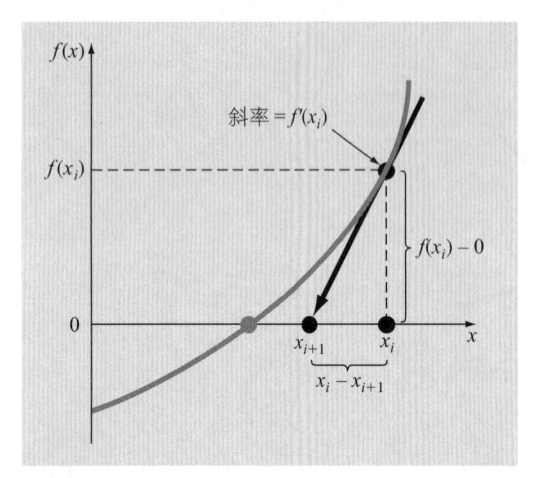

圖 6.4 牛頓－拉夫生法的圖解。在 x_i 點函數的正切值（即 $f'(x)$）可以外插到 x 軸而得到交會點，當作根的估計值 x_{i+1}。

整理之後可得到：

$$x_{i+1} = x_i - \frac{f(x_i)}{f'(x_i)} \tag{6.6}$$

此公式稱為**牛頓－拉夫生公式 (Newton-Raphson formula)**。

範例 6.2 牛頓－拉夫生法

問題敘述　使用牛頓－拉夫生法求解 $f(x) = e^{-x} - x$ 的根的位置，初始猜測值為 $x_0 = 0$。

解法　此函數的一階導數為：

$$f'(x) = -e^{-x} - 1$$

將此式與原本的函數代換至式 (6.6) 中，得到：

$$x_{i+1} = x_i - \frac{e^{-x_i} - x_i}{-e^{-x_i} - 1}$$

以初始猜測值 $x_0 = 0$，並且以迭代方程式計算得到：

i	x_i	$|\varepsilon_t|$, %
0	0	100
1	0.500000000	11.8
2	0.566311003	0.147
3	0.567143165	0.0000220
4	0.567143290	$< 10^{-8}$

因此，此方法很快地收斂到真實根。注意到每一次迭代中，真實相對誤差百分比會比固定點迭代法減少得更快（與範例 6.1 相較）。

和其他求解根的位置的方法一樣，式 (6.3) 可以當作一個終止準則。另外，理論性的分析（見 Chapra 和 Canale, 2010）可以使讀者了解收斂速率，表示為：

$$E_{t,i+1} = \frac{-f''(x_r)}{2f'(x_r)} E_{t,i}^2 \tag{6.7}$$

因此，誤差約略與前一次誤差的平方成比例。換句話說，正確度的有效位數數字經過每一次迭代之後變為兩倍。這樣的行為模式稱做**二次收斂 (quadratic convergence)**，這也是此方法被普遍使用的主要原因。

雖然牛頓－拉夫生法非常有效率，但在某些情況下也會很不理想，一個很特別的例子就是重根的情況（見 Chapra 和 Canale, 2010）。然而，即使是處理單一個根也有其困難度，我們舉例如下。

範例 6.3　會使牛頓－拉夫生法緩慢收斂的函數

問題敘述　使用牛頓－拉夫生法求解 $f(x) = x^{10} - 1$ 函數正根的位置，初始猜測值為 $x = 0.5$。

解法　此例題中，牛頓－拉夫生公式如下：

$$x_{i+1} = x_i - \frac{x_i^{10} - 1}{10x_i^9}$$

可以用來計算得到：

i	x_i	$|\varepsilon_a|$, %
0	0.5	
1	51.65	99.032
2	46.485	11.111
3	41.8365	11.111
4	37.65285	11.111
.		
.		
.		
40	1.002316	2.130
41	1.000024	0.229
42	1	0.002

因此，在第一次不良的預測之後，此數學技巧會收斂到真實根 1，但是非常地緩慢。

為什麼會有這樣的情形？如圖 6.5，這個畫出前幾次迭代情形的圖形可以提供我們一些答案。注意到第一次的猜測值落在一個斜率幾乎為零的區間，所以第一次的迭代使新估計值落到 $x = 51.65$，而對應到的函數值 $f(x)$ 非常大。這個值使得需要 40 次的迭代才能收斂到足夠正確的解。

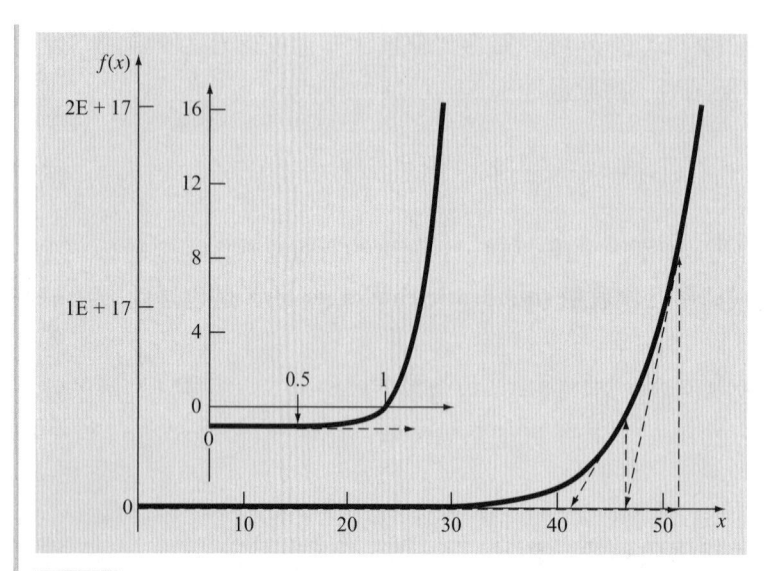

圖 6.5 一個收斂非常慢的牛頓－拉夫生法的例子之圖解。此圖顯示出一開始接近於零的斜率會使得解遠離真實解，因此收斂到真實根的速度非常緩慢。

　　除了函數本身的特性導致收斂很慢之外，還有其他的困難之處，如圖 6.6 所示。舉例來說，圖 6.6a 顯示反曲點（例如，$f''(x) = 0$）落在根的鄰近區域的例子。注意到由 x_0 開始的迭代會漸漸從根發散。圖 6.6b 說明了牛頓－拉夫生法容易導致解在局部最大值與最小值之間振盪。這樣的振盪情況可能會持續，或是如圖 6.6b 所示，一個接近於零的斜率，會使得此解被送到距我們感興趣的區域之外很遠的地方。圖 6.6c 顯示當初始猜測值與某一個根太過接近時，會突然跳到好幾個根之外，這種遠離我們所感興趣的區域之傾向是來自於遇到接近於零的斜率。很明顯地，零斜率 [$f'(x) = 0$] 會是最糟糕的，因為這將使得式 (6.6) 之牛頓－拉夫生公式的除數為零。如圖 6.6d 所示，這將使得解以水平方式遠離，並且永遠不和 x 軸交會。

　　因此，對於牛頓－拉夫生法而言並沒有一般性的收斂準則。其收斂性取決於函數本身的特性以及對於初始猜測值的正確度，唯一的補救方法就是初始值必須「非常接近」根。而對於某一些函數，沒有任何一個猜測值可以使用！所謂好的猜測值，通常是根據我們對於實際問題設定的了解所預測，或是像圖形法等方法來幫助我們洞悉解的行為。另外，我們也要設計一個好的電腦程式，可以用來判斷收斂過於緩慢或發散。

6.2.1　MATLAB 的 M 檔：`newtraph`

　　牛頓－拉夫生法的演算法可以很容易地發展出來（如圖 6.7）。注意此程式必須能夠存取函數（`func`）以及其一階導數（`dfunc`）。這可以藉由引入使用者定義函數來計算這些量而達成，或是使用圖 6.7 中的演算法，可以將函數當作引數傳遞。

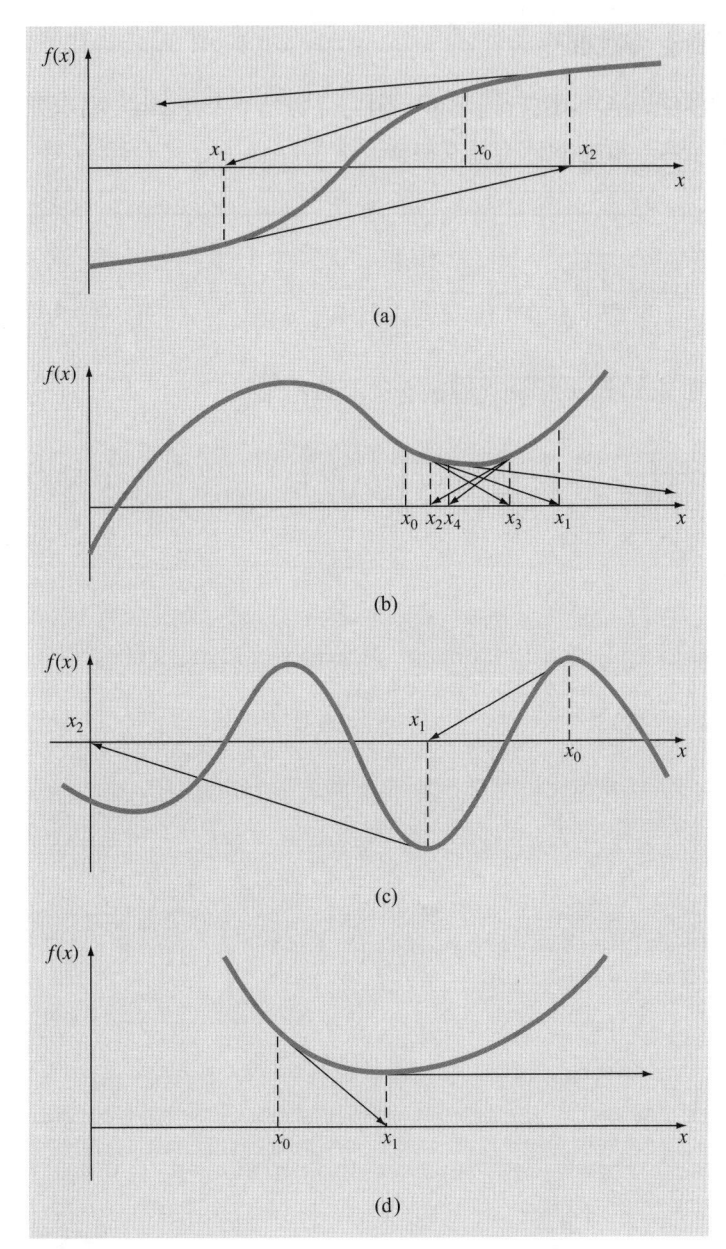

圖 6.6　四種會使牛頓－拉夫生法收斂性不良的情況。

在 M 檔被輸入以及儲存之後，我們可以啟用這個函數來求根。例如，函數 $x^2 - 9$ 的根可以求解得到：

```
>>newtraph(@(x) x^2-9,@(x) 2*x,5)
ans =
     3
```

範例 6.4　以牛頓－拉夫生法求解高空彈跳問題

問題敘述　使用圖 6.7 中的 M 檔函數來求高空彈跳者的質量，阻力係數為 0.25 kg/m，高空彈跳者在自由落下 4 s 之後速度達到 36 m/s。重力加速度為 9.81 m/s^2。

解法　函數可以寫成：

$$f(m) = \sqrt{\frac{gm}{c_d}} \tanh\left(\sqrt{\frac{gc_d}{m}}\,t\right) - v(t) \tag{E6.4.1}$$

要使用牛頓－拉夫生法，此函數跟未知數 m 相關之導數必須計算出來。

$$\frac{df(m)}{dm} = \frac{1}{2}\sqrt{\frac{g}{mc_d}} \tanh\left(\sqrt{\frac{gc_d}{m}}\,t\right) - \frac{g}{2m}t\,\text{sech}^2\left(\sqrt{\frac{gc_d}{m}}\,t\right) \tag{E6.4.2}$$

```
function [root,ea,iter]=newtraph(func,dfunc,xr,es,maxit,varargin)
% newtraph: Newton-Raphson root location zeroes
%   [root,ea,iter]=newtraph(func,dfunc,xr,es,maxit,p1,p2,...):
%       uses Newton-Raphson method to find the root of func
% input:
%   func = name of function
%   dfunc = name of derivative of function
%   xr = initial guess
%   es = desired relative error (default = 0.0001%)
%   maxit = maximum allowable iterations (default = 50)
%   p1,p2,... = additional parameters used by function
% output:
%   root = real root
%   ea = approximate relative error (%)
%   iter = number of iterations
if nargin<3,error('at least 3 input arguments required'),end
if nargin<4|isempty(es),es=0.0001;end
if nargin<5|isempty(maxit),maxit=50;end
iter = 0;
while (1)
  xrold = xr;
  xr = xr - func(xr)/dfunc(xr);
  iter = iter + 1;
  if xr ~= 0, ea = abs((xr - xrold)/xr) * 100; end
  if ea <= es | iter >= maxit, break, end
end
root = xr;
```

圖 6.7　一個用以執行牛頓－拉夫生法的 M 檔。

我們應該注意到，雖然原則上這個函數的導數並不困難，但需要一些專心與努力才能推導出最後的結果。

這兩個公式現在能以函數 newtraph 連結使用，求得根的數值為：

```
>> y = @(m) sqrt(9.81*m/0.25)*tanh(sqrt(9.81*0.25/m)*4)-36;
>> dy = @(m) 1/2*sqrt(9.81/(m*0.25))*tanh((9.81*0.25/m)...
       ^(1/2)*4)-9.81/(2*m)*sech(sqrt(9.81*0.25/m)*4)^2;
>> newtraph (y,dy,140,0.00001)
ans =
   142.7376
```

6.3 正割法

在範例 6.4 中，執行牛頓－拉夫生法的一個潛在問題就是其導數的計算。雖然求多項式的導數並不是那麼不方便，但某些函數的導數非常難以求出。在這樣的情況下，我們使用向後有限差分來近似其導數：

$$f'(x_i) \cong \frac{f(x_{i-1}) - f(x_i)}{x_{i-1} - x_i}$$

這個近似的式子可以代換到式 (6.6) 中，得到下列的迭代方程式：

$$x_{i+1} = x_i - \frac{f(x_i)(x_{i-1} - x_i)}{f(x_{i-1}) - f(x_i)} \tag{6.8}$$

式 (6.8) 就是**正割法 (secant method)** 的公式。我們注意到這個方式需要兩個 x 的初始估計值。然而，因為 $f(x)$ 在這兩個估計值之間並不需要變換正負號，所以不能歸類成包圍法。

我們不使用兩個任意的值來求導數，而是使用自變數的分式擾動 (fractional perturbation) 來估計 $f'(x)$：

$$f'(x_i) \cong \frac{f(x_i + \delta x_i) - f(x_i)}{\delta x_i}$$

其中 δ 是一個小的擾動分數 (perturbation fraction)。這個近似值可以代換到式 (6.6)，並且得到下列的迭代方程式：

$$x_{i+1} = x_i - \frac{\delta x_i f(x_i)}{f(x_i + \delta x_i) - f(x_i)} \tag{6.9}$$

我們稱此為**修改的正割法 (modified secant method)**。如同下面範例所述，這個方法提供了一個有效率執行牛頓－拉夫生法的方式，並且不需預先求得函數的導數。

範例 6.5 修改的正割法

問題敘述 使用修改的正割法求解質量，高空彈跳者在阻力係數為 0.25 kg/m 的情況下，在自由落下 4 s 之後速度達到 36 m/s。注意，重力加速度為 9.81 m/s^2。使用 50 kg 的初始猜測值和一個 10^{-6} 的值當作擾動分數。

解法 將參數插入式 (6.9)，可以得到：

第一次迭代：

$$x_0 = 50 \qquad f(x_0) = -4.57938708$$
$$x_0 + \delta x_0 = 50.00005 \qquad f(x_0 + \delta x_0) = -4.579381118$$

$$x_1 = 50 - \frac{10^{-6}(50)(-4.57938708)}{-4.579381118 - (-4.57938708)}$$

$$= 88.39931 (|\varepsilon_t| = 38.1\%; |\varepsilon_a| = 43.4\%)$$

第二次迭代：

$$x_1 = 88.39931 \qquad f(x_1) = -1.69220771$$
$$x_1 + \delta x_1 = 88.39940 \qquad f(x_1 + \delta x_1) = -1.692203516$$

$$x_2 = 88.39931 - \frac{10^{-6}(88.39931)(-1.69220771)}{-1.692203516 - (-1.69220771)}$$

$$= 124.08970 (|\varepsilon_t| = 13.1\%; |\varepsilon_a| = 28.76\%)$$

可以繼續進行計算得到：

i	x_i	$|\varepsilon_t|$, %	$|\varepsilon_a|$, %
0	50.0000	64.971	
1	88.3993	38.069	43.438
2	124.0897	13.064	28.762
3	140.5417	1.538	11.706
4	142.7072	0.021	1.517
5	142.7376	4.1×10^{-6}	0.021
6	142.7376	3.4×10^{-12}	4.1×10^{-6}

適當之 δ 值的選擇並非自動。如果 δ 選取得太小，此法會因為式 (6.9) 的分母發生減法相消造成捨入誤差而陷入困境；如果選得太大，此方法會變得沒有效率甚至發散。如果選擇適當，則無論是導數難以求得或是兩個初始猜測值難以取得，都可以作為替代而有圓滿求解的方式。

另外，最一般的概念，即所謂單變量函數 (univariate function)，就是會傳回對應輸入值的單一輸出值的一個實體。函數並非永遠都是一些簡單的公式，如同本章前面幾個例子中僅僅一行的方程式。舉例來說，一個函數可能由很多行程式碼構成，並且需要很多時間來執行運算。

在某些情形下，函數可能甚至以獨立的電腦程式表示。在這樣的情形下，正割法及修改的正割法是非常有價值的。

6.4 布倫特法

如果有一個混合的方法可以結合包圍法的可靠度以及開放法的速度不是很好嗎？**布倫特根位置法 (Brent's root-location method)** 是一個聰明的演算法，此方法盡可能地使用快速開放法，但是在情況需要的時候轉換到可靠的包圍法。這個方法是由 Richard Brent (1973) 依據更早的 Theodorus Dekker (1969) 的演算法所發展出來的。

包圍法是用可靠的二分法（5.4 節），開放法則有兩個。第一個是在 6.3 節所提到的正割法。接著解釋第二個，逆二次內插法。

6.4.1 逆二次內插法

逆二次內插 (inverse quadratic interpolation) 與正割法的精神類似。如圖 6.8a，正割法是根據通過兩個猜測值的直線，而此直線與 x 軸的交會點就是新的根之估計值。基於這個原因，此方法有時候被稱為**線性內插法 (linear interpolation method)**。

現在假設我們有三個點。在這種情況下，我們可以求通過此三點的 x 二次函數（圖 6.8b）。就像線性正割法，二次曲線與 x 軸的交點將代表一個新的根的估計值。如圖 6.8b 所示，使用曲線而不是直線通常會得到一個比較好的估測。

雖然這似乎會得到一個很大的改善，但這個方法有一個根本的缺陷：二次曲線可能根本和 x 軸沒有交點！一個這樣的例子是發生在拋物線有複數根的時候，這情況可以用二次曲線方程式 $y = f(x)$ 顯示，如圖 6.9。

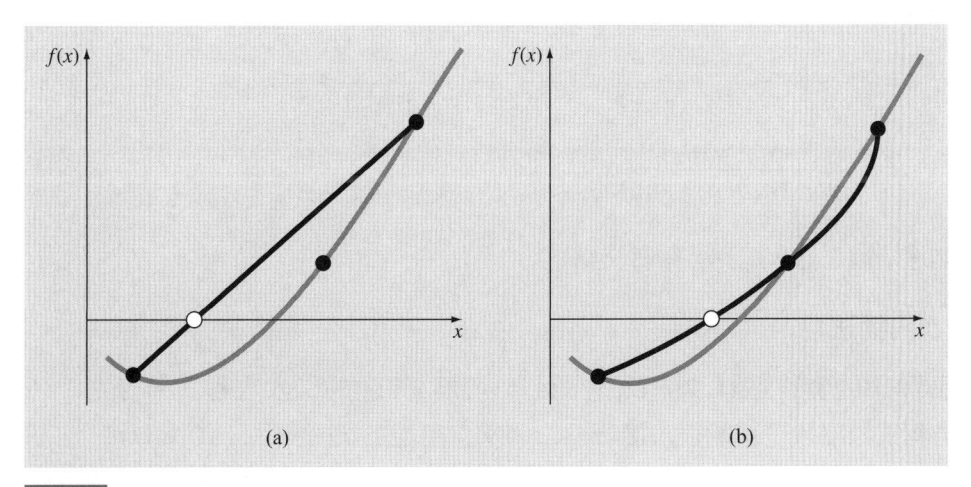

圖 6.8 比較 (a) 正割法以及 (b) 逆二次內插法。注意到在 (b) 中的方法稱為「逆」二次內插法，是因為二次函數用 y 寫成而不是用 x。

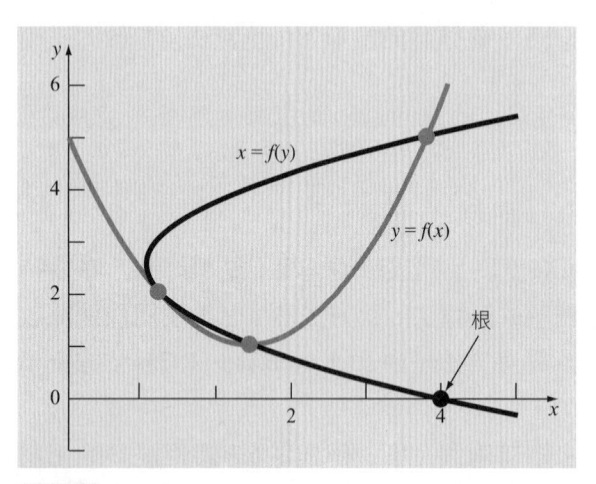

圖 6.9 用兩條拋物線配適三個點。此拋物線寫成 x 的函數 $y = f(x)$，有複數根，因此和 x 軸沒有交點。相對地，如果變數反轉的話，拋物線寫成 $x = f(y)$，函數就和 x 軸有交點。

這個困難點可以用逆二次內插法做修正；也就是說，與其對 x 用拋物線配適，我們可以用拋物線去配適 y。這可以說是將軸反轉，並且建立一個「側邊」拋物線（曲線 $x = f(y)$，圖 6.9）。

如果將三個點設為 (x_{i-2}, y_{i-2})、(x_{i-1}, y_{i-1}) 以及 (x_i, y_i)，一個通過這些點的二次方程式可以表示成如下：

$$g(y) = \frac{(y - y_{i-1})(y - y_i)}{(y_{i-2} - y_{i-1})(y_{i-2} - y_i)} x_{i-2} + \frac{(y - y_{i-2})(y - y_i)}{(y_{i-1} - y_{i-2})(y_{i-1} - y_i)} x_{i-1}$$
$$+ \frac{(y - y_{i-2})(y - y_{i-1})}{(y_i - y_{i-2})(y_i - y_{i-1})} x_i \tag{6.10}$$

我們將在 18.2 節中學到，這個型式稱為**拉格朗日多項式 (Lagrange polynomial)**。這個根 (x_{i+1}) 對應到 $y = 0$，將其代入式 (6.10) 產生

$$x_{i+1} = \frac{y_{i-1} y_i}{(y_{i-2} - y_{i-1})(y_{i-2} - y_i)} x_{i-2} + \frac{y_{i-2} y_i}{(y_{i-1} - y_{i-2})(y_{i-1} - y_i)} x_{i-1}$$
$$+ \frac{y_{i-2} y_{i-1}}{(y_i - y_{i-2})(y_i - y_{i-1})} x_i \tag{6.11}$$

如圖 6.9，一個「側邊」拋物線永遠和 x 軸有交點。

範例 6.6　逆二次內插法

問題描述　對圖 6.9 中的資料點 (1, 2)、(2, 1)、(4, 5) 發展 x 和 y 的二次方程式。首先，$y = f(x)$，透過二次方程式指出根是複數根。接著，$x = g(y)$，用逆二次內插法（式 (6.11)），去求根的估算。

解法　透過 x 以及 y 的逆方程式，式 (6.10) 可以用來產生變數為 x 的二次方程式：

$$f(x) = \frac{(x-2)(x-4)}{(1-2)(1-4)}2 + \frac{(x-1)(x-4)}{(2-1)(2-4)}1 + \frac{(x-1)(x-2)}{(4-1)(4-2)}5$$

將各項化簡為：

$$f(x) = x^2 - 4x + 5$$

這個方程式可以用來產生圖 6.9 中的拋物線，$y = f(x)$。二次方程式可以用來判斷這個例子中的根是複數根：

$$x = \frac{4 \pm \sqrt{(-4)^2 - 4(1)(5)}}{2} = 2 \pm i$$

式 (6.10) 可以用來產生 y 的二次方程式如下：

$$g(y) = \frac{(y-1)(y-5)}{(2-1)(2-5)}1 + \frac{(y-2)(y-5)}{(1-2)(1-5)}2 + \frac{(y-2)(y-1)}{(5-2)(5-1)}4$$

將各項化簡為：

$$g(y) = 0.5x^2 - 2.5x + 4$$

最後，式 (6.11) 可以用來求根如下所示：

$$x_{i+1} = \frac{-1(-5)}{(2-1)(2-5)}1 + \frac{-2(-5)}{(1-2)(1-5)}2 + \frac{-2(-1)}{(5-2)(5-1)}4 = 4$$

在討論布倫特演算法之前，我們需要再提及逆二次內插法不成立的例子。如果三個 y 值並不是獨立的（亦即 $y_{i-2} = y_{i-1}$ 或 $y_{i-1} = y_i$），逆二次方程式就不存在。這時候正割法就派上用場了。如果我們遇到一個當 y 值並不獨立的狀況時，我們可以回到較沒有效率的正割法，用兩點的方式產生一個根。如果 $y_{i-2} = y_{i-1}$，我們可以採用正割法，代入 x_{i-1} 及 x_i。如果 $y_{i-1} = y_i$，我們可以代入 x_{i-2} 及 x_{i-1}。

6.4.2 布倫特演算法

布倫特求根法 (Brent's root-finding method) 的基本精神是盡可能地用一個快速的開放法求根。若產生的結果不可接受（亦即，根落在包圍範圍外），演算法回復到一個更容易收斂的二分法。雖然二分法可能會比較慢，但是它能產生一個確定會落在包圍範圍內的估測。這個程序會一直進行，直到根落在一個可以容忍的範圍中。正如所預測的，二分法會在一開始時使用，但是當根接近的時候，這個技術會改用較快的開放法。

圖 6.10 用由 Cleve Moler (2004) 所發展的 M 檔表示這個函數，這是代表一個 `fzero` 函數的簡化版本，MATLAB 中用以實現根位置的專用函數。基於這個原因，我們稱這個為簡化的版

```
function b = fzerosimp(xl,xu)
a = xl; b = xu; fa = f(a); fb = f(b);
c = a; fc = fa; d = b - c; e = d;
while (1)
  if fb == 0, break, end
  if sign(fa) == sign(fb)  %If needed, rearrange points
    a = c; fa = fc; d = b - c; e = d;
  end
  if abs(fa) < abs(fb)
    c = b; b = a; a = c;
    fc = fb; fb = fa; fa = fc;
  end
  m = 0.5*(a - b); %Termination test and possible exit
  tol = 2 * eps * max(abs(b), 1);
  if abs(m) <= tol | fb == 0.
    break
  end
  %Choose open methods or bisection
  if abs(e) >= tol & abs(fc) > abs(fb)
    s = fb/fc;
    if a == c                   %Secant method
      p = 2*m*s;
      q = 1 - s;
    else                %Inverse quadratic interpolation
      q = fc/fa; r = fb/fa;
      p = s * (2*m*q * (q - r) - (b - c)*(r - 1));
      q = (q - 1)*(r - 1)*(s - 1);
    end
    if p > 0, q = -q; else p = -p; end;
    if 2*p < 3*m*q - abs(tol*q) & p < abs(0.5*e*q)
      e = d; d = p/q;
    else
      d = m; e = m;
    end
  else                                     %Bisection
    d = m; e = m;
  end
  c = b; fc = fb;
  if abs(d) > tol, b=b+d; else b=b-sign(b-a)*tol; end
  fb = f(b);
end
```

圖 6.10 由 Cleve Moler 用 MATLAB 的 M 檔所開發的布倫特根找尋演算法的函數 (2004)。

本 fzerosimp。注意，當在估計根的時候，需要另一個函數 f 儲存方程式。

fzerosimp 函數會被傳送兩個必須包圍根的初始猜測值，接著這三個定義搜尋區間 (a,b,c) 的變數會被初始化，然後 f 在最後的時候會被估計。

接著實作一個主要的迴圈,如果需要的話,這三個點會被重新安排,以滿足演算法需要有效率工作的條件。此時如果達到停止準則,迴圈就會終止;否則,一個決策架構就會在這三個方法中選擇一個,並且確定其輸出是可以接受的。最後一段程式碼會根據新的點,重新估算 f 的值,然後迴圈重複。一旦達到停止準則以後,迴圈就會終止,並回傳最後估計的根。

6.5 MATLAB 函數:`fzero`

`fzero` 函數是被設計用來求解單一方程式的根,其語法的簡單表示式如下:

`fzero(function,x0)`

其中 *function* 是欲運算的函數的名稱,*x0* 是初始猜測值。兩個包圍根的猜測值可以向量形式傳遞:

`fzero(function,[x0 x1])`

其中 *x0* 及 *x1* 是包圍正負號改變的猜測值。

以下是簡單的 MATLAB 執行緒,可以用來求解簡單的二次方程式 $x^2 - 9$ 的根。很明顯地,根為 -3 及 3。要找出負的根:

```
>> x = fzero(@(x) x^2-9,-4)
x =
    -3
```

如果要找出正的根,則使用接近於它的猜測值:

```
>> x = fzero(@(x) x^2-9,4)
x =
    3
```

如果我們使用零當作初始猜測值,則程式找到負的根:

```
>> x = fzero(@(x) x^2-9,0)
x =
    -3
```

如果我們要確保找到正的根,可以一次輸入兩個猜測值,如下:

```
>> x = fzero(@(x) x^2-9,[0 4])
x =
    3
```

另外,如果在這兩個猜測值間的正負號沒有變換,則會顯示錯誤訊息:

```
>> x = fzero(@(x) x^2-9,[-4 4])
??? Error using ==> fzero
The function values at the interval endpoints must ...
```

differ in sign.

fzero 函數依照下列方式進行。如果傳送的是單一的初始猜測值，則第一步是找尋正負號轉換。這個搜尋和 5.3.1 節的遞增搜尋不一樣，在 5.3.1 節的搜尋是從單一個初始猜測值開始，並且同時往正向及負向逐步增加步長大小，直到遇上正負號轉換為止。

然後，我們使用最快的方法（正割法與逆二次內插法），除非找到很不合理的結果（例如，根的估計值落在包圍之外）。假若如此，則使用二分法直到兩個最快的方法之一可找到一個能接受的答案為止。和我們期待的一樣，在一開始以二分法主導，將接近根的時候，則轉換到比較快的方法。

一個更完全的 fzero 語法表示式如下：

  [x,fx] = fzero(function,x0,options,p1,p2,...)

其中 [x,fx] 包括根 x 以及在根 x 對應的函數值 fx，兩者的向量 options 是由 optimset 函數建立出來的資料結構，p1, p2, ... 則是所有函數中需要的參數。注意，若使用者想要傳遞參數，但又不想使用 options，則在該處傳入一個空的向量 [ ]。

optimset 函數的語法如下：

  options = optimset('par_1',val_1,'par_2',val_2,...)

其中參數 par_i 的值為 val_i。在輸入提示字元底下鍵入 optimset，可以顯示出所有可能參數的完整清單。fzero 函數所使用的參數如下：

  display：當設定為 'iter' 時，顯示出所有迭代過程的詳細紀錄。
  tolx：一個設定 x 的終止容許量的正純量。

範例 6.7　fzero 與 optimset 函數

問題敘述　回想範例 6.3，我們使用牛頓－拉夫生法且初始猜測值為 0.5，找到函數 $f(x) = x^{10} - 1$ 的正根。使用 optimset 以及 fzero 來求解相同的問題。

解法　一個互動式的 MATLAB 程序 (session) 如下：

```
>> options = optimset('display','iter');
>> [x,fx] = fzero(@(x) x^10-1,0.5,options)
 Func-count       x            f(x)           Procedure
     1           0.5        -0.999023         initial
     2        0.485858      -0.999267         search
     3        0.514142      -0.998709         search
     4           0.48       -0.999351         search
     5           0.52       -0.998554         search
     6        0.471716      -0.999454         search
      .
      .
      .
    23        0.952548      -0.385007         search
    24          -0.14            -1           search
```

```
    25              1.14         2.70722              search
Looking for a zero in the interval [-0.14, 1.14]
    26         0.205272               -1         interpolation
    27         0.672636        -0.981042            bisection
    28         0.906318        -0.626056            bisection
    29         1.02316          0.257278            bisection
    30         0.989128        -0.103551         interpolation
    31         0.998894        -0.0110017        interpolation
    32         1.00001          7.68385e-005     interpolation
    33              1          -3.83061e-007     interpolation
    34              1          -1.3245e-011      interpolation
    35              1                0           interpolation
Zero found in the interval: [-0.14, 1.14].
x =
    1
fx =
    0
```

因此,經過 25 次搜尋的迭代之後,fzero 找到一個正負號變換。接下來則使用內插法及二分法直到與根夠接近的地方,之後皆使用內插法,並且快速地收斂到根。

假設我們要使用沒有那麼嚴格的容許量,我們可以使用 optimset 函數來設定一個低的最大容許量,以及一個並不是那麼正確的根的估計值:

```
>> options = optimset ('tolx', 1e-3);
>> [x,fx] = fzero(@(x) x^10-1,0.5,options)
x =
    1.0009
fx =
    0.0090
```

6.6 多項式

多項式是非線性代數方程式中的一個特殊形式,其一般形式如下:

$$f_n(x) = a_1 x^n + a_2 x^{n-1} + \cdots + a_{n-1} x^2 + a_n x + a_{n+1} \tag{6.12}$$

其中 n 是多項式的次數,a 是常數係數。在很多情況之下(但並不是全部),係數為實數。在這樣的情形下,根是實數或複數。通常 n 次的多項式會有 n 個根。

多項式在工程與科學中的應用非常廣泛。例如,廣泛地運用在曲線配適之中。然而,其中最有趣也最強大的應用,就是用來描述動態系統及線性系統,例子包括反應器、機械裝置、結構及電路。

6.6.1 MATLAB 函數：roots

假設你正在處理某一個問題，其中必須求出一個多項式的單一實數根，此時可以使用二分法或是牛頓－拉夫生法來求解。然而，在很多情況下，工程師需要知道所有的根，不管是實數或複數。不幸地，對於高階多項式，如果使用簡單的技巧，如二分法或牛頓－拉夫生法，並無法找出所有的根。然而，MATLAB 有一個強大的內建函數 roots，可以用來完成這項工作。

roots 函數的語法如下：

x = roots(c)

其中 x 是包括根的行向量，c 是包括多項式係數的列向量。

所以 roots 函數是如何運作的呢？ MATLAB 非常擅長於計算矩陣的特徵，因此我們將求解根的工作轉換成求解特徵值的問題。因為我們將在本書後面的章節討論特徵值的問題，所以在這裡只提及概要。

假設我們有一個多項式：

$$a_1 x^5 + a_2 x^4 + a_3 x^3 + a_4 x^2 + a_5 x + a_6 = 0 \tag{6.13}$$

將每一項同除以 a_1，並改寫成：

$$x^5 = -\frac{a_2}{a_1}x^4 - \frac{a_3}{a_1}x^3 - \frac{a_4}{a_1}x^2 - \frac{a_5}{a_1}x - \frac{a_6}{a_1}$$

則我們可以得到一個以等號右邊所有係數放在第一列，以及其他元素為 0 或 1 的特殊矩陣，如下：

$$\begin{bmatrix} -a_2/a_1 & -a_3/a_1 & -a_4/a_1 & -a_5/a_1 & -a_6/a_1 \\ 1 & 0 & 0 & 0 & 0 \\ 0 & 1 & 0 & 0 & 0 \\ 0 & 0 & 1 & 0 & 0 \\ 0 & 0 & 0 & 1 & 0 \end{bmatrix} \tag{6.14}$$

式 (6.14) 稱為多項式的**友矩陣 (companion matrix)**。此矩陣有一個特性，即矩陣的特徵值就是多項式的根。因此，roots 函數背後的演算法是先設定友矩陣，接下來使用 MATLAB 最強的特徵值計算函數來求得多項式的根。此函數的應用以及其他相關的多項式的運算函數，將在以下的範例中一併介紹。

我們應該注意到 roots 這個函數有稱為 poly 的反函數，可以給定根的值，然後傳回多項式的係數。其語法如下：

c = poly(r)

其中 r 是包括根的行向量，c 是包括多項式係數的列向量。

> **範例 6.8** 使用 MATLAB 運算多項式，並求得多項式的根

問題敘述 以下是我們用來探討 MATLAB 如何進行多項式運算的方程式：

$$f_5(x) = x^5 - 3.5x^4 + 2.75x^3 + 2.125x^2 - 3.875x + 1.25 \tag{E6.8.1}$$

注意此多項式有三個實數根：0.5、–1.0 以及 2；另外還有一對複數根：$1 \pm 0.5i$。

解法 要將多項式輸入到 MATLAB 中，需將係數排序成一個列向量。例如，將係數依照下面程式輸入到向量 a：

```
>> a = [1 -3.5 2.75 2.125 -3.875 1.25];
```

然後我們可以開始運算多項式。例如，我們可以算出在 $x = 1$ 的多項式值，鍵入

```
>> polyval (a, 1)
```

則結果為 $1(1)^5 - 3.5(1)^4 + 2.75(1)^3 + 2.125(1)^2 - 3.875(1) + 1.25 = -0.25$：

```
ans =
    -0.2500
```

我們可以建立一個二次多項式，其根對應到式 (E6.8.1) 中的兩個根：0.5 和 –1。此二次式為 $(x - 0.5)(x + 1) = x^2 + 0.5x - 0.5$，並且可以向量 b 輸入 MATLAB：

```
>> b = [1 .5 -.5]
b =
    1.0000    0.5000   -0.5000
```

注意到 poly 函數也可以用來進行此項工作：

```
>> b = poly([0.5 -1])
b =
    1.0000    0.5000   -0.5000
```

我們可以將此多項式與原本的多項式相除：

```
>> [q,r] = deconv(a,b)
```

則結果為商數（三階多項式 q）以及餘數（r）：

```
q =
    1.0000   -4.0000    5.2500   -2.5000
r =
    0    0    0    0    0    0
```

因為多項式是一個完美的除數，餘數的係數都是零。現在，商數多項式的根可以由下列函數求得：

```
>> x = roots(q)
```

和式 (E6.8.1) 原本的多項式所期待的根可以求得為：

```
x =
```

```
2.0000
1.0000 + 0.5000i
1.0000 - 0.5000i
```

我們可以將 q 以及 b 相乘,並且得到原本的多項式:

```
>> a = conv(q,b)
a =
   1.0000   -3.5000    2.7500    2.1250   -3.8750    1.2500
```

我們也可以利用下列方式求得原本多項式所有的根:

```
>> x = roots(a)
x =
   2.0000
  -1.0000
   1.0000  +  0.5000i
   1.0000  -  0.5000i
   0.5000
```

最後,我們可以藉由使用 poly 函數再次回到原來的多項式:

```
>> a = poly(x)
a =
   1.0000   -3.5000    2.7500    2.1250   -3.8750    1.2500
```

6.7 案例研究　　管線摩擦力

背景　研究流體流經輸送管及管路的情況,和工程與科學的許多領域有相當大的關聯。在工程中,典型應用包括流體的流動,以及氣體流經輸送管和冷卻系統。科學家感興趣的主題範圍從流體在血管中流動,到植物經由脈管輸送養分系統等。

在這些管路中流動所產生的阻力,可以用一個稱為**阻力因子 (friction factor)** 的無因次數字進行參數化。對於紊流,**科布魯克方程式 (Colebrook equation)** 提供了一個計算阻力因子的方法:

$$0 = \frac{1}{\sqrt{f}} + 2.0 \log\left(\frac{\varepsilon}{3.7D} + \frac{2.51}{\mathrm{Re}\sqrt{f}}\right) \tag{6.15}$$

其中 ε = 粗糙度 (m),D = 直徑 (m) 以及 Re = 雷諾數 (Reynolds number):

$$\mathrm{Re} = \frac{\rho V D}{\mu}$$

其中 ρ = 流體密度 (kg/m³)，V = 速度 (m/s)，以及 μ = 動力黏度 (N · s/m²)。除了在式 (6.15) 出現的係數以外，雷諾數也被視為一項檢定流體是否為紊流的標準 (Re > 4000)。

在這個案例研究中，我們將描述在本書中此部分所涵蓋的數值方法，如何應用於決定當空氣流經一個平滑薄管時的 f。本例中參數 $\rho = 1.23$ kg/m³，$\mu = 1.79 \times 10^{-5}$ N · s/m²，$D = 0.005$ m，$V = 40$ m/s 以及 $\varepsilon = 0.0015$ mm。注意，摩擦因子的範圍從 0.008 到 0.08。此外，一個清楚的公式（稱為 **Swamee-Jain 方程式 (Swamee-Jain equation)**）提供了一個近似的估計：

$$f = \frac{1.325}{\left[\ln\left(\dfrac{\varepsilon}{3.7D} + \dfrac{5.74}{\text{Re}^{0.9}}\right)\right]^2} \tag{6.16}$$

解法　雷諾數可以下式計算：

$$\text{Re} = \frac{\rho V D}{\mu} = \frac{1.23(40)0.005}{1.79 \times 10^{-5}} = 13{,}743$$

這個值和其他的參數值可以被代入式 (6.15)，得到

$$g(f) = \frac{1}{\sqrt{f}} + 2.0 \log\left(\frac{0.0000015}{3.7(0.005)} + \frac{2.51}{13{,}743\sqrt{f}}\right)$$

在求根之前，先畫出函數來估測初始的猜測值以及預測可能會遇到的困難點是較為明智的，這可以用 MATLAB 輕易地辦到：

```
>> rho=1.23;mu=1.79e-5;D=0.005;V=40;e=0.0015/1000;
>> Re=rho*V*D/mu;
>> g=@(f) 1/sqrt(f)+2*log10(e/(3.7*D))+2.51/(Re*sqrt(f)));
>> fplot(g,[0.008  0.08]),grid,xlabel('f'),ylabel('g(f)')
```

如圖 6.11 所示，根落於 0.03 附近。

因為我們有初始的猜測值（$x_l = 0.008$ 及 $x_u = 0.08$），第 5 章所提到的包圍法，無論是哪一種都適用。舉例來說，如圖 5.7 所發展的 bisect 函數，提供了 $f = 0.0289678$，在經過 22 次迭代以後，此值具有相對誤差值 5.926×10^{-5}。在第 26 次迭代後，試位法產生一個類似的精密度。因此，雖然這些方法可以提供正確的結果，但有時候是無效率的。這在單一的應用中並不是很重要，但是如果在很多估算同時進行時，這可能是不被允許的。

我們可以嘗試藉由改用開放法去改善效能。因為式 (6.15) 對微分來說是相對直觀的，牛頓－拉夫生法是一個好的選擇。舉例來說，用一個在底端邊緣的猜測 ($x_0 = 0.008$)，在圖 6.7 中所開發的 newtraph 函數可以快速收斂：

```
>> dg=@(f) -2/log(10)*1.255/Re*f^(-3/2)/(e/D/3.7...
                 +2.51/Re/sqrt(f))-0.5/f^(3/2);
>> [f ea iter]=newtraph(g,dg,0.008)
```

图 6.11

```
f =
    0.02896781017144
ea =
    6.870124190058040e-006
iter =
    6
```

然而，當初始的猜測設定在範圍的上界時 ($x_0 = 0.08$)，這個方法就會發散，

```
>> [f ea iter]=newtraph(g,dg,0.08)
f =
            NaN   +           NaNi
```

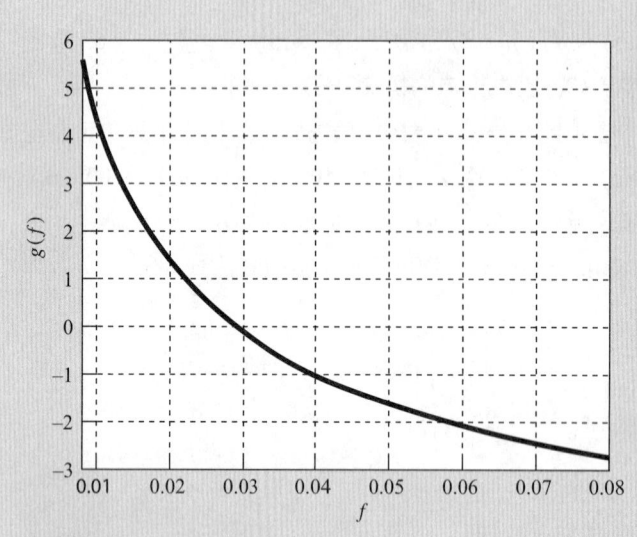

在圖 6.11 中可以發現，這是因為初始的猜測值，經過第一次迭代以後，使函數的斜率跳到一個負值。更進一步執行可以發現，在這個案例中，只有初始的猜測值低於 0.066 時，才會收斂。

所以，雖然牛頓－拉夫生法是很有效率的方法，但是需要很好的初始猜測值。對科布魯克方程式來說，一個好的策略或許是先用 Swamee-Jain 方程式（式 (6.16)）提供一個初始的猜測值，如下所示：

```
>> fSJ=1.325/log(e/(3.7*D)+5.74/Re^0.9)^2
fSJ =
    0.02903099711265
>> [f ea iter]=newtraph(g,dg,fSJ)
f =
    0.02896781017144
ea =
    8.510189472800060e-010
```

```
iter =
     3
```

除了我們自製的函數以外,也可以用 MATLAB 內建的 fzero 函數。然而,就像是牛頓—拉夫生法,當用單獨的猜測值代入 fzero 函數時,也有可能會導致發散的結果。而在這個案例中,當猜測值在設定求解範圍的下限時,會發生問題。舉例來說:

```
>>fzero(g,0.008)
Exiting fzero: aborting search for an interval containing a sign
change because complex function value encountered...
                                                   during search.
(Function value at -0.0028 is -4.92028-20.2423i.)
Check function or try again with a different starting value.
ans =
    NaN
```

如果用 optimset 來顯示迭代(回想範例 6.7),可以發現當正負號改變被偵測到之前,在搜尋階段會發生負值,迭代就會中斷。然而對單一的猜測值大於 0.016 時,這個程序可以正常運作。舉例來說,當猜測值是 0.08,在牛頓—拉夫生法會造成錯誤,但是在 fzero 則不會:

```
>>fzero(g,0.08)
ans =
    0.02896781017144
```

最後,讓我們看看對於一個簡單固定點的迭代,是否可能收斂?最早先以及最直接的版本是求解式 (6.15) 的第一個 f:

$$f_{i+1} = \frac{0.25}{\left(\log\left(\dfrac{\varepsilon}{3.7D} + \dfrac{2.51}{\text{Re}\sqrt{f_i}}\right)\right)^2} \tag{6.17}$$

將此函數用兩條曲線畫出來,可以發現一個驚奇的結果(圖 6.12)。回想當 y_2 曲線有一個相對平坦的斜率時(即 $|g'(\xi)| < 1$),固定點的迭代會收斂。如圖 6.12 所示,y_2 曲線的斜率在 f = 0.008 到 0.08 的範圍內是很平坦的,如此不只固定點迭代的斜率會收斂,而且收斂速度非常快!事實上,對於初始猜測值在 0.008 與 0.08 之間的任一值,以固定點迭代在經過 6 次或更少次的迭代後,得到的預測值其相對誤差百分比可以小於 0.008%!因此,在這個特殊的例子中,這個簡單的方法並不需要導數的估測,只需要一個初始的猜測值,就可以運作得很好。

由這個案例研究可以得到的訊息是,就算是像 MATLAB 這樣很好、很專業的軟體,也並不總是防呆的。進一步來說,通常並沒有單一方法對所有的問題都能是最好的解法。熟練的使用者知道各種數值技巧的優缺點。此外,他們也足夠了解背後的理論,因此可以有效處理失敗的狀況。

圖 6.12

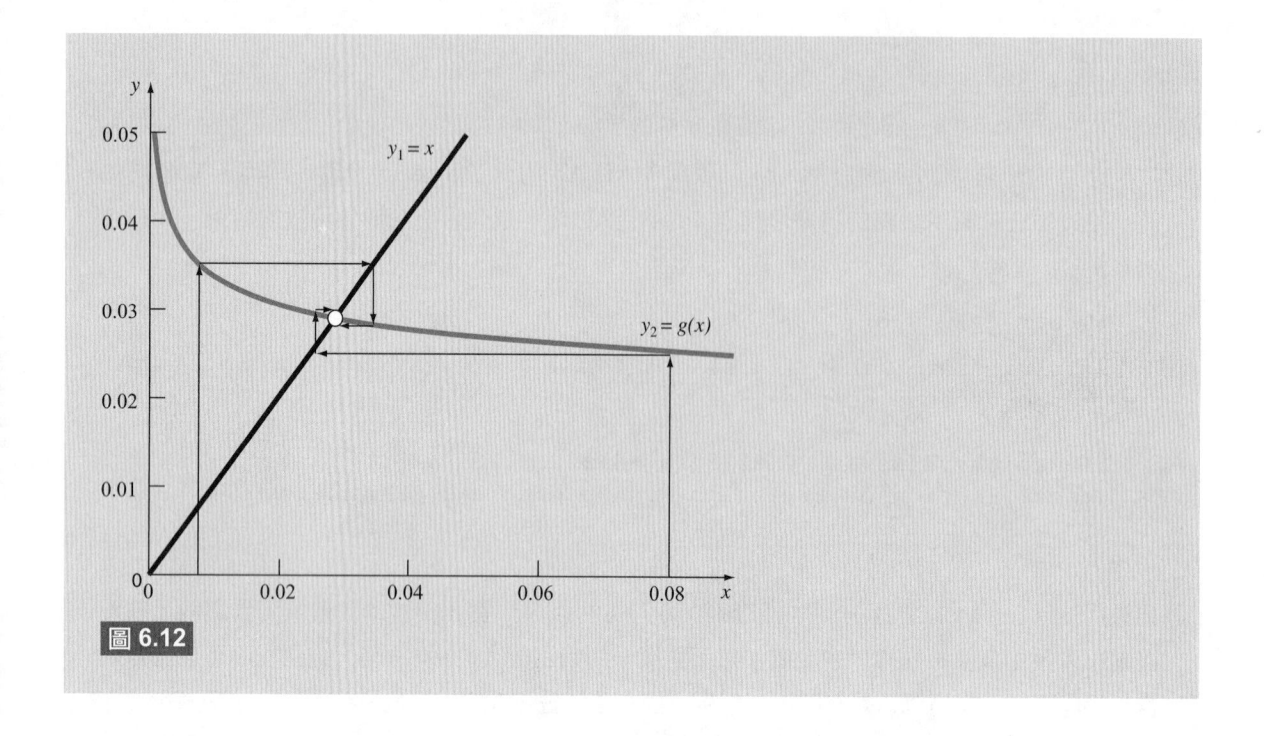

習題

6.1 使用固定點迭代法找出下式的根：
$$f(x) = \sin(\sqrt{x}) - x$$
使用初始猜測值 $x_0 = 0.5$ 且迭代直到 $\varepsilon_a \leq 0.01\%$。驗證這個過程是線性收斂，如 6.1 節末所描述的。

6.2 使用 **(a)** 固定點迭代法以及 **(b)** 牛頓－拉夫生法求解 $f(x) = -0.9x^2 + 1.7x + 2.5$ 的根，且 $x_0 = 5$。不斷進行計算直到 ε_a 比 $\varepsilon_s = 0.01\%$ 小，並且檢查你最後的答案。

6.3 求解 $f(x) = x^3 - 6x^2 + 11x - 6.1$ 最大的實數根：
(a) 使用圖形法。
(b) 使用牛頓－拉夫生法（三次迭代，$x_0 = 3.5$）。
(c) 使用正割法（三次迭代，$x_{-1} = 2.5$ 以及 $x_0 = 3.5$）。
(d) 使用修改的正割法（三次迭代，$x_0 = 3.5$，$\delta = 0.01$）。
(e) 使用 MATLAB 求出所有的根。

6.4 求解 $f(x) = 7 \sin(x)e^{-x} - 1$ 最小的正根：
(a) 使用圖形法。
(b) 使用牛頓－拉夫生法（三次迭代，$x_0 = 0.3$）。
(c) 使用正割法（三次迭代，$x_{-1} = 0.5$ 以及 $x_0 = 0.4$）。
(d) 使用修改的正割法（五次迭代，$x_0 = 0.3$，$\delta = 0.01$）。

6.5 使用 **(a)** 牛頓－拉夫生法以及 **(b)** 修改的正割法（$\delta = 0.05$）來求解 $f(x) = x^5 - 16.05x^4 + 88.75x^3 - 192.0375x^2 + 116.35x + 31.6875$ 的根，且初始猜測值 $x = 0.5825$ 以及 $\varepsilon_s = 0.01\%$。解釋你的答案。

6.6 開發一個正割法的 M 檔。使用兩個初始猜測值，並將函數當作引數傳遞。求解習題 6.3 當作測試。

6.7 開發一個修改的正割法的 M 檔。使用一個初始猜測值以及擾動分數，並將函數當作引數傳遞。求解習題 6.3 當作測試。

6.8 將式 (E6.4.1) 微分得到式 (E6.4.2)。

6.9 使用牛頓－拉夫生法求解 $f(x) = -2 + 6x - 4x^2 + 0.5x^3$ 的根，且使用一個初始猜測值為 **(a)** 4.5 及 **(b)** 4.43。討論並且使用圖形法與分析法，解釋你的結果有何特殊之處。

6.10「除與平均」(divide and average) 法是以前用來近似正數 a 的平方根的方法，公式如下：

$$x_{i+1} = \frac{x_i + a/x_i}{2}$$

證明此公式是根據牛頓－拉夫生法的演算法而來。

6.11 (a) 使用牛頓－拉夫生法來求解 $f(x) = \tanh(x^2 - 9)$ 已知在 $x = 3$ 的實數根。使用的初始猜測值為 $x_0 = 3.2$ 且至少三次迭代。(b) 此方法會收斂到這個實數根嗎？畫出每一次迭代的圖形並標示出來。

6.12 多項式 $f(x) = 0.0074x^4 - 0.284x^3 + 3.355x^2 - 12.183x + 5$ 在 15 到 20 之間有一個實數根。使用牛頓－拉夫生法於此函數，且初始猜測值 $x_0 = 16.15$。解釋你的結果。

6.13 機械工程師和其他許多工程師，在他們的工作上常會用到熱力學。下列的多項式可用來表示乾燥空氣的定壓比熱 c_p(kJ/kg · K) 和溫度 K 的關係：

$$c_p = 0.99403 + 1.671 \times 10^{-4}T + 9.7215 \times 10^{-8}T^2 \\ - 9.5838 \times 10^{-11}T^3 + 1.9520 \times 10^{-14}T^4$$

利用 MATLAB 多項式函數，寫一個 MATLAB 程式 (a) 畫出 c_p 在 $T = 0$ 到 1200 K 之間的值，(b) 決定對應於比熱 1.1 kJ/(kg · K) 的溫度。

6.14 在化學工程程序中，水蒸氣 (H_2O) 被加熱到高溫而有一大部分的水游離，或者分解成氧氣 (O_2) 及氫氣 (H_2)：

$$H_2O \rightleftarrows H_2 + \tfrac{1}{2}O_2$$

假設只發生這個反應，則 H_2O 游離的莫耳分率 (mole fraction) 可表示為：

$$K = \frac{x}{1-x}\sqrt{\frac{2p_t}{2+x}} \quad \text{(P6.14.1)}$$

其中 K 是反應的平衡常數，p_t 是混合物的總壓力。如果 $p_t = 3$ atm 且 $K = 0.05$，求解可以滿足式 (P6.14.1) 的 x。

6.15 芮立許－鄺狀態方程式 (Redlich-Kwong equation of state) 如下：

$$p = \frac{RT}{v-b} - \frac{a}{v(v+b)\sqrt{T}}$$

其中 $R =$ 通用氣體常數 [$= 0.518$ kJ/(kg · K)]，$T =$ 絕對溫度 (K)，$p =$ 絕對壓力 (kPa)，且 $v =$ 一公斤氣體的體積 (m^3/kg)。參數 a 與 b 可以依下列公式求得：

$$a = 0.427 \frac{R^2 T_c^{2.5}}{p_c} \qquad b = 0.0866R \frac{T_c}{p_c}$$

其中 $p_c = 4600$ kPa 以及 $T_c = 191$ K。身為一位化學工程師，你必須決定一個體積為 3 m^3 的槽於 $-40°C$、壓力為 65,000 kPa 下所能存放的甲烷量。使用你所選擇的求解根的方法，計算 v 以及槽中甲烷的質量。

6.16 體積為 V 的液體在水平擺放的中空圓柱體中，圓柱體的半徑為 r 且長度為 L，液體深度為 h，公式如下：

$$V = \left[r^2 \cos^{-1}\left(\frac{r-h}{r}\right) - (r-h)\sqrt{2rh - h^2} \right] L$$

給定 $r = 2$ m，$L = 5$ m 且 $V = 8$ m^3，求 h。

6.17 懸鏈線懸掛在兩個不等高的點之間。如圖 P6.17a 所示，除了本身的重量之外並沒有其他的負載。因此，其重量沿著懸鏈線本身單位長度的均

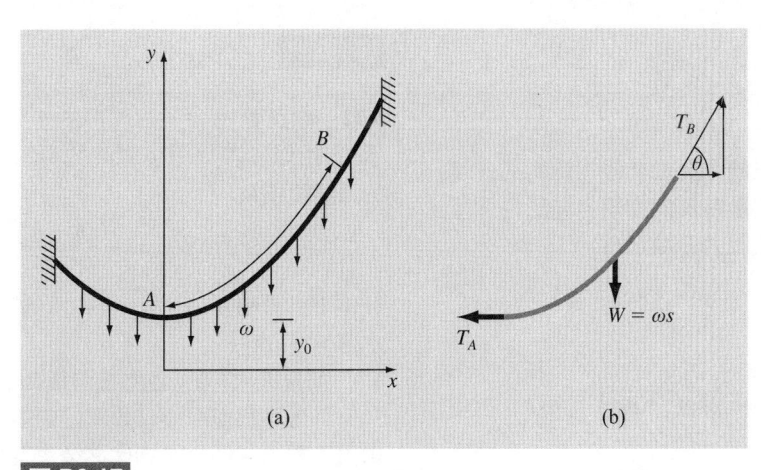

圖 **P6.17**

勻負載 ω (N/m)。線段 AB 的自由體如圖 P6.17b 所示，其中 T_A 與 T_B 是末端的張力。根據水平與垂直方向的力平衡，可以推導出下列的微分方程式：

$$\frac{d^2y}{dx^2} = \frac{w}{T_A}\sqrt{1+\left(\frac{dy}{dx}\right)^2}$$

微積分可用於解此方程式求得懸鏈線高度 y，以距離 x 的函數表示：

$$y = \frac{T_A}{w}\cosh\left(\frac{w}{T_A}x\right) + y_0 - \frac{T_A}{w}$$

(a) 使用數值方法計算在給定參數 $\omega = 10$ 以及 $y_0 = 5$ 的情況下，參數 T_A 的值。其中懸鏈線在 $x = 50$，$y = 15$ 的高度。

(b) 畫出 y 對 x 在 $x = -50$ 到 100 之間的圖形。

6.18 一個電路中的振盪電流可以表示為 $I = 9e^{-t}\sin(2\pi t)$，其中 t 的單位是秒。求出使 $I = 3.5$ 的所有 t 值。

6.19 圖 P6.19 顯示一個具有電阻、電感與電容並聯的電路。克希赫夫定律 (Kirchhoff's rules) 可以用來表示此系統的阻抗：

$$\frac{1}{Z} = \sqrt{\frac{1}{R^2} + \left(\omega C - \frac{1}{\omega L}\right)^2}$$

其中 Z = 阻抗 (Ω)，ω 是角頻率。當給定阻抗是 100 Ω 時，利用 `fzero` 函數求出 ω。初始猜測值是 1 以及 1000，給定的參數為 $R = 225$ Ω，$C = 0.6 \times 10^{-6}$ F，以及 $L = 0.5$ H。

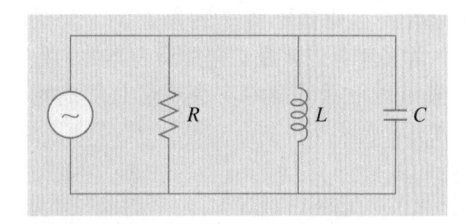

圖 P6.19

6.20 實際的機械系統會發生非線性彈簧的偏差。圖 P6.20 中，一個質量為 m 的物體自非線性彈簧上方 h 處落下。彈簧的阻力 F 給定為：

$$F = -(k_1 d + k_2 d^{3/2})$$

能量守恆可以表示為：

$$0 = \frac{2k_2 d^{5/2}}{5} + \frac{1}{2}k_1 d^2 - mgd - mgh$$

求解 d。所給定的參數為：$k_1 = 40{,}000$ g/s^2，$k_2 = 40$ g/(s^2 m$^{0.5}$)，$m = 95$ g，$g = 9.81$ m/s^2，$h = 0.43$ m。

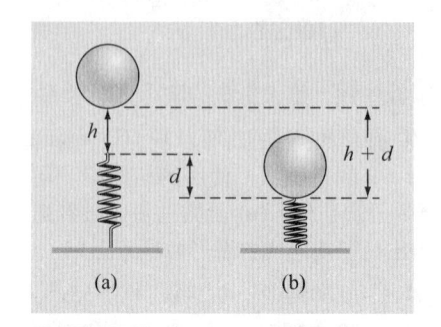

圖 P6.20

6.21 航太工程師有時候必須計算投射物（如火箭）的軌跡。一個相關的問題是求出丟出球的軌跡。右外野手丟出的球的軌跡可以用 (x, y) 座標顯示於圖 P6.21 中。其軌跡可以模型化為：

$$y = (\tan\theta_0)x - \frac{g}{2v_0^2\cos^2\theta_0}x^2 + y_0$$

如果 $v_0 = 30$ m/s 且距離捕手 90 m，求適當的丟出角度 θ_0。假設右外野手球丟出後手的高度為 1.8 m，且捕手在 1 m 的高度接球。

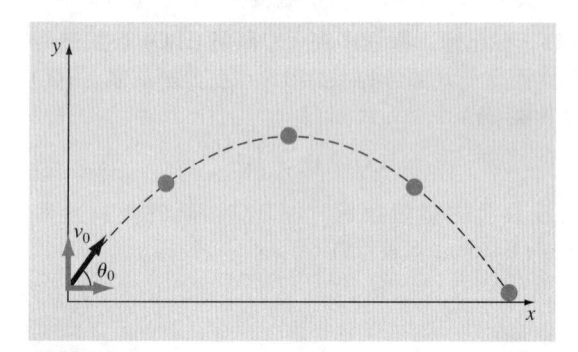

圖 P6.21

6.22 你正要設計一個球形的水槽（如圖 P6.22 所示），用以儲存一個小村莊的用水。水槽所能儲存的液體體積為：

$$V = \pi h^2 \frac{[3R - h]}{3}$$

其中 V = 體積 [m^3]，h = 槽中水的深度 [m]，且 R = 水槽半徑 [m]。

如果 $R = 3$ m，且水槽體積為 30 m^3，則其深度為何？盡可能使用最有效率的數值方法以三次迭代求出答案。在每一次迭代之後決定近似相對誤差，

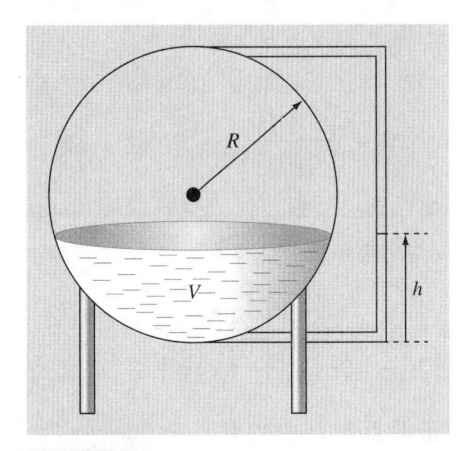

圖 P6.22

並且為你選擇的方法提供說明。額外資訊：**(a)** 用包圍法，初始猜測值為 0 以及 R 一定會包圍此例子中的單一個根。**(b)** 對於開放法，初始猜測值 R 一定會導致收斂。

6.23 執行與範例 6.8 一樣的 MATLAB 運算，求解下列多項式所有的根：

$$f_5(x) = (x+2)(x+5)(x-6)(x-4)(x-8)$$

6.24 在控制系統分析中，我們經常根據系統輸入對輸出的動態特性，以數學方式關聯起來得到轉移函數。一個機器人定位系統的轉移函數為：

$$G(s) = \frac{C(s)}{N(s)} = \frac{s^3 + 9s^2 + 26s + 24}{s^4 + 15s^3 + 77s^2 + 153s + 90}$$

其中 $G(s)$ 是系統增益，$C(s)$ 是系統輸出，$N(s)$ 是系統輸入，以及 s 是拉普拉斯轉換複數頻率 (Laplace transform complex frequency)。使用 MATLAB 來找出分子與分母的根，並且整理轉移函數成為因式，如下列形式：

$$G(s) = \frac{(s+a_1)(s+a_2)(s+a_3)}{(s+b_1)(s+b_2)(s+b_3)(s+b_4)}$$

其中 a_i 與 b_i 分別是分子與分母的根。

6.25 曼寧方程式可以寫成以下形式來表示一個矩形的開放通道：

$$Q = \frac{\sqrt{S}(BH)^{5/3}}{n(B+2H)^{2/3}}$$

其中 Q = 流速 (m^3/s)，S = 斜率 (m/m)，H = 深度 (m) 以及 n = 曼寧粗糙度係數。開發一個固定點迭代方法來求解這個方程式，其中 $Q = 5$，$S = 0.0002$，$B = 20$ 以及 $n = 0.03$ 的情況下，一直計算至 ε_a 小於 $\varepsilon_s =$ 0.05%。證明你的方案對於所有大於或是等於零的猜測值，都會收斂。

6.26 嘗試是否可以開發一個防呆的方程式，透過在 6.7 節中敘述的科布魯克方程式，去計算摩擦因子。你的函數必須回傳一個精準的雷諾數，範圍落於 4000 到 10^7 以及 ε/D 的值（範圍落於 0.00001 到 0.05）。

6.27 利用牛頓－拉夫生法求下列方程式的根：

$$f(x) = e^{-0.5x}(4-x) - 2$$

代入初始猜測值 **(a)**2，**(b)**6，以及 **(c)**8，解釋你的結果。

6.28 給定

$$f(x) = -2x^6 - 1.5x^4 + 10x + 2$$

利用根位置技巧決定此方程式的最大值。利用迭代法直到近似的相對誤差低於 5%。如果你使用包圍法，則代入初始值 $x_l = 0$ 以及 $x_u = 1$。如果你使用牛頓－拉夫生法或修改的正割法，則代入初始猜測值 $x_i = 1$。如果你使用正割法，則代入初始猜測值 $x_{i-1} = 0$ 及 $x_i = 1$。假設收斂不是問題，選一個最適合這個問題的技術，驗證你的選擇。

6.29 若你必須要求出下列容易微分的函數的根：

$$e^{0.5x} = 5 - 5x$$

選一個最好的數值技巧，驗證你的選擇，接著用這個技巧去求根。注意對一個正的初始猜測值，所有的技巧（除了固定點迭代法）最終都會收斂。透過迭代法直到近似的相對誤差低於 2%。如果你使用包圍法，則代入初始猜測值 $x_l = 0$ 及 $x_u = 2$。如果你使用牛頓－拉夫生法或修改的正割法，則代入初始猜測值 $x_i = 0.7$。如果你使用正割法，則代入初始猜測值 $x_{i-1} = 0$ 及 $x_i = 2$。

6.30 (a) 發展一個 M 檔函數去實作布倫特根位置法。基於圖 6.10 中的函數來發展，但是函數的一開始修改成下列程式碼：

```
function [b,fb] = fzeronew(f,xl,xu,
varargin)
% fzeronew: Brent root location zeroes
%   [b,fb] = fzeronew (f,xl,xu,p1,p2...):
%   uses Brent's method to find the
%   root of f
% input:
%   f = name of function
%   xl,xu = lower and upper guesses
```

```
%       p1,p2,... = additional parameters
        used by f
% output:
%       b = real root
%       fb = function value at root
```

透過適當的修改,使函數可以如文件中敘述的方式運作。此外,應包含錯誤捕捉,以保證方程式的三個所需的引數 (f,xl,xu) 是預先被描述的,並且初始猜測值包圍一個根。

(b) 透過求解範例 5.6 函數的根去測試你的函數,利用

```
>> [x,fx] = fzeronew(@(x,n) x^n-1,0,
1.3,10)
```

6.31 圖 P6.31 顯示一個寬頂堰的側視圖。圖 P6.31 的符號定義為:H_w = 堰高 (m),H_h = 高過堰的揚程 (m),$H = H_w + H_h$ = 堰的上游的河深度 (m)。

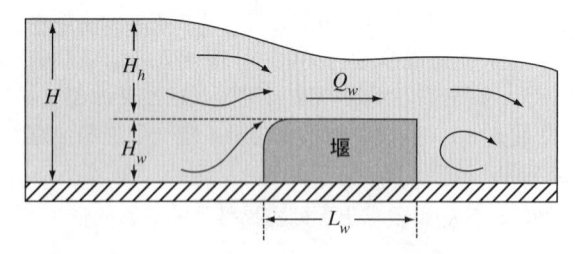

圖 P 6.31 一個寬頂堰用來控制河流的深度與速度。

通過堰的流量 Q_w (m³/s) 可以計算為(Munson 等人,2009)

$$Q_w = C_w B_w \sqrt{g} \left(\frac{2}{3}\right)^{3/2} H_h^{3/2} \quad \text{(P.6.31.1)}$$

其中 C_w = 堰的係數(無因次),B_w = 堰的寬度 (m),和 g = 重力常數 (m/s²)。C_w 可以用堰的高度 (H_w) 來求出

$$C_w = 1.125 \sqrt{\frac{1 + H_h/H_w}{2 + H_h/H_w}} \quad \text{(P.6.31.2)}$$

給定 g = 9.81 m/s²,H_w = 0.8 m,B_w = 0.8 m,和 Q_w = 1.3 m³/s,求上游深度 H,使用 **(a)** 修正的正割法和 $\delta = 10^{-5}$,**(b)** 固定點迭代法,和 **(c)** MATLAB 函數 fzero。對於所有例子使用一初始猜測值 $0.5H_w$,在此例為 0.4。對於 **(b)** 例子也驗證你的結果對正的初始值將會收斂。

6.32 以下的可逆化學反應描述在一個封閉反應器中的氣態甲烷和水如何形成二氧化碳和氫氣,

$$CH_4 + 2H_2O \Leftrightarrow CO_2 + 4H_2$$

和平衡關係

$$K = \frac{[CO_2][H_2]^4}{[CH_4][H_2O]^2}$$

其中 K = 平衡係數,括弧 [] 代表莫耳濃度 (mole/L)。質量守恆可用來重新形成平衡關係如下

$$K = \frac{\left(\frac{x}{V}\right)\left(\frac{4x}{V}\right)^4}{\left(\frac{M_{CH_4} - x}{V}\right)\left(\frac{M_{H_2O} - 2x}{V}\right)^2}$$

其中 x = 在正向反應產生的莫耳數 (mole),V = 反應器的體積 (L),和 M_i = 初始的組成莫耳數 i (mole)。給定 $K = 7 \times 10^{-3}$,V = 20L,和 $M_{CH_4} = M_{H_2O}$ = 1 mole,使用以下方法求 x:(a) 固定點迭代法,(b) fzero。

6.33 一座湖泊的污染細菌的濃度 c 減低依據

$$c = 77e^{-1.5t} + 20e^{-0.08t}$$

使用牛頓-拉夫生法和一個初始猜測值 t = 6 與停止準則 1% 來求細菌濃度降低為 15 所需的時間。以 fzero 檢驗你的結果。

6.34 你被要求用固定點迭代法求解以下方程式的根:

$$x^4 = 5x + 10$$

決定在初始猜測值為 $0 < x < 7$ 會收斂的解法。使用圖形法或分析法來證明你的表述都會在給定範圍內收斂。

6.35 一條由新鑄鐵製成的圓管用來傳送流量 Q = 0.3 m³/s 的水。假設流場為穩態且完全發展,且水為不可壓縮。揚程損耗、摩擦,和管直徑可以**達西-衛斯巴哈方程式 (Darcy-Weisbach equation)** 相關聯:

$$h_L = f\frac{LV^2}{D\,2g} \quad \text{(P6.35.1)}$$

其中 f = 摩擦因子(無因次),L = 長度 (m),D = 管內徑 (m),V = 速度 (m/s),和 g = 重力常數 (= 9.8 m/s²)。速度與流量的關係可表示為

$$Q = A_c V \quad \text{(P6.35.2)}$$

其中 A_c = 管子的截面積 (m²) = $\pi D^2/4$,以及摩擦因子可用**科布魯克方程式 (Colebrook equation)** 求出。如果你要揚程損耗小於 0.006 m 每單位公尺管

長，開發一個 MATLAB 函數來決定最小的管直徑以達到此目標。使用下列參數值：$v = 1.16 \times 10^{-6}$ m²/s 和 $\varepsilon = 0.4$ mm。

6.36 圖 P6.36 顯示一個非對稱菱形的超音速機翼。機翼相對於氣流的方位由一些角度表示：α = 攻角，β = 震波角，θ = 傾斜角，下標 l 和 u 代表機翼的上、下面。斜震波角和速度的關係可用下式表示

$$\tan\theta = \frac{2\cot\beta(M^2 \sin^2\beta - 1)}{M^2(k + \cos 2\beta + 2)}$$

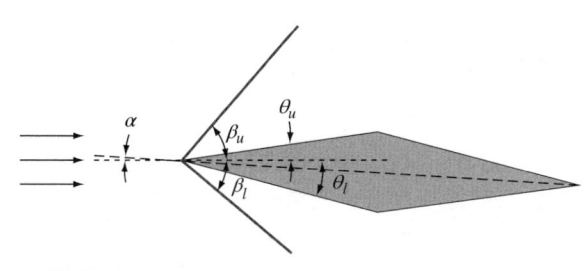

圖 P6.36 一個菱形機翼。

其中 M = **馬赫數 (Mach number)**，是噴射機速度 v (m/s) 與音速 c (m/s) 的比值，其中

$$c = \sqrt{kRT_a}$$

其中 k = 比熱比值對空氣是 c_p/c_v (=1.4)，R = 空氣常數 (=287 N m/(kg K))，和 T_a = 空氣的絕對溫度 (K)。給定 M，k 和 θ 的估計值，震波角可以用方程式的根求得

$$f(\beta) = \frac{2\cot\beta(M^2 \sin^2\beta - 1)}{M^2(k + \cos 2\beta + 2)} - \tan\theta$$

機翼表面的壓力 p_a (kPa) 接著可以計算如下

$$p_a = p\left(\frac{2k}{k+1}(M\sin\beta)^2 - \frac{k-1}{k+1}\right)$$

假設機翼附著在一噴射機穿越氣流以速度 $v = 625$ m/s 飛行，溫度 $T = 4°C$，壓力 $p = 110$ kPa，和 $\theta = 4°$。開發一個 MATLAB 腳本 **(a)** 產生一個 $f(\beta_u)$ 對應 $\beta_u = 2°$ 到 $88°$ 的圖，**(b)** 計算機翼上表面的壓力。

6.37 如同 1.4 節描述，物體掉落低速的流體，物體附近的流場範圍會是層流，且阻力與速度為線性關係。此外，在這些例子中，必須納入浮力。對於這些例子，力平衡可寫為：

$$\frac{dv}{dt} = g - \frac{\rho_f V}{m}g - \frac{c_d}{m}v \quad \text{(P6.37)}$$
（重力） （浮力） （阻力）

其中 v = 速度 (m/s)，t = 時間 (s)，m = 粒子質量 (kg)，g = 重力常數 (=9.81 m/s²)，ρ_f = 流體密度 (kg/m³)，V = 粒子體積 (m³)，c_d = 線性阻力係數 (kg/m)。注意粒子質量可以 $V\rho_s$ 計算，其中 ρ_s = 粒子密度 (kg/m³)。對於一小圓球，史托克斯推導以下的阻力係數公式，$c_d = 6\pi\mu r$，其中 μ = 流體動力黏度 (N · s/m²)，r = 圓球半徑 (m)。

你在一個裝有蜂蜜的容器液面釋放一個鐵球（圖 P6.37），接著量測鐵球花多久時間沈降到底部 ($x = L$)。使用此訊息估算蜂蜜的黏度，依據下列參數值：$\rho_f = 1420$ kg/m³，$\rho_s = 7850$ kg/m³，$r = 0.02$ m，$L = 0.5$ m，t ($x = 0.5$) = 3.6 s。檢查雷諾數（Re = $\rho_f v d/\mu$，其中 d = 直徑）來確認在實驗中發生的層流條件。〔提示：此問題能透過對式 (P6.37) 二次積分得到一個 x 作為 t 的函數。〕

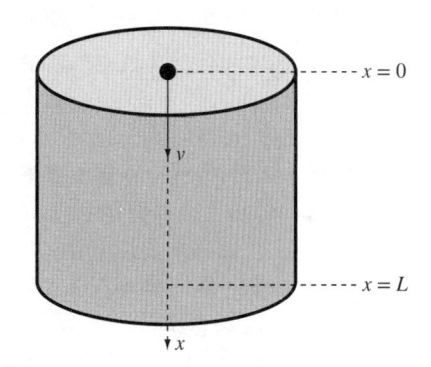

圖 P6.37 球沈降在一個裝有黏稠蜂蜜的圓筒。

6.38 如同圖 P6.38a 所描述，一個計分板以兩條纜線懸吊在體育場上，插銷固定在 A，B 和 C。纜線起初是水平且長度為 L。掛上計分板後，可以推導在節點 B 的自由物體圖如圖 P6.38b 所示。假設每條纜線的重量可被忽略，如果計分板重量 $W = 9000$ N，求偏移 d (m)。此外，計算每條纜線被拉長的程度。注意，每條纜線遵循虎克定律，因此軸向拉長可以 $L' - L = FL/(A_c E)$ 表示，其中 F = 軸向力 (N)，A_c = 纜線的截面積 (m²)，E = 彈性模數 (N/m²)。你的計算可使用以下參數值：$L = 45$ m，$A_c = 6.362 \times 10^{-4}$ m²，$E = 1.5 \times 10^{11}$ N/m²。

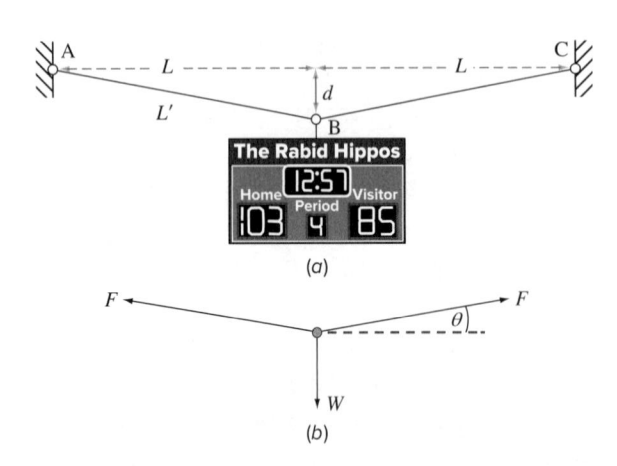

圖 P6.38 (a) 兩條細纜線插銷固定在 A、B 和 C，並從 B 懸吊一個計分板。(b) 掛上計分板後，在節點 B 的自由物體圖。

6.39 一座水塔連接一條管子，管子末端有一個閥門，如圖 P6.39 所示。依據一些簡化的假設（例如，忽略次要損耗），以下的能量平衡可以寫為

$$gh - \frac{v^2}{2} = f\left(\frac{L+h}{d} + \frac{L_{e,e}}{d} + \frac{L_{e,v}}{d}\right)\frac{v^2}{2} + K\frac{v^2}{2}$$

其中 g = 重力加速度 (=9.81 m/s^2)，h = 水塔高度 (m)，v = 管內平均水流速 (m/s)，f = 管子摩擦係數，L = 水平管子長度 (m)，d = 管子直徑 (m)，$L_{e,e}$ = 彎管等效長度 (m)，$L_{e,v}$ = 閥等效長度 (m)，K = 水塔底部收縮段的損耗係數。寫一個 MATLAB 腳本來決定流場離開閥門的流量 Q (m^3/s)，使用以下參數值：h = 24 m，L = 65 m，d = 100 mm，$L_{e,e}/d$ = 30，$L_{e,v}/d$ = 8，K = 0.5。此外，水的運動黏度是 $v = \mu/\rho$ = 1.2×10^{-6} m^2/s。

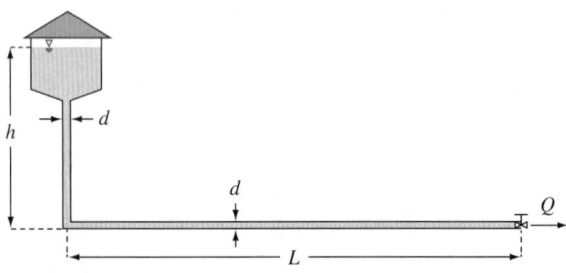

圖 P6.39 一座水塔連接一條管子，管子末端有一個閥門。

6.40 修正 fzerosimp 函數（圖 6.10），如此一來它可傳遞任何有一個單一未知數的函數並使用 varargin 去傳遞這個函數的參數。接著使用以下腳本求解依據 6.7 節案例研究中管子的摩擦力來測試這個函數：

```
clc
format long, format compact
rho=1.23;mu=1.79e-5;D=0.005;V=40;
e=0.0015/1000;
Re=rho*V*D/mu;
g=@(f,e,D) 1/sqrt(f)+2*log10(e/(3.7*D)+2.51/(Re*sqrt(f)));
f=fzerosimp(@(x) g(x,e,D),0.008,0.08)
```

第 7 章

最佳化

章節目標

本章的主要目標是介紹最佳化如何能用來決定在一維以及多維函數的最小值及最大值。個別的目標以及主題包括：

- 了解在工程和科學上如何以最佳化方法來求解。
- 認出在一維和多維的最佳化之間的差別。
- 釐清區域和全域最佳條件。
- 知道如何轉換一個最大化問題，以便它可以用最小化的演算法求解。
- 定義黃金比例，並且理解它為什麼能使一維的最佳化有效率。
- 以黃金分割搜尋法找出單一變數函數的最佳解。
- 以拋物線內插法找出單一變數函數的最佳解。
- 知道如何應用 fminbnd 函數以決定一維函數的最小化。
- 知道如何應用 MATLAB 等值圖和曲面圖繪出二維函數。
- 知道如何使用 fminsearch 函數以決定一個多維函數的最小值。

有個問題考考你

高空彈跳者以一個指定的向上速度投射。假使受線性阻力影響，其高度為一時間的函數，可計算如下：

$$z = z_0 + \frac{m}{c}\left(v_0 + \frac{mg}{c}\right)\left(1 - e^{-(c/m)t}\right) - \frac{mg}{c}t \tag{7.1}$$

其中 z = 高於地球表面（定義為 $z = 0$）的高度 (m)，z_0 = 初始高度 (m)，m = 質量 (kg)，c = 線性阻力係數 (kg/s)，v_0 = 初始速度 (m/s)，以及 t = 時間 (s)。注意這個公式中，正的速度被認為是在朝上的方向。給定下列參數值：g = 9.81 m/s^2，z_0 = 100 m，v_0 = 55 m/s，m = 80 kg 和 c = 15 kg/s，式 (7.1) 可以用來計算彈跳者高度。如圖 7.1 所示，彈跳者在約 t = 4 s 的時候，高度約

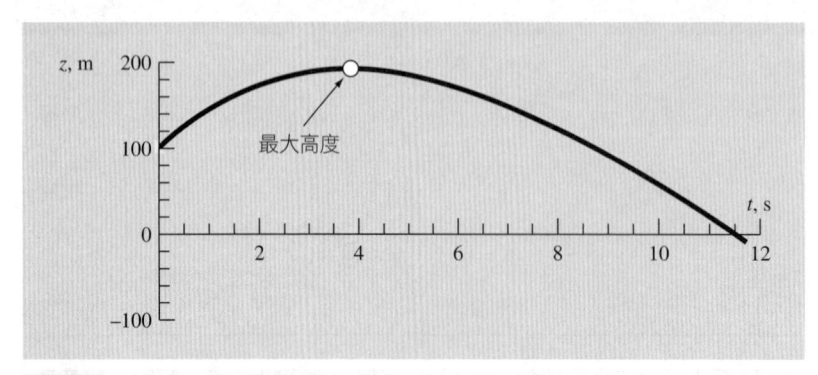

圖 7.1 一個具有初速的向上投射的物體之高度為時間的函數。

190 m，達到最大高度。

假定你需確定達最大高度（頂峰）的精確時間，此最大值的測定稱為最佳化。本章將介紹如何使用計算機求出這樣的計算值。

7.1 介紹和背景

在普遍意義上，最佳化是盡可能使事情有效的過程。作為工程師，我們必須設計有效率的任務執行模式和最小化產品設備花費。因此，工程師總是會面對平衡效能和限制的最佳化問題。另外，科學家也對從投射到頂峰到最小自由能量的最佳化現象感興趣。

從數學角度來看，最佳化是指找到一個或更多變數之函數的最大值和最小值。目標是計算使函數值最大或最小的值，將這些值代回函數，可計算出其最佳值。

雖然這些求解方法有時能得到解析解，大多數實際最佳化問題仍會要求以數值與計算機方法求解。以數值觀點，最佳化在精神上類似於第 5 章和第 6 章所討論的根位置方法，即兩種方法都在猜測搜尋一個函數中的點位置。兩類問題之間的基本差別說明於圖 7.2。根位置包含尋找函數等於零的位置。反之，最佳化包含了搜尋函數的極值點。

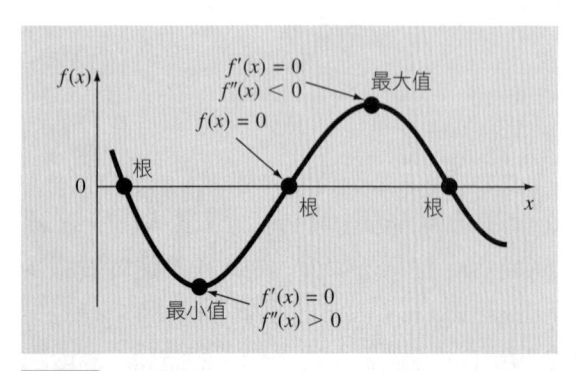

圖 7.2 舉例說明單一變數函數在根和最佳值之間的差別。

如圖 7.2 所示，最佳值是在曲線的平坦部分。在數學上，這相當於找出 x 在 $f'(x)$ 等於零的位置。另外，二階導數 $f''(x)$ 表示得到的值是最小值或最大值：如果 $f''(x) < 0$，為最大值；如果 $f''(x) > 0$，則為最小值。

現在，了解根和最佳條件之間的關係，將會為後者找到一個可能的策略。亦即，你能微分該函數與找到新函數的根位置（即零）。事實上，一些最佳化方法是用 $f'(x) = 0$ 來求解根問題。

範例 7.1　尋找根位置計算最佳值

問題敘述　基於式 (7.1) 用來估算頂峰的時間和高度。使用下列參數執行你的計算：$g = 9.81$ m/s^2，$z_0 = 100$ m，$v_0 = 55$ m/s，$m = 80$ kg 和 $c = 15$ kg/s。

解法　式 (7.1) 可微分如下：

$$\frac{dz}{dt} = v_0 e^{-(c/m)t} - \frac{mg}{c}\left(1 - e^{-(c/m)t}\right) \tag{E7.1.1}$$

注意到因為 $v = dz/dt$，這是速度的方程式。最大高度是出現在 t 值使方程式為零時。因此，問題即為求出根。對這個情況來說，能設導數為零來完成式 (E7.1.1) 的解析解：

$$t = \frac{m}{c}\ln\left(1 + \frac{cv_0}{mg}\right)$$

代入參數可得：

$$t = \frac{80}{15}\ln\left(1 + \frac{15(55)}{80(9.81)}\right) = 3.83166\,\text{s}$$

將此值與參數代入式 (7.1)，計算最大高度值為：

$$z = 100 + \frac{80}{15}\left(50 + \frac{80(9.81)}{15}\right)\left(1 - e^{-(15/80)3.83166}\right) - \frac{80(9.81)}{15}(3.83166) = 192.8609\,\text{m}$$

我們能證實結果可透過微分式 (E7.1.1) 產生最大值以獲得二階導數：

$$\frac{d^2z}{dt^2} = -\frac{c}{m}v_0 e^{-(c/m)t} - g e^{-(c/m)t} = -9.81\,\frac{\text{m}}{\text{s}^2}$$

二階導數為負值告訴我們，所得到的值是最大值。更進一步地，其物理意義是當垂直速度為零時，加速度的最大值就是重力加速度。

雖然在這個案例中可以得到解析解，但是我們也可以使用第 5 章和第 6 章的根位置方法，得到相同的結果。這將留給讀者自行練習。

雖然用一個根問題來逼近最佳化必定是可能的，但是還有許多直接數值最佳化的方法可以利用。這些方法適用於一維和多維的問題。如名稱所示，一維的問題涵蓋單一應變數的函數。

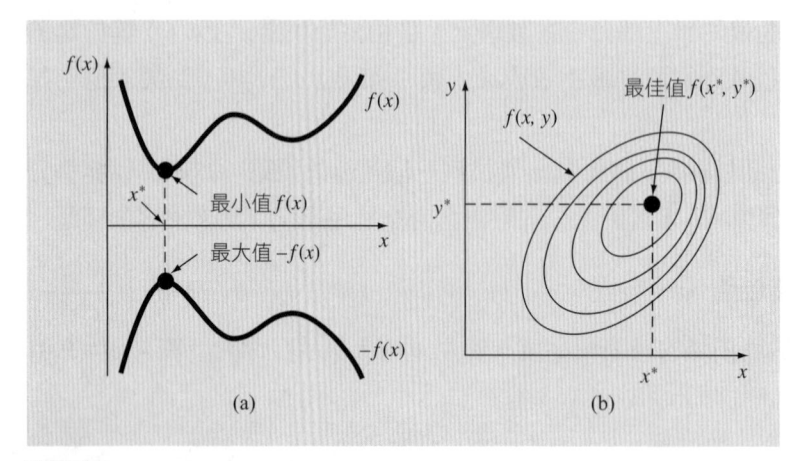

圖 7.3 (a) 一維的最佳化，此圖也說明 $f(x)$ 的最小相當於 $-f(x)$ 的最大。(b) 二維的最佳化，注意此圖可以描述最大值（最大值為峰值）或者最小值（最小值則是山谷）。

如圖 7.3a 所示，搜尋可由上升或下降一維的山峰和山谷組成。多維問題涉及的函數則與兩個或更多的應變數有關。同樣的精神，將二維的最佳化想像為搜尋山峰和山谷（圖 7.3b）。不過，如同在徒步旅行，我們並未被限制走在單一方向，而是如何能有效地到達目標。

最後，求出最大值與最小值在基本上是相同的，因為對相同的 x^* 值，最小化 $f(x)$ 亦即 $-f(x)$ 的最大化。圖 7.3a 是以一個一維函數說明。

在下一節，我們將為一維的最佳化問題提供更多方法，我們也將描述如何應用 MATLAB 來求取多維函數的最佳值。

7.2 一維的最佳化

本節將描述一個簡單的技術去找出單一變數 $f(x)$ 函數之最大值與最小值。圖 7.4 描繪出一幅如「雲霄飛車」般的有用圖形。回想第 5 章及第 6 章，單一函數中的根位置可能出現在數個地方。同樣地，區域和全域的最佳條件也都會在最佳化裡出現。

全域最佳條件 (global optimum) 代表最好的解；**區域最佳條件 (local optimum)** 雖然可能不是最好，但會比鄰近值都好；包含區域最佳條件的情況稱為**多模組 (multimodal)**。在這些情況，我們經常有興趣找到全域最佳條件。另外，我們會關心如何避免把一個區域結果，誤認為全域最佳條件。

如同根位置，一維的最佳化問題可分成包圍法與開放法。如下一節所述，黃金分割搜尋法是類似用二分法決定根位置的包圍法例子。在之後的一小節則接著介紹更複雜的包圍法——拋物線內插法。我們也將顯示如何將兩種方法結合，並以 MATLAB 的 `fminbnd` 函數執行。

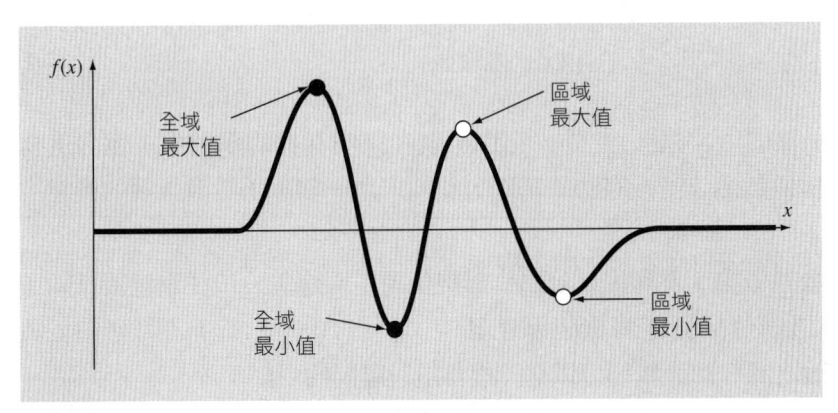

圖 7.4 一在原點附近趨近於正負無窮大的兩個最大值和兩個最小值的函數。右邊兩個點是區域最佳條件，而在左側的兩個點則是全域最佳條件。

7.2.1 黃金分割搜尋法

在很多文化裡，某些數字被視為魔術數字，例如，在西方世界中，「幸運 7」和「13 號黑色星期五」。除了這些迷信值以外，有幾個著名的數字也具備如此有趣和有力的數學特性，以至於它們能被譽為「魔術」。最為人所知的是圓周率 π 和自然對數 e。

雖然**黃金比例 (golden ratio)** 並非廣泛為人所知，但肯定是被包括在萬神殿的驚人數字中。這數字，是用希臘符號 ϕ（念作 fee）所表示，由歐幾里得 (Euclid) 所定義（西元前 300 年），它扮演一個五角形建構中的角色。如圖 7.5 所示，歐幾里得定義：「假使一條線被分為中末比 (extreme and mean ratio)，使得整條線和較大部分的比率，等於較大部分和較小部分的比率。」

黃金比例的實際值可以透過歐幾里得定義計算得出：

$$\frac{\ell_1 + \ell_2}{\ell_1} = \frac{\ell_1}{\ell_2} \tag{7.2}$$

乘以 ℓ_1/ℓ_2，整理後產生：

$$\phi^2 - \phi - 1 = 0 \tag{7.3}$$

其中 $\phi = \ell_1/\ell_2$，此方程式的正根即是黃金比例：

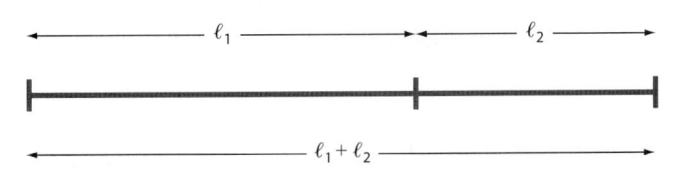

圖 7.5 歐幾里得定義黃金比例是基於將一條線分成兩部分，使得整條線和較大部分的比率，會等於較大部分和較小部分的比率，此比率稱為黃金比例。

$$\phi = \frac{1+\sqrt{5}}{2} = 1.61803398874989\ldots \tag{7.4}$$

黃金比例在西方文化裡一直為人喜愛。此外，它也出現在許多其他的學門中，包含生物學。對我們來說，黃金比例提供黃金分割搜尋法的基礎，此為求單一變數函數最佳解的簡單方法。

黃金分割搜尋法在精神上類似第 5 章利用二分法找尋根位置。回想二分法注重定義區間，用下界值 (X_l) 及上界值 (X_u) 這兩個猜測值將根包圍在其中。藉由 $f(x_l)$ 及 $f(x_u)$ 之間存在正負號，可證實根存在於這些界限之間。然後我們可以估計根為這段區間的中點：

$$x_r = \frac{x_l + x_u}{2} \tag{7.5}$$

在二分法迭代中的最後步驟，包含決定一個新的更小包圍值。這可藉由更換邊界值 x_l 和 x_u 以產生與 $f(x_r)$ 有相同正負號數值來達成。此法的優勢是 x_r 可用來替換舊有的邊界值。

現在假設重點不是求根，而是對求一維函數的最小值有興趣。像二分法一樣，可以透過一段包含單一答案的區間開始，即單一最小值應被包含在此區間裡，因此稱為**單峰 (unimodal)**。我們採用和二分法相同的命名法，其中 x_l 和 x_u 分別是區間的下限以及上限。不過與二分法不同的是，我們需要一個新策略，以在區間內找到一個最小值。不再使用單一中間值（發現正負號改變的零值位置），而是需要兩個中間函數值以檢查是否有最小值發生。

這種方法的關鍵是聰明地選擇中間點。如同二分法的目標，我們將透過以新值取代舊值來使函數估算減到最小。對二分法而言，是透過選擇中點來完成。黃金分割搜尋法中，則是根據黃金比例選擇兩個中間點：

$$x_1 = x_l + d \tag{7.6}$$
$$x_2 = x_u - d \tag{7.7}$$

其中

$$d = (\phi - 1)(x_u - x_l) \tag{7.8}$$

函數可以兩個內部點評估。可能產生兩個結果：

1. 如圖 7.6a，如果 $f(x_1) < f(x_2)$，則 $f(x_1)$ 是最小值，在 x_2 左側的 x 定義域（從 x_l 到 x_2）可以消除，因為它不包含最小值。對這個情況來說，x_2 成為下一個回合的新 x_l。

2. 如果 $f(x_2) < f(x_1)$，則 $f(x_2)$ 是最小值，在 x_1 右側的 x 定義域（從 x_1 到 x_u）將被消除。對這個情況來說，x_1 成為下一個回合新的 x_u。

這是用黃金比例所帶來真正的效益。因為我們已在黃金比例中選擇 x_1 和 x_2，下一次迭代時，我們不必再計算全部的函數值。例如，在圖 7.6 中，舊的 x_1 成為新的 x_2，可以得到新 $f(x_2)$ 的值，因為它和舊的 x_1 函數值相同。

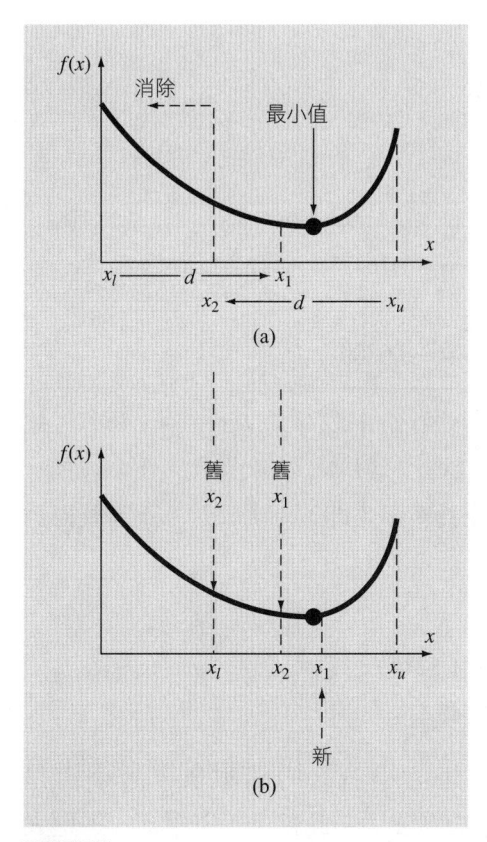

圖 7.6 (a) 黃金分割搜尋演算法的最初步驟，包含根據黃金比例選擇的兩個內部點。(b) 第二步驟包含確定包圍最佳值的一段新區間。

要完成演算法，我們只需要確定新的 x_1。這可以由式 (7.8) 基於 x_l 和 x_u 的新值產生式 (7.6) 的 d 值所計算得出。相似的方法會用在另一個情況中，即最佳化落在左側子區間的情況。對這個情況來說，將以式 (7.7) 計算新的 x_2。

因為是重複迭代步驟，包含極值的中間區間將會被迅速縮小。事實上，每回合中，區間會以 $\phi - 1$（約 61.8%）縮小。在 10 個回合之後，大約縮小到只剩最初長度區間的 0.618^{10} 或 0.008 或 0.8%。在 20 個回合之後，大約是 0.0066%。這可能無法如二分法 (50%) 一樣好，但這是一個比根位置更艱難的問題。

範例 7.2　黃金分割搜尋法

問題敘述　使用黃金分割搜尋法來找出以下函數在區間 $x_l = 0$ 到 $x_u = 4$ 中的最小值：

$$f(x) = \frac{x^2}{10} - 2\sin x$$

解法　首先，使用黃金比例先建立兩個內部點：

$$d = 0.61803(4 - 0) = 2.4721$$
$$x_1 = 0 + 2.4721 = 2.4721$$
$$x_2 = 4 - 2.4721 = 1.5279$$

函數可以用內部點評估：

$$f(x_2) = \frac{1.5279^2}{10} - 2\sin(1.5279) = -1.7647$$

$$f(x_1) = \frac{2.4721^2}{10} - 2\sin(2.4721) = -0.6300$$

因為 $f(x_2) < f(x_1)$，我們對最小值的最佳估計在此點，即 $x = 1.5279$ 之 $f(x) = -1.7647$。此外，我們也知道最小值在 x_l、x_2 和 x_1 所定義的區間中。因此，對於下一次迭代，下限維持 $x_l = 0$，x_1 成為上限，即 $x_u = 2.4721$。另外，舊的 x_2 值會成為新 x_1，即 $x_1 = 1.5279$。不需要再計算 $f(x_1)$，已經在上次迭代計算得出 $f(1.5279) = -1.7647$。

接下來使用式 (7.8) 及式 (7.7) 計算新的 d 和 x_2 值：

$$d = 0.61803(2.4721 - 0) = 1.5279$$
$$x_2 = 2.4721 - 1.5279 = 0.9443$$

在 x_2 的函數值評估是 $f(0.9943) = -1.5310$。因為此值小於 x_1 的函數值，最小值是 $f(1.5279) = -1.7647$，且它是在先前定義的 x_2、x_1 和 x_u 的區間中。此程序可以重複，過程表列如下：

i	x_l	$f(x_l)$	x_2	$f(x_2)$	x_1	$f(x_1)$	x_u	$f(x_u)$	d
1	0	0	1.5279	−1.7647	2.4721	−0.6300	4.0000	3.1136	2.4721
2	0	0	0.9443	−1.5310	1.5279	−1.7647	2.4721	−0.6300	1.5279
3	0.9443	−1.5310	1.5279	−1.7647	1.8885	−1.5432	2.4721	−0.6300	0.9443
4	0.9443	−1.5310	1.3050	−1.7595	1.5279	−1.7647	1.8885	−1.5432	0.5836
5	1.3050	−.17595	1.5279	−1.7647	1.6656	−1.7136	1.8885	−1.5432	0.3667
6	1.3050	−.17595	1.4427	−1.7755	1.5279	−1.7647	1.6656	−1.7136	0.2229
7	1.3050	−.17595	1.3901	−1.7742	1.4427	−1.7755	1.5279	−1.7647	0.1378
8	1.3901	−.17742	1.4427	−1.7755	1.4752	−1.7732	1.5279	−1.7647	0.0851

注意每一次迭代的最小值都被標示出來。在第八次迭代後，最小值在 $x = 1.4427$，函數值為 -1.7755。因此，最後收斂在 $x = 1.4276$ 之函數值 -1.7757。

回想 5.4 節中的二分法，一誤差的精確上限，可在每次迭代中計算得出。利用相似的理由，可以求得黃金分割搜尋的上限：一旦迭代完成，最佳值會落在兩個區間中的任何一個。如果最佳值在 x_2，它將在下區間 (x_l, x_2, x_1) 中。如果最佳值在 x_1，它將在上區間 (x_2, x_1, x_u) 中。因為內部點是對稱的，兩個情況中的任一個都能用來定義誤差。

觀察上區間 (x_2, x_1, x_u)，如果真實值在極左側，估計的最大距離將為：

$$\Delta x_a = x_1 - x_2$$
$$= x_l + (\phi - 1)(x_u - x_l) - x_u + (\phi - 1)(x_u - x_l)$$
$$= (x_l - x_u) + 2(\phi - 1)(x_u - x_l)$$
$$= (2\phi - 3)(x_u - x_l)$$

或者 $0.2361(x_u - x_l)$。如果真實值在極右側，估計的最大距離將是：

$$\Delta x_b = x_u - x_1$$
$$= x_u - x_l - (\phi - 1)(x_u - x_l)$$
$$= (x_u - x_l) - (\phi - 1)(x_u - x_l)$$
$$= (2 - \phi)(x_u - x_l)$$

或者 $0.3820 (x_u - x_l)$。因此，這個情況將代表最大的誤差。此結果可產生正規化的最佳值 x_{opt}：

$$\varepsilon_a = (2 - \phi) \left| \frac{x_u - x_l}{x_{\text{opt}}} \right| \times 100\% \tag{7.9}$$

這個估計提供一個終止迭代的準則。

圖 7.7 是一個黃金分割搜尋法最小化函數的 M 檔，函數傳回包括最小值、函數值、近似誤差以及迭代的次數。

此 M 檔能用來解範例 7.1 的問題：

```
>> g=9.81;v0=55;m=80;c=15;z0=100;
>> z=@(t) -(z0+m/c*(v0+m*g/c)*(1-exp(-c/m*t))-m*g/c*t);
>> [xmin,fmin,ea]=goldmin(z,0,8)
xmin =
    3.8317
fmin =
 -192.8609
ea =
  6.9356e-005
```

注意，因為這是最大化，我們能輸入式 (7.1) 的負值。當然，`fmin` 相當於 192.8609 的最大高度。

你可能想知道我們為什麼強調黃金分割搜尋的演算法能降低函數估算的計算量。當然，為求解單一最佳化，速度是可以忽視的。不過，有兩種情況將函數估算數量減到最小也很重要：

1. **多次估算 (many evaluations)**。有些情況中，黃金分割搜尋演算法可能是更大量計算中的一部分，這樣的情況可能會被呼叫多次。因此，控制函數估算到最低限度，能為這樣的情況給予很大的效益。

```
function [x,fx,ea,iter]=goldmin(f,xl,xu,es,maxit,varargin)
% goldmin: minimization golden section search
% [x,fx,ea,iter]=goldmin(f,xl,xu,es,maxit,p1,p2,...):
%     uses golden section search to find the minimum of f
% input:
%   f = name of function
%   xl, xu = lower and upper guesses
%   es = desired relative error (default = 0.0001%)
%   maxit = maximum allowable iterations (default = 50)
%   p1,p2,... = additional parameters used by f
% output:
%   x = location of minimum
%   fx = minimum function value
%   ea = approximate relative error (%)
%   iter = number of iterations
if nargin<3,error('at least 3 input arguments required'),end
if nargin<4|isempty(es), es=0.0001;end
if nargin<5|isempty(maxit), maxit=50;end
phi=(1+sqrt(5))/2; iter = 0;
d = (phi 1)*(xu - xl);
x1 = xl + d; x2 = xu - d;
f1 = f(x1,varargin{:}); f2 = f(x2,varargin{:});
while(1)
  xint = xu - xl;
  if f1 < f2
    xopt = x1; xl = x2; x2 = x1; f2 = f1;
    x1 = xl + (phi-1)*(xu-xl); f1 = f(x1,varargin{:});
  else
    xopt = x2; xu = x1; x1 = x2; f1 = f2;
    x2 = xu - (phi-1)*(xu-xl); f2 = f(x2,varargin{:});
  end
  iter=iter+1;
  if xopt~=0, ea = (2 - phi) * abs(xint / xopt) * 100;end
  if ea <= es | iter >= maxit,break,end
end
x=xopt; fx=f(xopt,varargin{:});
```

圖 7.7 用黃金分割搜尋法以決定函數的最小值之 M 檔。

2. **耗時估算 (time-consuming evaluation)**。因為教學因素，我們在大多數例子裡使用簡單的函數，但你應能了解要計算一個函數可能非常複雜和費時。例如，最佳化能用來估計由一個微分方程系統組成的模型參數。對於這樣的情況，函數涉及耗時模型積分。任何使這樣的估算減到最小的方法都是有利的。

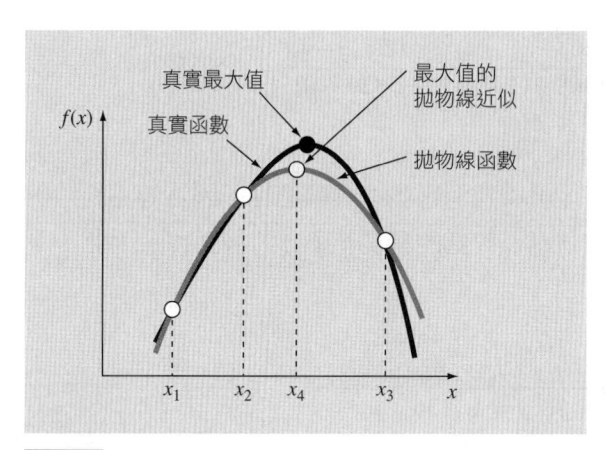

圖 7.8 拋物線內插法的圖示。

7.2.2 拋物線內插法

拋物線內插法利用二階多項式的優點，常提供接近最佳值的 $f(x)$ 圖形一個好的近似值（圖 7.8）。

如同連接兩個點的直線只有一條，連接三個點的拋物線也只有一條。因此，如果有三個點共同包圍一個最佳點，就能用拋物線配適此三點。接著我們微分此拋物線，並且令結果為零，然後求出對最佳化 x 的估計，它可以由一些代數運算得到結果：

$$x_4 = x_2 - \frac{1}{2}\frac{(x_2-x_1)^2[f(x_2)-f(x_3)] - (x_2-x_3)^2[f(x_2)-f(x_1)]}{(x_2-x_1)[f(x_2)-f(x_3)] - (x_2-x_3)[f(x_2)-f(x_1)]} \quad (7.10)$$

其中 x_1、x_2 和 x_3 是初始猜測值，x_4 是適合拋物線的最佳值 x。

範例 7.3　拋物線內插法

問題敘述　使用拋物線內插法，估算以下函數的最小值：

$$f(x) = \frac{x^2}{10} - 2\sin x$$

初始猜測值為 $x_1 = 0$，$x_2 = 1$ 及 $x_3 = 4$。

解法　有三個猜測值可以用來計算函數如下：

$$\begin{aligned}
x_1 &= 0 & f(x_1) &= 0 \\
x_2 &= 1 & f(x_2) &= -1.5829 \\
x_3 &= 4 & f(x_3) &= 3.1136
\end{aligned}$$

代入式 (7.10) 得到：

$$x_4 = 1 - \frac{1}{2}\frac{(1-0)^2\,[-1.5829 - 3.1136] - (1-4)^2\,[-1.5829 - 0]}{(1-0)\,[-1.5829 - 3.1136] - (1-4)\,[-1.5829 - 0]} = 1.5055$$

得到 f 的函數值 $f(1.5055) = -1.7691$。

接著，一個類似於黃金分割搜尋法的策略，可以判別應該捨棄哪個點。因為新點的函數值較中間點 (x_2) 更低，且新 x 值位於中間點的右邊，較低的猜測值 (x_1) 將被丟掉。因此，下一次迭代：

$$\begin{aligned}x_1 &= 1 & f(x_1) &= -1.5829\\ x_2 &= 1.5055 & f(x_2) &= -1.7691\\ x_3 &= 4 & f(x_3) &= 3.1136\end{aligned}$$

代入式 (7.10)：

$$\begin{aligned}x_4 &= 1.5055 - \frac{1}{2}\frac{(1.5055-1)^2\,[-1.7691 - 3.1136] - (1.5055-4)^2\,[-1.7691 - (-1.5829)]}{(1.5055-1)\,[-1.7691 - 3.1136] - (1.5055-4)\,[-1.7691 - (-1.5829)]}\\ &= 1.4903\end{aligned}$$

f 的函數值 $f(1.4903) = -1.7714$。重複程序列表如下：

i	x_1	$f(x_1)$	x_2	$f(x_2)$	x_3	$f(x_3)$	x_4	$f(x_4)$
1	0.0000	0.0000	1.0000	−1.5829	4.0000	3.1136	1.5055	−1.7691
2	1.0000	−1.5829	1.5055	−1.7691	4.0000	3.1136	1.4903	−1.7714
3	1.0000	−1.5829	1.4903	−1.7714	1.5055	−1.7691	1.4256	−1.7757
4	1.0000	−1.5829	1.4256	−1.7757	1.4903	−1.7714	1.4266	−1.7757
5	1.4256	−1.7757	1.4266	−1.7757	1.4903	−1.7714	1.4275	−1.7757

因此，五次迭代後，結果在 $x = 1.4276$ 收斂於 -1.7757。

7.2.3　MATLAB 函數：`fminbnd`

回想 6.4 節我們敘述布倫特法來求根位置，此法結合數個尋找根的方法融合成單一的演算法，使演算法的可靠度和效率之間達到平衡。因為這個特質，使其變成 MATLAB 內建函數 `fzero` 的基礎。

布倫特也針對一維最小化，發展了一套類似的方法，形成 MATLAB `fminbnd` 函數的基礎，它結合緩慢但可靠的黃金分割搜尋法與迅速但可能不可靠的拋物線內插法。首先嘗試拋物線內插法，只要結果可被接受，就可以維持使用，如果不行，便使用黃金分割搜尋法。

它的語法的簡單表示式為：

`[xmin, fval] = fminbnd(function,x1,x2)`

其中 `x` 和 `fval` 是最小值的位置和值，`function` 是函數名稱，`x1` 和 `x2` 則是區間的界限。

以下是一個簡單的 MATLAB 程式，使用 `fminbnd` 求解範例 7.1 的問題：

```
>> g=9.81;v0=55;m=80;c=15;z0=100;
>> z=@(t) -(z0+m/c*(v0+m*g/c)*(1-exp(-c/m*t))-m*g/c*t);
>> [x,f]=fminbnd(z,0,8)
x =
    3.8317
f =
 -192.8609
```

如 fzero 一樣，選項參數可以使用 optimset 指定。例如，我們可以顯示計算細節

```
>> options = optimset('display','iter');
>> fminbnd(z,0,8,options)
Func-count      x           f(x)        Procedure
    1        3.05573      -189.759      initial
    2        4.94427      -187.19       golden
    3        1.88854      -171.871      golden
    4        3.87544      -192.851      parabolic
    5        3.85836      -192.857      parabolic
    6        3.83332      -192.861      parabolic
    7        3.83162      -192.861      parabolic
    8        3.83166      -192.861      parabolic
    9        3.83169      -192.861      parabolic

Optimization terminated:
 the current x satisfies the termination criteria using
OPTIONS.TolX of 1.000000e-004

ans =
    3.8317
```

因此，三次迭代後，這種方法從黃金分割搜尋法轉換成拋物線法。在八次迭代後，可確定最小值容忍度是 0.0001。

7.3 多維最佳化

除了一維函數，最佳化也處理多維函數。回想在圖 7.3a 中，一維搜尋的圖形看起來像雲霄飛車。二維情況例子中，圖像則變成山和山谷的圖（圖 7.3b）。在下列範例中，以 MATLAB 的圖形能力來視覺化這種函數。

範例 7.4　視覺化二維函數

問題敘述　使用 MATLAB 的圖形能力顯示下列函數，並且在 $-2 \leq x_1 \leq 0$ 和 $0 \leq x_2 \leq 3$ 範圍內估計它的最小值：

$$f(x_1, x_2) = 2 + x_1 - x_2 + 2x_1^2 + 2x_1 x_2 + x_2^2$$

解法　下列腳本檔案產生函數的等值圖和網格圖：

```
x=linspace(-2,0,40);y=linspace(0,3,40);
[X,Y] = meshgrid(x,y);
Z=2+X-Y+2*X.^2+2*X.*Y+Y.^2;
subplot(1,2,1);
cs=contour(X,Y,Z);clabel(cs);
xlabel('x_1');ylabel('x_2');
title('(a) Contour plot');grid;
subplot(1,2,2);
cs=surfc(X,Y,Z);
zmin=floor(min(Z));
zmax=ceil(max(Z));
xlabel('x_1');ylabel('x_2');zlabel('f(x_1,x_2)');
title('(b) Mesh plot');
```

如圖 7.9 所示，兩個圖形都指出函數有一個大約在 $f(x_1, x_2) = 0$ 到 1 之最小值，落於 $x_1 = -1$ 和 $x_2 = 1.5$。

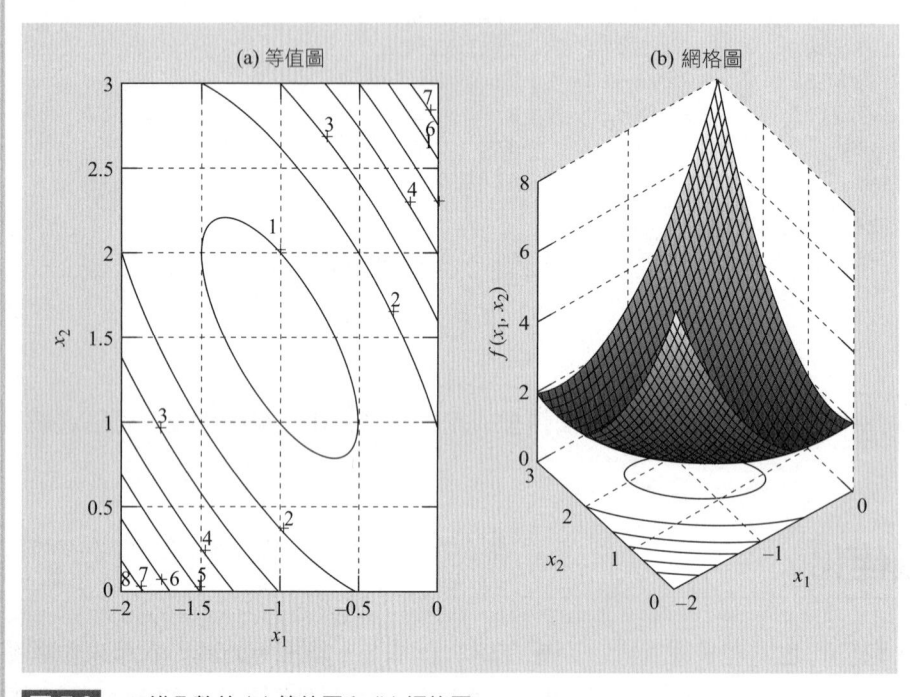

圖 7.9　二維函數的 (a) 等值圖和 (b) 網格圖。

多維、無限制最佳化技術可以用許多方式分類。目前的討論，我們將以它們是否需要導數來區分。需要導數的方法稱為**梯度 (gradient)** 或**下降 (descent)**〔或**上升 (ascent)**〕方法，不需要導數的評估方法稱為**無梯度 (nongradient)** 或**直接 (direct)** 方法。以下描述的 MATLAB 內建函數 fminsearch，是一種直接方法。

7.3.1　MATLAB 函數：`fminsearch`

標準 MATLAB 有一個函數 fminsearch 能用來決定多維函數的最小值，其是基於內爾

得－米德方法 (Nelder-Mead method)，這是一個只使用函數（不需要導數）的直接搜尋法，並且可處理非平滑目標函數。語法的簡單表示式為：

```
[xmin, fval] = fminsearch(function,x0)
```

其中 `xmin` 和 `fval` 是最小值的位置和值，`function` 是函數名稱，`x0` 是初始猜測值。注意，`x0` 可以是一個純量、向量或是矩陣。

以下是一個簡單的 MATLAB 執行緒，使用 `fminsearch` 求範例 7.4 所繪函數的最小值：

```
>> f=@(x) 2+x(1)-x(2)+2*x(1)^2+2*x(1)*x(2)+x(2)^2;
>> [x,fval]=fminsearch(f,[-0.5,0.5])
x =
   -1.0000   1.5000
fval =
    0.7500
```

7.4 案例研究　　均衡和最小位能

背景　在圖 7.10a，一無負載的彈簧附著在牆上。當施加一水平力時，彈簧會伸展。可以使用**虎克定律 (Hooke's law)** $F = kx$，來描述力和位移的關係。**位能 (potential energy)** 為彈簧應變能與施力作功之差值：

$$PE(x) = 0.5kx^2 - Fx \tag{7.11}$$

式 (7.11) 定義一條拋物線。因為位能將在均衡位置時有最小值，此位移的解可視為一個一維的最佳化問題。因為這個方程式很容易微分，我們可以求出位移 $x = F/k$。例如，如果 $k = 2$ N/cm 和 $F = 5$ N，則 $x = 5$ N/(2 N/cm) = 2.5 cm。

一個更有趣的二維例子如圖 7.11。在這個系統裡，有兩個自由度，因為系統既能水平也能垂直移動。如同我們在一維系統一樣，均衡是求得 x_1 和 x_2 值，使位能減到最小：

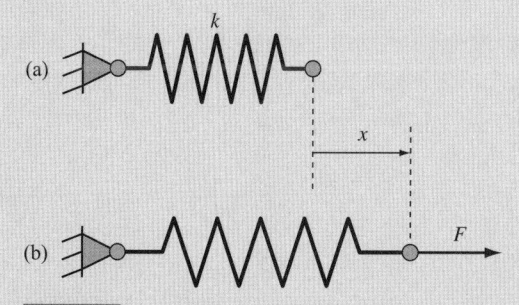

圖 7.10　(a) 附著在牆上的一個無負載彈簧。(b) 一個以水平力延展彈簧的應用，使用虎克定律描述力和位移之間的關係。

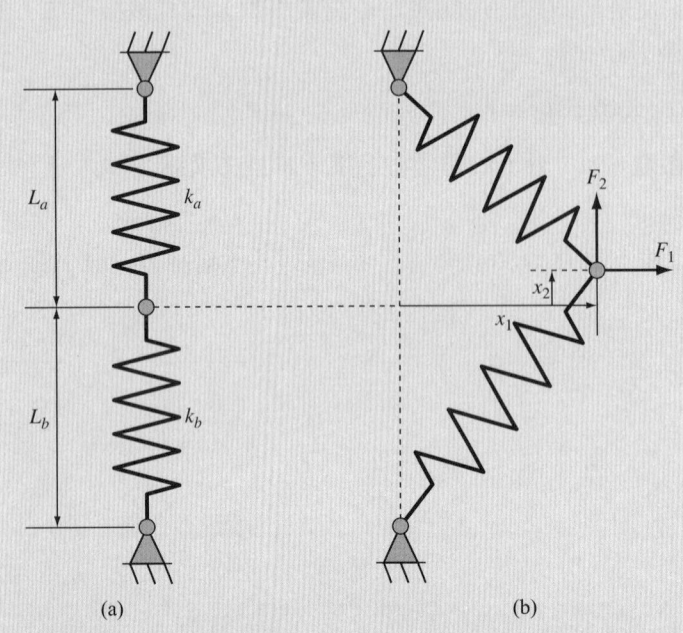

圖 7.11 兩個彈簧系統：(a) 無負載，(b) 負載。

$$PE(x_1, x_2) = 0.5k_a \left(\sqrt{x_1^2 + (L_a - x_2)^2} - L_a \right)^2$$
$$+ 0.5k_b \left(\sqrt{x_1^2 + (L_b + x_2)^2} - L_b \right)^2 - F_1 x_1 - F_2 x_2 \tag{7.12}$$

參數為 k_a = 9 N/cm，k_b = 2 N/cm，L_a = 10 cm，L_b = 10 cm，F_1 = 2N 和 F_2 = 4 N，使用 MATLAB 求解位移和位能。

解法　一個計算位能函數的 M 檔：

```
function p=PE(x,ka,kb,La,Lb,F1,F2)
PEa=0.5*ka*(sqrt(x(1)^2+(La-x(2))^2)-La)^2;
PEb=0.5*kb*(sqrt(x(1)^2+(Lb+x(2))^2)-Lb)^2;
W=F1*x(1)+F2*x(2);
p=PEa+PEb-W;
```

這個解法可以 `fminsearch` 函數獲得：

```
>> ka=9;kb=2;La=10;Lb=10;F1=2;F2=4;
>> [x,f]=fminsearch(@(x)PE(x,ka,kb,La,Lb,F1,F2),[-0.5,0.5])
x =
    4.9523   1.2769
f =
   -9.6422
```

因此，在均衡時，位能是 −9.6422 N · cm，連接點位於起始點位置的右邊 4.9523 cm 和上方 1.2759 cm 處。

習題

7.1 執行牛頓－拉夫生法的三次迭代求式 (E7.1.1) 的根。使用範例 7.1 的參數值和 $t = 3$ s 的初始猜測值。

7.2 給定公式：
$$f(x) = -x^2 + 8x - 12$$

(a) 求函數中最大值和相應值 x（使用微分）。
(b) 依據初始猜測值 $x_1 = 0$，$x_2 = 2$ 和 $x_3 = 6$，驗證式 (7.10) 會有相同的結果。

7.3 考慮下列函數：
$$f(x) = 3 + 6x + 5x^2 + 3x^3 + 4x^4$$
藉由找出此函數的導數的根來找出最小值。使用二分法以及 $x_l = -2$ 和 $x_u = 1$ 的初始猜測值。

7.4 給定
$$f(x) = -1.5x^6 - 2x^4 + 12x$$

(a) 繪出函數圖。
(b) 使用分析的方法證明函數對於全部的 x 形成凹曲線。
(c) 將函數微分，然後使用根位置方法求出最大的 $f(x)$ 及對應值 x。

7.5 使用黃金分割搜尋法，求解習題 7.4 中使 $f(x)$ 最大化的 x 值，以 $x_l = 0$ 和 $x_u = 2$ 的初始猜測值執行三次迭代。

7.6 重複習題 7.5，但是使用拋物線內插法。以 $x_1 = 0$，$x_2 = 1$，$x_3 = 2$ 的初始猜測值執行三次迭代。

7.7 使用下列方法求出以下函數的最大值：
$$f(x) = 4x - 1.8x^2 + 1.2x^3 - 0.3x^4$$

(a) 黃金分割搜尋法（$x_l = -2$，$x_u = 4$，$\varepsilon_s = 1\%$）。
(b) 拋物線內插法（$x_1 = 1.75$，$x_2 = 2$，$x_3 = 2.5$，迭代五次）。

7.8 考慮下列函數：
$$f(x) = x^4 + 2x^3 + 8x^2 + 5x$$
使用分析和圖形的方法顯示函數在 $-2 \leq x \leq 1$ 範圍內有最小值。

7.9 使用下列方法求出習題 7.8 中函數的最小值：

(a) 黃金分割搜尋法（$x_l = -2$，$x_u = 1$，$\varepsilon_s = 1\%$）。
(b) 拋物線內插法（$x_1 = -2$，$x_2 = -1$，$x_3 = 1$，迭代五次）。

7.10 考慮下列函數：
$$f(x) = 2x + \frac{3}{x}$$
進行拋物線內插法迭代 10 次以找出最小值。評論結果的收斂情況（$x_1 = 0.1$，$x_2 = 0.5$，$x_3 = 5$）。

7.11 以下函數定義一曲線，有數個不等分的最小值位於區間：$2 \leq x \leq 20$，
$$f(x) = \sin(x) + \sin\left(\frac{2}{3}x\right)$$
開發一個 MATLAB 腳本 (a) 繪製在區間的函數。求最小值 (b) 使用 `fminbnd`，(c) 使用黃金分割搜尋手算和三位有效位數的停止準則。對於 (b) 和 (c)，使用介於 [4, 8] 的初始猜測值。

7.12 使用黃金分割搜尋手算，來求以下函數的位置 x_{max} 和最大值 $f(x_{max})$：
$$f(x) = -0.8x^4 + 2.2x^2 + 0.6$$
使用初始猜測值 $x_l = 0.7$ 和 $x_u = 1.4$，並計算足夠的迭代次數達到 $\varepsilon_s = 10\%$。計算你最後結果的近似相對誤差。

7.13 開發一個單一腳本，(a) 以類似於範例 7.4 的方式，對下列溫度場產生等值圖和網格圖，(b) 用 `fminsearch` 求最小值。
$$T(x, y) = 2x^2 + 3y^2 - 4xy - y - 3x$$

7.14 一個地下水含水層的源頭可以用下列算式表示在卡式座標中：
$$h(x, y) = \frac{1}{1 + x^2 + y^2 + x + xy}$$
發展一個單一腳本，(a) 以類似於範例 7.4 的方式產生此函數的等值圖和網格圖，(b) 用 `fminsearch` 求最大值。

7.15 最近對於競賽性和休閒性自行車的興趣，意味著工程師已經將他們的技術導向登山車的設計及測試（圖 P7.15a）。假設你被賦予一個任務，就是去預測腳踏車剎車系統對一個外力所反應出的垂直及水平位移。假設你必須分析的力可以簡化如圖 P7.15b 所示。你對測試一個支撐力對一個任意角度 (θ) 的外力有興趣，這個問題的參數 E = 楊氏模數 = 2×10^{11} Pa，A = 截面積 = 0.0001 m^2，w = 寬度 = 0.44 m，ℓ = 長度 = 0.56 m，h = 高度 = 0.5 m。位移 x 及 y 值可以透過求取產生最小位能的

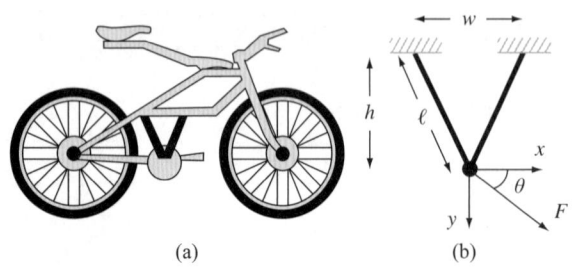

圖 P7.15 (a) 一輛登山自行車，(b) 部分車架的自由體圖。

值求得，求取對一個 10,000 N 以及角度 θ 的範圍從 0°（水平）到 90°（垂直）外力的位移。

7.16 當電流通過一條導線（圖 P7.16），由電阻產生的熱經由一層絕緣體傳導，然後對流至周圍空氣中。導線穩態的空氣溫度可以用下列方程式計算：

$$T = T_{air} + \frac{q}{2\pi}\left[\frac{1}{k}\ln\left(\frac{r_w + r_i}{r_w}\right) + \frac{1}{h}\frac{1}{r_w + r_i}\right]$$

求取可以最小化導線溫度的絕緣體厚度 r_i(m)，給定的參數如下：q = 熱產生速度 = 75 W/m，r_w = 導線半徑 = 6 mm，k = 絕緣體的導熱度 = 0.17 W/(m·K)，h = 熱傳導係數 = 12 W/(m²K) 以及 T_{air} = 空氣溫度 = 293 K。

7.17 開發一個 M 檔，以黃金分割搜尋法找到一個最大值。換句話說，設定條件，使程式可以直接找到最大值，而不是 $-f(x)$ 的最小值。此函數應具有下列特徵：

- 重複直到相對誤差低於停止準則，或者超過最大的迭代次數。
- 回傳最佳的 x 和 $f(x)$ 值。

使用如範例 7.1 的問題來測試你的程式。

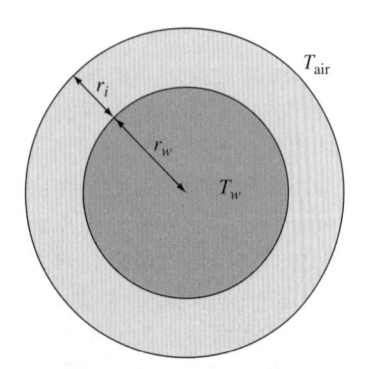

圖 P7.16 絕緣線的截面。

7.18 開發一個 M 檔，以黃金分割搜尋法找到一個最小值。不使用最大的迭代次數和式 (7.9) 當作停止準則，求得達到想要容忍度所需的迭代次數。以範例 7.2 的問題和 $E_{a,d}$ = 0.0001 測試你的程式。

7.19 開發一個 M 檔，以拋物線內插法找到一個最小值。此函數應具有下列特徵：

- 基於兩個初始猜測值，使程式在區間中點產生第三個初始猜測值。
- 檢查這些猜測值是否包圍一個最大值。如果不是，函數不能執行演算法，並回傳錯誤訊息。
- 迭代直到相對誤差低於停止準則，或者超過最大的迭代次數。
- 回傳最佳的 x 和 $f(x)$ 值。

以範例 7.3 的問題測試你的程式。

7.20 在機翼背後的某些點經過一段時間的壓力量測。這些數據從 x = 0 到 6 s 之間的最佳配適曲線 y = 6 cos x − 1.5 sin x。使用黃金分割搜尋法進行四次迭代找出最小壓力。將變數設定為 x_l = 2 和 x_u = 4。

7.21 一個球的軌道可以下列函數計算：

$$y = (\tan\theta_0)x - \frac{g}{2v_0^2\cos^2\theta_0}x^2 + y_0$$

其中 y 是高度 (m)，θ_0 是初始角度（弳度），v_0 是初始速度 (m/s)，g 是重力常數 9.81 m/s²，y_0 是初始高度 (m)。以黃金分割搜尋法找出 y_0 = 2 m，v_0 = 20 m/s，θ_0 = 45° 的最大高度，透過迭代，直至近似誤差 ε_s 低於 10% 為止，使用初始猜測值 x_l = 10 與 x_u = 30 m。

7.22 一根等截面積樑的撓度為依線性增加的負載函數，可以計算如下：

$$y = \frac{w_0}{120EIL}(-x^5 + 2L^2x^3 - L^4x)$$

給定 L = 600 cm，E = 50,000 kN/cm²，I = 30,000 cm⁴，ω_0 = 2.5 kN/cm。計算最大撓度：**(a)** 使用圖形法，**(b)** 使用黃金分割搜尋法，給予 x_l = 0 和 x_u = L 迭代，直至近似誤差 ε_s 低於 1% 為止。

7.23 一個 90 kg 的物體從地球表面以 60 m/s 的速度向上投射。假設物體受線性拖曳力的影響 (c = 15 kg/s)，使用黃金分割搜尋法確定物體的最大高度。

7.24 常態分布是鐘形曲線，定義為：
$$y = e^{-x^2}$$
使用黃金分割搜尋法計算出在此曲線上的反曲點位置的正 x 值。

7.25 使用 `fminsearch` 函數決定下列函數的最小值：
$$f(x, y) = 2y^2 - 2.25xy - 1.75y + 1.5x^2$$

7.26 使用 `fminsearch` 函數決定下列函數的最大值
$$f(x, y) = 4x + 2y + x^2 - 2x^4 + 2xy - 3y^2$$

7.27 給定下列函數：
$$f(x, y) = -8x + x^2 + 12y + 4y^2 - 2xy$$
計算函數最小值：**(a)** 使用圖形法；**(b)** 以 `fminsearch` 函數分析；**(c)** 將 **(b)** 的結果代入計算 $f(x, y)$ 的最小值。

7.28 生產抗菌素的酵母成長率是一個食品濃度 c 的函數：
$$g = \frac{2c}{4 + 0.8c + c^2 + 0.2c^3}$$
如圖 P7.28 描繪的情形，由於食品短缺，酵母成長會在極低濃度下趨近至零。如有毒性影響酵母成長在極高濃度下趨近零，計算 c 使成長率為最大值。

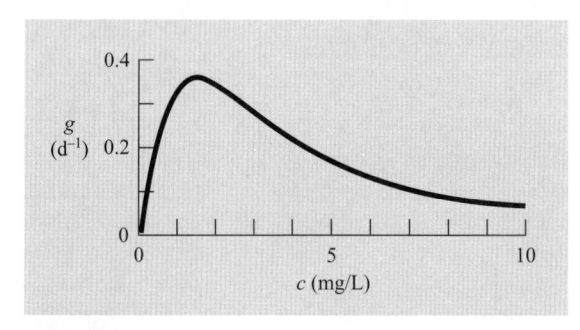

圖 P7.28 生產抗菌素的酵母具體成長率對食品濃度。

7.29 化合物 A 可以在一反應器中轉換成產品 B。產品 B 和未反應的 A 以一個分離器淨化，未反應的 A 再被循環到反應器。一位處理工程師發現系統初始成本是一個 x_A 的轉換函數。計算可以使系統成本最低的轉換。C 是恆定比例。

$$\text{成本} = C\left[\left(\frac{1}{(1-x_A)^2}\right)^{0.6} + 6\left(\frac{1}{x_A}\right)^{0.6}\right]$$

7.30 一根具負載與力矩的懸臂梁的有限元素模型（圖 P7.30），最佳化為：
$$f(x, y) = 5x^2 - 5xy + 2.5y^2 - x - 1.5y$$
其中 x = 終端位移，y = 終端力矩。找出使 $f(x, y)$ 減到最小的 x 和 y 值。

圖 P7.30 懸臂梁。

7.31 Streeter-Phelps 模型可用來計算在一個污水點排出物在河中被溶解的氧濃度（圖 P7.31）：
$$o = o_s - \frac{k_d L_o}{k_d + k_s - k_a}\left(e^{-k_a t} - e^{-(k_d + k_s)t}\right) - \frac{S_b}{k_a}(1 - e^{-k_a t}) \qquad (P7.31)$$

o = 溶氧濃度 (mg/L)，o_s = 氧飽和濃度 (mg/L)，t = 傳播時間 (d)，L_o = 在混合點的生化需氧量 (BOD) 濃度 (mg/L)，k_d = BOD(d^{-1}) 的分解比率，k_s = BOD (d^{-1}) 的沉澱速率，k_a = 再曝氣速率 (d^{-1})，S_b = 沉澱物需氧量 (mg/L/d)。

如圖 P7.31 所示，式 (P7.31) 中的氧氣「凹陷點」會達到一臨界最小值 o_c，經過一段傳播時間 t_c 低於排放點。此點稱為「臨界值」，是因為這位置取決於氧多寡（像魚一樣）的生物區。依下列初始值，確定臨界所需傳播時間和濃度：

o_s = 10 mg/L	k_d = 0.1 d^{-1}	k_a = 0.6 d^{-1}
k_s = 0.05 d^{-1}	L_o = 50 mg/L	S_b = 1 mg/L/d

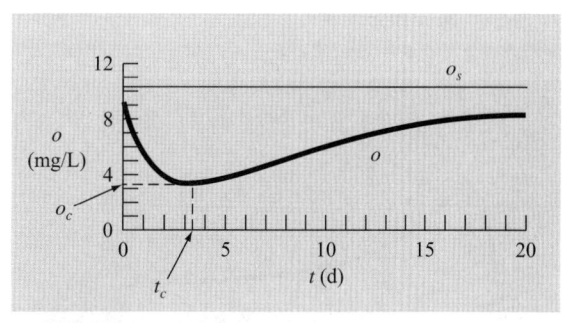

圖 P7.31 在污水流入河川的點排放下的一個溶氧「凹陷點」。

7.32 在一水渠裡的污染物，其二維分布情形可以描述為：

$$c(x, y) = 7.9 + 0.13x + 0.21y - 0.05x^2 - 0.016y^2 - 0.007xy$$

計算此函數，濃度在 $-10 \leq x \leq 10$ 和 $0 \leq y \leq 20$ 範圍內的高峰值。

7.33 總電量 Q 均勻分布在一個半徑 a 的環形導體中，一電荷 q 在距離環形中心 x 處的位置（圖 P7.33）。環狀體對電荷之吸引力為：

$$F = \frac{1}{4\pi e_0} \frac{qQx}{(x^2 + a^2)^{3/2}}$$

其中 $e_0 = 8.85 \times 10^{-12}$ C^2/(N m^2)，$q = Q = 2 \times 10^{-5}$ C，$a = 0.9$ m。計算力為最大值時的距離 x。

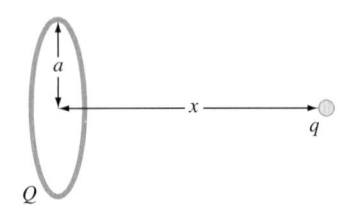

圖 P7.33

7.34 傳輸至感應馬達的力矩為一個在定子磁場的旋轉和轉子速度 s 之間的滑動函數，其中滑動定義為：

$$s = \frac{n - n_R}{n}$$

其中 n = 每秒旋轉的周數，n_R = 轉子速度。克希赫夫定律可用來顯示力矩（以無維度格式表示），滑動關係為：

$$T = \frac{15s(1 - s)}{(1 - s)(4s^2 - 3s + 4)}$$

圖 P7.34 顯示這個函數。使用數值方法，以決定發生滑動的最大力矩。

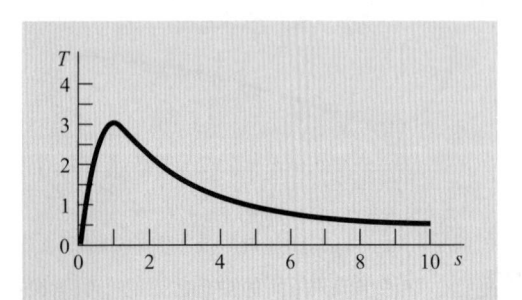

圖 P7.34 傳輸至感應馬達的力矩為一個滑動函數。

7.35 在機翼上的總阻力可以估計為：

$$D = 0.01\sigma V^2 + \frac{0.95}{\sigma}\left(\frac{W}{V}\right)^2$$

　　　　　摩擦　　　　上升

其中 D = 阻力，σ = 飛行高度和海平面之間空氣密度的比率，W = 重量，V = 速度。如圖 P7.35 所示，當速度增加，兩個因素會影響阻力。摩擦阻力會隨著速度增加，因高度上升的阻力卻會隨之減少。兩個因素結合將導致一個最小阻力。

(a) 已知 $\sigma = 0.6$ 和 $W = 16{,}000$，計算最小阻力和其速度。

(b) 另外，發展一敏感性分析，決定此最佳條件如何在 $W = 12{,}000$ 到 $20{,}000$ 以 $\sigma = 0.6$ 變化。

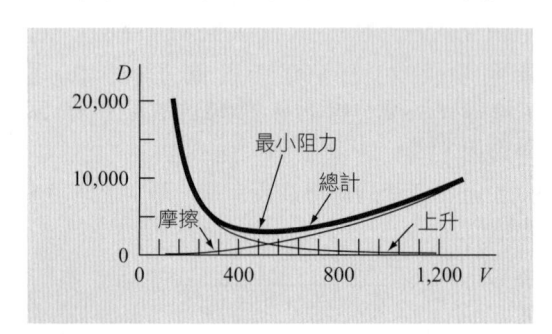

圖 P7.35 機翼阻力與速度圖。

7.36 滾珠軸承受影響大的接觸會引起疲勞失效（圖 P7.36），發現沿著 x 軸的最大應力位置，可以證明相當於使下列函數最大化：

$$f(x) = \frac{0.4}{\sqrt{1 + x^2}} - \sqrt{1 + x^2}\left(1 - \frac{0.4}{1 + x^2}\right) + x$$

找一個 x 值，使 $f(x)$ 最大化。

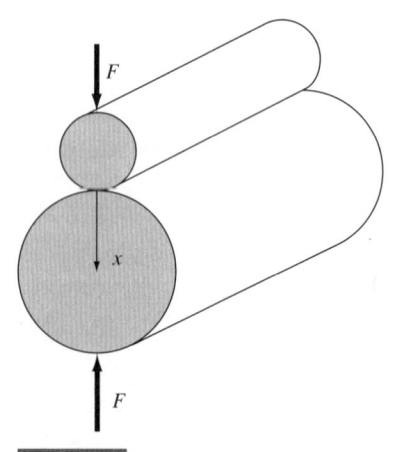

圖 P7.36 滾珠軸承。

7.37 採用和 7.4 節案例研究類似的方法，發展如圖 P7.37 系統的位能函數，計算在 $F = 100$ N、參數 $k_a = 20$ 和 $k_b = 15$ N/m 的平衡位移 x_1 和 x_2，並發展在 MATLAB 中的等值圖和曲面圖。

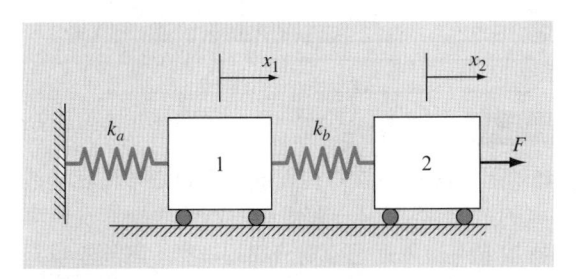

圖 P7.37 以一對線性彈簧在牆上連接兩無摩擦質量。

7.38 作為一位農業工程師，你必須設計一條梯形的灌溉水道（圖 P7.38），計算最佳化的維度，以最小化 50 m² 橫截面積的周長。相關維度是否通用？

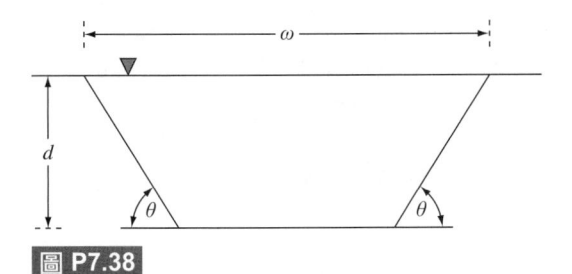

圖 P7.38

7.39 使用 fminsearch 函數計算，自大樓牆上方至地面的最短梯子長度（圖 P7.39），其中條件為 $h = d = 4$ m。

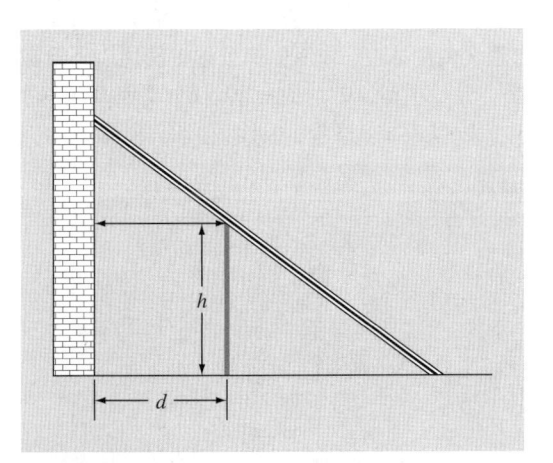

圖 P7.39 一個接觸到牆且靠著一個柵欄的梯子。

7.40 圖 P7.40 顯示橫跨角落的梯子，它的最大長度可藉由下列函數產生最小值：

$$L(\theta) = \frac{w_1}{\sin \theta} + \frac{w_2}{\sin(\pi - \alpha - \theta)}$$

在條件為 $\omega_1 = \omega_2 = 2$ m，使用本章描述的數值方法（包括 MATLAB 內建函數）開發出由 45° 到 135° 之 L 與 a 的對應圖。

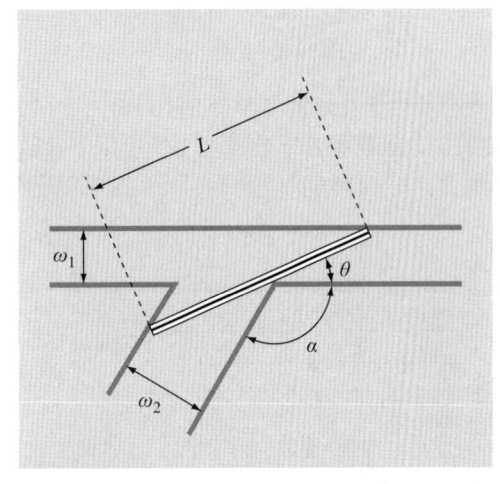

圖 P7.40 一個由橫跨兩個走廊之梯子所形成的角落。

7.41 圖 P7.41 顯示一個以銷固定的樑受到均勻的負載。偏移的方程式為

$$y = -\frac{w}{48EI}(2x^4 - 3Lx^3 + L^3x)$$

開發一個 MATLAB 腳本，使用 fminbnd **(a)** 產生一個標示偏移對應距離的圖和 **(b)** 求最大偏移的位置和大小。應用初始值 0 和 L 並使用 optimset 顯示迭代的次數。在你的計算使用以下參數值（確認你使用一致的單位）：$L = 400$ cm，$E = 52{,}000$ kN/cm²，$I = 32{,}000$ cm⁴，和 $w = 4$ kN/cm。

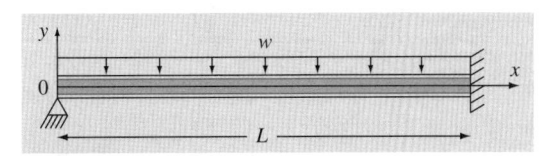

圖 P7.41

7.42 對於穩態水平飛行的噴射機，推力與阻力平衡而升力與重力平衡（圖 P7.42）。在這些條件下，最佳巡航速度是在阻力與速度的比率最小時。阻力 C_D 可以計算為

$$C_D = C_{D0} + \frac{C_L^2}{\pi \cdot AR}$$

其中 C_{D0} = 在零升力的阻力係數，C_L = 升力係數，AR = 展弦比。對於穩態水平的飛行，升力係數可計算為

$$C_L = \frac{2W}{\rho v^2 A}$$

其中 W = 噴射機重量 (N)，ρ = 空氣密度 (kg/m³)，v = 速度 (m/s)，A = 機翼面積 (m²)。阻力可以計算為

$$F_D = W \frac{C_D}{C_L}$$

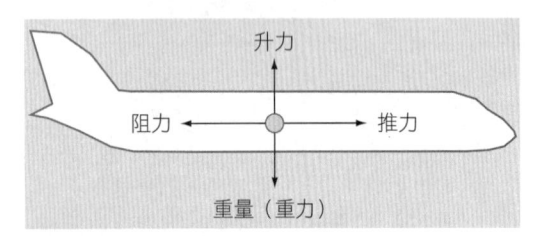

使用這些公式決定在高於海平面高 10 km、重 670 kN 的噴射機之最佳穩態巡航速度。使用以下參數值進行計算：A = 150 m²，AR = 6.5，C_{D0} =0.018，ρ = 0.413 kg/m³。

圖 P7.42 作用於穩態水平飛行一噴射機上的四種力。

7.43 開發一個 MATLAB 腳本，從習題 **7.42** 產生噴射機的最佳速度對應高於海平面高度的圖。噴射機的質量為 68,300 kg。注意重力加速度在緯度 45° 可以高度的函數關係計算為

$$g(h) = 9.8066 \left(\frac{r_e}{r_e + h}\right)^2$$

其中 $g(h)$ = 海平面上高度 h(m) 的重力加速度 (m/s²)，r_e = 地球平均半徑 ($=6.371 \times 10^6$ m)。此外，空氣密度和高度的函數關係表示為

$$\rho(h) = -9.57926 \times 10^{-14} h^3 + 4.71260 \times 10^{-9} h^2$$
$$- 1.18951 \times 10^{-4} h + 1.22534$$

使用習題 **7.42** 的其他參數值並設計一個海平面上高度 $h = 0$ 至 12 公里的圖。

7.44 如同圖 P7.44 所示，一個手提式消防水管射出水柱到一建築物的屋頂。為了覆蓋最大屋頂面積，亦即最大化 $x_2 - x_1$，水管應放置什麼角度，θ，和該離建築物多遠？注意水離開噴嘴無論何種角度均為一等速定值 3 m/s，其他參數值為 h_1 = 0.06 m，h_2 = 0.2 m，和 L = 0.12 m。[提示：覆蓋在水柱路徑剛好清除角落前緣時會最大化。亦即我們要選擇一個 x_1 和 θ 讓水清除上角落同時將 $x_2 - x_1$ 最大化]。

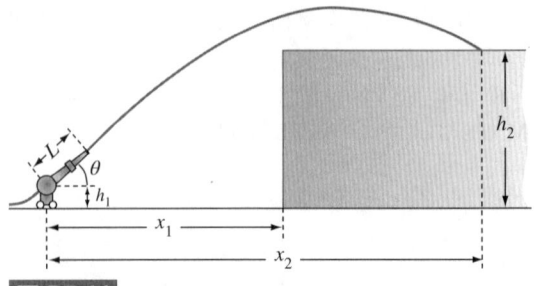

圖 P7.44

7.45 因為許多污染物在周邊進入湖泊（和在其他水域的這類物質），一個重要的水質問題涉及廢棄物排放或河流附近污染物分布的模擬。對於垂直充分混合的同深度層，一個穩態分布的污染物以一階衰退的反應可表示為

$$0 = -U_x \frac{\partial c}{\partial x} + E\left(\frac{\partial^2 c}{\partial x^2} + \frac{\partial^2 c}{\partial y^2}\right) - kc$$

其中 x 和 y 軸分別定義為平行與垂直於湖岸（圖 P7.45）。參數與變數為：U_x = 沿著湖岸的水速度 (m/d)，c = 濃度，E = 紊流擴散係數，和 k = 一階衰退率。對於一個案例有等負荷，W，在 (0, 0) 代入任何座標濃度的解可寫為

$$c = 2\left\{c(x, y) + \sum_{n=1}^{\infty}[c(x, y + 2nY) - c(x, y + 2nY)]\right\}$$

其中

$$c(x, y) = \frac{W}{\pi H E} e^{\frac{U_x x}{2E}} K_0\left(\sqrt{(x^2 + y^2)\left[\frac{k}{E} + \left(\frac{U_x}{2E}\right)^2\right]}\right)$$

其中 Y = 寬度，H = 深度，和 K_o = 修正二階貝索函數。開發一個 MATLAB 腳本來產生一個湖泊的一段濃度等值圖，Y = 4.8 公里和長度從 X = −2.4 至 2.4 公里，使用 $\Delta x = \Delta y$ = 0.32 公里。使用以下參數值計算：$W = 1.2 \times 10^{12}$，$H = 20$，$E = 5 \times 10^6$，$U_x = 5 \times 10^3$，$k = 1$，和 $n = 3$。

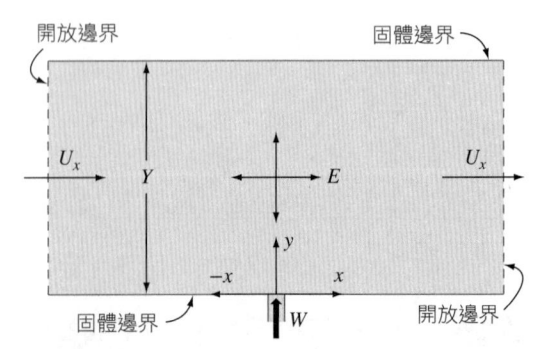

圖 P7.45 湖泊的一個平面視圖和從下邊界中段進入的點污染源。

第三篇

線性系統

3.1 概述

什麼是線性代數方程式？

在第二篇，我們求出能夠滿足單一方程式 $f(x) = 0$ 的 x 值。現在，我們討論求出能同時滿足方程組的 $x_1, x_2, \ldots, x_n$：

$$f_1(x_1, x_2, \ldots, x_n) = 0$$
$$f_2(x_1, x_2, \ldots, x_n) = 0$$
$$\vdots \qquad \vdots$$
$$f_n(x_1, x_2, \ldots, x_n) = 0$$

這種系統既不是線性也不是非線性。在第三篇，我們處理的**線性代數方程式 (linear algebraic equations)** 具有一般形式如下：

$$\begin{aligned} a_{11}x_1 + a_{12}x_2 + \cdots + a_{1n}x_n &= b_1 \\ a_{21}x_1 + a_{22}x_2 + \cdots + a_{2n}x_n &= b_2 \\ \vdots \qquad\qquad \vdots& \\ a_{n1}x_1 + a_{n2}x_2 + \cdots + a_{nn}x_n &= b_n \end{aligned} \qquad \text{(PT3.1)}$$

其中 a 是常數係數，b 是常數，x 是未知數，以及 n 是方程式數目。所有其他的代數方程式都是非線性的。

工程與科學中的線性代數方程式

許多工程和科學的基本方程式是基於守恆定律。符合這類定律的常見數量是質量、能量和動量。在數學方面，這些定律能推導出符合系統行為的平衡方程式或連續方程式，而系統行為則由針對系統的屬性或特徵進行模型化數量的程式或反應，以及外部刺

激或強制函數來執行。

例如，質量守恆原理可以用來為一系列的化學反應器制定模型（圖PT3.1a）。以這個例子來說，每個反應器中的化學質量均被模型化。該系統的性能是化學物質的反應特性，以及反應器的大小和流量。強制函數是化學物質進入系統的輸入率。

當我們研究方程式的根時，可以使用根位置技術，求解單元件系統產生的單一方程式。多組系統造成必須同時求解一耦合的數學方程式。方程式耦合是因為系統個別部分會受到其他部分的影響。例如，在圖PT3.1a中，反應器2和3輸入化學物質到反應器4，結果，其反應將和這些反應器的輸入量相關。

當用數學表達這些相關性，由此產生的方程式時常是式(PT3.1)的線性代數形式。x通常用來量測各個組成部分的反應程度。以圖PT3.1a為例，x_1是第一反應器的化學物質質量，x_2是第二反應器的化學物質質量，以此類推。a則是代表組成部分之間相互作用的性質以及特點。舉例來說，圖PT3.1a中，a反映了反應器間的流率。最後，b代表作用於系統的強制函數，如輸入率。

這些多組成問題的類型都是集中（巨觀）或分布（微觀）變數的數學模型。**集中變數問題 (lumped variable problem)** 涉及有限耦合的組成部分。第8章一開始描述三個用繩索綁著相連接的高空彈跳者就是一個集中系統，其他例子包括支架、反應器和電路。

相反地，**分布變數問題 (distributed variable problem)** 試圖在連續或半連續的基礎上說明空間細節。化學物質沿一個狹長矩形反應器的長度分布（圖PT3.1b），就是連續變數模型的一個例子。自守恆定率導出的微分方程式指出此類系統的應變數分布情形。數值方法可解這些微分方程式，方法是將它們轉換成聯立代數方程式的等效系統。

這些方程式的解為以下章節之大部分應用領域的方法。因為一個區域的變數依賴相鄰區域

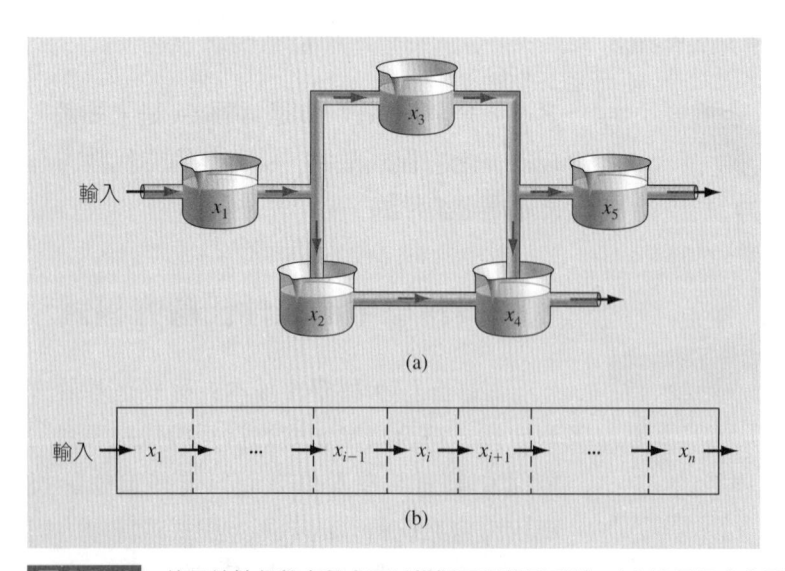

圖 PT3.1 使用線性代數方程式可以模擬兩種類型系統：(a) 涉及耦合有限元件的集中變數系統；(b) 涉及一個連續體的分布變數系統。

的變數，這些方程式相互耦合。例如，在圖 PT3.1b 中，反應器中間的濃度是相鄰區域濃度的函數。類似的例子可以發展在溫度、動量或電力的空間分布。

除了物理系統，聯立線性代數方程式同時還出現在各種數學問題中。這些數學函數都必須同時滿足幾個條件。每個條件可以產生一個包含已知係數和未知變數的方程式。本篇所討論的技術可以用來求解線性方程式和代數的未知數。一些採用聯立方程式且廣泛使用之數值技術，包括迴歸分析和樣條內插。

3.2 本篇的架構

由於制定和求解線性代數方程式的重要性，第 8 章提供了**矩陣代數 (matrix algebra)** 的簡要概述。除了涵蓋矩陣表示和運用的基本原則，還介紹在 MATLAB 中如何處理矩陣。

第 9 章是以最根本的方法 ── **高斯消去法 (Gauss elimination)** 求解線性代數系統。在詳細討論此一技術前，會先以簡易的方法求解規模較小的系統。這些方法能提供我們直觀的洞察力，而且其中一種方法──消去未知數──為高斯消去法的基礎。

在了解上述的內容以後，即進行單純高斯消去法的討論。我們從「精簡」版開始，因為它允許使用基本的技術來闡述，而不需要複雜的細節。隨後各節將討論高斯消去法的潛在問題，並且提出一些修改方式，以盡量減少和避免這些問題。討論的重點會是交換列或**部分軸元 (partial pivoting)** 的程序。該章最後簡要介紹求解**三對角線矩陣 (tridiagonal matrix)** 的有效率方法。

第 10 章說明如何使用高斯消去法表示 **LU 分解 (LU factorization)**。這種解法在需要計算許多右手邊向量時很有用。該章最後簡要概述 MATLAB 如何求解線性系統。

第 11 章開始說明如何使用 LU 分解有效地計算**反矩陣 (matrix inverse)**，反矩陣可用來分析物理系統的刺激－反應關係。該章的其餘部分會著重於矩陣條件的重要概念。條件數是在求解病態條件的矩陣時，衡量捨入誤差的依據。

第 12 章涉及迭代技術，類似第 6 章所討論近似法的精神。亦即它們的解法涉及猜測解，然後透過迭代以獲得較好的估計。重點是要強調**高斯－塞德法 (Gauss-Seidel method)**，以及提供一種替代的方案，稱為**亞可比法 (Jacobi method)**。該章最後簡短地介紹如何解**非線性聯立方程式 (nonlinear simultaneous equations)**。

最後，第 13 章（請見隨書光碟）會致力於**特徵值 (eigenvalue)** 問題。在許多的工程以及科學應用中，都和特徵值問題有數學上的關聯。我們敘述兩個簡單的方法，以及用 MATLAB 的功能去求解特徵值以及**特徵向量 (eigenvector)**。在實際應用方面，我們將這方法應用在機械系統和結構的振動以及振盪方面。

第 8 章

線性代數方程式與矩陣

章節目標

本章的主要目標是讓讀者熟悉線性代數方程式，以及其和矩陣與矩陣代數的關係。個別的目標和主題包括：

- 了解矩陣的符號。
- 可以分辨下列各種形式的矩陣：單位矩陣、對角矩陣、對稱矩陣、三角矩陣以及三對角線矩陣。
- 知道如何進行矩陣的乘法運算，並且評估在何種情況下是可行的。
- 知道如何將線性代數方程式系統表示為矩陣的形式。
- 知道如何使用 MATLAB 中的左除法及反矩陣來求解線性代數方程式。

有個問題考考你

假設三個高空彈跳者被彈跳用的繩索綁著，如圖 8.1a 所示，每個人都被垂直地綁住，每一條繩索都是伸展著但並沒有拉緊。我們可以定義三段從沒有拉緊的位置往下計算的距離，分別為 x_1、x_2 以及 x_3。當三人被放開的時候，重力會施於此三人，並且達到圖 8.1b 中所示的平衡點位置。

假設現在你欲計算每一個高空彈跳者的位移。我們假設每條繩索都是一個線性的彈簧，並且遵守虎克定律，則可建立每一個高空彈跳者的自由體圖，如圖 8.2 所描繪。

使用牛頓第二運動定律，對於每一個彈跳者的穩態力平衡如下：

$$\begin{aligned} m_1 \frac{d^2 x_1}{dt^2} &= m_1 g + k_2(x_2 - x_1) - k_1 x_1 \\ m_2 \frac{d^2 x_2}{dt^2} &= m_2 g + k_3(x_3 - x_2) + k_2(x_1 - x_2) \\ m_3 \frac{d^2 x_3}{dt^2} &= m_3 g + k_3(x_2 - x_3) \end{aligned} \tag{8.1}$$

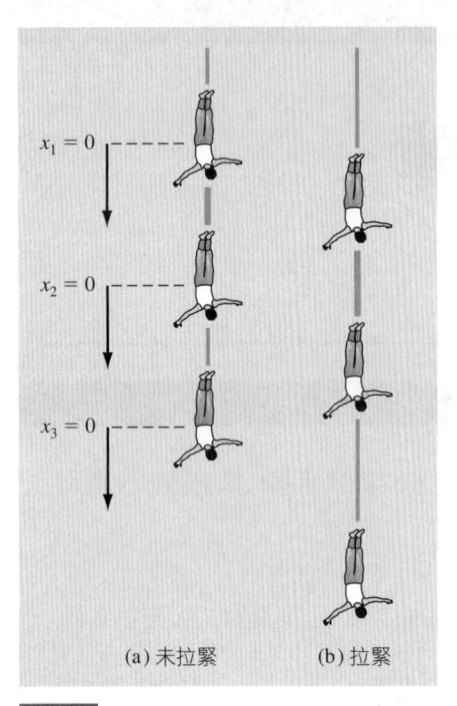

圖 8.1 三個彈跳者被高空彈跳繩索綁著。

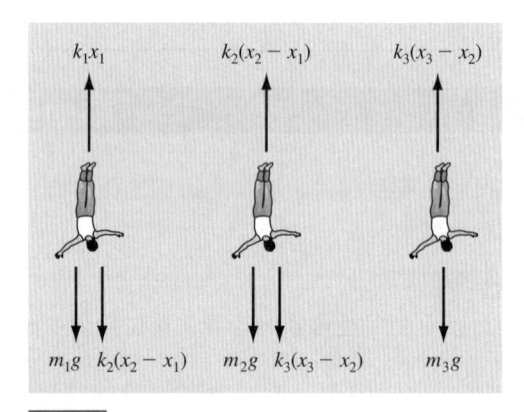

圖 8.2 自由體圖。

其中 m_i = 彈跳者的質量 i (kg)，t = 時間 (s)，k_j = 繩索 j 的彈力常數 (N/m)，x_i = 彈跳者 i 從平衡點位置往下的位移量 (m)，以及 g = 重力加速度 (9.81 m/s^2)。因為我們對穩態解有興趣，二階導數的結果被設定為零，整理後如下：

$$(k_1 + k_2)x_1 \quad - k_2 x_2 \quad\quad = m_1 g$$
$$-k_2 x_1 + (k_2 + k_3)x_2 - k_3 x_3 = m_2 g \tag{8.2}$$
$$-k_3 x_2 + k_3 x_3 = m_3 g$$

因此，此問題變成求解三元一次聯立方程式，目標是求得三個未知的位移。因為我們對繩索使用的是線性定律，所以這些方程式是線性代數方程式。第 8 章至第 12 章將會介紹 MATLAB 如何求解這些方程式系統。

8.1 矩陣代數概述

想要了解線性代數方程式的解，矩陣的知識是不可或缺的。以下章節說明矩陣如何提供一個簡潔的方法來表示及操作線性代數方程式。

8.1.1 矩陣的符號

矩陣 (matrix) 是將排列成長方形的元素陣列以單一的符號表示。如圖 8.3 所描繪，[A] 是矩陣的簡化表示方式，a_{ij} 代表矩陣中個別的**元素 (element)**。

水平的一整組元素稱為**列 (row)**，而垂直的一整組元素稱為**行 (column)**。第一個下標 i 表示此元素落在第幾列，第二個下標 j 則表示此元素落在第幾行。例如，元素 a_{23} 落在第 2 列和第 3 行。

圖 8.3 中的矩陣具有 m 列以及 n 行，故稱為具有 m 乘 n（或 $m \times n$）的維度。它被歸屬為一個 m 乘 n 矩陣。

具有列維度 $m = 1$ 的矩陣如下：

$$[b] = [b_1 \quad b_2 \quad \cdots \quad b_n]$$

且稱為**列向量 (row vector)**。注意，為了簡化，每個元素的第一個下標是被省略的。必須一提的是，有時候會使用特別的簡化表示法標明列矩陣，以便與其他種類的矩陣做區分。一種方法是使用特殊的上方無橫線的中括號，如 $\lfloor b \rfloor$ [1]。

具有行維度 $n = 1$ 的矩陣如下：

$$[c] = \begin{bmatrix} c_1 \\ c_2 \\ \vdots \\ c_m \end{bmatrix} \tag{8.3}$$

且稱為**行向量 (column vector)**。為了簡化，每個元素的第二個下標是被省略的。另外，和列向量的情形一樣，有時候會使用特別的簡化表示法標明行矩陣，以便與其他種類的矩陣做區分。一種方法是使用特殊的括號，如 $\{c\}$。

當 $m = n$，稱之為**方陣 (square matrix)**。例如，一個 3×3 的矩陣為：

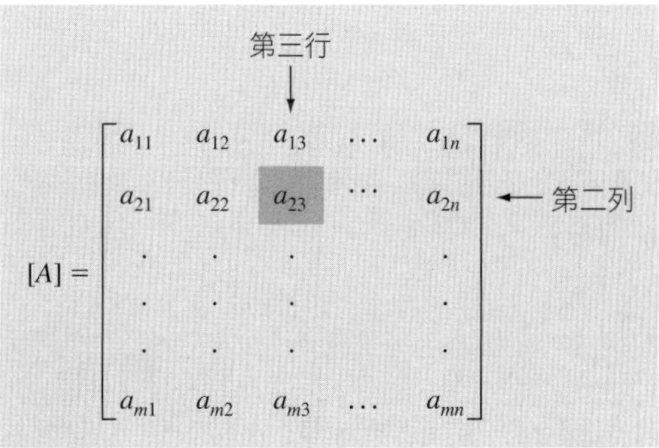

$$[A] = \begin{bmatrix} a_{11} & a_{12} & a_{13} & \cdots & a_{1n} \\ a_{21} & a_{22} & a_{23} & \cdots & a_{2n} \\ \cdot & \cdot & \cdot & & \cdot \\ \cdot & \cdot & \cdot & & \cdot \\ \cdot & \cdot & \cdot & & \cdot \\ a_{m1} & a_{m2} & a_{m3} & \cdots & a_{mn} \end{bmatrix}$$

第三行 ↓　　　←第二列

圖 8.3 矩陣。

---

[1] 除了特殊的中括號之外，我們也使用大小寫來區分向量（小寫英文字母）與矩陣（大寫英文字母）。

$$[A] = \begin{bmatrix} a_{11} & a_{12} & a_{13} \\ a_{21} & a_{22} & a_{23} \\ a_{31} & a_{32} & a_{33} \end{bmatrix}$$

對角線上的元素分別為 a_{11}、a_{22} 及 a_{33}，稱為矩陣的**主軸 (principal)** 或**主對角線 (main diagonal)**。

方陣對於求解一組聯立線性方程式是非常重要的。對於這樣的系統，方程式的數目（對應到列）以及未知數的數目（對應到行）是一致的，這樣才有可能得到唯一解。因此，我們處理這種系統時會遇到係數的方陣。

有一些特殊形式的方陣是重要的並且應該注意：

對稱矩陣 (symmetric matrix) 為列等於行，也就是對於所有的 i 以及 j，元素 $a_{ij} = a_{ji}$。例如，

$$[A] = \begin{bmatrix} 5 & 1 & 2 \\ 1 & 3 & 7 \\ 2 & 7 & 8 \end{bmatrix}$$

是一個 3×3 的對稱矩陣。

對角矩陣 (diagonal matrix) 為方陣中所有不在主對角線上的元素均等於零，如下：

$$[A] = \begin{bmatrix} a_{11} & & \\ & a_{22} & \\ & & a_{33} \end{bmatrix}$$

注意元素的大片區域為零，它們是空白的。

單位矩陣 (identity matrix) 為一個對角矩陣，而且主對角線上每個元素均為 1，如下：

$$[I] = \begin{bmatrix} 1 & & \\ & 1 & \\ & & 1 \end{bmatrix}$$

單位矩陣具有和 1 類似的性質，也就是

$$[A][I] = [I][A] = [A]$$

上三角矩陣 (upper triangular matrix) 是所有在主對角線下方的元素為零，例如，

$$[A] = \begin{bmatrix} a_{11} & a_{12} & a_{13} \\ & a_{22} & a_{23} \\ & & a_{33} \end{bmatrix}$$

下三角矩陣 (lower triangular matrix) 是所有在主對角線上方的元素為零，例如，

$$[A] = \begin{bmatrix} a_{11} & & \\ a_{21} & a_{22} & \\ a_{31} & a_{32} & a_{33} \end{bmatrix}$$

帶狀矩陣 (banded matrix) 是除了以主對角線為中心的一條帶狀上，以外的元素均為零：

$$[A] = \begin{bmatrix} a_{11} & a_{12} & & \\ a_{21} & a_{22} & a_{23} & \\ & a_{32} & a_{33} & a_{34} \\ & & a_{43} & a_{44} \end{bmatrix}$$

前面的矩陣帶寬為 3，且被給予一個特別的名稱 —— **三對角線矩陣 (tridiagonal matrix)**。

8.1.2　矩陣運算法則

現在我們已經明確說明了矩陣的意義，接著可以定義一些運算法則來決定它的用途。兩個 m 乘 n 的矩陣相等，若且唯若兩個矩陣中每一個對應位置的元素都相等——換句話說，對於所有的 i 和 j，假如 $a_{ij} = b_{ij}$，$[A] = [B]$。

兩個矩陣的相加，例如，$[A]$ 加 $[B]$，是把兩個矩陣中每一個對應位置的元素加起來。求出的矩陣 $[C]$ 中的每個元素計算如下：

$$c_{ij} = a_{ij} + b_{ij}$$

$i = 1, 2, \cdots, m$，而且 $j = 1, 2, \cdots, n$。同理，兩個矩陣的減法，例如，$[E]$ 減 $[F]$，是將對應位置的元素相減，如下：

$$d_{ij} = e_{ij} - f_{ij}$$

$i = 1, 2, \cdots, m$，而且 $j = 1, 2, \cdots, n$。遵循前面的定義，只有在矩陣之間擁有相同的維度時，才能執行加法和減法。

加法和減法兩者具有交換性：

$$[A] + [B] = [B] + [A]$$

以及結合性：

$$([A] + [B]) + [C] = [A] + ([B] + [C])$$

矩陣 $[A]$ 與純量 g 的乘法是把 $[A]$ 中的每一個元素都乘以 g 而得。例如，一個 3×3 的矩陣：

$$[D] = g[A] = \begin{bmatrix} ga_{11} & ga_{12} & ga_{13} \\ ga_{21} & ga_{22} & ga_{23} \\ ga_{31} & ga_{32} & ga_{33} \end{bmatrix}$$

兩個矩陣的乘積表示如 $[C] = [A][B]$，其中 $[C]$ 的元素定義為：

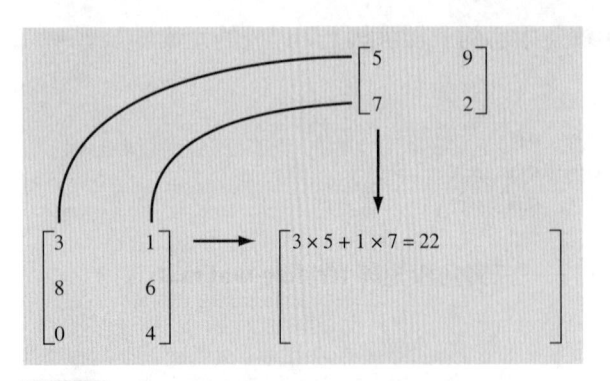

圖 8.4 圖解說明列和行在矩陣的乘法運算中如何排列對齊。

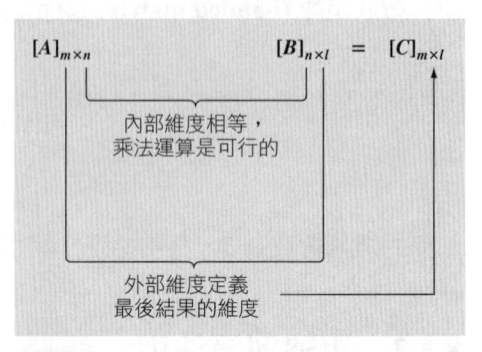

圖 8.5 矩陣的乘法運算只能在內部維度相等的情況下進行。

$$c_{ij} = \sum_{k=1}^{n} a_{ik} b_{kj} \tag{8.4}$$

其中 n = 矩陣 [A] 的行維度以及矩陣 [B] 的列維度。亦即 c_{ij} 這個元素是根據第一個矩陣（在此例子中是矩陣 [A]）的第 i 列與第二個矩陣（在此例子中為矩陣 [B]）的第 j 行，每一個元素兩兩相乘再加總而得。圖 8.4 說明了列和行在矩陣的乘法運算中如何排列對齊。

根據這個定義，矩陣的乘法運算只有在第一個矩陣的行數等於第二個矩陣的列數時才能進行。因此，如果 [A] 是一個 m 乘 n 的矩陣，[B] 是一個 n 乘 l 的矩陣，在這個情況下，得到的矩陣 [C] 是一個 m 乘 l 的矩陣；然而，如果 [B] 是一個 m 乘 l 的矩陣，則無法進行乘法。圖 8.5 提供了一個簡單的方式來判斷兩個矩陣是否可以相乘。

如果矩陣的維度是適當的，則矩陣的乘法具有**結合性 (associative)**：

$$([A][B])[C] = [A]([B][C])$$

以及**分配性 (distributive)**：

$$[A]([B] + [C]) = [A][B] + [A][C]$$

或者

$$([A] + [B])[C] = [A][C] + [B][C]$$

然而，乘法通常並沒有**交換性 (commutative)**：

$$[A][B] \neq [B][A]$$

亦即矩陣乘法的順序是很重要的。

雖然矩陣的乘法是可行的，但矩陣的除法並不是一個有定義的運算。然而，如果矩陣 [A]

是方陣且**非奇異 (nonsingular)**，則存在矩陣 $[A]^{-1}$，稱為 $[A]$ 的**反矩陣 (inverse matrix)**，有下列性質：

$$[A][A]^{-1} = [A]^{-1}[A] = [I]$$

因此，利用反矩陣的乘法類比於除法，其意涵就有如一個數除以自己會得到 1；亦即矩陣與自己的反矩陣相乘會得到單位矩陣。

一個 2×2 矩陣的反矩陣可以簡單表示成：

$$[A]^{-1} = \frac{1}{a_{11}a_{22} - a_{12}a_{21}} \begin{bmatrix} a_{22} & -a_{12} \\ -a_{21} & a_{11} \end{bmatrix}$$

對於更高維度的矩陣也可以使用類似的公式。第 11 章將討論運用數值方法的技巧以及電腦來計算此種系統的反矩陣。

矩陣轉置 (transpose of a matrix) 是將列轉換到行，而行轉換到列。例如，對於一個 3×3 的矩陣：

$$[A] = \begin{bmatrix} a_{11} & a_{12} & a_{13} \\ a_{21} & a_{22} & a_{23} \\ a_{31} & a_{32} & a_{33} \end{bmatrix}$$

轉置矩陣，標記為 $[A]^T$，定義如下：

$$[A]^T = \begin{bmatrix} a_{11} & a_{21} & a_{31} \\ a_{12} & a_{22} & a_{32} \\ a_{13} & a_{23} & a_{33} \end{bmatrix}$$

換句話說，轉置矩陣中的元素 a_{ij} 等於原本矩陣中的元素 a_{ji}。

轉置矩陣對於矩陣代數有各式各樣的功能。一個簡單的好處就是可以將行向量寫成列向量，反之亦然。舉例來說，如果

$$\{c\} = \begin{Bmatrix} c_1 \\ c_1 \\ c_1 \end{Bmatrix}$$

則

$$\{c\}^T = \lfloor c_1 \quad c_2 \quad c_3 \rfloor$$

另外，轉置矩陣有很多數學上的應用。

排列矩陣 (permutation matrix) 是一個行以及列互換的單位矩陣。舉例來說，以下是一個排列矩陣，此矩陣是將 3×3 單位矩陣的第一行以及第三行（或第一列以及第三列）互換：

$$[P] = \begin{bmatrix} 0 & 0 & 1 \\ 0 & 1 & 0 \\ 1 & 0 & 0 \end{bmatrix}$$

在左邊乘上一個矩陣 [A]，表示成 [P][A]，會將矩陣 [A] 的對應列作交換，右乘法表示成 [A][P]，則是會將矩陣 [A] 的對應行作交換。在此有一個左乘的例子如下：

$$[P][A] = \begin{bmatrix} 0 & 0 & 1 \\ 0 & 1 & 0 \\ 1 & 0 & 0 \end{bmatrix} \begin{bmatrix} 2 & -7 & 4 \\ 8 & 3 & -6 \\ 5 & 1 & 9 \end{bmatrix} = \begin{bmatrix} 5 & 1 & 9 \\ 8 & 3 & -6 \\ 2 & -7 & 4 \end{bmatrix}$$

最後一個對於我們的討論有所助益的矩陣運算是**增廣矩陣 (augmentation matrix)**。在原本的矩陣增加行數或列數，就形成了增廣矩陣。例如，假設我們有一個 3×3 的係數矩陣。我們可對矩陣 [A] 增廣一個 3 × 3 的單位矩陣，得到一個 3×6 維度的矩陣：

$$\begin{bmatrix} a_{11} & a_{11} & a_{11} & | & 1 & 0 & 0 \\ a_{21} & a_{21} & a_{21} & | & 0 & 1 & 0 \\ a_{31} & a_{31} & a_{31} & | & 0 & 0 & 1 \end{bmatrix}$$

這樣的表示法對我們要對兩個矩陣的列進行一組相同的運算時很有幫助。因此，我們通常以單一的增廣矩陣來進行運算，而不使用兩個個別的矩陣。

範例 8.1　MATLAB 矩陣運算

問題敘述　以下的例子說明了如何使用 MATLAB 執行各式各樣的矩陣運算。在電腦上操作是最有效的練習方法。

解法　建立一個 3 × 3 的矩陣：

```
>> A = [ 1  5  6 ; 7  4  2 ; -3  6  7 ]
A =
     1     5     6
     7     4     2
    -3     6     7
```

[A] 的轉置矩陣可以利用運算子 ' 來求得：

```
>> A '
ans =
     1     7    -3
     5     4     6
     6     2     7
```

接下來，我們以列來建立另一個 3×3 的矩陣。首先建立三個列向量：

```
>> x = [ 8  6  9 ];
>> y = [ -5  8  1 ];
>> z = [ 4  8  2 ];
```

接下來，我們可以將這些結合成矩陣：

```
>> B = [ x ; y ; z ]
B =
     8     6     9
    -5     8     1
     4     8     2
```

我們可以將 [A] 以及 [B] 相加：

```
>> C = A + B
C =
     9    11    15
     2    12     3
     1    14     9
```

更進一步，我們可以從 [C] 減去 [B] 得回 [A]：

```
>> A = C - B
A =
     1     5     6
     7     4     2
    -3     6     7
```

因為它們的內部維度相同，所以 [A] 及 [B] 可以相乘，得到：

```
>> A*B
ans =
     7    94    26
    44    90    71
   -26    86    -7
```

注意 [A] 以及 [B] 也可以利用英文句號 . 配合乘法的運算子，進行兩個矩陣中對應位置的元素對元素相乘，如下：

```
>> A.*B
ans =
     8    30    54
   -35    32     2
   -12    48    14
```

一個 2×3 的矩陣可以設定為：

```
>> D = [ 1  4  3 ; 5  8  1 ];
```

如果 [A] 乘以 [D]，將會產生一個錯誤訊息：

```
>> A*D
??? Error using ==> mtimes
Inner matrix dimensions must agree.
```

然而，如果我們顛倒乘法的順序，則內部維度相符，得以進行乘法運算：

```
>> D*A
ans =
    20    39    35
    58    63    53
```

此矩陣的反矩陣可以用 inv 函數來計算：

```
>> AI = inv(A)
AI =
    0.2462    0.0154   -0.2154
   -0.8462    0.3846    0.6154
    0.8308   -0.3231   -0.4769
```

為了驗證這是正確的結果，反矩陣可以與原本的矩陣相乘以得到單位矩陣：

```
>> A*AI
ans =
    1.0000   -0.0000   -0.0000
    0.0000    1.0000   -0.0000
    0.0000   -0.0000    1.0000
```

eye 函數可以用來產生單位矩陣：

```
>> I = eye(3)
I =
    1    0    0
    0    1    0
    0    0    1
```

我們可以建立一個排列矩陣將一個 3×3 矩陣的第一、第三行或列作交換，如下：

```
>> P = [ 0  0  1;  0  1  0;  1  0  0 ]
P =
    0    0    1
    0    1    0
    1    0    0
```

我們可以將列作交換：

```
>> PA = P*A
PA =
   -3    6    7
    7    4    2
    1    5    6
```

或是將行作交換：

```
>> AP = A*P
AP =
```

```
         6     5     1
         2     4     7
         7     6    -3
```

最後，矩陣可以簡單地被增廣如下：

```
>> Aug = [A I]
Aug =
     1     5     6     1     0     0
     7     4     2     0     1     0
    -3     6     7     0     0     1
```

注意矩陣的維度可以用內建函數 size 來決定：

```
>> [n,m] = size(Aug)
n =
     3
m =
     6
```

8.1.3 以矩陣形式表示線性代數方程式

現在應該清楚知道，矩陣提供了一個簡潔的表示法來表示聯立線性方程式。例如，一組 3×3 的線性方程式：

$$\begin{aligned} a_{11}x_1 + a_{12}x_2 + a_{13}x_3 &= b_1 \\ a_{21}x_1 + a_{22}x_2 + a_{23}x_3 &= b_2 \\ a_{31}x_1 + a_{32}x_2 + a_{33}x_3 &= b_3 \end{aligned} \tag{8.5}$$

可以表示如下：

$$[A]\{x\} = \{b\} \tag{8.6}$$

其中 [A] 是係數矩陣：

$$[A] = \begin{bmatrix} a_{11} & a_{12} & a_{13} \\ a_{21} & a_{22} & a_{23} \\ a_{31} & a_{32} & a_{33} \end{bmatrix}$$

$\{b\}$ 是常數的行向量：

$$\{b\}^T = \lfloor b_1 \quad b_2 \quad b_3 \rfloor$$

且 $\{x\}$ 是未知數的行向量：

$$\{x\}^T = \lfloor x_1 \quad x_2 \quad x_3 \rfloor$$

回想矩陣乘法的定義（式 (8.4)）來說服你自己式 (8.5) 及式 (8.6) 是等效的。同樣地，了解到式 (8.6) 是一個有效的矩陣乘法，因為第一個矩陣 [A] 具有的行數 n，等於第二個矩陣 {x} 的列數 n。

本書的這個部分主要是求解式 (8.6) 得出 {x}。使用矩陣代數求解的一個正式方法，就是將等號兩側同時乘以 [A] 的反矩陣，得到：

$$[A]^{-1}[A]\{x\} = [A]^{-1}\{b\}$$

因為 $[A]^{-1}[A]$ 等於單位矩陣，所以方程式變成：

$$\{x\} = [A]^{-1}\{b\} \tag{8.7}$$

因此，已經求解出方程式的 {x}。這是反矩陣如何在矩陣代數中扮演與除法相似角色的另一個例子。注意，這不是一個非常有效率的求解系統方程式的方法，因此數值演算法也使用其他方法。然而，如同將在 11.1.2 節討論的，反矩陣本身在這類系統的工程分析中擁有很高的價值。

系統具有比未知數（行數）更多的方程式數目（列數），即 $m > n$，稱為**過定 (overdetermined)**。一個典型的例子就是最小平方迴歸，一個具有 n 個係數的方程式適配 m 個資料點 (x, y)。相反地，系統具有比未知數（行數）更少的方程式數目（列數），即 $m < n$，稱為**欠定 (underdetermined)**。一個欠定系統的典型例子就是數值最佳化。

8.2 使用 MATLAB 求解線性代數方程式

MATLAB 提供了兩個直接的方法，用來求解線性代數方程式的系統。最有效率的方法就是使用反斜線或「左除法」，運算子如下：

```
>> x = A\b
```

第二是使用反矩陣：

```
>> x = inv(A)*b
```

如在 8.1.3 節最後所描述的，反矩陣解法比使用反斜線更沒有效率。兩種選擇在以下範例中說明。

範例 8.2　使用 MATLAB 求解高空彈跳者問題

問題敘述　使用 MATLAB 求解本章一開始敘述的高空彈跳者問題。問題的參數如下：

高空彈跳者	質量 (kg)	彈力常數 (N/m)	未拉緊的繩索長度 (m)
上 (1)	60	50	20
中 (2)	70	100	20
下 (3)	80	50	20

解法 將這些參數值代入式 (8.2)，得到：

$$\begin{bmatrix} 150 & -100 & 0 \\ -100 & 150 & -50 \\ 0 & -50 & 50 \end{bmatrix} \begin{Bmatrix} x_1 \\ x_2 \\ x_3 \end{Bmatrix} = \begin{Bmatrix} 588.6 \\ 686.7 \\ 784.8 \end{Bmatrix}$$

啟動 MATLAB，並輸入係數矩陣以及右手邊向量：

```
>> K = [ 150  -100   0; -100  150  -50;  0  -50  50 ]
K =
   150   -100      0
  -100    150    -50
     0    -50     50
>> mg = [ 588.6;   686.7;   784.8 ]
mg =
  588.6000
  686.7000
  784.8000
```

使用左除法得到：

```
>> x = K\mg
x =
   41.2020
   55.9170
   71.6130
```

同樣地，將係數矩陣的反矩陣與右手邊向量相乘，得到相同的結果：

```
>> x = inv(K)*mg
x =
   41.2020
   55.9170
   71.6130
```

因為高空彈跳者皆以 20 m 的繩索相連接，他們相對於平台的起始位置是：

```
>> xi = [ 20 ; 40 ; 60 ] ;
```

因此，他們最後的位置可以計算如下：

```
>> xf = x+xi
xf =
    61.2020
    95.9170
   131.6130
```

結果如圖 8.6 所示，很合理。第一條繩索延伸得最長，因為其彈力常數最小且承受最多的體重（全部三個彈跳者）。注意到第二條與第三條繩

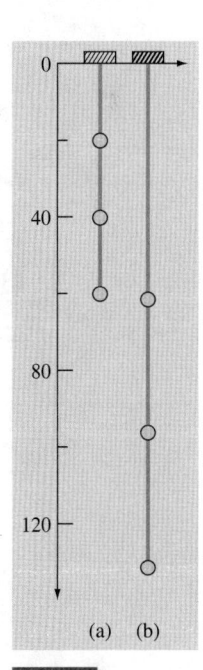

圖 8.6 三個以高空彈跳繩索綁住的人的位置。(a) 未拉緊與 (b) 拉緊。

索的伸長量差不多。因為承受兩個高空彈跳者的體重，可能會認為第二條繩索的伸長量會比第三條繩索還要長。然而，因為第二條繩索的韌度較高（也就是具有較高的彈力常數），所以承受這些重量的伸長量比想像中還要少。

8.3 案例研究　　電路的電流和電壓

背景　回顧第 1 章（表 1.1），我們整理一些在工程領域的模型與相關守恆定律。如圖 8.7 所示，每個模型代表系統內相互作用的要素。因此，從守恆定律得到的穩態，產生出聯立方程式的體制。在許多情況，這樣的系統是線性的，因此可以矩陣形式表示。以下的案例研究為這樣的應用：電路分析。

在電機工程領域的一個常見問題，包含使用電阻電路的各種位置確定電流和電壓。這些問題可使用**克希赫夫電流和電壓定律 (Kirchhoff's current and voltage rules)** 求解。電流（或點）定律說明進入一個節點的全部電流的代數和一定為零（圖 8.8a），或者

$$\sum i = 0 \tag{8.8}$$

全部進入節點的電流均設為正值。電流定律為**電荷不滅定律（conservation of charge）**（見表 1.1）的應用。

電壓（或迴路）定律指定電位差（即電壓變化）的代數和在任何迴路裡必須等於零。對一條電阻器電路來說，表示成：

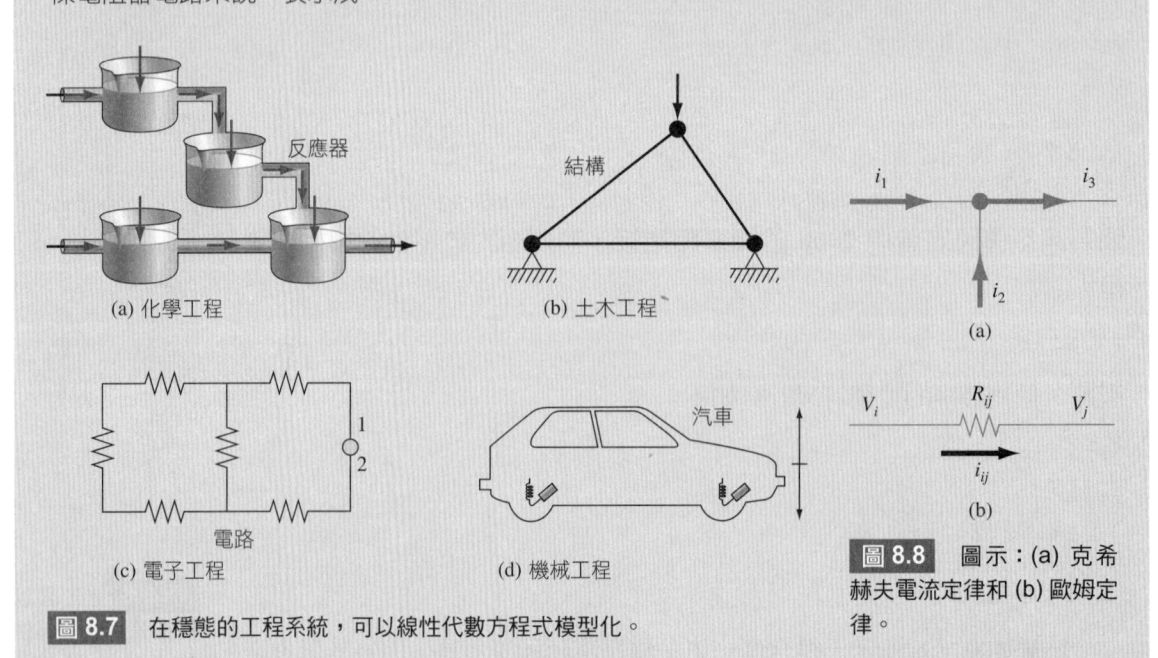

圖 8.7　在穩態的工程系統，可以線性代數方程式模型化。
(a) 化學工程　(b) 土木工程　(c) 電子工程　(d) 機械工程

圖 8.8　圖示：(a) 克希赫夫電流定律和 (b) 歐姆定律。

$$\sum \xi - \sum iR = 0 \tag{8.9}$$

其中 ξ 是在電壓源中的電動勢，R 是迴路中電阻器的阻抗。注意第二個項來自**歐姆定律 (Ohm's law)**（圖 8.8b），此定律說明跨過一理想電阻的電壓降等於電流與電阻的乘積。克希赫夫電壓定律則代表**能量守恆**（conservation of energy）。

解法 因為各式各樣的迴路在一電路內均被相互連接，我們可應用這些定律產生聯立線性代數方程式的系統。例如，考慮圖 8.9 顯示的電路，與這條電路相關的電流在大小和方向是未知的。但這並不太困難，因為每個電流方向均能以假設後驗證產生。如果由克希赫夫定律的解法產生負值，則原先假設的方向是錯誤的。例如，圖 8.10 顯示一些假設的電流。

基於這些假設，在每個節點使用克希赫夫定律得到：

$$i_{12} + i_{52} + i_{32} = 0$$
$$i_{65} - i_{52} - i_{54} = 0$$
$$i_{43} - i_{32} = 0$$
$$i_{54} - i_{43} = 0$$

在兩個迴路各別使用電壓定律得到：

$$-i_{54}R_{54} - i_{43}R_{43} - i_{32}R_{32} + i_{52}R_{52} = 0$$
$$-i_{65}R_{65} - i_{52}R_{52} + i_{12}R_{12} - 200 = 0$$

或由圖 8.9 代入電阻，並將常數代入右手邊：

$$-15i_{54} - 5i_{43} - 10i_{32} + 10i_{52} = 0$$
$$-20i_{65} - 10i_{52} + 5i_{12} = 200$$

因此，問題總計使用六個方程式求解六個未知的電流。這些方程式可以矩陣形式表示為：

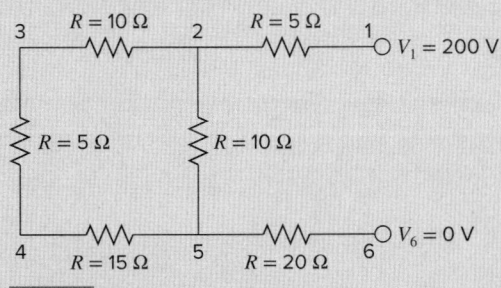

圖 8.9 一使用聯立線性代數方程式求解的電阻器電路。

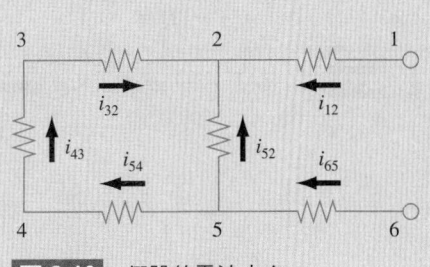

圖 8.10 假設的電流方向。

$$\begin{bmatrix} 1 & 1 & 1 & 0 & 0 & 0 \\ 0 & -1 & 0 & 1 & -1 & 0 \\ 0 & 0 & -1 & 0 & 0 & 1 \\ 0 & 0 & 0 & 0 & 1 & -1 \\ 0 & 10 & -10 & 0 & -15 & -5 \\ 5 & -10 & 0 & -20 & 0 & 0 \end{bmatrix} \begin{Bmatrix} i_{12} \\ i_{52} \\ i_{32} \\ i_{65} \\ i_{54} \\ i_{43} \end{Bmatrix} = \begin{Bmatrix} 0 \\ 0 \\ 0 \\ 0 \\ 0 \\ 200 \end{Bmatrix}$$

雖然以徒手計算並不實際，但此系統可以簡單地以 MATLAB 操作。其解為：

```
>> A=[1 1 1 0 0 0
0 -1 0 1 -1 0
0 0 -1 0 0 1
0 0 0 0 1 -1
0 10 -10 0 -15 -5
5 -10 0 -20 0 0];
>> b=[0 0 0 0 0 200]';
>> current=A\b

current =
     6.1538
    -4.6154
    -1.5385
    -6.1538
    -1.5385
    -1.5385
```

因此，對此結果的符號做出適當的解釋，電路電流和電壓如圖 8.11 所示。對於這種類型的問題，使用 MATLAB 的優勢應該很明顯。

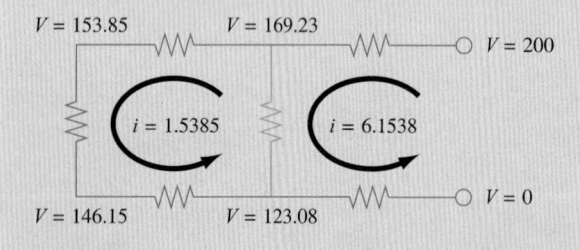

$V = 153.85$　　$V = 169.23$　　$V = 200$

$i = 1.5385$　　$i = 6.1538$

$V = 146.15$　　$V = 123.08$　　$V = 0$

圖 8.11　以 MATLAB 得到電流和電壓的解。

習題

8.1 給定一個方陣 [A]，寫出一行 MATLAB 指令以建立一個新的矩陣 [Aug]，由原始矩陣 [A] 增廣一個單位矩陣 [I] 所組成。

8.2 一些矩陣定義如下：

$$[A] = \begin{bmatrix} 4 & 7 \\ 1 & 2 \\ 5 & 6 \end{bmatrix} \quad [B] = \begin{bmatrix} 4 & 3 & 7 \\ 1 & 2 & 7 \\ 2 & 0 & 4 \end{bmatrix}$$

$$\{C\} = \begin{Bmatrix} 3 \\ 6 \\ 1 \end{Bmatrix} \quad [D] = \begin{bmatrix} 9 & 4 & 3 & -6 \\ 2 & -1 & 7 & 5 \end{bmatrix}$$

$$[E] = \begin{bmatrix} 1 & 5 & 8 \\ 7 & 2 & 3 \\ 4 & 0 & 6 \end{bmatrix}$$

$$[F] = \begin{bmatrix} 3 & 0 & 1 \\ 1 & 7 & 3 \end{bmatrix} \quad \lfloor G \rfloor = \lfloor 7\ 6\ 4 \rfloor$$

根據這些矩陣回答下列問題：
(a) 這些矩陣的維度為何？
(b) 分辨方陣、行矩陣以及列矩陣。
(c) 下列元素值為何：$a_{12}, b_{23}, d_{32}, e_{22}, f_{12}, g_{12}$？
(d) 進行下列運算：

(1) $[E] + [B]$ (2) $[A] + [F]$ (3) $[B] - [E]$
(4) $7 \times [B]$ (5) $\{C\}^T$ (6) $[E] \times [B]$
(7) $[B] \times [A]$ (8) $[D]^T$ (9) $[A] \times \{C\}$
(10) $[I] \times [B]$ (11) $[E]^T \times [E]$ (12) $\{C\}^T \times \{C\}$

8.3 以矩陣的形式寫出下列此組方程式：

$$50 = 5x_3 - 7x_2$$
$$4x_2 + 7x_3 + 30 = 0$$
$$x_1 - 7x_3 = 40 - 3x_2 + 5x_1$$

使用 MATLAB 求解未知數。另外，使用它來計算係數矩陣的轉置矩陣以及反矩陣。

8.4 三個矩陣定義如下：

$$[A] = \begin{bmatrix} 6 & -1 \\ 12 & 8 \\ -5 & 4 \end{bmatrix} \quad [B] = \begin{bmatrix} 4 & 0 \\ 0.5 & 2 \end{bmatrix} \quad [C] = \begin{bmatrix} 2 & -2 \\ 3 & 1 \end{bmatrix}$$

(a) 進行矩陣兩兩之間所有可能的乘法。
(b) 證明為何剩餘的矩陣配對不能相乘。
(c) 使用 (a) 的結果來說明為何乘法運算的順序是重要的。

8.5 用 MATLAB 求解下列系統：

$$\begin{bmatrix} 3+2i & 4 \\ -i & 1 \end{bmatrix} \begin{Bmatrix} z_1 \\ z_2 \end{Bmatrix} = \begin{Bmatrix} 2+i \\ 3 \end{Bmatrix}$$

8.6 發展、除錯並且測試將兩個矩陣相乘的 M 檔，也就是 [X] = [Y][Z]，其中 [Y] 的維度是 m 乘上 n，[Z] 的維度則是 n 乘上 p，用 `for ... end` 迴圈去實現乘法，需要包含錯誤偵測來回報錯誤訊號。藉由問題 8.4 的矩陣來測試你的程式。

8.7 發展、除錯並且測試產生一矩陣轉置的 M 檔。使用 `for ... end` 迴圈來實現轉置。藉由問題 8.4 的矩陣來測試它。

8.8 發展、除錯並且測試一個透過排列矩陣將列互換的 M 檔，函數的第一行如下所示：

```
function B = permut(A,r1,r2)
% Permut: Switch rows of matrix A
% with a permutation matrix
% B = permut(A,r1,r2)
% input:
% A = original matrix
% r1, r2 = rows to be switched
% output:
% B = matrix with rows switched
```

這個程式須包含有輸入錯誤時的錯誤偵測（例如，使用者所輸入的列超過了原先矩陣的維度）。

8.9 如圖 P8.9 所示為五個以管線相連的反應器。流經每一條管線的質量流率是以流量 (Q) 和濃度 (c) 的乘積計算。在穩態時，每一個反應器的質量流入與流出相等。例如，對於第一個反應器，其**質量平衡 (mass balance)** 可以寫成：

$$Q_{01}c_{01} + Q_{31}c_3 = Q_{15}c_1 + Q_{12}c_1$$

寫出圖 P8.9 中其餘反應器的質量平衡，並以矩陣的形式表示這些方程式。然後使用 MATLAB 求解每一個反應器中的濃度。

8.10 結構工程中一個重要的問題就是找出靜定 (statically determine) 桁架中的力（如圖 P8.10）。這種結構可以被描述成由力平衡推導而來的耦合線性代數方程式系統。因為系統是靜止不動的，所以在每一個節點上，水平方向與垂直方向的力的總和必須為零。因此，對於節點 1：

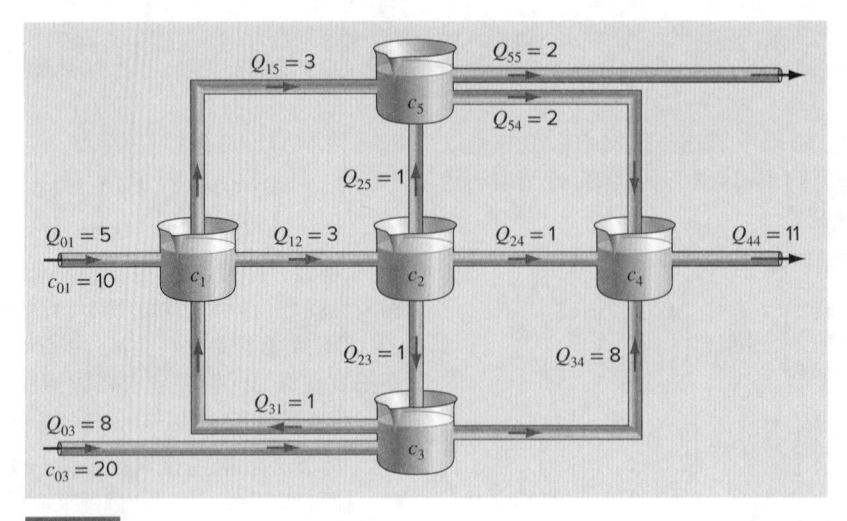

圖 P8.9

對於節點 1：

$$\sum F_H = 0 = -F_1 \cos 30° + F_3 \cos 60° + F_{1,h}$$
$$\sum F_V = 0 = -F_1 \sin 30° - F_3 \sin 60° + F_{1,v}$$

對於節點 2：

$$\sum F_H = 0 = F_2 + F_1 \cos 30° + F_{2,h} + H_2$$
$$\sum F_V = 0 = F_1 \sin 30° + F_{2,v} + V_2$$

對於節點 3：

$$\sum F_H = 0 = -F_2 - F_3 \cos 60° + F_{3,h}$$
$$\sum F_V = 0 = F_3 \sin 60° + F_{3,v} + V_3$$

其中 $F_{i,h}$ 表示節點 i 在水平方向所受的外力（力的方向由左往右為正），以及 $F_{i,v}$ 表示節點 i 在垂直方向所受的外力（力的方向由下往上為正）。因此，在此習題中，在節點 1 施加一個 2000 N 向下的外力，相當於 $F_{i,v} = -2000$。在此情況下，所有其他的 $F_{i,v}$ 以及 $F_{i,h}$ 皆為零。以矩陣的形式表示這組線性代數方程式，然後使用 MATLAB 求解未知數。

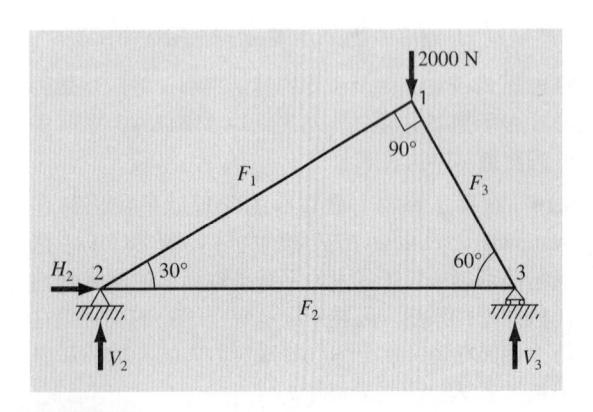

8.11 考慮圖 P8.11 中的三質量四彈簧系統。使用下列自由體圖所推導出不同的微分方程式，依照 $\Sigma F_x = ma_x$ 決定每一個質量的運動方程式：

$$\ddot{x}_1 + \left(\frac{k_1 + k_2}{m_1}\right) x_1 - \left(\frac{k_2}{m_1}\right) x_2 = 0$$

$$\ddot{x}_2 - \left(\frac{k_2}{m_2}\right) x_1 + \left(\frac{k_2 + k_3}{m_2}\right) x_2 - \left(\frac{k_3}{m_2}\right) x_3 = 0$$

$$\ddot{x}_3 - \left(\frac{k_3}{m_3}\right) x_2 + \left(\frac{k_3 + k_4}{m_3}\right) x_3 = 0$$

其中 $k_1 = k_4 = 10$ N/m，$k_2 = k_3 = 30$ N/m，以及 $m_1 = m_2 = m_3 = 1$ kg。三個方程式可以矩陣形式寫成：

$$0 = \{\text{加速度向量}\} + [k/m \text{ 矩陣}]\{\text{位移向量 } x\}$$

在某一時間，其中 $x_1 = 0.05$ m，$x_2 = 0.04$ m，以及 $x_3 = 0.03$ m，形成一個三對角線矩陣。使用 MATLAB 求解每一個質量的加速度。

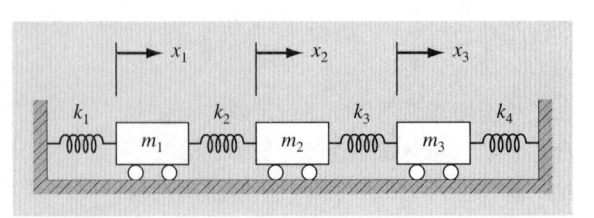

圖 P8.10

圖 P8.11

8.12 執行和範例 8.2 中相同的計算，但使用具下列性質的五個高空彈跳者：

高空彈跳者	質量 (kg)	彈力常數 (N/m)	未拉緊的繩索長度 (m)
1	55	80	10
2	75	50	10
3	60	70	10
4	75	100	10
5	90	20	10

8.13 三個以相同彈簧垂直懸吊的質量，其中質量 1 在頂端且質量 3 在底部。假如 $g = 9.81$ m/s^2，$m_1 = 2$ kg，$m_2 = 3$ kg，$m_3 = 2.5$ kg，且所有每一個 $k = 10$ kg/s^2，使用 MATLAB 求解位移 x。

8.14 對於圖 P8.14 中的電路，執行和 8.3 節中相同的計算。

圖 P8.14

8.15 對於圖 P8.15 中的電路，執行和 8.3 節中相同的計算。

8.16 除了求解聯立方程式外，線性代數還有許多其他工程和科學的應用。一個電腦繪圖的例子與在歐幾里得空間的物體旋轉有關。以下**旋轉矩陣（rotation matrix）**可用來將一群點以角度 θ 對應卡式座標系統的原點逆時針旋轉：

$$R = \begin{bmatrix} \cos\theta & -\sin\theta \\ \sin\theta & \cos\theta \end{bmatrix}$$

為了做到此，每個點的位置必須用一行向量 v 代表，含有點的座標。例如，以下為圖 P8.16 中矩形 x 和 y 座標的向量

```
x = [1 4 4 1]; y = [1 1 4 4];
```

旋轉向量接著再以矩陣乘法產生：$[R]\{v\}$。開發一個 MATLAB 函數來執行此運算，並在同一張圖以填滿顏色的形狀顯示初始與旋轉後的點。以下腳本可以測試你的函數：

```
clc;clf;format compact
x = [1 4 4 1]; y = [1 1 4 4];
[xt, yt] = Rotate2D(45, x, y);
```

以下是函數的主幹

```
function [xr, yr] = Rotate2D(thetad, x, y)
% two dimensional rotation 2D rotate Cartesian
% [xr, yr] = rot2d(thetad, x, y)
% Rotation of a two-dimensional object the Cartesian coordinates
% of which are contained in the vectors x and y.
% input:
% thetad = angle of rotation (degrees)
% x = vector containing objects x coordinates
% y = vector containing objects y coordinates
% output:
% xr = vector containing objects rotated x coordinates
% yr = vector containing objects rotated y coordinates

% convert angle to radians and set up rotation matrix
```

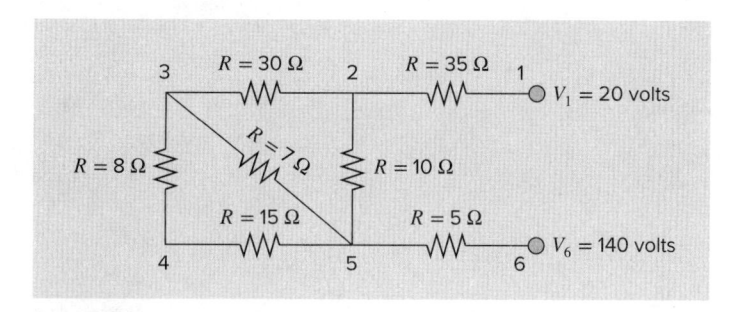

圖 P8.15

-
- .
-

% close shape
-
- .
-

% plot original object
hold on, grid on
-
- .
-

% rotate shape
-
- .
-

% plot rotated object
-
- .
-

hold off

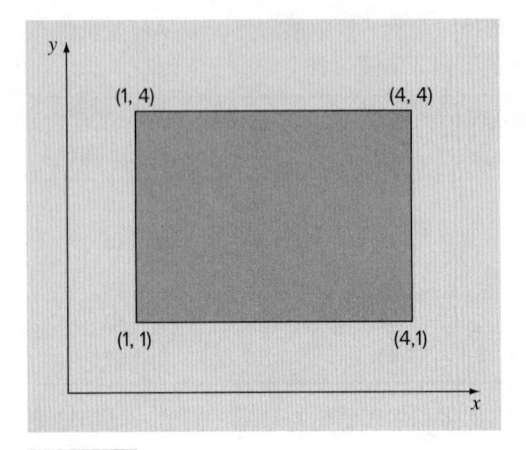

圖 P8.16

第 9 章

高斯消去法

章節目標

本章的主要目標是描述用來求解線性代數方程式的高斯消去法。個別的目標和主題包括：
- 知道如何利用圖形法與克拉莫法則求解一組小型線性方程式。
- 了解如何在高斯消去法中執行向前消去以及向後代換。
- 知道如何計算浮點運算數 (flops) 以評估演算法的效率。
- 知道奇異性以及病態條件的概念。
- 學習如何使用部分軸元，並了解它和完全軸元不同之處。
- 知道如何利用部分軸元法計算行列式，並且成為高斯消去演算法的一部分。
- 了解如何開發三對角線系統的帶狀架構，以得到非常有效率的解。

在第 8 章章末，我們使用 MATLAB 提供了兩個簡單且直接的方法來求解線性代數方程式的系統：左除法，

```
>> x = A\b
```

以及反矩陣，

```
>> x = inv(A)*b
```

第 9 章和第 10 章提供了如何求解的背景，包括洞察 MATLAB 如何運作。另外，它將引導你如何在沒有 MATLAB 內建函數的計算環境中，建立自己的演算法。

本章所要描述的技巧稱為高斯消去法，因為它需要結合方程式來消去未知數。它是最早用來求解聯立方程式的方法之一，直到今日仍然是最重要的演算法，並且是許多包括 MATLAB 在內的各種電腦軟體用以求解線性方程式的基礎。

9.1 求解小型方程式

在開始進行高斯消去法之前,我們先描述一些用來求解一小組 ($n \leq 3$) 聯立方程式的方法,並且不需要使用電腦。這些方法是圖形法、克拉莫法則,以及未知數消去法。

9.1.1 圖形法

要求得圖形解,將兩個線性方程式在**笛卡爾座標 (Cartesian coordinates**,也稱做**卡式座標**) 上畫出即可求得,座標軸分別為 x_1 和 x_2。因為這個方程式是線性的,每一個方程式都可以畫出一條直線。假設我們有下列方程式:

$$3x_1 + 2x_2 = 18$$
$$-x_1 + 2x_2 = 2$$

如果我們假設 x_1 是橫座標,則可以解下面兩個方程式得到 x_2:

$$x_2 = -\frac{3}{2}x_1 + 9$$
$$x_2 = \frac{1}{2}x_1 + 1$$

這些方程式現在是直線的形式——亦即 $x_2 = ($ 斜率 $) x_1 +$ 截距。當畫出這些方程式時,兩條直線交點處的 x_1 和 x_2 的值即為解(圖 9.1)。在此例中,$x_1 = 4$ 以及 $x_2 = 3$。

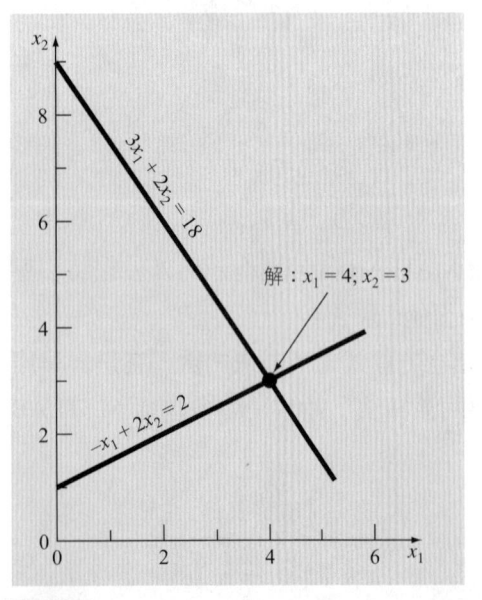

圖 9.1 二元一次聯立線性代數方程式的圖形解。交點表示解。

對於三元一次聯立方程式,每一條方程式可以由三維座標系統中的一個平面表示,而三個平面的交點即為解。超過三個方程式則不適用圖形法,所以也不適合用它來求解聯立方程式。然而,圖形法很適合用來說明這些解的特性。

例如,圖 9.2 說明求解線性方程式時會出現問題的三種狀況。圖 9.2a 顯示兩條方程式是平行線,在這樣的情況下,因為兩條線永不交會,所以沒有解。圖 9.2b 顯示兩條線是一致的,在這種情況則有無限多解。這兩種狀況稱為**奇異的 (singular)**。

另外,很接近奇異的系統(圖 9.2c)也可能會導致問題。這些系統稱為**病態條件 (ill-conditioned)**。從圖形上來看,很難判斷這兩條線在哪一點交叉。病態條件的系統在利用數值方法求解時也會導致問題,這是因為它們對於捨入誤差非常敏感。

9.1.2 行列式與克拉莫法則

克拉莫法則 (Cramer's rule) 是另一個適合用來求解小型方程式的方法。在描述這個方法之前,我們將簡單複習用於執行克拉莫法則的行列式 (determinant) 的觀念。另外,行列式適合用來評估矩陣的病態條件。

行列式　行列式能以三元一次方程式說明:

$$[A]\{x\} = \{b\}$$

其中 $[A]$ 是係數矩陣:

$$[A] = \begin{bmatrix} a_{11} & a_{12} & a_{13} \\ a_{21} & a_{22} & a_{23} \\ a_{31} & a_{32} & a_{33} \end{bmatrix}$$

此系統的**行列式值 (determinant)** 可以從 $[A]$ 的係數求得,且表示為:

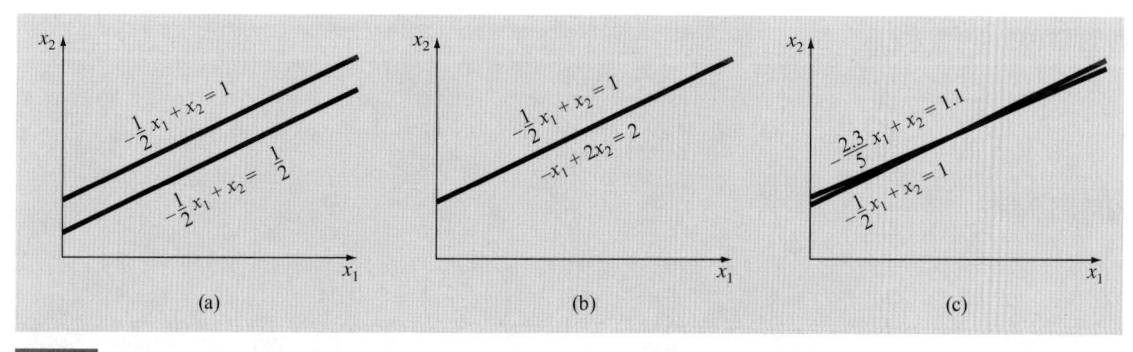

圖 9.2　奇異的以及病態條件的系統圖解:(a) 無解;(b) 無限多解;(c) 病態條件的系統,方程式斜率非常相近,以致於視覺上無法判定交會點。

$$D = \begin{vmatrix} a_{11} & a_{12} & a_{13} \\ a_{21} & a_{22} & a_{23} \\ a_{31} & a_{32} & a_{33} \end{vmatrix}$$

雖然行列式值 D 以及係數矩陣 $[A]$ 使用同樣的元素組成，它們卻是完全不同的數學觀念。這就是為什麼它們被直觀地使用中括號來標示矩陣，且用直線來標示行列式值。與矩陣對比，行列式值是一個數字。例如，二元一次聯立方程式的行列式值表示為：

$$D = \begin{vmatrix} a_{11} & a_{12} \\ a_{21} & a_{22} \end{vmatrix}$$

計算得出：

$$D = a_{11}a_{22} - a_{12}a_{21}$$

對於三階的系統，行列式值能計算如下：

$$D = a_{11}\begin{vmatrix} a_{22} & a_{23} \\ a_{32} & a_{33} \end{vmatrix} - a_{12}\begin{vmatrix} a_{21} & a_{23} \\ a_{31} & a_{33} \end{vmatrix} + a_{13}\begin{vmatrix} a_{21} & a_{22} \\ a_{31} & a_{32} \end{vmatrix} \tag{9.1}$$

其中 2 乘 2 的行列式值稱為**子行列式 (minors)**。

範例 9.1 行列式值

問題敘述　計算在圖 9.1 與圖 9.2 中這些系統的行列式值。

解法　對於圖 9.1：

$$D = \begin{vmatrix} 3 & 2 \\ -1 & 2 \end{vmatrix} = 3(2) - 2(-1) = 8$$

對於圖 9.2a：

$$D = \begin{vmatrix} -\frac{1}{2} & 1 \\ -\frac{1}{2} & 1 \end{vmatrix} = -\frac{1}{2}(1) - 1\left(\frac{-1}{2}\right) = 0$$

對於圖 9.2b：

$$D = \begin{vmatrix} -\frac{1}{2} & 1 \\ -1 & 2 \end{vmatrix} = -\frac{1}{2}(2) - 1(-1) = 0$$

對於圖 9.2c：

$$D = \begin{vmatrix} -\frac{1}{2} & 1 \\ -\frac{2.3}{5} & 1 \end{vmatrix} = -\frac{1}{2}(1) - 1\left(\frac{-2.3}{5}\right) = -0.04$$

在前面的範例中，奇異的系統其行列式值為零。圖 9.2c 的例子也很接近於奇異的系統，而它的行列式值也是接近於零。這些想法將在第 11 章繼續探討病態條件的系統時做進一步的討論。

克拉莫法則　此法則說明了線性代數方程式系統中的未知數可以表示成兩個行列式值的比值，分母為 D，且分子是將 D 中有關未知數的係數那一行抽換為常數 $b_1, b_2, \ldots, b_n$。例如，對三元一次方程式，x_1 可以依下列公式計算：

$$x_1 = \frac{\begin{vmatrix} b_1 & a_{12} & a_{13} \\ b_2 & a_{22} & a_{23} \\ b_3 & a_{32} & a_{33} \end{vmatrix}}{D}$$

範例 9.2　克拉莫法則

問題敘述　利用克拉莫法則求解：

$$0.3x_1 + 0.52x_2 + x_3 = -0.01$$
$$0.5x_1 + x_2 + 1.9x_3 = 0.67$$
$$0.1x_1 + 0.3\,x_2 + 0.5x_3 = -0.44$$

解法　利用式 (9.1)，可以算出行列式值 D：

$$D = 0.3 \begin{vmatrix} 1 & 1.9 \\ 0.3 & 0.5 \end{vmatrix} - 0.52 \begin{vmatrix} 0.5 & 1.9 \\ 0.1 & 0.5 \end{vmatrix} + 1 \begin{vmatrix} 0.5 & 1 \\ 0.1 & 0.3 \end{vmatrix} = -0.0022$$

則解可以計算如下：

$$x_1 = \frac{\begin{vmatrix} -0.01 & 0.52 & 1 \\ 0.67 & 1 & 1.9 \\ -0.44 & 0.3 & 0.5 \end{vmatrix}}{-0.0022} = \frac{0.03278}{-0.0022} = -14.9$$

$$x_2 = \frac{\begin{vmatrix} 0.3 & -0.01 & 1 \\ 0.5 & 0.67 & 1.9 \\ 0.1 & -0.44 & 0.5 \end{vmatrix}}{-0.0022} = \frac{0.0649}{-0.0022} = -29.5$$

$$x_3 = \frac{\begin{vmatrix} 0.3 & 0.52 & -0.01 \\ 0.5 & 1 & 0.67 \\ 0.1 & 0.3 & -0.44 \end{vmatrix}}{-0.0022} = \frac{-0.04356}{-0.0022} = 19.8$$

det 函數　行列式值能在 MATLAB 中以 `det` 函數直接計算。例如，利用來自於範例 9.2 的系統：

```
>> A = [0.3 0.52 1 ; 0.5 1 1.9 ; 0.1 0.3 0.5];
>> D = det(A)
```

```
D =
    -0.0022
```

克拉莫法則能被應用來計算 x_1，如下：

```
>> A(:,1)=[-0.01; 0.67; -0.44]
A =
   -0.0100    0.5200    1.0000
    0.6700    1.0000    1.9000
   -0.4400    0.3000    0.5000
>> x1=det(A)/D
x1 =
  -14.9000
```

對於超過三個方程式的情況，克拉莫法則變得不適用，因為方程式的數量增加，行列式值需要消耗更多時間徒手（或使用電腦）計算，因此將採用更有效率的方法。在這些方法中，有些是根據 9.1.3 節所討論的不需要電腦的求解技巧——未知數消去法。

9.1.3　未知數消去法

結合方程式做未知數消去法是一種代數的方式，可以用一組二元一次方程式來說明：

$$a_{11}x_1 + a_{12}x_2 = b_1 \tag{9.2}$$
$$a_{21}x_1 + a_{22}x_2 = b_2 \tag{9.3}$$

最基本的策略就是將方程式乘以常數，使得在結合兩個方程式時可以消去其中一個未知數。結果是一個可以用來求解剩下的那個未知數之單一方程式。這個值可以被代入原本兩個方程式的任何一個來求得其他的變數。

例如，式 (9.2) 乘以 a_{21} 以及式 (9.3) 乘以 a_{11}，得到：

$$a_{21}a_{11}x_1 + a_{21}a_{12}x_2 = a_{21}b_1 \tag{9.4}$$
$$a_{11}a_{21}x_1 + a_{11}a_{22}x_2 = a_{11}b_2 \tag{9.5}$$

用式 (9.5) 減去式 (9.4)，可以消去 x_1 且得到：

$$a_{11}a_{22}x_2 - a_{21}a_{12}x_2 = a_{11}b_2 - a_{21}b_1$$

接下來可以解得：

$$x_2 = \frac{a_{11}b_2 - a_{21}b_1}{a_{11}a_{22} - a_{21}a_{12}} \tag{9.6}$$

式 (9.6) 可以代入式 (9.2)，用以求解得到：

$$x_1 = \frac{a_{22}b_1 - a_{12}b_2}{a_{11}a_{22} - a_{21}a_{12}} \tag{9.7}$$

注意式 (9.6) 及式 (9.7) 直接從克拉莫法則而來：

$$x_1 = \frac{\begin{vmatrix} b_1 & a_{12} \\ b_2 & a_{22} \end{vmatrix}}{\begin{vmatrix} a_{11} & a_{12} \\ a_{21} & a_{22} \end{vmatrix}} = \frac{a_{22}b_1 - a_{12}b_2}{a_{11}a_{22} - a_{21}a_{12}}$$

$$x_2 = \frac{\begin{vmatrix} a_{11} & b_1 \\ a_{21} & b_2 \end{vmatrix}}{\begin{vmatrix} a_{11} & a_{12} \\ a_{21} & a_{22} \end{vmatrix}} = \frac{a_{11}b_2 - a_{21}b_1}{a_{11}a_{22} - a_{21}a_{12}}$$

未知數消去法可以擴展至超過兩行或三行的方程式系統。不過，愈大型的系統需要愈大的計算量，徒手計算將會變得非常繁瑣。然而，和 9.2 節中所描述的一樣，這個數學技巧可以形式化，並且很容易地轉變成電腦程式來計算。

9.2 單純高斯消去法

在 9.1.3 節中，未知數消去法用來求解二元一次聯立方程式，此程序包含兩個步驟（如圖 9.3）：

1. 方程式需要做一些處理，然後從方程式中消去其中一個變數。此消去階段產生一條只具有一個未知數的方程式。
2. 最後，這個方程式可以直接解出，並將解出的結果向後代換到原始的一個方程式中，求解剩餘的那個未知數。

這個基本方式可以用來發展一套有系統的、可以進行消去未知數及向後代換的架構或演算法，然後套用到一大組方程式求解。高斯消去法就是這種架構的典型。

高斯消去法的組成有兩個部分，包括向前消去以及向後代換，而本節即闡述用於此二部分的系統技巧。雖然這些技巧已經非常適合使用電腦來執行，但仍需要一些修改以得到最適當、可靠的演算法。尤其是電腦程式必須能避免除以零的情況發生。接下來要探討的方法稱為「**單純**」**高斯消去法 (naive Gauss elimination)**，因為此法並不能避開除以零的問題。9.3 節將探討為了開發有效的電腦程式所加入的一些特點。

此方法是設計用來求解一組 n 個方程式：

$$a_{11}x_1 + a_{12}x_2 + a_{13}x_3 + \cdots + a_{1n}x_n = b_1 \tag{9.8a}$$

$$a_{21}x_1 + a_{22}x_2 + a_{23}x_3 + \cdots + a_{2n}x_n = b_2 \tag{9.8b}$$

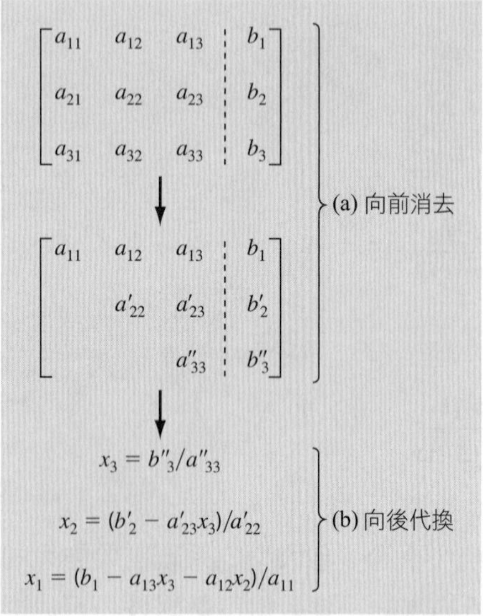

$$\begin{bmatrix} a_{11} & a_{12} & a_{13} & \vdots & b_1 \\ a_{21} & a_{22} & a_{23} & \vdots & b_2 \\ a_{31} & a_{32} & a_{33} & \vdots & b_3 \end{bmatrix}$$

$$\downarrow$$

$$\begin{bmatrix} a_{11} & a_{12} & a_{13} & \vdots & b_1 \\ & a'_{22} & a'_{23} & \vdots & b'_2 \\ & & a''_{33} & \vdots & b''_3 \end{bmatrix}$$

⎫ (a) 向前消去

$$\downarrow$$

$$x_3 = b''_3 / a''_{33}$$
$$x_2 = (b'_2 - a'_{23} x_3) / a'_{22}$$
$$x_1 = (b_1 - a_{13} x_3 - a_{12} x_2) / a_{11}$$

⎫ (b) 向後代換

圖 9.3 高斯消去法的兩個階段:(a) 向前消去,(b) 向後代換。

$$a_{n1}x_1 + a_{n2}x_2 + a_{n3}x_3 + \cdots + a_{nn}x_n = b_n \qquad (9.8c)$$

和求解兩個方程式的例子一樣,處理 n 個方程式的數學技巧包括兩階段:向前消去以及向後代換。

向前消去 第一階段是要轉換此組方程式成為上三角系統(如圖 9.3a 所示)。首先要消去第二個到第 n 個方程式中的未知數 x_1。要達到這個目的,我們將式 (9.8a) 乘以 a_{21}/a_{11} 得到:

$$a_{21}x_1 + \frac{a_{21}}{a_{11}}a_{12}x_2 + \frac{a_{21}}{a_{11}}a_{13}x_3 + \cdots + \frac{a_{21}}{a_{11}}a_{1n}x_n = \frac{a_{21}}{a_{11}}b_1 \qquad (9.9)$$

並且以式 (9.8b) 減去這一行方程式,得到:

$$\left(a_{22} - \frac{a_{21}}{a_{11}}a_{12}\right)x_2 + \cdots + \left(a_{2n} - \frac{a_{21}}{a_{11}}a_{1n}\right)x_n = b_2 - \frac{a_{21}}{a_{11}}b_1$$

或者

$$a'_{22}x_2 + \cdots + a'_{2n}x_n = b'_2$$

其中 ′ 表示這些元素原本的值已經被改變了。

此步驟會一直針對其他的方程式重複進行。例如,式 (9.8a) 乘以 a_{31}/a_{11},並且將此結果以第三個方程式相減。針對其他的方程式重複此程序,我們得到下列修改的系統:

$$a_{11}x_1 + a_{12}x_2 + a_{13}x_3 + \cdots + a_{1n}x_n = b_1 \tag{9.10a}$$

$$a'_{22}x_2 + a'_{23}x_3 + \cdots + a'_{2n}x_n = b'_2 \tag{9.10b}$$

$$a'_{32}x_2 + a'_{33}x_3 + \cdots + a'_{3n}x_n = b'_3 \tag{9.10c}$$

$$\vdots \qquad \vdots$$

$$a'_{n2}x_2 + a'_{n3}x_3 + \cdots + a'_{nn}x_n = b'_n \tag{9.10d}$$

對於前述步驟，式 (9.8a) 稱為**軸元方程式 (pivot equation)**，以及 a_{11} 稱為**軸元元素 (pivot element)**。我們注意到將第一列乘以 a_{21}/a_{11} 等效於先除以 a_{11} 再乘以 a_{21}。有時候這個除法運算稱為**正規化 (normalization)**。我們要特別指明這部分，是因為若出現零軸元元素即表示正規化會除以零。在介紹完單純高斯消去法之後，我們會回到這個重要的議題。

接下來的步驟是將式 (9.10c) 到式 (9.10d) 中的 x_2 消去。要達成這個目的，將式 (9.10b) 乘以 a'_{32}/a'_{22}，並且將這個結果由式 (9.10c) 中減去。對其他的方程式做消去，我們得到：

$$a_{11}x_1 + a_{12}x_2 + a_{13}x_3 + \cdots + a_{1n}x_n = b_1$$

$$a'_{22}x_2 + a'_{23}x_3 + \cdots + a'_{2n}x_n = b'_2$$

$$a''_{33}x_3 + \cdots + a''_{3n}x_n = b''_3$$

$$\vdots \qquad \vdots$$

$$a''_{n3}x_3 + \cdots + a''_{nn}x_n = b''_n$$

其中 $''$ 表示這些元素被修改了兩次。

使用其他的軸元方程式不斷持續這個程序。在這個程序中的最後一個步驟，就是利用第 $(n-1)$ 個方程式消去第 n 個方程式中的 x_{n-1} 項。至此，此系統被轉換成上三角系統：

$$a_{11}x_1 + a_{12}x_2 + a_{13}x_3 + \cdots + a_{1n}x_n = b_1 \tag{9.11a}$$

$$a'_{22}x_2 + a'_{23}x_3 + \cdots + a'_{2n}x_n = b'_2 \tag{9.11b}$$

$$a''_{33}x_3 + \cdots + a''_{3n}x_n = b''_3 \tag{9.11c}$$

$$\ddots \qquad \vdots$$

$$a_{nn}^{(n-1)}x_n = b_n^{(n-1)} \tag{9.11d}$$

向後代換 式 (9.11d) 可以用來求解 x_n：

$$x_n = \frac{b_n^{(n-1)}}{a_{nn}^{(n-1)}} \tag{9.12}$$

這個結果可以向後代換到第 $(n-1)$ 個方程式，繼續往下解出 x_{n-1}。這個不斷重複計算其他 x 的程序，我們可以用下列公式來表示：

$$x_i = \frac{b_i^{(i-1)} - \sum_{j=i+1}^{n} a_{ij}^{(i-1)} x_j}{a_{ii}^{(i-1)}} \qquad 當\ i = n-1, n-2, \ldots, 1 \tag{9.13}$$

範例 9.3　單純高斯消去法

問題敘述　利用高斯消去法求解：

$$3x_1 - 0.1x_2 - 0.2x_3 = 7.85 \tag{E9.3.1}$$
$$0.1x_1 + 7x_2 - 0.3x_3 = -19.3 \tag{E9.3.2}$$
$$0.3x_1 - 0.2x_2 + 10x_3 = 71.4 \tag{E9.3.3}$$

解法　這個程序的第一個步驟是進行向前消去。將式 (E9.3.1) 乘以 0.1/3，並且將此結果由式 (E9.3.2) 中減去，可以得到：

$$7.00333x_2 - 0.293333x_3 = -19.5617$$

接下來將式 (E9.3.1) 乘以 0.3/3，並且將此結果由式 (E9.3.3) 中減去。經過以上計算，這一組方程式變成：

$$3x_1 - 0.1x_2 - 0.2x_3 = 7.85 \tag{E9.3.4}$$
$$7.00333x_2 - 0.293333x_3 = -19.5617 \tag{E9.3.5}$$
$$- 0.190000x_2 + 10.0200x_3 = 70.6150 \tag{E9.3.6}$$

要完成向前消去，則必須將式 (E9.3.6) 中的 x_2 也消去。要達到這個目的，將式 (E9.3.5) 乘以 $-0.190000/7.00333$，並且將此結果由式 (E9.3.6) 中減去。我們可以自第三個方程式中消去 x_2，並且將此系統縮減成上三角形式，如下：

$$3x_1 - 0.1x_2 - 0.2x_3 = 7.85 \tag{E9.3.7}$$
$$7.00333x_2 - 0.293333x_3 = -19.5617 \tag{E9.3.8}$$
$$10.0120x_3 = 70.0843 \tag{E9.3.9}$$

現在我們可以開始利用向後代換來求解這些方程式。首先，式 (E9.3.9) 可以解出：

$$x_3 = \frac{70.0843}{10.0120} = 7.00003$$

將這個結果向後代換到式 (E9.3.8)，並且求解出：

$$x_2 = \frac{-19.5617 + 0.293333(7.00003)}{7.00333} = -2.50000$$

最後，將 $x_3 = 7.00003$ 與 $x_2 = -2.50000$ 向後代換到式 (E9.3.7) 中，求解出：

$$x_1 = \frac{7.85 + 0.1(-2.50000) + 0.2(7.00003)}{3} = 3.00000$$

雖然這裡會有一些捨入誤差，這些結果仍非常接近精確解 $x_1 = 3$、$x_2 = -2.5$ 與 $x_3 = 7$。我們可以將這些結果代換到原本的方程式中做驗算：

$$3(3) - 0.1(-2.5) - 0.2(7.00003) = 7.84999 \cong 7.85$$
$$0.1(3) + 7(-2.5) - 0.3(7.00003) = -19.30000 = -19.3$$
$$0.3(3) - 0.2(-2.5) + 10(7.00003) = 71.4003 \cong 71.4$$

9.2.1　MATLAB M 檔：GaussNaive

圖 9.4 顯示一個可以用來執行單純高斯消去法的 M 檔。我們注意到係數矩陣 A 與右手邊向量 b 結合在增廣矩陣 Aug 中。因此，計算是針對 Aug 而不是針對分開的 A 及 b 進行。

我們用兩個巢狀迴圈簡潔地表示出向前消去的步驟。外部的迴圈將矩陣由第一個軸元列移往下一個軸元列。內部的迴圈將軸元列下移到後續的列準備進行消去。最後，由於 MATLAB 對於矩陣的運算非常強大，以單一行程式進行實際的消去。

而向後代換的步驟直接由式 (9.12) 及式 (9.13) 而來。再一次地，MATLAB 優異的矩陣運算能力使得式 (9.13) 在單一行程式中完成。

```
function x = GaussNaive(A,b)
% GaussNaive: naive Gauss elimination
%   x = GaussNaive(A,b): Gauss elimination without pivoting.
% input:
%   A = coefficient matrix
%   b = right hand side vector
% output:
%   x = solution vector
[m,n] = size(A);
if m~=n, error('Matrix A must be square'); end
nb = n+1;
Aug = [A b];
% forward elimination
for k = 1:n-1
  for i = k+1:n
    factor = Aug(i,k)/Aug(k,k);
    Aug(i,k:nb) = Aug(i,k:nb)-factor*Aug(k,k:nb);
  end
end
% back substitution
x = zeros(n,1);
x(n) = Aug(n,nb)/Aug(n,n);
for i = n-1:-1:1
  x(i) = (Aug(i,nb)-Aug(i,i+1:n)*x(i+1:n))/Aug(i,i);
end
```

圖 9.4　用以執行單純高斯消去法的 M 檔。

9.2.2 運算量的計算

高斯消去法的執行時間和演算法中所使用的**浮點運算 (floating-point operations 或 flops)** 的量有關。現代的電腦利用數學處理器，執行加／減以及乘／除所耗費的時間是幾乎一樣的。因此，將這些運算量加總，可以讓我們對於演算法中哪一部分耗費最多時間以及為什麼系統變大時運算時間也隨之變長，有更深一層的認識。

在我們開始分析單純高斯消去法之前，首先定義一些量以便於我們估計運算量：

$$\sum_{i=1}^{m} cf(i) = c \sum_{i=1}^{m} f(i) \qquad \sum_{i=1}^{m} f(i) + g(i) = \sum_{i=1}^{m} f(i) + \sum_{i=1}^{m} g(i) \qquad (9.14\text{a,b})$$

$$\sum_{i=1}^{m} 1 = 1 + 1 + 1 + \cdots + 1 = m \qquad \sum_{i=k}^{m} 1 = m - k + 1 \qquad (9.14\text{c,d})$$

$$\sum_{i=1}^{m} i = 1 + 2 + 3 + \cdots + m = \frac{m(m+1)}{2} = \frac{m^2}{2} + O(m) \qquad (9.14\text{e})$$

$$\sum_{i=1}^{m} i^2 = 1^2 + 2^2 + 3^2 + \cdots + m^2 = \frac{m(m+1)(2m+1)}{6} = \frac{m^3}{3} + O(m^2) \qquad (9.14\text{f})$$

其中 $O(m^n)$ 表示「m^n 階以及其他低階項」。

現在我們開始仔細檢查單純高斯消去法的演算法（如圖 9.4 所示）。我們首先計算在消去階段的運算量。在第一次通過外部的迴圈，$k = 1$。因此，內部的迴圈被限制在只能從 $i = 2$ 到 n。根據式 (9.14d)，這表示內部迴圈迭代的次數為：

$$\sum_{i=2}^{n} 1 = n - 2 + 1 = n - 1 \qquad (9.15)$$

對於以上每一次的迭代，都有一次除法用來計算因子。接下來的那一行則是進行乘法，以及由行元素 2 到 nb 的減法。因為 $nb = n + 1$，由 2 到 nb 表示需要 n 次乘法以及 n 次減法。再加上這一次的除法，對於內部迴圈的每一次迭代，一共需要 $n + 1$ 次乘／除以及 n 次加／減。因此，第一次通過外部迴圈總共需要 $(n-1)(n+1)$ 次乘／除以及 $(n-1)(n)$ 次加／減。

同樣的方式也可以用來估計外部迴圈所需的運算量。我們可以總結如下：

外部迴圈 k	內部迴圈 i	加／減運算量	乘／除運算量
1	2, n	$(n-1)(n)$	$(n-1)(n+1)$
2	3, n	$(n-2)(n-1)$	$(n-2)(n)$
⋮	⋮		
k	$k+1, n$	$(n-k)(n+1-k)$	$(n-k)(n+2-k)$
⋮	⋮		
$n-1$	n, n	$(1)(2)$	$(1)(3)$

因此，對於消去階段，總共的加／減運算量可以由下列式子計算：

$$\sum_{k=1}^{n-1}(n-k)(n+1-k) = \sum_{k=1}^{n-1}[n(n+1) - k(2n+1) + k^2] \tag{9.16}$$

或者

$$n(n+1)\sum_{k=1}^{n-1}1 - (2n+1)\sum_{k=1}^{n-1}k + \sum_{k=1}^{n-1}k^2 \tag{9.17}$$

使用式 (9.14) 中的某些關係，我們可以得到：

$$[n^3 + O(n)] - [n^3 + O(n^2)] + \left[\frac{1}{3}n^3 + O(n^2)\right] = \frac{n^3}{3} + O(n) \tag{9.18}$$

對於乘／除的運算量，我們也應用類似的分析方式得到：

$$[n^3 + O(n^2)] - [n^3 + O(n)] + \left[\frac{1}{3}n^3 + O(n^2)\right] = \frac{n^3}{3} + O(n^2) \tag{9.19}$$

加總這些結果，最後得到：

$$\frac{2n^3}{3} + O(n^2) \tag{9.20}$$

因此，總運算量等於 $2n^3/3$，再加上與 n^2 階以及其他低階項成比例的額外部分。將結果表示為這樣的形式，是因為當 n 愈來愈大的時候，$O(n^2)$ 以及低階項幾乎可以忽略。也因此我們可以下結論：對於夠大的 n，向前消去所需要的運算量大約是 $2n^3/3$。

因為我們只使用單一迴圈，向後代換比較容易估算。加／減的運算量等於 $n(n-1)/2$。因為在迴圈開始前有一個額外的除法，所以乘／除的運算量為 $n(n+1)/2$。根據這些數據可以得到：

$$n^2 + O(n) \tag{9.21}$$

因此，對於單純高斯消去法的總運算量可以表示成：

$$\underbrace{\frac{2n^3}{3} + O(n^2)}_{\text{向前消去}} + \underbrace{n^2 + O(n)}_{\text{向後代換}} \xrightarrow{\text{當 } n \text{ 增加}} \frac{2n^3}{3} + O(n^2) \tag{9.22}$$

根據這個分析，我們可以得到兩個有用的結論：

1. 當系統變大的時候，運算時間會大幅增加。如表 9.1 所述，當方程式的數目每增加一個數量級，運算量幾乎是以三個數量級的量值大小增加。
2. 耗費最多的部分是在消去階段。因此，要使數值方法更有效率，應該針對此階段下手。

表 9.1 單純高斯消去法的運算量。

n	消去階段	向後代換階段	總運算量	$2n^3/3$	消去階段占總運算量的百分比
10	705	100	805	667	87.58%
100	671550	10000	681550	666667	98.53%
1000	6.67×10^8	1×10^6	6.68×10^8	6.67×10^8	99.85%

9.3 軸元

前面所述的數學技巧之所以稱為「單純」，主要是因為在消去與向後代換階段都有可能會遇到除以零的情況。例如，利用單純高斯消去法求解：

$$2x_2 + 3x_3 = 8$$
$$4x_1 + 6x_2 + 7x_3 = -3$$
$$2x_1 - 3x_2 + 6x_3 = 5$$

對於第一列的正規化會除以 $a_{11} = 0$。另外，即使軸元元素不完全等於零，當很接近的時候也會導致問題。因為假如軸元元素與其他元素相較起來非常小，就會引入捨入誤差。

因此，在對每一列正規化之前，最好先決定在軸元元素之下，行中具有最大絕對值的係數。我們可以交換列，使得最大的元素變成軸元元素。而這個技巧稱為**部分軸元 (partial pivoting)**。

如果行與列都根據尋找出的最大元素而交換，則此程序稱為**完全軸元 (complete pivoting)**。完全軸元很少使用，因為主要改善來自於部分軸元。此外，交換行會使得 x 的順序改變，並且會對電腦程式增加無法評估的複雜性。

下面的範例說明了部分軸元的優點。不只可以避免除以零的情況發生，軸元也可以最小化捨入誤差，亦即部分軸元可以部分補救病態條件的情況。

範例 9.4 部分軸元

問題敘述 利用高斯消去法求解：

$$0.0003x_1 + 3.0000x_2 = 2.0001$$
$$1.0000x_1 + 1.0000x_2 = 1.0000$$

注意到在這種形式中，第一個軸元元素 $a_{11} = 0.0003$，非常接近零。接下來重複此運算，但是利用部分軸元的觀念調換方程式的順序。精確解為 $x_1 = 1/3$ 以及 $x_2 = 2/3$。

解法 將第一個方程式乘以 $1/(0.0003)$，得到：

$$x_1 + 10{,}000x_2 = 6667$$

此式可以用來消去第二個方程式的 x_1：

$$-9999x_2 = -6666$$

然後求解出 $x_2 = 2/3$。這個結果可以代換到第一個方程式計算 x_1：

$$x_1 = \frac{2.0001 - 3(2/3)}{0.0003} \tag{E9.4.1}$$

因為減法相消，使得這個結果對電腦計算時所使用的有效位數數目非常敏感：

有效位數	x_2	x_1	x_1 相對誤差百分比的絕對值
3	0.667	−3.33	1099
4	0.6667	0.0000	100
5	0.66667	0.30000	10
6	0.666667	0.330000	1
7	0.6666667	0.3330000	0.1

由此表可知 x_1 的解與有效位數的數目有非常高的相關性。這是因為在式 (E9.4.1) 中，我們將兩個幾乎一樣的值相減而產生的。

另一方面，如果方程式以相反的順序求解，也就是針對列中較大的軸元元素做正規化，則方程式成為：

$$1.0000x_1 + 1.0000x_2 = 1.0000$$
$$0.0003x_1 + 3.0000x_2 = 2.0001$$

再度進行消去以及代換，可以得到 $x_2 = 2/3$。對於不同的有效位數，x_1 可以由第一個方程式算出，方法如下：

$$x_1 = \frac{1 - (2/3)}{1}$$

而這個情況則對電腦計算的有效位數數目較不敏感：

有效位數	x_2	x_1	x_1 相對誤差百分比的絕對值
3	0.667	0.333	0.1
4	0.6667	0.3333	0.01
5	0.66667	0.33333	0.001
6	0.666667	0.333333	0.0001
7	0.6666667	0.3333333	0.0000

因此，利用軸元的策略令人滿意得多。

9.3.1 MATLAB 的 M 檔：GaussPivot

圖 9.5 是一個用來執行部分軸元高斯消去法的 M 檔。除了增加粗體字的部分表示進行部分軸元以外，其餘部分和 9.2.1 節中所述用來做單純高斯消去法的 M 檔是一樣的。

我們注意到 MATLAB 的內建函數 max 用來決定在軸元元素之下，行中最大的係數。max 函數的語法如下：

```
function x = GaussPivot(A,b)
% GaussPivot: Gauss elimination pivoting
%   x = GaussPivot(A,b): Gauss elimination with pivoting.
% input:
%   A = coefficient matrix
%   b = right hand side vector
% output:
%   x = solution vector
[m,n]=size(A);
if m~=n, error('Matrix A must be square'); end
nb=n+1;
Aug=[A b];
% forward elimination
for k = 1:n-1
  % partial pivoting
  [big,i]=max(abs(Aug(k:n,k)));
  ipr=i+k-1;
  if ipr~=k
    Aug([k,ipr],:)=Aug([ipr,k],:);
  end
  for i = k+1:n
    factor=Aug(i,k)/Aug(k,k);
    Aug(i,k:nb)=Aug(i,k:nb)-factor*Aug(k,k:nb);
  end
end
% back substitution
x=zeros(n,1);
x(n)=Aug(n,nb)/Aug(n,n);
for i = n-1:-1:1
  x(i)=(Aug(i,nb)-Aug(i,i+1:n)*x(i+1:n))/Aug(i,i);
end
```

圖 9.5 用以執行部分軸元高斯消去法的 M 檔。

```
[y, i] = max(x)
```

其中 `y` 是向量 `x` 中最大的元素,以及 `i` 是對應的指數。

9.3.2 以高斯消去法求行列式值

在 9.1.2 節最後,我們建議可以藉子行列式展開的方式求行列式值,但是這對數量很大的方程組是不實用的。然而,因為行列式值對於評估系統條件有價值,所以有一個實用的方法來計算這個值是很有用的。

幸運地,高斯消去法提供了一個簡單的方法。這個方法是基於三角矩陣的行列式值可以簡單地透過將矩陣的對角元素相乘求得:

$$D = a_{11}a_{22}a_{33}\cdots a_{nn}$$

這個方程式的驗證可以用一個 3×3 系統來說明:

$$D = \begin{vmatrix} a_{11} & a_{12} & a_{13} \\ 0 & a_{22} & a_{23} \\ 0 & 0 & a_{33} \end{vmatrix}$$

其中行列式值可以用以下方式求得〔見式 (9.1)〕:

$$D = a_{11}\begin{vmatrix} a_{22} & a_{23} \\ 0 & a_{33} \end{vmatrix} - a_{12}\begin{vmatrix} 0 & a_{23} \\ 0 & a_{33} \end{vmatrix} + a_{13}\begin{vmatrix} 0 & a_{22} \\ 0 & 0 \end{vmatrix}$$

或是藉由求取子行列式:

$$D = a_{11}a_{22}a_{33} - a_{12}(0) + a_{13}(0) = a_{11}a_{22}a_{33}$$

先前提過高斯消去法向前消去的步驟會得到一個上三角矩陣系統。因為行列式值不會由向前消去的過程改變,可以透過下列方式在這個步驟的最後求得行列式值

$$D = a_{11}a'_{22}a''_{33}\cdots a_{nn}^{(n-1)}$$

其中上標代表元素經由消去的過程中被修改的次數。因此,我們可以利用已經將系統簡化為三角矩陣所花費的功夫,而能夠簡單地估算行列式值。

當程式使用部分軸元法的時候,上述的方法會有一個微小的改變。這種情況下,行列式值在每次交換列的過程中會變號。表示這件事情的一種方式是藉由將行列式值的求法改成

$$D = a_{11}a'_{22}a''_{33}\cdots a_{nn}^{(n-1)}(-1)^p$$

其中 p 代表「列」被軸元化的次數。當進行運算的時候，只要保持追蹤軸元的數目，這個改變可以簡單地寫入程式中。

9.4 三對角線系統

某些特殊結構的矩陣可以用來開發有效率解法的架構。例如，一個帶狀的方陣除了以主要對角線為中央的帶狀區域之外，所有的元素均為零。

一個**三對角線系統 (tridiagonal system)** 的帶寬為 3，一般表示式如下：

$$\begin{bmatrix} f_1 & g_1 & & & & & \\ e_2 & f_2 & g_2 & & & & \\ & e_3 & f_3 & g_3 & & & \\ & & \cdot & \cdot & \cdot & & \\ & & & \cdot & \cdot & \cdot & \\ & & & & \cdot & \cdot & \\ & & & & e_{n-1} & f_{n-1} & g_{n-1} \\ & & & & & e_n & f_n \end{bmatrix} \begin{Bmatrix} x_1 \\ x_2 \\ x_3 \\ \cdot \\ \cdot \\ \cdot \\ x_{n-1} \\ x_n \end{Bmatrix} = \begin{Bmatrix} r_1 \\ r_2 \\ r_3 \\ \cdot \\ \cdot \\ \cdot \\ r_{n-1} \\ r_n \end{Bmatrix} \quad (9.23)$$

我們注意到本來是以 a 與 b 表示係數，現在改用 e、f、g 以及 r 來表示，原因是為了避免 a 的方陣中儲存了一大堆的零。這種節省空間的修改是很有用的，因為此種演算法只需要較少的電腦記憶體。

而求解此種系統的演算法是直接仿照高斯消去法，也就是向前消去以及向後代換。然而，因為矩陣中大多數的元素為零，要展開它比完全矩陣較不費力。我們在以下範例說明此方法的效率。

範例 9.5 三對角線系統的解

問題敘述 求解下列三對角線系統：

$$\begin{bmatrix} 2.04 & -1 & & \\ -1 & 2.04 & -1 & \\ & -1 & 2.04 & -1 \\ & & -1 & 2.04 \end{bmatrix} \begin{Bmatrix} x_1 \\ x_2 \\ x_3 \\ x_4 \end{Bmatrix} = \begin{Bmatrix} 40.8 \\ 0.8 \\ 0.8 \\ 200.8 \end{Bmatrix}$$

解法 如同在高斯消去法中所做的，第一個步驟是將這個矩陣轉換成上三角矩陣。這可藉由將第一個方程式乘以 e_2/f_1，並且與第二個方程式相減而得到。這個程序會在 e_2 的位置得到一個零，並且將其他的係數轉變成新的值：

$$f_2 = f_2 - \frac{e_2}{f_1}g_1 = 2.04 - \frac{-1}{2.04}(-1) = 1.550$$

$$r_2 = r_2 - \frac{e_2}{f_1}r_1 = 0.8 - \frac{-1}{2.04}(40.8) = 20.8$$

我們注意到 g_2 並沒有被修改，因為在此元素上方第一列中的元素為零。

對第三列及第四列進行類似的計算，則此系統轉換成上三角形式：

$$\begin{bmatrix} 2.04 & -1 & & \\ & 1.550 & -1 & \\ & & 1.395 & -1 \\ & & & 1.323 \end{bmatrix} \begin{Bmatrix} x_1 \\ x_2 \\ x_3 \\ x_4 \end{Bmatrix} = \begin{Bmatrix} 40.8 \\ 20.8 \\ 14.221 \\ 210.996 \end{Bmatrix}$$

現在我們利用向後代換法來產生最後的解：

$$x_4 = \frac{r_4}{f_4} = \frac{210.996}{1.323} = 159.480$$

$$x_3 = \frac{r_3 - g_3 x_4}{f_3} = \frac{14.221 - (-1)159.480}{1.395} = 124.538$$

$$x_2 = \frac{r_2 - g_2 x_3}{f_2} = \frac{20.800 - (-1)124.538}{1.550} = 93.778$$

$$x_1 = \frac{r_1 - g_1 x_2}{f_1} = \frac{40.800 - (-1)93.778}{2.040} = 65.970$$

9.4.1 MATLAB 的 M 檔：Tridiag

圖 9.6 是一個可以用來求解方程式的三對角線系統的 M 檔。我們注意到此演算法並沒有使用部分軸元。雖然有時候我們需要使用軸元，但大部分在工程與科學領域中的三對角線系統並不需要使用軸元。

我們討論過，在高斯消去法中的運算量與 n^3 成比例。因為三對角線系統本身的稀疏性，在求解三對角線系統中所需要使用的運算量與 n 成正比。因此，圖 9.6 中的演算法其執行速度遠比高斯消去法更快，尤其是在大型的系統中。

```
function x = Tridiag(e,f,g,r)
% Tridiag: Tridiagonal equation solver banded system
%   x = Tridiag(e,f,g,r): Tridiagonal system solver.
% input:
%   e = subdiagonal vector
%   f = diagonal vector
%   g = superdiagonal vector
%   r = right hand side vector
% output:
%   x = solution vector
n=length(f);
% forward elimination
for k = 2:n
  factor = e(k)/f(k-1);
  f(k) = f(k) - factor*g(k-1);
  r(k) = r(k) - factor*r(k-1);
end
% back substitution
x(n) = r(n)/f(n);
for k = n-1:-1:1
  x(k) = (r(k)-g(k)*x(k+1))/f(k);
end
```

圖 9.6 一個可以用來求解三對角線系統的 M 檔。

9.5 案例研究　加熱桿的模型

背景　線性代數方程式能應用於模型化分布系統。例如，圖 9.7 顯示一根位於恆溫兩堵牆之間的長細桿子。熱會流過這根桿以及桿與其周遭空氣之間。在穩態的情形下，可為這樣的系統寫一個根據熱量守恆的微分方程式如下：

$$\frac{d^2T}{dx^2} + h'(T_a - T) = 0 \tag{9.24}$$

其中 T = 溫度 (°C)，x = 沿著這根桿的距離 (m)，h' = 桿和周遭空氣 (m^{-2}) 之間的熱傳導係數，以及 T_a = 氣溫 (°C)。

給予所有需要的參數值、強制函數和邊界條件，就能用微積分來發展解析解。例如，如果 $h' = 0.01$，$T_a = 20$，$T(0) = 40$，以及 $T(10) = 200$，其解為：

$$T = 73.4523e^{0.1x} - 53.4523e^{-0.1x} + 20 \tag{9.25}$$

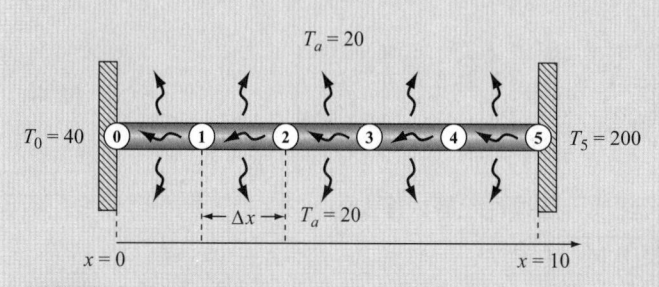

圖 9.7 一根無隔熱且均勻的桿子位於兩面常溫但溫度不同的牆之間。有限差分使用 4 個內部節點。

雖然這裡提供一個解法，但是微積分並不能用來解所有此類型的問題。在這樣的實例裡，數值方法能提供一個很有用的選擇。在此案例研究中，我們將使用有限差分將這個微分方程式改變成線性代數方程式的三對角線系統，可使用本章所描述的數值方法以獲得解。

解法 可以藉由將桿子概念化成由一系列的節點組成，將式 (9.24) 轉換成一組線性代數方程式。例如，圖 9.7 的桿子可被分成 6 個等距的節點。因為桿的長度是 10，節點間隔為 $\Delta x = 2$。

因為式 (9.24) 包括二階導數，解此方程式時，微積分是必要的。依我們在 4.3.4 節學到的有限差分近似值，可以提供轉移導數成代數形式的方法。例如，在每個節點的二階導數可以被近似為：

$$\frac{d^2T}{dx^2} = \frac{T_{i+1} - 2T_i + T_{i-1}}{\Delta x^2}$$

其中 T_i 是在節點 i 的溫度。此近似值可以代入式 (9.24)：

$$\frac{T_{i+1} - 2T_i + T_{i-1}}{\Delta x^2} + h'(T_a - T_i) = 0$$

合併各項，並且代入參數：

$$-T_{i-1} + 2.04T_i - T_{i+1} = 0.8 \tag{9.26}$$

因此，式 (9.24) 已經從一個微分方程式變成一個代數方程式。式 (9.26) 現在能用於每個內部節點：

$$\begin{aligned} -T_0 + 2.04T_1 - T_2 &= 0.8 \\ -T_1 + 2.04T_2 - T_3 &= 0.8 \\ -T_2 + 2.04T_3 - T_4 &= 0.8 \\ -T_3 + 2.04T_4 - T_5 &= 0.8 \end{aligned} \tag{9.27}$$

末端溫度是固定的，$T_0 = 40$ 和 $T_5 = 200$ 可以代入並且移到右手邊。結果是四個未知數形成四個方程式的矩陣形式：

$$\begin{bmatrix} 2.04 & -1 & 0 & 0 \\ -1 & 2.04 & -1 & 0 \\ 0 & -1 & 2.04 & -1 \\ 0 & 0 & -1 & 2.04 \end{bmatrix} \begin{Bmatrix} T_1 \\ T_2 \\ T_3 \\ T_4 \end{Bmatrix} = \begin{Bmatrix} 40.8 \\ 0.8 \\ 0.8 \\ 200.8 \end{Bmatrix} \qquad (9.28)$$

因此，我們原先的微分方程式已經變成一個線性代數方程式的等效系統。因而我們能使用本章所描述的技術求出溫度。例如，使用 MATLAB：

```
>> A =[2.04 -1 0 0
-1 2.04 -1 0
0 -1 2.04 -1
0 0 -1 2.04];
>> b =[40.8 0.8 0.8 200.8]';
>> T =(A\b)'
T =
    65.9698   93.7785   124.5382   159.4795
```

也能發展一個圖，把這些結果與用式 (9.25) 獲得的解析解進行比較：

```
>> T =[40 T 200];
>> x =[0:2:10];
>> xanal=[0:10];
>> TT=@(x) 73.4523*exp(0.1*x)-53.4523*...
       exp(-0.1*x)+20;
>> Tanal= TT(xanal);
>> plot(x,T,'o',xanal,Tanal)
```

如圖 9.8，數值結果十分接近於使用微積分獲得的結果。

除了作為一個線性系統，注意式 (9.28) 也被三對角線化。我們能使用一個如圖 9.6 之 M 檔的有效率解法獲得這個解：

```
>> e =[0 -1 -1 -1];
>> f =[2.04 2.04 2.04 2.04];
>> g =[-1 -1 -1 0];
>> r =[40.8 0.8 0.8 200.8];
>> Tridiag(e,f,g,r)
ans =
    65.9698   93.7785   124.5382   159.4795
```

因為每個節點只依賴它的相鄰節點，此系統是三對角線化。由於我們給的節點編號是連續的，最終的方程式也應是三對角線化。當求解基於守恆定律的微分方程式時，這樣的情況經常出現。

圖 9.8 加熱桿的溫度與距離對照圖。顯示解析解（線）與數值解（點）。

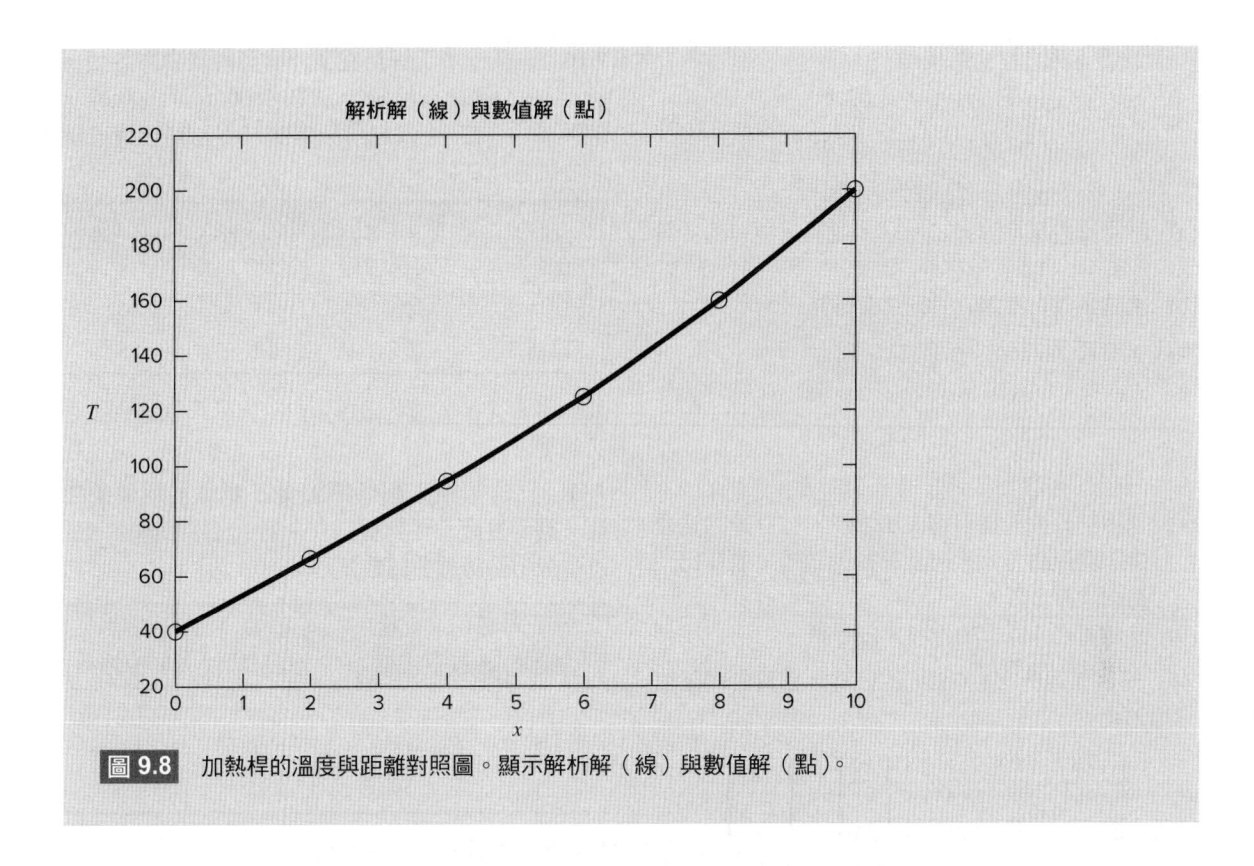

習題

9.1 以一個方程式數目 n 的函數表示三對角線演算法的總運算量（如圖 9.6）。

9.2 利用圖形法求解：
$$4x_1 - 8x_2 = -24$$
$$x_1 + 6x_2 = 34$$
並且將結果代入原本的方程式做驗算。

9.3 給定下列方程式系統：
$$-1.1x_1 + 10x_2 = 120$$
$$-2x_1 + 17.4x_2 = 174$$

(a) 利用圖形法求解，並且將結果代入原本的方程式做驗算。
(b) 根據圖形解的結果，你認為此系統的條件數如何？
(c) 計算行列式值。

9.4 給定下列方程式系統：

$$-3x_2 + 7x_3 = 4$$
$$x_1 + 2x_2 - x_3 = 0$$
$$5x_1 - 2x_2 = 3$$

(a) 計算行列式值。
(b) 利用克拉莫法則求解 x。
(c) 利用部分軸元高斯消去法求解 x。正如計算的部分，計算行列式值去驗證 **(a)** 中所求得的結果。
(d) 將結果代入原本的方程式做驗算。

9.5 給定下列方程式系統：
$$0.5x_1 - x_2 = -9.5$$
$$1.02x_1 - 2x_2 = -18.8$$

(a) 利用圖形法求解。
(b) 計算行列式值。
(c) 根據 **(a)** 與 **(b)**，你認為此系統的條件數如何？
(d) 利用未知數消去法求解。
(e) 將 a_{11} 改成 0.52 並求解。解釋你的結果。

9.6 給定下列方程式系統：
$$10x_1 + 2x_2 - x_3 = 27$$
$$-3x_1 - 5x_2 + 2x_3 = -61.5$$
$$x_1 + x_2 + 6x_3 = -21.5$$

(a) 利用單純高斯消去法求解，並寫出所有的計算步驟。

(b) 將結果代入原本的方程式做驗算。

9.7 給定下列方程式系統：
$$2x_1 - 6x_2 - x_3 = -38$$
$$-3x_1 - x_2 + 7x_3 = -34$$
$$-8x_1 + x_2 - 2x_3 = -20$$

(a) 利用部分軸元高斯消去法求解。在計算的過程中，利用對角元素來計算行列式值，並寫出所有的計算步驟。

(b) 將結果代入原本的方程式做驗算。

9.8 進行與範例 9.5 中相同的計算，但只針對三對角線系統：

$$\begin{bmatrix} 0.8 & -0.4 & \\ -0.4 & 0.8 & -0.4 \\ & -0.4 & 0.8 \end{bmatrix} \begin{Bmatrix} x_1 \\ x_2 \\ x_3 \end{Bmatrix} = \begin{Bmatrix} 41 \\ 25 \\ 105 \end{Bmatrix}$$

9.9 圖 P9.9 顯示三個以管線相連接的反應器。如圖所示，傳送化學物質流經每條管子的速率，等於流量率（Q，單位是立方公尺/秒）和流量來源反應器的濃度（c，單位是毫克/立方公尺）之乘積。如果系統在穩態時，每一個反應器的質量流入與流出相等。為這些反應器開發質量平衡方程式，並解此三元一次聯立線性代數方程式以求出濃度。

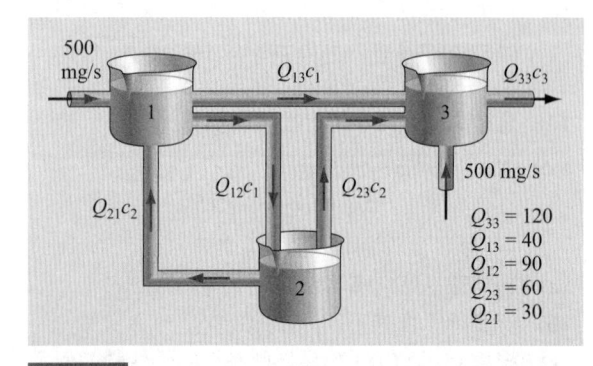

圖 P9.9 三個以管線相連接的反應器。物質流經每條管子的速率，等於流量率 Q 和流量來源反應器的濃度 c 之乘積。

9.10 一個土木工程師在某一建築計畫中需要使用的砂子、細礫、粗礫分別為 4800 m³、5800 m³、5700 m³。有三組礦坑可以得到這些材料。這些礦坑的成分組成如下：

	砂子 (%)	細礫 (%)	粗礫 (%)
礦坑 1	55	30	15
礦坑 2	25	45	30
礦坑 3	25	20	55

我們需要從各個礦坑搬運多少立方公尺以符合工程師的需求？

9.11 一位電機工程師需監督三類電器組件的生產。需要生產三種材料——金屬、塑膠和橡膠。生產每個組件所需要的數量是：

組件	金屬 （g/ 部件）	塑膠 （g/ 部件）	橡膠 （g/ 部件）
1	15	0.30	1.0
2	17	0.40	1.2
3	19	0.55	1.5

如果每天可分別獲得 3.89 kg、0.095 kg 以及 0.282 kg 的金屬、塑膠和橡膠，每天生產組件的總數是多少？

9.12 如 9.4 節所述。線性代數方程式可用來解微分方程式。例如，下列是一河渠中一化學物質穩態平衡的微分方程式：

$$0 = D \frac{d^2 c}{dx^2} - U \frac{dc}{dx} - kc$$

其中 c 是濃度，t 是時間，x 是距離，D 是擴散係數，U 是流量速度，k 是一階衰減率。將此微分方程式轉換成一等效的代數方程式系統。給定 $D = 2$，$U = 1$，$k = 0.2$，$c(0) = 80$ 及 $c(10) = 20$，解此方程式由 $x = 0$ 到 10，並繪出濃度對距離的相對圖。

9.13 圖 P9.13 描述一個分段萃取的過程。此系統中，一流體帶有一化學品權重比例 y_{in}，以質量流率 F_1 由左端進入。同時有相同化學品的溶劑權重比例 x_{in} 以質量流率 F_2 由右端進入。因此，對於階段 i，其質量平衡可以下式表示：

$$F_1 y_{i-1} + F_2 x_{i+1} = F_1 y_i + F_2 x_i \quad \text{(P9.13a)}$$

每一階段，在 x_i 和 y_i 之間，必須存在下列的平衡：

$$K = \frac{x_i}{y_i} \quad \text{(P9.13b)}$$

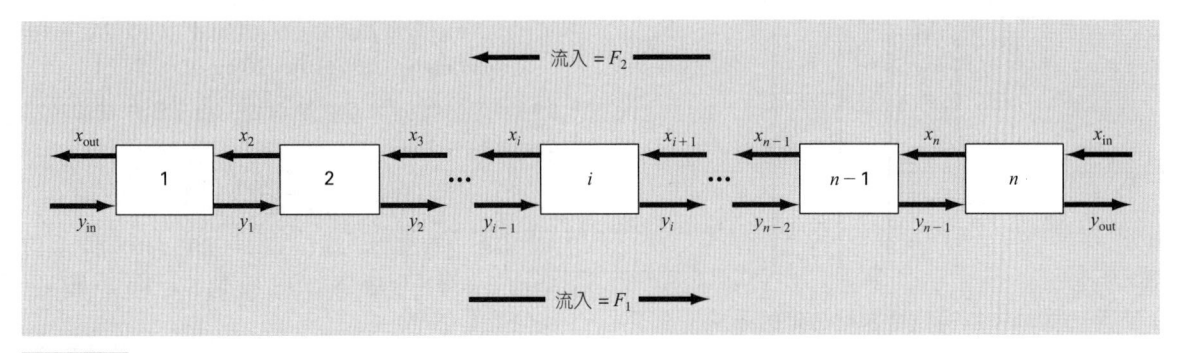

圖 P9.13 一個分段萃取的過程。

其中 K 稱為分布係數。式 (P9.13b) 可以求出 x_i，並且代入式 (P9.13a) 產生：

$$y_{i-1} - \left(1 + \frac{F_2}{F_1}K\right) y_i + \left(\frac{F_2}{F_1}K\right) y_{i+1} = 0 \quad \text{(P9.13c)}$$

若 $F_1 = 500$ kg/h，$y_{in} = 0.1$，$F_2 = 1000$ kg/h，$x_{in} = 0$ 以及 $K = 4$，如果使用五階段的系統，求 y_{out} 和 x_{out} 的值。注意當考慮第一和最後階段時，式 (P9.13c) 必須被修改以計算流入權重的部分。

9.14 一具幫浦驅動單位流量 (Q_1) 黏性流體的網路圖，如圖 P9.14 所示。每個管線部分有相同的長度和直徑。質量和機械能量平衡可以被簡化而獲得在每根管線的流量。解下列系統的方程式，以獲得在每條管線的流量：

$Q_3 + 2Q_4 - 2Q_2 = 0$ $Q_1 = Q_2 + Q_3$
$Q_5 + 2Q_6 - 2Q_4 = 0$ $Q_3 = Q_4 + Q_5$
$3Q_7 - 2Q_6 = 0$ $Q_5 = Q_6 + Q_7$

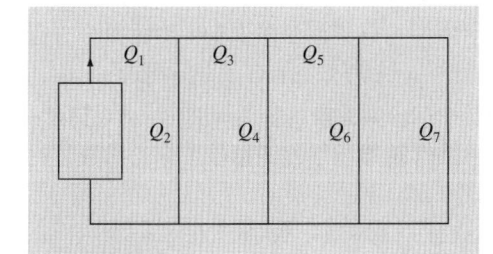

圖 P9.14

9.15 一個桁架負載如圖 P9.15 所示。使用下列方程式，求出 10 個未知數：$AB, BC, AD, BD, CD, DE, CE, A_x, A_y, E_y$。

$A_x + AD = 0$
$A_y + AB = 0$
$74 + BC + (3/5)BD = 0$
$-AB - (4/5)BD = 0$
$-BC + (3/5)CE = 0$
$-24 - CD - (4/5)CE = 0$
$-AD + DE - (3/5)BD = 0$
$CD + (4/5)BD = 0$
$-DE - (3/5)CE = 0$
$E_y + (4/5)CE = 0$

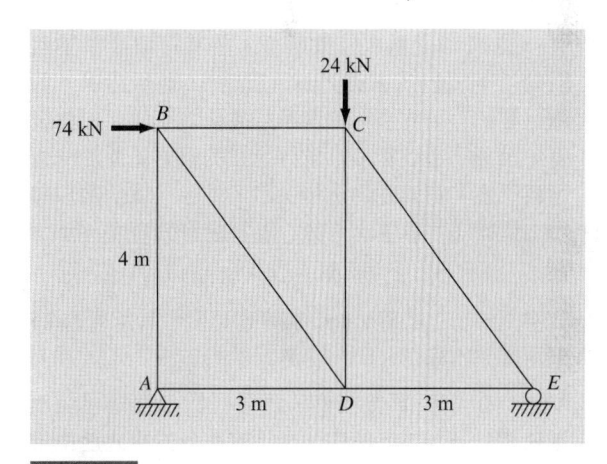

圖 P9.15

9.16 一有帶寬 5 的**五對角線系統 (pentadiagonal system)** 一般可以表示為：

$$\begin{bmatrix} f_1 & g_1 & h_1 & & & & & \\ e_2 & f_2 & g_2 & h_2 & & & & \\ d_3 & e_3 & f_3 & g_3 & h_3 & & & \\ & & \cdot & \cdot & \cdot & & & \\ & & & \cdot & \cdot & \cdot & & \\ & & & & \cdot & \cdot & \cdot & \\ & & & & d_{n-1} & e_{n-1} & f_{n-1} & g_{n-1} \\ & & & & & d_n & e_n & f_n \end{bmatrix}$$

$$\times \begin{Bmatrix} x_1 \\ x_2 \\ x_3 \\ \cdot \\ \cdot \\ \cdot \\ x_{n-1} \\ x_n \end{Bmatrix} = \begin{Bmatrix} r_1 \\ r_2 \\ r_3 \\ \cdot \\ \cdot \\ \cdot \\ r_{n-1} \\ r_n \end{Bmatrix}$$

發展一個 M 檔以有效地求解這樣的系統,而不用類似 9.4.1 節三對角線矩陣的算法,並以下列情況測試:

$$\begin{bmatrix} 8 & -2 & -1 & 0 & 0 \\ -2 & 9 & -4 & -1 & 0 \\ -1 & -3 & 7 & -1 & -2 \\ 0 & -4 & -2 & 12 & -5 \\ 0 & 0 & -7 & -3 & 15 \end{bmatrix} \begin{Bmatrix} x_1 \\ x_2 \\ x_3 \\ x_4 \\ x_5 \end{Bmatrix} = \begin{Bmatrix} 5 \\ 2 \\ 1 \\ 1 \\ 5 \end{Bmatrix}$$

9.17 基於圖 9.5,利用部分軸元高斯消去法,發展一個 M 檔函數。修改函數,使其可以計算並且回傳行列式值(正負號必須正確),並且透過一個趨近零的行列式值,偵測系統是否為奇異。針對後者,定義「趨近零」為當行列式的絕對值低於一個可容忍度。當這個情況發生時,設計一個函數以顯示出錯誤訊息並中止函數。以下是函數的第一行:

```
function [x, D] = GaussPivotNew(A, b, tol)
```

其中 D = 行列式值,tol = 可容忍度。利用習題 9.5 來測試你的程式,tol 設定為 1×10^{-5}。

9.18 如同 9.5 節描述的,線性代數方程式可能出現在微分方程式的解中。以下的微分方程式產生自一維運河一化學物的穩態質傳平衡,

$$0 = D\frac{d^2c}{dx^2} - U\frac{dc}{dx} - kc$$

其中 x = 沿運河距離 (m),c = 濃度,t = 時間,D = 擴散係數,U = 流速,和 k = 一階衰退率。

(a) 使用中央差分近似導數,將此微分方程式轉換為一組等效的聯立代數方程式。
(b) 開發一個函數來求解這些方程式從 x = 0 到 L,並且回傳距離和濃度的結果。你的函數首行應是

```
function[x,c] = YourLastName_
reactor(D,U,k,c0,cL,L,dx)
```

(c) 開發一個腳本呼叫此函數,然後繪製結果。
(d) 以下列參數值測試你的腳本:L = 10 m,Δx = 0.5 m,D = 2 m²/d,U = 1 m/d,k = 0.2/d,c(0) = 80 mg/L,和 c(10) = 20 mg/L。

9.19 下列微分方程式源自於一個受均勻荷重的樑的力平衡,

$$0 = EI\frac{d^2y}{dx^2} - \frac{wLx}{2} + \frac{wx^2}{2}$$

其中 x = 沿著樑的距離 (m),y = 偏移 (m),L = 長度 (m),E = 彈性模數 (N/m²),I = 慣性矩 (m⁴),和 w = 均勻荷重 (N/m)。

(a) 使用中央差分近似二階導數,將此微分方程式轉換為一組等效的聯立代數方程式。
(b) 開發一個函數求解這些方程式從 x = 0 到 L,並且回傳距離和偏移的結果。你的函數首行應是

```
function[x,y] = YourLastName_
beam(E,I,w,y0,yL,L,dx)
```

(c) 開發一個腳本呼叫此函數,然後繪製結果。
(d) 以下列參數值測試你的腳本:L = 3 m,Δx = 0.2 m,E = 250×10⁹ N/m²,I = 3×10⁻⁴ m⁴,w = 22,500 N/m,y(0) = 0,和 y(3) = 0。

9.20 熱沿著一根位於溫度固定的兩面牆間的金屬桿傳導。除了熱傳導外,熱也在桿與周圍空氣之間透過熱對流傳遞。依據熱平衡,沿著桿的溫度分布可以下列二階微分方程式描述

$$0 = \frac{d^2T}{dx^2} + h'(T_\infty - T)$$

其中 T = 溫度 (K),h' = 反映出對流對傳導相對重要性的總熱傳導係數 (m⁻²),x = 沿桿的距離 (m),T_∞ = 周遭流體溫度 (K)。

(a) 使用中央差分近似二階導數,將此微分方程式轉換為一組等效的聯立代數方程式。
(b) 開發一個函數求解這些方程式從 x = 0 到 L,並且回傳距離和溫度的結果。你的函數首行應是

```
function[x,y] = YourLastName_
rod(hp,Tinf,T0,TL,L,dx)
```

(c) 開發一個腳本呼叫此函數,然後繪製結果。
(d) 以下列參數值測試你的腳本:h' = 0.0425 m⁻²,L = 12 m,T_∞ = 220 K,T(0) = 320 K,T(L) = 450 K,和 Δx = 0.5 m。

第 10 章

LU 分解

章節目標

本章的主要目標是讓讀者熟悉 *LU* 分解[1]。個別的目標和主題包括：

- 了解 *LU* 分解需要先將係數矩陣分解成兩個三角矩陣，接下來就可以利用這個結果有效率地計算不同的右手邊向量。
- 學習如何將高斯消去法表示成 *LU* 分解。
- 給定一個 *LU* 分解，知道如何處理多個右手邊向量。
- 了解丘列斯基法所提供的是一個有效率的分解對稱矩陣方法，依據此得到的三角矩陣及其轉置矩陣可以有效率地計算右手邊向量。
- 學習 MATLAB 如何使用反斜線來求解線性系統。

如同第 9 章所述，高斯消去法是用來求解線性代數方程式系統：

$$[A]\{x\} = \{b\} \tag{10.1}$$

雖然這是一個可以用來求解此系統相當不錯的方法，但是當 $[A]$ 中的係數相同，只有右手邊常數 $\{b\}$ 不同時，求解這樣的方程式變得沒有效率。

回想高斯消去法有兩個步驟：向前消去法以及向後代換法（圖 9.3）。在 9.2.2 節中，向前消去法這個步驟需要許多運算，對於大型的方程式系統更是如此。

LU 分解法會將對矩陣 $[A]$ 作費時的消去法與運算右手邊 $\{b\}$ 這兩件事情分開。因此一旦 $[A]$ 被「分解」，很多右手邊向量就可以用其他有效率的方式處理。

有趣的是，高斯消去法本身就可以表示成 *LU* 分解。在介紹如何進行之前，我們先介紹一些有關此分解策略的數學概要。

---

[1] 在數值分析的說法中，「factorization」和「decomposition」是同義的，為能和 MATLAB 文件一致，我們選用 *LU factorization* 作為本章主題。注意 *LU decomposition* 也可用於描述相同的方法。

10.1 LU 分解概論

和高斯消去法一樣，LU 分解需要軸元來避免除以零的發生。然而，為了簡化以下所需要的描述，我們省略軸元的介紹。另外，以下解釋僅適用於三元一次聯立方程式，但結果可以直接推展到 n 維的系統。

將式 (10.1) 重新排列，得到：

$$[A]\{x\} - \{b\} = 0 \tag{10.2}$$

假設式 (10.2) 可以表示成一個上三角矩陣。例如，一個 3×3 的系統：

$$\begin{bmatrix} u_{11} & u_{12} & u_{13} \\ 0 & u_{22} & u_{23} \\ 0 & 0 & u_{33} \end{bmatrix} \begin{Bmatrix} x_1 \\ x_2 \\ x_3 \end{Bmatrix} = \begin{Bmatrix} d_1 \\ d_2 \\ d_3 \end{Bmatrix} \tag{10.3}$$

可以發現這個步驟與高斯消去法的第一個步驟非常相似，亦即消去法的意思是將系統簡化成上三角的形式。式 (10.3) 也可以用矩陣符號表示，得到：

$$[U]\{x\} - \{d\} = 0 \tag{10.4}$$

現在假設有一個下三角矩陣，且對角線元素均為 1：

$$[L] = \begin{bmatrix} 1 & 0 & 0 \\ l_{21} & 1 & 0 \\ l_{31} & l_{32} & 1 \end{bmatrix} \tag{10.5}$$

而且它與式 (10.4) 前相乘可以得回式 (10.2) 這個結果。以數學式描述如下：

$$[L]\{[U]\{x\} - \{d\}\} = [A]\{x\} - \{b\} \tag{10.6}$$

如果此方程式成立，則以矩陣乘法展開後，得到下列結論：

$$[L][U] = [A] \tag{10.7}$$

以及

$$[L]\{d\} = \{b\} \tag{10.8}$$

根據式 (10.3)、式 (10.7) 與式 (10.8)，我們可以訂出一個兩步驟的求解策略，詳見圖 10.1：

1. **LU 分解的步驟。** [A] 被分解成下三角矩陣 [L] 和上三角矩陣 [U]。
2. **代換的步驟。** [L] 以及 [U] 用來求對應右手邊 {b} 的解 {x}。這個步驟本身包含了兩階段。首先，式 (10.8) 利用向前代換法產生向量 {d}。接下來，將此結果代入式 (10.3)，並且以向後代換法算出 {x}。

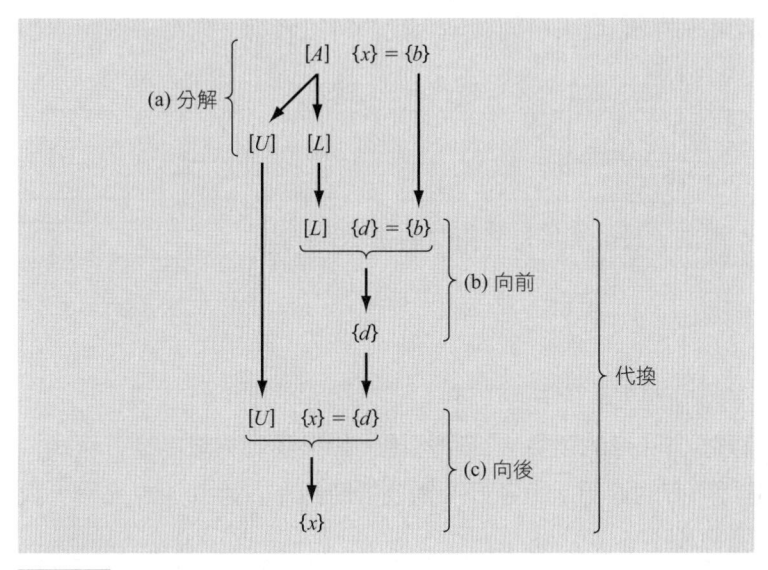

```
                    [A]  {x} = {b}
(a) 分解  ⎧         ↙ ↓   ↓
          ⎨     [U]  [L]   ↓
          ⎩      ↓    ↓    ↓
                     [L] {d} = {b}  ⎫
                          ↓         ⎬ (b) 向前
                         {d}        ⎭         ⎫
                          ↓                   ⎬ 代換
                 [U] {x} = {d}      ⎫         ⎭
                  ↓                 ⎬ (c) 向後
                 {x}                ⎭
```

圖 10.1 LU 分解的步驟。

現在我們來看看高斯消去法如何依照這樣的步驟進行。

10.2 高斯消去法的 LU 分解

雖然表面上看起來高斯消去法與 LU 分解無關，但是高斯消去法的確可以將 [A] 分解成 [U] 和 [L]。我們可以很容易地從向前消去法的乘積 [U] 看出。回想向前消去法的步驟是為了簡化原本的係數矩陣 [A] 成為：

$$[U] = \begin{bmatrix} a_{11} & a_{12} & a_{13} \\ 0 & a'_{22} & a'_{23} \\ 0 & 0 & a''_{33} \end{bmatrix} \tag{10.9}$$

可見得的確是上三角矩陣的形式。

雖然並不明顯，在這一個步驟中，矩陣 [L] 也同時被計算出來。關於這一點，可用以下的三方程式系統說明：

$$\begin{bmatrix} a_{11} & a_{12} & a_{13} \\ a_{21} & a_{22} & a_{23} \\ a_{31} & a_{32} & a_{33} \end{bmatrix} \begin{Bmatrix} x_1 \\ x_2 \\ x_3 \end{Bmatrix} = \begin{Bmatrix} b_1 \\ b_2 \\ b_3 \end{Bmatrix}$$

高斯消去法的第一個步驟就是將第一列同乘以下列因子（參考式 (9.9)）：

$$f_{21} = \frac{a_{21}}{a_{11}}$$

接下來把第二列同時減去以上的結果，將 a_{21} 消去。同樣地，我們可以將第一列每一個元素都乘以

$$f_{31} = \frac{a_{31}}{a_{11}}$$

再把第三列減去以上的結果，將 a_{31} 消去。最後一步是將修改的第二列乘以

$$f_{32} = \frac{a'_{32}}{a'_{22}}$$

把第三列同時減去以上這個結果，將 a'_{32} 消去。

現在假設我們只處理了所有有關矩陣 $[A]$ 的運算。很顯然地，如果我們不想更動方程式，則必須對等號右手邊的 $\{b\}$ 同樣進行所有的運算。但還好不需要同時把左右邊都運算完畢，我們可以先將這些 f 存起來，稍後再運算 $\{b\}$。

我們將 f_{21}、f_{31} 以及 f_{32} 這些因子存在哪裡呢？回想消去法背後的想法，就是要創造出在 a_{21}、a_{31} 以及 a_{32} 這些位置的零。因此，我們可以將 f_{21} 存在 a_{21} 的位置、將 f_{31} 存在 a_{31} 的位置、將 f_{32} 存在 a_{32} 的位置。在消去之後，矩陣 $[A]$ 可以寫成：

$$\begin{bmatrix} a_{11} & a_{12} & a_{13} \\ f_{21} & a'_{22} & a'_{23} \\ f_{31} & f_{32} & a''_{33} \end{bmatrix} \tag{10.10}$$

事實上，這個矩陣代表了 $[A]$ 的 LU 分解的有效儲存：

$$[A] \rightarrow [L][U] \tag{10.11}$$

其中

$$[U] = \begin{bmatrix} a_{11} & a_{12} & a_{13} \\ 0 & a'_{22} & a'_{23} \\ 0 & 0 & a''_{33} \end{bmatrix} \tag{10.12}$$

且

$$[L] = \begin{bmatrix} 1 & 0 & 0 \\ f_{21} & 1 & 0 \\ f_{31} & f_{32} & 1 \end{bmatrix} \tag{10.13}$$

以下範例再次確認 $[A] = [L][U]$。

範例 10.1　以高斯消去法做 LU 分解

問題敘述　根據在範例 9.3 中的高斯消去法求得 LU 分解。

解法　在範例 9.3 中，我們使用高斯消去法求解一組線性代數方程式，其係數矩陣如下：

$$[A] = \begin{bmatrix} 3 & -0.1 & -0.2 \\ 0.1 & 7 & -0.3 \\ 0.3 & -0.2 & 10 \end{bmatrix}$$

使用向前消去法，可以得到下列的上三角矩陣：

$$[U] = \begin{bmatrix} 3 & -0.1 & -0.2 \\ 0 & 7.00333 & -0.293333 \\ 0 & 0 & 10.0120 \end{bmatrix}$$

用來得到上三角矩陣的因子可以組合到下三角矩陣中。元素 a_{21} 以及 a_{31} 可以被下列因子消去：

$$f_{21} = \frac{0.1}{3} = 0.0333333 \qquad f_{31} = \frac{0.3}{3} = 0.1000000$$

以及元素 a_{32} 也被下列因子消去：

$$f_{32} = \frac{-0.19}{7.00333} = -0.0271300$$

因此，下三角矩陣為：

$$[L] = \begin{bmatrix} 1 & 0 & 0 \\ 0.0333333 & 1 & 0 \\ 0.100000 & -0.0271300 & 1 \end{bmatrix}$$

最後，LU 分解為：

$$[A] = [L][U] = \begin{bmatrix} 1 & 0 & 0 \\ 0.0333333 & 1 & 0 \\ 0.100000 & -0.0271300 & 1 \end{bmatrix} \begin{bmatrix} 3 & -0.1 & -0.2 \\ 0 & 7.00333 & -0.293333 \\ 0 & 0 & 10.0120 \end{bmatrix}$$

我們可以將 $[L][U]$ 相乘來驗算這個結果：

$$[L][U] = \begin{bmatrix} 3 & -0.1 & -0.2 \\ 0.0999999 & 7 & -0.3 \\ 0.3 & -0.2 & 9.99996 \end{bmatrix}$$

其中的微小誤差來自於四捨五入。

在矩陣被分解之後，針對一個特定的右手邊向量 $\{b\}$ 可以產生一個解。這可以用兩個步驟來完成。首先，計算式 (10.8)，並且執行向前代換步驟得到 $\{d\}$。重要的是讓我們認知到這僅是對 $\{b\}$ 做消去運算。因此，在這個步驟的最後，右手邊的狀態，會和假如我們同時對 $[A]$ 和 $\{b\}$ 進行向前運算時同樣的狀態。

向前代換步驟可以簡潔地表示成：

$$d_i = b_i - \sum_{j=1}^{i-1} l_{ij} d_j \qquad 當\ i = 1, 2, \ldots, n$$

而第二個步驟則只是執行向後代換來求解式 (10.3)。再一次，重點在於讓我們認知到，向後代換這個階段的運算和傳統高斯消去法的向後代換是一致的（比較式 (9.12) 與式 (9.13)）：

$$x_n = d_n/u_{nn}$$

$$x_i = \frac{d_i - \sum_{j=i+1}^{n} u_{ij} x_j}{u_{ii}} \qquad 當\ i = n-1, n-2, \ldots, 1$$

範例 10.2　代換步驟

問題敘述　利用向前以及向後代換法產生最後的解，完成範例 10.1 的問題。

解法　如同剛剛的敘述，做向前代換的目的，是要把我們之前用在 [A] 上的消去法運算再一次使用在 {b} 上。回想待解的系統是：

$$\begin{bmatrix} 3 & -0.1 & -0.2 \\ 0.1 & 7 & -0.3 \\ 0.3 & -0.2 & 10 \end{bmatrix} \begin{Bmatrix} x_1 \\ x_2 \\ x_3 \end{Bmatrix} = \begin{Bmatrix} 7.85 \\ -19.3 \\ 71.4 \end{Bmatrix}$$

以及傳統高斯消去法的向前消去階段可以得到：

$$\begin{bmatrix} 3 & -0.1 & -0.2 \\ 0 & 7.00333 & -0.293333 \\ 0 & 0 & 10.0120 \end{bmatrix} \begin{Bmatrix} x_1 \\ x_2 \\ x_3 \end{Bmatrix} = \begin{Bmatrix} 7.85 \\ -19.5617 \\ 70.0843 \end{Bmatrix}$$

使用式 (10.8) 執行向前代換階段：

$$\begin{bmatrix} 1 & 0 & 0 \\ 0.0333333 & 1 & 0 \\ 0.100000 & -0.0271300 & 1 \end{bmatrix} \begin{Bmatrix} d_1 \\ d_2 \\ d_3 \end{Bmatrix} = \begin{Bmatrix} 7.85 \\ -19.3 \\ 71.4 \end{Bmatrix}$$

或者將等號左邊乘開得到：

$$\begin{aligned} d_1 &= 7.85 \\ 0.0333333 d_1 + d_2 &= -19.3 \\ 0.100000 d_1 - 0.0271300 d_2 + d_3 &= 71.4 \end{aligned}$$

我們可以解第一個方程式得 $d_1 = 7.85$，並且代入第二個方程式得到：

$$d_2 = -19.3 - 0.0333333(7.85) = -19.5617$$

將 d_1 與 d_2 都代入第三個方程式，可以得到：

$$d_3 = 71.4 - 0.1(7.85) + 0.02713(-19.5617) = 70.0843$$

因此，

$$\{d\} = \left\{ \begin{array}{c} 7.85 \\ -19.5617 \\ 70.0843 \end{array} \right\}$$

此結果可以代入式 (10.3)，$[U]\{x\} = \{d\}$：

$$\begin{bmatrix} 3 & -0.1 & -0.2 \\ 0 & 7.00333 & -0.293333 \\ 0 & 0 & 10.0120 \end{bmatrix} \left\{ \begin{array}{c} x_1 \\ x_2 \\ x_3 \end{array} \right\} = \left\{ \begin{array}{c} 7.85 \\ -19.5617 \\ 70.0843 \end{array} \right\}$$

然後可以用向後代換得到最後的解（詳細內容參考範例 9.3）：

$$\{x\} = \left\{ \begin{array}{c} 3 \\ -2.5 \\ 7.00003 \end{array} \right\}$$

10.2.1 透過軸元法做 LU 分解

就像是高斯消去法，部分軸元法對於透過 LU 分解得到可靠解是不可或缺的。一個方式是透過排列矩陣（回想 8.1.2 節），這個方法是由下列步驟組成：

1. 消去，透過矩陣 $[A]$ 的軸元做 LU 分解可以用下列矩陣形式表示：

$$[P][A] = [L][U]$$

上三角矩陣 $[U]$ 是透過部分軸元消去法所產生，將乘數儲存在 $[L]$ 中並且透過排列矩陣 $[P]$ 去追蹤列的交換。

2. 向前代換，矩陣 $[L]$ 以及 $[P]$ 是被用在消去步驟，透過在 $\{b\}$ 中的軸元，以產生中介的右手邊向量 $\{d\}$。這個步驟可以簡潔地表示為下列矩陣方程式的解：

$$[L]\{d\} = [P]\{b\}$$

3. 向後代換，最後的解是透過與之前在高斯消去法中所提到的相同方式求得，這個步驟也可以簡潔地表示為下列矩陣方程式的解：

$$[U]\{x\} = \{d\}$$

這個方法可以用下列範例說明。

範例 10.3 以軸元法做 LU 分解

問題敘述 為範例 9.4 所分析的系統計算 LU 分解並求出解：

$$\begin{bmatrix} 0.0003 & 3.0000 \\ 1.0000 & 1.0000 \end{bmatrix} \begin{Bmatrix} x_1 \\ x_2 \end{Bmatrix} = \begin{Bmatrix} 2.0001 \\ 1.0000 \end{Bmatrix}$$

解法 在進行消去法之前,我們先設定初始排列矩陣如下:

$$[P] = \begin{bmatrix} 1.0000 & 0.0000 \\ 0.0000 & 1.0000 \end{bmatrix}$$

我們可以馬上發現軸元是有必要的,所以在進行消去法之前,我們先交換列:

$$[A] = \begin{bmatrix} 1.0000 & 1.0000 \\ 0.0003 & 3.0000 \end{bmatrix}$$

同時,藉由交換排列矩陣的列,我們持續追蹤軸元:

$$[P] = \begin{bmatrix} 0.0000 & 1.0000 \\ 1.0000 & 0.0000 \end{bmatrix}$$

然後藉由減去矩陣 A 第二列的元素 $l_{21} = a_{21}/a_{11} = 0.0003/1 = 0.0003$,我們可以消去 a_{21}。我們計算新的值 $a'_{22} = 3 - 0.0003(1) = 2.9997$,如此一來,消去的步驟便完成並得到下列結果:

$$[U] = \begin{bmatrix} 1 & 1 \\ 0 & 2.9997 \end{bmatrix} \qquad [L] = \begin{bmatrix} 1 & 0 \\ 0.0003 & 1 \end{bmatrix}$$

在執行向前代換前,排列矩陣會被用來重排右手邊向量以反映軸元,如下所示:

$$[P]\{b\} = \begin{bmatrix} 0.0000 & 1.0000 \\ 1.0000 & 0.0000 \end{bmatrix} \begin{Bmatrix} 2.0001 \\ 1 \end{Bmatrix} = \begin{Bmatrix} 1 \\ 2.0001 \end{Bmatrix}$$

然後執行向前代換如下:

$$\begin{bmatrix} 1 & 0 \\ 0.0003 & 1 \end{bmatrix} \begin{Bmatrix} d_1 \\ d_2 \end{Bmatrix} = \begin{Bmatrix} 1 \\ 2.0001 \end{Bmatrix}$$

其中可以解得 $d_1 = 1$ 以及 $d_2 = 2.0001 - 0.0003(1) = 1.9998$。在這個點,系統是

$$\begin{bmatrix} 1 & 1 \\ 0 & 2.9997 \end{bmatrix} \begin{Bmatrix} x_1 \\ x_2 \end{Bmatrix} = \begin{Bmatrix} 1 \\ 1.9998 \end{Bmatrix}$$

利用向後代換可以得到最後的結果如下:

$$x_2 = \frac{1.9998}{2.9997} = 0.66667$$

$$x_1 = \frac{1 - 1(0.66667)}{1} = 0.33333$$

LU 分解演算法需要的總浮點運算量和高斯消去法一樣多。唯一的差別在花費於分解階段所需的功夫較少，因為並沒有對右手邊做運算。相反地，代換階段就需要較多的計算量。

10.2.2　MATLAB 函數：lu

MATLAB 有一個內建函數 lu，可以用來產生 LU 分解。依下列語法使用：

[L,U] = lu(X)

其中 L 以及 U 分別是下三角矩陣和上三角矩陣，由對矩陣 X 進行 LU 分解得出。注意這個函數使用部分軸元來避免除以零的發生。以下範例說明如何利用此函數，為範例 10.1 與 10.2 的問題產生 LU 分解和解。

範例 10.4　以 MATLAB 做 LU 分解

問題敘述　使用 MATLAB，為範例 10.1 與 10.2 所分析的線性系統進行 LU 分解的計算並求出解：

$$\begin{bmatrix} 3 & -0.1 & -0.2 \\ 0.1 & 7 & -0.3 \\ 0.3 & -0.2 & 10 \end{bmatrix} \begin{Bmatrix} x_1 \\ x_2 \\ x_3 \end{Bmatrix} = \begin{Bmatrix} 7.85 \\ -19.3 \\ 71.4 \end{Bmatrix}$$

解法　將係數矩陣與右手邊向量以標準形式表示：

```
>> A = [3 -.1 -.2;.1 7 -.3;.3 -.2 10];
>> b = [7.85; -19.3; 71.4];
```

接下來，用以下函數計算 LU 分解：

```
>> [L,U] = lu(A)

L =
    1.0000         0         0
    0.0333    1.0000         0
    0.1000   -0.0271    1.0000
U =
    3.0000   -0.1000   -0.2000
         0    7.0033   -0.2933
         0         0   10.0120
```

的確和範例 10.1 中的答案一樣。我們可以藉由將它們相乘，看看是否回到原本的矩陣來驗算分解是否正確：

```
>> L*U
ans =
    3.0000   -0.1000   -0.2000
    0.1000    7.0000   -0.3000
    0.3000   -0.2000   10.0000
```

要產生最後的解，我們首先計算：

```
>> d = L\b
d =
    7.8500
  -19.5617
   70.0843
```

然後用這個結果求出最後的解為：

```
>> x = U\d
x =
    3.0000
   -2.5000
    7.0000
```

這個結果與在範例 10.2 中得到的結果一樣。

10.3 丘列斯基（矩陣）分解

回想第 8 章，對稱矩陣的定義為：對於所有的 i 和 j，$a_{ij} = a_{ji}$。換句話說，就是 $[A] = [A]^T$。這種系統常常在數學以及工程或科學問題中出現。

對於這種系統，有一些特別的求解技巧。這些技巧有運算上的優勢，因為只需要一半的記憶容量以及一半的運算量就可以求得解答。

其中最普遍的方法就是**丘列斯基（矩陣）分解**（Cholesky factorization 或 Cholesky decomposition）。這個演算法的根據是對稱矩陣是可以分解的：

$$[A] = [U]^T[U] \tag{10.14}$$

亦即，對稱矩陣所得到的三角矩陣因子剛好互為轉置矩陣。

式 (10.14) 中的每一項可以被乘開，並且設定它們兩兩相同。因為它們具有遞迴關係 (recurrence relations)，可以進行有效率的分解。對於第 i 列而言：

$$u_{ii} = \sqrt{a_{ii} - \sum_{k=1}^{i-1} u_{ki}^2} \tag{10.15}$$

$$u_{ij} = \frac{a_{ij} - \sum_{k=1}^{i-1} u_{ki}u_{kj}}{u_{ii}} \quad 當\ j = i+1, \ldots, n \tag{10.16}$$

範例 10.5　丘列斯基分解

問題敘述　計算下列對稱矩陣的丘列斯基分解：

$$[A] = \begin{bmatrix} 6 & 15 & 55 \\ 15 & 55 & 225 \\ 55 & 225 & 979 \end{bmatrix}$$

解法　對於第一列 ($i = 1$)，式 (10.15) 可以用來計算得出：

$$u_{11} = \sqrt{a_{11}} = \sqrt{6} = 2.44949$$

接著，式 (10.16) 可以用來求出：

$$u_{12} = \frac{a_{12}}{u_{11}} = \frac{15}{2.44949} = 6.123724$$

$$u_{13} = \frac{a_{13}}{u_{11}} = \frac{55}{2.44949} = 22.45366$$

對於第二列 ($i = 2$)：

$$u_{22} = \sqrt{a_{22} - u_{12}^2} = \sqrt{55 - (6.123724)^2} = 4.1833$$

$$u_{23} = \frac{a_{23} - u_{12}u_{13}}{u_{22}} = \frac{225 - 6.123724(22.45366)}{4.1833} = 20.9165$$

對於第三列 ($i = 3$)：

$$u_{33} = \sqrt{a_{33} - u_{13}^2 - u_{23}^2} = \sqrt{979 - (22.45366)^2 - (20.9165)^2} = 6.110101$$

因此，丘列斯基分解求得：

$$[U] = \begin{bmatrix} 2.44949 & 6.123724 & 22.45366 \\ & 4.1833 & 20.9165 \\ & & 6.110101 \end{bmatrix}$$

要檢驗此分解法的有效性，可以將這個矩陣及其轉置矩陣一起代入式 (10.14) 計算，看看是否可以得到原本的矩陣 $[A]$。這留給讀者作為練習。

在得到分解之後，我們可以用和 LU 分解一樣的步驟求得對應於右手邊向量 $\{b\}$ 的解。首先，一個中介向量 $\{d\}$ 可以依下列式子求得：

$$[U]^T\{d\} = \{b\} \tag{10.17}$$

接下來，我們可以求解下列式子得到最後的解答：

$$[U]\{x\} = \{d\} \tag{10.18}$$

10.3.1　MATLAB 函數：chol

MATLAB 有一個內建函數 chol，可以用來產生丘列斯基分解。依下列語法使用：

$U = \text{chol}(X)$

其中 U 是上三角矩陣，因此 $U'*U = X$。以下範例說明如何利用此函數，為前一個範例中相同的矩陣產生 LU 分解並求解。

範例 10.6　以 MATLAB 做丘列斯基分解

問題敘述　以 MATLAB 來計算我們曾在範例 10.5 中分析的矩陣之丘列斯基分解：

$$[A] = \begin{bmatrix} 6 & 15 & 55 \\ 15 & 55 & 225 \\ 55 & 225 & 979 \end{bmatrix}$$

並求出對應右手邊向量 $\{b\}$ 的解，$\{b\}$ 是矩陣 $[A]$ 的列和 (sum of the rows)。注意在這個例子中，答案會是每一個元素均為 1 的向量。

解法　將矩陣以標準形式輸入

```
>> A = [6 15 55; 15 55 225; 55 225 979];
```

右手邊向量是矩陣 $[A]$ 的列和，以下列程式計算得到：

```
>> b = [sum(A(1,:)); sum(A(2,:)); sum(A(3,:))]
b =
        76
       295
      1259
```

接下來，計算丘列斯基分解得到：

```
>> U = chol(A)
U =
    2.4495    6.1237   22.4537
         0    4.1833   20.9165
         0         0    6.1101
```

我們可以將它們相乘，看看是否回到原本的矩陣以驗算分解是否正確：

```
>> U'*U
ans =
    6.0000   15.0000   55.0000
   15.0000   55.0000  225.0000
   55.0000  225.0000  979.0000
```

要產生最後的解，我們首先計算：

```
>> d = U'\b
d =
   31.0269
   25.0998
    6.1101
```

然後用這個結果求出最後的解為：

```
>> x = U\d
x =
    1.0000
    1.0000
    1.0000
```

10.4 MATLAB 左除法

我們之前提及左除法，但是並沒有解釋其運作原理。因為我們已經具備求解矩陣的數學技巧基礎，所以現在簡短地描述這個運算。

當我們以反斜線來執行左除法，MATLAB 運用了一個非常複雜的演算法來求解。基本上，MATLAB 會先檢查這個係數矩陣的結構，並且執行一個最佳化的方法來計算出解答。雖然這個演算法的詳細內容超出本書範圍，我們仍稍微做一些概述。

首先，MATLAB 會先判別 [A] 是否為不需用完全高斯消去法即可求解的格式。這包括：(a) 稀疏矩陣和帶狀矩陣；(b) 三角矩陣（或是可以化簡為三角形式）；(c) 對稱矩陣。如果偵測到其中任何一種情況，則可以利用非常有效率的數學技巧來計算以求得解答。這些數學技巧包括帶狀解答器 (banded solver)、向後代換與向前代換法，以及丘列斯基（矩陣）分解。

如果以上的簡化方法都不適用且此矩陣為方陣[2]，則會先使用部分軸元的高斯消去法得到一個三角（矩陣）分解，最後代換求得解答。

---

[2] 即使 [A] 不是方陣，我們也可以利用 QR（矩陣）分解 (QR factorization) 求得一個最小平方解。

習題

10.1 若方程式的數目為 n，以 n 的函數表示高斯消去法的 LU 分解版本，求在以下各個階段所需要的運算量：**(a)** 分解，**(b)** 向前代換，**(c)** 向後代換。

10.2 使用矩陣乘法的規則證明式 (10.7) 與式 (10.8) 是由式 (10.6) 而來。

10.3 依據 10.2 節的敘述，使用單純高斯消去法來分解下列系統：

$$10x_1 + 2x_2 - x_3 = 27$$
$$-3x_1 - 6x_2 + 2x_3 = -61.5$$
$$x_1 + x_2 + 5x_3 = -21.5$$

接著，將產生的 $[L]$ 和 $[U]$ 矩陣相乘，以驗算的確能得到 $[A]$ 的結果。

10.4 利用 LU 分解，求解在習題 10.3 中的方程式系統。寫出所有計算的步驟，並求解具有另一個下列右手邊向量的系統：

$$\{b\}^T = \lfloor 12 \quad 18 \quad -6 \rfloor$$

10.5 利用部分軸元的 LU 分解，求解下列的方程式系統：

$$2x_1 - 6x_2 - x_3 = -38$$
$$-3x_1 - x_2 + 7x_3 = -34$$
$$-8x_1 + x_2 - 2x_3 = -40$$

10.6 發展一個屬於你自己的 M 檔，可以在不使用部分軸元的情況下做方陣的 LU 分解。也就是開發一個可以輸入方陣，然後傳回三角形矩陣 $[L]$ 和 $[U]$ 的函數。利用習題 10.3 中的系統來測試你所開發的函數。藉由驗證 $[L][U] = [A]$ 及使用內建函數 lu 來確認你的函數可以正常運作。

10.7 確認範例 10.5 中丘列斯基分解的有效性，透過將丘列斯基分解的結果代入式 (10.14) 中，看看 $[U]^T$ 與 $[U]$ 相乘是否確實產生 $[A]$。

10.8 (a) 以手算進行下列對稱系統的丘列斯基（矩陣）分解：

$$\begin{bmatrix} 8 & 20 & 15 \\ 20 & 80 & 50 \\ 15 & 50 & 60 \end{bmatrix} \begin{Bmatrix} x_1 \\ x_2 \\ x_3 \end{Bmatrix} = \begin{Bmatrix} 50 \\ 250 \\ 100 \end{Bmatrix}$$

(b) 用內建的 chol 函數來驗證你的手算。
(c) 使用 $[U]$ 分解的結果來求右手邊的向量解。

10.9 發展一個屬於你自己的 M 檔，在不使用軸元的情況下，求一個對稱矩陣的丘列斯基分解。也就是說，開發一個可以輸入對稱矩陣並傳回矩陣 $[U]$ 的函數。利用習題 10.8 中的系統來測試你的函數，並且用內建的 chol 函數驗算，以確認你的函數可以正常運作。

10.10 透過軸元作 LU 分解，求解下列的方程式系統：

$$3x_1 - 2x_2 + x_3 = -10$$
$$2x_1 + 6x_2 - 4x_3 = 44$$
$$-x_1 - 2x_2 + 5x_3 = -26$$

10.11 (a) 針對下列矩陣，用手算進行不使用軸元的 LU 分解，並藉由驗證 $[L][U] = [A]$ 來檢查你的結果。

$$\begin{bmatrix} 8 & 2 & 1 \\ 3 & 7 & 2 \\ 2 & 3 & 9 \end{bmatrix}$$

(b) 使用 **(a)** 的結果計算行列式的值。
(c) 使用 MATLAB 重複 **(a)** 和 **(b)**。

10.12 使用下列 LU 分解計算 **(a)** 行列式值；**(b)** 以 $\{b\}^T = [-10 \quad 44 \quad -26]$ 解 $[A]\{x\} = \{b\}$：

$$[A] = [L][U] = \begin{bmatrix} 1 & & \\ 0.6667 & 1 & \\ -0.3333 & -0.3636 & 1 \end{bmatrix}$$
$$\times \begin{bmatrix} 3 & -2 & 1 \\ & 7.3333 & -4.6667 \\ & & 3.6364 \end{bmatrix}$$

10.13 使用丘列斯基分解計算 $[U]$ 以滿足：

$$[A] = [U]^T[U] = \begin{bmatrix} 2 & -1 & 0 \\ -1 & 2 & -1 \\ 0 & -1 & 2 \end{bmatrix}$$

10.14 計算丘列斯基分解：

$$[A] = \begin{bmatrix} 9 & 0 & 0 \\ 0 & 25 & 0 \\ 0 & 0 & 4 \end{bmatrix}$$

你的結果是否符合式 (10.15) 和式 (10.16)？

第 11 章

反矩陣與條件

章節目標

本章的目標是說明如何計算反矩陣,並描述它如何用於分析工程與科學上發生的複數線性系統。此外,也描述一個方法以評估矩陣解對捨入誤差的敏感度。個別的目標和主題包括:

- 了解如何用一個有效率的方法,透過 LU 分解求得反矩陣。
- 了解如何利用反矩陣去求得工程系統的激發響應特徵。
- 了解矩陣以及向量的範數的意義,以及如何計算。
- 了解如何利用矩陣的範數去計算矩陣的條件數。
- 了解矩陣條件數的大小如何用來估測線性代數方程式解的精密度。

11.1 反矩陣

在討論矩陣的運算時(8.1.2 節),我們介紹了一個概念:如果矩陣 $[A]$ 是方陣,則有另一個矩陣 $[A]^{-1}$,稱為 $[A]$ 的反矩陣,也就是:

$$[A][A]^{-1} = [A]^{-1}[A] = [I] \tag{11.1}$$

現在我們將集中介紹如何計算出反矩陣的數值,然後將會探討反矩陣如何運用在工程分析中。

11.1.1 計算反矩陣

透過將右手邊常數設為單位向量來產生解,反矩陣就可以透過一行一行的計算方式求得。舉例來說,如果右手邊常數有一個 1 在第一個位置,而其他位置則是零,

$$\{b\} = \begin{Bmatrix} 1 \\ 0 \\ 0 \end{Bmatrix} \tag{11.2}$$

所求得的解會是反矩陣的第一行。同樣地，如果單位向量有一個1在第二列，

$$\{b\} = \begin{Bmatrix} 0 \\ 1 \\ 0 \end{Bmatrix} \tag{11.3}$$

結果會得到反矩陣的第二行。

實現這種計算的最好方式就是透過 LU 分解。回想 LU 分解中一個最大的優點就是其可以提供一個有效率的方式來估算多重右手邊向量，因此，用它來估算計算反矩陣所需的多重單位向量是很理想的。

範例 11.1 反矩陣

問題敘述 利用 LU 分解來求得範例 10.1 中系統的反矩陣。

$$[A] = \begin{bmatrix} 3 & -0.1 & -0.2 \\ 0.1 & 7 & -0.3 \\ 0.3 & -0.2 & 10 \end{bmatrix}$$

回想此分解法可以得到以下的下三角矩陣及上三角矩陣：

$$[U] = \begin{bmatrix} 3 & -0.1 & -0.2 \\ 0 & 7.00333 & -0.293333 \\ 0 & 0 & 10.0120 \end{bmatrix} \quad [L] = \begin{bmatrix} 1 & 0 & 0 \\ 0.0333333 & 1 & 0 \\ 0.100000 & -0.0271300 & 1 \end{bmatrix}$$

解法 要求反矩陣的第一行，可以透過向前代換法，在求解過程中，將解向量（右手邊向量）設為單位向量（在向量的第一列是1）。如此一來，可以建立下三角矩陣如下（回想式(10.8)）：

$$\begin{bmatrix} 1 & 0 & 0 \\ 0.0333333 & 1 & 0 \\ 0.100000 & -0.0271300 & 1 \end{bmatrix} \begin{Bmatrix} d_1 \\ d_2 \\ d_3 \end{Bmatrix} = \begin{Bmatrix} 1 \\ 0 \\ 0 \end{Bmatrix}$$

並且透過向前代換法對 $\{d\}^T = \lfloor 1 \quad -0.03333 \quad -0.1009 \rfloor$ 求解。這個向量可以被用來當作上三角系統的右手邊向量（回想式(10.3)）：

$$\begin{bmatrix} 3 & -0.1 & -0.2 \\ 0 & 7.00333 & -0.293333 \\ 0 & 0 & 10.0120 \end{bmatrix} \begin{Bmatrix} x_1 \\ x_2 \\ x_3 \end{Bmatrix} = \begin{Bmatrix} 1 \\ -0.03333 \\ -0.1009 \end{Bmatrix}$$

可以透過向後代換對向量 $\{x\}^T = \lfloor 0.33249 \quad -0.00518 \quad -0.01008 \rfloor$ 求解，就是反矩陣的第一行：

$$[A]^{-1} = \begin{bmatrix} 0.33249 & 0 & 0 \\ -0.00518 & 0 & 0 \\ -0.01008 & 0 & 0 \end{bmatrix}$$

要求得第二行，式 (10.8) 可以列式如下：

$$\begin{bmatrix} 1 & 0 & 0 \\ 0.0333333 & 1 & 0 \\ 0.100000 & -0.0271300 & 1 \end{bmatrix} \begin{Bmatrix} d_1 \\ d_2 \\ d_3 \end{Bmatrix} = \begin{Bmatrix} 0 \\ 1 \\ 0 \end{Bmatrix}$$

這可以用來對 $\{d\}$ 求解，得到的結果可以用來透過式 (10.3) 來求得 $\{x\}^T = \lfloor 0.004944\ 0.142903\ 0.00271 \rfloor$，就是反矩陣的第二行：

$$[A]^{-1} = \begin{bmatrix} 0.33249 & 0.004944 & 0 \\ -0.00518 & 0.142903 & 0 \\ -0.01008 & 0.002710 & 0 \end{bmatrix}$$

最後，相同的程序可以透過 $\{b\}^T = \lfloor 0\ 0\ 1 \rfloor$ 來實現，對 $\{x\}^T = \lfloor 0.006798\ 0.004183\ 0.09988 \rfloor$ 求解，就是反矩陣的最後一行：

$$[A]^{-1} = \begin{bmatrix} 0.33249 & 0.004944 & 0.006798 \\ -0.00518 & 0.142903 & 0.004183 \\ -0.01008 & 0.002710 & 0.099880 \end{bmatrix}$$

這個解是否正確可以透過驗證 $[A][A]^{-1} = [I]$ 來確認。

11.1.2 激發響應計算

正如第三篇的 3.1 節中所討論的，許多在工程或科學中的線性系統方程式是從守恆定律得到的。這些定律的數學表示法是某種形式的平衡方程式，以確保某一個特性——質量、力、熱、動量、電能——是守恆的。就一個結構的力平衡來說，這些特性可能是作用於結構中每個點上的水平或是垂直作用力。就質量平衡來說，這些特性可能是一個化學程序中每一個反應器的質量。在工程或科學上的其他領域也會產生類似的例子。

將系統的每個部分寫成單一平衡方程式，會得到一個方程組來定義整個系統的特性行為。這些方程式是相關的或是會相互影響，因為每個方程式可能包含一個或是多個來自於其他方程式的變數。在許多案例中，這些系統是線性系統，因此，在本章處理的標準型式如下：

$$[A]\{x\} = \{b\} \tag{11.4}$$

現在，在平衡的方程式中，式 (11.4) 的項次中有明確的物理解釋。舉例來說，$\{x\}$ 的元素是對系統的每個部分要平衡的性質程度。在結構學的力平衡中，它們代表著各元件的水平力及垂

直力。在質量平衡中，它們代表著每個反應器的化學質量。在任一案例中，它們都代表著我們嘗試要去判定的系統的狀態(state)或反應(response)。

右手邊向量 {b} 包含的這些平衡元素，是和系統行為獨立的──亦即它們是常數。在許多問題當中，它們代表驅動系統的**強制函數 (forcing function)** 或是**外力刺激 (external stimulus)**。

最後，係數矩陣 [A] 通常包含各種**參數 (parameters)**，來表示系統各部分如何**交互作用 (interact)** 或耦合。總而言之，式 (11.4) 可以被表達成

$$[\text{交互作用}]\{\text{反應}\} = \{\text{刺激}\}$$

就我們從前面的章節所知，求解式 (11.4) 的方式有很多種。然而，透過反矩陣會產生一個特別有趣的結果。正式解可以寫成

$$\{x\} = [A]^{-1}\{b\}$$

或是（回想在 8.1.2 節的矩陣乘法定義）

$$x_1 = a_{11}^{-1}b_1 + a_{12}^{-1}b_2 + a_{13}^{-1}b_3$$
$$x_2 = a_{21}^{-1}b_1 + a_{22}^{-1}b_2 + a_{23}^{-1}b_3$$
$$x_3 = a_{31}^{-1}b_1 + a_{32}^{-1}b_2 + a_{33}^{-1}b_3$$

因此，我們發現，除了提供解之外，反矩陣本身有一個很有用的性質──每個元素代表著系統單一部分對系統其他任一部分的單一刺激的反應。

注意，這些資訊是線性的，因此疊加與比例關係是成立的。所謂**疊加 (superposition)** 的意思是系統針對幾個不同的刺激(b)，其反應可以個別計算，然後將結果加總起來得到最後的反應。**比例 (proportionality)** 則是代表將刺激乘上一個值，會導致最後的反應也乘上一個相同的值。因此，係數 a_{11}^{-1} 是比例常數，提供因為單一 b_1 所得到的結果 x_1。這個結果和 b_2 與 b_3 作用在 x_1 上的效應是各自獨立的，其各自的效應會各自反應在 a_{12}^{-1} 以及 a_{13}^{-1} 上。因此，我們可以得到一般性的結論是：反矩陣的元素 a_{ij}^{-1} 代表因為單一量 b_j 所得到的值 x_i。

利用此結構的範例，反矩陣元素 a_{ij}^{-1} 代表在元件 i 的外力中，用於 j 點的單一外力。就算是一個小系統，像這樣的單一刺激反應的交互作用並不是明顯直觀的。如此一來，反矩陣提供了一個有力的工具去了解一個複雜系統中各個元件之間的交互關係。

範例 11.2 分析高空彈跳者問題

問題敘述 在第 8 章開始的時候，我們建立了一個問題，涉及用高空彈跳繩索綁著垂直懸掛的三個獨立個體。我們根據每位高空彈跳者力平衡的條件，得到一個線性代數方程式系統：

$$\begin{bmatrix} 150 & -100 & 0 \\ -100 & 150 & -50 \\ 0 & -50 & 50 \end{bmatrix} \begin{Bmatrix} x_1 \\ x_2 \\ x_3 \end{Bmatrix} = \begin{Bmatrix} 588.6 \\ 686.7 \\ 784.8 \end{Bmatrix}$$

在範例 8.2 中,我們利用 MATLAB 去求解這個系統,以得到高空彈跳者垂直的位置。在現在這個例子中,我們要透過 MATLAB 計算反矩陣並解釋它的涵意。

解法 啟動 MATLAB 並且輸入以下係數矩陣:

```
>> K = [150 -100 0;-100 150 -50;0 -50 50];
```

反矩陣可以用以下方式計算

```
>> KI = inv(K)
KI =
    0.0200 0.0200 0.0200
    0.0200 0.0300 0.0300
    0.0200 0.0300 0.0500
```

每個反矩陣的元素 k_{ij}^{-1},是高空彈跳者 i 因為單一外力(單位:牛頓)改變而作用於高空彈跳者 j 後的垂直位移(單位:公尺)。

首先,觀察在第一行的數字($j = 1$),表示如果施於第一個高空彈跳者的力增加 1 N,則三個高空彈跳者的位置將會增加 0.02 m。這很合理,因為額外的力只會延伸第一條繩索那樣的長度而已。

相對地,在第二行的數字($j = 2$),表示施在第二個高空彈跳者 1 N 的力,會將第一個高空彈跳者向下移動 0.02 m,但是可以移動第二個以及第三個高空彈跳者 0.03 m。將第一個高空彈跳者延伸 0.02 m 是合理的,因為無論力是施於第一個高空彈跳者或第二個高空彈跳者,第一條繩索都承受額外 1 N 的力。然而,現在第二個高空彈跳者被延伸了 0.03 m,因為跟隨著第一條繩索,第二條繩索也因為額外的力被延長了。當然,第三個高空彈跳者也展現了和第二個高空彈跳者相同了傳遞現象,因為沒有額外的力作用於連接在他們之間的第三條繩索。

一如預期,第三行($j = 3$)表示施 1N 的力在第三個高空彈跳者會使第一個以及第二個高空彈跳者移動相同的距離;和施力於第二個高空彈跳者時的情況一樣。然而,因為第三條繩索額外的延長,第三個高空彈跳者會向下移動得更多。

欲知疊加特性與比例特性,可以藉由反矩陣,在額外的力 10 N、50 N 及 20 N 分別施於第一、第二以及第三個高空彈跳者時,求得第三個高空彈跳者會多向下多少。這可以藉由反矩陣第三列的適當元素簡單地求得:

$$\Delta x_3 = k_{31}^{-1} \Delta F_1 + k_{32}^{-1} \Delta F_2 + k_{33}^{-1} \Delta F_3 = 0.02(10) + 0.03(50) + 0.05(20) = 2.7 \text{ m}$$

11.2 錯誤分析與系統條件

除了工程與科學應用以外,反矩陣也提供了辨識系統是否為病態條件的方法。有三個直接的方法可以針對這個目的來設計:

1. 將係數矩陣 [A] 依比例調整，使在每一列的最大元素是 1。求調整過後矩陣的反矩陣，如果有任何 $[A]^{-1}$ 中的元素遠大於 1，則這個系統很可能是病態系統。
2. 將反矩陣乘上原先的係數矩陣，並且評估結果是否很接近單位矩陣。如果不是，就是病態條件。
3. 求反矩陣的反矩陣，並且看結果是否和原先的係數矩陣夠接近。如果不是，又再一次可以指出這個系統是病態條件。

儘管這些方法可以指出病態條件，如果可以取得一個單一的數字來作為問題的指標將會更好。基於數學中範數的觀念，嘗試去列出這樣的矩陣條件數。

11.2.1 向量以及矩陣的範數

範數 (norm) 是一個實值的函數，可以提供像是向量或是矩陣這種多個數學元素的陣列，求取其大小或是「長度」。

一個簡單的例子就是一個在三維歐幾里得空間的向量（圖 11.1），可以表示如下：

$$[F] = \lfloor a \quad b \quad c \rfloor$$

其中 a、b 及 c 是各自沿著 x 軸、y 軸及 z 軸的距離。此向量的長度，也就是從原點 $(0, 0, 0)$ 到 (a, b, c) 的距離，可以很簡單地計算，如下式：

$$\|F\|_e = \sqrt{a^2 + b^2 + c^2}$$

其中 $\|F\|_e$ 的意思是代表此長度對應到 $[F]$ 的**歐幾里得範數 (Euclidean norm)** 的長度。

同樣地，對於一個 n 維度的向量 $\lfloor X \rfloor = \lfloor x_1 \quad x_2 \quad \cdots \quad x_n \rfloor$，歐幾里得範數可以用下列算式計算：

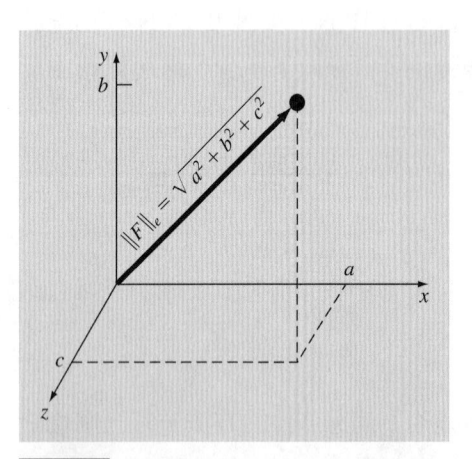

圖 11.1 一個向量在歐幾里得空間的圖示。

$$\|X\|_e = \sqrt{\sum_{i=1}^{n} x_i^2}$$

這個概念可以被更進一步延伸到矩陣 [A]，如下：

$$\|A\|_f = \sqrt{\sum_{i=1}^{n} \sum_{j=1}^{n} a_{i,j}^2} \tag{11.5}$$

這有一個特別的名稱——**弗比尼斯範數 (Frobenius norm)**。就像其他向量的範數一樣，這個範數提供了單一值去量化 [A] 的「大小」。

要注意的是，歐幾里得與弗比尼斯範數有許多不同的選擇。對向量來說，還有稱為 p 範數的選擇，通常表示成

$$\|X\|_p = \left(\sum_{i=1}^{n} |x_i|^p\right)^{1/p}$$

我們可以發現歐幾里得範數以及 2 範數 $\|X\|_2$，對向量來說是相同的。

其他重要的例子是 ($p = 1$)

$$\|X\|_1 = \sum_{i=1}^{n} |x_i|$$

代表範數就是每個元素的絕對值相加。另一個就是最大值或是平均向量範數 ($p = \infty$)

$$\|X\|_\infty = \max_{1 \leq i \leq n} |x_i|$$

是用最大絕對值來定義範數。

用一個類似的方式，範數可以根據矩陣來發展。舉例來說：

$$\|A\|_1 = \max_{1 \leq j \leq n} \sum_{i=1}^{n} |a_{ij}|$$

換言之，求每個行的係數絕對值的總和，這些總和中的最大值可以當作範數，稱為**行總和範數 (column-sum norm)**。

類似的方法也可應用於列，得到一個一致矩陣 (uniform-matrix) 或是**列總和範數 (row-sum norm)**：

$$\|A\|_\infty = \max_{1 \leq i \leq n} \sum_{j=1}^{n} |a_{ij}|$$

要注意的是，相對於向量，一個矩陣的 2 範數和弗比尼斯範數是不同的。弗比尼斯範數 $\|A\|_f$ 可以簡單地用式 (11.5) 來計算，而矩陣的 2 範數 $\|A\|_2$ 可以用下列算式計算：

$$\|A\|_2 = (\mu_{\max})^{1/2}$$

其中 $\mu_{\max}$ 是指矩陣 $[A]^T[A]$ 是最大的特徵值。在第 13 章,我們將學習到特徵值。現在,最重要的是 $\|A\|_2$,或稱**頻譜範數 (spectral norm)**,其是最小的範數且提供對矩陣大小最嚴謹的量測 (Ortega, 1972)。

11.2.2 矩陣條件數

現在已經介紹了範數的概念,我們可以用這個概念去定義

$$\text{Cond}[A] = \|A\| \cdot \|A^{-1}\|$$

其中 $\text{Cond}[A]$ 被稱為**矩陣條件數 (matrix condition number)**。注意到對一個矩陣 $[A]$ 來說,這個數字會大於或等於 1。它可以表示成 (Ralston 和 Rabinowitz, 1978; Gerald 和 Wheatley, 1989)

$$\frac{\|\Delta X\|}{\|X\|} \leq \text{Cond}[A] \frac{\|\Delta A\|}{\|A\|}$$

也就是,計算出來解的範數的相對誤差可以和矩陣 $[A]$ 的係數乘上條件數一樣大。舉例來說,如果 $[A]$ 的係數是 t 位數的精密度(捨入誤差是在 10^{-t} 的程度)以及 $\text{Cond}[A] = 10^c$,其解 $[X]$ 中可能只有 $t-c$ 位數才是有效的(捨入誤差大約等於 10^{c-t})。

範例 11.3 矩陣條件數估測

問題敘述 希伯特矩陣 (Hilbert matrix) 是一個惡名昭彰的病態條件,一般可以表示成:

$$\begin{bmatrix} 1 & \frac{1}{2} & \frac{1}{3} & \cdots & \frac{1}{n} \\ \frac{1}{2} & \frac{1}{3} & \frac{1}{4} & \cdots & \frac{1}{n+1} \\ \vdots & \vdots & \vdots & & \vdots \\ \frac{1}{n} & \frac{1}{n+1} & \frac{1}{n+2} & \cdots & \frac{1}{2n-1} \end{bmatrix}$$

利用列總和範數去估算 3×3 希伯特矩陣的矩陣條件數:

$$[A] = \begin{bmatrix} 1 & \frac{1}{2} & \frac{1}{3} \\ \frac{1}{2} & \frac{1}{3} & \frac{1}{4} \\ \frac{1}{3} & \frac{1}{4} & \frac{1}{5} \end{bmatrix}$$

解法 首先,矩陣可以被正規化,使在每一列的最大值元素都是 1:

$$[A] = \begin{bmatrix} 1 & \frac{1}{2} & \frac{1}{3} \\ 1 & \frac{2}{3} & \frac{1}{2} \\ 1 & \frac{3}{4} & \frac{3}{5} \end{bmatrix}$$

將每個列相加會得到 1.833、2.1667 及 2.35。因此，第三列有最大的加總值，列總和範數是

$$\|A\|_\infty = 1 + \frac{3}{4} + \frac{3}{5} = 2.35$$

比例矩陣的反矩陣可以用下列形式計算：

$$[A]^{-1} = \begin{bmatrix} 9 & -18 & 10 \\ -36 & 96 & -60 \\ 30 & -90 & 60 \end{bmatrix}$$

這個矩陣的元素比原先矩陣還大，這也從其列總和範數反映出來，可以用下列方式計算：

$$\|A^{-1}\|_\infty = |-36| + |96| + |-60| = 192$$

因此，條件數可以計算如下：

$$\text{Cond}[A] = 2.35(192) = 451.2$$

條件數比 1 來得大許多，顯示此系統是病態條件。病態條件的範圍可以經由計算 $c = \log 451.2 = 2.65$ 來量化。因此，解的最後三個有效位數中可能存在捨入誤差。注意，這樣的估測幾乎總是會對真實的誤差作過度的預測。然而，它們可以提醒你捨入誤差可能會很明顯。

11.2.3 在 MATLAB 中的範數與條件數

MATLAB 有內建函數可以計算範數與條件數：

```
>> norm(X,p)
```

以及

```
>>cond(X,p)
```

其中 x 是向量或矩陣且 p 被設定為範數或條件數的形式（1, 2, inf 或 'fro'）。注意 cond 函數是等於

```
>> norm (X,p) * norm (inv(X),p)
```

要注意的是，如果 p 被省略，它會自動設定為 2。

範例 11.4　以 MATLAB 估測矩陣條件數

問題敘述　利用 MATLAB 去估算之前在範例 11.3 中經過比例調整的希伯特矩陣的範數與條件數：

$$[A] = \begin{bmatrix} 1 & \frac{1}{2} & \frac{1}{3} \\ 1 & \frac{2}{3} & \frac{1}{2} \\ 1 & \frac{3}{4} & \frac{3}{5} \end{bmatrix}$$

(a) 如範例 11.3，首先計算列總和的版本 (p=inf)。(b) 計算弗比尼斯 (p = 'fro') 以及頻譜 (p = 2) 條件數。

解法　(a) 首先，輸入矩陣：

```
>> A = [1 1/2 1/3;1 2/3 1/2; 1 3/4 3/5];
```

接著，列總和範數與條件數可以計算如下：

```
>> norm(A,inf)
ans =
    2.3500
>> cond(A,inf)
ans =
    451.2000
```

這些結果和範例 11.3 中透過手算的結果是一致的。

(b) 基於弗比尼斯與頻譜範數所得到的條件數如下：

```
>> cond(A,'fro')
ans =
    368.0866
>> cond(A)
ans =
    366.3503
```

11.3 案例研究　　室內空氣污染

背景　正如名稱所指，室內空氣污染是處理空氣在密閉空間（如家中、辦公室及工作場所）的污染。假設你正在研究 Bubba's Gas 'N Guzzle 的通風系統，它是一家緊鄰八車道高速公路旁、卡車司機經常惠顧的加油站餐廳。

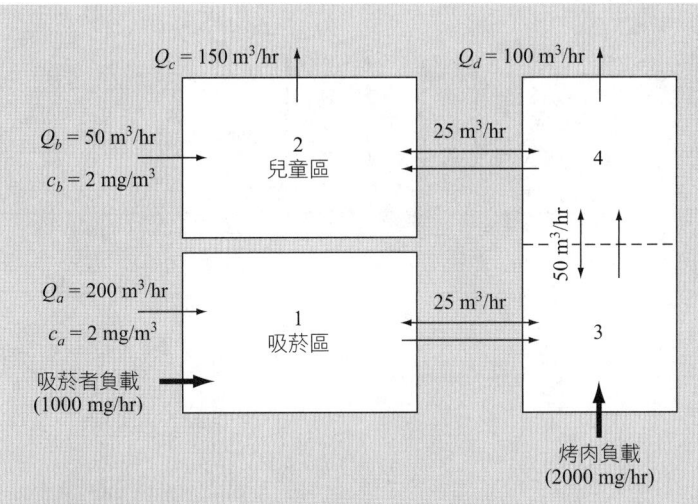

圖 11.2 在餐廳裡面房間的俯視圖。單向箭頭代表容積氣流，雙向箭頭代表擴散混合。吸菸者負載與烤肉負載都會增加系統中一氧化碳的質量，但是可忽略氣流。

如圖 11.2 所示，餐廳的服務區包含吸菸區和兒童區各一個房間，還有一個狹長的房間。房間 1 和第三區分別有來自於吸菸者及烤肉的一氧化碳。此外，房間 1 與房間 2 會有從通風口流進被高速公路污染的一氧化碳。

寫下在各房間穩態的質量平衡，並且求解線性代數方程式，以得到各房間的一氧化碳濃度。此外，產生反矩陣，並用它分析各種不同的來源如何影響兒童區的房間。舉例來說，求出兒童區房間中有多少比例的一氧化碳是來自於 (1) 吸菸者，(2) 烤肉，以及 (3) 通風口。另外，如果藉由禁菸和維修烤肉器具來減少一氧化碳負載，計算兒童區房間的一氧化碳濃度能改善多少。最後，如果在區域 2 與區域 4 之間建立一個屏幕，使兩區域的混合減少到 5 m³/hr，分析兒童區房間的一氧化碳濃度會有什麼改變。

解法 可以寫出每個房間的穩態質量平衡。舉例來說，在吸菸區（房間 1）的平衡如下：

$$0 = W_{吸菸者} + Q_a c_a - Q_a c_1 + E_{13}(c_3 - c_1)$$
$$（負載）+（流入）-（流出）+（混合）$$

可以為其他房間寫出類似的平衡：

$$0 = Q_b c_b + (Q_a - Q_d)c_4 - Q_c c_2 + E_{24}(c_4 - c_2)$$
$$0 = W_{烤肉} + Q_a c_1 + E_{13}(c_1 - c_3) + E_{34}(c_4 - c_3) - Q_a c_3$$
$$0 = Q_a c_3 + E_{34}(c_3 - c_4) + E_{24}(c_2 - c_4) - Q_a c_4$$

代入參數會產生最後的系統方程式：

$$\begin{bmatrix} 225 & 0 & -25 & 0 \\ 0 & 175 & 0 & -125 \\ -225 & 0 & 275 & -50 \\ 0 & -25 & -250 & 275 \end{bmatrix} \begin{Bmatrix} c_1 \\ c_2 \\ c_3 \\ c_4 \end{Bmatrix} = \begin{Bmatrix} 1400 \\ 100 \\ 2000 \\ 0 \end{Bmatrix}$$

MATLAB 可以用來產生解。首先，我們可以計算反矩陣。注意，我們為了獲得五位有效位數的精密度，所以利用「short g」格式：

```
>> format short g
>> A = [225 0 -25 0
0 175 0 -125
-225 0 275 -50
0 -25 -250 275];
>> AI = inv(A)

AI =
    0.0049962    1.5326e-005    0.00055172    0.00010728
    0.0034483    0.0062069      0.0034483     0.0034483
    0.0049655    0.00013793     0.0049655     0.00096552
    0.0048276    0.00068966     0.0048276     0.0048276
```

可以產生如下的解：

```
>> b = [1400 100 2000 0]';
>> c = AI*b

c =
       8.0996
       12.345
       16.897
       16.483
```

因此，我們得到令人驚訝的結果，就是吸菸區的一氧化碳濃度最低！濃度最高的則是在房間 3 和房間 4，而第 2 區則是中等程度。會產生這樣的結果是因為：(a) 一氧化碳是守恆的，(b) 空氣只會從第 2 區與第 4 區（Q_c 與 Q_d）排出。房間 3 的空氣這麼糟，是因為它不僅有烤肉負載，同時也接收房間 1 排出的氣體。

雖然上述相當有趣，線性系統真正有力的地方在於：可以藉由反矩陣的元素去了解系統各部分的交互影響。舉例來說，反矩陣元素可以用來求兒童區房間中，每個來源造成的一氧化碳濃度所占的比例：

吸菸者：

$$c_{2,\text{吸菸者}} = a_{21}^{-1} W_{\text{吸菸者}} = 0.0034483(1000) = 3.4483$$

$$\%_{\text{吸菸者}} = \frac{3.4483}{12.345} \times 100\% = 27.93\%$$

烤肉區：

$$c_{2,烤肉} = a_{23}^{-1} W_{烤肉} = 0.0034483(2000) = 6.897$$

$$\%_{烤肉} = \frac{6.897}{12.345} \times 100\% = 55.87\%$$

通風口：

$$c_{2,通風口} = a_{21}^{-1} Q_a c_a + a_{22}^{-1} Q_b c_b = 0.0034483(200)2 + 0.0062069(50)2$$
$$= 1.37931 + 0.62069 = 2$$

$$\%_{通風口} = \frac{2}{12.345} \times 100\% = 16.20\%$$

烤肉區明顯是最大的來源。

反矩陣也可以用來找出解決方案的影響有多少，像是禁菸以及維修烤肉器具。因為模型是線性的，疊加是成立的，可以個別地得到結果並且加總：

$$\Delta c_2 = a_{21}^{-1} \Delta W_{吸菸者} + a_{23}^{-1} \Delta W_{烤肉} = 0.0034483(-1000) + 0.0034483(-2000)$$
$$= -3.4483 - 6.8966 = -10.345$$

注意，相同的計算也可以在 MATLAB 中得到：

```
>> AI(2,1)*(-1000)+AI(2,3)*(-2000)
ans =
     -10.345
```

實施兩個解決方案將可減少一氧化碳濃度達 10.345 mg/m^3，結果會將兒童區房間中一氧化碳濃度變成 12.345 − 10.345 = 2 mg/m^3。這是合理的，因為如果沒有吸菸者或烤肉負載，一氧化碳來源就只剩通風口的 2 mg/m^3。

因為上述所有的運算涉及改變強制函數，並不需要重複計算解。然而，如果兒童區房間區域與房間 4 之間的混合減少的話，矩陣會改變為

$$\begin{bmatrix} 225 & 0 & -25 & 0 \\ 0 & 155 & 0 & -105 \\ -225 & 0 & 275 & -50 \\ 0 & -5 & -250 & 255 \end{bmatrix} \begin{Bmatrix} c_1 \\ c_2 \\ c_3 \\ c_4 \end{Bmatrix} = \begin{Bmatrix} 1400 \\ 100 \\ 2000 \\ 0 \end{Bmatrix}$$

這個案例的結果包括一個新的解，利用 MATLAB 得到的結果是

$$\begin{Bmatrix} c_1 \\ c_2 \\ c_3 \\ c_4 \end{Bmatrix} = \begin{Bmatrix} 8.1084 \\ 12.0800 \\ 16.9760 \\ 16.8800 \end{Bmatrix}$$

因此，這個解決方案對兒童區房間中的一氧化碳濃度做了不顯著的改善，僅約 0.265 mg/m^3。

習題

習題 11.15 和 11.19 請見隨書光碟

11.1 求出下列系統的反矩陣：
$$10x_1 + 2x_2 - x_3 = 27$$
$$-3x_1 - 6x_2 + 2x_3 = -61.5$$
$$x_1 + x_2 + 5x_3 = -21.5$$

不要使用軸元策略，藉由 $[A][A]^{-1} = [I]$ 來檢驗你的結果。

11.2 求出下列系統的反矩陣：
$$-8x_1 + x_2 - 2x_3 = -20$$
$$2x_1 - 6x_2 - x_3 = -38$$
$$-3x_1 - x_2 + 7x_3 = -34$$

11.3 下列系統方程式是設計用輸入總和對每個反應器的方程式，求一連串反應器相互影響後的濃度（濃度單位 g/m³，右手邊單位 g/day）：
$$15c_1 - 3c_2 - c_3 = 4000$$
$$-3c_1 + 18c_2 - 6c_3 = 1200$$
$$-4c_1 - c_2 + 12c_3 = 2350$$

(a) 求出反矩陣。
(b) 利用反矩陣求解。
(c) 求出需要對反應器 3 增加多少輸入速率，才可以使反應器 1 的濃度有 10 g/m³ 的增加。
(d) 如果對反應器 1 和 2 的輸入分別減少 500 及 250 g/day，則反應器 3 的濃度會減少多少？

11.4 求出習題 8.9 中所描述系統的反矩陣。利用反矩陣去求出反應器 5 的濃度，此時流入濃度改為 $c_{01} = 20$ 以及 $c_{03} = 50$。

11.5 求出習題 8.10 中所描述系統的反矩陣。利用反矩陣去求出三個元件的力 (F_1, F_2, F_3)，此時在節點 1 的垂直負載加倍到 $F_{1,v} = -2000$ N，而水平負載 $F_{3,h} = -500$ N 施於節點 3。

11.6 求出 $\|A\|_f$、$\|A\|_1$ 以及 $\|A\|_\infty$，其中 A 是
$$[A] = \begin{bmatrix} 8 & 2 & -10 \\ -9 & 1 & 3 \\ 15 & -1 & 6 \end{bmatrix}$$

在求範數之前，利用最大元素為基準，使每一列的最大元素等於 1。

11.7 求出在習題 11.2 以及 11.3 中系統的弗比尼斯與列總和範數。

11.8 針對下列系統，利用 MATLAB 求得頻譜條件數，不要正規化系統：

$$\begin{bmatrix} 1 & 4 & 9 & 16 & 25 \\ 4 & 9 & 16 & 25 & 36 \\ 9 & 16 & 25 & 36 & 49 \\ 16 & 25 & 36 & 49 & 64 \\ 25 & 36 & 49 & 64 & 81 \end{bmatrix}$$

以列總和範數計算條件數。

11.9 除了希伯特矩陣，也有其他矩陣隱含病態條件。一個類似的例子就是**凡德芒矩陣 (Vandermonde matrix)**，如以下的形式：
$$\begin{bmatrix} x_1^2 & x_1 & 1 \\ x_2^2 & x_2 & 1 \\ x_3^2 & x_3 & 1 \end{bmatrix}$$

(a) 透過列總和範數求條件數，在這個例子中 $x_1 = 4$，$x_2 = 2$，$x_3 = 7$。
(b) 利用 MATLAB 計算頻譜以及弗比尼斯條件數。

11.10 針對一個維度 10 的希伯特矩陣，利用 MALTAB 求出頻譜條件數，有多少位數的精密度是可能因為病態條件而喪失的？假如在右手邊向量 $\{b\}$ 的每個元素由它們的各「列」中係數的總和所組成，求出這個系統的解；換句話說，求所有的未知數都正好為 1 的情況。比較此結果和基於條件數計算所得的結果之間的誤差。

11.11 重複習題 11.10，但是用六個維度的凡德芒矩陣（參考習題 11.9），其中 $x_1 = 4$，$x_2 = 2$，$x_3 = 7$，$x_4 = 10$，$x_5 = 3$，$x_6 = 5$。

11.12 科羅拉多河下游包含一連串湖泊，如圖 P11.12 所示。

可以對每座湖泊列出質量平衡，以及下列聯立線性代數方程組：

$$\begin{bmatrix} 13.422 & 0 & 0 & 0 \\ -13.422 & 12.252 & 0 & 0 \\ 0 & -12.252 & 12.377 & 0 \\ 0 & 0 & -12.377 & 11.797 \end{bmatrix}$$
$$\times \begin{Bmatrix} c_1 \\ c_2 \\ c_3 \\ c_4 \end{Bmatrix} = \begin{Bmatrix} 750.5 \\ 300 \\ 102 \\ 30 \end{Bmatrix}$$

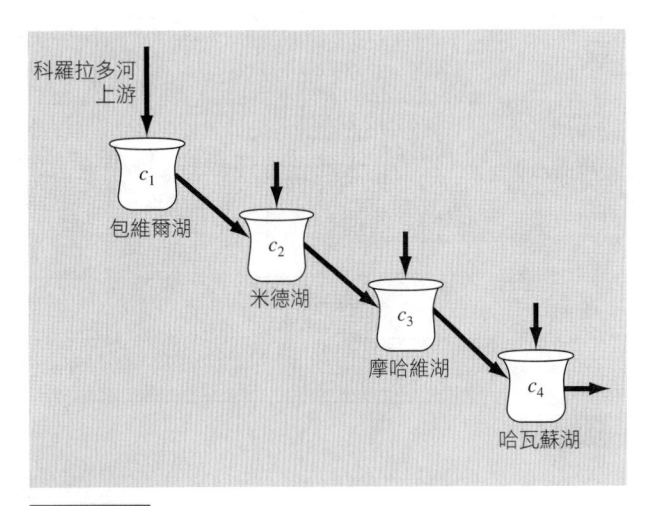

其中右手邊向量包含對四座湖泊個別的氯化物負載，以及 c_1、c_2、c_3、c_4 分別等於包維爾湖、米德湖、摩哈維湖以及哈瓦蘇湖的氯化物濃度。

(a) 利用反矩陣求解每座湖的濃度。

(b) 如果要讓哈瓦蘇湖的氯化物濃度是 75 的話，對包維爾湖的負載必須減少多少？

(c) 利用行總和範數，計算條件數以及透過求解這個系統，會產生多少預期位數。

11.13 **(a)** 求出下列矩陣的反矩陣與條件數：

$$\begin{bmatrix} 1 & 2 & 3 \\ 4 & 5 & 6 \\ 7 & 8 & 9 \end{bmatrix}$$

(b) 重複 **(a)**，但是將 a_{33} 微調至 9.1。

11.14 多項式內插法包含決定單一 $(n-1)$ 階多項式去逼近 n 點資料，這樣的多項式有下列一般形式：

$$f(x) = p_1 x^{n-1} + p_2 x^{n-2} + \cdots + p_{n-1} x + p_n \quad (P11.14)$$

其中 p 是常數係數。一個直接計算係數的方式，就是產生 n 個線性代數方程式，使我們可以同時求解係數。假設我們想求解以下四階多項式的係數：
$f(x) = p_1 x^4 + p_2 x^3 + p_3 x^2 + p_4 x + p_5$，其通過下列 5 個點：(200, 0.746)、(250, 0.675)、(300, 0.616)、(400, 0.525)、(500, 0.457)。每個點都可以代入式 (P11.14) 來產生一個有五個方程式的系統，伴隨 5 個未知數 p。利用這個方法來求解係數。此外，求解並且說明條件數。

11.16 正如範例 8.2 以及 11.2 所描述，利用反矩陣回答下列問題：

(a) 如果第三個高空彈跳者的重量增加到 100 kg，求出第一個高空彈跳者的位移。

(b) 如果第三個高空彈跳者的最後位置是 140 m，則第三個高空彈跳者需要被施加多少力？

11.17 求出在 8.3 節中電路系統方程式的反矩陣。如果於節點 6 施加 200 V 的電壓且將節點 1 的電壓減半，利用反矩陣求出節點 2 與節點 5 之間的電流 (i_{52})。

11.18 **(a)** 利用 11.3 節敘述的方法，針對圖 P11.18 的房間配置，發展質量平衡的穩態。

(b) 求出反矩陣，並且利用反矩陣求出房間中的濃度。

(c) 利用反矩陣，求出如果房間 2 的濃度要保持在 20 mg/m³，則房間 4 的負載必須要減少多少？

11.20 圖 P11.20 顯示一個靜定桁架。這類結構可以透過推導在圖 P11.20 的每個節點的力的自由體作用力圖，用一個耦合的線性代數方程式系統來描述。因為此系統是靜止的，在每個節點上水平向與垂直向的合力必須為零。因此，對於節點 1：

$$F_H = 0 = -F_1 \cos 30° + F_3 \cos 60° + F_{1,h}$$
$$F_V = 0 = -F_1 \sin 30° - F_3 \sin 60° + F_{1,v}$$

對於節點 2：

$$F_H = 0 = F_2 + F_1 \cos 30° + F_{2,h} + H_2$$
$$F_V = 0 = F_1 \sin 30° + F_{2,v} + V_2$$

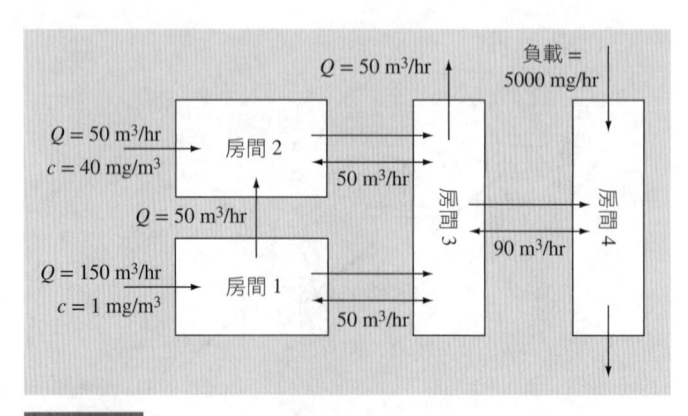

圖 P11.18

對於節點 3：

$$F_H = 0 = -F_2 - F_3 \cos 60° + F_{3,h}$$

$$F_V = 0 = F_3 \sin 60° + F_{3,v} + V_3$$

其中 $F_{i,h}$ 是施加於節點 i 的外水平向力（其中正向力是從左到右）和 $F_{1,v}$ 是施加於節點 i 的外垂直向力（其中正向力為朝上）。因此，在此問題中，在節點 1 的 1000-N 向下力為 $F_{1,v} = -1000$。對於這個例子，所有其他的 $F_{1,v}$ 和 $F_{1,h}$ 都為零。注意內力和反作用力的方向未知。妥善應用牛頓定律時需要對方向性有一致的假設。如果方向假設有錯，則解會有負值。此外，注意在此問題中，所有元件的力皆假設為張力並且將鄰接節點拉在一起。因此，一個負解對應的是壓力。代入外力並求解三角函數後，此問題便簡化為有六個未知數的六個線性代數方程式組。

(a) 求解圖 P11.20 所示案例的力與反作用力。
(b) 求解系統的反矩陣。對於反矩陣第二列的零值，你的解釋為何？
(c) 使用反矩陣的元素回答下列問題：
  (i) 如果在節點 1 的力是反相（亦即朝上），計算在 H_2 和 V_2 的衝擊力。
  (ii) 如果在節點 1 的力設為零並且 1500 N 的水平力施加於節點 1 和 2 ($F_{i,h} = F_{2,h} = 1500$)，則節點 3 的垂直反作用力 (V_3) 會是多少。

11.21 使用和習題 11.20 相同的解題方式，
(a) 計算在圖 P11.21 中描述的桁架的元件與支撐的力與反作用力。
(b) 計算反矩陣。
(c) 如果頂點的力是朝上，求在二端點反作用力的改變。

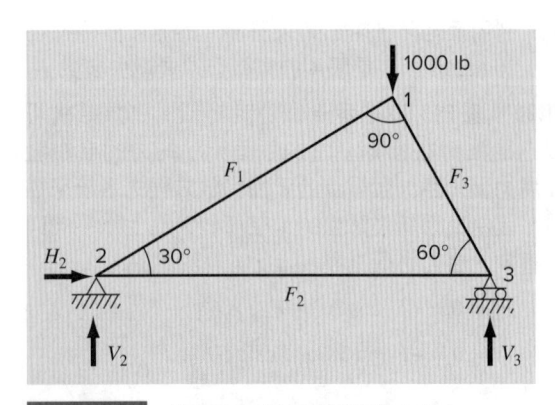

圖 P11.20　施加在一靜定結構桁架上的力。

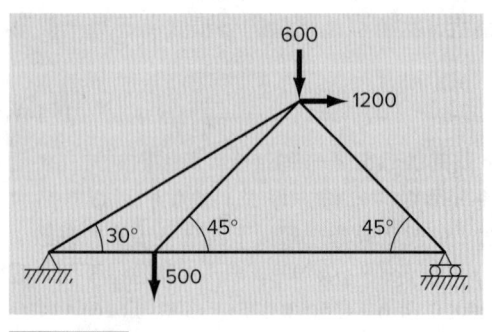

圖 P11.21

第 12 章

迭代法

章節目標

本章的主要目標是讓讀者熟悉求解聯立方程式的迭代法。個別的目標和主題包括：
- 了解高斯－塞德法和亞可比迭代法之間的不同。
- 了解如何使用對角線優勢，並了解其涵義。
- 認知鬆弛法可以用於改善迭代法的收斂。
- 了解如何用逐次代換法、牛頓－拉夫生法以及 MATLAB 的 `fsolve` 函數求解非線性方程式系統。

迭代或近似法提供了消去法以外的替代方法，這類方法和我們在第 5 章和第 6 章中所學求解單一方程式的根之技巧非常類似。這類方法是先猜測一個根，再用一個有系統的方法不斷改善這個根的估計值。因為本篇處理的是類似的問題——求解同時滿足一組方程式的值，我們認為這類近似法在此情境中會非常有用。在本章，我們要探討求解線性與非線性聯立方程式的方法。

12.1 線性系統：高斯－塞德法

高斯－塞德法 (Gauss-Seidel method) 是在求解線性代數方程式時，使用上最普遍的迭代法。假設我們給定一組 n 階方程式：

$$[A]\{x\} = \{b\}$$

為了簡潔，我們僅限於探討一組 3×3 的方程式。如果所有的對角線元素均不為零，則第一個方程式可以求解 x_1，第二個可以求解 x_2，第三個可以求解 x_3。我們得到：

$$x_1^j = \frac{b_1 - a_{12}x_2^{j-1} - a_{13}x_3^{j-1}}{a_{11}} \tag{12.1a}$$

$$x_2^j = \frac{b_2 - a_{21}x_1^j - a_{23}x_3^{j-1}}{a_{22}} \tag{12.1b}$$

$$x_3^j = \frac{b_3 - a_{31}x_1^j - a_{32}x_2^j}{a_{33}} \tag{12.1c}$$

其中 j 和 $j-1$ 代表目前與前一次的迭代。

要開始求解的過程，必須先猜測一組 x。最簡單的方法就是假設一開始所有 x 均為零。將所有的零都代入式 (12.1a)，如此一來，我們可以求得一個新的值為 $x_1 = b_1/a_{11}$。接著再代入這個新的 x_1 以及一開始猜測為零的 x_3 到式 (12.1b)，求出一個新的 x_2。再重複這個程序，代入式 (12.1c) 求得一個新的 x_3。然後回到第一個方程式並重複所有的程序，直到求出的解收斂到足夠接近真實值為止。對於每一個 i 的收斂性，可以用下列準則來判斷：

$$\varepsilon_{a,i} = \left| \frac{x_i^j - x_i^{j-1}}{x_i^j} \right| \times 100\% \leq \varepsilon_s \tag{12.2}$$

範例 12.1　高斯－塞德法

問題敘述　使用高斯－塞德法求解：

$$\begin{aligned} 3x_1 - 0.1x_2 - 0.2x_3 &= 7.85 \\ 0.1x_1 + 7x_2 - 0.3x_3 &= -19.3 \\ 0.3x_1 - 0.2x_2 + 10x_3 &= 71.4 \end{aligned}$$

注意，解為 $x_1 = 3$，$x_2 = -2.5$，$x_3 = 7$。

解法　首先，以對角線上的未知數為準，求解這些方程式：

$$x_1 = \frac{7.85 + 0.1x_2 + 0.2x_3}{3} \tag{E12.1.1}$$

$$x_2 = \frac{-19.3 - 0.1x_1 + 0.3x_3}{7} \tag{E12.1.2}$$

$$x_3 = \frac{71.4 - 0.3x_1 + 0.2x_2}{10} \tag{E12.1.3}$$

假設 x_2 和 x_3 均為零，式 (E12.1.1) 可用以求出：

$$x_1 = \frac{7.85 + 0.1(0) + 0.2(0)}{3} = 2.616667$$

將此 x_1 的值及 $x_3 = 0$ 一起代入式 (E12.1.2)，可以求得：

$$x_2 = \frac{-19.3 - 0.1(2.616667) + 0.3(0)}{7} = -2.794524$$

將計算出的 x_1 及 x_2 代入式 (E12.1.3) 求得 x_3，完成第一次的迭代：

$$x_3 = \frac{71.4 - 0.3(2.616667) + 0.2(-2.794524)}{10} = 7.005610$$

在第二次的迭代中，重複剛剛的程序可以計算出：

$$x_1 = \frac{7.85 + 0.1(-2.794524) + 0.2(7.005610)}{3} = 2.990557$$

$$x_2 = \frac{-19.3 - 0.1(2.990557) + 0.3(7.005610)}{7} = -2.499625$$

$$x_3 = \frac{71.4 - 0.3(2.990557) + 0.2(-2.499625)}{10} = 7.000291$$

因此，這個數值方法收斂到真實的解。更多次的迭代可以用來改善答案。然而，在實際問題中，我們在運算前並不知道真實的答案為何。所以，我們要用式 (12.2) 來估計誤差。在本例中，對於 x_1：

$$\varepsilon_{a,1} = \left| \frac{2.990557 - 2.616667}{2.990557} \right| \times 100\% = 12.5\%$$

至於 x_2 和 x_3，誤差估計值為 $\varepsilon_{a,2} = 11.8\%$ 和 $\varepsilon_{a,3} = 0.076\%$。注意，這是單一方程式求解根的情況，方程式如式 (12.2) 通常提供一個有關收斂性的保守評估。因此，當此條件滿足時，可以保證求得的解其誤差容許在 ε_s 之內。

當使用高斯－塞德法求出每一個新的 x 時，可立即代入下一個方程式以求得下一個 x。因此，如果解是收斂的，則可以求得更好的估計值。另外還有一個使用不同策略的方法，稱為**亞可比迭代法 (Jacobi iteration)**。這種數學技巧使用式 (12.1)，根據一整組舊有的 x 計算一整組新的 x，而不是使用一個剛求出的 x 來計算下一個 x。因此，當新的值產生的時候，它們不會被立即使用，而是留在下一次的迭代使用。

圖 12.1 說明高斯－塞德法和亞可比迭代法的不同。雖然在某些例子中，亞可比迭代法很實用，但高斯－塞德法使用可得的最佳估計值，仍是較被偏好使用的方法。

12.1.1 收斂性與對角線優勢

我們注意到，高斯－塞德法和 6.1 節中求解單一方程式的根之簡單固定點迭代法，其精神意涵是相近的。回想簡單固定點迭代法有時是不收斂的，所以在迭代的過程中，答案有時會愈來愈偏離正確的結果。

雖然高斯－塞德法也會發散，但因為它是用來求解線性系統，故其收斂與否還比非線性方

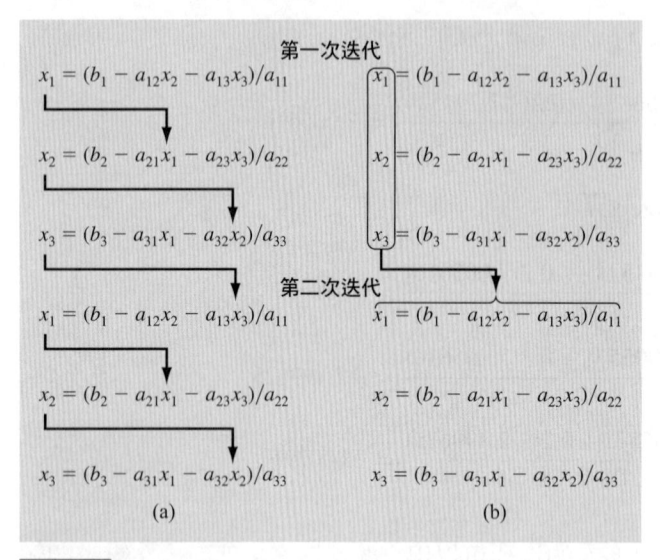

$$x_1 = (b_1 - a_{12}x_2 - a_{13}x_3)/a_{11}$$
$$x_2 = (b_2 - a_{21}x_1 - a_{23}x_3)/a_{22}$$
$$x_3 = (b_3 - a_{31}x_1 - a_{32}x_2)/a_{33}$$

圖 12.1 圖解說明 (a) 高斯－塞德法與 (b) 亞可比迭代法在求解聯立線性代數方程式時的不同。

程式的固定點迭代法來得容易預估。如果下列條件成立，則高斯－塞德法會收斂：

$$|a_{ii}| > \sum_{\substack{j=1 \\ j \neq i}}^{n} |a_{ij}| \tag{12.3}$$

也就是每一個方程式的對角線係數，其絕對值必須大於此方程式中其他係數之絕對值的和。這種系統稱為**對角優勢 (diagonally dominant)**。這個準則對於收斂是充分但非必要。亦即，有時雖然式 (12.3) 並不符合，但這方法仍然適用，而此條件滿足則保證收斂。很幸運地，許多實質上重要的工程與科學問題都能滿足這個要求，因此高斯－塞德法對於求解工程與科學問題是實用的。

12.1.2　MATLAB M 檔：`GaussSeidel`

在發展演算法之前，我們先將高斯－塞德法改寫成適合 MATLAB 進行矩陣運算的形式。我們可以重新改寫式 (12.1) 為：

$$x_1^{\text{new}} = \frac{b_1}{a_{11}} - \frac{a_{12}}{a_{11}}x_2^{\text{old}} - \frac{a_{13}}{a_{11}}x_3^{\text{old}}$$

$$x_2^{\text{new}} = \frac{b_2}{a_{22}} - \frac{a_{21}}{a_{22}}x_1^{\text{new}} - \frac{a_{23}}{a_{22}}x_3^{\text{old}}$$

$$x_3^{\text{new}} = \frac{b_3}{a_{33}} - \frac{a_{31}}{a_{33}}x_1^{\text{new}} - \frac{a_{32}}{a_{33}}x_2^{\text{new}}$$

注意，我們可以將解簡潔地寫成矩陣的形式：

$$\{x\} = \{d\} - [C]\{x\} \tag{12.4}$$

其中

$$\{d\} = \begin{Bmatrix} b_1/a_{11} \\ b_2/a_{22} \\ b_3/a_{33} \end{Bmatrix}$$

以及

$$[C] = \begin{bmatrix} 0 & a_{12}/a_{11} & a_{13}/a_{11} \\ a_{21}/a_{22} & 0 & a_{23}/a_{22} \\ a_{31}/a_{33} & a_{32}/a_{33} & 0 \end{bmatrix}$$

而用來執行式 (12.4) 的 M 檔則列在圖 12.2 中。

12.1.3 鬆弛法

鬆弛法 (relaxation) 是高斯－塞德法的變形，其收斂性較佳。當利用式 (12.1) 求出新的值時，這個值要利用前一次和這一次迭代值的加權平均做修正：

$$x_i^{\text{new}} = \lambda x_i^{\text{new}} + (1 - \lambda) x_i^{\text{old}} \tag{12.5}$$

其中 λ 是加權因子，其值介於 0 和 2 之間。

如果 $\lambda = 1$，則 $(1 - \lambda)$ 等於 0，且此迭代值的結果是未經修正的。然而，如果 λ 設為 0 到 1 之間，則此結果是前一次和這一次結果的加權平均。而這種形式的修正稱為**欠鬆弛法 (underrelaxation)**，通常應用於不收斂系統的收斂，或是阻尼振盪來加速收斂。

對於介於 1 和 2 之間的 λ，我們會加入額外的加權。此時要先成立一個隱性的假設，即這個新的值是往真實解的方向前進，只是前進的速度很慢。如此一來，這個加入的加權 λ 可以用來改善估計值，將之加速推進到真實解。因此，這種形式的修正稱為**過鬆弛法 (overrelaxation)**，此法是設計用來加速一個已經收斂系統的收斂速度。這個方法也稱為**逐次過鬆弛法 (successive overrelaxation)**，或簡稱為 SOR。

選取一個適當的 λ，其與所要處理的問題緊密相關，而且通常是由經驗得來的。對於一組方程式的單一解來說，通常是沒有必要的。然而，如果所探討的系統要常常重複求解，則 λ 即具有重要性，可以引進 λ 來改善效率。一個很好的例子是，當求解各種不同工程與科學問題的偏微分方程式時，通常會衍生大型的線性代數方程式系統。

```
function x = GaussSeidel(A,b,es,maxit)
% GaussSeidel: Gauss Seidel method
%   x = GaussSeidel(A,b): Gauss Seidel without relaxation
% input:
%   A = coefficient matrix
%   b = right hand side vector
%   es = stop criterion (default = 0.00001%)
%   maxit = max iterations (default = 50)
% output:
%   x = solution vector
if nargin<2,error('at least 2 input arguments required'),end
if nargin<4|isempty(maxit),maxit=50;end
if nargin<3|isempty(es),es=0.00001;end
[m,n] = size(A);
if m~=n, error('Matrix A must be square'); end
C = A;
for i = 1:n
  C(i,i) = 0;
  x(i) = 0;
end
x = x';
for i = 1:n
  C(i,1:n) = C(i,1:n)/A(i,i);
end
for i = 1:n
  d(i) = b(i)/A(i,i);
end
iter = 0;
while (1)
  xold = x;
  for i = 1:n
    x(i) = d(i)-C(i,:)*x;
    if x(i) ~= 0
      ea(i) = abs((x(i) - xold(i))/x(i)) * 100;
    end
  end
  iter = iter+1;
  if max(ea)<=es | iter >= maxit, break, end
end
```

圖 12.2 MATLAB 用來執行高斯－塞德法的 M 檔。

範例 12.2　使用鬆弛法的高斯－塞德法

問題敘述 用高斯－塞德法求解下列系統，利用過鬆弛法 (λ = 1.2) 並設定停止準則為 ε_s = 10%：

$$-3x_1 + 12x_2 = 9$$
$$10x_1 - 2x_2 = 8$$

解法 首先要重新排列方程式，使它們可以變成對角優勢，然後對第一個方程式求解 x_1，對第二個方程式求解 x_2：

$$x_1 = \frac{8 + 2x_2}{10} = 0.8 + 0.2x_2$$
$$x_2 = \frac{9 + 3x_1}{12} = 0.75 + 0.25x_1$$

第一次迭代：利用初始猜測值 $x_1 = x_2 = 0$，我們可以解得 x_1：

$$x_1 = 0.8 + 0.2(0) = 0.8$$

在求解 x_2 之前，我們首先對我們求得的 x_1 使用鬆弛法：

$$x_{1,r} = 1.2(0.8) - 0.2(0) = 0.96$$

我們使用下標 r 來表示這是鬆弛過後的值，這個值接著會被用來計算 x_2：

$$x_2 = 0.75 + 0.25(0.96) = 0.99$$

接著再對此結果使用鬆弛法以得出

$$x_{2,r} = 1.2(0.99) - 0.2(0) = 1.188$$

此時，我們可以藉由式 (12.2) 計算估測誤差。然而，既然我們是假設值為零開始計算，因此對兩個變數的誤差將會是 100%。

第二次迭代：利用和第一次迭代相同的程序，第二次迭代會產生

$$x_1 = 0.8 + 0.2(1.188) = 1.0376$$
$$x_{1,r} = 1.2(1.0376) - 0.2(0.96) = 1.05312$$
$$\varepsilon_{a,1} = \left| \frac{1.05312 - 0.96}{1.05312} \right| \times 100\% = 8.84\%$$
$$x_2 = 0.75 + 0.25(1.05312) = 1.01328$$
$$x_{2,r} = 1.2(1.01328) - 0.2(1.188) = 0.978336$$
$$\varepsilon_{a,2} = \left| \frac{0.978336 - 1.188}{0.978336} \right| \times 100\% = 21.43\%$$

因為我們現在在第一次迭代過後有不是零的值了，我們可以在計算出每一個新值時計算近似誤差估測。此時，雖然第一個未知數的誤差估測已低於 10% 的停止準則，但是第二個未知數並沒有，所以我們必須再次迭代。

第三次迭代：

$$x_1 = 0.8 + 0.2(0.978336) = 0.995667$$
$$x_{1,r} = 1.2(0.995667) - 0.2(1.05312) = 0.984177$$
$$\varepsilon_{a,1} = \left| \frac{0.984177 - 1.05312}{0.984177} \right| \times 100\% = 7.01\%$$

$$x_2 = 0.75 + 0.25(0.984177) = 0.996044$$
$$x_{2,r} = 1.2(0.996044) - 0.2(0.978336) = 0.999586$$
$$\varepsilon_{a,2} = \left| \frac{0.999586 - 0.978336}{0.999586} \right| \times 100\% = 2.13\%$$

此時，我們可以終止計算，因為所得到的誤差估測已經低於 10% 的停止準則。在這時刻的結果是 $x_1 = 0.984177$ 與 $x_2 = 0.999586$，已經收斂到正確解 $x_1 = x_2 = 1$。

12.2 非線性系統

下列是一組具有兩個未知數的兩個聯立非線性方程式：

$$x_1^2 + x_1 x_2 = 10 \tag{12.6a}$$
$$x_2 + 3x_1 x_2^2 = 57 \tag{12.6b}$$

相對於線性系統所畫出的直線（參考圖 9.1），這些方程式會畫出 x_2 對於 x_1 的曲線。如圖 12.3 所示，解即為這兩條曲線的交點。

如同我們求解單一非線性方程式的根時所做的一樣，這類方程式系統可表示為以下通式：

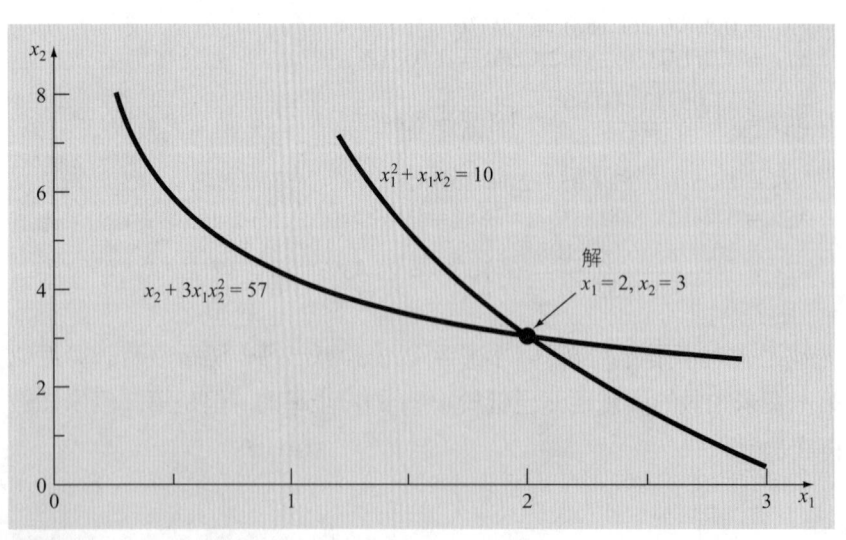

圖 12.3 兩個聯立非線性方程式的解之圖示。

$$f_1(x_1, x_2, \ldots, x_n) = 0$$
$$f_2(x_1, x_2, \ldots, x_n) = 0$$
$$\vdots$$
$$f_n(x_1, x_2, \ldots, x_n) = 0$$
(12.7)

因此,其解中的所有 x 使得所有的方程式等於零。

12.2.1 逐次代換法

一個求解式 (12.7) 的簡單方式,與求解固定點迭代法以及高斯－塞德法的策略是一樣的,也就是每一個非線性方程式可以用一個未知數來求解。這些方程式可以被不斷地迭代以求得一個新的值,並且(我們希望)收斂到正確的解。這種方法稱為**逐次代換法 (successive substitution)**,我們用下列範例來說明。

範例 12.3 非線性系統的逐次代換法

問題敘述　使用逐次代換法求解式 (12.6) 的根。注意,正確的根為 $x_1 = 2$ 與 $x_2 = 3$。我們以猜測值 $x_1 = 1.5$ 與 $x_2 = 3.5$ 開始計算。

解法　式 (12.6a) 可以表示為：

$$x_1 = \frac{10 - x_1^2}{x_2} \tag{E12.3.1}$$

式 (12.6b) 可以表示為：

$$x_2 = 57 - 3x_1 x_2^2 \tag{E12.3.2}$$

根據初始猜測值,式 (E12.3.1) 可以用來求一個新的 x_1：

$$x_1 = \frac{10 - (1.5)^2}{3.5} = 2.21429$$

將這個結果與初始猜測值 $x_2 = 3.5$ 一起代入式 (E12.3.2),可以求得一個新的 x_2：

$$x_2 = 57 - 3(2.21429)(3.5)^2 = -24.37516$$

然而,這個方法導致發散。這個情況在第二次迭代時更明顯：

$$x_1 = \frac{10 - (2.21429)^2}{-24.37516} = -0.20910$$
$$x_2 = 57 - 3(-0.20910)(-24.37516)^2 = 429.709$$

很明顯地,這個方法導致問題惡化。

現在我們要用原本的這兩個方程式來計算，但是和初始的設定格式不同。例如，我們可以將式 (12.6a) 改寫成：

$$x_1 = \sqrt{10 - x_1 x_2}$$

而式 (12.6b) 成為：

$$x_2 = \sqrt{\frac{57 - x_2}{3x_1}}$$

則結果比較令人滿意：

$$x_1 = \sqrt{10 - 1.5(3.5)} = 2.17945$$

$$x_2 = \sqrt{\frac{57 - 3.5}{3(2.17945)}} = 2.86051$$

$$x_1 = \sqrt{10 - 2.17945(2.86051)} = 1.94053$$

$$x_2 = \sqrt{\frac{57 - 2.86051}{3(1.94053)}} = 3.04955$$

因此，這種方式可以收斂到根的真實值為 $x_1 = 2$ 與 $x_2 = 3$。

前一個範例說明了逐次代換法的嚴重缺點——方程式的寫法會決定收斂性。另外，即使在有可能收斂的例子中，也會因為初始猜測值不夠靠近真實解而導致發散。這些準則限制很大，因此固定點迭代法在求解非線性系統的用途上是有限的。

12.2.2 牛頓－拉夫生法

就像固定點迭代法可以用於求解非線性方程式系統，其他開放根位置方法，如牛頓－拉夫生法也同樣可以用來求解。回想牛頓－拉夫生法使用函數的導數（即斜率）來估計和表示自變數的軸所相交的點——也就是所求的根。在第 6 章，我們使用圖形推導來完成估計值的計算。另一個推導的方法是由一階泰勒級數展開而來：

$$f(x_{i+1}) = f(x_i) + (x_{i+1} - x_i) f'(x_i) \tag{12.8}$$

其中 x_i 是對於根的初始猜測值，而 x_{i+1} 是斜率與 x 軸相交的點。在這個相交點，$f(x_{i+1})$ 定義為零，且式 (12.8) 可以改寫成：

$$x_{i+1} = x_i - \frac{f(x_i)}{f'(x_i)} \tag{12.9}$$

此為牛頓－拉夫生法的單一方程式形式。

多方程式形式的推導和單一方程式的方法一樣。然而，使用了多變數的泰勒級數，表示要求根則需使用一個以上的自變數。針對有兩個變數的例子，其非線性方程式的一階泰勒級數展開為：

$$f_{1,i+1} = f_{1,i} + (x_{1,i+1} - x_{1,i})\frac{\partial f_{1,i}}{\partial x_1} + (x_{2,i+1} - x_{2,i})\frac{\partial f_{1,i}}{\partial x_2} \tag{12.10a}$$

$$f_{2,i+1} = f_{2,i} + (x_{1,i+1} - x_{1,i})\frac{\partial f_{2,i}}{\partial x_1} + (x_{2,i+1} - x_{2,i})\frac{\partial f_{2,i}}{\partial x_2} \tag{12.10b}$$

和單一方程式的處理方法一樣，當 $f_{1,i+1}$ 與 $f_{2,i+1}$ 等於零時，根的估計值即根據 x_1 與 x_2 的值。在此情形下，式 (12.10) 可以改寫成：

$$\frac{\partial f_{1,i}}{\partial x_1}x_{1,i+1} + \frac{\partial f_{1,i}}{\partial x_2}x_{2,i+1} = -f_{1,i} + x_{1,i}\frac{\partial f_{1,i}}{\partial x_1} + x_{2,i}\frac{\partial f_{1,i}}{\partial x_2} \tag{12.11a}$$

$$\frac{\partial f_{2,i}}{\partial x_1}x_{1,i+1} + \frac{\partial f_{2,i}}{\partial x_2}x_{2,i+1} = -f_{2,i} + x_{1,i}\frac{\partial f_{2,i}}{\partial x_1} + x_{2,i}\frac{\partial f_{2,i}}{\partial x_2} \tag{12.11b}$$

因為所有下標為 i 的值已知（它們對應於最近一次的猜測值或近似值），剩餘的未知數為 $x_{1,i+1}$ 與 $x_{2,i+1}$。因此，式 (12.11) 變成一組具有兩個未知數的兩行線性方程式。最後，經由代數運算（如克拉莫法則），我們整理方程式求得：

$$x_{1,i+1} = x_{1,i} - \frac{f_{1,i}\frac{\partial f_{2,i}}{\partial x_2} - f_{2,i}\frac{\partial f_{1,i}}{\partial x_2}}{\frac{\partial f_{1,i}}{\partial x_1}\frac{\partial f_{2,i}}{\partial x_2} - \frac{\partial f_{1,i}}{\partial x_2}\frac{\partial f_{2,i}}{\partial x_1}} \tag{12.12a}$$

$$x_{2,i+1} = x_{2,i} - \frac{f_{2,i}\frac{\partial f_{1,i}}{\partial x_1} - f_{1,i}\frac{\partial f_{2,i}}{\partial x_1}}{\frac{\partial f_{1,i}}{\partial x_1}\frac{\partial f_{2,i}}{\partial x_2} - \frac{\partial f_{1,i}}{\partial x_2}\frac{\partial f_{2,i}}{\partial x_1}} \tag{12.12b}$$

每一個方程式的分母就是此系統**亞可比 (Jacobian)** 的行列式值。

式 (12.12) 是牛頓－拉夫生法兩行方程式的版本。如同下列範例所示，可以用來迭代出兩個聯立方程式的根。

範例 12.4　牛頓－拉夫生法求解非線性系統

問題敘述　使用多方程式牛頓－拉夫生法求式 (12.6) 的根。初始猜測值為 $x_1 = 1.5$ 與 $x_2 = 3.5$。

解法　首先計算偏導數，並且求出對應初始猜測值的 x_1 與 x_2 的值：

$$\frac{\partial f_{1,0}}{\partial x_1} = 2x_1 + x_2 = 2(1.5) + 3.5 = 6.5 \quad \frac{\partial f_{1,0}}{\partial x_2} = x_1 = 1.5$$

$$\frac{\partial f_{2,0}}{\partial x_1} = 3x_2^2 = 3(3.5)^2 = 36.75 \qquad \frac{\partial f_{2,0}}{\partial x_2} = 1 + 6x_1 x_2 = 1 + 6(1.5)(3.5) = 32.5$$

因此，第一次迭代時，亞可比矩陣的行列式值為：

$$6.5(32.5) - 1.5(36.75) = 156.125$$

此函數值可以由初始猜測值計算出：

$$f_{1,0} = (1.5)^2 + 1.5(3.5) - 10 = -2.5$$
$$f_{2,0} = 3.5 + 3(1.5)(3.5)^2 - 57 = 1.625$$

此值可以代入式 (12.12) 得到：

$$x_1 = 1.5 - \frac{-2.5(32.5) - 1.625(1.5)}{156.125} = 2.03603$$
$$x_2 = 3.5 - \frac{1.625(6.5) - (-2.5)(36.75)}{156.125} = 2.84388$$

因此，結果往真實值 $x_1 = 2$ 與 $x_2 = 3$ 收斂。我們可以一直重複這些計算，直到答案具有適合的正確度為止。

當多方程式牛頓－拉夫生法適用時，它會展現出和單一方程式版本一樣的快速二次收斂 (speedy quadratic convergence)。然而，它和逐次代換法有相同的問題，在初始猜測值不夠靠近真實根的情況下將會導致發散。儘管圖形求解是提供單一方程式良好初始猜測值的好方法，但是對於多方程式仍無計可施。雖然還有一些較先進的方法能求得可接受的初始猜測值，但獲得初始猜測值的主要方法，則是藉由對於實際系統模型的了解，並配合試誤法才能取得。

對於兩行方程式的牛頓－拉夫生法，可以概推至求解 n 個聯立方程式。此時，式 (12.11) 對於第 k 個方程式可以寫成：

$$\frac{\partial f_{k,i}}{\partial x_1} x_{1,i+1} + \frac{\partial f_{k,i}}{\partial x_2} x_{2,i+1} + \cdots + \frac{\partial f_{k,i}}{\partial x_n} x_{n,i+1} = -f_{k,i} + x_{1,i}\frac{\partial f_{k,i}}{\partial x_1} + x_{2,i}\frac{\partial f_{k,i}}{\partial x_2} + \cdots + x_{n,i}\frac{\partial f_{k,i}}{\partial x_n} \qquad (12.13)$$

其中第一個下標 k 表示方程式或未知數，第二個下標表示討論中的這個值或函數是目前的值 (i) 或下一次迭代的值 ($i + 1$)。注意到式 (12.13) 中，唯一的未知數是在等號左邊的 $x_{k,i+1}$。也因此，位於目前值 (i) 的量在其他迭代中為已知。最後，一組方程式可以一般性地表示為式 (12.13)（也就是 $k = 1, 2, \ldots, n$）而形成一組線性聯立方程式，此方程式可以用前面章節所教授的消去法求解。

矩陣的表示法也可以應用在式 (12.13) 上，得到一個簡潔的表示法：

$$[J]\{x_{i+1}\} = -\{f\} + [J]\{x_i\} \qquad (12.14)$$

其中在 i 計算的偏導數可以寫成**亞可比矩陣 (Jacobian matrix)**：

$$[J] = \begin{bmatrix} \dfrac{\partial f_{1,i}}{\partial x_1} & \dfrac{\partial f_{1,i}}{\partial x_2} & \cdots & \dfrac{\partial f_{1,i}}{\partial x_n} \\ \dfrac{\partial f_{2,i}}{\partial x_1} & \dfrac{\partial f_{2,i}}{\partial x_2} & \cdots & \dfrac{\partial f_{2,i}}{\partial x_n} \\ \vdots & \vdots & & \vdots \\ \dfrac{\partial f_{n,i}}{\partial x_1} & \dfrac{\partial f_{n,i}}{\partial x_2} & \cdots & \dfrac{\partial f_{n,i}}{\partial x_n} \end{bmatrix} \qquad (12.15)$$

初始值和終值可以向量形式表示：

$$\{x_i\}^T = \lfloor x_{1,i} \quad x_{2,i} \quad \cdots \quad x_{n,i} \rfloor$$

以及

$$\{x_{i+1}\}^T = \lfloor x_{1,i+1} \quad x_{2,i+1} \quad \cdots \quad x_{n,i+1} \rfloor$$

最後，在 i 的函數值可以表示成：

$$\{f\}^T = \lfloor f_{1,i} \quad f_{2,i} \quad \cdots \quad f_{n,i} \rfloor$$

式 (12.14) 可以利用高斯消去法的技巧求解。這個程序可以不斷重複迭代，最後取得和範例 12.4 兩行方程式情況中相似形式的估計值。

以反矩陣求解式 (12.14) 也能透視解法。回想牛頓－拉夫生法的單一方程式版本：

$$x_{i+1} = x_i - \frac{f(x_i)}{f'(x_i)} \qquad (12.16)$$

假使乘以亞可比的反矩陣求解式 (12.14)，結果為：

$$\{x_{i+1}\} = \{x_i\} - [J]^{-1}\{f\} \qquad (12.17)$$

比較式 (12.16) 和式 (12.17)，清楚地說明了兩者之間的平行性。從本質上來說，亞可比類似多變數函數的導數。

這種矩陣的計算可以使用 MATLAB 有效地執行。我們可以透過利用 MATLAB 重複範例 12.4 的計算來說明這一點。在確定初始猜測值後，我們可以計算亞可比和函數值為：

```
>> x=[1.5;3.5];
>> J=[2*x(1)+x(2) x(1);3*x(2)^2 1+6*x(1)*x(2)]
J =
    6.5000    1.5000
   36.7500   32.5000
>> f=[x(1)^2+x(1)*x(2)-10;x(2)+3*x(1)*x(2)^2-57]
```

```
f =
   -2.5000
    1.6250
```

然後，我們可以執行式 (12.17) 來改進估計值：

```
>> x=x-J\f

x =
    2.0360
    2.8439
```

雖然我們可以在命令模式下繼續進行迭代，但更好的辦法是產生一個演算法的 M 檔。正如圖 12.4 所示，傳送一個 M 檔給此程式，該 M 檔計算給定一個 x 值的函數值和亞可比值，之後此程式呼叫此函數，並以迭代的方式執行式 (12.17)。程式反覆執行一直到迭代的上限

```
function [x,f,ea,iter]=newtmult(func,x0,es,maxit,varargin)
% newtmult: Newton-Raphson root zeroes nonlinear systems
%   [x,f,ea,iter]=newtmult(func,x0,es,maxit,p1,p2,...):
%     uses the Newton-Raphson method to find the roots of
%     a system of nonlinear equations
% input:
%   func = name of function that returns f and J
%   x0 = initial guess
%   es = desired percent relative error (default = 0.0001%)
%   maxit = maximum allowable iterations (default = 50)
%   p1,p2,... = additional parameters used by function
% output:
%   x = vector of roots
%   f = vector of functions evaluated at roots
%   ea = approximate percent relative error (%)
%   iter = number of iterations
if nargin<2,error('at least 2 input arguments required'),end
if nargin<3|isempty(es),es=0.0001;end
if nargin<4|isempty(maxit),maxit=50;end
iter = 0;
x=x0;
while (1)
  [J,f]=func(x,varargin{:});
  dx=J\f;
  x=x-dx;
  iter = iter + 1;
  ea=100*max(abs(dx./x));
  if iter>=maxit|ea<=es, break, end
end
```

圖 12.4 MATLAB 用來執行牛頓－拉夫生法求解非線性方程式系統的 M 檔。

(maxit) 或指定的相對誤差百分比 (es) 內。

我們必須知道目前所討論的求解方法有兩個缺點。第一，式 (12.15) 有時候很難計算，而牛頓－拉夫生法的變形可用於解決這個難題。可以預料的是，大部分是利用對於 [J] 組成元素的偏導數做有限差分近似。第二個缺點是對於多方程式牛頓－拉夫生法而言，要確保收斂性，則必須有非常良好的初始猜測值。因為要取得這個初始猜測值有時非常困難，因此數學上發展一些另外的求解方式，其收斂速度較牛頓－拉夫生法為慢，但是收斂性卻比較好。其中一個方式就是將非線性系統重寫成單一函數：

$$F(x) = \sum_{i=1}^{n} [f_i(x_1, x_2, \ldots, x_n)]^2$$

其中 $f_i(x_1, x_2, \ldots, x_n)$ 表示原本式 (12.7) 之系統的第 i 個組成成分。這個用來最小化函數的值也可以用來表示成非線性系統的解，因此需要非線性最佳化的數學技巧來求得這些解。

12.2.3　MATLAB 函數：fsolve

fsolve 函數用數個變數求解非線性方程式系統。其語法一般表示為

[x, fx] = fsolve(function, x0, options)

其中 [x, fx]＝由根 x 組成的向量以及在根位置估測的函數值組成的向量，function 為函數名稱且此函數包含一個有待解方程式的向量，x0 為擁有未知數初始猜測值的向量，options 為 optimset 函數產生的一個資料結構。注意，如果你想傳遞函數參數但又不想用這些選項，可在它的位置傳遞一個空的向量 []。

optimset 函數的語法如下

options = optimset('par₁',val₁,'par₂',val₂,...)

其中參數 parᵢ 的數值為 valᵢ。只需在指令行鍵入 optimset，即可得到可能參數的完整清單。fsolve 函數常用的參數為

display：當設為 'iter' 顯示所有迭代的詳細紀錄。
tolx：一個正的純量設定 x 的終止容忍值。
tolfun：一個正的純量設定 fx 的終止容忍值。

舉例來說，我們可以從式 (12.6) 求解系統

$f(x_1, x_2) = x_1^2 + x_1 x_2 - 10$
$f(x_1, x_2) = x_2 + 3x_1 x_2^2 - 57$

首先，設定一函數來容納方程式

```
function f = fun(x)
f = [x(1)^2+x(1)*x(2) - 10;x(2)+3*x(1)*x(2)^2 - 57];
```

然後可以用一個腳本來產生解，

```
clc, format compact
[x,fx] = fsolve(@fun,[1.5;3.5])
```

結果如下

```
x =
    2.0000
    3.0000
fx =
   1.0e-13 *
         0
    0.1421
```

12.3 案例研究　化學反應

背景　非線性系統的方程式經常在化學反應的描述過程中發生。例如，下列為在一個閉合系統的化學反應方程式：

$$2A + B \underset{\leftarrow}{\rightarrow} C \tag{12.18}$$

$$A + D \underset{\leftarrow}{\rightarrow} C \tag{12.19}$$

在均衡時，其特點為：

$$K_1 = \frac{c_c}{c_a^2 c_b} \tag{12.20}$$

$$K_2 = \frac{c_c}{c_a c_d} \tag{12.21}$$

其中 c_i 為組成元素 i 的濃度。如果 x_1 和 x_2 分別是第一個和第二個反應產生的 C 的莫耳數，以一對聯立非線性方程式表示平衡關係。如果 $K_1 = 4 \times 10^{-4}$，$K_2 = 3.7 \times 10^{-2}$，$c_{a,0} = 50$，$c_{b,0} = 20$，$c_{c,0} = 5$，以及 $c_{d,0} = 10$，利用牛頓—拉夫生法來求解這些方程式。

解法　使用式 (12.18) 及式 (12.19) 的化學計量式，每個組成元素的濃度可以 x_1 和 x_2 描述為：

$$c_a = c_{a,0} - 2x_1 - x_2 \tag{12.22}$$
$$c_b = c_{b,0} - x_1 \tag{12.23}$$
$$c_c = c_{c,0} + x_1 + x_2 \tag{12.24}$$
$$c_d = c_{d,0} - x_2 \tag{12.25}$$

其中下標 0 為每個組成元素的最初濃度。這些值可以代入式 (12.20) 及式 (12.21)，得到：

$$K_1 = \frac{(c_{c,0} + x_1 + x_2)}{(c_{a,0} - 2x_1 - x_2)^2 (c_{b,0} - x_1)}$$

$$K_2 = \frac{(c_{c,0} + x_1 + x_2)}{(c_{a,0} - 2x_1 - x_2)(c_{d,0} - x_2)}$$

給予參數值，有兩個未知數的非線性方程式。因此，這個問題的解法即是求出方程式的根：

$$f_1(x_1, x_2) = \frac{5 + x_1 + x_2}{(50 - 2x_1 - x_2)^2 (20 - x_1)} - 4 \times 10^{-4} \tag{12.26}$$

$$f_2(x_1, x_2) = \frac{5 + x_1 + x_2}{(50 - 2x_1 - x_2)(10 - x_2)} - 3.7 \times 10^{-2} \tag{12.27}$$

為了使用牛頓－拉夫生法，我們必須解出式 (12.26) 及式 (12.27) 的偏導數以決定亞可比。雖然這麼做是可能的，但是解導數卻相當費時。另一個方法是用和 6.3 節所描述用於修改的正割法類似的有限差分來表示。例如，亞可比的偏導數可以寫為：

$$\frac{\partial f_1}{\partial x_1} = \frac{f_1(x_1 + \delta x_1, x_2) - f_1(x_1, x_2)}{\delta x_1} \qquad \frac{\partial f_1}{\partial x_2} = \frac{f_1(x_1, x_2 + \delta x_2) - f_1(x_1, x_2)}{\delta x_2}$$

$$\frac{\partial f_2}{\partial x_1} = \frac{f_2(x_1 + \delta x_1, x_2) - f_2(x_1, x_2)}{\delta x_1} \qquad \frac{\partial f_2}{\partial x_2} = \frac{f_2(x_1, x_2 + \delta x_2) - f_2(x_1, x_2)}{\delta x_2}$$

這些關係可以函數和亞可比表示成 M 檔來計算：

```
function [J,f]=jfreact(x,varargin)
del=0.000001;
df1dx1=(u(x(1)+del*x(1),x(2))-u(x(1),x(2)))/(del*x(1));
df1dx2=(u(x(1),x(2)+del*x(2))-u(x(1),x(2)))/(del*x(2));
df2dx1=(v(x(1)+del*x(1),x(2))-v(x(1),x(2)))/(del*x(1));
df2dx2=(v(x(1),x(2)+del*x(2))-v(x(1),x(2)))/(del*x(2));
J=[df1dx1 df1dx2;df2dx1 df2dx2];
f1=u(x(1),x(2));
f2=v(x(1),x(2));
f=[f1;f2];

function f=u(x,y)
f = (5 + x + y) / (50 - 2 * x - y) ^ 2 / (20 - x) - 0.0004;
function f=v(x,y)
f = (5 + x + y) / (50 - 2 * x - y) / (10 - y) - 0.037;
```

然後，函數 newtmult（圖 12.4）能用於求根，給定初始猜測值 $x_1 = x_2 = 3$：

```
>>> format short e, x0 =[3; 3];
>> [x,f,ea,iter]=newtmult(@jfreact,x0)
x =
  3.3366e+000
  2.6772e+000
```

```
f =
  -7.1286e-017
   8.5973e-014
ea =
   5.2237e-010
iter =
    4
```

在四次迭代後，可獲得 $x_1 = 3.3366$ 以及 $x_2 = 2.6772$ 的解。將這些值代入式 (12.22) 到 (12.25)，計算四個組成元素的平衡濃度：

$$c_a = 50 - 2(3.3366) - 2.6772 = 40.6496$$
$$c_b = 20 - 3.3366 = 16.6634$$
$$c_c = 5 + 3.3366 + 2.6772 = 11.0138$$
$$c_d = 10 - 2.6772 = 7.3228$$

最後，fsolve 函數也能用來得到解，首先寫一個 MATLAB 函數檔來包含非線性方程式系統成一個向量

```
function F = myfun(x)
F = [(5+x(1)+x(2))/(50-2*x(1)-x(2))^2/(20-x(1))-0.0004;...
     (5+x(1)+x(2))/(50-2*x(1)-x(2))/(10-x(2))-0.037];
```

然後可以透過以下得到解

```
[x,fx] = fsolve(@myfun,[3;3])
```

結果為：

```
x =
    3.3372
    2.6834
fx =
   1.0e-04 *
    0.0041
    0.6087
```

習題

習題 12.19 請見隨書光碟

12.1 使用三次迭代的高斯－塞德法求解下列系統，過鬆弛係數為 $\lambda = 1.25$。必要的話，將方程式重新排列，並在解中顯示出你所有的步驟，包含誤差估測。在計算的最後，計算你最後結果的真實誤差。

$$3x_1 + 8x_2 = 11$$
$$7x_1 - x_2 = 5$$

12.2 (a) 使用高斯－塞德法求解下列系統，直到解的相對誤差百分比小於 $\varepsilon_s = 5\%$：

$$\begin{bmatrix} 0.8 & -0.4 & \\ -0.4 & 0.8 & -0.4 \\ & -0.4 & 0.8 \end{bmatrix} \begin{Bmatrix} x_1 \\ x_2 \\ x_3 \end{Bmatrix} = \begin{Bmatrix} 41 \\ 25 \\ 105 \end{Bmatrix}$$

(b) 重複 (a)，但使用 $\lambda = 1.2$ 的過鬆弛法。

12.3 使用高斯－塞德法求解下列系統，直到解的相對誤差百分比小於 $\varepsilon_s = 5\%$：

$$10x_1 + 2x_2 - x_3 = 27$$
$$-3x_1 - 6x_2 + 2x_3 = -61.5$$
$$x_1 + x_2 + 5x_3 = -21.5$$

12.4 重複習題 12.3，但是使用亞可比迭代法。

12.5 下列的方程式系統是用來計算一系列耦合反應器的濃度（濃度單位為 g/m³），也就是將反應器的輸入質量寫成函數（等號右邊的單位為 g/day）：

$$15c_1 - 3c_2 - c_3 = 3800$$
$$-3c_1 + 18c_2 - 6c_3 = 1200$$
$$-4c_1 - c_2 + 12c_3 = 2350$$

使用高斯－塞德法求解上述系統，直到解的相對誤差百分比小於 $\varepsilon_s = 5\%$。

12.6 使用高斯－塞德法求解以下系統：**(a)** 不使用鬆弛法。**(b)** 使用鬆弛法（$\lambda = 1.2$），直到解的相對誤差百分比小於 $\varepsilon_s = 5\%$。必要的話，重新改寫方程式使其達成收斂：

$$2x_1 - 6x_2 - x_3 = -38$$
$$-3x_1 - x_2 + 7x_3 = -34$$
$$-8x_1 + x_2 - 2x_3 = -20$$

12.7 下列三組線性方程式中，找出哪一組無法使用如高斯－塞德法的迭代法求解。證實無論使用任何迭代次數，你的解皆無法收斂，明確說明你的收斂準則（你如何知道它並不收斂）：

第一組	第二組	第三組
$8x + 3y + z = 13$	$x + y + 6z = 8$	$-3x + 4y + 5z = 6$
$-6x + 8z = 2$	$x + 5y - z = 5$	$-2x + 2y - 3z = -3$
$2x + 5y - z = 6$	$4x + 2y - 2z = 4$	$2y - z = 1$

12.8 求解下列聯立非線性方程式：

$$y = -x^2 + x + 0.75$$
$$y + 5xy = x^2$$

使用牛頓－拉夫生法，並且初始猜測值採用 $x = y = 1.2$。

12.9 求解下列聯立非線性方程式：

$$x^2 = 5 - y^2$$
$$y + 1 = x^2$$

(a) 使用圖形法。
(b) 使用逐次代換法，並且初始猜測值採用 $x = y = 1.5$。
(c) 使用牛頓－拉夫生法，並且初始猜測值採用 $x = y = 1.5$。

12.10 圖 P12.10 描繪一系列反應器的化學交換過程，從左到右流出的氣體流經一種從右到左流出的液體上方。從氣體轉變成液體的化學傳遞率與每個反應器中氣液體的濃度差成正比。穩態時，氣體第一個反應器的質量平衡式可寫為：

$$Q_G c_{G0} - Q_G c_{G1} + D(c_{L1} - c_{G1}) = 0$$

液體的質量平衡式為：

$$Q_L c_{L2} - Q_L c_{L1} + D(c_{G1} - c_{L1}) = 0$$

其中 Q_G 和 Q_L 分別是氣體和液體的流速，D 是氣體和液體的交換率。其他反應器的平衡式也同樣可寫出。給定下列值，使用高斯－塞德法求出反應器濃度，但不使用鬆弛法：$Q_G = 2$，$Q_L = 1$，$D = 0.8$，$c_{G0} = 100$，$c_{L6} = 10$。

12.11 在一塊加熱板上，溫度的穩態分布可以**拉普拉斯方程式 (Laplace equation)** 表示：

$$0 = \frac{\partial^2 T}{\partial x^2} + \frac{\partial^2 T}{\partial y^2}$$

假使我們以圖 P12.11 描述這塊板子一系列的節點，中央有限差分可以代替二階導數，這產生一個線性代數方程式系統。使用高斯－塞德法求出在圖 P12.11 中的節點溫度。

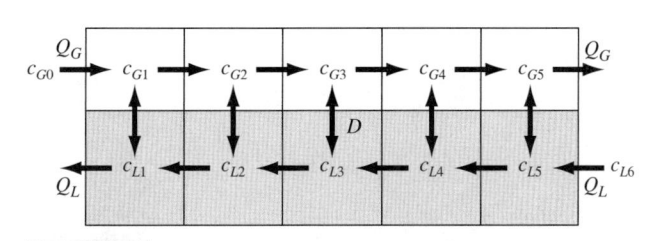

圖 P12.10

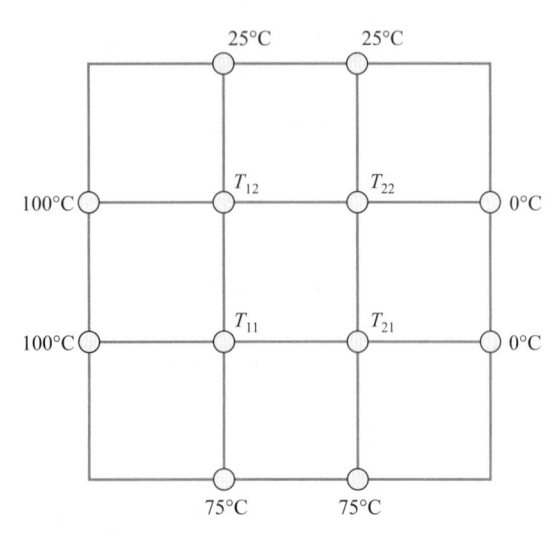

圖 P12.11

12.12 根據圖 12.2，開發你自己的高斯－塞德法之 M 檔函數，不用鬆弛法，但是改變第一行，使其可以回傳近似誤差與迭代次數：

```
function [x,ea,iter] = …
    GaussSeidel(A,b,es,maxit)
```

藉由重複範例 12.1 測試它，並用它求解習題 12.2a。

12.13 開發你自己的高斯－塞德法之 M 檔函數，採用鬆弛法，下面是函數的第一行：

```
function [x,ea,iter] = …
    GaussSeidelR(A,b,lambda,es,maxit)
```

萬一使用者沒有輸入 λ 的值，將 λ 設為預設值 1。藉由重複範例 12.2 測試它，並且用它來求解習題 12.2b。

12.14 根據圖 12.4，開發你自己的 M 檔函數，使用牛頓－拉夫生法求解非線性方程式系統。透過求解範例 12.4 測試你的 M 檔函數，並用它來求解習題 12.8。

12.15 求解下列聯立非線性方程組的根，使用 (a) 固定點迭代法，(b) 牛頓－拉夫生法，(c) fsolve 函數：

$$y = -x^2 + x + 0.75 \qquad y + 5xy = x^2$$

使用初始猜測值 $x = y = 1.2$ 並討論結果。

12.16 求解下列聯立非線性方程組的根

$$(x-4)^2 + (y-4)^2 = 5 \qquad x^2 + y^2 = 16$$

使用圖形法得到你的初始猜測值。用以下方法求修正的估計值：**(a)** 雙方程式牛頓－拉夫生法，**(b)** fsolve 函數。

12.17 重複習題 12.16，除了改成求解下式的正根以外

$$y = x^2 + 1 \qquad y = 2\cos x$$

12.18 以下的化學反應式發生在一個封閉系統

$$2A + B \rightleftharpoons C$$
$$A + D \rightleftharpoons C$$

在平衡時，它們可以表徵為

$$K_1 = \frac{c_c}{c_a^2 c_b} \qquad K_2 = \frac{c_c}{c_a c_d}$$

其中符號 c_i 代表組成元素 i 的濃度。如果 x_1 和 x_2 分別是第一個和第二個反應產生的 C 的莫耳數，使用一方法，以組成元素的初始濃度來重新整理平衡關係式。然後求解這對聯立非線性方程式以得到 x_1 和 x_2，如果 $K_1 = 4 \times 10^{-4}$, $K_2 = 3.7 \times 10^{-2}$, $c_{a,0} = 50$, $c_{b,0} = 20$, $c_{c,0} = 5$, $c_{d,0} = 10$。

(a) 使用圖形法來發展你的初始猜測值。然後用這些猜測值作為起點，並用以下方法來求修正的估計值
(b) 牛頓－拉夫生法，
(c) fsolve 函數。

第四篇

曲線配適

4.1 概述

什麼是曲線配適？

對於沿著連續帶的離散值通常會給定數據。不過，你可能需要估計離散值之間的點。第 14 章至第 18 章描述曲線配適的技術，以這些數據來獲得中間估計值。此外，你可能需要一個複雜函數的簡化版本。要這麼做的其中一個方法就是去計算出沿線的一些離散值的函數值，然後就能得到一個簡單的函數配適這些值。這兩個應用程序稱為**曲線配適 (curve fitting)**。

有兩個曲線配適的方法，兩者的差別在於數據的誤差量。第一個方法，當數據表現出相當程度的誤差或「發散」，此時的策略是導出一條表示出數據一般趨勢的單一曲線。因為任何個別資料點都有可能是不正確的，我們不會對每一個交會點感興趣。相反地，曲線的目的是遵循那些群聚成群組的點的模式，其中一個方法稱為**最小平方迴歸 (least-squares regression)**（圖 PT4.1a）。

第二，如果已知的數據非常準確，基本的做法是找出直接通過每一個點的配適曲線或一系列的曲線。這些數據通常來自表格。相關的例子有水的密度或隨溫度變化之氣體熱容量。針對已知離散點之間的數值進行估計，稱為**內插 (interpolation)**（圖 PT4.1b 和 c）。

工程與科學的曲線配適 你第一次接觸到曲線配適，可能是從表格化的資料決定中間值，舉例來說，像是工程經濟學的利息表或熱力學的蒸汽表。在你接下來的職業生涯中，將常有機會估計此類表格裡的中間值。

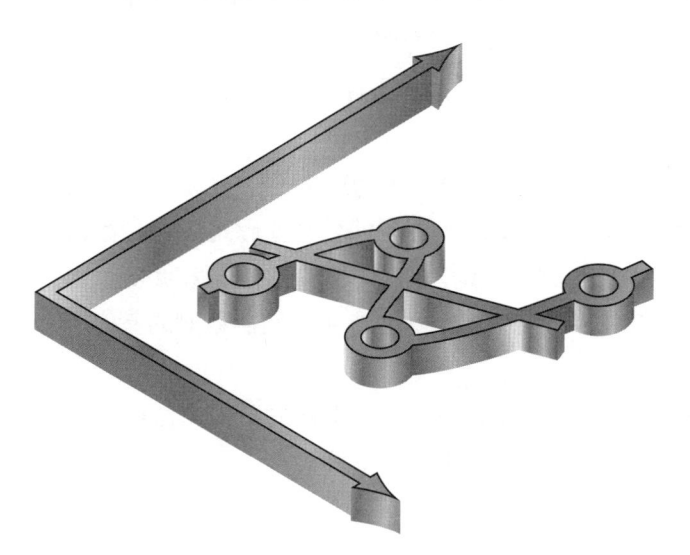

儘管許多廣泛使用的工程和科學特性已經表格化，仍有許多資料無法以這種方便的形式提供。特殊情況和新問題的情況，往往需要你自行衡量數據並發展預測關係。當配適實驗數據時，有兩種應用程序類型會是需要的：趨勢分析和假設檢驗。

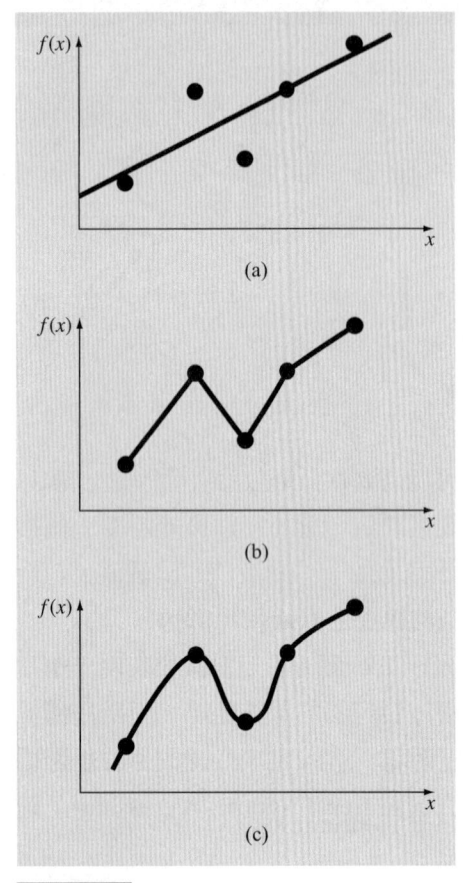

圖 PT4.1 透過 5 個資料點嘗試找出「最佳」曲線配適的三種方法：(a) 最小平方迴歸；(b) 線性內插；(c) 曲線內插。

趨勢分析 (trend analysis) 代表使用數據的模式來作預測的過程。當所測量的數據精密度高時，可能會使用到內插多項式，不精密的資料則常利用最小平方迴歸來分析。

趨勢分析可用於預測應變數的值，包含外插範圍以外的觀測數據或是內插範圍內的數據。各個工程和科學的領域均涉及這類問題。

第二個應用實驗曲線配適的方法是**假設檢驗 (hypothesis testing)**。此種方法是一個現有的數學模型和衡量的數據作比較。如果該模型係數是未知的，可能就有必要確定最適合觀測數據的數值。另一方面，如果模型係數的估計值已經存在，則只需將模型的預測值和觀測值作比較，以測試模型是否合適。在一般情況下，會比較不同的替代模型，並在實證觀測的基礎上選出「最佳」的模型。

除了上述工程和科學應用，曲線配適在如積分和微分方程式近似解的數值方法中也很重要。最後，曲線配適技術可用於推導簡單函數來近似複雜函數。

4.2 本篇的架構

經過簡短的統計學回顧後，第 14 章著重於**線性迴歸 (linear regression)**，也就是如何找出通過一組不確定資料點的「最佳」直線。除了討論如何計算此直線的斜率和截距，我們也提出量化和視覺上的方法以評估結果的有效性。此外，我們將描述**隨機數產生 (random number generation)** 以及一些方法，去解決非線性方程式的線性化問題。

第 15 章先簡短地討論多項式和多元線性迴歸。**多項式迴歸 (polynomial regression)** 討論發展一個拋物線、立方或高階多項式的最佳配適。隨後介紹**多元線性迴歸 (multiple linear regression)**，為處理兩個或兩個以上的自變數 $x_1, x_2, ..., x_m$ 所產生應變數 y 的線性函數情況。這種方法具有特殊的效用，用來評估所求變數會受許多不同因素影響的實驗數據。

在介紹多元迴歸後，我們將展示如何使用多項式和多元迴歸的**一般線性最小平方模型 (general linear least-squares model)**。在其他眾多方法中，這將使我們能夠採用簡明矩陣代表迴歸和討論其一般統計特性。最後，第 15 章章末將討論**非線性迴歸 (nonlinear regression)**，這種方法的目的是計算非線性方程式的最小平方值，以配適數據。

第 16 章（請見隨書光碟）處理**傅立葉分析 (Fourier analysis)**，包含用週期函數配適資料。我們的重點會放在**快速傅立葉轉換 (fast Fourier transform, FFT)**，這個方法已經在 MATLAB 中被實現，並且有許多工程上的應用，範圍從結構的振動分析到信號處理。

第 17 章描述一個替代曲線配適的技術，稱為**內插 (interpolation)**。正如之前所討論，內插用於估計精確資料點之間的中間值。第 17 章將推導多項式以符合此一目的。我們介紹利用直線和拋物線來連接點的多項式內插基本概念。然後，我們會建立一個一般程序以配適一個 n 階多項式。有兩種方法可用方程式形式來表達這些多項式。**牛頓內插多項式 (Newton's interpolating polynomial)** 適用於多項式階次未知的情況。對於已知多項式階次的情況，**拉格朗日內插多項式 (Lagrange interpolating polynomial)** 具有優勢。

最後，第 18 章將會提出一種配適精確資料點的替代技術，稱為**樣條內插 (spline interpolation)**，以分段方式將多項式配適到數據中，因此特別適合配適大致平順但在某部分突然改變的數據。本章最後將概述在 MATLAB 中如何實現分段內插。

第 14 章

線性迴歸

章節目標

本章的主要目標是介紹如何使用最小平方迴歸求出量測資料的直線。個別的目標和主題包括：

- 熟悉基本的敘述統計與常態分布。
- 了解如何以線性迴歸求出最佳配適直線的斜率與截距。
- 了解如何使用 MATLAB 產生隨機數，以及如何將其用於蒙地卡羅模擬。
- 了解如何計算決定係數與估計的標準誤差，以及兩者的意義。
- 了解如何使用轉換來線性化非線性方程式，使其可配適線性迴歸。
- 學習如何使用 MATLAB 執行線性迴歸。

有個問題考考你

在第 1 章中，我們提到一個如高空彈跳者的自由落體會受到向上的空氣阻力。在做第一次近似時，我們假設此力和速度的平方成正比：

$$F_U = c_d v^2 \tag{14.1}$$

其中 F_U = 向上的空氣阻力 [N = kg m/s^2]，c_d = 阻力係數 [kg/m]，v = 速度 [m/s]。

類似式 (14.1) 的表示式來自流體力學。雖然這樣的關係有部分是根據理論，但是在推導公式的過程中，實驗也扮演了重要的角色，如圖 14.1 所示的實驗。一個人被懸吊在風洞中（有自願者嗎？），依不同大小等級的風速測量對應的力，結果可能如表 14.1 所列。

力與速度的關係可以圖形化。圖 14.2 凸顯了此關係的許多特點。首先，圖中顯示力會隨著速度增加而提升。第二，點的增加並不平滑，而是有顯著的散布性，尤其是在高速的時候。最後，雖然並不明顯，但力與速度的關係似乎為非線性。若我們假設零速度時的力也應等於零，此非線性的結論更加明顯。

第 14 章及第 15 章會探討如何找出能配適資料的「最佳」直線或曲線。因此，我們會說明如何從實驗量測的資料中找出如式 (14.1) 的關係式。

313

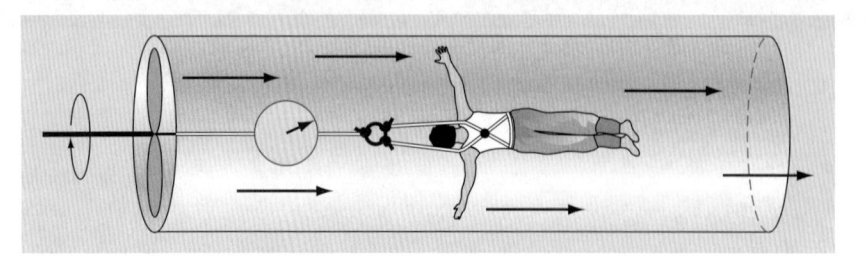

圖 14.1 用以測量速度如何影響空氣阻力的風洞實驗。

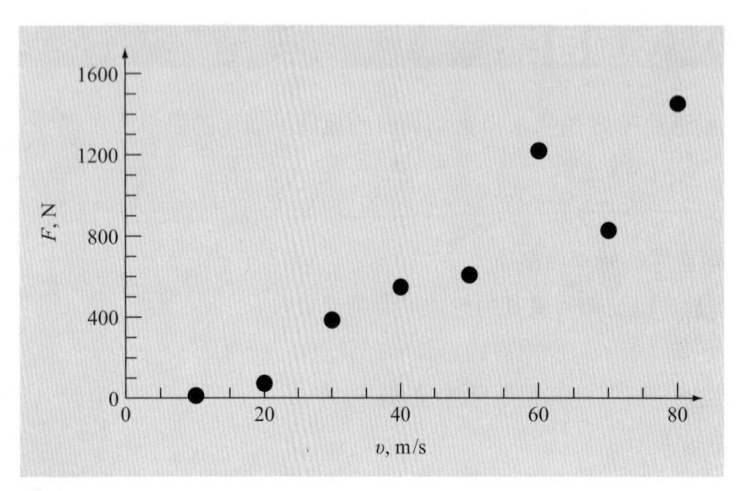

圖 14.2 懸吊在風洞中的物體所受的力與風速圖。

表 14.1 風洞實驗中，力 (N) 與速度 (m/s) 的實驗數據。

v, m/s	10	20	30	40	50	60	70	80
F, N	25	70	380	550	610	1220	830	1450

14.1 統計學複習

在描述最小平方迴歸之前，讓我們先簡單複習統計學領域的基本概念，包括平均值、標準差、剩餘值平方和 (residual sum of squares) 以及常態分布。此外，我們會說明簡單的敘述統計與分布可以如何在 MATLAB 中產生。若你非常熟悉這些主題，可以略過本節直接跳到 14.2 節。若你對這些觀念並不熟悉或需要複習，以下內容是相關的簡短介紹。

14.1.1 敘述統計

假設在一個工程研究中，我們對於某一個量進行好幾次量測。例如，表 14.2 列出了 24 個

結構鋼的熱脹冷縮係數量測值。從表面看來，這些資料提供的資訊有限，也就是這些值都落在最小值 6.395 與最大值 6.775 之間。但藉由總結這些資料至一個或多個能盡量顯示整組資料中某種特定性質的統計中，我們可以有更深入的了解。這些敘述統計常用來表示：(1) 整個資料分布的中心位置，以及 (2) 整組資料的散布程度。

位置量測　最常用來表示中心傾向的指標是算術平均值。**算術平均值 (arithmetic mean)** $\bar{y}$ 的定義是個別資料點 (y_i) 的總和除以點數 (n)，或

$$\bar{y} = \frac{\sum y_i}{n} \tag{14.2}$$

其中加總記號（以及此節中所有的逐次加總記號）是從 $i = 1$ 到 n。

算術平均值有幾種替代方法。**中位數 (median)** 是一組數據的中點，要先將資料依遞增順序排列。如果測量數據的數量為奇數，則中位數即為中間值；如果數量是偶數，則中位數為兩中間值的算術平均值。中位數有時稱為**第 50 百分位數 (50th percentile)**。

眾數 (mode) 是指最常出現的值。通常只有在處理離散值與粗估值時，才可直接應用此概念。對如表 14.2 的連續變數來說，此概念並不實際。例如，這些數據中其實有四個眾數：6.555、6.625、6.655 及 6.715，各出現兩次。如果數據不是取到小數點後三位的話，這些值甚至不太可能重複兩次。不過，如果連續數據是等距分布，則可能是有用的統計。我們在本節稍後描述直方圖時，會再回來探討眾數。

散布量測　**間距 (range)** 是最簡單的散布量測，也就是指最大值和最小值之間的差。雖然它很容易計算，但卻是不可靠的量測方式，因為它對樣本大小與極值都相當敏感。

最常用來作為樣本散布量測的方式是平均值的**標準差 (standard deviation)** s_y：

$$s_y = \sqrt{\frac{S_t}{n-1}} \tag{14.3}$$

其中 S_t 是所有資料點與平均值相減剩餘值平方的總和，或：

$$S_t = \sum (y_i - \bar{y})^2 \tag{14.4}$$

因此，如果個別量測值的散布離平均值很遠，S_t（也包括 s_y）會很大。如果每個值都非常靠近，則標準差會很小。散布程度也可以標準差的平方來表示，稱為**變異數 (variance)**：

表 14.2　結構鋼的熱脹冷縮係數量測值。

6.495	6.595	6.615	6.635	6.485	6.555
6.665	6.505	6.435	6.625	6.715	6.655
6.755	6.625	6.715	6.575	6.655	6.605
6.565	6.515	6.555	6.395	6.775	6.685

$$s_y^2 = \frac{\sum(y_i - \bar{y})^2}{n - 1} \tag{14.5}$$

請注意，式 (14.3) 及式 (14.5) 的分母為 $n-1$，這個量稱為**自由度 (degrees of freedom)**。因此 S_t 與 s_y 的自由度可以說是 $n-1$。這個名稱的由來，是因為 S_t 所根據的量（也就是 $\bar{y} - y_1, \bar{y} - y_2, ..., \bar{y} - y_n$）的總和為零。因此，如果 $\bar{y}$ 為已知，且給定 $n-1$ 個值，則剩下的那一個值亦已決定。因此，只有 $n-1$ 個值被稱為是自由決定的。另一個除以 $n-1$ 的理由是，所謂單一筆資料分布並不存在。在 $n=1$ 的情況下，式 (14.3) 及式 (14.5) 所表現的是沒有意義的無窮大。

我們要提到，還有另一個更方便的替代公式可以用來計算變異數：

$$s_y^2 = \frac{\sum y_i^2 - (\sum y_i)^2/n}{n - 1} \tag{14.6}$$

這個版本並不需要預先算出 $\bar{y}$，但可以得到與式 (14.5) 相同的結果。

最後一個能用來量化數據散布情形的統計量，稱為變異係數 (coefficient of variation, c.v.)，是標準差和平均值的比值。如此一來，它也提供了一個散布情形的正規化指標。它通常會被乘以 100，以百分比的形式表示：

$$\text{c.v.} = \frac{s_y}{\bar{y}} \times 100\% \tag{14.7}$$

範例 14.1　樣本的簡單統計

問題敘述　計算表 14.2 中數據的平均值、中位數、變異數、標準差以及變異係數。

解法　這些資料可以整理成列表形式，並計算出所需要的總和，如表 14.3 所示。

平均值可以由式 (14.2) 算出：

$$\bar{y} = \frac{158.4}{24} = 6.6$$

因為數據數量為偶數，兩中間值的算術平均值為中位數，可計算為 $(6.605 + 6.615)/2 = 6.61$。

如表 14.3 所列，剩餘值的平方總和為 0.217000，可以用來計算標準差（式 (14.3)）：

$$s_y = \sqrt{\frac{0.217000}{24 - 1}} = 0.097133$$

變異數（式 (14.5)）：

$$s_y^2 = (0.097133)^2 = 0.009435$$

以及變異係數（式 (14.7)）：

表 14.3 為表 14.2 的熱脹冷縮係數計算簡單敘述統計所需的資料與加總。

i	y_i	$(y_i - \bar{y})^2$	y_i^2
1	6.395	0.04203	40.896
2	6.435	0.02723	41.409
3	6.485	0.01323	42.055
4	6.495	0.01103	42.185
5	6.505	0.00903	42.315
6	6.515	0.00723	42.445
7	6.555	0.00203	42.968
8	6.555	0.00203	42.968
9	6.565	0.00123	43.099
10	6.575	0.00063	43.231
11	6.595	0.00003	43.494
12	6.605	0.00002	43.626
13	6.615	0.00022	43.758
14	6.625	0.00062	43.891
15	6.625	0.00062	43.891
16	6.635	0.00122	44.023
17	6.655	0.00302	44.289
18	6.655	0.00302	44.289
19	6.665	0.00422	44.422
20	6.685	0.00722	44.689
21	6.715	0.01322	45.091
22	6.715	0.01322	45.091
23	6.755	0.02402	45.630
24	6.775	0.03062	45.901
Σ	158.400	0.21700	1045.657

$$\text{c.v.} = \frac{0.097133}{6.6} \times 100\% = 1.47\%$$

而式 (14.6) 的有效性可以用下列計算來驗證：

$$s_y^2 = \frac{1045.657 - (158.400)^2/24}{24 - 1} = 0.009435$$

14.1.2　常態分布

我們要探討的另一個特性是數據的分布，也就是資料以何種形狀繞著平均值分布。**直方圖 (histogram)** 提供一個表示分布情形的簡單方法。要建立直方圖，需要先將數據按區間 (bin) 統整，再將測量的單位繪於橫軸，而將每個區間出現的頻率繪於縱軸，表示於平面座標。

例如，我們可以根據表 14.2 的數據畫直方圖。結果（圖 14.3）顯示，大部分的數據都非常靠近平均值 6.6。還有，數據被分類後，我們可看到大部分的值均分布在 6.6 到 6.64 之間。雖然我們可說眾數是此區間的中間值 6.62，但通常我們會將最常出現的次數範圍視為**眾數組區間 (modal class interval)**。

如果我們的數據很多，則直方圖往往可以用平滑曲線近似。重疊在圖 14.3 上的鐘形對稱曲線就是一個有此形狀特性的分布，稱為**常態分布 (normal distribution)**。當測量資料夠多時，直方圖最後會接近常態分布。

這些平均值、標準差、剩餘值的平方和與常態分布等觀念，對工程或科學領域來說都息息相關。利用這些統計量來量化對於支持某一個特定量測的可信度，即是一個非常簡單的例子。如果某一個量是常態分布，範圍從 $\bar{y} - s_y$ 到 $\bar{y} + s_y$ 的量大約會占總量的 68%；而範圍從 $\bar{y} - 2s_y$ 到 $\bar{y} + 2s_y$ 的量則大約會占總量的 95%。

例如，對於表 14.2 的數據，我們在範例 14.1 中計算出 $\bar{y} = 6.6$，$s_y = 0.097133$。根據分析，我們可以暫且說：大約 95% 的讀數會落在 6.405734 與 6.794266 之間。如果某人表示其量測值為 7.35，我們可以合理懷疑此量測是錯誤的，因為這個值落在範圍之外很遠的地方。

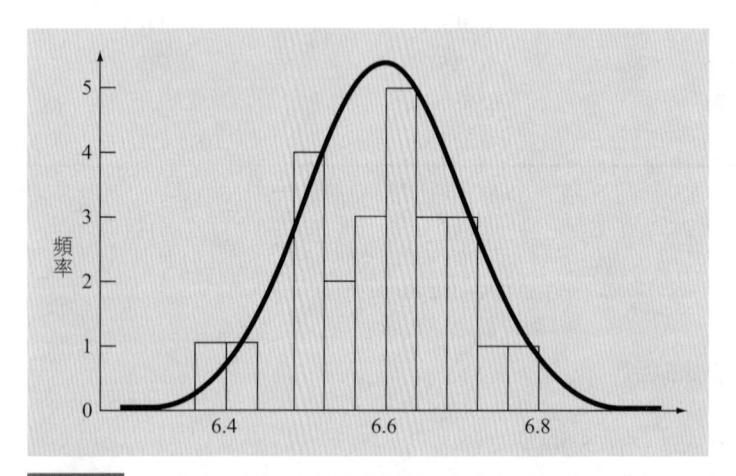

圖 14.3　用來表示數據分布的直方圖。當數據點的數量增加，直方圖通常會近似平滑的鐘形曲線，我們稱其為常態分布。

14.1.3　MATLAB 中的敘述統計

標準版的 MATLAB 有數個可計算敘述統計數的函數[1]。例如，算術平均值為 mean(x)。如果 x 為向量，函數將傳回向量數值的平均值。如果它是矩陣，它會傳回一個列向量，其中包含每行 x 的算術平均值。以下是使用平均值和其他統計函數，分析含有表 14.2 數據的行向量 s：

```
>> format short g
>> mean(s),median(s),mode(s)
ans =
          6.6
ans =
          6.61
ans =
          6.555
>> min(s),max(s)
ans =
          6.395
ans =
          6.775
>> range=max(s)-min(s)
range =
          0.38
>> var(s),std(s)
ans =
       0.0094348
ans =
       0.097133
```

這些結果與之前範例 14.1 所得的結果一致。注意，雖然有四個值出現兩次，但是 mode 函數只有傳回第一個值：6.555。

MATLAB 也能用來產生基於 hist 函數的直方圖。hist 函數的語法如下：

```
[n, x] = hist(y, x)
```

其中 n = 每個直方圖區間的元素數量，x = 指定每個區間中點的向量，而 y 則是被分析的向量。對於表 14.2 的數據而言，結果如下：

```
>> [n,x] =hist(s)
n =
       1    1    3    1    4    3    5    2    2    2
```

---

[1] MATLAB 也有統計工具箱，提供各種一般的統計需求，從隨機數產生到配適曲線，到實驗和統計過程控制的設計都有。

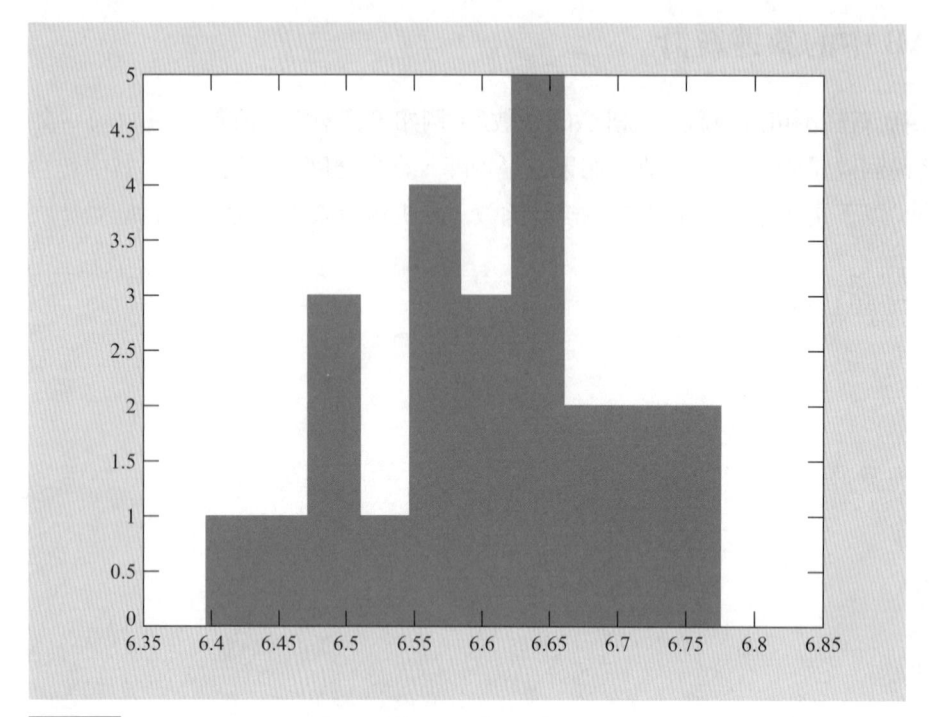

圖 14.4　使用 MATLAB 的 `hist` 函數產生的直方圖。

```
x =
      6.414 6.452 6.49 6.528 6.566 6.604 6.642 6.68 6.718 6.756
```

圖 14.4 為產生的直方圖，類似於我們以手繪產生的圖 14.3。注意，除了 y 之外，全部的引數和輸出都是可選擇的。例如，hist(y) 如果沒有輸出引數，所產生的直方圖會有 10 個區間是基於 y 的範圍自動產生的。

14.2 隨機數字與模擬

在此節，我們會敘述兩個可以用來產生一串隨機數字的 MATLAB 函數。第一個是 rand，會產生均勻分布的數字，第二個是 randn，會產生常態分布的數字。

14.2.1　MATLAB 函數：rand

這個函數可以產生在 0 和 1 之間均勻分布的數字序列。它的語法可簡單表示為

r = rand(m, n)

其中 r = 一個 m × n 的隨機數矩陣。然後下列公式可以用在另一個區間，產生一均勻的分布：

```
runiform = low + (up - low)*rand(m, n)
```

其中 low = 下界,up = 上界。

範例 14.2 產生均勻分布的阻力隨機值

問題敘述 如果初始速度是零,自由落下的高空彈跳者的向下速度可用下列的解析解式 (1.9) 來預測:

$$v = \sqrt{\frac{gm}{c_d}} \tanh\left(\sqrt{\frac{gc_d}{m}}\, t\right)$$

假設 $g = 9.81$ m/s^2,而 $m = 68.1$ kg,但是無法確定 c_d。舉例來說,c_d 可能在 0.225 到 0.275 之間均勻變動(亦即在平均值 0.25 kg/m 上下 10% 變動)。利用 rand 函數產生 1000 個隨機均勻分布的 c_d 值,然後用這些值,搭配解析解去計算在 $t = 4$ s 時的速度分布。

解法 在產生隨機數之前,我們可以先計算平均速度:

$$v_{\text{mean}} = \sqrt{\frac{9.81(68.1)}{0.25}} \tanh\left(\sqrt{\frac{9.81(0.25)}{68.1}}\, 4\right) = 33.1118 \frac{\text{m}}{\text{s}}$$

我們也可產生間距:

$$v_{\text{low}} = \sqrt{\frac{9.81(68.1)}{0.275}} \tanh\left(\sqrt{\frac{9.81(0.275)}{68.1}}\, 4\right) = 32.6223 \frac{\text{m}}{\text{s}}$$

$$v_{\text{high}} = \sqrt{\frac{9.81(68.1)}{0.225}} \tanh\left(\sqrt{\frac{9.81(0.225)}{68.1}}\, 4\right) = 33.6198 \frac{\text{m}}{\text{s}}$$

因此,我們得知速度變動的程度是:

$$\Delta v = \frac{33.6198 - 32.6223}{2(33.1118)} \times 100\% = 1.5063\%$$

下列程式可以產生 c_d 的隨機值,還有其平均值、標準差、百分比變動以及直方圖:

```
clc,format short g
n=1000;t=4;m=68.1;g=9.81;
cd=0.25;cdmin=cd-0.025,cdmax=cd+0.025
r=rand(n,1)
cdrand=cdmin+(cdmax-cdmin)*r;
meancd=mean(cdrand),stdcd=std(cdrand)
Deltacd=(max(cdrand)-min(cdrand))/meancd/2*100.
subplot(2,1,1)
hist(cdrand),title('(a) Distribution of drag')
xlabel('cd (kg/m)')
```

結果是

```
meancd =
      0.25018
stdcd =
     0.014528
Deltacd =
       9.9762
```

這些結果及直方圖（圖 14.5a）顯示，rand 產生 1000 筆均勻分布的值，且有理想的平均值及間距。將值代入解析解，可以計算在 t = 4 秒時的速度分布。

```
vrand =sqrt(g*m./cdrand).*tanh(sqrt(g*cdrand/m)*t);
meanv=mean(vrand)
Deltav=(max(vrand)-min(vrand))/meanv/2*100.
subplot(2,1,2)
hist(vrand),title('(b) Distribution of velocity')
xlabel('v (m/s)')
```

結果如下：

```
meanv =
    33.1151
Deltav =
     1.5048
```

這些結果及直方圖（圖 14.5b）很接近我們手算的結果。

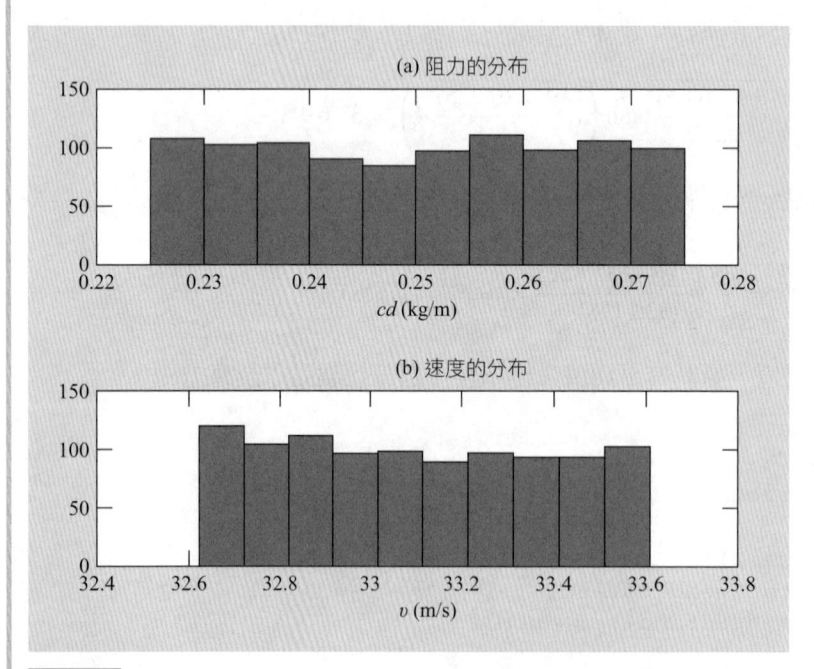

圖 14.5 以下兩者的直方圖：(a) 均勻分布的阻力係數；(b) 計算出來的速度分布。

前面範例的正式名稱是**蒙地卡羅模擬 (Monte Carlo simulation)**。這個名稱來自摩納哥的蒙地卡羅賭場，最早是在 1940 年代被研究核武的物理學家所用。雖然在這個簡單的例子中，它所得出的結果很直觀，但有時電腦會計算出令人意外的結果，讓我們能對無法確定的狀況作更深入的觀察。這個方法之所以能夠實現，是因為電腦可以有效率地處理繁瑣、重複的計算。

14.2.2　MATLAB 函數：`randn`

這個函數可以產生一個均勻分布的數字序列，平均值為 0，標準差為 1。它的語法可以簡單表示為

```
r=randn(m, n)
```

其中 r = 一個 m×n 的隨機數矩陣。下列公式可以用來產生一個不同平均值 (mn) 及標準差 (s) 的常態分布：

```
rnormal = mn + s*randn(m, n)
```

範例 14.3　產生常態分布的阻力隨機值

問題敘述　分析和範例 14.2 相同的問題，但不是使用均勻分布，而是產生一個常態分布的阻力係數，其中平均值是 0.25，標準差為 0.01443。

解法　下列程式可以產生 c_d 的隨機數，還有其平均值、標準差、變異係數（以 % 表示）以及直方圖：

```
clc,format short g
n=1000;t=4;m=68.1;g=9.81;
cd=0.25;
stdev = 0.01443;
r=randn(n,1)
cdrand=cd+stdev*r;
meancd=mean(cdrand),stdevcd=std(cdrand)
cvcd=stdevcd/meancd*100.
subplot(2,1,1)
hist(cdrand),title('(a) Distribution of drag')
xlabel('cd (kg/m)')
```

結果是

```
meancd =
     0.24988
stdevcd =
     0.014465
cvcd =
     5.7887
```

這些結果及直方圖（圖 14.6a）顯示，`randn` 產生了所需要的平均值、標準差以及變異係數的 1000 筆均勻分布值。可以將這些值代入解析解，計算在時間 $t = 4$ 秒時的速度。

```
vrand =sqrt(g*m./cdrand).*tanh(sqrt(g*cdrand/m)*t);
meanv=mean(vrand),stdevv = std(vrand)
cvv=stdevv/meanv*100.
subplot(2,1,2)
hist(vrand),title('(b) Distribution of velocity')
xlabel('v (m/s)')
```

結果如下：

```
meanv =
        33.117
stdevv =
      0.28839
cvv =
       0.8708
```

這些結果及直方圖（圖 14.6a）顯示，速度也是常態分布，而且其平均值也很接近用平均值與解析解計算所得到的值。此外，我們計算相關的標準差，其對應的變異係數是 ±0.8708%。

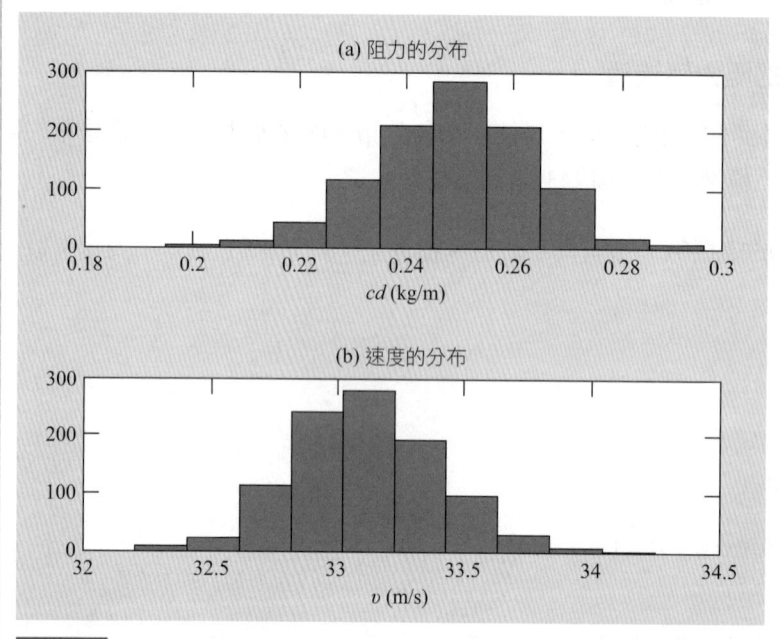

圖 14.6 以下兩者的直方圖：(a) 常態分布的阻力係數；(b) 計算出來的速度分布。

雖然很簡單，但是前述範例說明了如何用 MATLAB 簡單地產生隨機數。我們會在章末習題探討更進一步的應用。

14.3 線性最小平方迴歸

當數據含有許多誤差時,最佳的曲線配適策略就是導出一個可以配適數據形狀或趨勢的近似函數,而不需要真正對應到個別的資料點。要達到此目的,有一種方法是目測圖示數據,然後簡單估出通過這些點的「最佳」線條。雖然這種「眼球式」的作法在常識上合理,而且對「返回包絡式」(back-of-the-envelope) 的計算有效,但它的缺點是太武斷。除非這些點可以定義出一條完美的直線(這種情況適用內插法),否則不同的分析者將繪出不同的直線。

為消除此主觀性,必須制定一些配適標準。其中一種方法是推導出一條曲線,以最小化數據點和曲線之間的差異。首先,我們需要量化差距,最簡單的例子就是以一條直線配適一組成對的觀察點:$(x_1, y_1), (x_2, y_2), ..., (x_n, y_n)$。此直線的數學表示式為:

$$y = a_0 + a_1 x + e \tag{14.8}$$

其中 a_0 與 a_1 分別表示截距與斜率的係數,而 e 表示模型與觀察點之間的誤差或**剩餘值 (residual)**,可以用重新整理過的式 (14.8) 表示:

$$e = y - a_0 - a_1 x \tag{14.9}$$

因此,剩餘值就是真實值 y 與近似值 $a_0 + a_1 x$ 兩者間用線性方程式預測的差。

14.3.1 「最佳」配適準則

找出配適數據「最佳」直線的策略,就是最小化所有可用資料之剩餘值誤差的總和,如下所示:

$$\sum_{i=1}^{n} e_i = \sum_{i=1}^{n} (y_i - a_0 - a_1 x_i) \tag{14.10}$$

其中 n = 總點數。然而,此準則並不恰當,原因如圖 14.7a 所示,圖中顯示兩點之間的配適直線。很明顯地,最佳配適就是連接兩點的直線。然而,任何直線若通過連接這兩點的直線之中點時(除了完美的垂直線),都會使式 (14.10) 的最小值等於零,因為正與負的誤差會相互抵銷。

要消除正負號的影響,有一個方法是將差異的絕對值總和最小化,如下所示:

$$\sum_{i=1}^{n} |e_i| = \sum_{i=1}^{n} |y_i - a_0 - a_1 x_i| \tag{14.11}$$

圖 14.7b 說明了為什麼這個準則也不恰當。對於圖示的四個點,任何落於虛線中間的直線都可以將剩餘值的絕對值總和最小化。因此,這個準則也無法得到唯一的最佳配適。

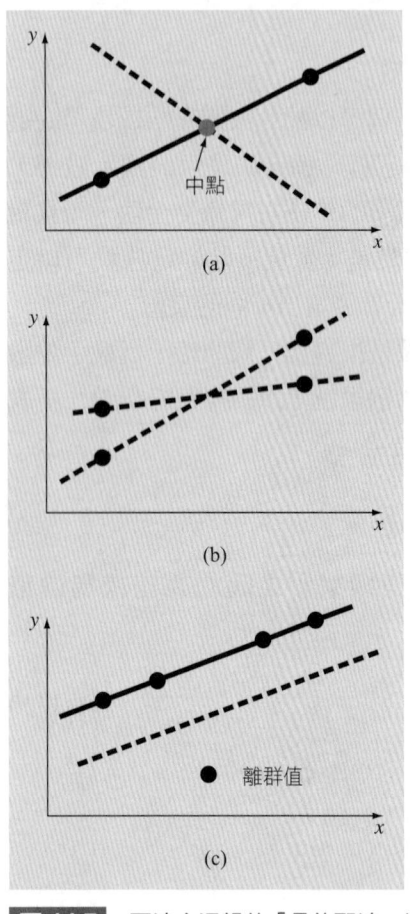

圖 14.7 不適合迴歸的「最佳配適」準則範例：(a) 最小化剩餘值總和；(b) 最小化剩餘值的絕對值總和；(c) 最小化任何個別點的最大誤差。

　　第三個策略是以**最小極大準則 (minimax criterion)** 來求得最佳配適直線。在這個技巧中，選取一條直線，可以最小化每個落於線外的點的最大距離。如圖 14.7c 所示，這個策略並不適合用於迴歸，因為會受到離群值的過度影響；離群值為一個具有很大誤差的單點。要注意的是，最小極大準則有時很適合用來將複雜的函數配適成簡單的函數（參考 Carnahan、Luther 以及 Wilkes, 1969）。

　　一個可以避免以上所有缺點的方法就是最小化剩餘值的平方總和：

$$S_r = \sum_{i=1}^{n} e_i^2 = \sum_{i=1}^{n} (y_i - a_0 - a_1 x_i)^2 \tag{14.12}$$

這個準則也稱為**最小平方準則 (least squares criterion)**，具有很多優點，包括可以對於給定的一組數據找出唯一的直線。在開始討論這些性質前，我們先介紹如何求得可以最小化式 (14.12) 的 a_0 與 a_1 值的技巧。

14.3.2 直線的最小平方配適

要求 a_0 與 a_1 的值,先將式 (14.12) 對每一個未知的係數作微分:

$$\frac{\partial S_r}{\partial a_0} = -2 \sum (y_i - a_0 - a_1 x_i)$$

$$\frac{\partial S_r}{\partial a_1} = -2 \sum [(y_i - a_0 - a_1 x_i) x_i]$$

注意,我們簡化了加總的符號;除非另有標示,否則所有的加總都是從 $i = 1$ 到 n。將兩個導數設為零,可以得到最小值 S_r,然後可以得到以下方程式:

$$0 = \sum y_i - \sum a_0 - \sum a_1 x_i$$

$$0 = \sum x_i y_i - \sum a_0 x_i - \sum a_1 x_i^2$$

現在,由於已知 $\Sigma a_0 = na_0$,我們可以將這些方程式表示成一組具有兩個未知數(a_0 與 a_1)的聯立線性方程式:

$$n \, a_0 + \left(\sum x_i\right) a_1 = \sum y_i \tag{14.13}$$

$$\left(\sum x_i\right) a_0 + \left(\sum x_i^2\right) a_1 = \sum x_i y_i \tag{14.14}$$

它們稱為**正規方程式 (normal equations)**。可以聯立解出:

$$a_1 = \frac{n \sum x_i y_i - \sum x_i \sum y_i}{n \sum x_i^2 - \left(\sum x_i\right)^2} \tag{14.15}$$

所得結果可以與式 (14.13) 一起使用,對以下求解:

$$a_0 = \bar{y} - a_1 \bar{x} \tag{14.16}$$

其中 $\bar{y}$ 與 $\bar{x}$ 分別為 y 與 x 的平均值。

範例 14.4 線性迴歸

問題敘述 為表 14.1 中的值配適一條直線。

解法 在此應用中,力是應變數 (y),速度是自變數 (x)。數據可以列表呈現,並計算所需要的加總,如表 14.4 所示。

平均值可以算出如下:

$$\bar{x} = \frac{360}{8} = 45 \qquad \bar{y} = \frac{5,135}{8} = 641.875$$

表 14.4 計算表 14.1 中數據的最佳配適直線所需要的數據與加總。

i	x_i	y_i	x_i^2	$x_i y_i$
1	10	25	100	250
2	20	70	400	1,400
3	30	380	900	11,400
4	40	550	1,600	22,000
5	50	610	2,500	30,500
6	60	1,220	3,600	73,200
7	70	830	4,900	58,100
8	80	1,450	6,400	116,000
Σ	360	5,135	20,400	312,850

斜率與截距可依式 (14.15) 及式 (14.16) 算出：

$$a_1 = \frac{8(312,850) - 360(5,135)}{8(20,400) - (360)^2} = 19.47024$$

$$a_0 = 641.875 - 19.47024(45) = -234.2857$$

將力與速度代入 y 與 x，則最小平方配適為：

$$F = -234.2857 + 19.47024v$$

圖 14.8 顯示這條直線與數據。

要注意的是，雖然這條直線相當配適數據，然而截距為零顯示，此方程式在低速時會預測出虛假的負力。在 14.4 節，我們會說明如何用轉換法來得到另一個在實質上更為實際的最佳配適直線。

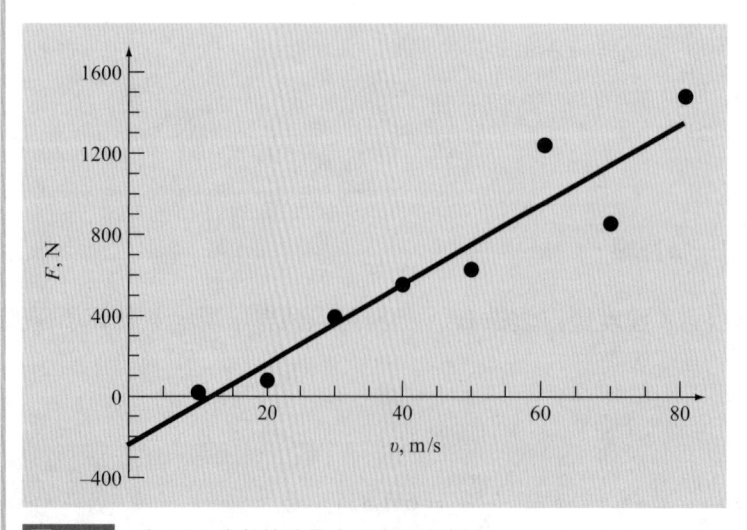

圖 14.8 表 14.1 中數據的最小平方配適直線。

14.3.3 線性迴歸誤差的量化

範例 14.4 中,除了所算出的那條直線外,其他任何直線都只會得到更大的剩餘值平方總和。因此,那條直線是唯一且符合我們選取準則中通過點的「最佳」配適直線。這個配適還有其他特性,可以藉由檢查剩餘值是如何計算來闡述。回想式 (14.12) 所定義的平方和為:

$$S_r = \sum_{i=1}^{n}(y_i - a_0 - a_1 x_i)^2 \tag{14.17}$$

注意此式與式 (14.4) 之間的相似性:

$$S_t = \sum(y_i - \bar{y})^2 \tag{14.18}$$

在式 (14.18) 中,剩餘值的平方代表資料點與平均值之間差異的平方,而平均值則是一個用來描述中點傾向的單一估計值。在式 (14.17) 中,剩餘值的平方代表數據與直線之間垂直距離的平方,而此直線是另一個描述中點傾向的量測(圖 14.9)。

這種類比關係可以擴展到:(1) 散布在直線四周的所有點,這些點的量值大小在整個數據範圍都差不多,及 (2) 這些點在直線附近的分布屬常態。如果這些準則可以符合,則最小平方迴歸能夠提供 a_0 與 a_1 最佳(也就是最近似的)估計值(參考 Draper 和 Smith, 1981)。這在統計學上稱為**最大概度原則 (maximum likelihood principle)**。另外,如果這些準則可以符合,則迴歸直線的「標準差」可以決定如下(與式 (14.3) 比較):

$$s_{y/x} = \sqrt{\frac{S_r}{n-2}} \tag{14.19}$$

其中 $s_{y/x}$ 是**估計的標準誤差 (standard error of the estimate)**。下標 y/x 代表此誤差是針對對應於某一個 x 值的 y 的預測值。另外要注意的是,我們在此除以 $n-2$ 是因為計算 S_r 時,用了兩個

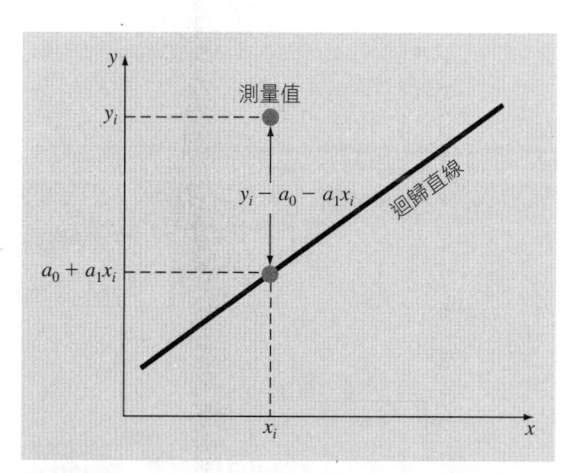

圖 14.9 線性迴歸的剩餘值表示資料點與直線之間的垂直距離。

來自數據的估計值——a_0 與 a_1，使我們損失兩個自由度。和在標準差中所討論的一樣，另一個除以 $n-2$ 的原因是，其實在連接兩點間的直線附近並沒有所謂的「資料散布」。因此，若 $n=2$，式 (14.19) 的結果是沒有意義的無窮大。

和標準差的情形一樣，估計的標準誤差可以用來量化資料的散布。但是，$s_{y/x}$ 量化的是**圍繞在迴歸直線 (around the regression line)** 的散布，如圖 14.10b 所示，而不像標準差 s_y 是量化**圍繞在平均值 (around the mean)** 的散布（圖 14.10a）。

我們可以用這些觀念來量化配適的「優劣」，在比較數種迴歸（如圖 14.11）時尤其有用。

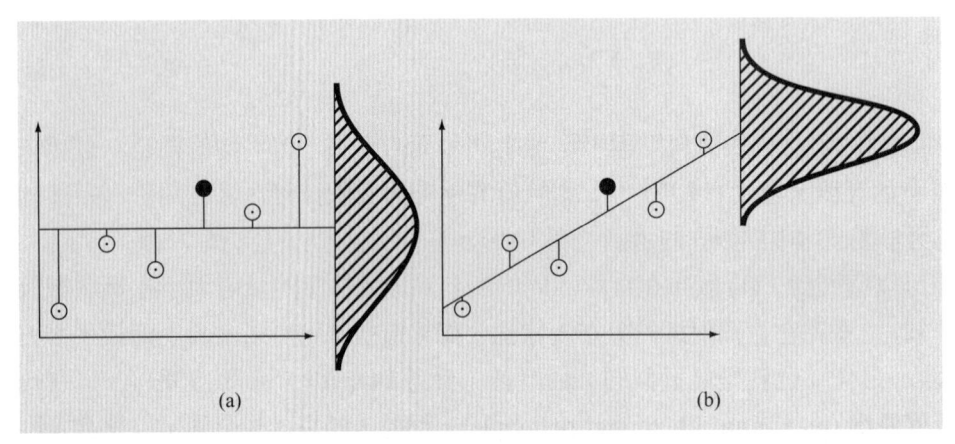

圖 14.10 迴歸數據顯示 (a) 應變數圍繞在平均值的數據散布；(b) 圍繞在最佳配適直線的數據散布。右邊的鐘形曲線顯示，由 (a) 到 (b) 的數據散布程度降低，代表因為線性迴歸而得到改善。

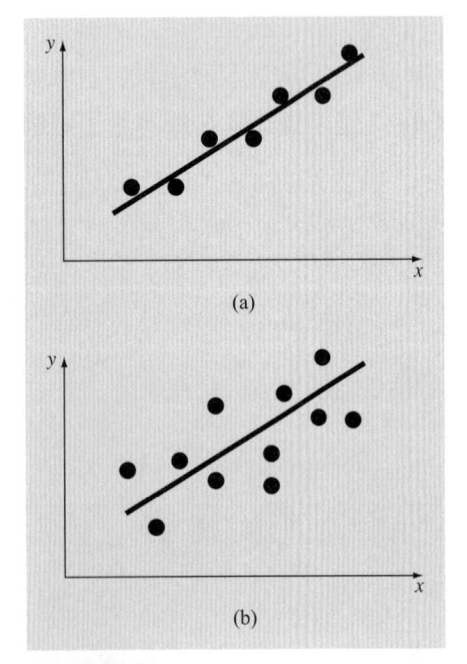

圖 14.11 線性迴歸範例：(a) 小的剩餘值誤差；以及 (b) 大的剩餘值誤差。

因此,我們得先回到原始數據,並且求出所有圍繞平均值應變數(在我們的例子中是 y)的平方和。如同式 (14.18) 一樣,這個量被稱為 S_t,它是在迴歸前,和圍繞在平均值旁應變數有關的剩餘值誤差的量值大小。迴歸完成後,我們可以計算出 S_r,也就是用式 (14.17) 計算圍繞在迴歸直線的剩餘值的平方和。它代表的是迴歸後所剩下的剩餘值誤差的特性,因此有時候我們稱之為未解釋的平方和 (unexplained sum of the squares)。$S_t - S_r$,這兩個量之間的差異,可以量化數據誤差縮小或是改善的程度:此誤差是因為使用直線而非平均值來描述數據所導致。由於此值的量值大小與尺度相依,差異對 S_t 正規化後可得:

$$r^2 = \frac{S_t - S_r}{S_t} \tag{14.20}$$

其中 r^2 稱為**決定係數 (coefficient of determination)**,而 r 為**相關係數 (correlation coefficient)** ($= \sqrt{r^2}$)。要有完美的配適,$S_r = 0$ 以及 $r^2 = 1$,表示此直線能夠 100% 解釋數據的變異性。若 $r^2 = 0$,則 $S_t = S_r$,代表配適並未改善。另一個 r 的公式較方便於電腦運算:

$$r = \frac{n \sum (x_i y_i) - (\sum x_i)(\sum y_i)}{\sqrt{n \sum x_i^2 - (\sum x_i)^2} \sqrt{n \sum y_i^2 - (\sum y_i)^2}} \tag{14.21}$$

範例 14.5　線性最小平方配適的誤差估計

問題敘述　針對範例 14.4 的配適,計算出總標準差、標準誤差估計以及相關係數。

解法　將數據列表後,計算所需要的加總,如表 14.5 所示。

式 (14.3) 為標準差:

$$s_y = \sqrt{\frac{1{,}808{,}297}{8 - 1}} = 508.26$$

表 14.5　為計算表 14.1 數據的配適優劣統計數據所需的數據與加總。

i	x_i	y_i	$a_0 + a_1 x_i$	$(y_i - \bar{y})^2$	$(y_i - a_0 - a_1 x_i)^2$
1	10	25	−39.58	380,535	4,171
2	20	70	155.12	327,041	7,245
3	30	380	349.82	68,579	911
4	40	550	544.52	8,441	30
5	50	610	739.23	1,016	16,699
6	60	1,220	933.93	334,229	81,837
7	70	830	1,128.63	35,391	89,180
8	80	1,450	1,323.33	653,066	16,044
Σ	360	5,135		1,808,297	216,118

式 (14.19) 為估計的標準誤差：

$$s_{y/x} = \sqrt{\frac{216,118}{8-2}} = 189.79$$

由於 $s_{y/x} < s_y$，代表此線性迴歸模式有益。改善的程度可以根據式 (14.20) 量化得到：

$$r^2 = \frac{1,808,297 - 216,118}{1,808,297} = 0.8805$$

或者 $r = \sqrt{0.8805} = 0.9383$。這些結果表示，此線性模型可以解釋 88.05% 的原始不確定性。

在繼續討論前，我們要先做些提醒。雖然決定係數對於配適優劣提供了方便的量測，我們需小心，不要演繹出更擴張的意義。即便 r^2「很接近」1，仍不代表這樣的配適一定是「極優」。例如，即使 y 與 x 的關係為非線性，仍有可能得到一個相當高的 r^2 值。Draper 和 Smith (1981) 提出了有關評估線性迴歸結果很好的導引與補充資料。另外，你至少得要檢查沿著迴歸曲線的數據圖形。

Anscombe (1973) 開發了一個好的範例。如圖 14.12 所示，他取得了四組數據，每組都包含 11 個數據點。雖然它們的圖形非常不同，但是全部都有相同的最佳配適方程式 $y = 3 + 0.5x$，和相同的決定係數 $r^2 = 0.67$！此例子戲劇性地說明了為什麼發展繪圖如此具有價值。

14.4 非線性關係的線性化

線性迴歸是為數據配適最佳直線的一個強有力的技巧。但是，它的前提是應變數與自變

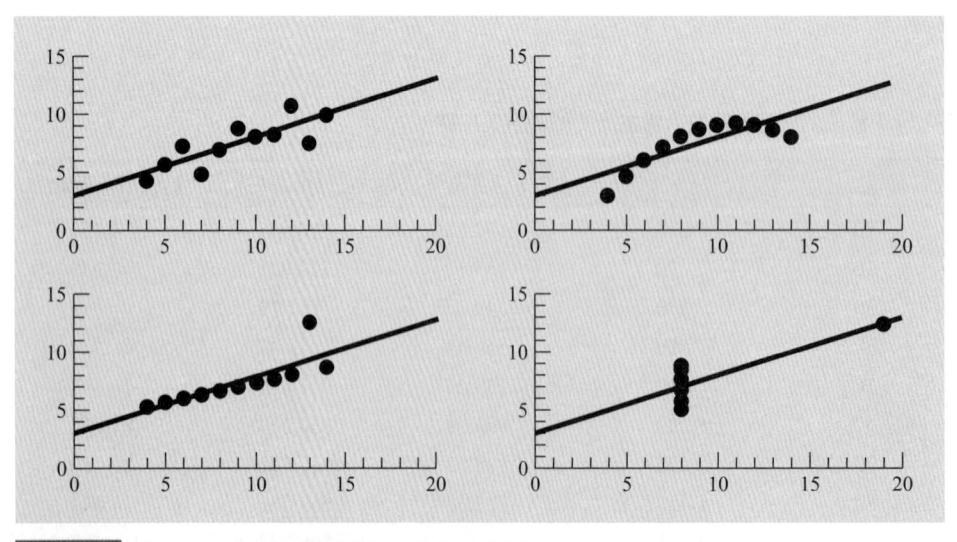

圖 14.12 Anscombe 的四組數據及最佳配適直線 $y = 3 + 0.5x$。

數之間的關係為線性。然而事實並非一定如此，所以進行迴歸分析時的第一步就是先將數據繪出，以目測決定是否可以套用線性模型。有時，將在第 15 章介紹的多項式迴歸技巧會較適用。其他時候，則可以用轉換法將數據表示成可以匹配線性迴歸的形式。

指數模型 (exponential model) 就是一例：

$$y = \alpha_1 e^{\beta_1 x} \tag{14.22}$$

其中 α_1 與 β_1 是常數。這個模型廣泛使用於工程與科學領域，用來表示量的增加（正的 β_1）或量的減少（負的 β_1）與自己目前的量值大小成正比。例如，人口成長或是放射性衰變就都屬於這種行為。如圖 14.13a 所示，方程式代表 y 和 x 之間的非線性關係（當 $\beta_1 \neq 0$）。

簡單的**冪方程式 (power equation)** 是另一個非線性範例：

$$y = \alpha_2 x^{\beta_2} \tag{14.23}$$

其中 α_2 與 β_2 是常數係數。這個模型在所有的工程與科學領域都非常有用。當不知道該使用哪種模型時，簡單冪方程式經常用來配適實驗數據。如圖 14.13b 所示，方程式為非線性（當 $\beta_2 \neq 0$）。

飽和成長率方程式 (saturation-growth-rate equation) 是第三個非線性模型範例：

$$y = \alpha_3 \frac{x}{\beta_3 + x} \tag{14.24}$$

其中 α_3 與 β_3 是常數係數。這個模型非常適合用來描述在有限制的情況下的人口成長率，它也代表 y 和 x 之間的非線性關係（圖 14.13c），隨著 x 增加，y 會持平或「達到飽和」。它有許多應用，特別是在生物相關的工程與科學領域。

這些方程式可以透過非線性的迴歸技巧直接配適實驗數據。然而，一個比較簡單的方式是使用數學運算來將這些方程式轉換成線性形式，然後就可以用簡單的線性迴歸來對數據配適方程式。

例如，式 (14.22) 可以藉由取自然對數而線性化，得到：

$$\ln y = \ln \alpha_1 + \beta_1 x \tag{14.25}$$

因此，$\ln y$ 對 x 的圖形是一條斜率為 β_1 的直線，其截距是 $\ln \alpha_1$（圖 14.13d）。

式 (14.23) 則是取以 10 為基底的對數而線性化，得到：

$$\log y = \log \alpha_2 + \beta_2 \log x \tag{14.26}$$

因此，$\log y$ 對 $\log x$ 的圖形是一條斜率為 β_2 的直線，其截距是 $\log \alpha_2$（圖 14.13e）。注意，以任何基底的對數都可以用來線性化此模型。然而，最常使用的仍是以 10 為基底的對數。

由式 (14.24) 的倒數方程式可將其線性化，得到：

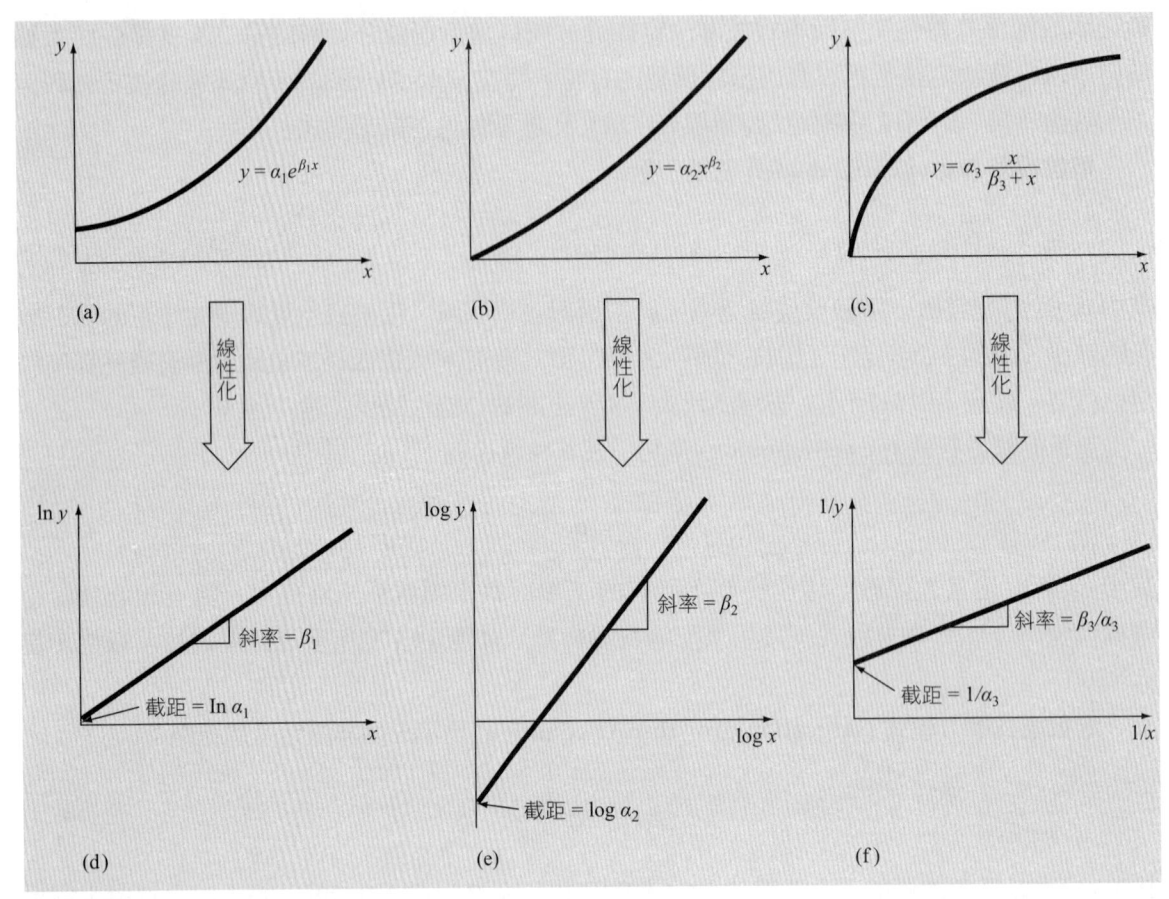

圖 14.13 (a) 指數方程式，(b) 冪方程式，以及 (c) 飽和成長率方程式。(d)、(e)、(f) 是這些方程式經過簡單轉換得到的線性化版本。

$$\frac{1}{y} = \frac{1}{\alpha_3} + \frac{\beta_3}{\alpha_3}\frac{1}{x} \tag{14.27}$$

因此，$1/y$ 對 $1/x$ 的圖形是線性的，斜率為 β_3/α_3，其截距是 $1/\alpha_3$（圖 14.13f）。

經過轉換後，這些數學模型可以配適線性迴歸來計算出常數係數，然後再轉換回原本的狀態，繼續用來作預測。以下範例說明使用冪方程式模型的程序。

範例 14.6 以冪方程式配適數據

問題敘述 使用對數轉換，配適式 (14.23) 到表 14.1 的數據。

解法 將數據列表，然後計算所需要的加總，如表 14.6 所示。

平均值為：

$$\bar{x} = \frac{12.606}{8} = 1.5757 \qquad \bar{y} = \frac{20.515}{8} = 2.5644$$

表 14.6　以冪模型配適表 14.1 的數據所需的數據與加總。

i	x_i	y_i	$\log x_i$	$\log y_i$	$(\log x_i)^2$	$\log x_i \log y_i$
1	10	25	1.000	1.398	1.000	1.398
2	20	70	1.301	1.845	1.693	2.401
3	30	380	1.477	2.580	2.182	3.811
4	40	550	1.602	2.740	2.567	4.390
5	50	610	1.699	2.785	2.886	4.732
6	60	1220	1.778	3.086	3.162	5.488
7	70	830	1.845	2.919	3.404	5.386
8	80	1450	1.903	3.161	3.622	6.016
Σ			12.606	20.515	20.516	33.622

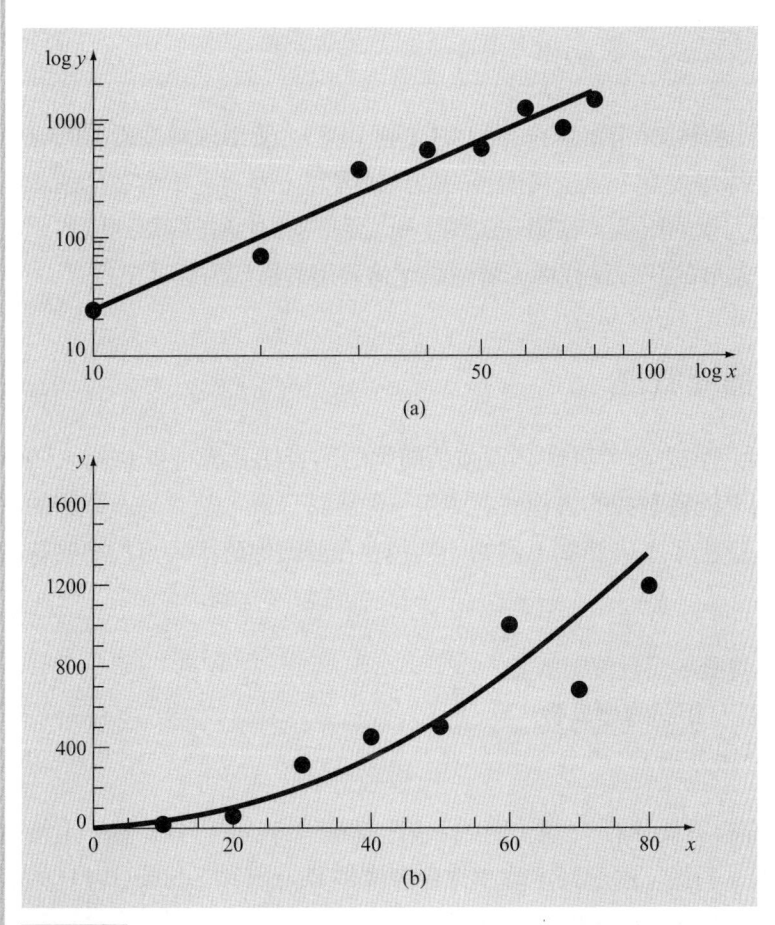

圖 14.14　表 14.1 數據的冪模型的最小平方配適。(a) 轉換後數據的配適；(b) 冪方程式配適以及數據點。

斜率與截距可以用式 (14.15) 及式 (14.16) 算出：

$$a_1 = \frac{8(33.622) - 12.606(20.515)}{8(20.516) - (12.606)^2} = 1.9842$$

$$a_0 = 2.5644 - 1.9842(1.5757) = -0.5620$$

最小平方配適為：

$$\log y = -0.5620 + 1.9842 \log x$$

配適結果與數據點如圖 14.14a 所示。

我們也可以在未轉換座標上繪出配適結果。首先確定冪模型的係數為 $\alpha_2 = 10^{-0.5620} = 0.2741$，$\beta_2 = 1.9842$。將力與速度代入 y 和 x 的位置，則最小平方配適為：

$$F = 0.2741v^{1.9842}$$

此方程式與數據點如圖 14.14b 所示。

範例 14.6（圖 14.14）中的配適應該和前面的範例 14.4（圖 14.8），使用未轉換數據的線性迴歸來做比較。雖然兩者的結果都可接受，但是轉換後的結果較理想，因為它不會在低速狀況預測出負的力。另外，根據流體力學的原理，物體在流體中所受到的阻力通常能以速度的二次模型表示。因此，你對自己專業領域的認識往往會影響曲線配適適用的模型方程式選擇。

14.4.1　有關線性迴歸的補充敘述

在進入到曲線迴歸與多線性迴歸之前，我們必須強調前述的內容僅為線性迴歸的入門介紹。我們著眼在簡單的推導與用來配適數據的方程式之應用。你應該了解，還有許多迴歸的理論面向在實務上也極重要，只是超出了本書範圍。例如，某些存在於線性最小平方程序的統計假設如下：

1. 每個 x 都有固定值；它並非隨機，而且沒有誤差。
2. y 值是獨立隨機變數，而且具有相同的變異數。
3. 對於給定的 x，y 值必然為常態分布。

這些假設對於迴歸的適當推導與使用都有關。例如，第一個假設表示：(1) x 值一定沒有誤差；(2) y 對於 x 的迴歸不同於 x 對於 y 的迴歸。建議你參考像是 Draper 和 Smith (1981) 的著作，以了解超出本書範圍但與迴歸有關的內容與細微之處。

14.5 電腦應用

線性迴歸相當常見,大部分的口袋型計算機都可以計算。在本節,我們會介紹如何開發簡單的 M 檔來求斜率與截距,並且畫出資料數據與最佳配適直線。我們也會介紹如何使用內建函數 polyfit 來執行線性迴歸。

14.5.1 MATLAB M 檔:`linregr`

開發線性迴歸的演算法是很容易的(如圖 14.15 所示)。需要的加總可以藉由 MATLAB 內建函數 sum 求得,然後代入式 (14.15) 及式 (14.16) 以計算出斜率與截距。這種方式可顯示截距、斜率、決定係數以及所有量測點與最佳配適線的圖示。

一個使用此 M 檔的簡單範例是配適範例 14.4 中分析的力—速度的數據:

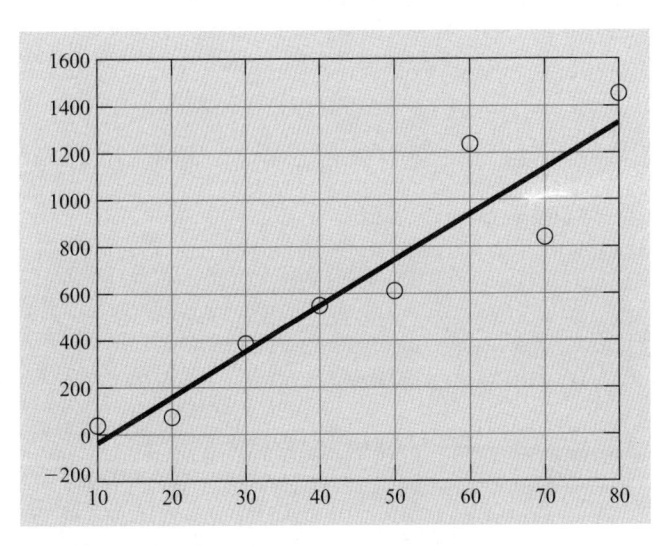

```
>> x = [10 20 30 40 50 60 70 80];
>> y = [25 70 380 550 610 1220 830 1450];
>> [a, r2] = linregr (x,y)
a =
   19.4702   -234.2857
r2 =
    0.8805
```

它也可以很容易地用來配適冪模型(範例 14.6),只要在數據使用 log10 函數,如下:

```
>> [a, r2] = linregr(log10(x),log10(y))
a =
    1.9842   -0.5620
r2 =
    0.9481
```

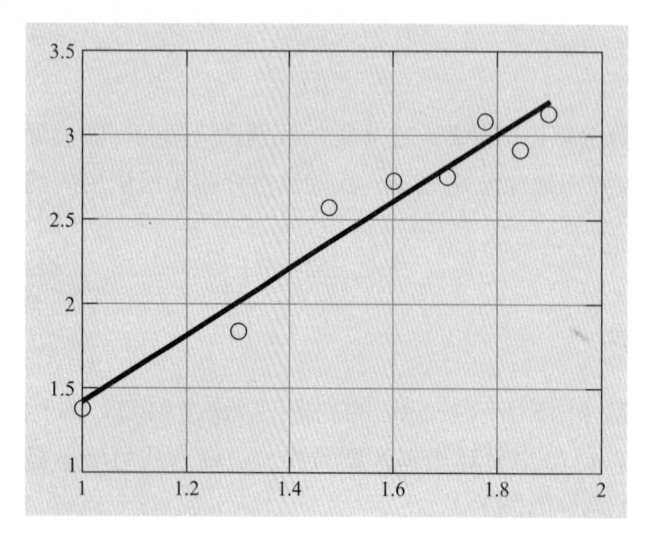

```
function [a, r2] = linregr(x,y)
% linregr: linear regression curve fitting
%    [a, r2] = linregr(x,y): Least squares fit of straight
%               line to data by solving the normal equations
%
% input:
%   x = independent variable
%   y = dependent variable
% output:
%   a = vector of slope, a(1), and intercept, a(2)
%   r2 = coefficient of determination

n = length(x);
if length(y)~=n, error('x and y must be same length'); end
x = x(:); y = y(:);      % convert to column vectors
sx = sum(x); sy = sum(y);
sx2 = sum(x.*x); sxy = sum(x.*y); sy2 = sum(y.*y);
a(1) = (n*sxy—sx*sy)/(n*sx2—sx^2);
a(2) = sy/n—a(1)*sx/n;
r2 = ((n*sxy—sx*sy)/sqrt(n*sx2—sx^2)/sqrt(n*sy2—sy^2))^2;
% create plot of data and best fit line
xp = linspace(min(x),max(x),2);
yp = a(1)*xp+a(2);
plot(x,y,'o',xp,yp)
grid on
```

圖 14.15 用以執行線性迴歸的 M 檔。

14.5.2 MATLAB 函數：polyfit 與 polyval

MATLAB 有一個內建函數 polyfit，可以對數據配適出最小平方 n 階多項式。使用如下：

```
>> p = polyfit(x, y, n)
```

其中 x 與 y 分別是自變數與應變數的向量，n 是多項式的次方。此函數傳回向量 p，其中包含多項式的係數。要注意的是，它代表以 x 降冪形式排列的多項式，如下：

$$f(x) = p_1 x^n + p_2 x^{n-1} + \cdots + p_n x + p_{n+1}$$

因為直線是一個一階多項式，所以 polyfit(x,y,1) 會傳回最佳配適直線的斜率與截距：

```
>> x = [10 20 30 40 50 60 70 80];
>> y = [25 70 380 550 610 1220 830 1450];
>> a = polyfit(x,y,1)
a =
   19.4702 -234.2857
```

因此，斜率為 19.4702，截距為 −234.2857。

另一個函數 polyval，可以用係數來計算出對應的值。它的一般形式如下：

```
>> y = polyval(p, x)
```

其中 p= 多項式係數，y= 在 x 的最佳配適值。例如，

```
>> y = polyval(a,45)
y =
   641.8750
```

14.6 案例研究　酵素動力學

背景　**酵素 (enzymes)** 在活細胞裡的作用如催化劑，可加速化學反應。多數情況下，它們會將一種化學物，稱為**基質 (substrate)**，轉換成另一種化學物，也就是**產物 (product)**。米凱利斯-馬丁模型 (Michaelis-Menten model) 經常用來描述這樣的反應：

$$v = \frac{v_m[S]}{k_s + [S]} \tag{14.28}$$

其中 v = 最初反應速度，v_m = 最大的最初反應速度，$[S]$ = 基質濃度，以及 k_s = 半飽和常數。如圖 14.16 所示，此方程式描述隨 $[S]$ 增加至漸緩的一個飽和關係。圖中也顯示**半飽和常數 (half-saturation constant)** 是在基質速度為最高速的一半時產生的基質濃度。

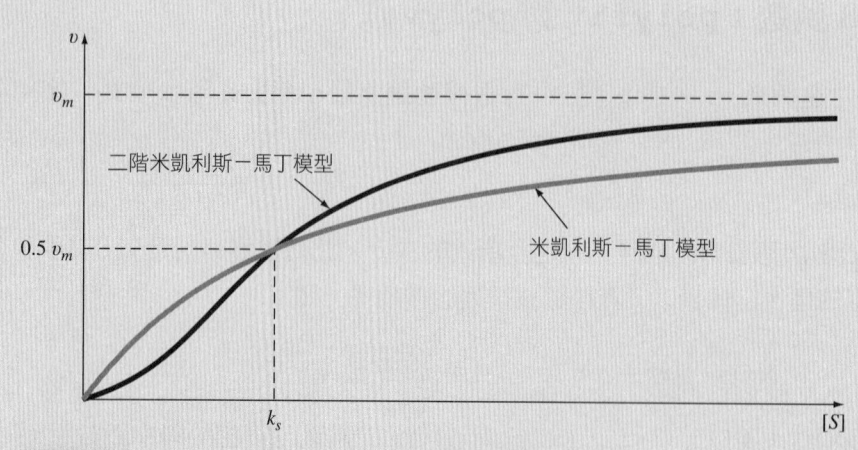

圖 14.16 酵素動力學的米凱利斯－馬丁模型的兩個版本。

雖然米凱利斯－馬丁模型是個好的開始，它已被精鍊並延伸，以涵蓋酵素動力學的其他特徵。一個簡單的延伸是所謂的**異位性酵素 (allosteric enzymes)**，也就是在一個點的基質分子鍵結可增進別的基質分子在其他點的鍵結。對於有兩個相互作用點的情況，以下的二階版本通常可導致更好的配適：

$$v = \frac{v_m[S]^2}{k_s^2 + [S]^2} \tag{14.29}$$

此模型也描述一條飽和曲線，但是如圖 14.16 所示，濃度平方使形狀較像 S 形。

假定已知下列數據：

[S]	1.3	1.8	3	4.5	6	8	9
v	0.07	0.13	0.22	0.275	0.335	0.35	0.36

使用線性化後的式 (14.28) 及式 (14.29)，用線性迴歸來配適這些數據。除了估計模型參數以外，用統計量測和圖形評估其有效性。

解法 式 (14.28) 是飽和成長率模型（式 (14.24)）的形式，其倒數方程式可以將其線性化（參考式 (14.27)）：

$$\frac{1}{v} = \frac{1}{v_m} + \frac{k_s}{v_m}\frac{1}{[S]}$$

然後使用圖 14.15 的 `linregr` 函數產生最小平方配適：

```
>> S=[1.3 1.8 3 4.5 6 8 9];
>> v=[0.07 0.13 0.22 0.275 0.335 0.35 0.36];
>> [a,r2]=linregr(1./S,1./v)
a =
```

```
         16.4022    0.1902
r2 =
      0.9344
```

接著計算模型係數為：

```
>> vm=1/a(2)
vm =
     5.2570
>> ks=vm*a(1)
ks =
    86.2260
```

因此，最佳配適模型為：

$$v = \frac{5.2570[S]}{86.2260 + [S]}$$

雖然這麼高的 r^2 值會使你相信此結果可以接受，對係數做進一步檢查後可能又不是這麼回事。例如，最大速度 (5.2570) 遠高於觀察到的最高速度 (0.36)。另外，半飽和比率 (86.2260) 也比最大的基質濃度 (9) 大得多。

當數據被繪製成圖時，問題就被凸顯出來。圖 14.17a 顯示轉換後的版本。雖然直線遵循上升趨勢，數據很明顯地呈現曲線。當原始方程式不以轉換後版本與數據繪製成圖時（圖 14.17b），該配適顯然不可接受。數據大約在 0.36 或 0.37 時會趨平穩。如果這是正確的，透過目測可知 v_m 應大約為 0.36，而 k_s 則應在 2～3 之間。

超出可視範圍的拙劣配適也可透過像是決定係數的統計被反映出來。對於未轉換情況，所獲得的結果 $r^2 = 0.6406$ 相當不可接受。

上述分析可以在二階模型重複。式 (14.28) 也能透過倒數方程式被線性化為：

$$\frac{1}{v} = \frac{1}{v_m} + \frac{k_s^2}{v_m}\frac{1}{[S]^2}$$

圖 14.15 的 linregr 函數可再次用來產生最小平方配適：

```
>> [a,r2]=linregr(1./S.^2,1./v)
a =
    19.3760    2.4492
r2 =
     0.9929
```

模型係數可計算如下：

```
>> vm=1/a(2)
vm =
```

(a) 轉換版本

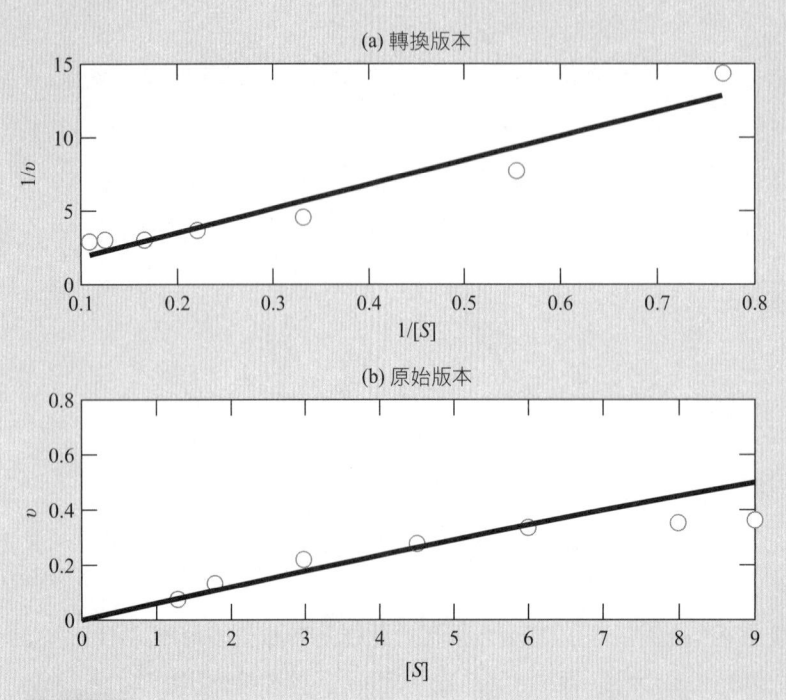

(b) 原始版本

圖 14.17 米凱利斯－馬丁模型的最小平方配適圖。(a) 顯示轉換版本的配適；(b) 顯示未經轉換的原始版本的配適。

```
       0.4083
>> ks=sqrt(vm*a(1))
ks =
    2.8127
```

將這些值代入式 (14.29) 可得：

$$v = \frac{0.4083[S]^2}{7.911 + [S]^2}$$

雖然我們知道高的 r^2 值不能保證配適的優劣，但高的值 (0.9929) 仍代表相當有可能。此外，參數值似乎也和數據的趨勢一致，即 v_m 比觀察到的最高速度稍大，而半飽和速率則較最大的基質濃度 (9) 低。

配適是否恰當可以用圖示評估。如同在圖 14.18a，轉換後的結果為線性。原始方程式未經轉換的版本與數據繪製在圖 14.18b，配適很順利地遵循量測值的趨勢。除了圖形以外，配適的優質也可由未轉換版本的決定係數 $r^2 = 0.9896$ 反映出來。

基於我們的分析，我們可以認定二階模型能對此數據提供好的配適，它表示我們可能討論的是異位性酵素。

在這個具體的結果之外，還可以由此案例研究得出其他結論。首先，我們絕不應只倚賴像

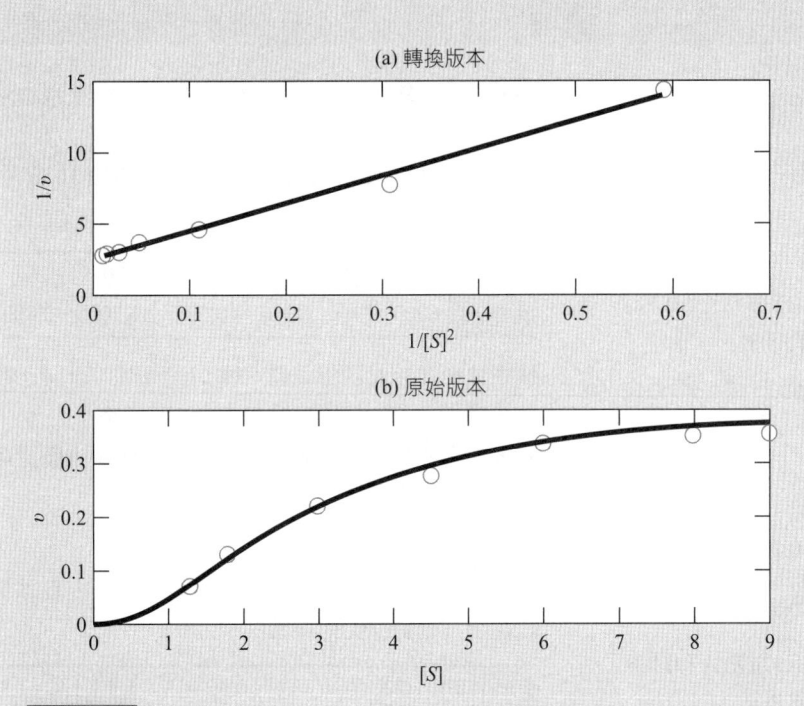

圖 14.18 二階米凱利斯－馬丁模型的最小平方配適圖。(a) 顯示轉換版本的配適；以及 (b) 顯示未經轉換的原始版本配適。

是 r^2 的統計，作為評估配適優良的唯一基礎。第二，迴歸方程式一定要以圖示評估。若有用到轉換，也一定要檢查未轉換模型和數據的圖。

最後，雖然轉換可以讓轉換後的數據產生較佳的配適，但這在原始形式並非盡然如此。這可能是因為轉換後數據最小平方值的最小化和未轉換數據的不同。線性迴歸假設最佳配適曲線周遭的點是高斯分布，而且所有應變數值的標準差都相同。這些假設在轉換數據之後很少成立。

受到最後結論的影響，一些分析師不建議使用線性轉換，而要使用非線性迴歸於配適曲線數據。這種方法會發展一條最佳配適曲線，可直接最小化未轉換的剩餘值。我們將在第 15 章繼續討論。

習題

習題 14.42 請見隨書光碟

14.1 給定以下數據：

0.90	1.42	1.30	1.55	1.63
1.32	1.35	1.47	1.95	1.66
1.96	1.47	1.92	1.35	1.05
1.85	1.74	1.65	1.78	1.71
2.29	1.82	2.06	2.14	1.27

求出 **(a)** 平均值，**(b)** 中位數，**(c)** 眾數，**(d)** 間距，**(e)** 標準差，**(f)** 變異數，**(g)** 變異係數。

14.2 建立習題 14.1 中數據的直方圖，間距從 0.8 到 2.4，組距為 0.2。

14.3 給定以下數據：

29.65	28.55	28.65	30.15	29.35	29.75	29.25
30.65	28.15	29.85	29.05	30.25	30.85	28.75
29.65	30.45	29.15	30.45	33.65	29.35	29.75
31.25	29.45	30.15	29.65	30.55	29.65	29.25

求出 **(a)** 平均值，**(b)** 中位數，**(c)** 眾數，**(d)** 間距，**(e)** 標準差，**(f)** 變異數，**(g)** 變異係數。

(h) 建立數據的直方圖，間距從 28 到 34，組距為 0.4。

(i) 假設分布是常態，而且你所計算的標準差成立，計算涵蓋 68% 讀取數據的間距（也就是上界與下界的值），並且判定這個估計對於此習題中的數據是否成立。

14.4 使用與式 (14.15) 及式 (14.16) 一樣的推導過程，求出下列模型的最小平方配適：

$$y = a_1 x + e$$

也就是說，決定具有零截距的最小平方配適直線的斜率。配適下列數據於此模型並以圖形表示結果：

x	2	4	6	7	10	11	14	17	20
y	4	5	6	5	8	8	6	9	12

14.5 使用最小平方迴歸來配適直線於：

x	0	2	4	6	9	11	12	15	17	19
y	5	6	7	6	9	8	8	10	12	12

根據斜率及截距，計算估計的標準誤差及相關係數。繪製數據和迴歸線。然後重複此問題，但是改成迴歸 x 對 y，也就是說將變數對調。解釋你的結果。

14.6 使用冪模型配適表 14.1 的數據，但是以自然對數基底進行轉換。

14.7 下列數據被蒐集來判定固定體積 10 m³ 的 1 kg 氮氣的溫度與壓力關係。

T, °C	–40	0	40	80	120	160
p, N/m²	6900	8100	9350	10,500	11,700	12,800

使用這些數據及理想氣體定律 $pV = nRT$ 求出 R。在此定律中，T 是以絕對溫度 (kelvins) 表示。

14.8 除了圖 14.13 的例子之外，還有其他模型可以利用轉換來做線性化。例如，

$$y = \alpha_4 x e^{\beta_4 x}$$

將此模型線性化，並使用下列數據估計 α_4 及 β_4。請畫出這些數據的配適圖形。

x	0.1	0.2	0.4	0.6	0.9	1.3	1.5	1.7	1.8
y	0.75	1.25	1.45	1.25	0.85	0.55	0.35	0.28	0.18

14.9 暴風雨後，針對某游泳區域的大腸桿菌濃度觀察如下：

t (hr)	4	8	12	16	20	24
c (CFU/100 mL)	1600	1320	1000	890	650	560

在暴風雨後，以小時 (hr) 為單位測量時間。CFU 是單位名稱，意思是「菌落形成單位」(colony forming unit)。用這些數據估計 **(a)** 在暴風雨剛結束時 ($t = 0$) 的濃度；**(b)** 濃度達到 200 CFU/100 mL 的時間。注意，你所選取的模型不應該出現負的濃度，而且細菌濃度一定會隨時間減少。

14.10 除了使用以 e 為基底的指數模型之外（如式 (14.22)），另一個常用的是基底為 10 的模型：

$$y = \alpha_5 10^{\beta_5 x}$$

當用來作曲線配適的時候，此方程式會得到和以 e 為基底的模型一樣的結果，但是指數參數 (β_5) 的值和用式 (14.22) (β_1) 所估計的值會不一樣。使用以 10 為基底的模型求解習題 14.9。另外，求出可將 β_1 關聯到 β_5 的公式。

14.11 利用下列數據，求出一個方程式，以預測以質量為函數的新陳代謝率，並用它來預測一隻

200 kg 老虎的新陳代謝率。

動物	質量 (kg)	新陳代謝 (watts)
牛	400	270
人	70	82
羊	45	50
雞	2	4.8
老鼠	0.3	1.45
鴿子	0.16	0.97

14.12 一般來說，人體的表面積 A 與身高 H 和體重 W 有關。以下數據是針對身高同為 180 cm 但體重 (kg) 不同的人，量測所得的 $A(m^2)$ 值：

W(kg)	70	75	77	80	82	84	87	90
$A(m^2)$	2.10	2.12	2.15	2.20	2.22	2.23	2.26	2.30

證明冪次方定律 $A = aW^b$ 能夠很好地配適這些數據。計算常數 a 及 b，並且預測一個 95 kg 的人之表面積。

14.13 為以下數據配適指數模型：

x	0.4	0.8	1.2	1.6	2	2.5
y	800	985	1490	1950	2850	3600

使用 MATLAB 的 `subplot` 函數，為數據及方程式繪出標準和半對數圖形。

14.14 以下實驗調查報告列出的數據是用來確定細菌的成長率 k（每天）與氧氣濃度 c (mg/L) 之間的關係。已知下列方程式可以模型化這樣的數據：

$$k = \frac{k_{max}c^2}{c_s + c^2}$$

其中 c_s 和 k_{max} 是參數。使用轉換以線性化此方程式。接著使用線性迴歸來估計 c_s 和 k_{max}，並以 c = 2 mg/L 預測成長率。

c	0.5	0.8	1.5	2.5	4
k	1.1	2.5	5.3	7.6	8.9

14.15 發展一個 M 檔函數來計算敘述統計的向量值。函數必須求出並顯示數量、平均值、中位數、眾數、間距、標準差、變異數和變異係數，並產生直方圖。以習題 14.3 的數據進行測試。

14.16 修改圖 14.15 的 `linregr` 函數，以便 (a) 計算並且傳回估計的標準誤差；(b) 使用 `subplot` 函數顯示對 x 的剩餘值（預測值減去量測的 y）。使用範例 14.2 和 14.3 的數據進行測試。

14.17 發展一個 M 檔函數來配適冪模型。該函數需傳回最佳配適係數 a_2 和冪次 β_2，以及未轉換模型的 r^2。另外，使用 `subplot` 函數顯示轉換和未轉換方程式與數據的圖形。以習題 14.11 的數據進行測試。

14.18 下列數據顯示 SAE 70 油品的黏度和溫度之間的關係。在取數據的對數值之後，使用線性迴歸求出配適數據和 r^2 值的最佳線性方程式。

溫度，°C	26.67	93.33	148.89	315.56
黏度，μ, N·s/m^2	1.35	0.085	0.012	0.00075

14.19 以下實驗結果顯示某氣體在各種溫度 T 的熱容 c：

T	−50	−30	0	60	90	110
c	1250	1280	1350	1480	1580	1700

使用線性迴歸，求出一個模型來預測 c，且 c 為 T 的函數。

14.20 已知某塑膠的拉抗力為此塑膠被熱處理時間的函數。蒐集下列數據：

時間	10	15	20	25	40	50	55	60	75
拉抗力	5	20	18	40	33	54	70	60	78

(a) 為這些數據配適一條直線，並且使用此方程式計算 32 分鐘時的拉抗力。

(b) 再分析一次，但是這次直線的截距為零。

14.21 下列數據是取自反應器中的反應 $A \rightarrow B$。使用這些數據求出以下動力模型的最佳 k_{01} 和 E_1 估計值：

$$-\frac{dA}{dt} = k_{01}e^{-E_1/RT}A$$

其中 R 是氣體常數，等於 0.00198 kcal/mol/K。

−dA/dt (moles/L/s)	460	960	2485	1600	1245
A (moles/L)	200	150	50	20	10
T (K)	280	320	450	500	550

14.22 從下列聚合反應的 15 個時間點取得濃度數據：

$$xA + yB \rightarrow A_xB_y$$

假設反應是透過多重步驟組成的複雜機制產生。已

假設了許多模型，其剩餘值的平方和也已計算作為配適模型的數據，結果如下。哪一種模型（統計上）最吻合數據？解釋你的選擇。

	模型 A	模型 B	模型 C
S_r	135	105	100
配適模型的數據	2	3	5

14.23 以下數據取自某細菌成長（在結束落後階段）的批次反應。細菌在前 2.5 個小時被允許快速增長，然後它們被引導生產重組蛋白質，導致細菌成長顯著下降。理論上細菌的成長可以描述為：

$$\frac{dX}{dt} = \mu X$$

其中 X 是細菌的數量，μ 是細菌在指數成長期間的具體成長率。根據這些數據，估計細菌在增長的前 2 小時和在之後 4 小時的具體成長率。

時間，h	0	1	2	3	4	5	6
[細胞]，g/L	0.100	0.335	1.102	1.655	2.453	3.702	5.460

14.24 運輸工程研究欲決定某最佳單車道的設計。數據包含單車道寬度以及單車與經過車輛之間的平均距離。來自 9 條街道的數據為：

距離，m	2.4	1.5	2.4	1.8	1.8	2.9	1.2	3	1.2
車道寬度，m	2.9	2.1	2.3	2.1	1.8	2.7	1.5	2.9	1.5

(a) 將數據繪製成圖。
(b) 將數據繪製成線性迴歸直線，並將該直線加入圖形。
(c) 如果在單車和汽車之間的最小安全平均距離是 1.8 m，求出對應的最小車道寬度。

14.25 在水資源工程，水庫的大小取決於河川水流的準確評估。某些河川流量的長期歷史數據難以取得，但過去多年的降雨氣象資料則多半都有紀錄。因此，求出流量和降雨之間的關係往往可以派上用場，在只有降雨量數據的情況下估計多年的流量。下列數據是來自於將築壩的某條河：

降雨量，cm/yr	88.9	108.5	104.1	139.7	127	94	116.8	99.1
流量，m³/s	14.6	16.7	15.3	23.2	19.5	16.1	18.1	16.6

(a) 將數據繪製成圖。
(b) 將數據繪製成線性迴歸直線，並將該直線疊加至圖形中。
(c) 如果降雨量是 120 cm，使用最佳配適直線預計該河每年的流量。
(d) 如果流域面積是 1100 km^2，估計有多少百分比的雨量會因蒸發、深層地下水滲入以及消耗性的使用等原因而流失？

14.26 某帆船桅桿的截面積是 10.65 cm^2，材料為實驗鋁合金。為了判定應力和疲勞之間的關係所做的實驗，其結果如下：

應變，cm/cm	0.0032	0.0045	0.0055	0.0016	0.0085	0.0005
應力，N/cm^2	4970	5170	5500	3590	6900	1240

被風引起的應力可以計算為 F/A_c，其中 F = 桅桿的力，A_c = 桅桿的橫截面積。將其代入虎克定律後，求出桅桿的撓度，ΔL = 應變 $\times L$，其中 L = 桅桿的長度。如果風力是 25,000 N，使用數據估計一根 9 m 桅桿的撓度。

14.27 下列數據取自一實驗，其衡量施加不同電壓於一電線的電流。

V, V	2	3	4	5	7	10
i, A	5.2	7.8	10.7	13	19.3	27.5

(a) 根據數據的線性迴歸，計算 3.5 V 電壓的電流。繪出直線與數據並評估其配適。
(b) 再分析一次，但是這次直線的截距為零。

14.28 某實驗要求出導電材料伸長比例與溫度的關係。以下為數據結果。預估 400°C 的伸長比例。

溫度，°C	200	250	300	375	425	475	600
伸長比例	7.5	8.6	8.7	10	11.3	12.7	15.3

14.29 某城市邊緣一個小社區的人口 p 在 20 年間迅速增長：

t	0	5	10	15	20
p	100	200	450	950	2000

你是某電力公司的工程師，為了評估對電力的需求，你必須預測未來 5 年的人口。利用一個指數模型和線性迴歸做此預估。

14.30 在距離 y 之處測量流過表面的空氣速度 u。把一條曲線配適至此數據，假設在表面 ($y = 0$) 的速度為零。用結果計算表面剪應力 ($\mu\, du/dy$)，其中 $\mu = 1.8 \times 10^{-5}$ N·s/m^2。

y, m	0.002	0.006	0.012	0.018	0.024
u, m/s	0.287	0.899	1.915	3.048	4.299

14.31 安德雷德方程式 (Andrade's equation) 已經被認定為一個溫度對黏度影響的模型：

$$\mu = De^{B/T_a}$$

$\mu =$ 水的動力黏度 (10^{-3} N·s/m^2)，$T_a =$ 絕對溫度 (K)，且 D 和 B 是參數。發展配適下列數據的模型：

T	0	5	10	20	30	40
μ	1.787	1.519	1.307	1.002	0.7975	0.6529

14.32 對範例 14.2 作相同的運算，但是除了阻力係數，也將質量作 $\pm 10\%$ 的均勻改變。

14.33 對範例 14.3 作相同的運算，但是除了阻力係數，也對質量在其平均值附近做改變，變異係數為 5.7887%。

14.34 某矩形通道的曼寧公式如下：

$$Q = \frac{1}{n_m} \frac{(BH)^{5/3}}{(B+2H)^{2/3}} \sqrt{S}$$

其中 $Q =$ 流速 (m^3/s)，$n_m =$ 粗糙度係數，$B =$ 寬度 (m)，$H =$ 深度，$S =$ 斜率。你可以用此公式評估某水流，已知寬度 = 20 m 與深度 = 0.3 m，但不幸地，你只能掌握粗糙度與斜率約略 $\pm 10\%$ 的精度。也就是說，你知道粗糙度大約是 0.03，變動範圍在 0.027 到 0.033 之間，而斜率為 0.0003，變動範圍在 0.00027 到 0.00033 之間。假設均勻分布，使用一個 $n = 10{,}000$ 的蒙地卡羅分析來預測流速分布。

14.35 蒙地卡羅分析可以用來作最佳化。例如，對球的投射弧度可以用下列算式計算：

$$y = (\tan\theta_0)x - \frac{g}{2v_0^2 \cos^2\theta_0} x^2 + y_0 \qquad \text{(P14.35)}$$

其中 $y =$ 高度 (m)，$\theta_0 =$ 初始角度 (rad)，$v_0 =$ 初始速度 (m/s)，$g =$ 重力常數 = 9.81 m/s^2，以及 $y_0 =$ 初始高度 (m)。給定 $y_0 = 1$ m，$v_0 = 25$ m/s 及 $\theta_0 = 50°$，求出最大高度以及相對的 x 距離，**(a)** 使用微積分求解析解；**(b)** 使用蒙地卡羅進行數值模擬。針對後者，發展一個程式產生一個向量，包含 10,000 個 x 值，均勻分布於 0 到 60 m 之間。然後使用這個向量與式 (P14.35) 產生一個高度的向量，接著用 max 函數求解最大高度與相對的距離 x。

14.36 史托克斯沉澱定律 (Stokes Settling Law) 提供一種方式，計算在層流條件下的圓球沉澱速度

$$v_s = \frac{g}{18} \frac{\rho_s - \rho}{\mu} d^2$$

其中 $v_s =$ 熱沉澱速度 (m/s)，$g =$ 重力加速度 (= 9.81 m/s^2)，$\rho =$ 流體密度 (kg/m^3)，$\rho_s =$ 粒子密度 (kg/m^3)，$\mu =$ 流體的動力黏度 (N·s/m^2)，$d =$ 粒子直徑 (m)。假設你進行一個實驗，測量數個有不同密度的 10-μm 圓球的終端沉澱速度，

ρ_s, kg/m^3	1500	1600	1700	1800	1900	2000	2100	2200	2300
v_s, 10^{-3} m/s	1.03	1.12	1.59	1.76	2.42	2.51	3.06	3	3.5

(a) 產生一個有標示的數據圖。**(b)** 利用線性迴歸 (polyfit) 將一條直線配適數據並將此線疊加在你的圖上。**(c)** 使用此模型來預測一個 2500 kg/m^3 球密度的沉澱速度。**(d)** 用斜率和截距來估算此流體的黏度與密度。

14.37 在圖 14.13 以外的範例，還有其他模型可以使用轉換法來線性化。舉例來說，下列模型應用在批次反應器的三階化學反應

$$c = c_0 \frac{1}{\sqrt{1 + 2kc_0^2 t}}$$

其中 $c =$ 濃度 (mg/L)，$c_0 =$ 初始濃度 (mg/L)，$k =$ 反應速率 (L^2/(mg^{2}d))，$t =$ 時間 (d)。線性化此模型，並利用它依據下列數據估算 k 和 c_0。開發你的配適圖以及線性化的轉換數據和未轉換的數據。

t	0	0.5	1	1.5	2	3	4	5
c	3.26	2.09	1.62	1.48	1.17	1.06	0.9	0.85

14.38 在第 7 章我們介紹了最佳化技巧來找到一維與多維函數的最佳化數值。隨機數提供另一種方式求解同類的問題（回顧問題 14.35）。這是經由重複評估函數在隨機選定自變數的數值和追蹤其中一項被最佳化函數的最佳值。如果有足夠樣本數被採樣，最佳化最終將會確定。在它們最簡化的形式中，這樣的做法不是很有效率。但是，它們具偵測有許多局部最佳值函數的全域最佳值的優點。開發一個函數，使用隨機數來決定 humps 函數的最大值

$$f(x) = \frac{1}{(x-0.3)^2 + 0.01} + \frac{1}{(x-0.9)^2 + 0.04} - 6$$

在限制於 $x = 0$ 到 2 的區域中。以下腳本可以用來測試你的函數

```
clear,clc,clf,format compact
xmin = 0;xmax = 2;n = 1000
xp = linspace(xmin,xmax,200); yp = f(xp);
plot(xp,yp)
[xopt,fopt] = RandOpt(@f,n,xmin,xmax)
```

14.39 使用和習題 **14.38** 相同的方法，開發一個函數，使用隨機數決定以下二維函數最大值和對應的 x 和 y 值

$$f(x, y) = y - x - 2x^2 - 2xy - y^2$$

在介在 $x = -2$ 到 2 和 $y = 1$ 到 3 的區間。此區域在圖 P14.39 中描繪。注意單一最大值 1.25 發生於 $x = -1$ 和 $y = 1.5$。以下腳本可以用來測試你的函數

```
clear,clc,format compact
xint = [-2;2];yint= 1;3]; n = 10000;
[xopt,yopt,fopt] = RandOpt2D(@fxy,n,
xint,yint)
```

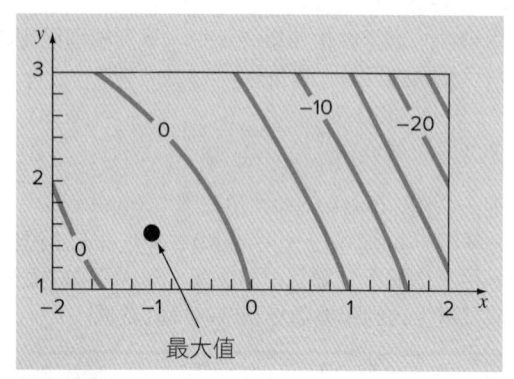

圖 P14.39 一個二維函數在 $x = -1$ 和 $y = 1.5$ 有最大值 1.25。

14.40 假設粒子的母體 (population) 局限於沿著一維的線運動（圖 P14.40）。假設每個粒子在一個時間步長，Δt，往左或往右有相同的可能移動距離，Δx。在 $t = 0$ 所有粒子在 $x = 0$ 聚集並且允許沿左或右的任一方向走一步。經過 Δt 之後，約 50% 將會朝右和 50% 朝左。經過 $2\Delta t$ 之後，25% 會朝右二步，25% 會朝左二步，而 50% 會走回原點。給額外的時間，粒子擴散的母體將會在靠近原點增加和在終點減少。最終的結果是粒子分布接近一個鐘形分布。這個流程，正式稱為一個隨機散步（或酒醉散步），一個常見的例子為布朗運動用在描述工程與科學的許多現象。開發一個 MATLAB 函數給定一個步長 (Δx)，和粒子數目 (n) 和步長數目 (m)。在每個步長，決定沿著 x 軸每個粒子的位置，並用這些結果來產生一個直方圖的動畫以顯示分布形狀如何隨著計算演進。

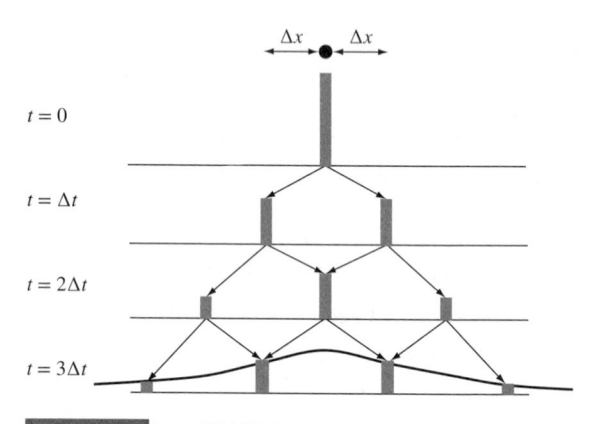

圖 P14.40 一維隨機或酒醉的散步。

14.41 重複問題 14.40，但是針對一個二維隨機散步。如同在圖 P14.41 描繪，讓每個粒子在從 0 到 2π 的隨機角度 θ 取一個隨機步長 Δ。產生一個二個堆疊圖的動畫，在上方的圖顯示所有粒子位置 (subplot(2,1,1))，在底部的圖顯示粒子 x 座標的直方圖 (subplot(2,1,2))。

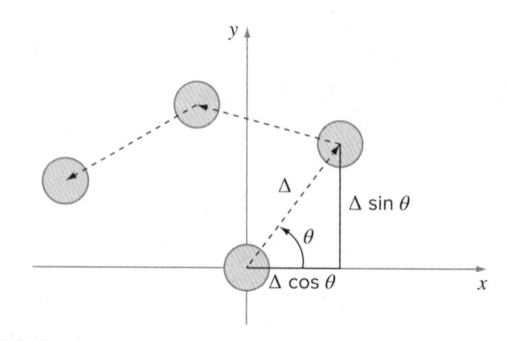

圖 P14.41 描述一個二維隨機或散步的步驟。

第 15 章

一般線性最小平方與非線性迴歸

章節目標

本章將直線配適的觀念擴展到 (a) 對於多項式的配適；(b) 對於有兩個或兩個以上自變數線性函數之變數的配適。我們接下來會介紹這樣的應用如何被一般化並使用於更廣泛的問題中。最後，我們會介紹如何用最佳化技巧來執行非線性迴歸。個別的目標和主題包括：

- 了解如何執行多項式迴歸。
- 了解如何執行多線性迴歸。
- 了解一般線性最小平方模型。
- 了解一般線性最小平方模型如何在 MATLAB 中以正規方程式或左除法求解。
- 了解如何利用最佳化技巧來完成非線性迴歸。

15.1 多項式迴歸

在第 14 章中，我們根據最小平方準則開發了一套程序以求得直線方程式。儘管有些數據顯示出如圖 15.1 所示的特定模式，卻無法使用直線來表示。在這樣的情況下，較適合以曲線配適數據。如同在第 14 章中的討論，轉換法是可以達成這個目標的方法之一。另一個方法是利用**多項式迴歸 (polynomial regression)**，將多項式配適數據。

最小平方法程序可以很容易地延伸至配適數據與高階多項式。例如，我們利用二階多項式或二次式如下：

$$y = a_0 + a_1 x + a_2 x^2 + e \tag{15.1}$$

對於這個例子，剩餘值的平方和為：

$$S_r = \sum_{i=1}^{n} \left(y_i - a_0 - a_1 x_i - a_2 x_i^2 \right)^2 \tag{15.2}$$

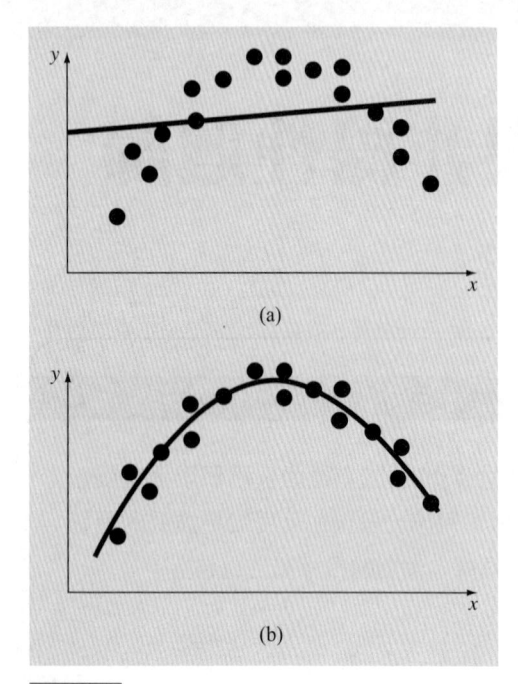

圖 15.1 (a) 配適線性最小平方迴歸非常糟糕的數據；(b) 表示拋物線較適合。

要產生最小平方配適，我們取式 (15.2) 對多項式未知係數的導數如下：

$$\frac{\partial S_r}{\partial a_0} = -2 \sum \left(y_i - a_0 - a_1 x_i - a_2 x_i^2 \right)$$

$$\frac{\partial S_r}{\partial a_1} = -2 \sum x_i \left(y_i - a_0 - a_1 x_i - a_2 x_i^2 \right)$$

$$\frac{\partial S_r}{\partial a_2} = -2 \sum x_i^2 \left(y_i - a_0 - a_1 x_i - a_2 x_i^2 \right)$$

這些方程式可以設為零，並且重新整理得到下列這組正規方程式：

$$(n)a_0 + \left(\sum x_i\right) a_1 + \left(\sum x_i^2\right) a_2 = \sum y_i$$

$$\left(\sum x_i\right) a_0 + \left(\sum x_i^2\right) a_1 + \left(\sum x_i^3\right) a_2 = \sum x_i y_i$$

$$\left(\sum x_i^2\right) a_0 + \left(\sum x_i^3\right) a_1 + \left(\sum x_i^4\right) a_2 = \sum x_i^2 y_i$$

其中所有的加總都是由 $i = 1$ 到 n。請注意，前面這三個方程式為線性，有三個未知數：a_0、a_1 及 a_2。這些未知數的係數可以直接根據觀察到的數據計算出。

在此例中，我們發現要解最小平方二階多項式的問題，等於是求解一組三個一次聯立線性方程式系統。這是一個二維的例子，但是可以很容易地推展到 m 階多項式，如下：

$$y = a_0 + a_1 x + a_2 x^2 + \cdots + a_m x^m + e$$

前述分析可以很容易地推展到更一般的例子。因此，我們可以了解到，決定 m 階多項式的係數等於求解一組 $m + 1$ 個一次聯立線性方程式系統。在這個情形下，標準誤差可以寫成下列公式：

$$s_{y/x} = \sqrt{\frac{S_r}{n - (m + 1)}} \tag{15.3}$$

除以 $n - (m + 1)$ 是因為要利用 $(m + 1)$ 個由數據得來的係數 $a_0, a_1, ..., a_m$ 來計算 S_r，因此我們損失了 $m + 1$ 個自由度。除了標準誤差之外，多項式迴歸的決定係數也可以利用式 (14.20) 計算得出。

範例 15.1　多項式迴歸

問題敘述　以二階多項式配適表 15.1 中前兩行的數據。

表 15.1　二次最小平方配適的錯誤分析計算

x_i	y_i	$(y_i - \bar{y})^2$	$(y_i - a_0 - a_1 x_i - a_2 x_i^2)^2$
0	2.1	544.44	0.14332
1	7.7	314.47	1.00286
2	13.6	140.03	1.08160
3	27.2	3.12	0.80487
4	40.9	239.22	0.61959
5	61.1	1272.11	0.09434
Σ	152.6	2513.39	3.74657

解法　根據表中數據，可以算出：

$$m = 2 \quad \sum x_i = 15 \quad \sum x_i^4 = 979$$
$$n = 6 \quad \sum y_i = 152.6 \quad \sum x_i y_i = 585.6$$
$$\bar{x} = 2.5 \quad \sum x_i^2 = 55 \quad \sum x_i^2 y_i = 2488.8$$
$$\bar{y} = 25.433 \quad \sum x_i^3 = 225$$

因此，所得的聯立線性方程式為：

$$\begin{bmatrix} 6 & 15 & 55 \\ 15 & 55 & 225 \\ 55 & 225 & 979 \end{bmatrix} \begin{Bmatrix} a_0 \\ a_1 \\ a_2 \end{Bmatrix} = \begin{Bmatrix} 152.6 \\ 585.6 \\ 2488.8 \end{Bmatrix}$$

這些方程式可以用來求解係數。例如，使用 MATLAB 可以得到：

```
>> N = [6 15 55;15 55 225;55 225 979];
>> r = [152.6 585.6 2488.8];
>> a = N\r
a =
```

```
2.4786
2.3593
1.8607
```

因此,本範例的最小平方二次方程式為:

$$y = 2.4786 + 2.3593x + 1.8607x^2$$

根據此迴歸多項式估計的標準誤差為式 (15.3):

$$s_{y/x} = \sqrt{\frac{3.74657}{6-(2+1)}} = 1.1175$$

決定係數為:

$$r^2 = \frac{2513.39 - 3.74657}{2513.39} = 0.99851$$

相關係數 $r = 0.99925$。

這些結果顯示,此模型可以解釋 99.851% 的原始不確定性。此結果和二次方程式表示出絕佳配適的結論相符,如圖 15.2 所示。

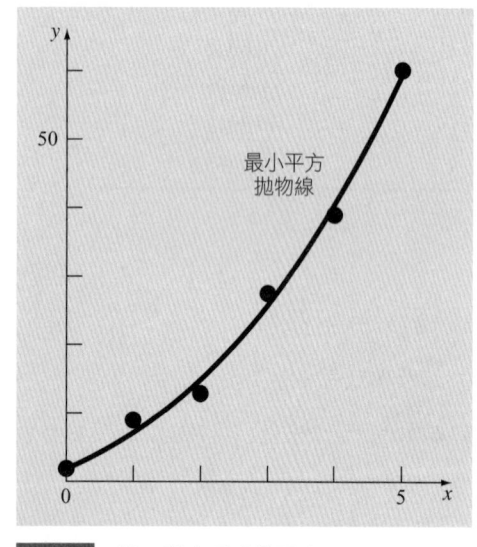

圖 15.2 某二階多項式的配適。

15.2 多線性迴歸

另一個線性迴歸有用的推展就是當 y 是一個具有兩個或兩個以上自變數的線性函數的情況。例如,y 可能是 x_1 及 x_2 的線性函數,如下:

$$y = a_0 + a_1 x_1 + a_2 x_2 + e$$

因為在實驗中所探討的變數通常是兩個其他變數的函數,這樣的方程式對於配適實驗資料是很有用的。對於這個二維的例子,這條迴歸「線」變成一個「平面」(如圖 15.3 所示)。

如同前面的例子,係數的「最佳」值是由剩餘值的平方和推導公式來決定:

$$S_r = \sum_{i=1}^{n} (y_i - a_0 - a_1 x_{1,i} - a_2 x_{2,i})^2 \tag{15.4}$$

將上式對未知係數微分,可以得到:

$$\frac{\partial S_r}{\partial a_0} = -2 \sum (y_i - a_0 - a_1 x_{1,i} - a_2 x_{2,i})$$

$$\frac{\partial S_r}{\partial a_1} = -2 \sum x_{1,i}(y_i - a_0 - a_1 x_{1,i} - a_2 x_{2,i})$$

$$\frac{\partial S_r}{\partial a_2} = -2 \sum x_{2,i}(y_i - a_0 - a_1 x_{1,i} - a_2 x_{2,i})$$

若將這些偏導數設為零,並將結果以矩陣形式表示如下,可以導出剩餘值平方和最小加總的係數:

$$\begin{bmatrix} n & \sum x_{1,i} & \sum x_{2,i} \\ \sum x_{1,i} & \sum x_{1,i}^2 & \sum x_{1,i} x_{2,i} \\ \sum x_{2,i} & \sum x_{1,i} x_{2,i} & \sum x_{2,i}^2 \end{bmatrix} \begin{Bmatrix} a_0 \\ a_1 \\ a_2 \end{Bmatrix} = \begin{Bmatrix} \sum y_i \\ \sum x_{1,i} y_i \\ \sum x_{2,i} y_i \end{Bmatrix} \tag{15.5}$$

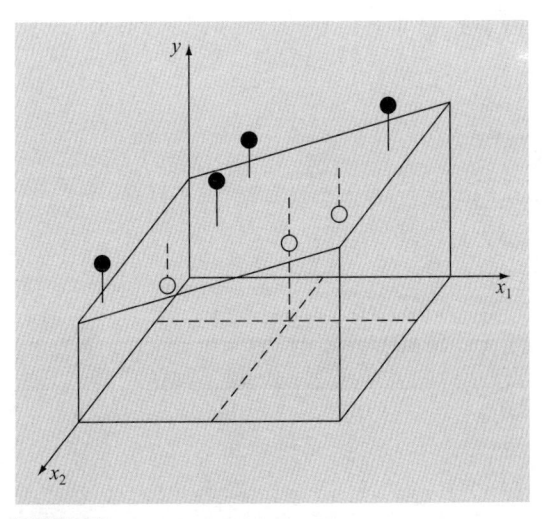

圖 15.3 多線性迴歸的圖解說明,其中 y 是 x_1 及 x_2 的線性函數。

範例 15.2　多線性迴歸

問題敘述　根據方程式 $y = 5 + 4x_1 - 3x_2$ 可計算出下列數據：

x_1	x_2	y
0	0	5
2	1	10
2.5	2	9
1	3	0
4	6	3
7	2	27

使用多線性迴歸來配適這些數據。

解法　用來開發式 (15.5) 的加總計算在表 15.2 中，代入式 (15.5) 可得：

$$\begin{bmatrix} 6 & 16.5 & 14 \\ 16.5 & 76.25 & 48 \\ 14 & 48 & 54 \end{bmatrix} \begin{Bmatrix} a_0 \\ a_1 \\ a_2 \end{Bmatrix} = \begin{Bmatrix} 54 \\ 243.5 \\ 100 \end{Bmatrix} \qquad (15.6)$$

可以解得：

$$a_0 = 5 \qquad a_1 = 4 \qquad a_2 = -3$$

和原本用來得到數據的方程式一致。

前述的二維例子可以很容易地推展到 m 維，如：

$$y = a_0 + a_1 x_1 + a_2 x_2 + \cdots + a_m x_m + e$$

其中標準誤差的公式為：

$$s_{y/x} = \sqrt{\frac{S_r}{n - (m + 1)}}$$

表 15.2　範例 15.2 中用以開發正規方程式所需的計算。

y	x_1	x_2	x_1^2	x_2^2	$x_1 x_2$	$x_1 y$	$x_2 y$
5	0	0	0	0	0	0	0
10	2	1	4	1	2	20	10
9	2.5	2	6.25	4	5	22.5	18
0	1	3	1	9	3	0	0
3	4	6	16	36	24	12	18
27	7	2	49	4	14	189	54
54	16.5	14	76.25	54	48	243.5	100

且決定係數可以由式 (14.20) 來計算。

雖然可能有變數與兩個或兩個以上的其他變數呈線性關係的情況，多線性迴歸對於推導一般性的冪方程式也很有用：

$$y = a_0 x_1^{a_1} x_2^{a_2} \cdots x_m^{a_m}$$

這樣的方程式很適合用來配適實驗數據。要使用多線性迴歸，方程式可以用對數轉換，成為：

$$\log y = \log a_0 + a_1 \log x_1 + a_2 \log x_2 + \cdots + a_m \log x_m$$

15.3 一般線性最小平方

在前面幾頁，我們介紹了三種迴歸：簡單線性迴歸、多項式迴歸，以及多線性迴歸。事實上，三者都屬於以下的一般線性最小平方模型：

$$y = a_0 z_0 + a_1 z_1 + a_2 z_2 + \cdots + a_m z_m + e \tag{15.7}$$

其中 $z_0, z_1, ..., z_m$ 是 $m+1$ 個基底函數。我們可以很容易地看到簡單線性迴歸與多線性迴歸符合這個模型，也就是 $z_0 = 1, z_1 = x_1, z_2 = x_2, ..., z_m = x_m$。另外，如果基底函數為簡單的單項式，如 $z_0 = 1, z_1 = x, z_2 = x^2, ..., z_m = x^m$，則也涵蓋了多項式迴歸。

「線性」這個名詞僅表示模型相依於本身的參數，也就是這些 a。在多項式迴歸的例子中，所有函數都可能是高度非線性的。例如，這些 z 可能是正弦函數，如：

$$y = a_0 + a_1 \cos(\omega x) + a_2 \sin(\omega x)$$

這樣的格式是**傅立葉分析 (Fourier analysis)** 的基底。

另一方面，下列的簡單模型：

$$y = a_0(1 - e^{-a_1 x})$$

的確是非線性的，因為它無法被改寫成式 (15.7) 的形式。

式 (15.7) 可以用矩陣的符號表示如下：

$$\{y\} = [Z]\{a\} + \{e\} \tag{15.8}$$

其中 [Z] 是自變數在量測值的基底函數組成的計算值矩陣：

$$[Z] = \begin{bmatrix} z_{01} & z_{11} & \cdots & z_{m1} \\ z_{02} & z_{12} & \cdots & z_{m2} \\ \vdots & \vdots & & \vdots \\ z_{0n} & z_{1n} & \cdots & z_{mn} \end{bmatrix}$$

其中 m 是模型中變數的數目，n 是數據點的數目。因為 $n \geq m + 1$，所以 $[Z]$ 通常都不是方陣。

行向量 $\{y\}$ 包含了觀察到的應變數的值：

$$\{y\}^T = \lfloor y_1 \quad y_2 \quad \cdots \quad y_n \rfloor$$

行向量 $\{a\}$ 包含未知係數：

$$\{a\}^T = \lfloor a_0 \quad a_1 \quad \cdots \quad a_m \rfloor$$

行向量 $\{e\}$ 包含剩餘值：

$$\{e\}^T = \lfloor e_1 \quad e_2 \quad \cdots \quad e_n \rfloor$$

此模型剩餘值的平方和可以定義如下：

$$S_r = \sum_{i=1}^{n} \left(y_i - \sum_{j=0}^{m} a_j z_{ji} \right)^2 \tag{15.9}$$

要最小化這個值，可以針對每一個係數取此值的偏導數且將方程式設為零。所得結果是正規方程式，可以用矩陣的形式簡潔地表示如下：

$$[[Z]^T[Z]]\{a\} = \{[Z]^T\{y\}\} \tag{15.10}$$

事實上，式 (15.10) 顯示出其與之前簡單線性迴歸、多項式迴歸及多線性迴歸中推導出來的正規方程式等效。

決定係數與標準誤差也可以用矩陣代數表示。回想 r^2 的定義為：

$$r^2 = \frac{S_t - S_r}{S_t} = 1 - \frac{S_r}{S_t}$$

代入 S_r 及 S_t 的定義後可得

$$r^2 = 1 - \frac{\sum(y_i - \hat{y}_i)^2}{\sum(y_i - \bar{y}_i)^2}$$

其中 $\hat{y}$ = 最小平方配適的預測。最佳配適曲線與數據間的剩餘值 $y_i - \hat{y}$ 則可以向量的形式表示如下：

$$\{y\} - [Z]\{a\}$$

矩陣代數可以用來運算這個向量，計算出決定係數及估計的標準誤差，如下面範例的說明。

範例 15.3　以 MATLAB 做多項式迴歸

問題敘述　重複範例 15.1，但是運用本節所介紹的矩陣運算。

解法　首先輸入想要配適的數據：

```
>> x = [0 1 2 3 4 5]';
>> y = [2.1 7.7 13.6 27.2 40.9 61.1]';
```

接下來建立 [Z] 矩陣：

```
>> Z = [ones(size(x)) x x.^2]
Z =
     1     0     0
     1     1     1
     1     2     4
     1     3     9
     1     4    16
     1     5    25
```

我們可以證明由正規方程式 $[Z]^T[Z]$ 得出係數矩陣：

```
>> Z'*Z
ans =
      6     15     55
     15     55    225
     55    225    979
```

這和我們在範例 15.1 使用加總方式所得到的結果相同，我們可以使用式 (15.10) 計算最小平方二次式的係數：

```
>> a = (Z'*Z)\(Z'*y)
ans =
    2.4786
    2.3593
    1.8607
```

為了求出 r^2 與 $s_{y/x}$，首先要計算剩餘值的平方和：

```
>> Sr = sum((y-Z*a).^2)
Sr =
    3.7466
```

然後可以計算出 r^2：

```
>> r2 = 1-Sr/sum((y-mean(y)).^2)
r2 =
    0.9985
```

還有 $s_{y/x}$ 也可以求得：

```
>> syx = sqrt(Sr/(length(x)-length(a)))
syx =
    1.1175
```

以上敘述的主要動機是要說明這三種迴歸方式的一致性，並且顯示它們都可以很簡單地用相同的矩陣符號表示。我們也藉此為下一節打下基礎，因為接下來我們會深入探討求解式 (15.10) 的最佳策略。而在 15.5 節介紹非線性迴歸時，也會用到矩陣表示法。

15.4 QR 分解與反斜線運算子

在許多工程與科學中有關曲線配適的應用上，利用求解正規方程式來產生最佳配適的方式很普遍，也相當合適。然而，我們必須注意到正規方程式可能是病態條件，會對捨入誤差相當敏感。

有兩個更為進階且較不會受影響的方法是 **QR 分解 (QR factorization)** 與 **奇異值分解 (singular value decomposition)**。雖然這些方法的相關描述超過本書範圍，因為它們可以使用 MATLAB 執行，所以我們仍在此一提。

而且在 MATLAB 中，有兩種簡單的方法可以自動執行 QR 分解。第一，當想要以多項式配適時，內建函數 polyfit 會自動使用 QR 分解來得到結果。

第二，一般線性最小平方問題可以直接使用反斜線運算子求解。回想式 (15.8) 中列式的一般模型為：

$$\{y\} = [Z]\{a\} \tag{15.11}$$

在 10.4 節中，我們使用反斜線運算子進行左除法來求解線性代數方程式系統，系統中方程式的數目與未知數的數目相等 ($n = m$)。對於從一般最小平方推導出的式 (15.8)，方程式的數目大於未知數的數目 ($n > m$)。這樣的系統稱為**過定的 (overdetermined)**。當 MATLAB 察覺到你想要利用左除法求解這種類型的系統時，電腦會自動使用 QR 分解來求得解答。以下範例說明如何完成此程序。

範例 15.4 以 polyfit 與左除法執行多項式迴歸

問題敘述 重複範例 15.3，但是運用 MATLAB 中的內建函數 polyfit 與左除法來計算這些係數。

解法 如範例 15.3，輸入想要配適的數據，建立 [Z] 矩陣：

```
>> x = [0 1 2 3 4 5]';
>> y = [2.1 7.7 13.6 27.2 40.9 61.1]';
>> Z = [ones(size(x)) x x.^2];
```

polyfit 函數可以用來計算出係數：

```
>> a = polyfit(x,y,2)
a =
    1.8607    2.3593    2.4786
```

也可以使用反斜線來得到相同的結果：

```
>> a = Z\y
a =
    2.4786
    2.3593
    1.8607
```

和剛剛所敘述的一樣，這些結果都是自動使用 QR 分解求得。

15.5 非線性迴歸

在工程與科學上，常常有很多非線性模型必須配適數據的情況。在本文中，這些模型定義為與自己的參數有非線性的相依性。例如，

$$y = a_0(1 - e^{-a_1 x}) + e \tag{15.12}$$

這個方程式無法被整理成式 (15.7) 的一般形式。

和線性最小平方一樣，非線性迴歸的基礎是決定可以最小化剩餘值平方和的參數值。然而，對非線性的例子，這樣的解必須以迭代的方式求出。

有一些特別的技巧是針對非線性迴歸所設計。例如，高斯－牛頓法 (Gauss-Newton method) 使用泰勒級數展開，將原始非線性方程式表示成近似的線性形式。另外，最小平方理論可以用來求取趨向最小化剩餘值的參數的新估計值。此方法的詳細內容請參閱其他參考資料（Chapra 和 Canale, 2010）。

另一個方法是使用最佳化的技巧來直接決定最小平方配適。例如，式 (15.12) 可以表示成用來計算平方和的目標函數 (objective function)：

$$f(a_0, a_1) = \sum_{i=1}^{n} [y_i - a_0(1 - e^{-a_1 x_i})]^2 \tag{15.13}$$

接下來，使用最佳化的方式求出能夠最小化此函數的 a_0 及 a_1 值。

如在 7.3.1 節中描述的，MATLAB 中的內建函數 fminsearch 可以用來達成這個目的。其一般語法如下：

```
[x, fval] = fminsearch(fun,x0,options,p1,p2,...)
```

其中 x= 可以用來最小化函數 fun 的參數值的向量，而 fval= 在最小值的函數值，x0= 參數

的初始猜測值的向量，`options=` 包含以 `optimset` 函數（參考 6.5 節）建立的最佳化參數的值之結構，`p1, p2, ⋯` = 傳遞到目標函數的額外引數。要注意，如果 `options` 被忽略，則 MATLAB 會使用對大部分問題而言合理的預設值。如果要傳遞額外的引數 (`p1, p2, ⋯`) 但又不想設定 `options`，則在該位置使用內容空白的中括號 `[]`。

範例 15.5　以 MATLAB 做非線性迴歸

問題敘述　回想範例 14.6，我們使用對數將表 14.1 中的數據線性化以配適冪模型。所得模型為：

$$F = 0.2741v^{1.9842}$$

重複這個範例，但使用非線性迴歸。係數的初始猜測值為 1。

解法　首先，我們要建立一個可以計算平方和的 M 檔函數。以下這個檔案叫做 `fSSR.m`，可以計算冪方程式：

```
function f = fSSR(a,xm,ym)
yp = a(1)*xm.^a(2);
f = sum((ym-yp).^2);
```

在命令模式，可以輸入數據如下：

```
>> x = [10 20 30 40 50 60 70 80];
>> y = [25 70 380 550 610 1220 830 1450];
```

而此函數的最小化可以利用下列方式完成：

```
>> fminsearch(@fSSR, [1, 1], [], x, y)
ans =
    2.5384    1.4359
```

因此最佳配適模型為：

$$F = 2.5384v^{1.4359}$$

　　原始轉換的配適與現在的版本都顯示在圖 15.4 中。要注意的是，雖然這些模型係數差別很大，但很難由圖形上看出哪一個是比較好的配適。

　　這個例子說明了以非線性迴歸對比於利用轉換的線性迴歸，這兩種配適有多麼不同。這是因為前者可以最小化原始數據的剩餘值，而後者則是最小化轉換後數據的剩餘值。

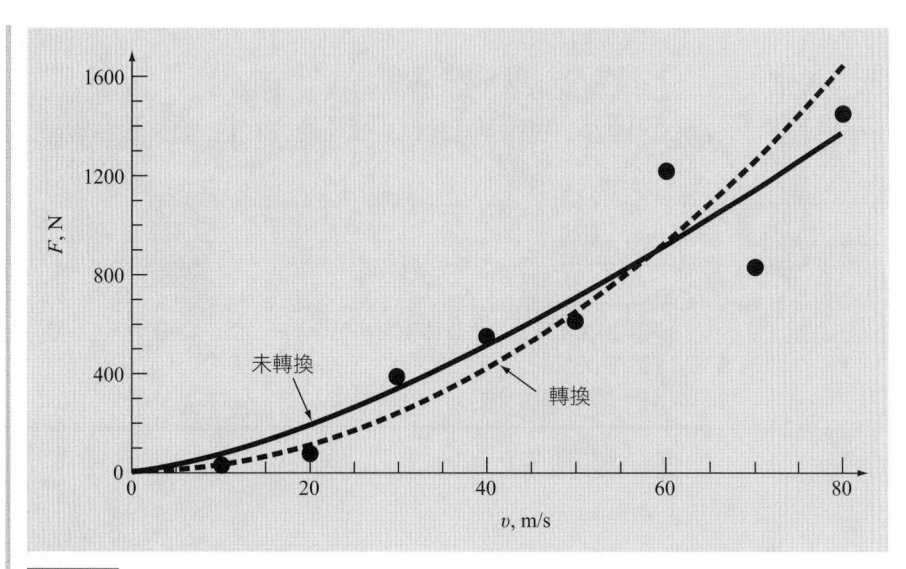

圖 15.4 表 14.1 中力與速度的數據，其轉換與未轉換模型配適結果之比較。

15.6 案例研究　　配適實驗數據

背景　如在 15.2 節末所提到，雖然在許多例子中，一個變數可和兩個或是更多其他的變數線性相關，多重線性迴歸有一個額外的功能，就是求得多變數冪方程式的一般式。

$$y = a_0 x_1^{a_1} x_2^{a_2} \cdots x_m^{a_m} \tag{15.14}$$

這樣的方程式用來配適實驗數據非常有用。首先，要先對方程式取對數轉換，可得：

$$\log y = \log a_0 + a_1 \log x_1 + a_2 \log x_2 \cdots + a_m \log x_m \tag{15.15}$$

如此一來，應變數的對數就和自變數的對數線性相依。

在天然水域（像是河流、湖泊及河口）發生的氣相傳輸是個簡單的範例。已知溶氧的質量轉換係數 K_L (m/d) 是與水的平均流速 U (m/s) 及深度 H (m) 相關，相關算式如下：

$$K_L = a_0 U^{a_1} H^{a_2} \tag{15.16}$$

取常用對數可得：

$$\log K_L = \log a_0 + a_1 \log U + a_2 \log H \tag{15.17}$$

下列數據蒐集自實驗室引水槽，溫度是定值 20°C：

U	0.5	2	10	0.5	2	10	0.5	2	10
H	0.15	0.15	0.15	0.3	0.3	0.3	0.5	0.5	0.5
K_L	0.48	3.9	57	0.85	5	77	0.8	9	92

使用這些數據及一般線性最小平方方法，求得式 (15.16) 中的常數。

解法 類似範例 15.3 中的方法，我們可以開發一個程式去指定數據，建立 [Z] 矩陣，並計算最小平方配適的係數。

```
% Compute best fit of transformed values
clc; format short g
U=[0.5 2 10 0.5 2 10 0.5 2 10]';
H=[0.15 0.15 0.15 0.3 0.3 0.3 0.5 0.5 0.5]';
KL=[0.48 3.9 57 0.85 5 77 0.8 9 92]';
logU=log10(U);logH=log10(H);logKL=log10(KL);
Z=[ones(size(logKL)) logU logH];
a=(Z'*Z)\(Z'*logKL)
```

結果：

```
a =
    0.57627
    1.562
    0.50742
```

因此，最佳配適模型是

$$\log K_L = 0.57627 + 1.562 \log U + 0.50742 \log H$$

或是在沒有轉換的模型中（注意，$a_0 = 10^{0.57627} = 3.7694$），

$$K_L = 3.7694 U^{1.5620} H^{0.5074}$$

在程式中加入下列幾行可以得到統計數字：

```
% Compute fit statistics
Sr=sum((logKL-Z*a).^2)
r2=1-Sr/sum((logKL-mean(logKL)).^2)
syx=sqrt(Sr/(length(logKL)-length(a)))

Sr =
    0.024171
r2 =
    0.99619
syx =
    0.063471
```

最後，配適圖形可被繪出。下列敘述顯示模型的預測對照對 K_L 的量測結果。再次使用 Subplot 於轉換與未轉換的版本。

```
%Generate plots
clf
KLpred=10^a(1)*U.^a(2).*H.^a(3);
KLmin=min(KL);KLmax=max(KL);
```

```
dKL=(KLmax-KLmin)/100;
KLmod=[KLmin:dKL:KLmax];
subplot(1,2,1);
loglog(KLpred,KL,'ko',KLmod,KLmod,'k-')
axis square,title('(a) log-log plot')
legend('model prediction','1:1
line','Location','North West')
xlabel('log(K_L) measured'),ylabel('log(K_L) predicted')
subplot(1,2,2)
plot(KLpred,KL,'ko',KLmod,KLmod,'k-')
axis square,title('(b) untransformed plot')
legend('model prediction','1:1
line','Location','North West')
xlabel('K_L measured'),ylabel('K_L predicted')
```

結果如圖 15.5 所示。

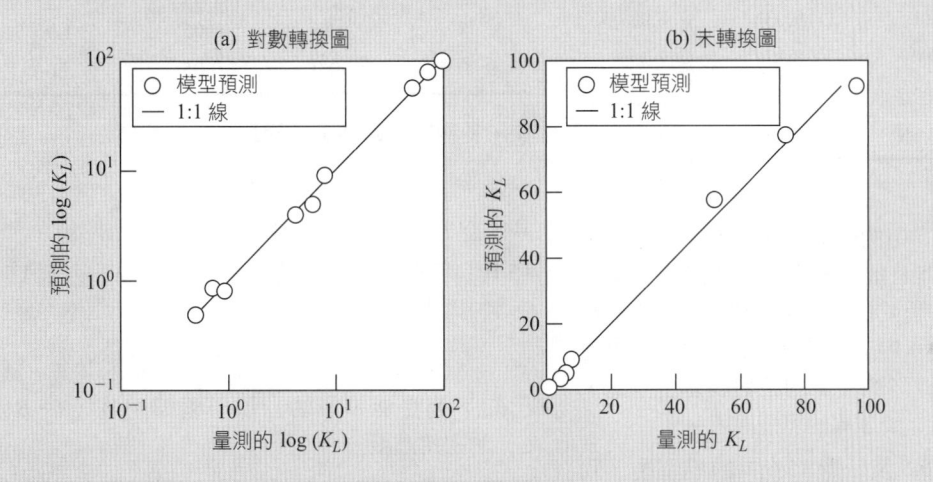

圖 15.5 使用多元迴歸計算氧氣質量傳遞係數的預測結果和量測結果比較的繪圖，結果顯示在 (a) 對數轉換，以及 (b) 未轉換的例子。代表完美相關的 1:1 線疊加顯示在兩張圖中。

習題

> 習題 15.14 和 15.19 請見隨書光碟

15.1 以拋物線來配適表 14.1 中的數據。求此配適的 r^2 以及評論結果的效益。

15.2 使用與式 (14.15) 及式 (14.16) 相同的推導方式，來推導下列模型的最小平方配適：

$$y = a_1 x + a_2 x^2 + e$$

也就是求最小平方配適的二階多項式的係數，且二階多項式的截距為零。將結果配適表 14.1 中的數據來測試這個方法。

15.3 以三次多項式來配適下列數據：

x	3	4	5	7	8	9	11	12
y	1.6	3.6	4.4	3.4	2.2	2.8	3.8	4.6

求解係數，並且求出 r^2 與 $s_{y/x}$。

15.4 開發一個可以執行多項式迴歸的 M 檔。傳給此 M 檔兩個包含 x 和 y 值的向量與想要的階數 m。使用結果求解習題 15.3 以測試此程式。

15.5 根據表 P15.5 中的數據，使用多項式迴歸來推導以溫度為函數的水中溶解氧濃度的預測方程式，其中氯濃度設為零。使用一個足夠高階的多項式，使得預測的有效位數和表 P15.5 一樣。

表 P15.5 以溫度與氯濃度為函數的水中溶解氧濃度。

T, °C	各個溫度 (°C) 與氯濃度 (g/L) 下的溶解氧 (mg/L)		
	$c = 0$ g/L	$c = 10$ g/L	$c = 20$ g/L
0	14.6	12.9	11.4
5	12.8	11.3	10.3
10	11.3	10.1	8.96
15	10.1	9.03	8.08
20	9.09	8.17	7.35
25	8.26	7.46	6.73
30	7.56	6.85	6.20

15.6 根據表 P15.5 中的數據，使用多線性迴歸來推導以溫度和氯為函數的水中溶解氧濃度的預測方程式。使用此方程式估計在 $T = 12°C$、氯濃度為 15 g/L 的情況下的水中溶解氧濃度。注意，真實值為 9.09 mg/L。計算你的預測的相對誤差百分比，並且解釋與真實值之間差異的可能原因。

15.7 比較習題 15.5 及習題 15.6 中的模型後，我們可以提出一個更精確的模型來表示溫度與氯濃度對水中溶解氧氣飽和的效應，其形式可以假設如下：

$$o = f_3(T) + f_1(c)$$

也就是說，我們可以假設一個溫度的三階多項式及一個氯的線性關係，以得到更好的結果。使用一般線性最小平方方法來配適這個模型至表 P15.5 中的數據。使用所得的方程式，估計水中溶解氧濃度，若 $T = 12°C$，氯的濃度為 15 g/L。注意，真實值為 9.09 mg/L。計算你的預測的相對誤差百分比。

15.8 使用多線性迴歸來配適：

x_1	0	1	1	2	2	3	3	4	4
y_2	0	1	2	1	2	1	2	1	2
y	15.1	17.9	12.7	25.6	20.5	35.1	29.7	45.4	40.2

計算係數、估計的標準誤差，以及相關係數。

15.9 下列數據蒐集自圓形混凝土水管中水的穩態流動：

實驗	直徑, m	斜率, m/m	流量, m³/s
1	0.3	0.001	0.04
2	0.6	0.001	0.24
3	0.9	0.001	0.69
4	0.3	0.01	0.13
5	0.6	0.01	0.82
6	0.9	0.01	2.38
7	0.3	0.05	0.31
8	0.6	0.05	1.95
9	0.9	0.05	5.66

使用多線性迴歸與下列模型來配適數據：

$$Q = \alpha_0 D^{\alpha_1} S^{\alpha_2}$$

其中 $Q = $ 流量，$D = $ 直徑，$S = $ 斜率。

15.10 三個帶菌微生物以指數形式依下列模型在海水中腐爛：

$$p(t) = Ae^{-1.5t} + Be^{-0.3t} + Ce^{-0.05t}$$

已知下列量測值，估計每一個微生物（A、B 及 C）的初始濃度。

t	0.5	1	2	3	4	5	6	7	9
$p(t)$	6	4.4	3.2	2.7	2	1.9	1.7	1.4	1.1

15.11 下列模型是用來表示太陽輻射對於水生植物光合作用率的效應：

$$P = P_m \frac{I}{I_{sat}} e^{-\frac{I}{I_{sat}}+1}$$

其中 $P = $ 光合作用率 (mg · m⁻³d⁻¹)，$P_m = $ 最大光合作用率 (mg · m⁻³d⁻¹)，$I = $ 太陽輻射 (μE · m⁻²s⁻¹)，$I_{sat} = $ 最佳太陽輻射 (μE · m⁻²s⁻¹)。根據下列數據，使用非線性迴歸估計 P_m 與 I_{sat}：

I	50	80	130	200	250	350	450	550	700
P	99	177	202	248	229	219	173	142	72

15.12 已知下列數據：

x	1	2	3	4	5
y	2.2	2.8	3.6	4.5	5.5

使用 MATLAB 與一般線性最小平方法，以下列模型配適數據：

$$y = a + bx + \frac{c}{x}$$

15.13 在習題 14.8 中，我們使用轉換來線性化並且配適下列模型：

$$y = \alpha_4 x e^{\beta_4 x}$$

根據下列數據，使用非線性迴歸來估計 α_4 與 β_4。畫出你的配適圖形，並加上數據。

x	0.1	0.2	0.4	0.6	0.9	1.3	1.5	1.7	1.8
y	0.75	1.25	1.45	1.25	0.85	0.55	0.35	0.28	0.18

15.15 已知下列數據：

x	5	10	15	20	25	30	35	40	45	50
y	17	24	31	33	37	37	40	40	42	41

使用最小平方迴歸配適一個 **(a)** 直線；**(b)** 冪方程式；**(c)** 飽和成長率方程式；**(d)** 拋物線。對於 **(b)** 及 **(c)**，使用轉換來線性化數據。繪製沿著全部曲線的數據。有任何一條曲線較佳嗎？若有的話，請說明。

15.16 下列數據描述某液體培養基中的細菌在數天的成長情形：

天數	0	4	8	12	16	20
數量 $\times 10^6$	67.38	74.67	82.74	91.69	101.60	112.58

對此數據趨勢找到一個最佳配適方程式。嘗試各種可能，如線性、二次和指數。求出可預計 35 天之後細菌總量的最佳方程式。

15.17 水的動力黏度 μ (10^{-3} N·s/m^2) 以下列形式與溫度 T(°C) 相關：

T	0	5	10	20	30	40
μ	1.787	1.519	1.307	1.002	0.7975	0.6529

(a) 繪製此數據。
(b) 使用線性內插預測在 $T = 7.5$°C 之 μ 值。
(c) 使用多項式迴歸，配適一拋物線至數據，目的是作出相同的預測。

15.18 對於下列的狀態方程式，使用一般線性最小平方求出可能的最佳虛擬常數（A_1 與 A_2）。$R = 82.05$ mL·atm/gmol·K，$T = 303$ K。

$$\frac{PV}{RT} = 1 + \frac{A_1}{V} + \frac{A_2}{V^2}$$

P (atm)	0.985	1.108	1.363	1.631
V (mL)	25,000	22,200	18,000	15,000

15.20 停住一輛汽車所需要的距離同時包含思考及剎車兩部分，這兩者都是速度的函數。為了量化這個關係，蒐集了下列實驗數據。找出針對思考及剎車的最佳配適方程式。使用這些方程式來估計一輛汽車以 110 km/hr 的速度行進達到完全停止的距離。

速度, km/hr	30	45	60	75	90	120
思考, m	5.6	8.5	11.1	14.5	16.7	22.4
剎車, m	5.0	12.3	21.0	32.9	47.6	84.7

15.21 一名調查員回報了以下數據。已知這些數據可以用下列方程式模型修改：

$$x = e^{(y-b)/a}$$

其中 a 及 b 是參數。使用非線性迴歸求出 a 及 b。根據你的分析，預測在 $x = 2.6$ 時的 y 值。

x	1	2	3	4	5
y	0.5	2	2.9	3.5	4

15.22 已知下列數據可以用下列方程式模型修改：

$$y = \left(\frac{a + \sqrt{x}}{b\sqrt{x}}\right)^2$$

使用非線性迴歸求出參數 a 及 b。根據你的分析，預測在 $x = 1.6$ 時的 y 值。

x	0.5	1	2	3	4
y	10.4	5.8	3.3	2.4	2

15.23 一名調查員回報實驗數據如下，以求出細菌 k 的生長速率，為含氧濃度 c (mg/L) 的函數。已知這些數據可以用下列方程式模型修改：

$$k = \frac{k_{\max} c^2}{c_s + c^2}$$

使用非線性迴歸去估測 c_s 與 k_{max} 值，並且預測在 c = 2 mg/L 時細菌的成長速率。

c	0.5	0.8	1.5	2.5	4
k	1.1	2.4	5.3	7.6	8.9

15.24 某材料的週期疲勞破壞程度接受測試。將某應力（單位為 MPa）施加在此材料上，然後量測造成破壞所需要施力的次數，結果如下表所列。使用非線性迴歸，以冪模型去配適這些數據。

N, 週期應力, MPa	0	10	100	1000	10,000	100,000	1,000,000
	1100	1000	925	800	625	550	420

15.25 下列數據顯示 SAE70 潤滑油的黏度與溫度間的關係。使用非線性迴歸，以冪方程式去配適這些數據。

溫度, T, °C	26.67	93.33	148.89	315.56
黏度, μ, N·s/m²	1.35	0.085	0.012	0.00075

15.26 在暴風雨過後，量測某游泳區域的大腸桿菌濃度如下：

t (hr)	4	8	12	16	20	24
c (CFU/100 mL)	1590	1320	1000	900	650	560

量測時間是從暴風雨結束後開始，以小時為單位，而單位 CFU 是「群聚形成單位」。使用非線性迴歸，以指數模型式 (14.22) 去配適這些數據。使用這個模型預測 **(a)** 在暴風雨剛結束後 ($t = 0$) 的細菌濃度，以及 **(b)** 濃度達到 200 CFU/100 mL 的時間。

15.27 使用非線性迴歸以及下列的壓力—體積數據，找出對下列狀態方程式可能的最佳虛擬常數 (A_1 與 A_2)，R = 82.05 mL · atm/gmol · K，溫度 T = 303 K。

$$\frac{PV}{RT} = 1 + \frac{A_1}{V} + \frac{A_2}{V^2}$$

P (atm)	0.985	1.108	1.363	1.631
V (mL)	25,000	22,200	18,000	15,000

15.28 三個帶菌微生物，依下列模型在湖水中產生指數性衰退：

$$p(t) = Ae^{-1.5t} + Be^{-0.3t} + Ce^{-0.05t}$$

已知下列量測數據，使用非線性迴歸估計每個微生物（A、B 及 C）的初始數量。

t, hr	0.5	1	2	3	4	5	6	7	9
p(t)	6.0	4.4	3.2	2.7	2.2	1.9	1.7	1.4	1.1

15.29 **安托安方程式 (Antoine equation)** 描述純組成的蒸氣壓與溫度的關係式如下：

$$\ln(p) = A - \frac{B}{C+T}$$

其中 p 是蒸氣壓，T 是溫度 (K)，A，B，和 C 是組成一特定常數。依據以下量測值，用 MATLAB 求一氧化碳的常數最佳值。

T (k)	50	60	70	80	90	100	110	120	130
p (Pa)	82	2300	18,500	80,500	2.3×10⁵	5×10⁵	9.6×10⁵	1.5×10⁶	2.4×10⁶

除了常數以外，求你的配適的 r^2 和 $s_{y/x}$。

15.30 下列模型是根據簡化的**阿瑞尼斯方程式 (Arrhenius equation)** 而來，此模型常用在環境工程中，將溫度 T(°C) 對污染物衰退率 k（每天）的影響參數化：

$$K = k_{20}\theta^{T-20}$$

其中參數 k_{20} = 在 20°C 的衰退率，θ = 無因次溫度相關係數。以下數據得自實驗室：

T (°C)	6	12	18	24	30
k (每天)	0.15	0.20	0.32	0.45	0.70

(a) 使用轉換來線性化此方程式，然後使用線性迴歸來估算 k_{20} 和 θ。**(b)** 使用非線性迴歸來估算相同的參數。對於 (a) 和 (b)，應用此方程式預測在 T = 17°C 的反應率。

第 17 章

多項式內插

章節目標

本章的主要目標是介紹多項式內插。個別的目標和主題包括：
- 了解計算聯立方程式的多項式係數是一個病態條件的問題。
- 了解如何評估多項式係數，並利用 MATLAB 的內建函數 `polyfit` 和 `polyval` 進行內插。
- 了解如何以牛頓多項式進行內插。
- 了解如何以拉格朗日多項式進行內插。
- 了解如何藉由轉換成求根問題來求解反內插問題。
- 了解外插的危險處。
- 了解高階多項式會導致大的振盪。

有個問題考考你

假設我們要改善對自由落下的高空彈跳者的速度預測，我們可能需要將模型拓展到包含質量與空氣阻力之外的因子。如先前在 1.4 節中所提到的，風阻係數本身可以公式化為其他因素的函數，像是高空彈跳者的表面積，或是空氣的密度與黏度。

空氣密度與黏度一般會以溫度的函數表列。例如，表 17.1 摘錄自一本流體力學暢銷教科書 (White, 1999)。

假設我們需要的某溫度下的空氣密度並未列在表中，這種情形必須使用內插。也就是必須根據包圍這些空氣的空氣密度，來估計在所需求溫度下的空氣密度。最簡單的方式是求出一條連接兩個相鄰值之直線的方程式，然後使用這個方程式來估計中間溫度值對應的空氣密度。雖然這種**線性內插 (linear interpolation)** 在很多情況下是適用的，但若數據顯現出明顯的彎曲度時，則會造成顯著的誤差。在本章中，我們將會探討幾種不同的方法來求得在這些情況下的估計值。

表 17.1 在一大氣壓 (1 atm) 之下，密度 (ρ)、動力黏度 (μ)，以及運度黏度 (υ) 對溫度 (T) 的函數，來自 White (1999) 的研究。

T, °C	ρ, kg/m³	μ, N·s/m²	υ, m²/s
−40	1.52	1.51×10^{-5}	0.99×10^{-5}
0	1.29	1.71×10^{-5}	1.33×10^{-5}
20	1.20	1.80×10^{-5}	1.50×10^{-5}
50	1.09	1.95×10^{-5}	1.79×10^{-5}
100	0.946	2.17×10^{-5}	2.30×10^{-5}
150	0.835	2.38×10^{-5}	2.85×10^{-5}
200	0.746	2.57×10^{-5}	3.45×10^{-5}
250	0.675	2.75×10^{-5}	4.08×10^{-5}
300	0.616	2.93×10^{-5}	4.75×10^{-5}
400	0.525	3.25×10^{-5}	6.20×10^{-5}
500	0.457	3.55×10^{-5}	7.77×10^{-5}

17.1 內插概論

你常常會需要根據兩個精確的數據點做中間值的估計。而為了達成此目的，最普遍的方法就是使用多項式內插。一個 ($n-1$) 階的多項式一般可表示如下：

$$f(x) = a_1 + a_2 x + a_3 x^2 + \cdots + a_n x^{n-1} \tag{17.1}$$

對於 n 個數據點，有一個且唯有一個 ($n-1$) 階多項式可以通過所有的點。例如，只有唯一一條直線（也就是一階多項式）可以連接兩個點（圖 17.1a）。同樣地，只有唯一一條拋物線可以連接一組三個點（圖 17.1b）。**多項式內插 (polynomial interpolation)** 要先決定可配適 n 個數據點唯一的 ($n-1$) 階多項式，然後將此多項式當作公式來計算中間值。

在開始介紹之前，我們應注意到 MATLAB 代表多項式係數的方式和式 (17.1) 不同。它不

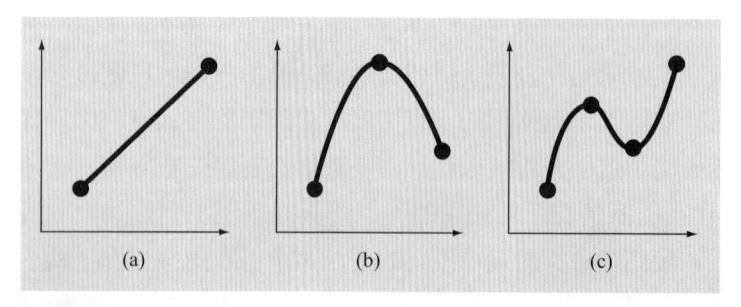

圖 17.1 內插多項式的例子：(a) 一階（線性）連接兩個點；(b) 二階（二次或拋物線）連接三個點；(c) 三階（三次）連接四個點。

是用 x 升冪的方式表示，而是使用降冪表示如下：

$$f(x) = p_1 x^{n-1} + p_2 x^{n-2} + \cdots + p_{n-1} x + p_n \tag{17.2}$$

為了要和 MATLAB 的表示法一致，我們在接下來的敘述都會採用這樣的架構。

17.1.1 求解多項式係數

計算式 (17.2) 的一個直接方法，就是根據求解 n 個係數需要 n 個數據點這個事實而來。如以下範例所示，這麼做可以產生 n 個線性代數方程式，如此可以聯立求解這些係數。

範例 17.1　利用聯立方程式求解多項式係數

問題敘述　假設我們要決定拋物線 $f(x) = p_1 x^2 + p_2 x + p_3$ 的係數，此拋物線通過表 17.1 的最後三個密度值：

$$\begin{aligned} x_1 &= 300 & f(x_1) &= 0.616 \\ x_2 &= 400 & f(x_2) &= 0.525 \\ x_3 &= 500 & f(x_3) &= 0.457 \end{aligned}$$

此三對數值可以代入式 (17.2)，得到一組三個方程式的系統：

$$\begin{aligned} 0.616 &= p_1 (300)^2 + p_2 (300) + p_3 \\ 0.525 &= p_1 (400)^2 + p_2 (400) + p_3 \\ 0.457 &= p_1 (500)^2 + p_2 (500) + p_3 \end{aligned}$$

或者以矩陣的形式表示：

$$\begin{bmatrix} 90{,}000 & 300 & 1 \\ 160{,}000 & 400 & 1 \\ 250{,}000 & 500 & 1 \end{bmatrix} \begin{Bmatrix} p_1 \\ p_2 \\ p_3 \end{Bmatrix} = \begin{Bmatrix} 0.616 \\ 0.525 \\ 0.457 \end{Bmatrix}$$

因此，這個問題被縮減到由三個聯立線性代數方程式求解三個未知係數。可以使用一個簡單的 MATLAB 執行以得到下列的解：

```
>> format long
>> A = [90000 300 1;160000 400 1;250000 500 1];
>> b = [0.616 0.525 0.457]';
>> p = A\b
p =
   0.00000115000000
  -0.00171500000000
   1.02700000000000
```

因此，會完全精確地通過這三個點的拋物線為：

$$f(x) = 0.00000115x^2 - 0.001715x + 1.027$$

這個多項式提供我們一個用來決定中間值的依據。例如，要求出在溫度為 350°C 時空氣密度的值可以計算如下：

$$f(350) = 0.00000115(350)^2 - 0.001715(350) + 1.027 = 0.567625$$

雖然範例 17.1 中提供我們一個簡單的方式進行內插，它有一個很嚴重的缺點。要了解這個缺點，我們注意到範例 17.1 的係數矩陣有一個決定性的結構。將其表示成一般項後就可清楚看出：

$$\begin{bmatrix} x_1^2 & x_1 & 1 \\ x_2^2 & x_2 & 1 \\ x_3^2 & x_3 & 1 \end{bmatrix} \begin{Bmatrix} p_1 \\ p_2 \\ p_3 \end{Bmatrix} = \begin{Bmatrix} f(x_1) \\ f(x_2) \\ f(x_3) \end{Bmatrix} \tag{17.3}$$

此形式的係數矩陣稱為**凡德芒矩陣 (Vandermonde matrix)**。這樣的矩陣是病態條件，亦即其解對於捨入誤差非常敏感。我們可以利用 MATLAB 內建的函數來計算範例 17.1 中係數矩陣的條件數，說明如下：

```
>> cond(A)
ans =
   5.8932e+006
```

對於 3 × 3 矩陣而言，這個條件數非常大，也就是解中大約有六位的數字是不可靠的。當聯立方程式的數目變多時，條件會變得更為病態。

因此，有許多其他的方式可以避免這個缺點。在本章中，我們會介紹兩種方式，這兩種方式非常適合使用電腦執行，也就是牛頓多項式與拉格朗日多項式。然而在開始之前，我們先簡短地回顧如何使用 MATLAB 內建的函數直接估計內插多項式的係數。

17.1.2　MATLAB 函數：`polyfit` 與 `polyval`

回想 14.5.2 節，`polyfit` 函數可以用來執行多項式迴歸。在這種應用之中，數據點的數目比需要估計的係數的數目還要多。因此，最小平方配適線並不一定要通過任何一點，但會符合資料的趨勢。

當數據點的數目與係數的數目相當時，`polyfit` 可用來執行內插，亦即它會傳回直接通過每一數據點的多項式係數。例如，我們可以使用此函數來求解表 17.1 中要通過最後三個空氣密度值的拋物線的係數：

```
>> format long
>> T = [300 400 500];
>> density = [0.616 0.525 0.457];
>> p = polyfit(T,density,2)
p =
   0.00000115000000  -0.00171500000000   1.02700000000000
```

接下來我們可以使用 polyval 函數來進行內插的運算：

```
>> d = polyval(p,350)
d =
   0.56762500000000
```

這些結果與範例 17.1 中利用聯立方程式所求的結果一致。

17.2 | 牛頓內插多項式

除了我們熟知的式 (17.2) 的形式之外，還有各式各樣不同的方式可以用來表示內插多項式。牛頓內插多項式是這些方法中最普遍且最有用的形式。在開始介紹一般的方程式之前，我們先介紹一階與二階的版本，因為兩者都很容易用圖形解釋。

17.2.1 線性內插

最簡單的內插形式就是用一條直線連接兩個數據點。此種技巧稱為**線性內插 (linear interpolation)**，如圖 17.2 所示。使用相似三角形：

$$\frac{f_1(x) - f(x_1)}{x - x_1} = \frac{f(x_2) - f(x_1)}{x_2 - x_1} \tag{17.4}$$

可以改寫成為：

$$f_1(x) = f(x_1) + \frac{f(x_2) - f(x_1)}{x_2 - x_1}(x - x_1) \tag{17.5}$$

上式是所謂的**牛頓線性內插公式 (Newton linear-interpolation formula)**。$f_1(x)$ 表示它是一階的內插多項式。我們注意到除了代表連接這兩個點的斜率之外，$[f(x_2) - f(x_1)]/(x_2 - x_1)$ 這個項是一階導數的有限差分近似（回想式 (4.20)）。通常，兩個數據點間的區間愈小，近似的效果愈好。這是由於當區間縮小的同時，連續函數愈能夠近似直線。下列範例可說明此特性。

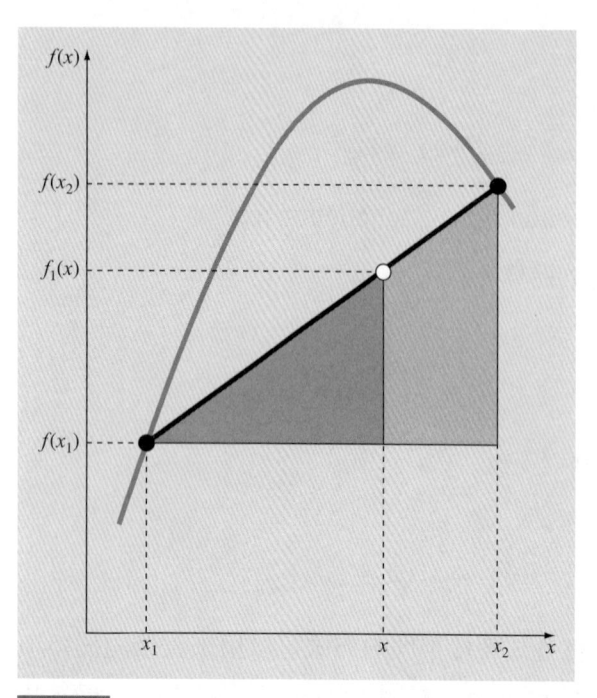

圖 17.2 線性內插的圖解說明。陰影部分表示用來推導牛頓線性內插公式（式 (17.5)）的相似三角形。

範例 17.2　線性內插

問題敘述　使用線性內插來估計 2 的自然對數。首先，在 ln 1 = 0 到 ln 6 = 1.791759 的區間進行內插的計算。接下來重複此程序，但是用一個較小的區間，也就是 ln 1 到 ln 4 (1.386294)。注意，ln 2 的真實值為 0.6931472。

解法　我們使用式 (17.5)，並根據 $x_1 = 1$ 到 $x_2 = 6$，得到：

$$f_1(2) = 0 + \frac{1.791759 - 0}{6 - 1}(2 - 1) = 0.3583519$$

此值具有誤差 $\varepsilon_t = 48.3\%$。使用從 $x_1 = 1$ 到 $x_2 = 4$ 這個較小的區間，我們得到：

$$f_1(2) = 0 + \frac{1.386294 - 0}{4 - 1}(2 - 1) = 0.4620981$$

因此，使用較短的區間，相對誤差百分比降到 $\varepsilon_t = 33.3\%$。兩種內插與真實函數都顯示在圖 17.3。

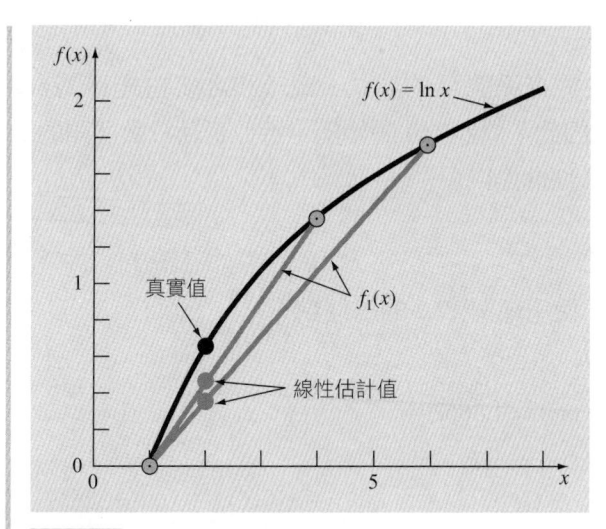

圖 17.3 用來估計 ln 2 的兩個線性內插。注意到較小的區間可以提供較好的估計值。

17.2.2 二次內插

範例 17.2 因為使用直線來近似曲線，所以導致誤差。因此，一個用以改善此種估計的策略就是引入曲線來連接這些點。如果已知三個數據點，則可以利用二階多項式（也稱為二次多項式或拋物線）來完成內插。為此，有一個特別方便的形式如下：

$$f_2(x) = b_1 + b_2(x - x_1) + b_3(x - x_1)(x - x_2) \tag{17.6}$$

可以用一個簡單的步驟求解係數的值。對於 b_1，可以利用 $x = x_1$ 代入式 (17.6) 計算得到：

$$b_1 = f(x_1) \tag{17.7}$$

式 (17.7) 可以代入式 (17.6)，利用 $x = x_2$ 計算得到：

$$b_2 = \frac{f(x_2) - f(x_1)}{x_2 - x_1} \tag{17.8}$$

最後，式 (17.7) 及式 (17.8) 可以代入式 (17.6)，以 $x = x_3$ 計算（在經過一些代數運算之後）得到：

$$b_3 = \frac{\frac{f(x_3) - f(x_2)}{x_3 - x_2} - \frac{f(x_2) - f(x_1)}{x_2 - x_1}}{x_3 - x_1} \tag{17.9}$$

我們注意到，和線性內插的情形一樣，b_2 仍表示了連接點 x_1 及點 x_2 的直線斜率。因此，式 (17.6) 的前兩項等效於點 x_1 及點 x_2 之間的線性內插，如同之前在式 (17.5) 中所示。最後一項

$b_3(x-x_1)(x-x_2)$ 則將二階曲線引入到這個公式。

在說明如何使用式 (17.6) 之前，我們要先檢查係數 b_3 的形式。此項和之前在式 (4.27) 中所介紹之二階導數的有限差分近似非常相似。因此，式 (17.6) 開始顯示近似泰勒級數展開的結構，亦即藉由不斷地增加連續項數，以擷取高階的曲線。

範例 17.3　二次內插

問題敘述　使用二階牛頓多項式來估計 ln 2，使用範例 17.2 的三個點：

$$x_1 = 1 \quad f(x_1) = 0$$
$$x_2 = 4 \quad f(x_2) = 1.386294$$
$$x_3 = 6 \quad f(x_3) = 1.791759$$

解法　使用式 (17.7) 可得：

$$b_1 = 0$$

而式 (17.8) 可得：

$$b_2 = \frac{1.386294 - 0}{4 - 1} = 0.4620981$$

並且由式 (17.9) 得到：

$$b_3 = \frac{\frac{1.791759 - 1.386294}{6 - 4} - 0.4620981}{6 - 1} = -0.0518731$$

將這些值代入式 (17.6)，可以得到下列二次公式：

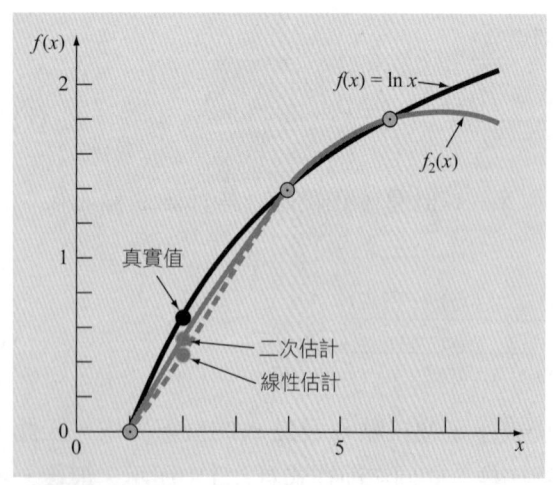

圖 17.4　使用二次內插來估計 ln 2。由 $x = 1$ 到 4 的線性內插也被繪於圖中作為比較。

$$f_2(x) = 0 + 0.4620981(x-1) - 0.0518731(x-1)(x-4)$$

估計此公式在 $x = 2$ 的值可得 $f_2(2) = 0.5658444$，此值具有相對誤差 $\varepsilon_t = 18.4\%$。因此，使用二次公式（如圖 17.4 所示）得到的曲線改善了內插的結果，其結果比範例 17.2 與圖 17.3 中使用直線做內插的結果更好。

17.2.3 牛頓內插多項式的一般形式

前述分析可以用來配適 $(n-1)$ 階的多項式至 n 個數據點。此 $(n-1)$ 階的多項式為：

$$f_{n-1}(x) = b_1 + b_2(x-x_1) + \cdots + b_n(x-x_1)(x-x_2)\cdots(x-x_{n-1}) \tag{17.10}$$

和之前我們用線性內插以及二次內插所做的一樣，數據點可以用來計算係數 $b_1, b_2, ..., b_n$。$(n-1)$ 階的多項式需要用到 n 個數據點：$[x_1, f(x_1)], [x_2, f(x_2)], ..., [x_n, f(x_n)]$。我們使用這些數據點及以下方程式來計算係數：

$$b_1 = f(x_1) \tag{17.11}$$

$$b_2 = f[x_2, x_1] \tag{17.12}$$

$$b_3 = f[x_3, x_2, x_1] \tag{17.13}$$

$$\vdots$$

$$b_n = f[x_n, x_{n-1}, \ldots, x_2, x_1] \tag{17.14}$$

其中，用中括號表示的函數是有限分割差分的計算。例如，一次有限分割差分的一般式表示如下：

$$f[x_i, x_j] = \frac{f(x_i) - f(x_j)}{x_i - x_j} \tag{17.15}$$

而二次有限分割差分則是表示兩個一次有限分割差分之間的差分，其一般式表示如下：

$$f[x_i, x_j, x_k] = \frac{f[x_i, x_j] - f[x_j, x_k]}{x_i - x_k} \tag{17.16}$$

同理，第 n 次的有限分割差分如下：

$$f[x_n, x_{n-1}, \ldots, x_2, x_1] = \frac{f[x_n, x_{n-1}, \ldots, x_2] - f[x_{n-1}, x_{n-2}, \ldots, x_1]}{x_n - x_1} \tag{17.17}$$

這些差分可用來計算式 (17.11) 到式 (17.14) 中的係數，然後將其代回式 (17.10) 得到一般形式的牛頓內插多項式：

x_i	$f(x_i)$	一階	二階	三階
x_1	$f(x_1)$	$f[x_2, x_1]$	$f[x_3, x_2, x_1]$	$f[x_4, x_3, x_2, x_1]$
x_2	$f(x_2)$	$f[x_3, x_2]$	$f[x_4, x_3, x_2]$	
x_3	$f(x_3)$	$f[x_4, x_3]$		
x_4	$f(x_4)$			

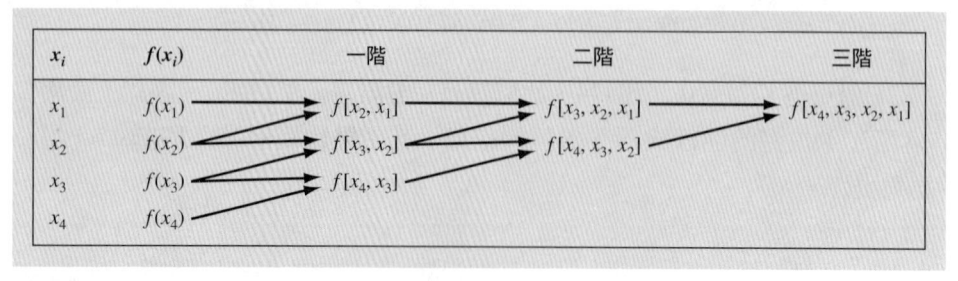

圖 17.5 圖解說明有限分割差分的遞迴特性。此表示方法又稱為分割差分表。

$$f_{n-1}(x) = f(x_1) + (x - x_1)f[x_2, x_1] + (x - x_1)(x - x_2)f[x_3, x_2, x_1]$$
$$+ \cdots + (x - x_1)(x - x_2) \cdots (x - x_{n-1})f[x_n, x_{n-1}, \ldots, x_2, x_1] \quad (17.18)$$

要注意的是,在式 (17.18) 中所使用的數據點之間並不一定要等距,橫軸上對應的值也不一定要由小到大排列,如以下範例所示。不過,數據點應該盡量圍繞並靠近未知點。另外,注意式 (17.15) 到式 (17.17) 是遞迴性的,也就是說高階的差分就是取兩個低階差分的差分(圖 17.5)。我們會在發展可以執行此數值方法的有效 M 檔時進一步說明這項特性。

範例 17.4 牛頓內插多項式

問題敘述 範例 17.3 使用 $x_1 = 1$、$x_2 = 4$、$x_3 = 6$ 的數據點及拋物線來估計 ln 2。現在,增加第四個點 $[x_4 = 5; f(x_4) = 1.609438]$,再以三階牛頓內插多項式來估計 ln 2。

解法 式 (17.10) 中,$n = 4$ 就是一個三階的多項式,公式如下:

$$f_3(x) = b_1 + b_2(x - x_1) + b_3(x - x_1)(x - x_2) + b_4(x - x_1)(x - x_2)(x - x_3)$$

此問題的一次分割差分為(參考式 (17.15)):

$$f[x_2, x_1] = \frac{1.386294 - 0}{4 - 1} = 0.4620981$$

$$f[x_3, x_2] = \frac{1.791759 - 1.386294}{6 - 4} = 0.2027326$$

$$f[x_4, x_3] = \frac{1.609438 - 1.791759}{5 - 6} = 0.1823216$$

二次分割差分為(式 (17.16)):

$$f[x_3, x_2, x_1] = \frac{0.2027326 - 0.4620981}{6 - 1} = -0.05187311$$

$$f[x_4, x_3, x_2] = \frac{0.1823216 - 0.2027326}{5 - 4} = -0.02041100$$

三次分割差分為(式 (17.17),$n = 4$):

$$f[x_4, x_3, x_2, x_1] = \frac{-0.02041100 - (-0.05187311)}{5 - 1} = 0.007865529$$

所得之分割差分表如下：

x_i	$f(x_i)$	一階	二階	三階
1	0	0.4620981	−0.05187311	0.007865529
4	1.386294	0.2027326	−0.02041100	
6	1.791759	0.1823216		
5	1.609438			

$f(x_1)$、$f[x_2, x_1]$、$f[x_3, x_2, x_1]$ 及 $f[x_4, x_3, x_2, x_1]$ 的結果分別表示了式 (17.10) 中的係數 b_1、b_2、b_3 及 b_4。因此，內插的三次方程式為：

$$\begin{aligned}f_3(x) = &\ 0 + 0.4620981(x - 1) - 0.05187311(x - 1)(x - 4) \\ &+ 0.007865529(x - 1)(x - 4)(x - 6)\end{aligned}$$

此公式可以用來計算出 $f_3(2) = 0.6287686$，其相對誤差為 $\varepsilon_t = 9.3\%$。完整的三次多項式如圖 17.6 所示。

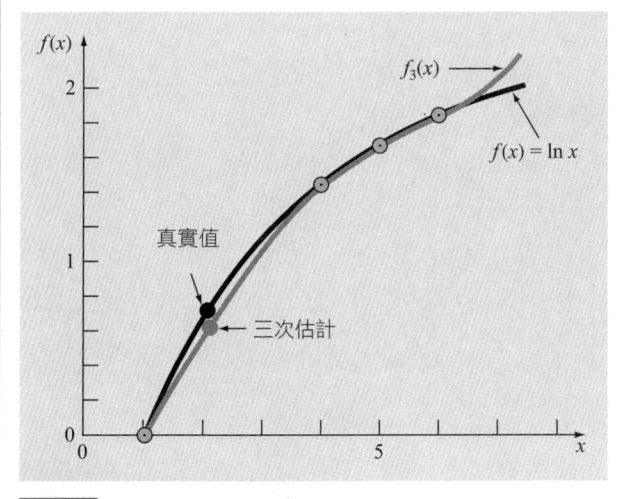

圖 17.6 利用三次內插估計 ln 2。

17.2.4　MATLAB M 檔：Newtint

要發展一個 M 檔執行牛頓內插法很簡單。如圖 17.7 所示，首先要計算有限分割差分並將結果儲存在陣列當中。然後使用這些差分與式 (17.18) 來計算內插。

一個使用此函數的範例，是複製我們剛剛在範例 17.3 中所做的相同計算：

```
function yint = Newtint(x,y,xx)
% Newtint: Newton interpolating polynomial
% yint = Newtint(x,y,xx): Uses an (n - 1)-order Newton
%   interpolating polynomial based on n data points (x, y)
%   to determine a value of the dependent variable (yint)
%   at a given value of the independent variable, xx.
% input:
%   x = independent variable
%   y = dependent variable
%   xx = value of independent variable at which
%        interpolation is calculated
% output:
%   yint = interpolated value of dependent variable

% compute the finite divided differences in the form of a
% difference table
n = length(x);
if length(y)~=n, error('x and y must be same length'); end
b = zeros(n,n);
% assign dependent variables to the first column of b.
b(:,1) = y(:); % the (:) ensures that y is a column vector.
for j = 2:n
  for i = 1:n-j+1
    b(i,j) = (b(i+1,j-1)-b(i,j-1))/(x(i+j-1)-x(i));
  end
end
% use the finite divided differences to interpolate
xt = 1;
yint = b(1,1);
for j = 1:n-1
  xt = xt*(xx-x(j));
  yint = yint+b(1,j+1)*xt;
end
```

圖 17.7 一個用來執行牛頓內插法的 M 檔。

```
>> format long
>> x = [1 4 6 5]';
>> y = log(x);
>> Newtint(x,y,2)

ans =
    0.62876857890841
```

17.3 　拉格朗日內插多項式

假設我們以一條直線連接的兩個值的加權平均來公式化一個線性內插多項式：

$$f(x) = L_1 f(x_1) + L_2 f(x_2) \tag{17.19}$$

其中這些 L 表示加權係數。我們可以合理地說，第一個加權係數是在 x_1 處等於 1 以及在 x_2 處等於 0 的直線：

$$L_1 = \frac{x - x_2}{x_1 - x_2}$$

同理，第二個係數就是在 x_2 處等於 1 以及在 x_1 處等於 0 的直線：

$$L_2 = \frac{x - x_1}{x_2 - x_1}$$

將這些係數代入式 (17.19)，則得到一條連接這些點的直線（如圖 17.8 所示）：

$$f_1(x) = \frac{x - x_2}{x_1 - x_2} f(x_1) + \frac{x - x_1}{x_2 - x_1} f(x_2) \tag{17.20}$$

其中 $f_1(x)$ 說明它是一個一階多項式。式 (17.20) 又稱為**線性拉格朗日內插多項式 (linear Lagrange interpolating polynomial)**。

同樣的策略可用於配適拋物線至三個點。在這個情況下，要使用三條拋物線，每一條都會通過其中一點並在另外兩點時為零。三者的總和會是一條唯一通過此三點的拋物線。這樣的二階拉格朗日內插多項式可以寫成：

$$\begin{aligned}f_2(x) = &\frac{(x - x_2)(x - x_3)}{(x_1 - x_2)(x_1 - x_3)} f(x_1) + \frac{(x - x_1)(x - x_3)}{(x_2 - x_1)(x_2 - x_3)} f(x_2) \\ &+ \frac{(x - x_1)(x - x_2)}{(x_3 - x_1)(x_3 - x_2)} f(x_3)\end{aligned} \tag{17.21}$$

注意，第一項在 x_1 處會等於 $f(x_1)$，而在 x_2 處與 x_3 處皆等於零。其他項也是遵循類似的方式。

不管是一階或二階的版本，甚至是高階的拉格朗日多項式，都可以用下列公式簡潔地表示：

$$f_{n-1}(x) = \sum_{i=1}^{n} L_i(x) f(x_i) \tag{17.22}$$

其中

$$L_i(x) = \prod_{\substack{j=1 \\ j \neq i}}^{n} \frac{x - x_j}{x_i - x_j} \tag{17.23}$$

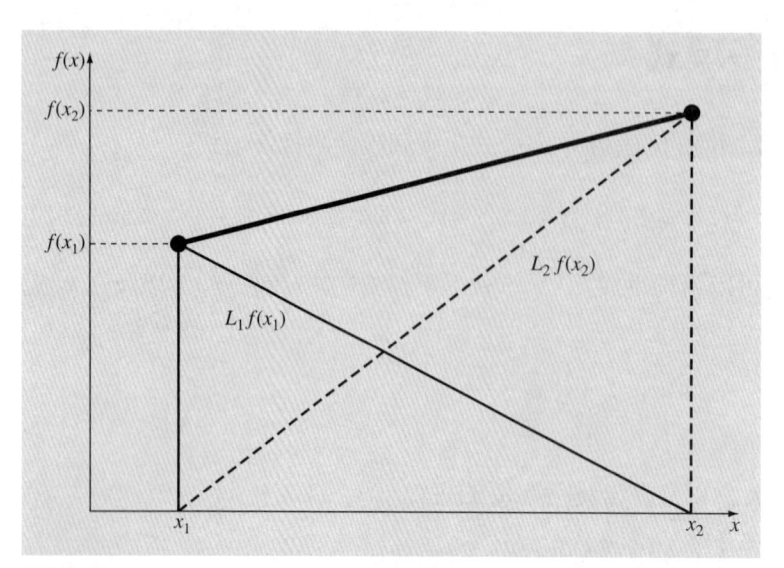

圖 17.8 拉格朗日內插多項式的基本理論圖解說明。此圖顯示了一個一階的例子。式 (17.20) 中的兩項通過其中一點，且在另一點為零。因此，這兩項的加總就是唯一連接這兩點的直線。

其中 n = 數據點的數目，而 Π 表示各項的乘積。

範例 17.5　拉格朗日內插多項式

問題敘述　使用一階與二階的拉格朗日內插多項式，根據以下數據估計未使用的機油在 $T = 15°C$ 時的密度：

$$x_1 = 0 \qquad f(x_1) = 3.85$$
$$x_2 = 20 \qquad f(x_2) = 0.800$$
$$x_3 = 40 \qquad f(x_3) = 0.212$$

解法　一階多項式（式 (17.20)）可以用來得到在 $x = 15$ 的估計值：

$$f_1(x) = \frac{15-20}{0-20}3.85 + \frac{15-0}{20-0}0.800 = 1.5625$$

同樣地，也可以發展出二階多項式（式 (17.21)）：

$$f_2(x) = \frac{(15-20)(15-40)}{(0-20)(0-40)}3.85 + \frac{(15-0)(15-40)}{(20-0)(20-40)}0.800$$
$$+ \frac{(15-0)(15-20)}{(40-0)(40-20)}0.212 = 1.3316875$$

17.3.1 MATLAB M 檔：Lagrange

要根據式(17.22)及式(17.23)發展一個 M 檔很簡單。如圖 17.9 所示，函數收到了包含自變數(x)以及應變數(y)的兩個向量，還有你所想要內插的自變數值(xx)。此多項式的階數是根據所傳入 x 向量的長度而決定的。如果傳入 n 個值，則配適出一個 $(n-1)$ 階的多項式。

如下例，利用此函數並根據表 17.1 中的前四個值，預測 1 atm 下 15°C 時的空氣密度。因為傳入四個值到此函數中，所以 Lagrange 函數會執行一個三階多項式並得到：

```
>> format long
>> T = [-40 0 20 50];
>> d = [1.52 1.29 1.2 1.09];
>> density = Lagrange(T,d,15)
density =
   1.22112847222222
```

```
function yint = Lagrange(x,y,xx)
% Lagrange: Lagrange interpolating polynomial
%   yint = Lagrange(x,y,xx): Uses an (n - 1)-order
%     Lagrange interpolating polynomial based on n data points
%     to determine a value of the dependent variable (yint) at
%     a given value of the independent variable, xx.
% input:
%   x = independent variable
%   y = dependent variable
%   xx = value of independent variable at which the
%        interpolation is calculated
% output:
%   yint = interpolated value of dependent variable

n = length(x);
if length(y)~=n, error('x and y must be same length'); end
s = 0;
for i = 1:n
  product = y(i);
  for j = 1:n
    if i ~= j
      product = product*(xx-x(j))/(x(i)-x(j));
    end
  end
  s = s+product;
end
yint = s;
```

圖 17.9 一個用來執行拉格朗日內插法的 M 檔。

17.4 反內插

大部分內插中的 $f(x)$ 及 x 的值分別代表應變數與自變數。因此，每個 x 的值通常為均勻間隔。以下函數 $f(x) = 1/x$ 的列表是一個簡單的例子：

x	1	2	3	4	5	6	7
$f(x)$	1	0.5	0.3333	0.25	0.2	0.1667	0.1429

現在假設你必須使用同樣的數據，但是給定某一 $f(x)$ 的值且必須決定對應的 x 值。例如，對於上面的數據，假設你被要求決定對應 $f(x) = 0.3$ 的 x 值。在這個例子中，因為已有的函數容易計算，正確的解可以直接由 $x = 1/0.3 = 3.3333$ 求得。

這樣的問題稱為**反內插 (inverse interpolation)**。對於更複雜的例子，你可能會嘗試調換 $f(x)$ 以及 x 的值（也就是畫出 x 對 $f(x)$ 的圖），然後使用如牛頓或是拉格朗日內插來求得結果。不幸的是，調換變數並不保證在新的橫軸（也就是 $f(x)$）上數據點的間隔仍持續相等。事實上，在很多例子中，這些值會是「像望遠鏡伸縮一樣」，也就是說像是對數一般，靠近的值會擠在一起，但其他的會散布得很遠。例如，$f(x) = 1/x$ 的結果如下：

$f(x)$	0.1429	0.1667	0.2	0.25	0.3333	0.5	1
x	7	6	5	4	3	2	1

這樣在橫軸上不均勻的間隔通常會導致在產生的內插多項式造成振盪，甚至在低階的多項式也可能發生。另一個方法是配適一個 n 階的內插多項式 $f_n(x)$ 到原始數據（也就是對於 x 畫出 $f(x)$）。在大部分的例子中，因為各個 x 之間為等距，所以多項式不會有病態條件。這麼一來，要解答你的問題，就是找出可以使得多項式等於給定的 $f(x)$ 的 x 值。原來的內插問題簡化成了找出根的問題！

舉例來說，對於剛剛所提出的問題，一個簡單的方法是配適二次多項式到三個點：(2, 0.5)、(3, 0.3333) 以及 (4, 0.25)。結果等於：

$$f_2(x) = 0.041667x^2 - 0.375x + 1.08333$$

而對於找出對應於 $f(x) = 0.3$ 的 x 值這個反內插問題的解答，就是求解下列方程式的根：

$$0.3 = 0.041667x^2 - 0.375x + 1.08333$$

對於這個簡單的例子，我們可以利用二次公式計算得到：

$$x = \frac{0.375 \pm \sqrt{(-0.375)^2 - 4(0.041667)0.78333}}{2(0.041667)} = \frac{5.704158}{3.295842}$$

因此，第二個根，即 3.296，對於真實值 3.333 來說是非常好的近似值。如果我們需要更高的正確度，可以使用三階或四階的多項式配合第 5 章或第 6 章中所提的根位置法。

17.5 外插與振盪

在結束本章前，還有兩個與多項式內插有關的主題要討論，即外插與振盪。

17.5.1 外插

所謂**外插 (extrapolation)**，是估計在已知基準點 $x_1, x_2, ..., x_n$ 範圍之外的 $f(x)$ 值的程序。如圖 17.10 所示，外插的開放特性代表要進入未知領域，因為此程序將曲線拓展到超過已知的區域。所以真實的曲線很可能會偏離，和預測不同。因此，必須使用外插的時候要格外小心。

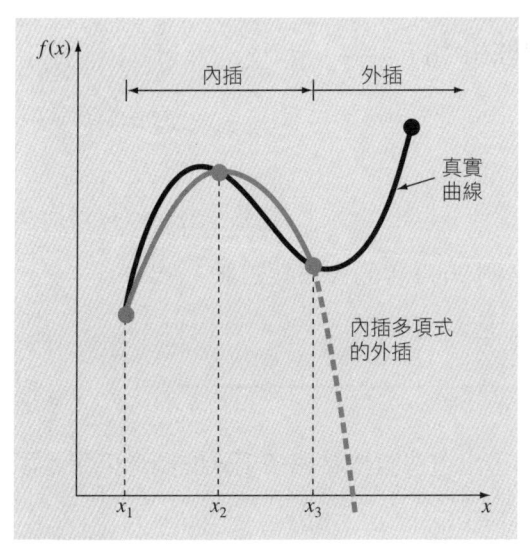

圖 17.10 舉例說明外插估算的可能發散。外插是基於前三個已知點所擬合的拋物線配適。

範例 17.6 外插的危險性

問題敘述 此範例原本是由 Forsythe、Malcolm 與 Moler 開發[1]。從 1920 年到 2000 年的美國人口數列表如下（以百萬為單位）：

年份	1920	1930	1940	1950	1960	1970	1980	1990	2000
人口數	106.46	123.08	132.12	152.27	180.67	205.05	227.23	249.46	281.42

以一個七階的多項式來配適前 8 個點（1920 ～ 1990 年）。使用所得結果外插計算 2000 年的人口數，並且與實際值比較你的預測。

---

[1] Cleve Moler 是 MATLAB 製造商 The MathWorks 公司的創辦人之一。

解法 首先，我們輸入數據：

```
>> t = [1920:10:1990];
>> pop = [106.46 123.08 132.12 152.27 180.67 205.05 227.23
         249.46];
```

內建函數 `polyfit` 可以用來計算係數：

```
>> p = polyfit(t,pop,7)
```

然而，執行後會顯示下列訊息：

```
Warning: Polynomial is badly conditioned. Remove repeated
        data points or try centering and scaling as
        described in HELP POLYFIT.
```

我們遵循 MATLAB 的提示，將資料值量表化並將其集中如下：

```
>> ts = (t - 1955)/35;
```

現在 `polyfit` 可以執行且沒有錯誤訊息：

```
>> p = polyfit(ts,pop,7);
```

接著我們可以使用多項式係數及 `polyval` 函數來預測 2000 年的人口數如下：

```
>> polyval(p,(2000-1955)/35)
ans =
   175.0800
```

預測的結果比真實值 281.42 低許多。我們可以藉由畫出這些數據點與多項式的圖形來深入了解這個問題：

```
>> tt = linspace(1920,2000);
>> pp = polyval(p,(tt-1955)/35);
>> plot(t,pop,'o',tt,pp)
```

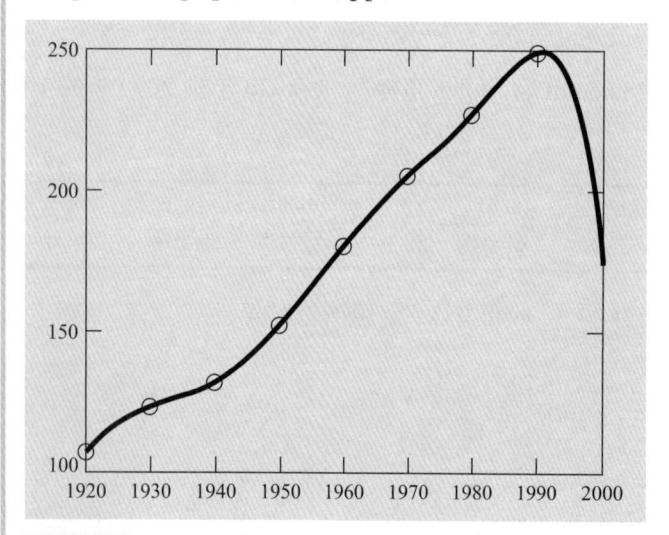

圖 17.11 以一個七階多項式並根據 1920～1990 年的資料來預測 2000 年的人口數。

如圖 17.11 所示，結果顯示多項式在 1920 ～ 1990 年配適得很好。然而，一旦超出資料的範圍到外插的區域中，則七階多項式在 2000 年的預測上會有很大的誤差。

17.5.2 振盪

雖然在很多情況都是「愈多愈好」，但對於多項式內插而言絕非如此。高階多項式的條件通常都非常病態，也就是對於捨入誤差極為敏感。以下的範例可以很清楚地說明這一點。

範例 17.7　高階多項式內插的危險性

問題敘述　1901 年，卡爾・倫基 (Carl Runge) 提出有關高階多項式內插危險性的研究報告。他觀察了下列結構看似簡單的函數：

$$f(x) = \frac{1}{1+25x^2} \tag{17.24}$$

此函數現在稱為**倫基函數 (Runge's function)**。他取區間 [–1, 1] 之間等間距的點，然後使用愈來愈高階的多項式內插。他發現他取的點數愈多，則多項式和原本的曲線差異就愈大。而且，此情況會隨著階數的增大而惡化。使用 `polyfit` 及 `polyval` 兩個函數配適四階與十階多項式到 5 個與 11 個由式 (17.24) 計算出等間距的數據點，重複倫基的結果。建立你自己所得結果並畫出樣本數據以及完整倫基函數的圖形。

解法　5 個等間距的數據點可以利用下面方法產生：

```
>> x = linspace(-1,1,5);
>> y = 1./(1+25*x.^2);
```

接下來可以計算另一個等間距的向量 xx 值，以便我們能夠建立結果的平滑圖形：

```
>> xx = linspace(-1,1);
```

回想 `linspace` 可以在沒有指明數據點數目的情況下自動建立 100 個點。`polyfit` 函數則可以用來產生四階多項式的係數，而 `polyval` 函數可以用來針對等間距值 xx 產生多項式的內插值：

```
>> p = polyfit(x,y,4);
>> y4 = polyval(p,xx);
```

最後，我們產生倫基函數的函數值，並且將配適的多項式及樣本數據全部畫出：

```
>> yr = 1./(1+25*xx.^2);
>> plot(x,y,'o',xx,y4,xx,yr,'--')
```

如圖 17.12 所示，這個多項式與倫基函數有很大的差異。

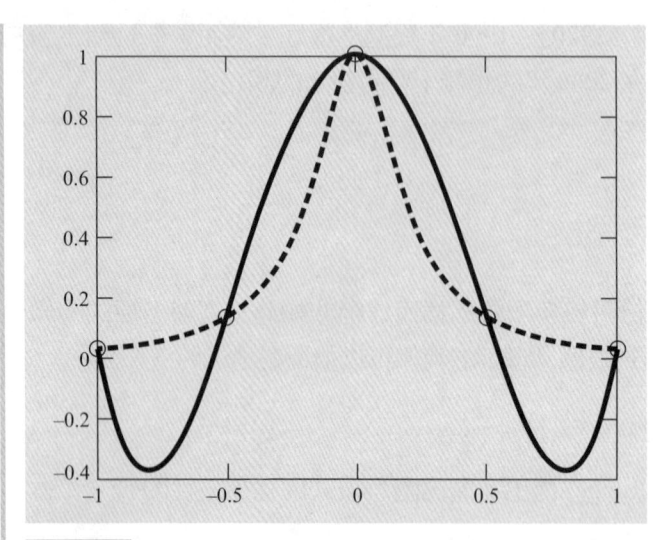

圖 17.12 倫基函數（虛線）與用來配適函數 5 個取樣點的四階多項式兩者之間的比較。

繼續分析下去，我們可以產生十階的多項式並且畫出圖形：

```
>> x = linspace(-1,1,11);
>> y = 1./(1+25*x.^2);
>> p = polyfit(x,y,10);
>> y10 = polyval(p,xx);
>> plot(x,y,'o',xx,y10,xx,yr,'--')
```

如圖 17.13 所示，此配適變得更差，尤其在區間的端點處更是糟糕！

雖然有些時候會需要使用高階的多項式，但通常會盡量避免。在大多數的工程與科學應用中，本章中所描述的低階多項式形式能有效擷取曲線的趨勢，並且較不會為振盪所苦。

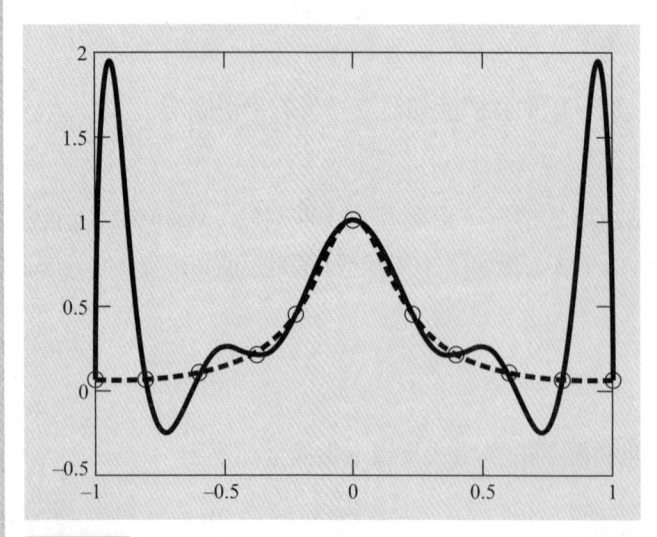

圖 17.13 倫基函數（虛線）與用來配適函數 11 個取樣點的十階多項式兩者之間的比較。

習題

17.1 下列數據來自於一個經過高精密度量測所得的列表。透過最佳的數值方法（對於這個類型的問題），求 $x = 3.5$ 時的 y 值。注意，一個多項式會產生一個正解，所以你的解應該驗證你的結果是正解。

x	0	1.8	5	6	8.2	9.2	12
y	26	16.415	5.375	3.5	2.015	2.54	8

17.2 利用牛頓內插多項式，求 $x = 3.5$ 時最正確的 y 值。計算如圖 17.5 中的有限分割差分，並且將你的點排序來達到最佳正確度以及收斂。也就是說，所有的點應該要盡量圍繞並靠近未知點。

x	0	1	2.5	3	4.5	5	6
y	2	5.4375	7.3516	7.5625	8.4453	9.1875	12

17.3 利用牛頓內插多項式，求 $x = 8$ 時最正確的 y 值。計算如圖 17.5 中的有限分割差分，並且將你的點排序來達到最佳正確度以及收斂。也就是說，所有的點應該要盡量圍繞並靠近未知點。

x	0	1	2	5.5	11	13	16	18
y	0.5	3.134	5.3	9.9	10.2	9.35	7.2	6.2

17.4 給定數據：

x	1	2	2.5	3	4	5
$f(x)$	0	5	7	6.5	2	0

(a) 使用一到三階牛頓內插多項式計算 $f(3.4)$。挑選最適當的資料順序來得到最佳的正確度，也就是說，所有的點應該要盡量圍繞並靠近未知點。

(b) 重複 (a)，但使用拉格朗日多項式。

17.5 給定數據：

x	1	2	3	5	6
$f(x)$	4.75	4	5.25	19.75	36

使用一到四階牛頓內插多項式計算 $f(4)$。挑選最適當的資料來得到最佳的正確度，也就是說，所有的點應該要盡量圍繞並靠近未知點。產生表中數據所使用之多項式的階數和你的結果有何關係？

17.6 使用一到三階拉格朗日多項式重複習題 17.5。

17.7 表 P15.5 列出水中溶解氧濃度對溫度及氯濃度的函數值。

(a) 使用二次與三次內插，求解在 $T = 12°C$ 以及 $c = 10$ g/L 之下的氧濃度。

(b) 使用線性內插，求解在 $T = 12°C$ 以及 $c = 15$ g/L 之下的氧濃度。

(c) 重複 (b)，但使用二次內插。

17.8 根據下列數據，使用三次內插多項式反內插與二分法來求解對應到 $f(x) = 1.7$ 的 x 值：

x	1	2	3	4	5	6	7
$f(x)$	3.6	1.8	1.2	0.9	0.72	1.5	0.51429

17.9 根據下列數據，使用反內插來求解對應到 $f(x) = 0.93$ 的 x 值：

x	0	1	2	3	4	5
$f(x)$	0	0.5	0.8	0.9	0.941176	0.961538

注意，此表中的值是根據 $f(x) = x^2/(1 + x^2)$ 所產生。

(a) 以解析方式求出完全正確的值。

(b) 使用二次內插與二次公式求出數值解。

(c) 使用三次內插與二分法求出數值解。

17.10 使用給定在 200 MPa 下過熱蒸汽表的一部分來找出 (a) 使用線性內插求某給定比容 $v = 0.118$ 對應的熵 s；(b) 利用二次內插在相同情況下對應的熵；以及 (c) 利用反內插求在熵為 6.45 時所對應的體積。

v, m³/kg	0.10377	0.11144	0.12547
s, kJ/(kg K)	6.4147	6.5453	6.7664

17.11 以下氮氣密度對溫度關係的數據來自量測精密度非常高的表。使用一階到五階的多項式，估計在溫度為 330 K 時的密度。你的最佳估計值為何？使用這個最佳估計值，以反內插來求出對應的溫度。

T, K	200	250	300	350	400	450
密度, kg/m³	1.708	1.367	1.139	0.967	0.854	0.759

17.12 根據歐姆定律，理想電阻的電壓降 V 與流經此電阻的電流 i 成 $V = iR$ 線性關係，其中 R 是電阻值。然而，真正的電阻並不一定永遠遵守歐姆定律。假設你進行一個很精確的實驗，用以量測一個電阻的電壓降及電流。以下結果顯示出一個曲線的關係，而不是根據歐姆定律所得到的直線關係：

| i | −2 | −1 | −0.5 | 0.5 | 1 | 2 |
| V | −637 | −96.5 | −20.5 | 20.5 | 96.5 | 637 |

要量化這個關係，需使用曲線配適數據。因為有量測誤差，一般較常用迴歸的方式來配適曲線分析實驗數據。然而，對於此關係的平滑性以及實驗方法的精密度而言，使用內插法其實也很適當。使用五階內插多項式來配適數據，並且計算在 $i = 0.10$ 時對應的 V。

17.13 貝賽爾函數 (Bessel function) 通常用於較先進的工程分析，像是電場等。下列是一些第一類零階貝賽爾函數的數據點：

| x | 1.8 | 2.0 | 2.2 | 2.4 | 2.6 |
| $J_1(x)$ | 0.5815 | 0.5767 | 0.5560 | 0.5202 | 0.4708 |

使用三階與四階內插多項式來估計 $J_1(2.1)$。求出每個狀況與真實值的相對誤差百分比。真實值可用 MATLAB 內建的 `besselj` 函數求得。

17.14 重複範例 17.6，但是使用一階、二階、三階及四階內插多項式，根據較近年的數據來預測 2000 年的人口數。換句話說，根據 1980～1990 年的數據使用線性內插，根據 1970 年、1980 年及 1990 年的資料使用二次內插，其餘依此類推。哪一種方法得到的結果最好？

17.15 下列是過熱蒸汽在各種溫度下的比容列表。求解在 $T = 400°C$ 時的 v。

| $T, °C$ | 370 | 382 | 394 | 406 | 418 |
| $v, L/kg$ | 5.9313 | 7.5838 | 8.8428 | 9.796 | 10.5311 |

17.16 布斯尼斯克方程式 (Boussinesq's equation) 描述一個長方形區域受到垂直應力 σ_z 的負荷強度 q：

$$\sigma = \frac{q}{4\pi}\left[\frac{2mn\sqrt{m^2+n^2+1}}{m^2+n^2+1+m^2n^2}\frac{m^2+n^2+2}{m^2+n^2+1} + \sin^{-1}\left(\frac{2mn\sqrt{m^2+n^2+1}}{m^2+n^2+1+m^2n^2}\right)\right]$$

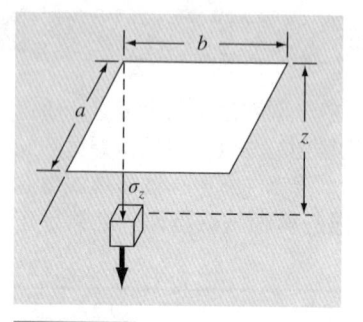

圖 P17.16

由於此方程式不易手算求解，已改寫為：

$$\sigma_z = qf_z(m, n)$$

其中 $f_z(m, n)$ 稱為影響值，m 和 n 均為無維度的比例，$m = a/z$，$n = b/z$，a 及 b 則定義在圖 P17.16。然後將影響值列表，其中一部分如表 P17.16。如果 $a = 4.6$，$b = 14$，使用三階內插多項式，求出在長方形基腳邊下方 10 m 的 σ_z，該基腳承受 100 t（公噸）的負荷，將答案以噸／每平方公尺表示。注意，q 等於每單位區域的負荷。

表 P17.16

m	$n = 1.2$	$n = 1.4$	$n = 1.6$
0.1	0.02926	0.03007	0.03058
0.2	0.05733	0.05894	0.05994
0.3	0.08323	0.08561	0.08709
0.4	0.10631	0.10941	0.11135
0.5	0.12626	0.13003	0.13241
0.6	0.14309	0.14749	0.15027
0.7	0.15703	0.16199	0.16515
0.8	0.16843	0.17389	0.17739

17.17 你量測橫跨一電阻對應不同電流值 i 的電壓降 V，結果為：

| i | 0.5 | 1.5 | 2.5 | 3.0 | 4.0 |
| V | −0.45 | −0.6 | 0.70 | 1.88 | 6.0 |

使用一階到四階多項式內插，估計 $i = 2.3$ 的電壓降。解釋你的結果。

17.18 以時間為函數的電線電流值非常精密地量測如下：

| t | 0 | 0.250 | 0.500 | 0.750 | 1.000 |
| i | 0 | 6.24 | 7.75 | 4.85 | 0.0000 |

計算在 $t = 0.23$ 的 i。

17.19 在地球表面上方海拔 y 的重力加速度 g 如下：

y, m	0	30,000	60,000	90,000	120,000
g, m/s^2	9.8100	9.7487	9.6879	9.6278	9.5682

計算在 $y = 55{,}000$ m 的 g。

17.20 表 P17.20 為加熱板上量測到的各點溫度。估計在 **(a)** $x = 4$，$y = 3.2$，以及 **(b)** $x = 4.3$，$y = 2.7$ 的溫度。

表 P17.20 正方形加熱板上量測到的各點溫度 (°C)。

	$x = 0$	$x = 2$	$x = 4$	$x = 6$	$x = 8$
$y = 0$	100.00	90.00	80.00	70.00	60.00
$y = 2$	85.00	64.49	53.50	48.15	50.00
$y = 4$	70.00	48.90	38.43	35.03	40.00
$y = 6$	55.00	38.78	30.39	27.07	30.00
$y = 8$	40.00	35.00	30.00	25.00	20.00

17.21 使用過熱 H_2O 在 200 MPa 的部分蒸汽表，**(a)** 以線性內插求出與比容 $v = 0.108$ m^3/kg 對應的熵 s；**(b)** 使用二次內插求出相同的對應熵；**(c)** 使用反內插，求出熵為 6.6 的對應體積。

v (m^3/kg)	0.10377	0.11144	0.12540
s (kJ/kg · K)	6.4147	6.5453	6.7664

17.22 開發一個 M 檔函數，使用 polyfit 和 polyval 做多項式內插。用以下腳本來測試你的函數：

```
clear,clc,clf,format compact
x = [1 2 4 8];
fx = @(x) 10*exp(-0.2*x);
y = fx(x);
yint = polyint(x,y,3)
ytrue = fx(3)
et = abs((ytrue-yint) / ytrue)*100.
```

17.23 下列數據來自一個經過高精度量測所得的列表。使用牛頓內插多項式，求 $x = 3.5$ 時的 y 值。將**所有的點**做適當地排序，然後開發一個分割差分表來計算導數。注意，一個多項式會產生一個正解，所以你的解應該驗證你的結果是正解。

x	0	1	2.5	3	4.5	5	6
y	26	15.5	5.375	3.5	2.375	3.5	8

17.24 下列是精準的量測數據：

T	2	2.1	2.2	2.7	3	3.4
Z	6	7.752	10.256	36.576	66	125.168

(a) 使用牛頓內插多項式求在 $t = 2.5$ 時的 z。將你的點排序以確保能得到最正確的結果。產生表中數據所使用之多項式的階數和你的結果有何關係？

(b) 使用三階拉格朗日內插多項式來求在 $t = 2.5$ 時的 y。

17.25 下列水密度對應溫度的數據來自一個高精度量測所得的列表。使用反內插來求對應於密度 0.999245 g/cm^3 的溫度。以三階內插多項式為基礎來進行估算（雖然你用手算做此題，你可以自由使用 MATLAB 的 polyfit 函數來求多項式）。使用牛頓—拉夫生法求根（用手算），初始猜測值 $T = 14$°C。小心捨入誤差。

T, °C	0	4	8	12	16
密度, g/cm^3	0.99987	1	0.99988	0.99952	0.99897

第 18 章

樣條與分段內插

章節目標

本章的主要目標是介紹樣條。個別的目標和主題包括：
- 了解樣條可以藉由分段式配適低階多項式至數據，使振盪最小化。
- 了解如何開發可以進行查表的程式。
- 了解為什麼三階多項式比二階與高階的樣條更為適合。
- 了解構成三階樣條配適基礎的條件。
- 了解自然伸出、夾緊以及非結點端點三種條件之間的差異。
- 學習如何使用 MATLAB 內建函數配適樣條到數據。
- 了解如何使用 MATLAB 執行多維內插。

18.1 樣條簡介

在第 17 章中，我們使用 ($n-1$) 階多項式在 n 個點之間做內插。例如，對於 8 個點，我們可以推導出一個完美的七階多項式。這個曲線可以擷取所有數據點的蜿蜒路徑（至少七階導數）。然而在某些情況下，受到捨入誤差與振盪的影響，這些函數會導致錯誤的結果。另一個方式是分段式地使用低階多項式於數據點的子集合。這樣連接性的多項式稱為**樣條函數 (spline function)**。

例如，連接兩個數據點的三階曲線稱為**三階樣條 (cubic spline)**。我們建立這些函數，使得兩個相鄰的三次方程式之間的連接看起來平滑。從表面上看來，三階的樣條近似似乎不如七階的表示方式。讀者也許覺得奇怪，為什麼樣條會比較好。

圖 18.1 說明了樣條比高階多項式更適合的情況。這種情況中，函數本身通常是平滑的，但會在我們所感興趣的範圍之內發生突變。圖 18.1 所示的步階增加是一個極端的例子，可以用來說明此特性。

圖 18.1a 到 c 說明了高階多項式傾向在突然改變的鄰近區域發生劇烈振盪。相對地，樣條

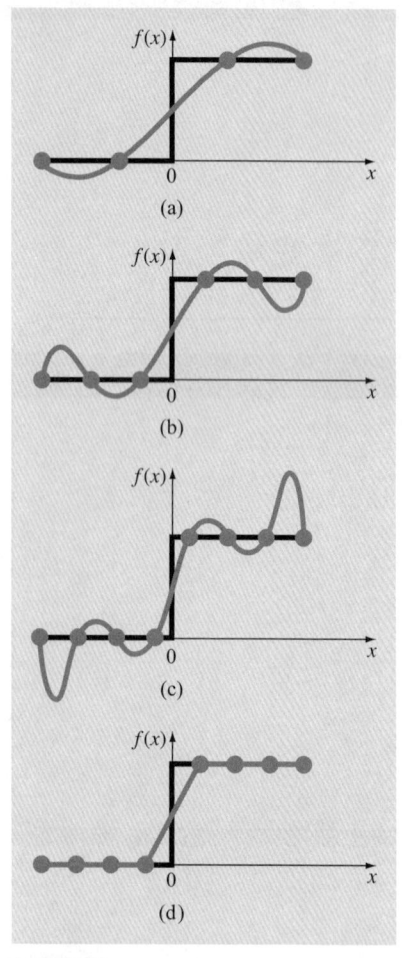

圖 18.1 樣條比高階內插多項式更為適用的情況，圖中所要配適的函數在 $x = 0$ 處有突然的增加。(a) 到 (c) 的部分顯示，利用內插多項式會在突然改變處發生振盪。相對地，因為線性樣條 (d) 限制只能用直線來做連接，所以得到更好的近似。

會連接這些點，但由於它只限於低階變化，因此振盪會最小化。所以對於有區域性的突然改變的函數行為，樣條通常能夠提供較好的近似。

樣條的觀念最早是由利用彈性的細條（所以稱為**樣條 (spline)**）畫出通過一組數據點的平滑曲線而來。圖 18.2 顯示利用五根大頭針（數據點）的製圖程序。在此製圖技巧中，製圖者將紙放在木板上，用鐵鎚將釘子或大頭針把紙（連帶木板）在每個數據點處釘住。在大頭針之間使用細條產生平滑的三次曲線。因此，「三階樣條」這個名稱用在此形式的多項式上。

本章會先利用簡單的線性函數來介紹樣條內插的基本概念及相關重點。然後我們會推導一個用二次樣條配適數據的演算法，接著介紹三階樣條，這也是我們在工程與科學中最常見且最有用的版本。最後，我們會描述 MATLAB 對於分段內插的處理能力與產生樣條的能力。

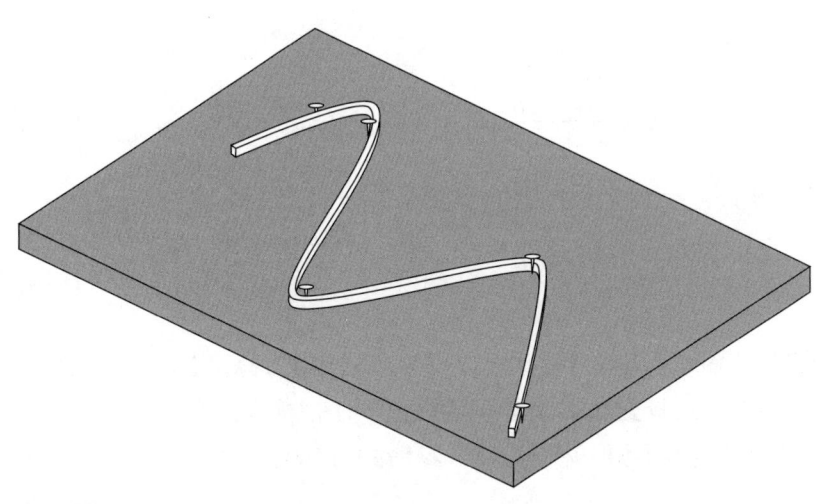

圖 18.2 利用樣條畫出通過一系列點的平滑曲線的製圖技巧。注意，在兩端的端點，樣條是恢復成直線。這又稱為「自然伸出」樣條 (natural spline)。

18.2 線性樣條

標記樣條的方式如圖 18.3 所示。n 個數據點 ($i = 1, 2, ..., n$) 有 $n - 1$ 個區間。每一個區間 i 都有自己的樣條函數 $s_i(x)$。對於線性樣條，每一個函數 $s_i(x)$ 皆為連接該區間兩個端點的直線，其公式如下：

$$s_i(x) = a_i + b_i(x - x_i) \tag{18.1}$$

其中 a_i 是截距，定義為：

$$a_i = f_i \tag{18.2}$$

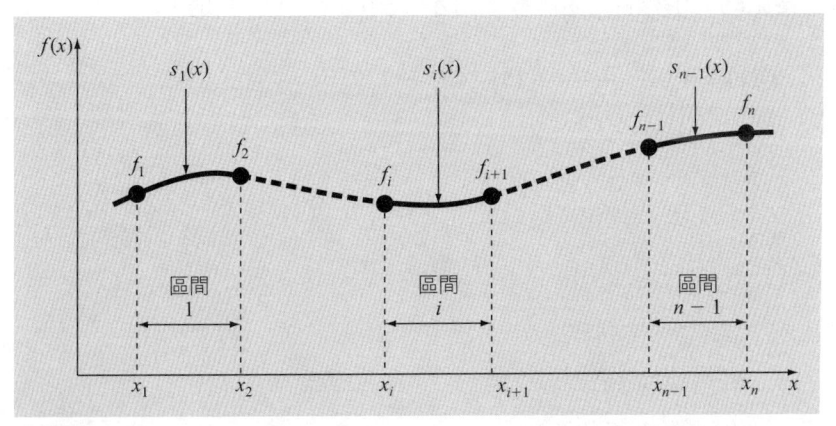

圖 18.3 用來推導樣條的標記方法。注意到有 $n - 1$ 個區間與 n 個數據點。

b_i 是連接兩個點之直線的斜率：

$$b_i = \frac{f_{i+1} - f_i}{x_{i+1} - x_i} \tag{18.3}$$

其中 f_i 是 $f(x_i)$ 的速記法。將式 (18.1) 及式 (18.2) 代入式 (18.3)，得到：

$$s_i(x) = f_i + \frac{f_{i+1} - f_i}{x_{i+1} - x_i}(x - x_i) \tag{18.4}$$

首先藉由看出這些點落在哪個區間，這些方程式可以用來評估在 x_1 到 x_n 之中任何一點的函數值。接下來，可以用適當的方程式針對此區間計算函數值。仔細檢查式 (18.4) 後可以發現，線性樣條其實就是在每一個區間內做牛頓一階多項式（參考式 (17.5)）內插。

範例 18.1　一階樣條

問題敘述　利用一階樣條配適表 18.1 中的數據。計算在 $x = 5$ 的函數。

表 18.1　要利用樣條函數來配適的數據。

i	x_i	f_i
1	3.0	2.5
2	4.5	1.0
3	7.0	2.5
4	9.0	0.5

解法　這些數據可以代入式 (18.4) 以產生線性樣條函數。例如，在 $x = 4.5$ 到 $x = 7$ 的第二個區間，此函數為：

$$s_2(x) = 1.0 + \frac{2.5 - 1.0}{7.0 - 4.5}(x - 4.5)$$

也計算其他區間內的函數，得出的一階樣條如圖 18.4a 所示。對應 $x = 5$ 的值是 1.3。

$$s_2(x) = 1.0 + \frac{2.5 - 1.0}{7.0 - 4.5}(5 - 4.5) = 1.3$$

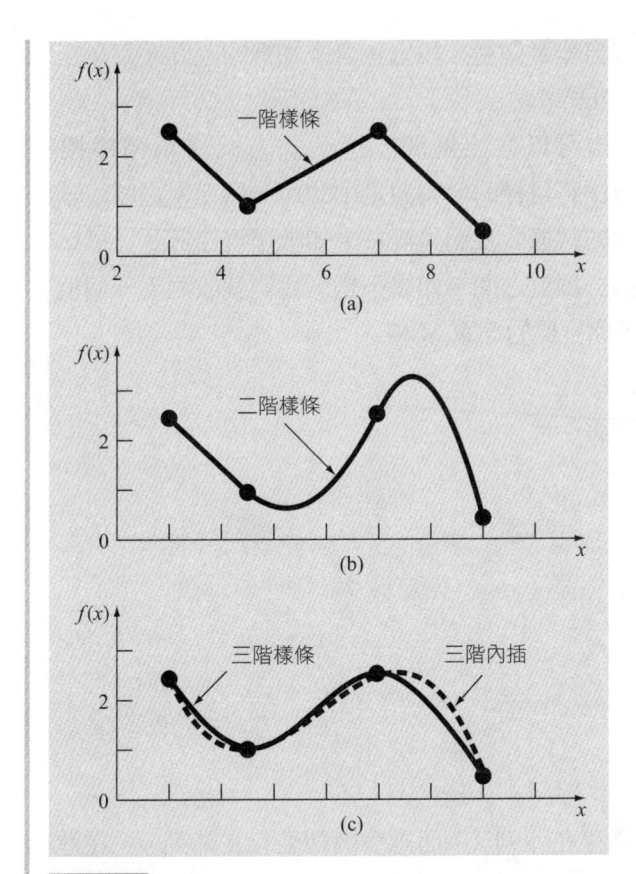

圖 18.4 配適一組四個點的樣條。(a) 線性樣條；(b) 二階樣條；以及 (c) 三階樣條，同時也將三階內插多項式繪於圖中做比較。

　　仔細觀察圖 18.4a 可看出，一階樣條的主要缺點就是不平滑。基本上，在兩條樣條交會的數據點（稱為**結點 (knot)**），斜率會突然改變。正式的說法是，在這些點的函數一階導數是不連續的。藉由使用高階的多項式樣條使這些點的導數相等，以確保在結點的平滑性，即可克服這個缺點。在開始討論此作法之前，我們先介紹一個非常適合用線性樣條的應用範例。

18.2.1 查表法

　　查表在工程與科學的電腦應用上相當常見。在根據一張自變數與應變數的表內重複進行內插時，查表是很有用的。例如，假設你要設立一個 M 檔，這個 M 檔要能根據表 17.1 中的數據進行線性內插，來求出在某一溫度下的空氣密度。要達成這個目的，一個方法是將你所想要內插的溫度以及兩個相鄰的值一併傳給 M 檔。另一個更普遍的方法是傳入包含所有數據的向量，並且讓 M 檔決定包圍的區間。這就是**查表法 (table lookup)**。

因此，M 檔要處理兩個任務。第一，搜尋自變數向量來找出包含未知數的區間。然後它要利用本章或第 17 章中所介紹的技巧進行線性內插。

對於已排序的數據，有兩個簡單的方式可以找出區間。第一個方式稱為**循序搜尋 (sequential search)**。如字面意義一樣，這個方法將目標的值與向量中的每一個元素循序一一比較，直到找到此區間為止。對於由小到大排列的數據，我們先測試未知數是否比測試目標小。如果是，我們知道未知數會落在這個值以及前一個值之間。如果不是，我們就改測下一個值，並且不斷重複進行比較。以下是一個可以完成此目標的簡單 M 檔：

```
function yi = TableLook(x, y, xx)
n = length(x);
if xx < x(1) | xx > x(n)
  error('Interpolation outside range')
end
% sequential search
i = 1;
while(1)
  if xx <= x(i + 1), break, end
  i = i + 1;
end
% linear interpolation
yi = y(i) + (y(i+1)-y(i))/(x(i+1)-x(i))*(xx-x(i));
```

此表的自變數是以由小到大的排列方式儲存在陣列 x，而應變數則儲存在陣列 y。在進行搜尋之前，我們設計一個錯誤偵測來確保目標值 xx 會落在所有 x 的範圍之內。我們利用一個 while...break 迴圈來比較待進行內插的值 xx，測試 xx 是否比第一個區間裡最大的值 x(i+1) 還要小。若 xx 在第二或者更以上的區間，則第一次的邏輯關係就不為真。在這樣的情況下，計數器 i 會增加 1，使得在下一次的迭代中，xx 會與第二個區間中的區間最大值進行比較。此迴圈會一直重複，直到 xx 小於或等於某一個區間的區間最大值。當此情況發生的時候，則跳出迴圈。這時，內插可以很簡單地依照所述進行。

若數據非常多，循序排列會非常沒有效率，因為要先搜尋所有的點來找出值。在這樣的情況下，一個簡單的方式就是使用**二元搜尋 (binary search)**。以下是一個可以執行二元搜尋及線性內插的 M 檔：

```
function yi = TableLookBin(x, y, xx)
n = length(x);
if xx < x(1) | xx > x(n)
  error('Interpolation outside range')
end
% binary search
iL = 1; iU = n;
while (1)
  if iU - iL <= 1, break, end
  iM = fix((iL + iU) / 2);
```

```
        if x(iM) < xx
            iL = iM;
        else
            iU = iM;
        end
    end
    % linear interpolation
    yi = y(iL) + (y(iL+1)-y(iL))/(x(iL+1)-x(iL))*(xx - x(iL));
```

這個方法和求根位置中的二分法類似。和二分法一樣，中點 iM 的索引是第一個或是「下」索引 iL=1，與最後一個或是「上」索引 iU=n 兩者的平均。未知數 xx 和在中點的 x 相較，也就是與 x(iM) 相較來評估落在陣列的上半部或下半部。根據其落點，中點會變成新的上索引或下索引。此程序不斷重複，直到上索引和下索引之間的差距小於或等於零。此時，下索引落在包含 xx 的區間的下界，迴圈終止且開始進行線性內插。

以下是一個 MATLAB 的程序，說明如何應用二元搜尋函數，根據表 17.1 中的數據計算在 350°C 時的空氣密度。循序搜尋也是很類似的。

```
>> T = [-40 0 20 50 100 150 200 250 300 400 500];
>> density = [1.52 1.29 1.2 1.09 .946 .935 .746 .675 .616... .525 .457];
>> TableLookBin(T,density,350)

ans =
    0.5705
```

此結果可以利用手算來驗算：

$$f(350) = 0.616 + \frac{0.525 - 0.616}{400 - 300}(350 - 300) = 0.5705$$

18.3 二階樣條

為了要確保第 n 階導數在結點處是連續的，我們至少要使用 $n+1$ 階的樣條。可以確保一階與二階導數是連續的三階多項式或三階樣條在實務上最常用。雖然三階與更高階的導數在使用三階樣條的時候可能不連續，但很難用肉眼看出，因此通常被忽略。

由於需要用到三階樣條的推導，我們決定先介紹利用二階多項式做樣條內插的觀念。這些「二階樣條」在結點處的一階導數是連續的。雖然二階樣條在實務上並不是那麼重要，但卻是一個很好的例子可以用來說明開發高階樣條的方式。

二階樣條的目標就是在各個數據點間的區間推導出一個二階多項式。每個區間的多項式一般可以表示為：

$$s_i(x) = a_i + b_i(x - x_i) + c_i(x - x_i)^2 \tag{18.5}$$

其中各項標記方式如圖 18.3 所示。對於 n 個數據點（$i = 1, 2, ..., n$），中間一共有 $n-1$ 個區間，

所以有 3(n − 1) 個未知常數（也就是每一個 a、b 及 c）需要計算。因此，求解需要 3(n − 1) 個方程式或條件。這些計算的發展如下：

1. 此函數必須通過所有的點，稱為**連續性條件 (continuity condition)**。它的數學表示方式為：

$$f_i = a_i + b_i(x_i - x_i) + c_i(x_i - x_i)^2$$

可以簡化為：

$$a_i = f_i \tag{18.6}$$

因此，每一個二階式中的常數必須等於區間開始處的應變數的值。此結果可以和式 (18.5) 合併得到：

$$s_i(x) = f_i + b_i(x - x_i) + c_i(x - x_i)^2$$

注意，因為我們決定了其中一個係數，接下來需要計算的條件數減少到 2(n − 1)。

2. 在結點的地方，相鄰的多項式的函數值必須相等。第 $i + 1$ 個結點的條件可以寫成以下：

$$f_i + b_i(x_{i+1} - x_i) + c_i(x_{i+1} - x_i)^2 = f_{i+1} + b_{i+1}(x_{i+1} - x_{i+1}) + c_{i+1}(x_{i+1} - x_{i+1})^2 \tag{18.7}$$

而此方程式可以藉由定義第 i 個區間的寬度來做數學簡化：

$$h_i = x_{i+1} - x_i$$

因此，式 (18.7) 可以簡化得到：

$$f_i + b_i h_i + c_i h_i^2 = f_{i+1} \tag{18.8}$$

這個方程式可以根據各個點 $i = 1, 2, ..., n − 1$ 寫出來。因此可以得到 $n − 1$ 個條件，代表還剩下 $2(n − 1) − (n − 1) = n − 1$ 個條件。

3. 內部點的一階導數必須相等。這是一個很重要的條件，因為這表示相鄰的樣條交會處必須是平滑的，而不是像線性樣條中彎折的樣子。式 (18.5) 可以微分得到：

$$s'_i(x) = b_i + 2c_i(x - x_i)$$

在內部的某一點 $i + 1$ 的等效導數可以寫成以下：

$$b_i + 2c_i h_i = b_{i+1} \tag{18.9}$$

對內部其他所有的點寫出對應的方程式，一共可以得到 $n − 2$ 個條件。這表示還剩下 $n − 1 − (n − 2) = 1$ 個條件。除非還有與函數或函數的導數相關的其他資訊，否則我們必須自己做出選擇以便計算常數。雖然有許多不同的選擇，但是我們選取下列所述的條件。

4. 假設在第一個點的二階導數等於零。因為式 (18.5) 的二階導數為 $2c_i$，所以此條件可以用數學方式表示為：

$$c_1 = 0$$

此條件在圖形上的意義就是前兩個點可以用一條直線連接。

範例 18.2　二階樣條

問題敘述　以二階樣條來配適範例 18.1（表 18.1）的數據。利用這些結果估計在 $x = 5$ 的值。

解法　對於此問題，我們有 4 個數據點與 $n = 3$ 個區間。因此，在使用連續性條件與零的二階導數條件之後，這表示需要 $2(4-1)-1 = 5$ 個條件。式 (18.8) 是針對 $i = 1$ 到 3 所寫出（其中 $c_1 = 0$），我們得到：

$$f_1 + b_1 h_1 = f_2$$
$$f_2 + b_2 h_2 + c_2 h_2^2 = f_3$$
$$f_3 + b_3 h_3 + c_3 h_3^2 = f_4$$

導數的連續性，也就是式 (18.9)，建立了其他 $3 - 1 = 2$ 個條件（再一次，回想 $c_1 = 0$）：

$$b_1 = b_2$$
$$b_2 + 2c_2 h_2 = b_3$$

需要的函數值與區間寬度的值為：

$$\begin{aligned} f_1 &= 2.5 & h_1 &= 4.5 - 3.0 = 1.5 \\ f_2 &= 1.0 & h_2 &= 7.0 - 4.5 = 2.5 \\ f_3 &= 2.5 & h_3 &= 9.0 - 7.0 = 2.0 \\ f_4 &= 0.5 \end{aligned}$$

這些值被代換到條件之中，並且以矩陣的形式表示如下：

$$\begin{bmatrix} 1.5 & 0 & 0 & 0 & 0 \\ 0 & 2.5 & 6.25 & 0 & 0 \\ 0 & 0 & 0 & 2 & 4 \\ 1 & -1 & 0 & 0 & 0 \\ 0 & 1 & 5 & -1 & 0 \end{bmatrix} \begin{Bmatrix} b_1 \\ b_2 \\ c_2 \\ b_3 \\ c_3 \end{Bmatrix} = \begin{Bmatrix} -1.5 \\ 1.5 \\ -2 \\ 0 \\ 0 \end{Bmatrix}$$

這組方程式可以用 MATLAB 求解，得到結果：

$$\begin{aligned} b_1 &= -1 & & \\ b_2 &= -1 & c_2 &= 0.64 \\ b_3 &= 2.2 & c_3 &= -1.6 \end{aligned}$$

這些結果與式 (18.6) 中每個 a 的值，可以一起代入原本的二階方程式，得到下列每個區間的

二階樣條：

$$s_1(x) = 2.5 - (x - 3)$$
$$s_2(x) = 1.0 - (x - 4.5) + 0.64(x - 4.5)^2$$
$$s_3(x) = 2.5 + 2.2(x - 7.0) - 1.6(x - 7.0)^2$$

因為 $x = 5$ 是在第二個區間，我們使用 s_2 來做預測：

$$s_2(5) = 1.0 - (5 - 4.5) + 0.64(5 - 4.5)^2 = 0.66$$

最後整個的二階樣條配適如圖 18.4b 所示。注意，這個配適有兩個缺點：(1) 連接前兩個點的直線；(2) 最後一個區間內的樣條的擺動幅度似乎太大。在下一小節中，我們討論的三階樣條就不會有這些缺點，因此是一個比較好的樣條內插。

18.4 三階樣條

如前所述，在實務上我們最常用三階樣條。線性與二階樣條的缺點已經在前文討論過。四階或其他更高階的樣條因為具有高階多項式的不穩定特性，因此並不常用。三階樣條是較好的選擇，因為其具有最簡單的表示方法，並且顯示出我們想要的平滑特性。

三階樣條的目標是在每一個結點之間的區間得到一個三階多項式，其一般表示式如下：

$$s_i(x) = a_i + b_i(x - x_i) + c_i(x - x_i)^2 + d_i(x - x_i)^3 \tag{18.10}$$

因此，n 個數據點（$i = 1, 2, ..., n$）中間一共有 $n - 1$ 個區間，並且有 $4(n - 1)$ 個未知係數需要計算。因此，求解需要 $4(n - 1)$ 個條件。

第一個條件和我們在二階樣條範例中的條件相同。也就是設定函數通過每一個數據點，且在結點的一階導數是相等的。除了這些條件，還需要符合另外的條件以確保在結點的二階導數也相等。這一點會大幅增進配適的平滑性。

在這些條件形成之後，我們還需要兩個額外的條件才能獲得解。這比在二階樣條中我們需要指定單一條件的情況還要好。在二階樣條的情況中，我們必須自己指定一個在第一個區間中為零的二階導數，也因此使得結果不對稱。而三階樣條需要兩個額外的條件，這對我們有利，可以平等地將這兩個條件使用在兩個端點。

對於三階樣條，最後兩個條件可以藉由許多不同的方法公式化。一個最普遍的方式是假設在第一個結點與最後一個結點的二階導數等於零。此狀況從圖形上看起來就是函數在端點處成為直線。而指定這樣的端點條件，則會得到所謂「自然伸出」樣條。會這樣命名，是因為繪製時樣條自然地直線延伸出去（如圖 18.2 所示）。

還有其他各式各樣的端點條件可以指定，其中兩種最常用的是夾緊條件與非結點條件。我們會在 18.4.2 節中說明。而在以下的推導，我們的討論僅限於自然伸出樣條。

一旦額外的端點條件被指定，我們即具有 4(n − 1) 個條件可以計算 4(n − 1) 個未知係數。我們當然可以完全依照上述方式建立三階樣條，但是我們通常會採取另一種只需要 n − 1 個方程式的方法。此外，這些聯立的方程式會是三對角線，因此求解會非常有效率。雖然這種方法的推導過程與二階樣條比較起來並沒有那麼直接，但所獲得的效率卻非常值得我們這麼做。

18.4.1 三階樣條的推導

和二階樣條的情形一樣，第一個條件是樣條必須通過所有的數據點：

$$f_i = a_i + b_i(x_i - x_i) + c_i(x_i - x_i)^2 + d_i(x_i - x_i)^3$$

可以簡化成

$$a_i = f_i \tag{18.11}$$

因此，每一個三階式中的常數必須等於區間開始處的應變數的值。此結果可以和式 (18.10) 合併得到：

$$s_i(x) = f_i + b_i(x - x_i) + c_i(x - x_i)^2 + d_i(x - x_i)^3 \tag{18.12}$$

接下來，在結點的地方，相鄰的多項式的函數值必須相等。對於第 i + 1 個結點的條件可以寫成如下：

$$f_i + b_i h_i + c_i h_i^2 + d_i h_i^3 = f_{i+1} \tag{18.13}$$

其中

$$h_i = x_{i+1} - x_i$$

在內部的點上，其一階導數必須相等。式 (18.12) 可以微分得到：

$$s_i'(x) = b_i + 2c_i(x - x_i) + 3d_i(x - x_i)^2 \tag{18.14}$$

在內部某一點 i + 1 的等效導數可以寫成以下式子：

$$b_i + 2c_i h_i + 3d_i h_i^2 = b_{i+1} \tag{18.15}$$

而在內部的點的二階導數也必須相等。式 (18.14) 可以微分得到：

$$s_i''(x) = 2c_i + 6d_i(x - x_i) \tag{18.16}$$

在內部某一點 i + 1 的等效二階導數可以寫成以下式子：

$$c_i + 3d_i h_i = c_{i+1} \tag{18.17}$$

接下來，我們可以求解式 (18.17) 得到 d_i：

$$d_i = \frac{c_{i+1} - c_i}{3h_i} \tag{18.18}$$

並且可以代入式 (18.13) 得到：

$$f_i + b_i h_i + \frac{h_i^2}{3}(2c_i + c_{i+1}) = f_{i+1} \tag{18.19}$$

式 (18.18) 可以代入式 (18.15) 得到：

$$b_{i+1} = b_i + h_i(c_i + c_{i+1}) \tag{18.20}$$

並且式 (18.19) 也可以求得：

$$b_i = \frac{f_{i+1} - f_i}{h_i} - \frac{h_i}{3}(2c_i + c_{i+1}) \tag{18.21}$$

而此方程式的索引可以減 1，得到：

$$b_{i-1} = \frac{f_i - f_{i-1}}{h_{i-1}} - \frac{h_{i-1}}{3}(2c_{i-1} + c_i) \tag{18.22}$$

式 (18.20) 的索引也可以減 1，得到：

$$b_i = b_{i-1} + h_{i-1}(c_{i-1} + c_i) \tag{18.23}$$

式 (18.21) 及式 (18.22) 可以代入式 (18.23)，結果可以化簡得到：

$$h_{i-1}c_{i-1} + 2(h_{i-1} + h_i)c_i + h_i c_{i+1} = 3\frac{f_{i+1} - f_i}{h_i} - 3\frac{f_i - f_{i-1}}{h_{i-1}} \tag{18.24}$$

此方程式可以將右手邊的項換成有限差分，使得整個方程式更簡潔（回想式 (17.15)）：

$$f[x_i, x_j] = \frac{f_i - f_j}{x_i - x_j}$$

因此，式 (18.24) 最後可以寫成：

$$h_{i-1}c_{i-1} + 2(h_{i-1} + h_i)c_i + h_i c_{i+1} = 3\left(f[x_{i+1}, x_i] - f[x_i, x_{i-1}]\right) \tag{18.25}$$

式 (18.25) 可以對內部的每個結點 $i = 2, 3, ..., n-2$ 寫出方程式，會得到具有 $n-1$ 個未知係數 $c_1, c_2, ..., c_{n-1}$ 的 $n-3$ 個聯立三對角線方程式。因此，如果我們還有兩個額外的條件，則可以求解每一個 c。一旦完成此步驟，式 (18.21) 及式 (18.18) 可以用來求解其他的係數，也就是 b

與 d。

如同前面所述，兩個額外的端點條件可以用很多不同的形式公式化。一個最普遍的方式是自然伸出樣條，就是假設在兩端結點的二階導數為零。要了解如何將這些內容整合進入解的程序，第一個結點（式 (18.16)）的二階導數可設為零，如下：

$$s_1''(x_1) = 0 = 2c_1 + 6d_1(x_1 - x_1)$$

因此，此條件等於將 c_1 設為零。

而在最後的結點進行相同的運算得到：

$$s_{n-1}''(x_n) = 0 = 2c_{n-1} + 6d_{n-1}h_{n-1} \tag{18.26}$$

回想式 (18.17)，我們可以很方便地定義一個額外的參數 c_n，使式 (18.26) 變成：

$$c_{n-1} + 3d_{n-1}h_{n-1} = c_n = 0$$

因此，為了使最後一個結點的二階導數為零，我們令 $c_n = 0$。

最後整個方程式可以寫成矩陣的形式如下：

$$\begin{bmatrix} 1 & & & & & \\ h_1 & 2(h_1+h_2) & h_2 & & & \\ & \ddots & \ddots & \ddots & & \\ & & h_{n-2} & 2(h_{n-2}+h_{n-1}) & h_{n-1} \\ & & & & & 1 \end{bmatrix} \begin{Bmatrix} c_1 \\ c_2 \\ \vdots \\ c_{n-1} \\ c_n \end{Bmatrix}$$

$$= \begin{Bmatrix} 0 \\ 3(f[x_3,x_2] - f[x_2,x_1]) \\ \vdots \\ 3(f[x_n,x_{n-1}] - f[x_{n-1},x_{n-2}]) \\ 0 \end{Bmatrix} \tag{18.27}$$

如上式所示，此系統為三對角線系統，並且可以很有效率地求解。

範例 18.3　自然伸出三階樣條

問題敘述　配適三階樣條至範例 18.1 及 18.2（表 18.1）所使用的相同數據。利用所得結果估計在 $x = 5$ 處的值。

解法　第一個步驟是使用式 (18.27) 產生一組可以用來決定係數 c 的聯立方程式：

$$\begin{bmatrix} 1 & & & \\ h_1 & 2(h_1+h_2) & h_2 & \\ & h_2 & 2(h_2+h_3) & h_3 \\ & & & 1 \end{bmatrix} \begin{Bmatrix} c_1 \\ c_2 \\ c_3 \\ c_4 \end{Bmatrix} = \begin{Bmatrix} 0 \\ 3(f[x_3,x_2] - f[x_2,x_1]) \\ 3(f[x_4,x_3] - f[x_3,x_2]) \\ 0 \end{Bmatrix}$$

需要的函數值以及區間寬度的值為：

$$f_1 = 2.5 \qquad h_1 = 4.5 - 3.0 = 1.5$$
$$f_2 = 1.0 \qquad h_2 = 7.0 - 4.5 = 2.5$$
$$f_3 = 2.5 \qquad h_3 = 9.0 - 7.0 = 2.0$$
$$f_4 = 0.5$$

將這些值代入可以得到：

$$\begin{bmatrix} 1 & & & \\ 1.5 & 8 & 2.5 & \\ & 2.5 & 9 & 2 \\ & & & 1 \end{bmatrix} \begin{Bmatrix} c_1 \\ c_2 \\ c_3 \\ c_4 \end{Bmatrix} = \begin{Bmatrix} 0 \\ 4.8 \\ -4.8 \\ 0 \end{Bmatrix}$$

這些方程式可以利用 MATLAB 求解，得到以下結果：

$$c_1 = 0 \qquad c_2 = 0.839543726$$
$$c_3 = -0.766539924 \qquad c_4 = 0$$

式 (18.21) 及式 (18.18) 可以用來求解每一個 b 與 d：

$$b_1 = -1.419771863 \qquad d_1 = 0.186565272$$
$$b_2 = -0.160456274 \qquad d_2 = -0.214144487$$
$$b_3 = 0.022053232 \qquad d_3 = 0.127756654$$

將這些結果以及由式 (18.11) 所求出的每一個 a 一起代入式 (18.10)，可以形成下列區間中的三階樣條：

$$s_1(x) = 2.5 - 1.419771863(x - 3) + 0.186565272(x - 3)^3$$
$$s_2(x) = 1.0 - 0.160456274(x - 4.5) + 0.839543726(x - 4.5)^2$$
$$\qquad - 0.214144487(x - 4.5)^3$$
$$s_3(x) = 2.5 + 0.022053232(x - 7.0) - 0.766539924(x - 7.0)^2$$
$$\qquad + 0.127756654(x - 7.0)^3$$

這三個方程式可以用來計算對應區間的函數值。例如，$x = 5$ 對應到第二個區間，函數值計算如下：

$$s_2(5) = 1.0 - 0.160456274(5 - 4.5) + 0.839543726(5 - 4.5)^2 - 0.214144487(5 - 4.5)^3$$
$$\qquad = 1.102889734$$

最後整個三階樣條配適如圖 18.4c 所示。

範例 18.1 到 18.3 的結果總結在圖 18.4。我們注意到由線性樣條配適到二階樣條、再到三階樣條的配適結果是逐漸改善。我們也特別在圖 18.4c 中畫出三階內插多項式。雖然三階樣條是由一系列的三階曲線所組成，其配適出的結果卻和使用三階多項式的結果並不相同。這是因為自然伸出樣條在兩端結點的地方具有為零的二階導數，而三階多項式則沒有這種限制。

18.4.2 端點條件

雖然自然伸出樣條在圖形上很吸引人，但它僅是可用於樣條的端點條件其中之一。另外兩個最常用的端點條件為：

- **夾緊端點條件 (clamped end condition)**。它要指定在第一個與最後一個數據點的一階導數。之所以稱為「夾緊」樣條，是因為你等於是夾緊繪製樣條的端點，使樣條有想要的斜率。例如，如果指定一階導數為零，則樣條會變得平坦或是在端點處變成水平。
- **「非結點」端點條件 ("not-a-knot" end condition)**。這是第三種端點條件，會強制在第二個結點與倒數第二個結點上三階導數的連續性。由於樣條早就指定在這兩個點上的函數值、一階導數及二階導數通通都相等，因此指定連續的三階導數也是就是希望同樣的三階函數可以用在最前面兩個與最後面兩個相鄰的分段。因為第一個內部的結點已經不再代表兩個不同三階函數的交接處，所以此點不再是真的結點。因此，這種情況稱為「非結點」條件。此條件還有一個額外的特性，就是在四個點上，它可得到與第 17 章中利用普通三階內插多項式所推導出的相同結果。

這些條件可以輕易地套用在式 (18.25)，然後用在內部其他所有結點，$i = 2, 3, ..., n - 2$，並且利用第一個方程式 (1) 及最後一個方程式 $(n - 1)$，如表 18.2 所示。

圖 18.5 顯示了三個端點條件配適表 18.1 中數據的結果的比較。夾緊樣條的設定使端點的一階導數等於零。

正如同我們所預期，夾緊情況的樣條配適在端點處變得平坦。相對地，自然伸出的樣條與非結點的樣條則更能緊密地跟隨數據點的趨勢。注意，自然伸出樣條會如預期般傾向伸直，因為二階導數於端點處等於零。對於非結點樣條，因為端點處具有不為零的二階導數，所以它的圖形較彎曲。

表 18.2 用來指定常見三階樣條端點條件的第一個方程式與最後一個方程式。

條件	第一個方程式與最後一個方程式
自然伸出	$c_1 = 0, c_n = 0$
夾緊（其中 f_1' 與 f_n' 分別代表在第一個和最後一個數據點的一階導數）	$2h_1c_1 + h_1c_2 = 3f[x_2, x_1] - 3f_1'$ $h_{n-1}c_{n-1} + 2h_{n-1}c_n = 3f_n' - 3f[x_n, x_{n-1}]$
非結點	$h_2c_1 - (h_1 + h_2)c_2 + h_1c_3 = 0$ $h_{n-1}c_{n-2} - (h_{n-2} + h_{n-1})c_{n-1} + h_{n-2}c_n = 0$

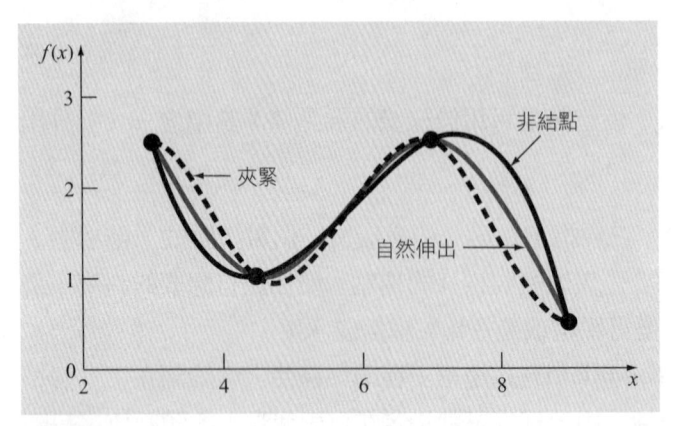

圖 18.5 配適表 18.1 中數據的夾緊樣條（具有為零的一階導數）、非結點樣條以及自然伸出樣條，三者的比較。

18.5　MATLAB 中的分段內插

MATLAB 有幾個內建函數可以執行分段內插。內建函數 `spline` 可以執行本章所介紹的三階樣條內插，內建函數 `pchip` 可以執行分段的三階厄米特內插，而內建函數 `interp1` 可以執行樣條與厄米特內插，也可以進行其他種類的分段內插。

18.5.1　MATLAB 函數：`spline`

利用 MATLAB 的內建函數 `spline`，可以很容易地進行三階樣條的計算。其一般語法如下：

$$yy = \mathtt{spline}(x, y, xx) \tag{18.28}$$

其中 x 及 y 為包含要內插值的向量，且 yy 是樣條內插的結果所形成的向量，其每一項的值是對應於向量 xx 中的點所計算出的內插值。

`spline` 函數預設為使用非結點條件。然而，如果 y 包含的項數比 x 的項數還要多兩個以上，則 y 中的第一個值與最後一個值會用來計算在端點的導數。因此，此選項提供了進行夾緊端點條件的依據。

範例 18.4　MATLAB 中的樣條計算

問題敘述　倫基函數是一個惡名昭彰的、無法使用多項式配適的函數（回想範例 17.7）：

$$f(x) = \frac{1}{1 + 25x^2}$$

使用 MATLAB 來配適此函數在區間 [−1, 1] 內 9 個等分的取樣數據點。分別使用 **(a)** 非結點樣條，以及 **(b)** 端點斜率分別為 $f'_1 = 1$ 及 $f'_{n-1} = -4$ 的夾緊樣條。

解法 **(a)** 9 個在此函數上取樣的等分點可以利用下列指令產生：

```
>> x = linspace(-1,1,9);
>> y = 1./(1+25*x.^2);
```

接下來，我們可以利用 spline 函數產生一個間距更為密集的函數值的向量，並且建立一個平滑的圖形：

```
>> xx = linspace(-1,1);
>> yy = spline(x,y,xx);
```

回想 linspace 函數可以在數據點數目未指定的情況下自動建立 100 個點。最後，我們可以產生倫基函數的值，並且將產生結果與樣條配適和原始數據一起繪出：

```
>> yr = 1./(1+25*xx.^2);
>> plot(x,y,'o',xx,yy,xx,yr,'--')
```

如圖 18.6 所示，非結點樣條可以很適合地配適倫基函數，在各個點之間沒有發生劇烈振盪的情況。

(b) 夾緊的端點條件可以利用一個新建立的向量 yc 來完成，此向量包含第一個與最後一個元素的一階導數。此新向量可以用來產生樣條配適並且畫出圖形：

```
>> yc = [1 y -4];
>> yyc = spline (x,yc,xx);
>> plot(x,y,'o',xx,yyc,xx,yr,'--')
```

如圖 18.7 所示，夾緊樣條現在出現了一些振盪的現象，因為我們在邊界處加上了人為的斜率條件。在其他我們了解真實的一階導數的例子中，夾緊樣條趨向改善配適程度。

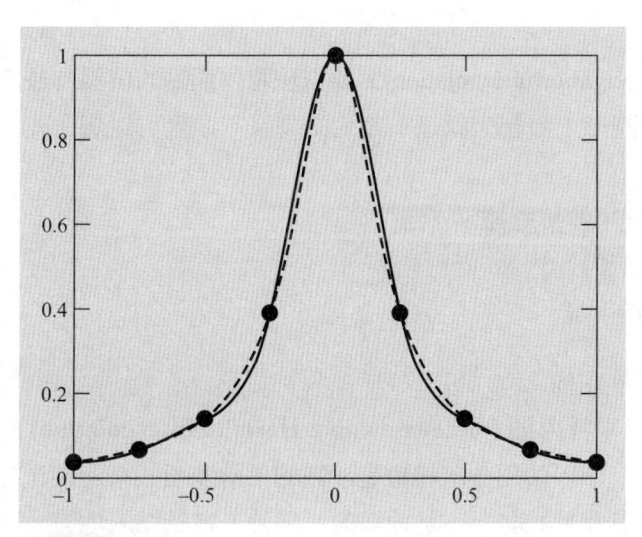

圖 18.6 倫基函數（虛線），以及由 MATLAB 產生的 9 個數據點的非結點配適（實線）的比較。

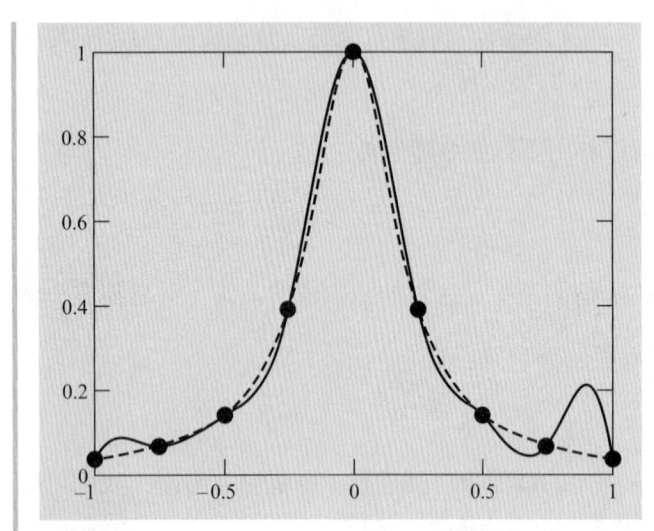

圖 18.7 倫基函數（虛線），以及由 MATLAB 產生的 9 個數據點的夾緊端點配適（實線）的比較。 左、右邊界上端點的斜率分別為 1 及 –4。

18.5.2　MATLAB 函數：`interp1`

內建函數 `interp1` 提供一個便利的方式來進行各種不同形式的分段一維內插。其一般語法如下：

```
yi = interp1(x, y, xi, 'method')
```

其中 `x` 及 `y` 為包含要內插的值的向量，而 `yi`= 樣條內插結果所形成的向量，其每一項的值是對應於向量 `xi` 中的點所計算出的內插值。另外 `'method'`= 欲指定的方法。這些不同方法介紹如下：

- `'nearest'`：最近相鄰者內插 (nearest neighbor interpolation)。此方法將內插點的值設為最近的現存數據點。因此，此內插的結果在圖形上看起來就是一系列的高原，並且可以想像成零階多項式。
- `'linear'`：線性內插。此方法使用直線來連接數據點。
- `'spline'`：分段三階樣條內插。此方法和 `spline` 函數相同。
- `'pchip'` 及 `'cubic'`：分段三階厄米特內插。

如果引數 `'method'` 被省略，則預設是線性內插。

　　`pchip` 這個選項（也就是**分段三階厄米特內插 (piecewise cubic Hermite interpolation)** 的縮寫）值得多加討論。和三階樣條一樣，`pchip` 使用一階導數是連續的三階多項式來連接數據點。然而，和三階樣條不同的是，它的二階導數並非一定是連續的。另外，在結點的地方，一階導數和三階樣條也不盡然不同。它主要的選取方式是要能讓內插「保持形狀」，也就是說，

內插的值對於資料點並沒有發生超越量 (overshoot) 的傾向，而這是三階樣條中常常發生的狀況。

因此，我們常需要在 spline 與 pchip 兩個選項之間做取捨。使用 spline 的結果通常會顯得較平滑，因為人類的眼睛可以感受二階導數是否為連續的。另外，如果配適的數據是平滑函數的值，則配適的正確度會很好。另一方面，在資料並非平滑的情況下，pchip 沒有超越量也較沒有振盪的現象。這些取捨以及其他相關的選項會在以下範例中繼續探討。

範例 18.5 使用 interp1 的取捨

問題敘述 你正在進行一個車輛的駕駛測試，在加速與維持穩定速度間不斷變換。注意，在實驗過程中從不減速。時間對速度的量測結果列表如下：

t	0	20	40	56	68	80	84	96	104	110
v	0	20	20	38	80	80	100	100	125	125

使用 MATLAB 函數 interp1，並利用以下方式來配適這些數據：**(a)** 線性內插；**(b)** 最近相鄰者內插；**(c)** 非結點端點條件的三階樣條內插；以及 **(d)** 分段三階厄米特內插。

解法 **(a)** 利用以下指令可以輸入數據，以線性內插配適，並且畫出圖形：

```
>> t = [0 20 40 56 68 80 84 96 104 110];
>> v = [0 20 20 38 80 80 100 100 125 125];
>> tt = linspace(0,110);
>> vl = interp1(t,v,tt);
>> plot(t,v,'o',tt,vl)
```

圖 18.8a 所示的結果並非是平滑的，但也沒有超越量。
(b) 用來進行最近相鄰者內插計算及繪圖的指令如下：

```
>> vn = interp1(t,v,tt,'nearest');
>> plot(t,v,'o',tt,vn)
```

如圖 18.8b 所示，此結果看起來像是一系列的高原。這個選項既非平滑也不正確。
(c) 用來執行三階樣條內插的指令如下：

```
>> vs = interp1(t,v,tt,'spline');
>> plot(t,v,'o',tt,vs)
```

這些結果（圖 18.8c）相當地平滑。然而，在好幾個地方會有嚴重的超越量。依照此圖形看來，車輛在實驗過程中曾經減速好幾次。
(d) 用來執行分段三階厄米特內插的指令如下：

```
>> vh = interp1(t,v,tt,'pchip');
>> plot(t,v,'o',tt,vh)
```

在這個情況中，計算結果（圖 18.8d）與實際非常相似。由於其保持形狀的特性，速度單調地增加並且沒有發生減速。雖然此結果並未像三階樣條一般地平滑，但在結點處一階導數的連

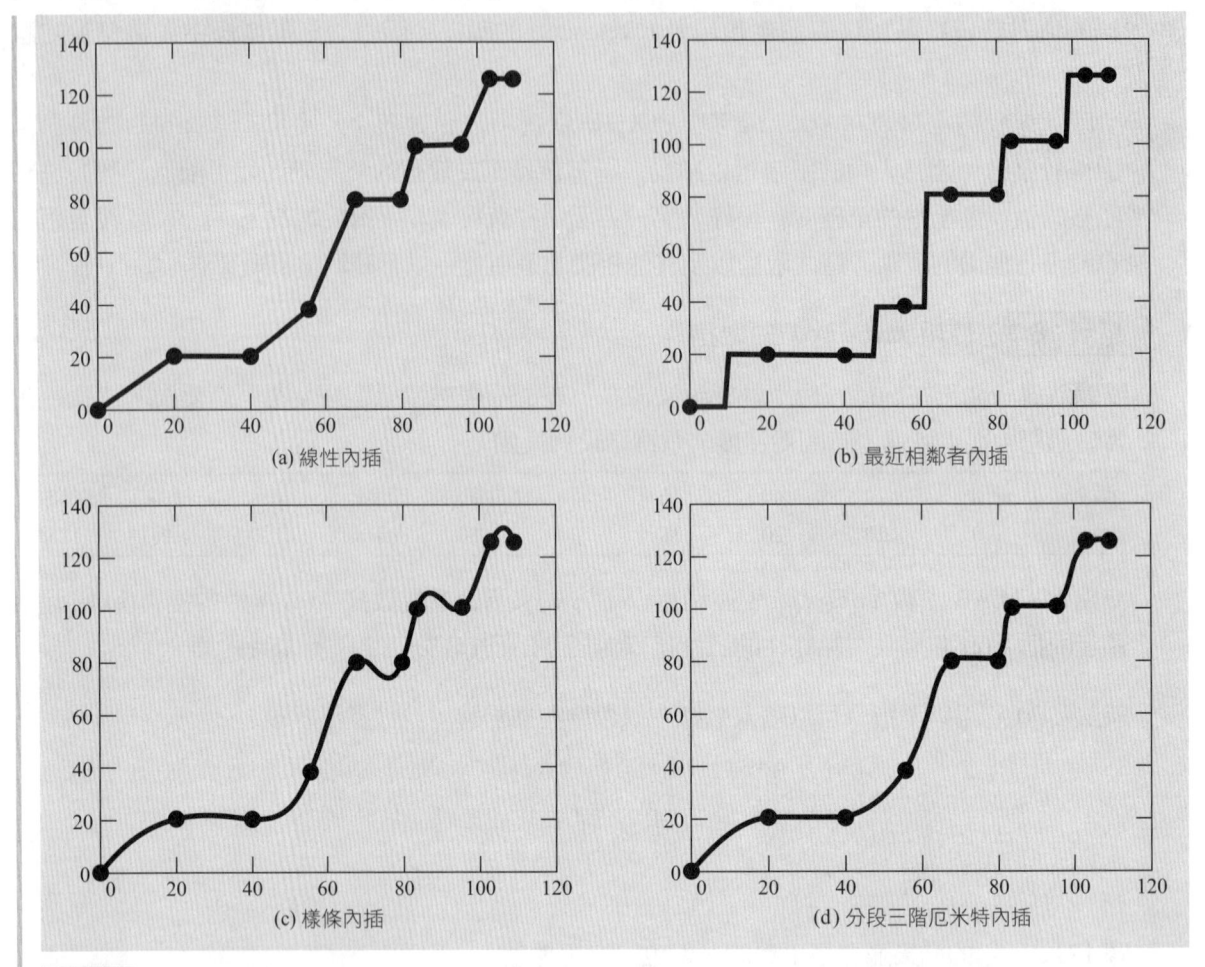

圖 18.8 在 `interp1` 函數中使用不同的選項來進行對於車輛時間速度資料的分段多項式內插。

(a) 線性內插
(b) 最近相鄰者內插
(c) 樣條內插
(d) 分段三階厄米特內插

續性使得資料點之間的暫態是漸近的，也較實際。

18.6 多維內插

一維問題的內插方法可以推廣到多維內插。我們會在本節描述直角座標中最簡單的二維內插。另外，我們將描述 MATLAB 多維內插的功能。

18.6.1 雙線性內插

二維內插 (two-dimensional interpolation) 是要計算兩個變數函數 $z = f(x_i, y_i)$ 的中間值。圖 18.9 顯示我們在四個點有值：$f(x_1, y_1)$、$f(x_2, y_1)$、$f(x_1, y_2)$ 以及 $f(x_2, y_2)$。我們想在這些點間內

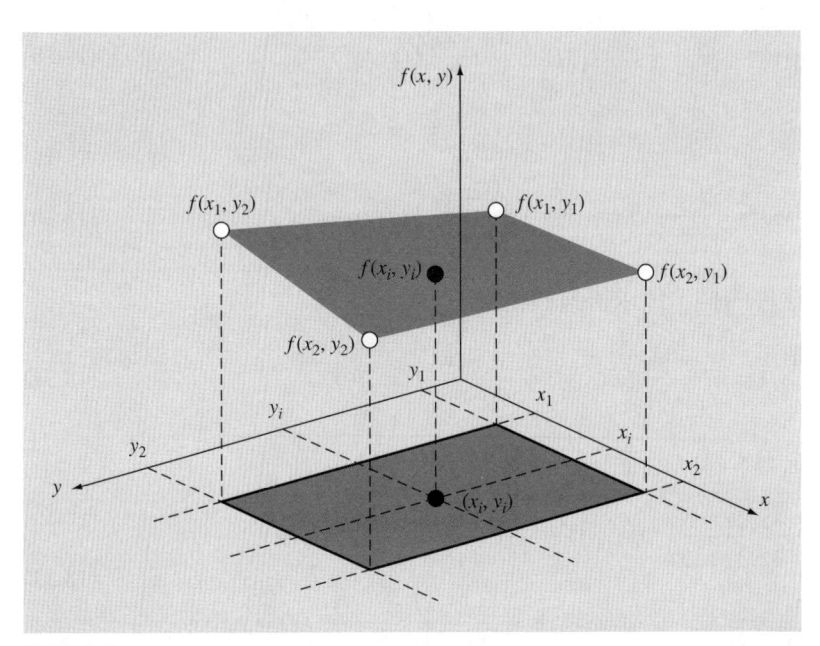

圖 18.9 二維雙線性內插的圖形，圖中的中間值（實心圓）是根據四個給定值（空心圓）所估計出。

插，以便估計某中間點 $f(x_i, y_i)$ 的值。如果我們使用線性函數，結果將如同圖 18.9 所示，為連接點的一個平面，此類函數稱為**雙線性 (bilinear)**。

一種發展雙線性函數的簡單方法可見於圖 18.10。首先，我們固定 y 值，然後在 x 軸方向使用一維線性內插。使用拉格朗日形式，在 (x_i, y_1) 的結果是：

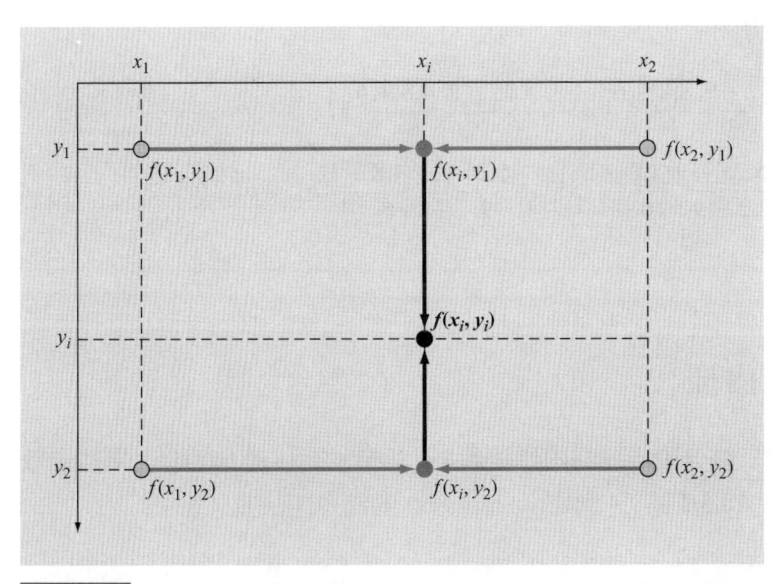

圖 18.10 沿著 x 軸使用一維線性內插可以先用來決定二維雙線性內插在 x_i 的值。接著沿著 y 軸使用這些值進行線性內插，決定在 x_i, y_i 的值。

$$f(x_i, y_1) = \frac{x_i - x_2}{x_1 - x_2} f(x_1, y_1) + \frac{x_i - x_1}{x_2 - x_1} f(x_2, y_1) \tag{18.29}$$

在 (x_i, y_2) 是：

$$f(x_i, y_2) = \frac{x_i - x_2}{x_1 - x_2} f(x_1, y_2) + \frac{x_i - x_1}{x_2 - x_1} f(x_2, y_2) \tag{18.30}$$

接著沿著 y 軸使用這些值進行線性內插，以求得最後結果：

$$f(x_i, y_i) = \frac{y_i - y_2}{y_1 - y_2} f(x_i, y_1) + \frac{y_i - y_1}{y_2 - y_1} f(x_i, y_2) \tag{18.31}$$

將式 (18.29) 及式 (18.30) 代入式 (18.31)，可產生一個單一方程式：

$$\begin{aligned} f(x_i, y_i) =\; & \frac{x_i - x_2}{x_1 - x_2} \frac{y_i - y_2}{y_1 - y_2} f(x_1, y_1) + \frac{x_i - x_1}{x_2 - x_1} \frac{y_i - y_2}{y_1 - y_2} f(x_2, y_1) \\ & + \frac{x_i - x_2}{x_1 - x_2} \frac{y_i - y_1}{y_2 - y_1} f(x_1, y_2) + \frac{x_i - x_1}{x_2 - x_1} \frac{y_i - y_1}{y_2 - y_1} f(x_2, y_2) \end{aligned} \tag{18.32}$$

範例 18.6　雙線性內插

問題敘述　假定你在矩形加熱板表面的不同座標點測量到的溫度如下：

$$T(2, 1) = 60 \qquad T(9, 1) = 57.5$$
$$T(2, 6) = 55 \qquad T(9, 6) = 70$$

使用雙線性內插，估計 $x_i = 5.25$ 和 $y_i = 4.8$ 的溫度。

解法　將這些值代入式 (18.32) 得到：

$$\begin{aligned} f(5.25, 4.8) =\; & \frac{5.25 - 9}{2 - 9} \frac{4.8 - 6}{1 - 6} 60 + \frac{5.25 - 2}{9 - 2} \frac{4.8 - 6}{1 - 6} 57.5 \\ & + \frac{5.25 - 9}{2 - 9} \frac{4.8 - 1}{6 - 1} 55 + \frac{5.25 - 2}{9 - 2} \frac{4.8 - 1}{6 - 1} 70 = 61.2143 \end{aligned}$$

18.6.2　MATLAB 的多維內插

MATLAB 有兩個用於二維和三維分段內插的內建函數：`interp2` 和 `interp3`。這些函數和 `interp1` 的操作模式相似（見 18.5.2 節）。例如，`interp2` 的簡單語法為：

```
zi = interp2(x, y, z, xi, yi, 'method')
```

其中 `x` 和 `y` = 點座標的矩陣，`zi`= 估計點在矩陣 `xi` 和 `yi` 內插結果的矩陣，`method` = 要求

的方法。注意，這裡使用的方法與 interp1 的相同，也就是 linear、nearest、spline 和 cubic。

像 interp1 一樣，如果沒有 method 引數，則預設是線性內插。例如，interp2 能用來做與在範例 18.6 相同的估算：

```
>> x=[2 9];
>> y=[1 6];
>> z=[60 57.5;55 70];
>> interp2(x,y,z,5.25,4.8)
ans =
   61.2143
```

18.7 案例研究　　熱傳遞

背景　溫帶區的湖在夏季可以分為數個熱分層。如圖 18.11 所描繪，近表面為溫暖而流動的水，覆蓋著較冷及密度較高的底層水。這種分層有效地將湖分為兩層：**表水層 (epilimnion)** 和 **深水層 (hypolimnion)**，中間隔了一個**溫躍層 (thermocline)**。

對於研究這種系統的環境工程師和科學家而言，熱分層具有重要意義。特別是溫躍層大大地減弱兩者之間的混合。這樣的結果是，有機物分解可導致被隔絕的底層的氧氣嚴重枯竭。

溫躍層的位置可以定義為溫度對深度曲線的反曲點，即 $d^2T/dz^2 = 0$ 的點。在此點，一階導數或梯度的絕對值也達到最高。

溫度梯度本身也很重要，因為它可以和傅立葉定律一起使用，來決定溫躍層的熱通量：

$$J = -\alpha\rho C \frac{dT}{dz} \tag{18.33}$$

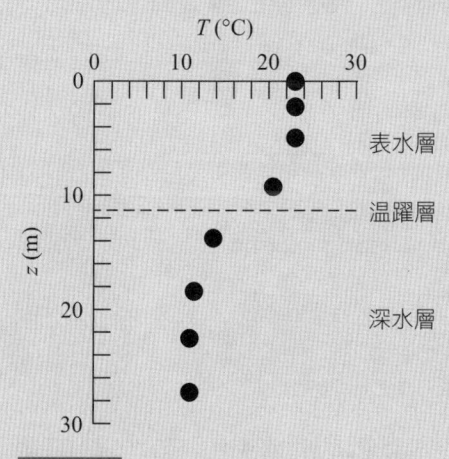

圖 18.11　密西根州普拉特湖在夏季的溫度與深度。

表 18.3 密西根州普拉特湖在夏季的溫度與深度。

z, m	0	2.3	4.9	9.1	13.7	18.3	22.9	27.2
T, °C	22.8	22.8	22.8	20.6	13.9	11.7	11.1	11.1

其中 J = 熱通量 [cal/(cm^2 · s)]，α = 渦流擴散係數 (cm^2/s)，ρ = 密度 ($\cong$ 1 g/cm^3)，以及 C = 比熱 [$\cong$ 1 cal/(g · C)]。

在此例中，我們要使用自然伸出三階樣條來計算密西根州普拉特湖 (Platte Lake) 溫躍層的深度和溫度梯度（表 18.3）。後者也用來計算 $\alpha = 0.01$ cm^2/s 時的熱通量。

解法 正如前述，我們要利用自然伸出樣條端點條件來執行此分析。不幸的是，由於它使用的是非結點端點條件，內建的 MATLAB 函數 spline 不符合我們的需求，而且 spline 函數不會傳回我們分析需要的一階和二階導數。

不過，要發展我們自己的 M 檔來執行自然伸出樣條和傳回導數並不難。圖 18.12 顯示了這樣的程式。經過一些初步偵錯，我們建立並求解式 (18.27) 的二階係數 (c)。這裡要注意我們如何使用兩個子函數（h 和 fd）來計算所需的有限差分。一旦式 (18.27) 建立後，我們能用左除法求解所有的 c 值，然後再用迴圈產生其他係數（a、b 和 d）。

```
function [yy,dy,d2] = natspline(x,y,xx)
% natspline: natural spline with differentiation
%   [yy,dy,d2] = natspline(x,y,xx): uses a natural cubic spline
%   interpolation to find yy, the values of the underlying function
%   y at the points in the vector xx. The vector x specifies the
%   points at which the data y is given.
% input:
%   x = vector of independent variables
%   y = vector of dependent variables
%   xx = vector of desired values of dependent variables
% output:
%   yy = interpolated values at xx
%   dy = first derivatives at xx
%   d2 = second derivatives at xx
n = length(x);
if length(y)~=n, error('x and y must be same length'); end
if any(diff(x)<=0),error('x not strictly ascending'),end
m = length(xx);
b = zeros(n,n);
aa(1,1) = 1; aa(n,n) = 1; %set up Eq. 18.27
bb(1)=0;  bb(n)=0;
```

圖 18.12 計算中間值和導數的自然伸出樣條的 M 檔。注意，進行偵錯時用的 **diff** 函數會在 21.7.1 節描述。

```
for i = 2:n-1
  aa(i,i-1) = h(x, i - 1);
  aa(i,i) = 2 * (h(x, i - 1) + h(x, i));
  aa(i,i+1) = h(x, i);
  bb(i) = 3 * (fd(i + 1, i, x, y) - fd(i, i - 1, x, y));
end
c=aa\bb'; %solve for c coefficients
for i = 1:n - 1 %solve for a, b and d coefficients
  a(i) = y(i);
  b(i) = fd(i + 1, i, x, y) - h(x, i) / 3 * (2 * c(i) + c(i + 1));
  d(i) = (c(i + 1) - c(i)) / 3 / h(x, i);
end
for i = 1:m %perform interpolations at desired values
  [yy(i),dy(i),d2(i)] = SplineInterp(x, n, a, b, c, d, xx(i));
end
end
function hh = h(x, i)
hh = x(i + 1) - x(i);
end
function fdd = fd(i, j, x, y)
fdd = (y(i) - y(j)) / (x(i) - x(j));
end
function [yyy,dyy,d2y]=SplineInterp(x, n, a, b, c, d, xi)
for ii = 1:n - 1
  if xi >= x(ii) - 0.000001 & xi <= x(ii + 1) + 0.000001
    yyy=a(ii)+b(ii)*(xi-x(ii))+c(ii)*(xi-x(ii))^2+d(ii)...
                                        *(xi-x(ii))^3;
    dyy=b(ii)+2*c(ii)*(xi-x(ii))+3*d(ii)*(xi-x(ii))^2;
    d2y=2*c(ii)+6*d(ii)*(xi-x(ii));
    break
  end
end
end
```

圖 18.12 計算中間值和導數的自然伸出樣條的 M 檔。注意，進行偵錯時用的 diff 函數會在 21.7.1 節描述。（續）

至此，我們有了所有需要以三階方程式產生中間值的條件：

$$f(x) = a_i + b_i(x - x_i) + c_i(x - x_i)^2 + d_i(x - x_i)^3$$

我們也可以微分此方程式兩次，以求出一階和二階的導數：

$$f'(x) = b_i + 2c_i(x - x_i) + 3d_i(x - x_i)^2$$
$$f''(x) = 2c_i + 6d_i(x - x_i)$$

如圖 18.12 所示，這些方程式可以在另一個子函數 SplineInterp 執行，以決定值與在中間

值的導數。

以下程式檔案使用 natspline 函數產生樣條，並建立結果的圖形：

```
z = [0 2.3 4.9 9.1 13.7 18.3 22.9 27.2];
T = [22.8 22.8 22.8 20.6 13.9 11.7 11.1 11.1];
zz = linspace(z(1),z(length(z)));
  [TT,dT,dT2] = natspline(z,T,zz);
  subplot(1,3,1),plot(T,z,'o',TT,zz)
  title('(a) T'),legend('data','T')
  set(gca,'YDir','reverse'),grid
  subplot(1,3,2),plot(dT,zz)
  title('(b) dT/dz')
  set(gca,'YDir','reverse'),grid
  subplot(1,3,3),plot(dT2,zz)
  title('(c) d2T/dz2')
  set(gca,'YDir','reverse'),grid
```

如同圖 18.13 所示，溫躍層似乎位於水深約 11.5 m 之處。我們可以利用根位置（二階導數為零）或最佳化方法（最小化一階導數）來改善此估計。結果為溫躍層位於 11.35 m 之處，而該處的梯度是 −1.61°C/m。

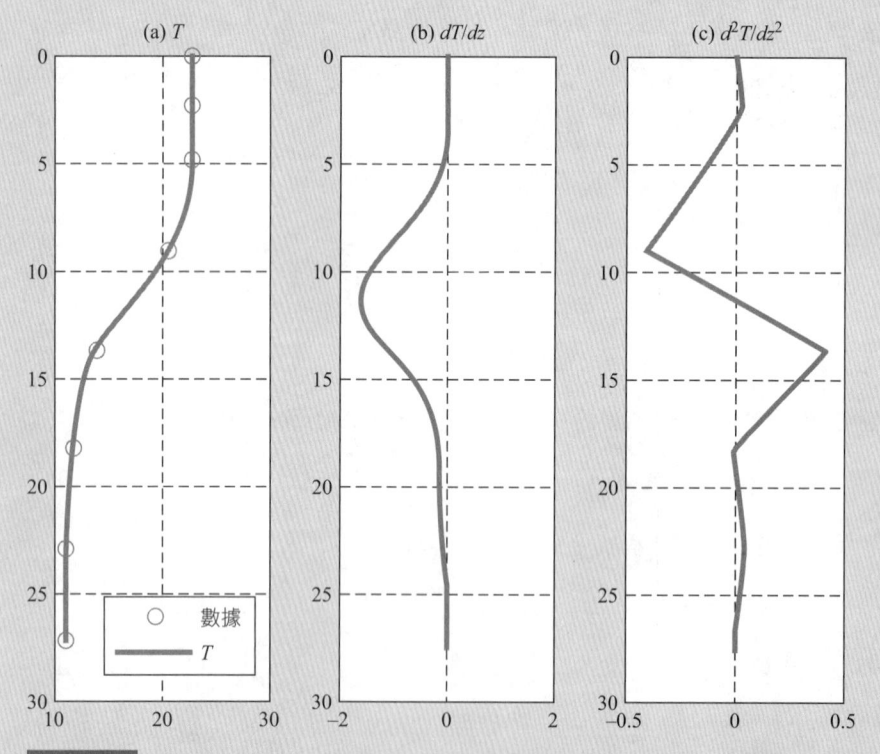

圖 18.13 以三階樣條程式所產生的 (a) 溫度，(b) 梯度，以及 (c) 二階導數對深度 (m) 的圖形。溫躍層位於溫度對深度曲線的反曲點。

用式 (18.33)，可以利用此梯度來計算在溫躍層的熱通量：

$$J = -0.01\frac{cm^2}{s} \times 1\frac{g}{cm^3} \times 1\frac{cal}{g \cdot °C} \times \left(-1.61\frac{°C}{m}\right) \times \frac{1\ m}{100\ cm} \times \frac{86,400\ s}{d} = 13.9\frac{cal}{cm^2 \cdot d}$$

上述分析說明如何使用樣條內插求解工程和科學問題，然而它也是一個數值微分的範例。因此，它顯示了來自不同領域的數值方法可以如何一起用來解決問題。我們將在第 21 章詳細描述數值微分。

習題

18.1 給定數據如下：

x	1	2	2.5	3	4	5
$f(x)$	1	5	7	8	2	1

使用下列方式配適數據：**(a)** 具有自然伸出端點條件的三階樣條；**(b)** 具有非結點端點條件的三階樣條；以及 **(c)** 分段三階厄米特內插。

18.2 一個反應器其熱分層如下表：

深度, m	0	0.5	1	1.5	2	2.5	3
溫度, °C	70	70	55	22	13	10	10

根據這些溫度，此槽可以理想化地假設成兩個被強溫度梯度或溫躍層所分開的區域。溫躍層的深度可以定義為溫度對深度曲線的反曲點，也就是 $d^2T/dz^2 = 0$ 的地方。在這個深度，由表面到底層的熱通量可以用傅立葉定律計算：

$$J = -k\frac{dT}{dz}$$

使用夾緊三階樣條與端點導數為零的條件，決定溫躍層的深度。如果 $k = 0.01$ cal/(s · cm · °C)，計算通過此介面的熱通量。

18.3 下列是 MATLAB 的內建函數 humps，可以用來說明它的一些數值特性：

$$f(x) = \frac{1}{(x-0.3)^2 + 0.01} + \frac{1}{(x-0.9)^2 + 0.04} - 6$$

humps 函數在很小的 x 範圍內同時具有平坦及陡峻的區域。以下是在範圍 $x = 0$ 到 1 且以 0.1 為區間所產生的值：

x	0	0.1	0.2	0.3	0.4	0.5
$f(x)$	5.176	15.471	45.887	96.500	47.448	19.000
x	0.6	0.7	0.8	0.9	1	
$f(x)$	11.692	12.382	17.846	21.703	16.000	

以下列方式配適數據：**(a)** 非結點端點條件的三階樣條；**(b)** 分段三階厄米特內插。在兩個情況中，建立配適的圖形並與精確的 humps 函數比較。

18.4 開發一個三階樣條的圖形，並以下列數據點做配適：**(a)** 自然伸出端點條件；**(b)** 非結點端點條件。另外，利用 **(c)** 分段三階厄米特內插開發一個圖形。

x	0	100	200	400
$f(x)$	0	0.82436	1.00000	0.73576
x	600	800	1000	
$f(x)$	0.40601	0.19915	0.09158	

在每個情況中，將你的圖形和下列這個用來產生數據點的方程式做比較：

$$f(x) = \frac{x}{200}e^{-x/200+1}$$

18.5 下列數據是由圖 18.1 中的步階函數所取樣而來：

x	−1	−0.6	−0.2	0.2	0.6	1
$f(x)$	0	0	0	1	1	1

以下列方式配適數據：**(a)** 非結點端點條件的三階樣條；**(b)** 零斜率夾緊端點條件的三階樣條；**(c)** 分

段三階厄米特內插。在每個情況中,建立配適的圖形並與步階函數做比較。

18.6 開發一個 M 檔,用來計算具有自然伸出端點條件的三階樣條配適。重複計算範例 18.3 來測試你所寫的程式。

18.7 下列數據是根據以下這個五階多項式所產生:$f(x) = 0.0185x^5 - 0.444x^4 + 3.9125x^3 - 15.456x^2 + 27.069x - 14.1$。

x	1	3	5	6	7	9
$f(x)$	1.000	2.172	4.220	5.430	4.912	9.120

(a) 以非結點端點條件的三階樣條來配適這些數據,建立一個圖形比較此配適和此函數。

(b) 重複 **(a)**,但是改用夾緊端點條件的三階樣條,且端點的斜率設為以函數微分所計算出來的精確值。

18.8 貝賽爾函數經常出現在先進的工程和科學的分析,如電場研究。這些函數通常不是直截了當的估計,往往是彙編成標準數學表格,例如:

x	1.8	2	2.2	2.4	2.6
$J_1(x)$	0.5815	0.5767	0.556	0.5202	0.4708

計算 $J_1(2.1)$,**(a)** 使用內插多項式;**(b)** 使用三階樣條。注意,真實值是 0.5683。

18.9 下面數據定義海平面淡水的水溶解氧濃度隨溫度的變化:

T, °C	0	8	16	24	32	40
v, mg/L	14.621	11.843	9.870	8.418	7.305	6.413

利用 MATLAB,使用下列方式配適數據:**(a)** 分段線性內插;**(b)** 五階多項式;以及 **(c)** 樣條。以圖形顯示結果,並使用每一種方法來估計 $o(27)$。注意,正解是 7.986 mg/L。

18.10 **(a)** 利用 MATLAB 配適下列數據的三階樣條來計算 $x = 1.5$ 時的 y 值。

x	0	2	4	7	10	12
y	20	20	12	7	6	6

(b) 重複 **(a)**,但結點端點的一階導數為零。

18.11 倫基函數為:

$$f(x) = \frac{1}{1 + 25x^2}$$

產生此函數在區間 [−1, 1] 中的 5 個等距值。使用下列方式配適數據:**(a)** 四階多項式;**(b)** 線性樣條;以及 **(c)** 三階樣條。以圖形顯示結果。

18.12 使用 MATLAB 從下列函數產生 8 個點:

$$f(t) = \sin^2 t$$

由 $t = 0$ 到 2π。使用下列方式配適數據:**(a)** 非結點端點條件的三階樣條;**(b)** 導數結點端點等於微分值的三階樣條;以及 **(c)** 分段三階厄米特內插。發展每個配適的圖形,以及每個絕對誤差的對應圖 (E_t = 近似值 − 真實值)。

18.13 已知如運動球類的球體之阻力係數是雷諾數 (Reynolds number) Re 的函數。它是一個無因次的數字,用來量測慣性力和黏力之間的比例:

$$\text{Re} = \frac{\rho V D}{\mu}$$

其中 ρ = 流體密度 (kg/m³),V = 速度 (m/s),D = 直徑 (m) 以及 μ = 動力黏度 (N·s/m²)。雖然阻力和雷諾數的關係有時候會以方程式的形式呈現,但是通常是用列表的方式。舉例來說,下列的表格提供了一個平滑球面體的雷諾數:

Re (×10⁻⁴)	2	5.8	16.8	27.2	29.9	33.9
C_d	0.52	0.52	0.52	0.5	0.49	0.44
Re (×10⁻⁴)	36.3	40	46	60	100	200	400
C_d	0.18	0.074	0.067	0.08	0.12	0.16	0.19

(a) 開發一個 MATLAB 程式,使用適當的內插函數來回傳一個為雷諾數函數的 C_d 值。函數的第一行是

```
function Cdout=Drag(ReCd,ReIn)
```

其中 ReCd= 一個包含列表的二維矩陣,ReIn= 你想求取阻力的雷諾數,Cdout= 對應的阻力係數。

(b) 寫一個程式,利用在 (a) 發展的函數產生一個阻力對速度的標示圖形(回想 1.4 節)。在程式中代入下列參數值:$D = 22$ cm,$\rho = 1.3$ kg/m³,以及 $\mu = 1.78 \times 10^{-5}$ Pa·s。畫出速度從 4 到 40 m/s 的值。

18.14 下列函數敘述某長方平面的溫度分布,範圍是 $-2 \leq x \leq 0$ 以及 $0 \leq y \leq 3$:

$$T = 2 + x - y + 2x^2 + 2xy + y^2$$

開發一個程式：**(a)** 使用 MATLAB 的 `surfc` 函數產生此函數的網格圖。使用 `linspace` 函數及原來預設的間隔（即 100 個內點）產生 x 與 y 值。**(b)** 利用 MATLAB 函數 `interp2` 及預設的內插選項（`'linear'`），來計算在 $x = -1.63$ 與 $y = 1.627$ 時的溫度。計算結果的相對誤差百分比。**(c)** 重複 **(b)** 但是使用 `'spline'`。注意：對於 **(b)** 與 **(c)**，使用 9 個內點的 `linspace` 函數。

18.15 美國標準大氣模型設定大氣成分是海平面上高度的函數。以下列表顯示選定的溫度、壓力以及密度值。

高度 (km)	T (°C)	p (atm)	ρ (kg/m^3)
−0.5	18.4	1.0607	1.2850
2.5	−1.1	0.73702	0.95697
6	−23.8	0.46589	0.66015
11	−56.2	0.22394	0.36481
20	−56.3	0.054557	0.088911
28	−48.5	0.015946	0.025076
50	−2.3	7.8721×10^{-4}	1.0269×10^{-3}
60	−17.2	2.2165×10^{-4}	3.0588×10^{-4}
80	−92.3	1.0227×10^{-5}	1.9992×10^{-5}
90	−92.3	1.6216×10^{-6}	3.1703×10^{-6}

開發一個 MATLAB 函數 `StdAtm`，針對一給定高度求這三個性質的值。此函數是依據 `interp1` 的 `pchip` 選項。如果使用者要求在高度範圍之外的數值，讓函數呈現一個錯誤訊息並終止應用程式。用以下腳本作為起點，產生一個三個板面的高度對應性質的繪圖，如圖 P18.15 所示（請見 P.420）。

```
% Script to generate a plot of
temperature, pressure and density
% for the U.S. Standard Atmosphere
clc, clf
z = [-0.5 2.5 6 11 20 28 50 60 80 90];
T = [18.4 -1.1 -23.8 -56.2 -56.3 -48.5
-2.3 -17.2 -92.3 -92.3];
p = [1.0607 0.73702 0.46589 0.22394
0.054557 0.015946 ...
7.8721e-4 2.2165e-4 1.02275e-05
1.6216e-06];
rho = [1.285025 0.95697 0.6601525
0.364805 0.0889105 ...
0.02507575 0.001026918 0.000305883
0.000019992 3.1703e-06];
zint = [-0.5:0.1:90];
for i = 1:length(zint)
[Tint(i),pint(i),rint(i)]=StdAtm(z,T,p,
rho,zint(i));
end

% Create plot

Te = StdAtm(z,T,p,rho,-1000);
```

18.16 費利克斯・鮑姆加特納 (Felix Baumgartner) 搭乘平流層氣球上升至 39 km 然後做自由落體跳躍，他以超音速衝向地球後跳傘降落到地面。當他墜落，他的阻力係數改變，主要是因為空氣密度改變的關係。回想第 1 章提到一自由墜落物體的終端速度，v_{terminal} (m/s)，可以計算為

$$v_{\text{terminal}} = \sqrt{\frac{gm}{c_d}}$$

其中 g = 重力加速度 (m/s^2)，m = 質量 (kg)，和 c_d = 阻力係數 (kg/m)。阻力係數可以計算為

$$c_d = 0.5 \rho A C_d$$

其中 ρ = 流體密度 (kg/m^3)，A = 投影面積 (m^2)，和 C_d = 一個無因次阻力係數。注意重力加速度 g (m/s^2) 可以和高度關連為

$$g = 9.806412 \quad 0.003039734z。$$

其中 z = 高於地表的海拔高度 (km)，而在不同高度的空氣密度 ρ (kg/m^3) 可以列表如下：

z (km)	ρ(kg/m^3)	z (km)	ρ(kg/m^3)	z (km)	ρ(kg/m^3)
−1	1.347	6	0.6601	25	0.04008
0	1.225	7	0.5900	30	0.01841
1	1.112	8	0.5258	40	0.003996
2	1.007	9	0.4671	50	0.001027
3	0.9093	10	0.4135	60	0.0003097
4	0.8194	15	0.1948	70	8.283×10^{-5}
5	0.7364	20	0.08891	80	1.846×10^{-5}

假設 $m = 80$ kg，$A = 0.55$ m^2，$C_d = 1.1$。開發一個 MATLAB 腳本來產生一個高度 z 在 [0:0.5:40] 之間的終端速度對應高度的標記圖。用一個樣條來產生建構此圖所需要的密度。

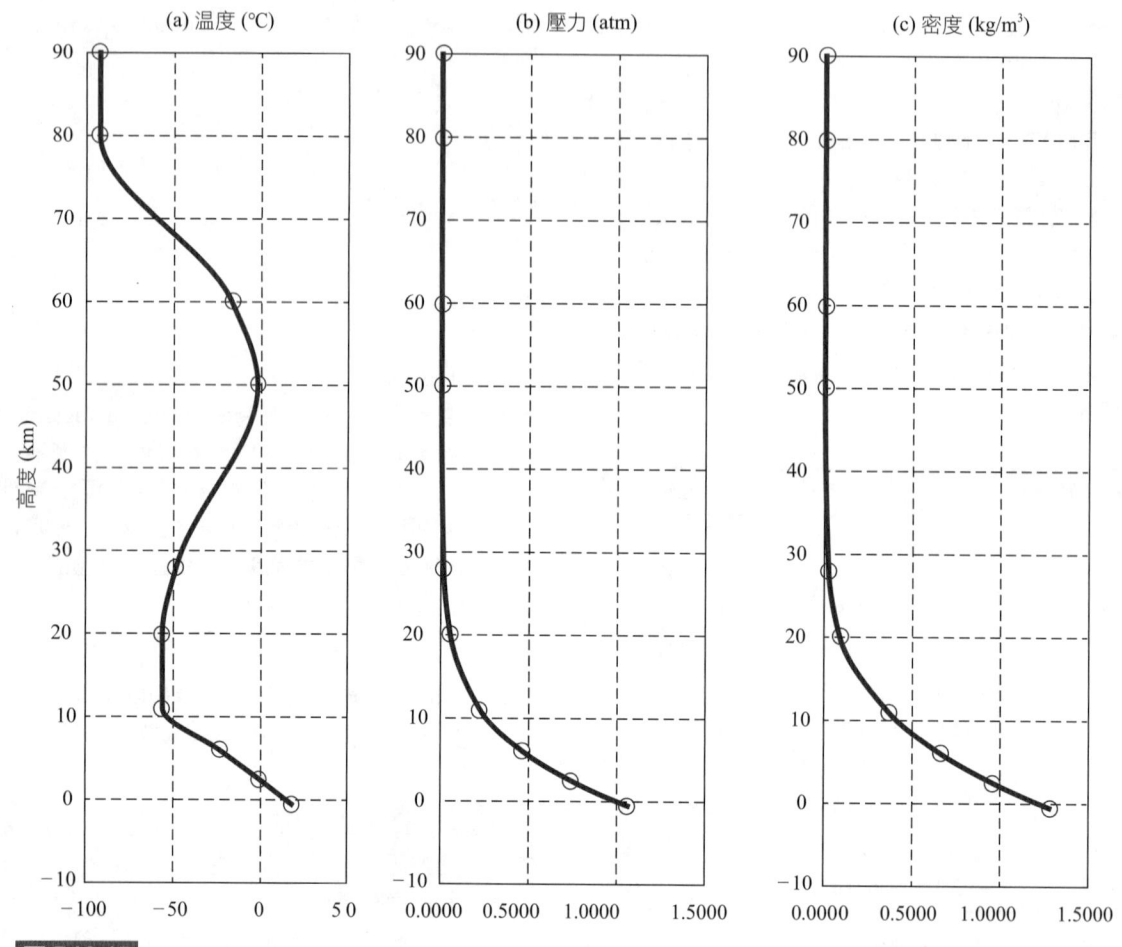

圖 P18.15

第五篇

積分與微分

5.1 概述

若你在高中或大學一年級期間曾學習微積分，你應已學習一些經驗技術，以得到準確分析的導數和積分。

在數學上，**導數 (derivative)** 代表應變數對自變數的變化率。舉例來說，如果給定一個時間函數 $y(t)$ 來指定一個物體的位置，微分提供一方程式用以計算速度：

$$v(t) = \frac{d}{dt} y(t)$$

正如在圖 PT5.1a 所示，導數可以被視為函數的斜率。

積分是微分相反的概念。正如微分利用瞬時過程中量化差異，積分涉及總結瞬時信息以產生區間的總量。因此，如果提供速度作為時間函數，就可用積分來確定距離：

$$y(t) = \int_0^t v(t)\, dt$$

如圖 PT5.1b 所示，在橫座標上，積分可視為曲線 $v(t)$ 下從 0 到 t 的面積。因此，正如導數可以看作是一個斜率，積分可以視為一個總和。

正因為微分和積分之間的關係密切，我們選擇在本書的此篇討論這兩個過程。除此之外，將從數值的觀點，藉此機會強調微分與積分的相似性及相異點。再者，這將和下一篇會涵蓋的微分方程式有關。

雖然在微積分學中，通常先教微分再教積分，但以下的章節將顛倒這個次序。我們這樣做是基於以下幾個原因。首先，因為我們已經在第 4 章介紹了基本數值微分。第二，積分對捨入誤差更不敏感，顯示積分是數值方法中較高度發展的領域。最後，雖然數值微分的應用不如積分廣，但對於微分方程式的解具有重大意義。因此，將它作為最後一個主題，以承接第六篇的微分方程式是很合理的。

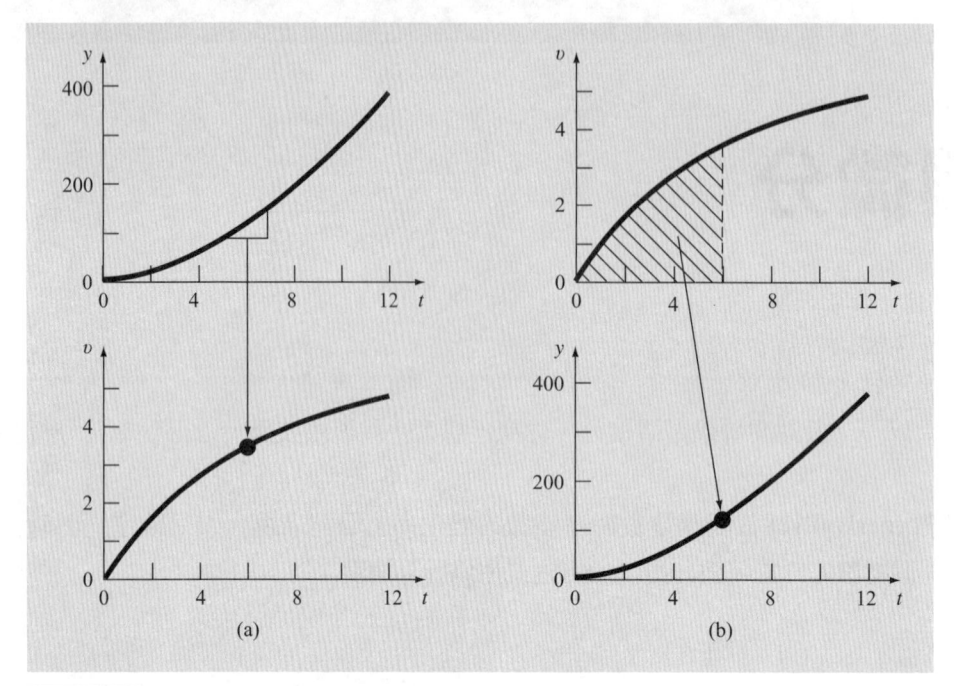

圖 PT5.1 　對照微分和積分之異同：(a) 微分；(b) 積分。

5.2　本篇的架構

　　第 19 章專門討論最常見的數值積分方法：**牛頓－科特公式 (Newton-Cotes formulas)**。這些關係式是基於以一個簡單、易於積分的多項式取代複雜的函數或表列數據。我們對三個最廣泛使用的牛頓－科特公式進行詳細的討論：**梯形法則 (trapezoidal rule)、辛普森 1/3 法則 (Simpson's 1/3 rule)**，以及**辛普森 3/8 法則 (Simpson's 3/8 rule)**。這些公式都是針對均勻間隔的數據來作積分的情況而設計。此外，我們還將探討不等間距數據的數值積分。因為許多真實世界的應用程序均以這種形式處理數據，所以是很重要的議題。

　　上述內容皆涉及**閉合積分 (closed integration)**，在積分的兩端界限的函數值是已知的。在第 19 章的最後，我們會介紹**開放積分公式 (open integration formulas)**，積分範圍超出已知數據的限制。雖然它們並不常用於定積分，之所以介紹開放積分公式，是因為它們將被用以求解第六篇的常微分方程式。

　　第 19 章的公式能用來分析表列數據和方程式，第 20 章則涉及兩種積分方程式和函數的方法：**龍貝格積分 (Romberg integration)** 和**高斯二次式 (Gauss quadrature)**。此外，也會討論到**適應性積分 (adaptive integration)**。

　　在第 21 章，我們補充第 4 章中數值微分的資料，主題包括**高正確度有限差分公式 (high-accuracy finite-difference formulas)、理查森外插法 (Richardson extrapolation)**，以及不等間距數據的微分。也會針對誤差對數值微分和積分的影響做討論。

第 19 章

數值積分公式

章節目標

本章的主要目標是介紹積分的數值方法。個別的目標和主題包括：

- 了解牛頓－科特積分公式是將複雜的函數或列表的數據，以容易積分的多項式取代而來。
- 了解如何執行下列的單一應用牛頓－科特公式：
  梯形法則
  辛普森 1/3 法則
  辛普森 3/8 法則
- 了解如何執行下列的複合牛頓－科特公式：
  梯形法則
  辛普森 1/3 法則
- 了解辛普森 1/3 法則之類的偶數分割奇數點公式可以達到比預期更好的正確度。
- 知道如何使用梯形法則來進行不等間距資料的積分。
- 了解開放與閉式積分公式之差異。

有個問題考考你

回想高空彈跳者自由落下的速度對於時間的函數可以計算如下：

$$v(t) = \sqrt{\frac{gm}{c_d}} \tanh\left(\sqrt{\frac{gc_d}{m}}t\right) \tag{19.1}$$

假設你想知道高空彈跳者在落下某一時間 t 後的垂直距離 z。此距離可以利用積分計算：

$$z(t) = \int_0^t v(t)\, dt \tag{19.2}$$

將式 (19.1) 代入式 (19.2) 之中，得到：

$$z(t) = \int_0^t \sqrt{\frac{gm}{c_d}} \tanh\left(\sqrt{\frac{gc_d}{m}}t\right) dt \tag{19.3}$$

因此，積分提供一個可以由速度決定距離的方法。最後利用微積分求解式 (19.3) 得到：

$$z(t) = \frac{m}{c_d} \ln\left[\cosh\left(\sqrt{\frac{gc_d}{m}}t\right)\right] \tag{19.4}$$

雖然在這個例子中可以開發出閉式解，但是有很多函數無法以解析法積分。另外，假設可以量測出高空彈跳者自由落下時速度對時間的關係，則這些速度與對應的時間可以組合成為表列的離散值。在這種情況下，也可能對離散的數據進行積分以決定距離。在這些例子裡，可以用數值積分方法來求解。第 19 章與第 20 章將會介紹這些方法。

19.1 介紹與背景

19.1.1 什麼是積分？

根據字典中的定義，積分是由「整合」這個字而來，意思是「將一小部分的東西合在一起成為全體」，或是「統一」、「顯示出整個的量」等。在數學上，定積分以下列式子表示：

$$I = \int_a^b f(x)\, dx \tag{19.5}$$

此式表示函數 $f(x)$ 對自變數 x 在區間 $x = a$ 到 $x = b$ 的積分。

遵循字典的定義，式 (19.5) 的「意思」是，$f(x)dx$ 在 $x = a$ 到 b 範圍中的總值或是加總。事實上，$\int$ 這個符號是因襲草體大寫字母 S 而來，代表積分與加總之間密切的關係。

圖 19.1 是此觀念的圖解說明。對於落在 x 軸之上的函數而言，式 (19.5) 的積分是此 $f(x)$ 曲線底下由 $x = a$ 到 b 的面積。

數值積分有時候指的是**二次式 (quadrature)**。這是一個古老的名詞，原意為建立一個面積等於曲線圖形的方形。今日，二次式一般被認為是數值定積分的同義詞。

19.1.2 工程與科學中的積分

積分有許多在工程與科學方面的應用，所以大學一年級必須修習積分學。這些應用在所有的工程與科學中可找到許多範例。有些範例直接涉及積分是曲線底下面積的想法。圖 19.2 顯示了幾個積分在這方面的應用。

其他的一般應用就是積分與加總之間的類比關係。例如，一個普遍的應用是求連續函數的平均值。回想 n 個離散數據點的平均值可以根據式 (14.2) 計算：

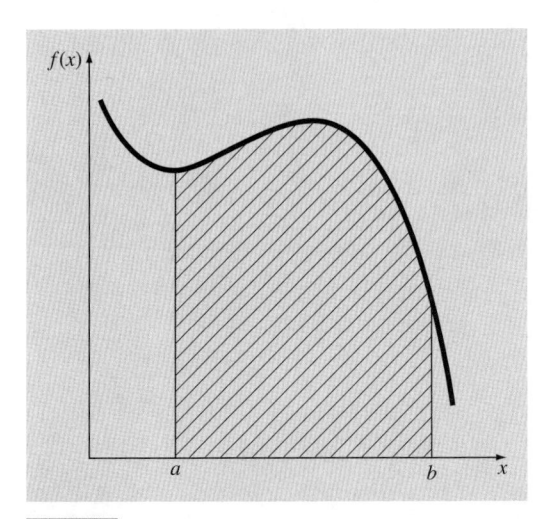

圖 19.1 $f(x)$ 在範圍 $x = a$ 到 b 的積分的圖解說明。積分等於曲線底下的面積。

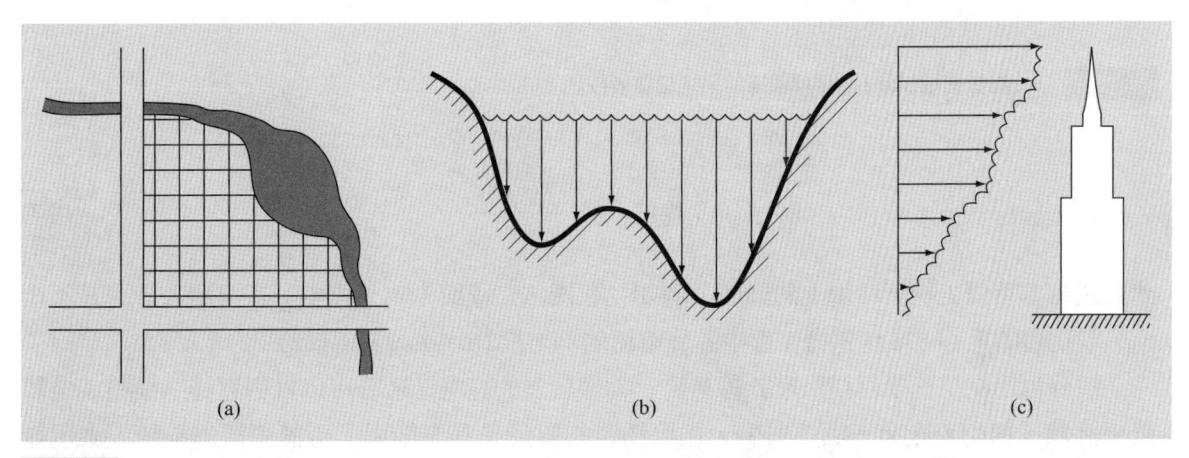

圖 19.2 於工程與科學領域使用積分計算面積的範例。(a) 勘測員需要知道一塊被一條蜿蜒河流以及兩條道路所包圍的土地面積。(b) 水文學者需要知道河流的截面面積。(c) 結構工程師需要知道摩天大樓迎風面承受不均勻風力影響的淨力。

$$平均值 = \frac{\sum_{i=1}^{n} y_i}{n} \tag{19.6}$$

其中 y_i 是個別的量測值。離散點平均值的計算說明在圖 19.3a。

相對地，假設 y 是自變數 x 的連續函數，如圖 19.3b 所示。在這種情況下，在 $x = a$ 到 b 之間有無限多個值。既然離散讀數的平均值可以用式 (19.6) 來計算，我們也能發展一個公式來計算連續函數 $y = f(x)$ 從 a 到 b 的平均值。為此，我們可以使用積分如下：

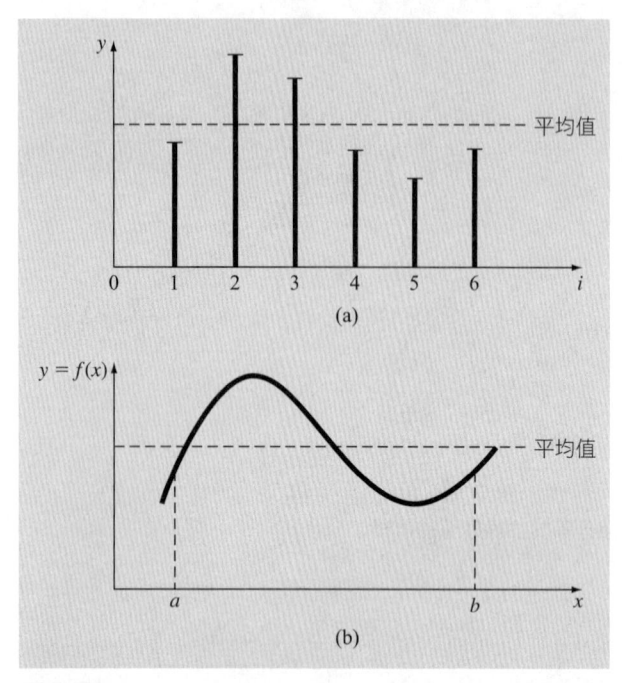

圖 19.3 (a) 離散數據以及 (b) 連續數據的平均值圖解說明。

$$\text{平均值} = \frac{\int_a^b f(x)\,dx}{b-a} \tag{19.7}$$

此公式有上百個工程與科學上的應用。例如，在機械工程與土木工程中，它可用來計算某不規則形狀物體的重心，或在電機工程中計算電流的均方根 (root-mean-square)。

積分也用在工程師與科學家計算某給定物理變數的總量。積分可以針對直線、面積或是體積來計算。例如，在某一反應器中，化學物質的質量是其濃度與反應器體積的乘積，表示如下：

$$\text{質量} = \text{濃度} \times \text{體積}$$

其中濃度是指每單位體積內的質量。若反應器中每個部位的濃度不一，就必須加總區域濃度 c_i 以及對應小部分體積 ΔV_i 的乘積：

$$\text{質量} = \sum_{i=1}^{n} c_i \Delta V_i$$

其中 n 是離散體積的數目。若為連續性的情況，其中 $c(x, y, z)$ 是已知函數，且 x、y 及 z 分別是直角座標中表示位置的自變數，也可用積分來達成同樣目的：

$$\text{質量} = \iiint c(x, y, z)\,dx\,dy\,dz$$

或是

$$\text{質量} = \iiint_V c(V)\,dV$$

此式稱為**體積分 (volume integral)**。注意此式與加總以及積分之間的明顯類比關係。

在其他的工程與科學領域中也有類似的例子。例如，一個通量 (flux)（單位是 calorie/cm^2・s）是位置函數的平面的總能量傳輸速率，可表示如下：

$$\text{通量} = \iint_A \text{flux}\,dA$$

此式稱為**面積分 (areal integral)**，其中 A = 面積。

以上只是你在未來專業上會常常遇到的各種積分應用的一小部分。當被分析的函數很簡單時，我們通常會選擇使用解析解。然而，實際的函數通常很複雜，以致於要分析它相當困難，或是根本辦不到。另外，潛藏的 (underlying) 函數有時是未知的，或只是定義在某些離散點的量測值。在這些情況下，我們將需要熟悉接下來要介紹的數值技巧以求得積分的近似值。

19.2 牛頓－科特公式

牛頓－科特公式 (Newton-Cotes formulas) 是最常使用的數值積分方式。它們的策略是將複雜的函數或表列的數據，以容易積分的多項式取代：

$$I = \int_a^b f(x)\,dx \cong \int_a^b f_n(x)\,dx \tag{19.8}$$

其中 $f_n(x)$ 是多項式，其形式如下：

$$f_n(x) = a_0 + a_1 x + \cdots + a_{n-1}x^{n-1} + a_n x^n \tag{19.9}$$

式中的 n 是多項式的階數。例如，圖 19.4a 用一階多項式（也就是直線）做近似，在圖 19.4b 中則使用拋物線。

積分也可藉由下列方式近似得到，亦即在分段的函數或數據的固定分割長度的區間內使用一系列的多項式來近似。例如，在圖 19.5 中，三段直線的分割可用來近似我們所要的積分。另外，我們也可以使用更高階的多項式來達到相同的目的。

閉合及開放形式的牛頓－科特公式是可以獲得的。**閉合形式 (closed forms)** 的意思是在積分區域的頭尾端點為已知（如圖 19.6a）。**開放形式 (open forms)** 的意思則是在積分區域的範圍超過數據點的範圍（如圖 19.6b）。本章將會強調閉合形式。有關開放形式牛頓－科特公式的內容，我們將在 19.7 節中簡短地介紹。

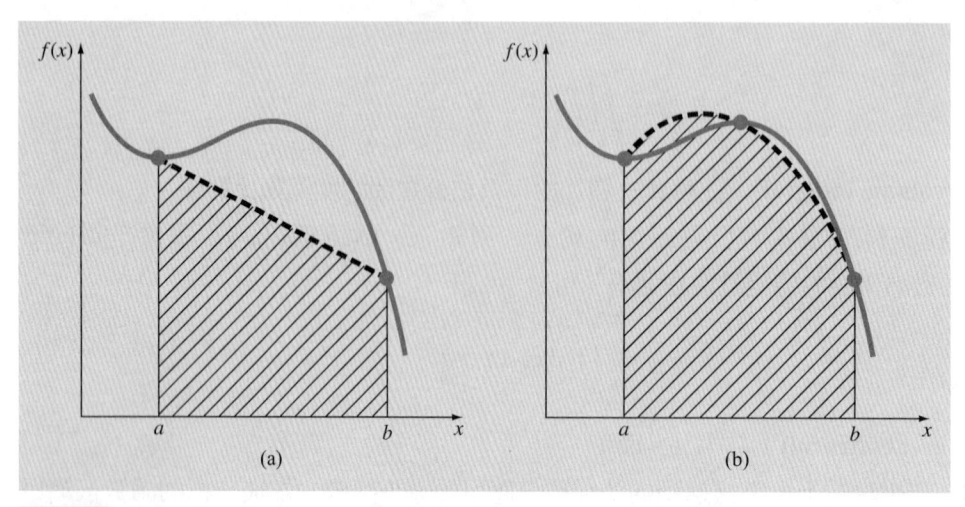

圖 19.4 以 (a) 直線與 (b) 拋物線底下面積當作積分的近似。

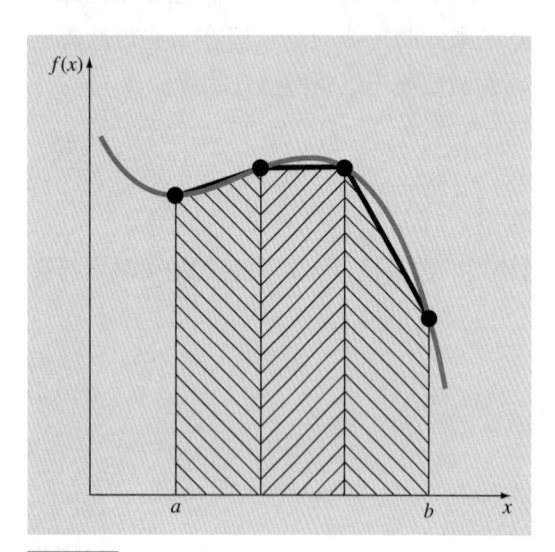

圖 19.5 以三段直線分割底下面積當作積分的近似。

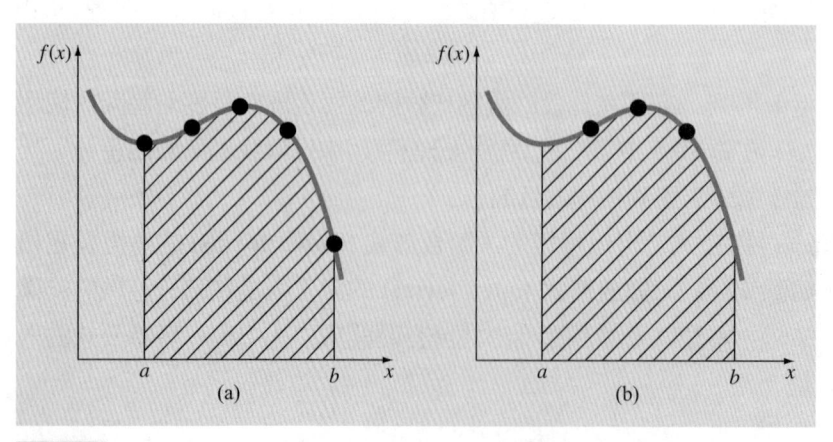

圖 19.6 (a) 閉合積分公式與 (b) 開放積分公式之間的差異。

19.3 梯形法則

梯形法則 (trapezoidal rule) 是牛頓－科特閉合形式積分公式中的第一個。此公式對應的情況是在式 (19.8) 中的一階多項式：

$$I = \int_a^b \left[f(a) + \frac{f(b) - f(a)}{b - a}(x - a) \right] dx \tag{19.10}$$

此積分的結果為：

$$I = (b - a)\frac{f(a) + f(b)}{2} \tag{19.11}$$

此式即稱為**梯形法則 (trapezoidal rule)**。

由幾何的角度來看，梯形法則等效於近似連接 $f(a)$ 與 $f(b)$ 直線底下的梯形面積，如圖 19.7 所示。回想計算梯形面積的幾何公式為高度乘以底長和的平均。在我們的例子中，觀念是相同的，但是梯形則座落於橫軸上。因此，積分的估計表示為：

$$I = 寬度 \times 平均高度 \tag{19.12}$$

或

$$I = (b - a) \times 平均高度 \tag{19.13}$$

其中，對於梯形法則而言，平均高度就是在端點的函數值的平均，或是 $[f(a) + f(b)]/2$。

所有的牛頓－科特閉合形式公式皆可以用式 (19.13) 的一般形式表示。也就是說，只有平均高度的公式表示法不一樣。

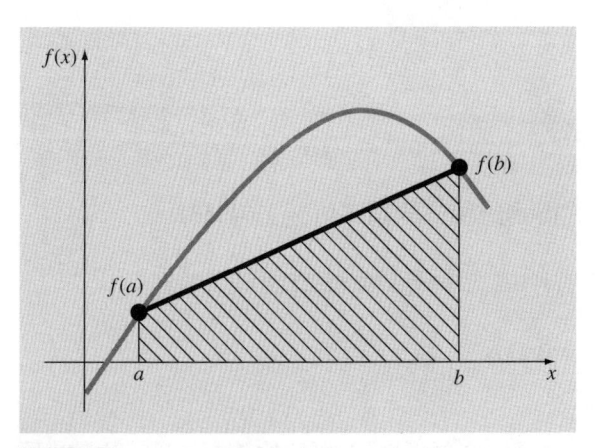

圖 19.7 梯形法則的圖解說明。

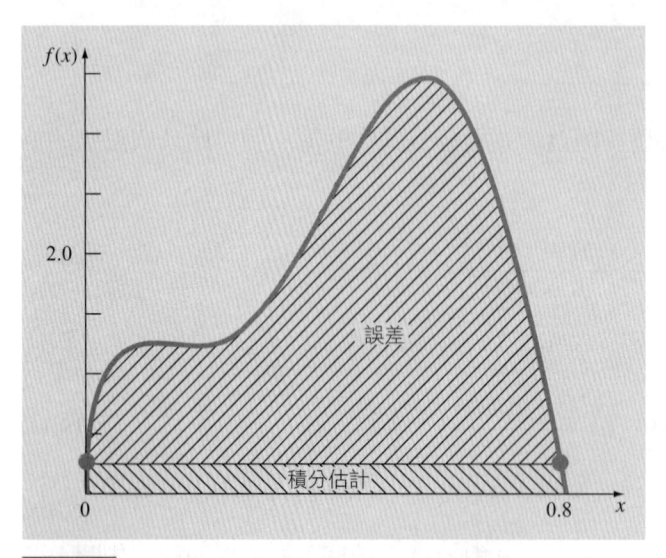

圖 19.8 使用梯形法則單一應用所得之函數 $f(x) = 0.2 + 25x - 200x^2 + 675x^3 - 900x^4 + 400x^5$ 由 $x = 0$ 到 0.8 的積分近似的圖解說明。

19.3.1 梯形法則的誤差

使用直線分割底下的積分來近似曲線底下的積分時，很明顯地會產生誤差，甚至是相當大的誤差（圖 19.8）。對於梯形法則單一應用的區域截斷誤差估計為：

$$E_t = -\frac{1}{12}f''(\xi)(b-a)^3 \tag{19.14}$$

其中 ξ 是 a 到 b 區間中的某一點。式 (19.14) 說明如果被積分的函數為線性，則梯形法則求得的結果會完全正確，因為直線的二階導數等於零。否則，對於具有二階或更高階導數的函數（如曲線），則會發生誤差。

範例 19.1　梯形法則的單一應用

問題敘述　使用式 (19.11)，以數值方法計算

$$f(x) = 0.2 + 25x - 200x^2 + 675x^3 - 900x^4 + 400x^5$$

由 $a = 0$ 到 $b = 0.8$ 的積分。注意，利用解析方式得到此積分的精確值為 1.640533。

解法　在端點的函數值分別為 $f(0) = 0.2$ 與 $f(0.8) = 0.232$，代入式 (19.11) 可以得到：

$$I = (0.8 - 0)\frac{0.2 + 0.232}{2} = 0.1728$$

表示誤差為 $E_t = 1.640533 - 0.1728 = 1.467733$，對應到的相對誤差百分比為 $\varepsilon_t = 89.5\%$。此巨

大誤差量的原因可以由圖 19.8 的圖解說明中得知。我們注意到，直線底下的面積忽略了大部分直線以上但需要做積分的面積。

在實際的情況中，我們並不會預先知道真實值。因此，我們需要近似誤差估計值。要得到這個估計值，首先要對原本的函數微分兩次，得到在此區間的二階導數為：

$$f''(x) = -400 + 4{,}050x - 10{,}800x^2 + 8{,}000x^3$$

根據式 (19.7) 可計算出二階導數的平均值為：

$$\bar{f}''(x) = \frac{\int_0^{0.8} (-400 + 4{,}050x - 10{,}800x^2 + 8{,}000x^3)\,dx}{0.8 - 0} = -60$$

將此值代入式 (19.14) 可以得到：

$$E_a = -\frac{1}{12}(-60)(0.8)^3 = 2.56$$

所得結果的數量級以及正負號與真實誤差一樣。然而差異仍然存在，因為由於這種區間大小，二階導數的平均值並不一定是 $f''(\xi)$ 的正確近似。因此，我們使用 E_a 這個標示法來表示近似誤差，而不使用 E_t 代表精準的值。

19.3.2 複合梯形法則

一個改善梯形法則之正確度的方式是將積分區間 a 到 b 切割成許多塊，並且對每塊分割使用梯形法則（如圖 19.9 所示）。每塊分割的面積加總可以得到整個區間的積分。這些方程式是**複合的 (composite)**，或稱為**多次區間積分公式 (multiple-segment integration formulas)**。

圖 19.9 顯示出其一般形式，以及我們用來描述複合積分的專有術語。共有 $n + 1$ 個等間距的基準點 $(x_0, x_1, x_2, \ldots, x_n)$。因此具有 n 個等寬的分割：

$$h = \frac{b - a}{n} \tag{19.15}$$

如果 a 和 b 分別表示為 x_0 和 x_n，則整個積分可以表示為：

$$I = \int_{x_0}^{x_1} f(x)\,dx + \int_{x_1}^{x_2} f(x)\,dx + \cdots + \int_{x_{n-1}}^{x_n} f(x)\,dx$$

將梯形法則代入每一個積分當中得到：

$$I = h\frac{f(x_0) + f(x_1)}{2} + h\frac{f(x_1) + f(x_2)}{2} + \cdots + h\frac{f(x_{n-1}) + f(x_n)}{2} \tag{19.16}$$

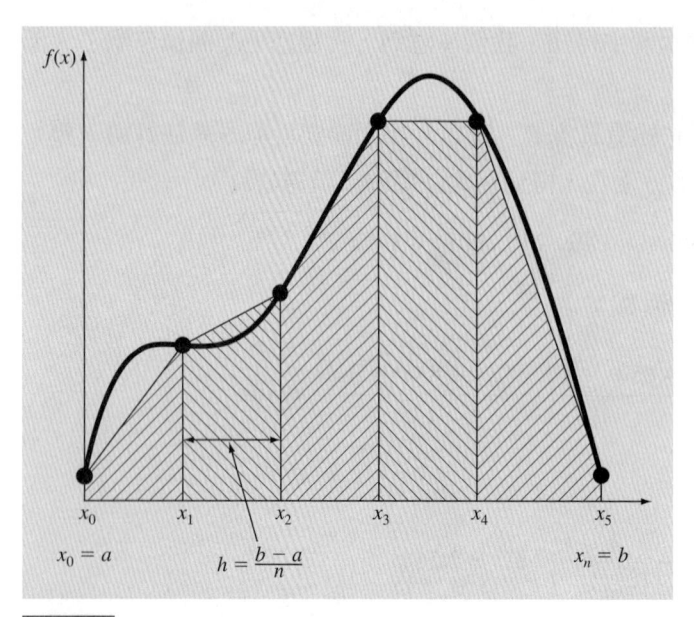

圖 19.9 複合梯形法則。

或者組合上式後可改寫成：

$$I = \frac{h}{2}\left[f(x_0) + 2\sum_{i=1}^{n-1} f(x_i) + f(x_n)\right] \tag{19.17}$$

或使用式 (19.15)，將式 (19.17) 表示成如同式 (19.13) 的一般形式：

$$I = \underbrace{(b-a)}_{\text{寬度}} \underbrace{\frac{f(x_0) + 2\sum_{i=1}^{n-1} f(x_i) + f(x_n)}{2n}}_{\text{平均高度}} \tag{19.18}$$

因為 $f(x)$ 的係數加總除以 $2n$ 等於 1，所以平均高度表示函數值的加權平均值。根據式 (19.18)，內點的權重是端點的兩個函數值 $f(x_0)$ 和 $f(x_n)$ 的兩倍。

複合梯形法則的誤差可以藉由將每一個分割的誤差加總得到：

$$E_t = -\frac{(b-a)^3}{12n^3}\sum_{i=1}^{n} f''(\xi_i) \tag{19.19}$$

其中 $f''(\xi_i)$ 是在第 i 個分割內的點 ξ_i 的二階導數。此結果可以由計算整個區間的二階導數的平均值簡化：

$$\bar{f}'' \cong \frac{\sum_{i=1}^{n} f''(\xi_i)}{n} \tag{19.20}$$

因此 $\sum f''(\xi_i) \cong n\bar{f}''$ 及式 (19.19) 可以重新改寫為：

$$E_a = -\frac{(b-a)^3}{12n^2}\bar{f}'' \tag{19.21}$$

因此，當分割的數目變成兩倍時，截斷誤差會只剩 1/4。注意，式 (19.21) 是近似的誤差，因為式 (19.20) 為近似的本質。

範例 19.2　梯形法則的複合應用

問題敘述　使用二段分割的梯形法則來計算

$$f(x) = 0.2 + 25x - 200x^2 + 675x^3 - 900x^4 + 400x^5$$

由 $a = 0$ 到 $b = 0.8$ 的積分。使用式 (19.21) 來估計誤差。回想此積分由解析方式所得的精確值為 1.640533。

解法　對於 $n = 2$ ($h = 0.4$)：

$$f(0) = 0.2 \quad f(0.4) = 2.456 \quad f(0.8) = 0.232$$

$$I = 0.8\frac{0.2 + 2(2.456) + 0.232}{4} = 1.0688$$

$$E_t = 1.640533 - 1.0688 = 0.57173 \quad \varepsilon_t = 34.9\%$$

$$E_a = -\frac{0.8^3}{12(2)^2}(-60) = 0.64$$

其中 –60 是在範例 19.1 所求得的二階導數平均值。

上述範例的結果與梯形法則三段到十段分割的應用均總結在表 19.1。注意，當分割的數目增加時，誤差會減少，而此減少速度是緩和的。這是因為誤差和 n 的平方成反比（式 (19.21)）。因此，當分割的數目變成 2 倍時，誤差會變成 1/4。接下來，我們將介紹利用高階公式的方法，在增加分割的數目時可以得到更正確的值，也可以更快收斂到真實的積分值。然而，在開始介紹這些公式之前，我們首先討論如何使用 MATLAB 來進行梯形法則。

19.3.3　MATLAB M 檔：`trap`

圖 19.10 顯示一個執行複合梯形法則的簡單演算法。將要進行積分的函數、積分的區間範圍以及分割的段數均傳入 M 檔。接下來就是用式 (19.18) 進行迴圈來產生積分。

此 M 檔可以用於計算自由落下的高空彈跳者前 3 秒所落下的距離，方式是對式 (19.3) 進行積分。在此例中，假設參數如下：$g = 9.81$ m/s^2，$m = 68.1$ kg 及 $c_d = 0.25$ kg/m。我們注意到根據式 (19.4) 可計算出此積分的精確值為 41.94805。

表 19.1　使用複合梯形法則來計算 $f(x) = 0.2 + 25x - 200x^2 + 675x^3 - 900x^4 + 400x^5$ 由 $x = 0$ 到 0.8 積分的結果。此積分的精確值為 1.640533。

n	h	I	ε_t (%)
2	0.4	1.0688	34.9
3	0.2667	1.3695	16.5
4	0.2	1.4848	9.5
5	0.16	1.5399	6.1
6	0.1333	1.5703	4.3
7	0.1143	1.5887	3.2
8	0.1	1.6008	2.4
9	0.0889	1.6091	1.9
10	0.08	1.6150	1.6

```
function I = trap(func,a,b,n,varargin)
% trap: composite trapezoidal rule quadrature
%   I = trap(func,a,b,n,p1,p2,...):
%              composite trapezoidal rule
% input:
%   func = name of function to be integrated
%   a, b = integration limits
%   n = number of segments (default = 100)
%   p1,p2,... = additional parameters used by func
% output:
%   I = integral estimate

if nargin<3,error('at least 3 input arguments required'),end
if ~(b>a),error('upper bound must be greater than lower'),end
if nargin<4|isempty(n),n=100;end
x = a; h = (b - a)/n;
s=func(a,varargin{:});
for i = 1 : n-1
  x = x + h;
  s = s + 2*func(x,varargin{:});
end
s = s + func(b,varargin{:});
I = (b - a) * s/(2*n);
```

圖 19.10　用以執行複合梯形法則的 M 檔。

所需積分的函數可以開發成一個 M 檔，或是未命名函數：

```
>> v=@(t) sqrt(9.81*68.1/0.25)*tanh(sqrt(9.81*0.25/68.1)*t)
v =
```

```
@(t) sqrt(9.81*68.1/0.25)*tanh(sqrt(9.81*0.25/68.1)*t)
```

首先,我們直接計算粗略的五段分割近似的積分:

```
>> format long
>> trap(v,0,3,5)
ans =
   41.86992959072735
```

不出所料,此結果有相對高的真實誤差 18.6%。要得到更為正確的結果,可利用 10,000 塊分割以達到非常精密的近似:

```
>> trap(v,0,3,10000)
x =
   41.94804999917528
```

這和真實值非常接近。

19.4 辛普森法則

除了在梯形法則中使用更精密的分割,還有其他可以得到更正確的積分估計值的方法,就是使用高階多項式連接這些數據點。例如,在函數值 $f(a)$ 到 $f(b)$ 之間增加一個中點,則可以用拋物線連接這三個點(圖 19.11a)。在函數值 $f(a)$ 到 $f(b)$ 之間再增加兩個等距的點,則可以用三階多項式連接這四個點(圖 19.11b)。利用這些高階多項式進行積分的公式即稱為**辛普森法則 (Simpson's rules)**。

19.4.1 辛普森 1/3 法則

辛普森 1/3 法則是將在式 (19.8) 中所使用的多項式改為二階:

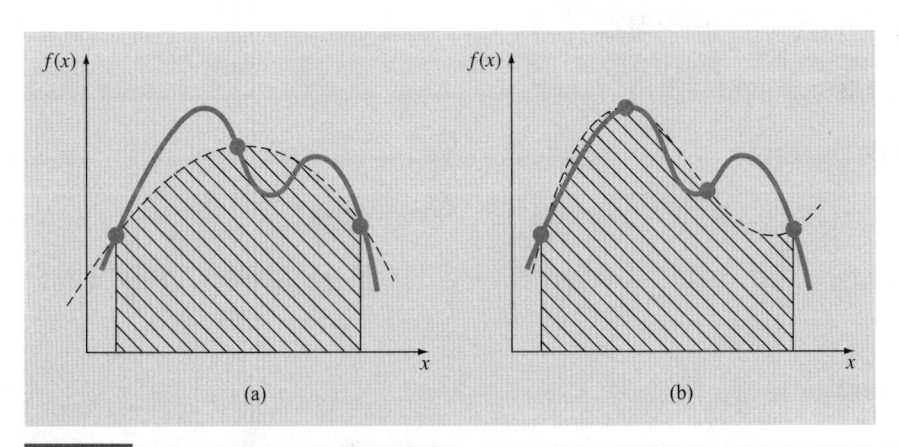

圖 19.11 (a) 辛普森 1/3 法則的圖解說明:包含了連接三個點的拋物線底下的面積。(b) 辛普森 3/8 法則的圖解說明:包含了連接四個點的三次方程式底下的面積。

$$I = \int_{x_0}^{x_2} \left[\frac{(x-x_1)(x-x_2)}{(x_0-x_1)(x_0-x_2)} f(x_0) + \frac{(x-x_0)(x-x_2)}{(x_1-x_0)(x_1-x_2)} f(x_1) \right.$$
$$\left. + \frac{(x-x_0)(x-x_1)}{(x_2-x_0)(x_2-x_1)} f(x_2) \right] dx$$

其中令 a 與 b 分別為 x_0 及 x_2。此積分的結果為：

$$I = \frac{h}{3}[f(x_0) + 4f(x_1) + f(x_2)] \tag{19.22}$$

在這個例子中，$h = (b-a)/2$。此方程式稱為**辛普森 1/3 法則 (Simpson's 1/3 rule)**。「1/3」的意思是 h 在式 (19.22) 中被除以 3。辛普森 1/3 法則也可以表示成類似式 (19.13) 的形式：

$$I = (b-a)\frac{f(x_0) + 4f(x_1) + f(x_2)}{6} \tag{19.23}$$

其中 $a = x_0$，$b = x_2$，且 x_1 是 a 與 b 的中點，也就是 $(a+b)/2$。我們注意到，根據式 (19.23)，中點的權重是 2/3，而兩個端點均為 1/6。

辛普森 1/3 法則的單一分割應用的截斷誤差為：

$$E_t = -\frac{1}{90}h^5 f^{(4)}(\xi)$$

或者，因為 $h = (b-a)/2$：

$$E_t = -\frac{(b-a)^5}{2880} f^{(4)}(\xi) \tag{19.24}$$

其中 ξ 落在 a 與 b 之間。因此，辛普森 1/3 法則比梯形法則更正確。然而，與式 (19.14) 比較後顯示，此式較所預期的更為正確。此誤差與四階導數成正比，而不是與三階導數成正比。因此，辛普森 1/3 法則只根據三個點就達到了三階的精確度。換句話說，雖然公式是由拋物線所推導出來，但是所表現的精確度和三階多項式一樣！

範例 19.3　辛普森 1/3 法則的單一應用

問題敘述　使用式 (19.23) 來計算

$$f(x) = 0.2 + 25x - 200x^2 + 675x^3 - 900x^4 + 400x^5$$

由 $a = 0$ 到 $b = 0.8$ 的積分。使用式 (19.24) 來估計誤差。回想此積分利用解析方式得到的精確值為 1.640533。

解法　對於 $n = 2$ ($h = 0.4$)：

$$f(0) = 0.2 \quad f(0.4) = 2.456 \quad f(0.8) = 0.232$$

$$I = 0.8 \frac{0.2 + 4(2.456) + 0.232}{6} = 1.367467$$

$$E_t = 1.640533 - 1.367467 = 0.2730667 \qquad \varepsilon_t = 16.6\%$$

大約是梯形法則單一應用（參考範例 19.1）精確度的五倍。此近似誤差可以估計得到：

$$E_a = -\frac{0.8^5}{2880}(-2400) = 0.2730667$$

其中 –2400 是此區間的平均四階導數。和範例 19.1 一樣，此誤差是近似值 (E_a)，因為平均四階導數通常並不是 $f^{(4)}(\xi)$ 的正確估計值。然而，因為本範例中所處理的是一個五階的多項式，所以結果完全相符。

19.4.2 複合辛普森 1/3 法則

和梯形法則一樣，辛普森法則也可以藉由將積分區間分為數個等寬的分割，來增加積分的精確度（圖 19.12）。整個積分可以表示為：

$$I = \int_{x_0}^{x_2} f(x)\,dx + \int_{x_2}^{x_4} f(x)\,dx + \cdots + \int_{x_{n-2}}^{x_n} f(x)\,dx \tag{19.25}$$

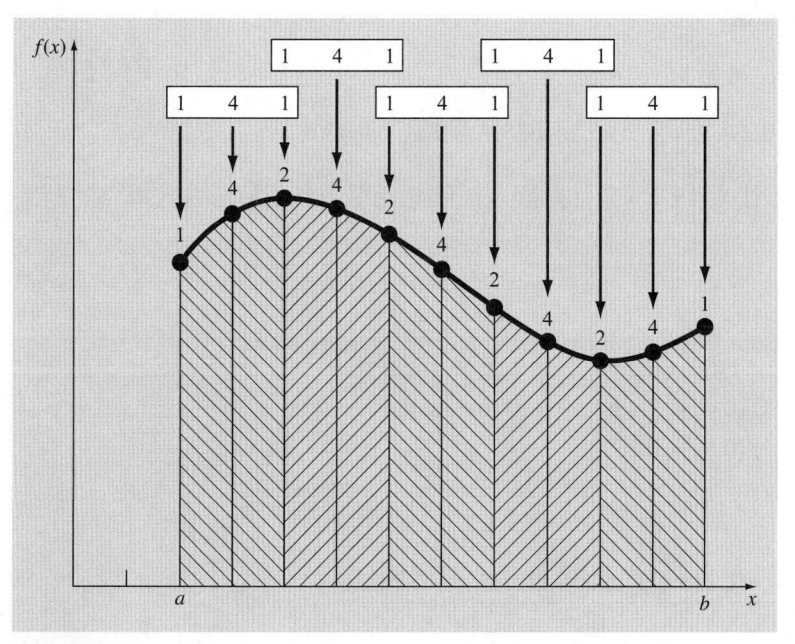

圖 19.12 複合辛普森 1/3 法則。圖中標示出函數值的相對權重。注意，此方法只能使用在分割段數為偶數的情況。

代入辛普森 1/3 法則至每一個積分，得到：

$$I = 2h\frac{f(x_0) + 4f(x_1) + f(x_2)}{6} + 2h\frac{f(x_2) + 4f(x_3) + f(x_4)}{6}$$
$$+ \cdots + 2h\frac{f(x_{n-2}) + 4f(x_{n-1}) + f(x_n)}{6}$$

或者，將此式子合併並且利用式 (19.15)，我們得到：

$$I = (b-a)\frac{f(x_0) + 4\sum_{i=1,3,5}^{n-1} f(x_i) + 2\sum_{j=2,4,6}^{n-2} f(x_j) + f(x_n)}{3n} \qquad (19.26)$$

我們注意到，如圖 19.12 所示，使用這個方法必須配合偶數的分割。另外，式 (19.26) 中的係數「4」與「2」乍看之下會覺得奇怪。然而，這些係數符合辛普森 1/3 法則的本質。如圖 19.12 所示，奇數點代表每一次應用的中間項，也因此根據式 (19.23) 具有權重為 4；而偶數點為兩個相鄰的應用所共用，被計算兩次，所以權重為 2。

和梯形法則的方式一樣，將每一個分割的誤差加總及將導數平均，我們可以得到複合辛普森法則的誤差估計值為：

$$E_a = -\frac{(b-a)^5}{180n^4}\bar{f}^{(4)} \qquad (19.27)$$

其中 $\bar{f}^{(4)}$ 是此區間的四階導數平均。

範例 19.4　複合辛普森 1/3 法則

問題敘述　使用式 (19.26) 與 $n = 4$ 計算

$$f(x) = 0.2 + 25x - 200x^2 + 675x^3 - 900x^4 + 400x^5$$

由 $a = 0$ 到 $b = 0.8$ 的積分。使用式 (19.27) 來估計誤差。回想此積分利用解析方式得到的精確值為 1.640533。

解法　對於 $n = 4$ ($h = 0.2$)：

$$f(0) = 0.2 \qquad f(0.2) = 1.288$$
$$f(0.4) = 2.456 \qquad f(0.6) = 3.464$$
$$f(0.8) = 0.232$$

根據式 (19.26)：

$$I = 0.8\frac{0.2 + 4(1.288 + 3.464) + 2(2.456) + 0.232}{12} = 1.623467$$
$$E_t = 1.640533 - 1.623467 = 0.017067 \qquad \varepsilon_t = 1.04\%$$

根據式 (19.27) 所得的估計誤差為：

$$E_a = -\frac{(0.8)^5}{180(4)^4}(-2400) = 0.017067$$

此結果相當準確（和範例 19.3 一樣）。

如同範例 19.4 所示，複合辛普森 1/3 法則在大多數的應用中比梯形法則要好上許多。然而，也如同前面所述，此應用限制在各值之間的寬度必須為等間距。另外，此方法也受限於奇數的點與偶數的分割之情況。因此，在 19.4.3 節中，我們會使用稱為辛普森 3/8 法則的奇數分割偶數點公式。此公式可以配合 1/3 法則一起使用，不論等距的分割數目是奇數或偶數，我們都可以處理。

19.4.3　辛普森 3/8 法則

和梯形法則以及辛普森 1/3 法則的推導過程一樣，我們利用三階的拉格朗日多項式來配適四個點及積分，得到：

$$I = \frac{3h}{8}[f(x_0) + 3f(x_1) + 3f(x_2) + f(x_3)]$$

其中 $h = (b - a)/3$。此方程式稱為**辛普森 3/8 法則 (Simpson's 3/8 rule)**，因為 h 與 3/8 相乘。此式也是三階牛頓－科特閉合積分公式。此 3/8 法則可以表示成如式 (19.13) 的一般形式：

$$I = (b - a)\frac{f(x_0) + 3f(x_1) + 3f(x_2) + f(x_3)}{8} \tag{19.28}$$

因此，有兩個內點的權重為 3/8，而兩個端點的權重為 1/8。辛普森 3/8 法則的誤差為：

$$E_t = -\frac{3}{80}h^5 f^{(4)}(\xi)$$

或者，由於 $h = (b - a)/3$，代入後我們得到：

$$E_t = -\frac{(b - a)^5}{6480}f^{(4)}(\xi) \tag{19.29}$$

因為式 (19.29) 的分母比式 (19.24) 的分母還大，所以辛普森 3/8 法則的正確度比辛普森 1/3 法則更高。

辛普森 1/3 法則是較常用的方法，因為它只使用三個點就保持了三階的正確度，而 3/8 法則需要四個點。然而，3/8 法則卻可以使用在分割數目為奇數的時候。例如，在範例 19.4 中，我們使用辛普森法則來計算四個分割的積分。假設現在要計算五個分割的積分，可以選擇使用

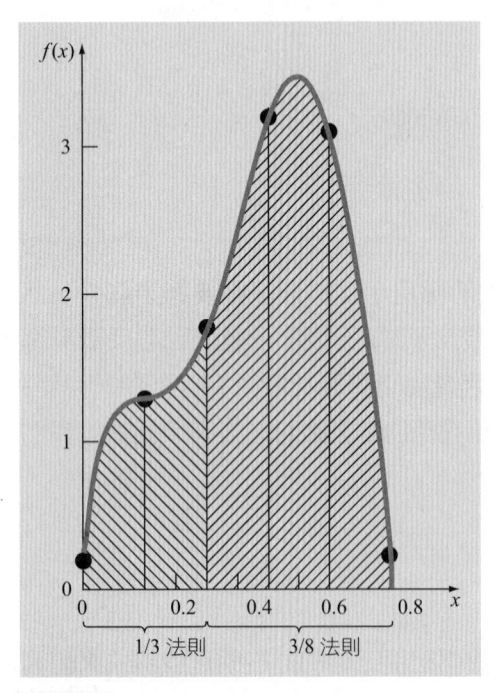

圖 19.13 合併使用辛普森 1/3 法則與 3/8 法則來計算奇數個區間的圖解說明。

範例 19.2 中所用的複合梯形法則。但是我們通常並不建議這麼做，因為此方法的截斷誤差較大。而另一個方式就是對於前面兩個分割使用辛普森 1/3 法則，並且對後面三個分割使用辛普森 3/8 法則（如圖 19.13 所示）。依照此方法，我們能夠得到對於整個區間具有三階正確度的估計值。

範例 19.5　辛普森 3/8 法則

問題敘述　(a) 使用辛普森 3/8 法則來計算

$$f(x) = 0.2 + 25x - 200x^2 + 675x^3 - 900x^4 + 400x^5$$

由 $a = 0$ 到 $b = 0.8$ 的積分。(b) 合併使用辛普森 1/3 法則對相同函數的五個分割做積分。

解法　(a) 辛普森 3/8 法則的單一應用需要四個等距的點：

$$f(0) = 0.2 \qquad f(0.2667) = 1.432724$$
$$f(0.5333) = 3.487177 \qquad f(0.8) = 0.232$$

使用式 (19.28)：

$$I = 0.8 \frac{0.2 + 3(1.432724 + 3.487177) + 0.232}{8} = 1.51917$$

(b) 進行五段分割應用 ($h = 0.16$) 所需要的數據為：

$$f(0) = 0.2 \qquad f(0.16) = 1.296919$$
$$f(0.32) = 1.743393 \qquad f(0.48) = 3.186015$$
$$f(0.64) = 3.181929 \qquad f(0.80) = 0.232$$

前兩個分割的積分使用辛普森 1/3 法則所得的結果為：

$$I = 0.32 \frac{0.2 + 4(1.296919) + 1.743393}{6} = 0.3803237$$

最後三個分割，可用 3/8 法則得到：

$$I = 0.48 \frac{1.743393 + 3(3.186015 + 3.181929) + 0.232}{8} = 1.264754$$

加總這兩個結果得到整個積分：

$$I = 0.3803237 + 1.264754 = 1.645077$$

19.5 高階牛頓－科特公式

如前所述，梯形法則以及辛普森法則都是牛頓－科特閉合積分公式家族中的成員。我們將部分公式以及其對應的截斷誤差總結於表 19.2。

表 19.2 牛頓－科特閉合積分公式。這些公式以式 (19.13) 的形式表示，如此可明顯看出用以估計平均高度的數據點的各個權重。給定的步長大小為 $h = (b - a)/n$。

分割數 (n)	點	名稱	公式	截斷誤差
1	2	梯形法測	$(b-a)\dfrac{f(x_0) + f(x_1)}{2}$	$-(1/12)h^3 f''(\xi)$
2	3	辛普森 1/3 法則	$(b-a)\dfrac{f(x_0) + 4f(x_1) + f(x_2)}{6}$	$-(1/90)h^5 f^{(4)}(\xi)$
3	4	辛普森 3/8 法則	$(b-a)\dfrac{f(x_0) + 3f(x_1) + 3f(x_2) + f(x_3)}{8}$	$-(3/80)h^5 f^{(4)}(\xi)$
4	5	布耳法則	$(b-a)\dfrac{7f(x_0) + 32f(x_1) + 12f(x_2) + 32f(x_3) + 7f(x_4)}{90}$	$-(8/945)h^7 f^{(6)}(\xi)$
5	6		$(b-a)\dfrac{19f(x_0) + 75f(x_1) + 50f(x_2) + 50f(x_3) + 75f(x_4) + 19f(x_5)}{288}$	$-(275/12{,}096)h^7 f^{(6)}(\xi)$

我們注意到，和辛普森 1/3 法則與辛普森 3/8 法則的情況一樣，五點及六點的公式其誤差的數量級也相同。多點數的公式都有這些特性，所以我們的結論是最好採用偶數分割奇數點公式，例如 1/3 法則與布耳法則 (Boole's rule)。

然而，我們也必須強調，在工程與科學的實務上，高階（也就是超過四個點）公式並不常用。對於大多數的應用來說，辛普森法則已經非常足夠。若要改善正確度，我們會使用複合的版本。另外，當函數為已知且需要非常高的正確度時，我們會使用第 20 章所要介紹的龍貝格積分 (Romberg integration) 與高斯二次式 (Gauss quadrature)，兩者都是具有實行性且吸引人的替代方法。

19.6 不等分割的積分

到目前為止所介紹的數值積分公式都是根據等間距的數據點。但在很多實務情況中，我們要處理的是不等分的分割。例如，由實驗所得到的數據通常就是這種類型。在這些情況中，一個方式是對每一個分割使用梯形法則，並且將結果加總：

$$I = h_1 \frac{f(x_0) + f(x_1)}{2} + h_2 \frac{f(x_1) + f(x_2)}{2} + \cdots + h_n \frac{f(x_{n-1}) + f(x_n)}{2} \quad (19.30)$$

其中 h_i 為第 i 個分割的寬度。注意，這和複合梯形法則所運用的方法一樣。式 (19.16) 及式 (19.30) 唯一的差別是前者的每一個 h 為定值。

範例 19.6　不等分割的梯形法則

問題敘述　表 19.3 的資訊是由和範例 19.1 中相同的多項式所產生。使用式 (19.30) 來計算這些數據的積分。回想完全精確的值為 1.640533。

表 19.3　$f(x) = 0.2 + 25x - 200x^2 + 675x^3 - 900x^4 + 400x^5$ 對於不等分割 x 值的函數值列表。

x	$f(x)$	x	$f(x)$
0.00	0.200000	0.44	2.842985
0.12	1.309729	0.54	3.507297
0.22	1.305241	0.64	3.181929
0.32	1.743393	0.70	2.363000
0.36	2.074903	0.80	0.232000
0.40	2.456000		

解法　使用式 (19.30)，我們可以得到：

$$I = 0.12 \frac{0.2 + 1.309729}{2} + 0.10 \frac{1.309729 + 1.305241}{2}$$
$$+ \cdots + 0.10 \frac{2.363 + 0.232}{2} = 1.594801$$

此計算表示相對誤差的絕對百分比為 ε_t = 2.8%。

19.6.1 MATLAB M 檔：`trapuneq`

圖 19.14 顯示執行不等分割梯形法則的簡單演算法。兩個向量 x 與 y 分別是自變數與應變數，被傳入 M 檔。程式中也寫入兩個偵測誤差以確保 (a) 兩個向量具有相同的長度；(b) 每一個 x 由小到大排列。[1] 接下來就是進行迴圈以產生積分。注意，我們修改了式 (19.30) 的下標，因為 MATLAB 中並不允許陣列的下標為零。

此 M 檔可以用於求解範例 19.6 中相同的問題：

```
>> x = [0 .12 .22 .32 .36 .4 .44 .54 .64 .7 .8];
>> y = 0.2+25*x-200*x.^2+675*x.^3-900*x.^4+400*x.^5;
>> trapuneq(x,y)
ans =
    1.5948
```

這和範例 19.6 中所求得的結果一致。

```
function I = trapuneq(x,y)
% trapuneq: unequal spaced trapezoidal rule quadrature
%   I = trapuneq(x,y):
%   Applies the trapezoidal rule to determine the integral
%   for n data points (x, y) where x and y must be of the
%   same length and x must be monotonically ascending
% input:
%   x = vector of independent variables
%   y = vector of dependent variables
% output:
%   I = integral estimate
if nargin<2,error('at least 2 input arguments required'),end
if any(diff(x)<0),error('x not monotonically ascending'),end
n = length(x);
if length(y)~=n,error('x and y must be same length'); end
s = 0;
for k = 1:n-1
  s = s + (x(k+1)-x(k))*(y(k)+y(k+1))/2;
end
I = s;
```

圖 19.14 一個用來執行不等分割梯形法則的 M 檔。

---

[1] `diff` 函數將於 21.7.1 節中介紹。

19.6.2 MATLAB 函數：`trapz` 和 `cumtrapz`

MATLAB 的一個內建函數可以用來計算積分，方式和圖 19.14 所示的 M 檔一樣。其一般語法如下：

```
z = trapz(x, y)
```

其中向量 x 與 y 分別為自變數及應變數。以下是一個簡單的 MATLAB 執行緒，利用此內建函數計算表 19.3 中資料的積分：

```
>> x = [0 .12 .22 .32 .36 .4 .44 .54 .64 .7 .8];
>> y = 0.2+25*x-200*x.^2+675*x.^3-900*x.^4+400*x.^5;
>> trapz(x,y)
ans =
    1.5948
```

此外，MATLAB 的另一個函數 `cumtrapz` 可用於計算累積積分。其語法的一個簡單表示方式為：

```
z = cumtrapz(x, y)
```

其中向量 x 和 y 分別是自變數和應變數，而 z 是 z 的元素 z(k) 自 x(1) 積分到 x(k) 的向量。

範例 19.7　使用數值積分以速度計算距離

問題敘述　依本章章首所述，一個好的積分應用是根據一物體的速度 $v(t)$ 來計算它的距離 $z(t)$，如式 (19.2)：

$$z(t) = \int_0^t v(t)\, dt$$

假設我們在自由落體期間，於一系列不等間距時間量測速度。使用式 (19.2) 來為一 70 kg 的彈跳者在阻力係數 0.275 kg/m 的狀況下合成產生類似資訊。將速度四捨五入為最接近的整數視為隨機誤差。然後使用 `cumtrapz` 計算下降距離，並比較式 (19.4) 解析解的結果。此外，建立一個分析和計算距離與速度的對照圖。

解法　一系列不等間距時間和經過四捨五入的速度可產生為：

```
>> format short g
>> t=[0 1 1.4 2 3 4.3 6 6.7 8];
>> g=9.81;m=70;cd=0.275;
>> v=round(sqrt(g*m/cd)*tanh(sqrt(g*cd/m)*t));
```

位移可計算為：

```
>> z=cumtrapz(t,v)
z=
    0    5    9.6    19.2    41.7    80.7    144.45    173.85    231.7
```

因此,在 8 秒後,彈跳者已經下降 231.7 m。此結果相當接近式 (19.4) 的解析解:

$$z(t) = \frac{70}{0.275} \ln\left[\cosh\left(\sqrt{\frac{9.81(0.275)}{70}}\,8\right)\right] = 234.1$$

下面的指令能產生準確與近位速度數值與解析解的圖形:

```
>> ta=linspace(t(1),t(length(t)));
>> za=m/cd*log(cosh(sqrt(g*cd/m)*ta));
>> plot(ta,za,t,z,'o')
>> title('Distance versus time')
>> xlabel('t (s)'),ylabel('x (m)')
>> legend('analytical','numerical')
```

如圖 19.15 所示,數值模擬和解析結果非常符合。

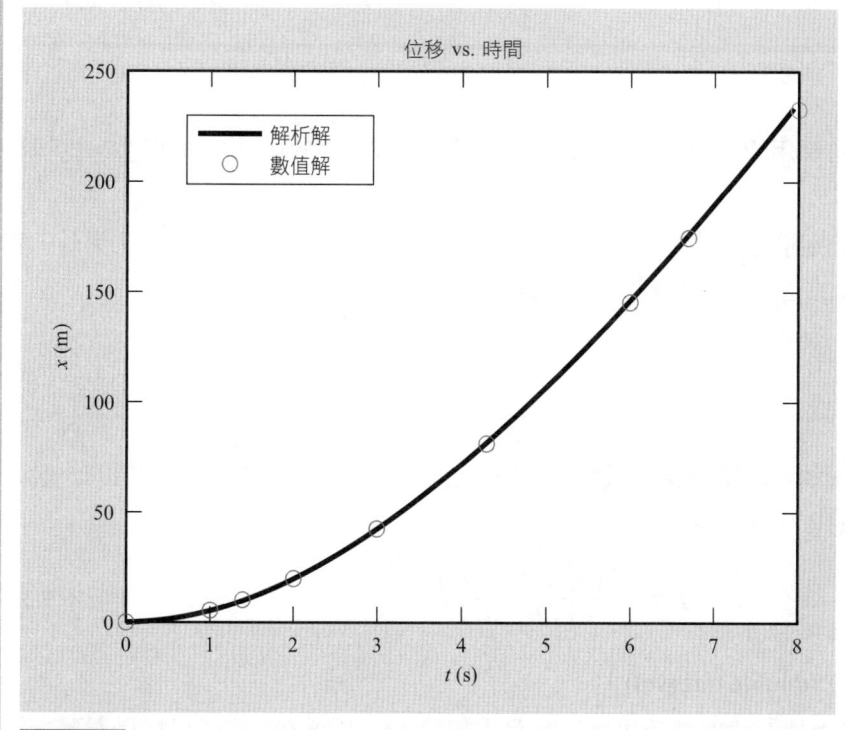

圖 19.15 位移對時間的對應圖。黑線為解析解,而點為以 `cumtrapz` 函數計算的數值解。

19.7 開放法

回想圖 19.6b 中的開放積分公式,其限制超過數據範圍。表 19.4 總結了**牛頓－科特開放積分公式 (Newton-Cotes open integration formulas)**。此公式以式 (19.13) 的形式表示,使權重參數可以清楚地顯示。和前面閉合的版本一樣,連續的每一對公式都具有相同數量級的誤差。偶

表 19.4 牛頓－科特開放積分公式。此公式以式 (19.13) 的形式呈現，因此用以估計平均高度的數據點權重很明顯。步長大小由 $h = (b-a)/n$ 所給定。

分割數 (n)	點	名稱	公式	截斷誤差
2	1	中點法	$(b-a)f(x_1)$	$(1/3)h^3 f''(\xi)$
3	2		$(b-a)\dfrac{f(x_1)+f(x_2)}{2}$	$(3/4)h^3 f''(\xi)$
4	3		$(b-a)\dfrac{2f(x_1)-f(x_2)+2f(x_3)}{3}$	$(14/45)h^5 f^{(4)}(\xi)$
5	4		$(b-a)\dfrac{11f(x_1)+f(x_2)+f(x_3)+11f(x_4)}{24}$	$(95/144)h^5 f^{(4)}(\xi)$
6	5		$(b-a)\dfrac{11f(x_1)-14f(x_2)+26f(x_3)-14f(x_4)+11f(x_5)}{20}$	$(41/140)h^7 f^{(6)}(\xi)$

數分割奇數點公式是較常採用的方法，因為它需要的點數較奇數分割偶數點公式要少，即可獲得相同的正確度。

開放公式不常使用於定積分，然而對於分析瑕積分 (improper integral) 卻很有用。另外，它們和即將在第 22 章及第 23 章中討論求解常微分方程式的方法也有關聯。

19.8 重積分

重積分在工程和科學領域的應用範圍很廣。例如，一個用來計算二維函數平均值的一般方程式可以寫成（參考式 (19.7)）：

$$\bar{f} = \frac{\int_c^d \left(\int_a^b f(x,y)\, dx\right)}{(d-c)(b-a) dy} \tag{19.31}$$

分子的部分稱為**二重積分 (double integral)**。

本章（以及第 20 章）所討論的技巧可用來計算重積分。一個簡單的例子可以是對某一矩形面積做函數的二重積分（如圖 19.16 所示）。

回想曾經學過的微積分，這種積分可以用迭代積分來計算：

$$\int_c^d \left(\int_a^b f(x,y)\, dx\right) dy = \int_a^b \left(\int_c^d f(x,y)\, dy\right) dx \tag{19.32}$$

因此，對於其中一維的積分先進行計算。接下來將第一個積分的結果在第二維中做積分。式 (19.32) 說明了積分的順序並不重要。

數值的二重積分也是根據此概念。首先，像複合梯形或是辛普森之類的法則，可以在固定

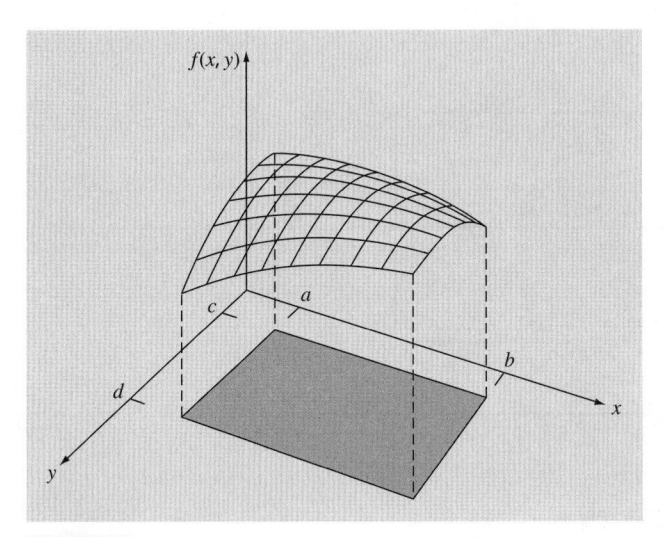

圖 19.16 二重積分為函數表面底下的面積。

第二維的值為常數的情況下計算第一維的積分,接著再利用此程序進行第二維的積分。以下範例為整個的積分方法的說明。

範例 19.8 使用二重積分計算平均溫度

問題敘述 假設一塊矩形加熱板的溫度分布是依照以下函數:

$$T(x, y) = 2xy + 2x - x^2 - 2y^2 + 72$$

假設此板的長度為 8 m(x 維)以及寬度為 6 m(y 維),計算其平均溫度。

解法 首先,我們在每一個維度上只使用二段分割應用的梯形法則。在 x 及 y 值處的溫度如圖 19.17 所示。注意,這些值的簡單平均為 47.33。此函數也可以解析地求出,結果為 58.66667。

要以數值方法進行相同的計算,我們先對每個 y 值進行沿著 x 維的積分。然後對這些值進行沿著 y 維方向的積分,得到的結果為 2544。將此值除以整個面積,得到平均溫度為 $2544/(6 \times 8) = 53$。

現在我們以同樣方式進行單一分割的辛普森 1/3 法則。此方式得到的積分值為 2816,平均為 58.66667,和正確的值一樣。為什麼會這樣?回想辛普森 1/3 法則對於三階多項式可以得到完美的結果。因為此函數最高階的項為二階,所以目前的例子中可以得到完全正確的結果。

對於更高階的代數函數與超越函數,則需要使用複合應用的方法來得到正確的積分估計值。另外,第 20 章會介紹在計算給定函數的積分時,比牛頓-科特公式更有效率的技巧。這些技巧通常提供了更好的方式來計算重積分的數值積分。

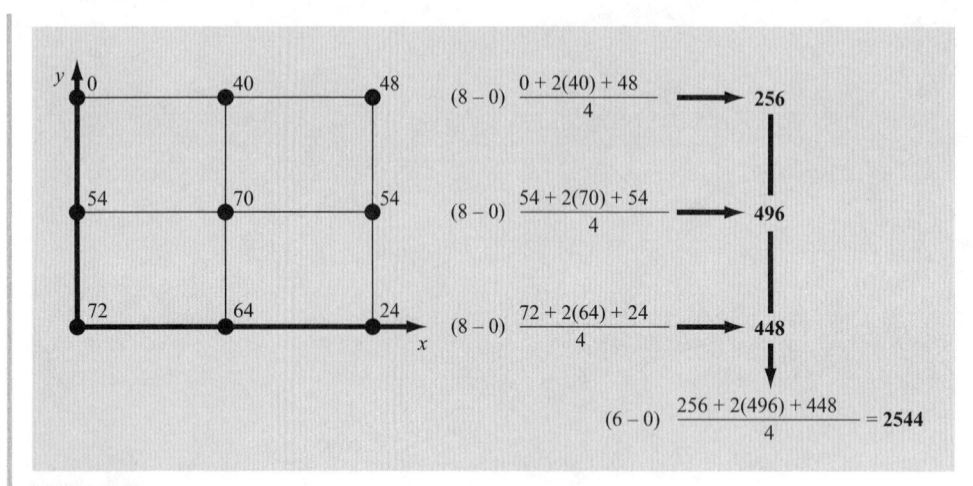

圖 19.17 利用二段分割梯形法則的二重積分數值計算。

19.8.1　MATLAB 函數：`integral2` 和 `integral3`

MATLAB 中有執行二重 (integral2) 與三重 (integral3) 積分的函數。integral2 的簡單代表性語法是：

```
q = integral2(fun, xmin, xmax, ymin, ymax)
```

其中 *q* 為在 *xmin* 到 *xmax* 和 *ymin* 到 *ymax* 的函數 *fun* 二重積分。

下例說明如何用這個函數來計算在範例 19.7 中的二重積分：

```
>> q = integral2(@(x,y) 2*x*y+2*x-x.^2-2*y.^2+72,0,8,0,6)
q =
      2816
```

19.9 案例研究　　數值積分計算

背景　功的計算是許多工程和科學領域的重要組成部分。一般公式為：

$$\text{功} = \text{力} \times \text{距離}$$

當你在高中物理學習此概念時，簡單的應用是在整段位移期間使用固定力量。例如，如果以 10 N 的力拉一方塊位移 5 m，功可計算為 50 J (1 J = 1 N · m)。

雖然這種簡單計算對介紹概念非常有用，但實際問題通常較為複雜。例如，假設在過程中，力量並非不變。在這種情況下，計算功的方程式應重新表示為：

$$W = \int_{x_0}^{x_n} F(x)\, dx \tag{19.33}$$

其中 W = 功 (J)，x_0 和 x_n = 起始和最後的位置 (m)，$F(x)$ = 力隨位置改變的函數 (N)。假使 $F(x)$ 易於積分，式 (19.33) 可以用來解析地估算。然而，在一個實際的問題中，力可能無法以這種方式表達。事實上，在分析量測數據時，力可能僅適用於列表形式。此時，數值積分是唯一可行的選擇。

如果力和運動方向之間有角度，且此角度是位置的函數（見圖 19.18），則問題將更複雜。考慮到這一點，功的方程式可以進一步修改為：

$$W = \int_{x_0}^{x_n} F(x) \cos[\theta(x)]\, dx \tag{19.34}$$

同樣地，假設 $F(x)$ 和 $\theta(x)$ 是簡單的函數，式 (19.34) 可用解析解。然而，如圖 19.18 所示，函數間關係有可能更複雜。此時，數值方法提供了計算積分的唯一選擇。

假設你需要為圖 19.18 的情況進行計算。雖然圖形顯示函數 $F(x)$ 和 $\theta(x)$ 的連續值，假設

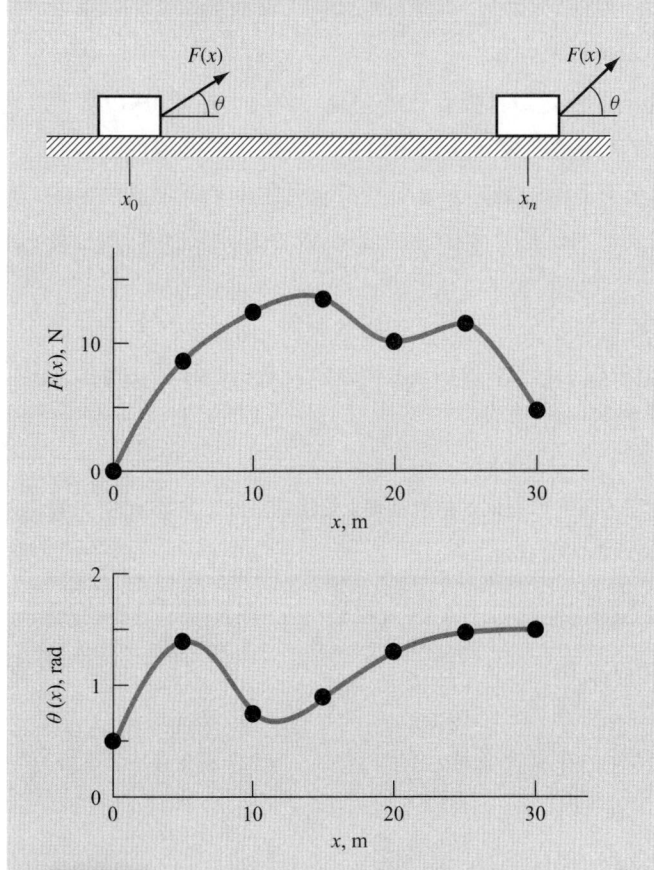

圖 19.18 可變力作用於一個方塊的範例。此情況中，力的角度與大小均為可變。

表 19.5 力 $F(x)$ 和角度 $\theta(x)$ 為位置 x 函數的數據。

x, m	$F(x)$, N	θ, rad	$F(x) \cos \theta$
0	0.0	0.50	0.0000
5	9.0	1.40	1.5297
10	13.0	0.75	9.5120
15	14.0	0.90	8.7025
20	10.5	1.30	2.8087
25	12.0	1.48	1.0881
30	5.0	1.50	0.3537

因為實驗的限制，你只知道測量在 $x = 5$ m 區間之間的離散值（表 19.5）。使用單一和複合應用梯形法則以及辛普森 1/3 和 3/8 法則來計算此數據的功。

解法 表 19.6 列出分析結果。取自圖 19.18 在 1 m 區間的估計基礎上產生的積分 129.52，計算參考真實值的相對誤差百分比 ε_t。

結果很有意思，因為最準確的結果產生在簡單的二段分割梯形法則。使用較多分割與辛普森法則的較精準估計所產生的結果反而較不正確。

此結果明顯違反直覺的原因是寬間距的點不足以捕捉變化的力量和角度。在圖 19.19 尤為明顯，繪製的 $F(x)$ 和 $\cos[\theta(x)]$ 之積的函數為連續曲線。注意，使用七個點代表連續性函數忽略了在 $x = 2.5$ 和 12.5 m 的兩個峰值。忽略了這兩個點等於是限縮了顯示在表 19.6 數值積分的正確度。二段分割梯形法則之所以能產生最準確的結果是因為這個問題的數據點在剛好的位置（見圖 19.20）。

從圖 19.20 可得出的結論是，要準確地計算積分必須有足夠的量測數。在此例，若已知數據 $F(2.5) \cos[\theta(2.5)] = 3.9007$，$F(12.5) \cos[\theta(12.5)] = 11.3940$，我們能找出更好的積分估計值。例如，使用 MATLAB 的 `trapz` 函數，我們可以計算：

表 19.6 使用梯形法則和辛普森法則來估計功。在 1 m 區間的估計基礎上產生的積分 129.52 Pa，計算參考真實值的相對誤差百分比 ε_t。

技術	分割	功	ε_t, %
梯形法則	1	5.31	95.9
	2	133.19	2.84
	3	124.98	3.51
	6	119.09	8.05
辛普森 1/3 法則	2	175.82	35.75
	6	117.13	9.57
辛普森 3/8 法則	3	139.93	8.04

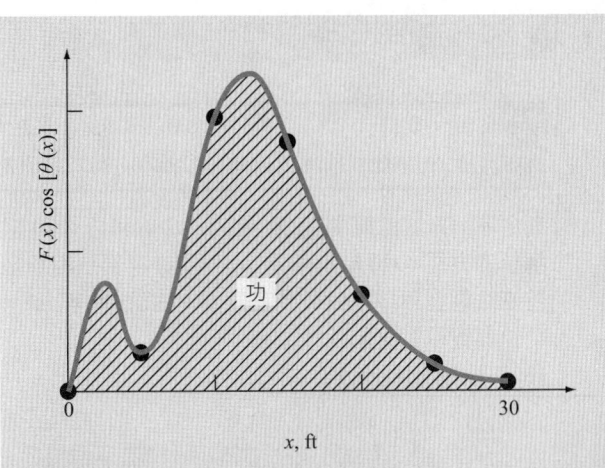

圖 19.19 使用七個點，產生顯示在表 19.6 正確數值積分的 $F(x)\cos[\theta(x)]$ 與位置的連續對照圖。注意，使用七個點代表連續性函數忽略了在 $x = 2.5$ 和 12.5 m 的兩個峰值。

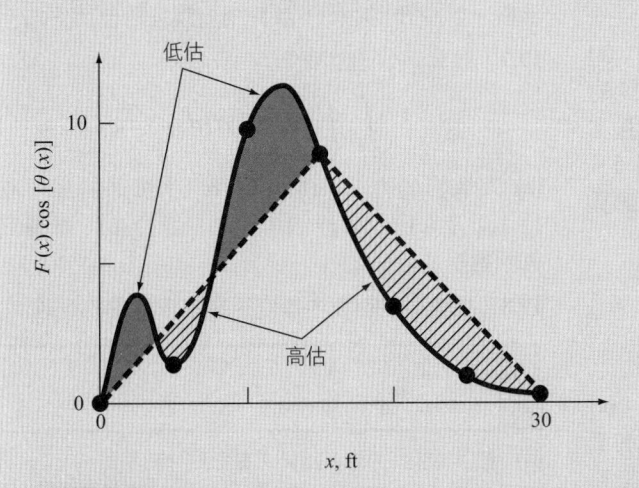

圖 19.20 二段分割梯形法則產生良好積分估計值之特殊情況的圖形。兩個梯形的使用剛好可產生正負誤差間的平衡。

```
>> x=[0 2.5 5 10 12.5 15 20 25 30];
>> y=[0 3.9007 1.5297 9.5120 11.3940 8.7025 2.8087 ...
                                        1.0881 0.3537];
>> trapz(x,y)
ans =
   132.6458
```

加入這兩個額外的點能改善 132.6458 ($\varepsilon_t = 2.16\%$) 積分的估計。因此，列入更多的數據包括原來錯失的高峰值，將導致更好的結果。

習題

19.1 藉由積分式 (19.3) 推導式 (19.4)。

19.2 計算下列積分：

$$\int_0^4 (1-e^{-x})\,dx$$

(a) 以解析的方式；**(b)** 梯形法則的單一應用；**(c)** 複合梯形法則，$n=2$ 及 4；**(d)** 辛普森 1/3 法則的單一應用；**(e)** 複合辛普森 1/3 法則，$n=4$；**(f)** 辛普森 3/8 法則；以及 **(g)** 複合辛普森法則，$n=5$。對於 **(b)** 到 **(g)** 的每一個數值估計，計算與 **(a)** 的真實相對誤差百分比。

19.3 計算下列積分：

$$\int_0^{\pi/2}(8+4\cos x)\,dx$$

(a) 以解析的方式；**(b)** 梯形法則的單一應用；**(c)** 複合梯形法則，$n=2$ 及 4；**(d)** 辛普森 1/3 法則的單一應用；**(e)** 複合辛普森 1/3 法則，$n=4$；**(f)** 辛普森 3/8 法則；以及 **(g)** 複合辛普森法則，$n=5$。對於 **(b)** 到 **(g)** 的每一個數值估計，計算與 **(a)** 的真實相對誤差百分比。

19.4 計算下列積分：

$$\int_{-2}^{4}(1-x-4x^3+2x^5)\,dx$$

(a) 以解析的方式；**(b)** 梯形法則的單一應用；**(c)** 複合梯形法則，$n=2$ 及 4；**(d)** 辛普森 1/3 法則的單一應用；**(e)** 辛普森 3/8 法則；以及 **(f)** 布耳法則。對於 **(b)** 到 **(f)** 的每一個數值估計，計算與 **(a)** 的真實相對誤差百分比。

19.5 函數

$$f(x)=e^{-x}$$

可以用來產生下列表中不等間距的資料：

x	0	0.1	0.3	0.5	0.7	0.95	1.2
$f(x)$	1	0.9048	0.7408	0.6065	0.4966	0.3867	0.3012

利用下列方式計算由 $a=0$ 到 $b=1.2$ 的積分：**(a)** 以解析的方式；**(b)** 梯形法則；以及 **(c)** 梯形法則和辛普森法則並用以得到最高正確度。對於 **(b)** 與 **(c)**，計算真實相對誤差百分比。

19.6 計算下列二重積分：

$$\int_{-2}^{2}\int_{0}^{4}(x^2-3y^2+xy^3)\,dx\,dy$$

(a) 以解析的方式；**(b)** 複合梯形法則，$n=2$；**(c)** 辛普森 1/3 法則的單一應用；以及 **(d)** `integral2` 函數。對於 **(b)** 與 **(c)**，計算相對誤差百分比。

19.7 計算下列三重積分：

$$\int_{-4}^{4}\int_{0}^{6}\int_{-1}^{3}(x^3-2yz)\,dx\,dy\,dz$$

(a) 以解析的方式；**(b)** 辛普森 1/3 法則的單一應用；以及 **(c)** `integral3` 函數。對於 **(b)**，計算真實相對誤差百分比。

19.8 根據以下列表中速度的數據求行經的距離：

t	1	2	3.25	4.5	6	7	8	8.5	9	10
v	5	6	5.5	7	8.5	8	6	7	7	5

(a) 使用梯形法則。此外，求出平均速度。
(b) 利用多項式迴歸以三次方程式配適這些數據，並且將三次方程式積分以求解距離。

19.9 如圖 P19.9 所示，水對水壩的上游面施加壓力。此壓力可以用下列公式表示：

$$p(z)=\rho g(D-z)$$

其中 $p(z)$ = 施加於從蓄水池底部起算高度為 z 公

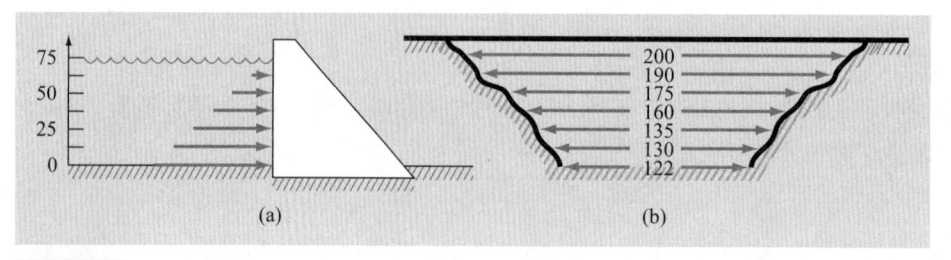

圖 P19.9 水對水壩的上游面施加壓力：(a) 顯示壓力隨深度線性增加的側面圖；(b) 顯示水壩寬度的前視圖（以公尺為單位）。

尺位置的壓力，以帕斯卡為單位 (N/m²)；ρ = 水的密度，在此為定值 10^3 kg/m³；g = 重力加速度 (9.81 m/s²)；以及 D = 從蓄水池底部起算的水面高度 (m)。根據式 (P19.9)，壓力隨深度線性增加，如圖 P19.9a 所示。忽略大氣壓力（因為對於水壩兩面同時施加的大氣壓力會相互抵銷），則總受力 f_t 可以由壓力乘以水壩面的面積算出（如圖 P19.9b 所示）。因為壓力與面積都隨著高度而改變，所以總受力由下列公式計算：

$$f_t = \int_0^D \rho g w(z)(D-z)\,dz$$

其中 $\omega(z)$ = 水壩面在高度 z 的寬度（單位為 m）（如圖 P19.9b 所示）。作用線可由下列公式計算：

$$d = \frac{\int_0^D \rho g z w(z)(D-z)\,dz}{\int_0^D \rho g w(z)(D-z)\,dz}$$

使用辛普森法則計算 f_t 與 d。

19.10 作用於帆船桅桿的力可利用下列函數表示：

$$f(z) = 200\left(\frac{z}{5+z}\right)e^{-2z/H}$$

其中 z = 自甲板起算的高度，H = 桅桿的高度。施加於桅桿的總力 F 可以藉由對桅桿的高度做以上函數的積分求得：

$$F = \int_0^H f(z)\,dz$$

作用線也可以利用積分求得：

$$d = \frac{\int_0^H z f(z)\,dz}{\int_0^H f(z)\,dz}$$

(a) 使用複合梯形法則計算 F 與 d，其中 $H = 30$ ($n = 6$)。

(b) 重複 **(a)**，但是使用複合辛普森 1/3 法則。

19.11 一摩天大樓側邊的風力分布量測如下：

高度 l, m	0	30	60	90	120
風力, $F(l)$, N/m	0	340	1200	1550	2700
高度 l, m	150	180	210	240	
風力, $F(l)$, N/m	3100	3200	3500	3750	

計算由於風力分布產生的淨力與作用線。

19.12 一根 11 m 的樑受到的負載與剪力如以下方程式：

$$V(x) = 5 + 0.25 x^2$$

其中 V 是剪力，x 是沿樑的距離長度。已知 $V = dM/dx$，其中 M 是彎矩。產生積分關係如下：

$$M = M_o + \int_0^x V\,dx$$

假使 M_o 為零且 $x = 11$，使用以下方式計算 M：**(a)** 解析積分，**(b)** 複合梯形法則，以及 **(c)** 複合辛普森法則。**(b)** 和 **(c)** 使用 1 m 的增量。

19.13 一可變密度桿的總質量為：

$$m = \int_0^L \rho(x) A_c(x)\,dx$$

其中 m = 質量，$\rho(x)$ = 密度，$A_c(x)$ = 橫截面積，x = 桿位移，L = 桿的總長度。以下數據為 20 m 的長桿量測結果。盡可能求出最正確的質量 (g)。

x, m	0	4	6	8	12	16	20
ρ, g/cm³	4.00	3.95	3.89	3.80	3.60	3.41	3.30
A_c, cm²	100	103	106	110	120	133	150

19.14 某運輸工程研究要求你求出早晨上班尖峰時間通過某十字路口的汽車數量。你站在路邊，於不同時間計算每 4 分鐘通過的汽車數量，列表如下。使用最好的數值計算方法來求出：**(a)** 7:30 和 9:15 之間的汽車總數；**(b)** 每 4 分鐘通過此路口的汽車流量。（提示：要注意單位。）

時間 (hr)	7:30	7:45	8:00	8:15	8:45	9:15
速率（每 4 分鐘通過的汽車數量）	18	23	14	24	20	9

19.15 計算圖 P19.15 數據的平均值。以下列公式依序執行平均值所需的積分：

$$I = \int_{x_0}^{x_n} \left[\int_{y_0}^{y_m} f(x,y)\,dy\right] dx$$

19.16 積分提供了一種方法來計算在特定時期有多少質量進入或離開一個反應器：

$$M = \int_{t_1}^{t_2} Q c\,dt$$

其中 t_1 和 t_2 = 起始和最後時間。如果你還記得積分和總和的關係，這個公式就很容易理解。因此，積分代表流量乘以密度之積的總和，相當於由 t_1 至 t_2 期間進入或離開的總質量。利用下列數據來計算此方程式的數值積分：

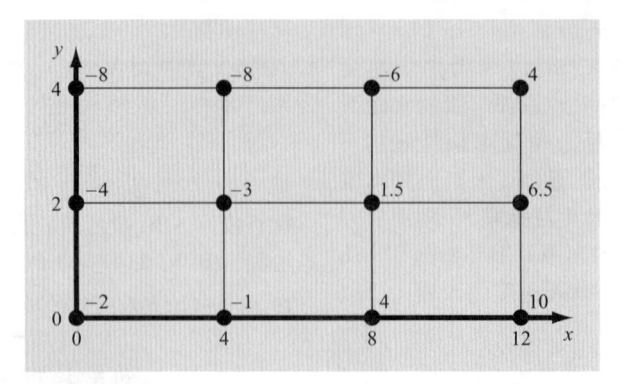

圖 P19.15

t, min	0	10	20	30	35	40	45	50
Q, m³/min	4	4.8	5.2	5.0	4.6	4.3	4.3	5.0
c, mg/m³	10	35	55	52	40	37	32	34

19.17 渠道的橫截面面積可以計算為：

$$A_c = \int_0^B H(y)\, dy$$

其中 B = 渠道的總寬度 (m)，H = 深度 (m)，y = 至岸邊的距離 (m)。以同樣的方式，平均流量 Q (m³/s) 可以計算為：

$$Q = \int_0^B U(y)H(y)\, dy$$

其中 U = 水流速度 (m/s)。利用這些關係和數值方法，計算下列數據的 A_c 和 Q：

y, m	0	2	4	5	6	9
H, m	0.5	1.3	1.25	1.8	1	0.25
U, m/s	0.03	0.06	0.05	0.13	0.11	0.02

19.18 在一座湖中，某物質的平均濃度 $\bar{c}$ (g/m³) 可以積分如下式，湖中面積 A_s (m²) 會隨著深度 z (m) 變化：

$$\bar{c} = \frac{\int_0^Z c(z) A_s(z)\, dz}{\int_0^Z A_s(z)\, dz}$$

其中 Z = 總深度 (m)。基於以下數據，計算平均濃度。

z, m	0	4	8	12	16
A, 10⁶ m²	9.8175	5.1051	1.9635	0.3927	0.0000
c, g/m³	10.2	8.5	7.4	5.2	4.1

19.19 如 19.9 節所示，如果以角度 θ 施加 1 N 的力產生如下的位移結果，計算所作的功。使用 cumtrapz 函數決定累計功並畫出功與 θ 的對應圖。

x, m	0	1	2.8	3.9	3.8	3.2	1.3
θ, deg	0	30	60	90	120	150	180

19.20 依 19.9 節所描述來計算功，但是以下列方程式代入 $F(x)$ 與 $\theta(x)$：

$$F(x) = 1.6x - 0.045x^2$$
$$\theta(x) = -0.00055x^3 + 0.0123x^2 + 0.13x$$

力的單位是牛頓，而角度的單位是弧度，計算 x = 0 到 30 m 的積分。

19.21 如下列表格所示，一個製造出來的球粒子的密度是至球心 (r = 0) 距離的函數：

r, mm	0	0.12	0.24	0.36	0.49
ρ(g/cm³)	6	5.81	5.14	4.29	3.39
r, mm	0.62	0.79	0.86	0.93	1
ρ(g/cm³)	2.7	2.19	2.1	2.04	2

利用數值積分來估測粒子的質量 (g) 以及平均密度 (g/cm³)。

19.22 如下列表格所示，地球的密度是距地心 (r = 0) 距離的函數：

r, km	0	1100	1500	2450	3400	3630
ρ(g/cm³)	13	12.4	12	11.2	9.7	5.7
r, km	4500	5380	6060	6280	6380	
ρ(g/cm³)	5.2	4.7	3.6	3.4	3	

利用數值積分來估測地球的質量（公噸）與平均密度 (g/cm³)。發展一個垂直排列的圖，密度對弧度作圖（上圖）以及質量對弧度作圖（下圖）。假設地球是完美的球體。

19.23 一個球箱在底部有圓形孔口讓液體流出（圖 P19.23）。以下數據是收集流經孔口的流量與時間的函數：

t, s	0	500	1000	1500	2200	2900
Q, m³/hr	10.55	9.576	9.072	8.640	8.100	7.560
t, s	3600	4300	5200	6500	7000	7500
Q, m³/hr	7.020	6.480	5.688	4.752	3.348	1.404

寫一個腳本配合支持函數：(a) 估算在整個量測時段外流的流體體積（公升）；(b) 估算在 $t = 0$ s 時箱內的液面高度。注意 $r = 1.5$ m。

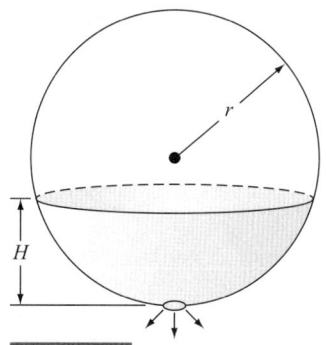

圖 P19.23

19.24 開發一個 M 檔函數，實施等間距數據的複合辛普森 1/3 法則。令函數在下列情形時列印錯誤訊息並終止：(1) 如果數據不等間距；或 (2) 如果輸入向量保持的數據並不等長。如果只有 2 個數據點，實施梯形法則。如果有偶數數據點 n（即奇數分割，$n-1$），則對最後三段使用辛普森 3/8 法則。

19.25 在一場暴風雨中，強風沿著一棟矩形摩天大樓的一側吹，如圖 P19.25 所示。如同習題 19.9 所述，用最佳低階牛頓－科特公式（梯形法則、辛普森 1/3 和 3/8 法則）求出：(a) 作用在建築物上的力，以牛頓為單位；以及 (b) 力線，以公尺為單位。

19.26 以下數據是某物體的速度是時間的函數：

t, s	0	4	8	12	16	20	24	28	30
v, m/s	0	18	31	42	50	56	61	65	70

(a) 你只限於使用梯形法則和辛普森 1/3 和 3/8 法則，針對此物體從 $t = 0$ 到 30 s 移動多遠做最好的估計。
(b) 利用 (a) 的結果來計算平均速度。

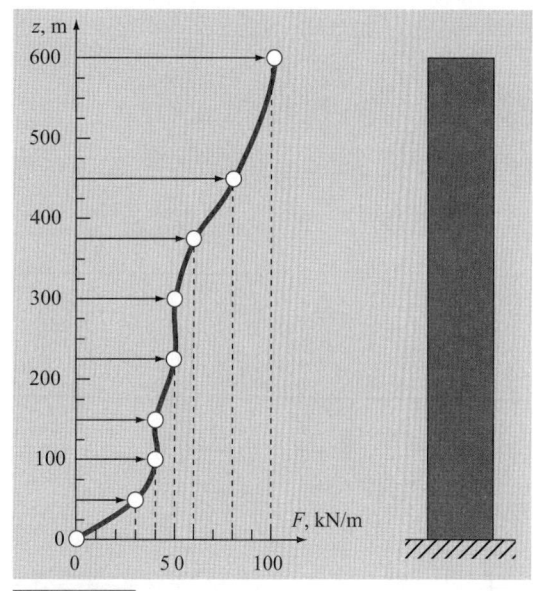

圖 P19.25

19.27 一個可變密度桿的總質量給定為

$$m = \int_0^L \rho(x) A_c(x)\, dx$$

其中 m = 質量，$\rho(x)$ = 密度，$A_c(x)$ = 截面積，x = 沿著桿的距離。以下數據為 10m 的長桿量測結果：

x (m)	0	2	3	4	6	8	10
ρ (g/cm³)	4.00	3.95	3.89	3.80	3.60	3.41	3.30
A_c (cm²)	100	103	106	110	120	133	150

盡可能求出最正確的質量 (g)，你只限於使用梯形法則和辛普森 1/3 和 3/8 法則。

19.28 在引擎汽缸的一氣體膨脹，依據以下法則：

$$PV^{1.3} = c$$

初始壓力為 2550 kPa，最終壓力為 210 kPa。如果在膨脹末期的體積為 0.75 m³，計算由此氣體所作的功。

19.29 一給定氣體質量的壓力 p 和體積 v 的關係式如下：

$$(p + a/v^2)(v - b)$$

其中 a，b，和 k 是常數。將 p 以 v 表示，並且寫一個腳本來計算該氣體自初始體積膨脹到最終體積所作的功。用以下數值測試你的解：$a = 0.01$，$b = 0.001$，初始壓力與體積分別為 100 kPa 和 1 m³，最後體積 = 2 m³。

第20章

函數的數值積分

章節目標

本章的主要目標是介紹讀者對於給定函數積分的數值方法。個別的目標和主題包括：
- 了解理查森外插法如何能合併兩個正確度不高的估計值，以建立更正確的積分估計值。
- 了解高斯二次式如何藉由挑選最佳的橫軸來得到更好的函數積分估計值。
- 知道如何使用 MATLAB 內建函數 integral 做函數的積分。

20.1 簡介

在第 19 章，我們提到了要做數值積分的函數通常有以下兩種形式：列表的值或是函數。而數據的格式對於我們採用哪一種積分方法有很重要的影響。對於列表的資訊，我們會受限於給定數據點的點數。相對地，如果是函數，我們可以利用任意個函數值 $f(x)$ 達到所需要的正確度。

乍看之下，複合辛普森 1/3 法則似乎是一個可以解決此類問題的工具。雖然此數值方法適用於許多問題，但仍有其他更有效率的數值方法可以採用。本章主要是要介紹三種這樣的技巧，藉用可產生函數值的能力為基礎，來開發有效率的數值積分方法。

第一個要介紹的技巧是**理查森外插法 (Richardson extrapolation)**，可結合兩個數值積分估計值而得到另一個更準確的估計值。執行理查森外插法且具高效率的計算演算法稱為**龍貝格積分 (Romberg integration)**，這個技巧可以用來產生落在預先指定誤差容許範圍內的積分估計值。

第二個方法稱為**高斯二次式 (Gauss quadrature)**。回想在第 19 章中，牛頓－科特公式函數值 $f(x)$ 可以針對指定的 x 求得。例如，如果使用梯形法則決定積分，我們會受限於採用此區間端點的 $f(x)$ 的加權平均。而高斯二次式採用在積分區間範圍內特定 x 的值來達到更正確的積分估計結果。

第三個方式稱為**適應性二次式 (adaptive quadrature)**。此技巧使用複合辛普森 1/3 法則於

積分範圍內的子區間，以進行誤差估計值的計算。這些誤差估計值會被用來決定是否繼續精修子區間的估計值。依照此方法，只有在必要時才使用更精細的分割。我們會說明一個使用適應性二次式的 MATLAB 內建函數。

20.2 龍貝格積分

龍貝格積分是一個可以有效率地得到函數數值積分的技巧。它和第 19 章中所討論的技巧十分相似，因為此方法也是以梯形法則逐次應用為基礎。經由數學運算，可以事半功倍。

20.2.1 理查森外插法

根據積分估計值，有不同技巧可以用來改進數值積分的結果。**理查森外插法 (Richardson extrapolation)** 使用兩個積分的估計值來計算第三個、也是更正確的近似值。

使用複合梯形法則的估計值與誤差，可以下列的一般形式表示：

$$I = I(h) + E(h)$$

其中 I = 完全正確的積分值，$I(h)$ = 使用梯形法則積分 n 個分割所得到的積分估計值（步長大小為 $h = (b - a)/n$），以及 $E(h)$ = 截斷誤差。如果我們以 h_1 和 h_2 的步長大小做兩次獨立的積分估計，並且有完全正確的誤差值：

$$I(h_1) + E(h_1) = I(h_2) + E(h_2) \tag{20.1}$$

回想複合梯形法則的誤差，可以用式 (19.21) 表示其近似值（使用 $n = (b - a)/h$）：

$$E \cong -\frac{b-a}{12}h^2 \bar{f}'' \tag{20.2}$$

如果我們假設 $\bar{f}''$ 是固定的值，與步長大小無關，則式 (20.2) 可以用來決定兩個誤差的比值為：

$$\frac{E(h_1)}{E(h_2)} \cong \frac{h_1^2}{h_2^2} \tag{20.3}$$

從計算項中移除 $\bar{f}''$ 會對計算造成重大的影響。如果我們這麼做，就可以不用先知道函數的二階導數，即得到使用式 (20.2) 所具體化的訊息。為此，我們重新整理式 (20.3) 得到：

$$E(h_1) \cong E(h_2)\left(\frac{h_1}{h_2}\right)^2$$

此式可以代入式 (20.1)：

$$I(h_1) + E(h_2)\left(\frac{h_1}{h_2}\right)^2 = I(h_2) + E(h_2)$$

接下來可以解出：

$$E(h_2) = \frac{I(h_1) - I(h_2)}{1 - (h_1/h_2)^2}$$

因此，我們開發出以積分估計值和步長大小所表示的截斷誤差估計值。此估計值可以代入

$$I = I(h_2) + E(h_2)$$

並且得到此積分改進的估計值：

$$I = I(h_2) + \frac{1}{(h_1/h_2)^2 - 1}[I(h_2) - I(h_1)] \tag{20.4}$$

文獻顯示（參考 Ralston 和 Rabinowitz, 1978）此估計的誤差為 $O(h^4)$。因此，我們將兩個具有 $O(h^2)$ 的梯形法則估計值合併，得到一個新的具有 $O(h^4)$ 的估計值。在區間為一半 ($h_2 = h_1/2$) 的特殊情形下，此方程式變成：

$$I = \frac{4}{3}I(h_2) - \frac{1}{3}I(h_1) \tag{20.5}$$

範例 20.1　理查森外插法

問題敘述　使用理查森外插法計算 $f(x) = 0.2 + 25x - 200x^2 + 675x^3 - 900x^4 + 400x^5$ 由 $a = 0$ 到 $b = 0.8$ 的積分。

解法　梯形法則的單一和複合應用可以得到下表中積分的結果：

分割	h	積分	ε_t
1	0.8	0.1728	89.5%
2	0.4	1.0688	34.9%
4	0.2	1.4848	9.5%

理查森外插法可以用來將這些結果合併，以改善積分的估計值。例如，合併使用一段分割與二段分割的估計值可以得到：

$$I = \frac{4}{3}(1.0688) - \frac{1}{3}(0.1728) = 1.367467$$

此改進的積分誤差為 $E_t = 1.640533 - 1.367467 = 0.273067(\varepsilon_t = 16.6\%)$，的確比原本單一或複合應用的結果還要好。

以同樣的方式，合併使用二段與四段分割的估計值可以得到：

$$I = \frac{4}{3}(1.4848) - \frac{1}{3}(1.0688) = 1.623467$$

表示改進的積分誤差為 $E_t = 1.640533 - 1.623467 = 0.017067$ ($\varepsilon_t = 1.0\%$)。

式 (20.4) 提供一個合併使用兩個具有誤差 $O(h^2)$ 之梯形法則的方式，以計算出第三個具有誤差 $O(h^4)$ 的估計值。而此程序是一般合併使用積分來改進估計值的數值方法的一個子群組。例如，在範例 20.1 中，我們根據這三個梯形法則的估計值計算出兩個改善的具有 $O(h^4)$ 誤差的積分值。接下來，我們可以合併使用這兩個改善後的積分值，得到具有 $O(h^6)$ 誤差的更好估計值。在原本的梯形法則是根據逐次減半的步長大小所計算出來的這種特殊情況下，為了具有 $O(h^6)$ 正確度所使用的方程式為：

$$I = \frac{16}{15}I_m - \frac{1}{15}I_l \tag{20.6}$$

其中 I_m 與 I_l 分別代表更正確及較不正確的估計值。同理，我們可以利用合併使用兩個 $O(h^6)$ 的結果，得到具有 $O(h^8)$ 的積分：

$$I = \frac{64}{63}I_m - \frac{1}{63}I_l \tag{20.7}$$

範例 20.2　高階修正

問題敘述　在範例 20.1 中，我們使用理查森外插法計算出兩個具有 $O(h^4)$ 的積分估計值。使用式 (20.6) 合併所有計算結果，以求得具有 $O(h^6)$ 的積分估計值。

解法　範例 20.1 所計算出的兩個具有 $O(h^4)$ 的積分估計值分別為 1.367467 與 1.623467。這兩個值可以代入式 (20.6) 得到：

$$I = \frac{16}{15}(1.623467) - \frac{1}{15}(1.367467) = 1.640533$$

此結果和積分的精確值完全一樣。

20.2.2　龍貝格積分演算法

我們注意到每一個外插方程式（式 (20.5)、式 (20.6) 及式 (20.7)）的係數和等於 1。因此這些數字表示權重；隨著正確度增加，較正確的積分估計值的權重也會增加。這些公式可以表示成適合使用電腦進行運算的一般形式，如下：

$$I_{j,k} = \frac{4^{k-1}I_{j+1,k-1} - I_{j,k-1}}{4^{k-1} - 1} \tag{20.8}$$

其中 $I_{j+1,k-1}$ 與 $I_{j,k-1}$ = 較正確以及較不正確的估計值，而 $I_{j,k}$ = 改進的積分。索引 k 表示積分的層級，$k = 1$ 代表原本的梯形法則估計值，$k = 2$ 表示具有 $O(h^4)$ 的估計值，$k = 3$ 表示具有 $O(h^6)$ 的估計值，依此類推。索引 j 用來區分較正確 ($j + 1$) 與較不正確 (j) 的積分估計值。例如，$k = 2$ 與 $j = 1$，則式 (20.8) 變成：

$$I_{1,2} = \frac{4I_{2,1} - I_{1,1}}{3}$$

等效於式 (20.5)。

　　式 (20.8) 這個一般表示法是由龍貝格所發明，其用以計算積分的系統性應用稱為**龍貝格積分 (Romberg integration)**。圖 20.1 是根據這個方式所產生之積分估計值順序的圖解說明。每一個矩陣對應到一次迭代。第一行包含梯形法則的計算值 $I_{j,1}$，其中 $j = 1$ 代表單一分割的應用（步長大小為 $b - a$），$j = 2$ 代表二段分割的應用（步長大小為 $(b - a)/2$），$j = 3$ 代表四段分割的應用（步長大小為 $(b - a)/4$），依此類推。矩陣中其他的行是根據式 (20.8) 所系統化產生的逐次愈來愈好的積分估計值。

　　例如，第一次迭代（圖 20.1a）使用一段與二段的梯形法則估計值（$I_{1,1}$ 與 $I_{2,1}$）。式 (20.8) 接著用來計算元素 $I_{1,2} = 1.367467$，此值具有 $O(h^4)$ 的誤差。

　　現在，我們要檢查此結果是否符合要求。和其他本書中所介紹的近似方法一樣，我們需要一個終止或停止準則來評估結果的正確度。有一個方法可以達到此目的：

$$|\varepsilon_a| = \left| \frac{I_{1,k} - I_{2,k-1}}{I_{1,k}} \right| \times 100\% \tag{20.9}$$

其中 ε_a = 相對誤差百分比的估計值。因此，和我們在其他迭代程序中所做的一樣，我們以前一個值計算新的估計值。對於式 (20.9)，前一個值是根據積分前一個層級所得到最正確的估計值

	$O(h^2)$	$O(h^4)$	$O(h^6)$	$O(h^8)$
(a)	0.172800 1.068800	1.367467		
(b)	0.172800 1.068800 1.484800	1.367467 1.623467	1.640533	
(c)	0.172800 1.068800 1.484800 1.600800	1.367467 1.623467 1.639467	1.640533 1.640533	1.640533

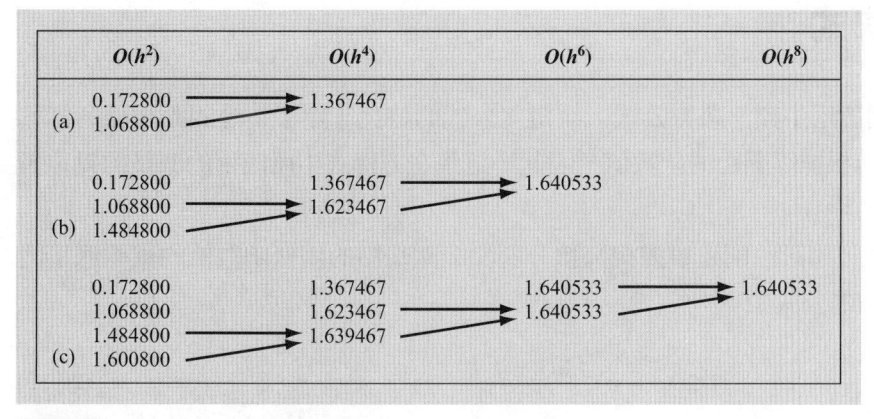

圖 20.1　使用龍貝格積分產生積分估計值順序的圖解說明。(a) 第一次迭代；(b) 第二次迭代；(c) 第三次迭代。

（也就是積分的 $k-1$ 級的迭代，其中 $j=2$）。當前一個值與現在的值之間的差異 ε_a 落在預先指定的誤差準則 ε_s 之內，則計算終止。對於圖 20.1a，此運算顯示出第一次的迭代具有下列的百分比變化：

$$|\varepsilon_a| = \left| \frac{1.367467 - 1.068800}{1.367467} \right| \times 100\% = 21.8\%$$

第二次迭代（圖 20.1b）的目標就是得到具有 $O(h^6)$ 的估計值 $I_{1,3}$。要達到這個目的，使用四段分割梯形法則估計得到 $I_{3,1} = 1.4848$。接下來結合使用式 (20.8) 得到的 $I_{2,1}$ 產生 $I_{2,2} = 1.623467$。然後再將此結果與 $I_{1,2}$ 合併使用，求得 $I_{1,3} = 1.640533$。式 (20.9) 可以用來判定，此結果和前一個結果 $I_{2,2}$ 的差異為 1.0%。

第三次迭代（圖 20.1c）以同樣的形式繼續進行此程序。在這個例子中，第一行使用八段分割的梯形法則估計，接下來使用式 (20.8) 沿著下面對角線逐次計算更為正確的積分值。雖然僅經過三次迭代，但因為我們計算的是一個五階的多項式，所以結果（$I_{1,4} = 1.640533$）完全正確。

龍貝格積分比梯形法則或辛普森法則更有效率。例如，計算如圖 20.1 中所示的積分，辛普森 1/3 法則大約需要使用 48 段分割應用在倍精度，才能得到具有七位有效位數的積分估計值：1.640533。相對地，龍貝格積分只合併使用一段、二段、四段及八段的分割梯形法則，就可以得到相同的結果，也就是只需要計算 15 個函數！

圖 20.2 是一個進行龍貝格積分的 M 檔。此演算法使用迴圈來有效率地進行數值方法。我們注意到此函數使用了另一個內建函數 `trap` 來進行複合梯形法則的運算（參考圖 19.10）。以下為用來計算範例 20.1 中的多項式積分的 MATLAB 執行緒：

```
>> f=@(x) 0.2+25*x-200*x^2+675*x^3-900*x^4+400*x^5;
>> romberg(f,0,0.8)
ans =
    1.6405
```

20.3 高斯二次式

在第 19 章中，我們使用牛頓—科特公式。而這些公式的特色（除了不等間距數據的特殊情況）就是積分估計值為根據等間距的函數值。因此，這些在方程式中所使用的底長的點位置是預先決定或固定的。

例如，在圖 20.3a 中，梯形法則是根據相鄰積分區間範圍端點的兩個函數值的直線底下的面積。用來計算這個面積的公式如下：

$$I \cong (b-a)\frac{f(a)+f(b)}{2} \tag{20.10}$$

```
function [q,ea,iter]=romberg(func,a,b,es,maxit,varargin)
% romberg: Romberg integration quadrature
%   q = romberg(func,a,b,es,maxit,p1,p2,...):
%                 Romberg integration.
% input:
%   func = name of function to be integrated
%   a, b = integration limits
%   es = desired relative error (default = 0.000001%)
%   maxit = maximum allowable iterations (default = 30)
%   p1,p2,... = additional parameters used by func
% output:
%   q = integral estimate
%   ea = approximate relative error (%)
%   iter = number of iterations
if nargin<3,error('at least 3 input arguments required'),end
if nargin<4|isempty(es), es=0.000001;end
if nargin<5|isempty(maxit), maxit=50;end
n = 1;
I(1,1) = trap(func,a,b,n,varargin{:});
iter = 0;
while iter<maxit
  iter = iter+1;
  n = 2^iter;
  I(iter+1,1) = trap(func,a,b,n,varargin{:});
  for k = 2:iter+1
    j = 2+iter-k;
    I(j,k) = (4^(k-1)*I(j+1,k-1)-I(j,k-1))/(4^(k-1)-1);
  end
  ea = abs((I(1,iter+1)-I(2,iter))/I(1,iter+1))*100;
  if ea<=es, break; end
end
q = I(1,iter+1);
```

圖 20.2 用以執行龍貝格積分的 M 檔。

其中 a 與 b 是積分的區間範圍，$b-a$ 為積分區間的寬度。因為梯形法則必須通過兩個端點，所以和圖 20.3a 中所示情形一樣的公式會有很大的誤差。

現在，假設我們移除固定基點的限制，並且可以使用連接曲線上任何兩點的直線來計算底下的面積。適當地選取這兩個點，則可以定義出一條能夠平衡正負誤差的直線。因此，如圖 20.3b 所示，我們可以得到一個改善的積分估計值。

高斯二次式 (Gauss quadrature) 是運用這種策略的數學技巧。在此節特別介紹的高斯二次式稱為**高斯－雷建德公式 (Gauss-Legendre formula)**。在開始介紹這個方法之前，我們要先介

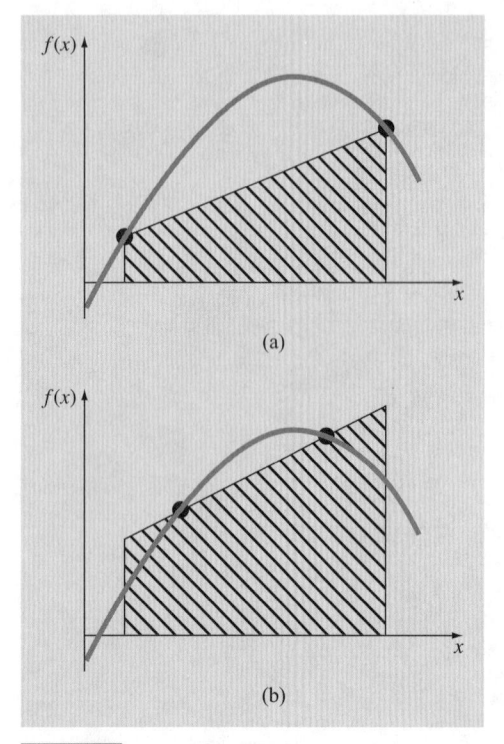

圖 20.3 (a) 圖解說明梯形法則是計算連接固定端點的直線底下的面積。(b) 改善的積分估計是計算連接兩個中間點的直線底下的面積。適當地選擇這些點的位置,則可以平衡正負誤差,並且得到改善的積分估計值結果。

紹如梯形法則的數值積分公式如何使用未定係數法推導出來,然後我們會再使用此方法來開發高斯－雷建德公式。

20.3.1 未定係數法

在第 19 章中,我們由幾何關係及積分線性內插多項式推導出梯形法則。未定係數法提供我們第三條路徑,也可以用來推導如高斯二次式之類的積分技巧。

要說明此方法,式 (20.10) 可以表示為:

$$I \cong c_0 f(a) + c_1 f(b) \tag{20.11}$$

其中 $c =$ 常數。當所要積分的函數為常數或直線時,梯形法則可以得到完全正確的結果。例如,圖 20.4 所示為兩個簡單的方程式 $y = 1$ 及 $y = x$。因此,下列的等式可成立:

$$c_0 + c_1 = \int_{-(b-a)/2}^{(b-a)/2} 1\, dx$$

以及

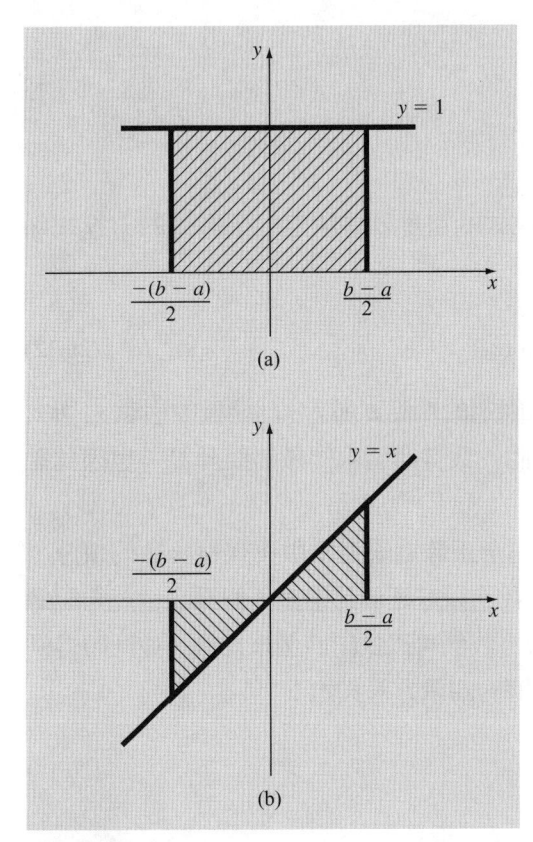

圖 20.4 可以用梯形法則完全正確計算的兩種積分：(a) 常數；以及 (b) 直線。

$$-c_0\frac{b-a}{2} + c_1\frac{b-a}{2} = \int_{-(b-a)/2}^{(b-a)/2} x\, dx$$

計算這些積分可得：

$$c_0 + c_1 = b - a$$

以及

$$-c_0\frac{b-a}{2} + c_1\frac{b-a}{2} = 0$$

這兩個方程式具有兩個未知數，我們可以求解得到：

$$c_0 = c_1 = \frac{b-a}{2}$$

接下來，我們將此式代入式 (20.11) 可以得到：

$$I = \frac{b-a}{2}f(a) + \frac{b-a}{2}f(b)$$

上式與梯形法則是等效的。

20.3.2 兩點高斯－雷建德公式的推導

和我們前面所述梯形法則的推導一樣，高斯二次式的目標就是決定以下形式的方程式係數：

$$I \cong c_0 f(x_0) + c_1 f(x_1) \tag{20.12}$$

其中 $c =$ 未知的係數。然而，相對於梯形法則中使用固定的端點 a 與 b，此函數的引數 x_0 與 x_1 並非固定為端點，而是未知數（圖 20.5）。因此，我們一共有四個未知數需要計算，也因此需要四個條件來正確地解出四個值。

和梯形法則一樣，我們可以假設式 (20.12) 能夠完全正確地配適常數與線性函數的積分，來得到其中兩個條件。接下來要得到另外兩個條件，我們只需延伸此推論，假設它也能夠配適拋物線 ($y = x^2$) 以及三次函數 ($y = x^3$)。藉由這個方式，我們可以找出四個未知數，並同時得到對於三次方程式完全正確的線性兩點積分公式。待求解的四個方程式如下：

$$c_0 + c_1 = \int_{-1}^{1} 1\, dx = 2 \tag{20.13}$$

$$c_0 x_0 + c_1 x_1 = \int_{-1}^{1} x\, dx = 0 \tag{20.14}$$

$$c_0 x_0^2 + c_1 x_1^2 = \int_{-1}^{1} x^2\, dx = \frac{2}{3} \tag{20.15}$$

$$c_0 x_0^3 + c_1 x_1^3 = \int_{-1}^{1} x^3\, dx = 0 \tag{20.16}$$

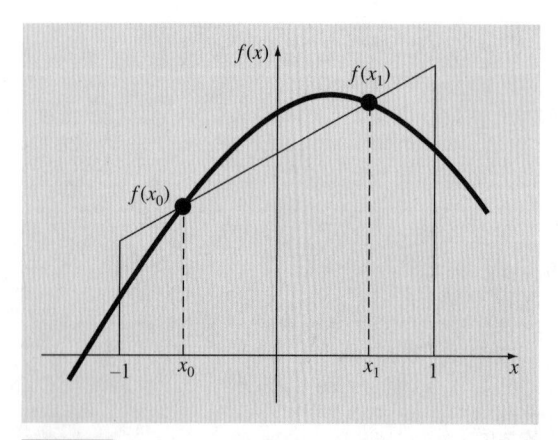

圖 20.5 高斯二次式所需的未知變數 x_0 及 x_1 的圖解說明。

式 (20.13) 到式 (20.16) 可以聯立求解出四個未知數。首先，根據式 (20.14) 求解 c_1，並且將結果代入式 (20.16)，可以得到：

$$x_0^2 = x_1^2$$

因為 x_0 和 x_1 不相等，所以此式表示 $x_0 = -x_1$。把這個結果代入式 (20.14) 得到 $c_0 = c_1$，再由式 (20.13) 得到：

$$c_0 = c_1 = 1$$

將以上的結果全部代入式 (20.15)，可以得到：

$$x_0 = -\frac{1}{\sqrt{3}} = -0.5773503\ldots$$

$$x_1 = \frac{1}{\sqrt{3}} = 0.5773503\ldots$$

因此，我們完成兩點高斯－雷建德公式的推導如下：

$$I = f\left(\frac{-1}{\sqrt{3}}\right) + f\left(\frac{1}{\sqrt{3}}\right) \tag{20.17}$$

也因此，我們得到一個有趣的結果，$x = -1/\sqrt{3}$ 與 $1/\sqrt{3}$ 處函數值的簡單相加，可以得到具有三階正確度的積分估計值。

我們注意到在式 (20.13) 到式 (20.16) 的積分範圍是 $x = -1$ 至 $x = 1$，原因是可以簡化數學，並且將此公式盡量一般化。利用簡單的變數變換，就可以將其他的積分範圍轉換成這樣的形式。要達到這個目的，我們引入一個新的變數 x_d，與原本的變數 x 具有下列線性關係：

$$x = a_1 + a_2 x_d \tag{20.18}$$

如果下限 $x = a$ 對應到 $x_d = -1$，將這些值代入式 (20.18) 得到：

$$a = a_1 + a_2(-1) \tag{20.19}$$

同理，上限 $x = b$ 對應到 $x_d = 1$，得到：

$$b = a_1 + a_2(1) \tag{20.20}$$

接下來可以聯立求解式 (20.19) 與式 (20.20)，得到：

$$a_1 = \frac{b+a}{2} \quad \text{和} \quad a_2 = \frac{b-a}{2} \tag{20.21}$$

將這兩個值代入式 (20.18) 可以得到：

$$x = \frac{(b+a) + (b-a)x_d}{2} \tag{20.22}$$

再對此方程式微分得到：

$$dx = \frac{b-a}{2} dx_d \tag{20.23}$$

式 (20.22) 及式 (20.23) 可以分別在想要積分的方程式中代換 x 及 dx。這些代換方式可以有效地進行轉換區間，而不會改變原本積分的值。以下範例用來說明這個程序如何進行。

範例 20.3　兩點高斯−雷建德公式

問題敘述　使用式 (20.17) 計算

$$f(x) = 0.2 + 25x - 200x^2 + 675x^3 - 900x^4 + 400x^5$$

由 $x = 0$ 到 0.8 的積分。此積分的真正值為 1.640533。

解法　在開始積分此函數之前，我們必須先進行變數轉換，使區間成為 −1 到 +1。為此，我們將 $a = 0$ 與 $b = 0.8$ 代入式 (20.22) 及式 (20.23) 中，得到：

$$x = 0.4 + 0.4x_d \qquad \text{和} \qquad dx = 0.4dx_d$$

以上兩個值代入原本的方程式得到：

$$\int_0^{0.8} (0.2 + 25x - 200x^2 + 675x^3 - 900x^4 + 400x^5)\, dx$$

$$= \int_{-1}^{1} [0.2 + 25(0.4 + 0.4x_d) - 200(0.4 + 0.4x_d)^2 + 675(0.4 + 0.4x_d)^3$$
$$- 900(0.4 + 0.4x_d)^4 + 400(0.4 + 0.4x_d)^5]0.4dx_d$$

因此，右手邊的項其形式適合使用高斯二次式來計算。而轉換後的函數在 $x_d = -1/\sqrt{3}$ 處計算得到 0.516741，在 $x_d = 1/\sqrt{3}$ 處計算得到 1.305837。因此，根據式 (20.17)，積分的估計值為 0.516741 + 1.305837 = 1.822578，相對誤差百分比為 −11.1%。這個結果與四段分割應用的梯形法則或是單一應用的辛普森 1/3 及 3/8 法則的誤差量值大小差不多。後者的結果為意料中，因為辛普森法則具有三階的正確度。然而，因為適當地選取底長的點，高斯二次式可以在只計算兩個函數的情況下得到這樣的正確度。

20.3.3　更多點數的公式

除了前述兩點的公式之外，還可以開發出更多點數的公式，其一般形式如下：

表 20.1 高斯－雷建德公式中所使用的權重與函數引數。

點	權重因數	函數引數	截斷誤差
1	$c_0 = 2$	$x_0 = 0.0$	$\cong f^{(2)}(\xi)$
2	$c_0 = 1$	$x_0 = -1/\sqrt{3}$	$\cong f^{(4)}(\xi)$
	$c_1 = 1$	$x_1 = 1/\sqrt{3}$	
3	$c_0 = 5/9$	$x_0 = -\sqrt{3/5}$	$\cong f^{(6)}(\xi)$
	$c_1 = 8/9$	$x_1 = 0.0$	
	$c_2 = 5/9$	$x_2 = \sqrt{3/5}$	
4	$c_0 = (18 - \sqrt{30})/36$	$x_0 = -\sqrt{525 + 70\sqrt{30}}/35$	$\cong f^{(8)}(\xi)$
	$c_1 = (18 + \sqrt{30})/36$	$x_1 = -\sqrt{525 - 70\sqrt{30}}/35$	
	$c_2 = (18 + \sqrt{30})/36$	$x_2 = \sqrt{525 - 70\sqrt{30}}/35$	
	$c_3 = (18 - \sqrt{30})/36$	$x_3 = \sqrt{525 + 70\sqrt{30}}/35$	
5	$c_0 = (322 - 13\sqrt{70})/900$	$x_0 = -\sqrt{245 + 14\sqrt{70}}/21$	$\cong f^{(10)}(\xi)$
	$c_1 = (322 + 13\sqrt{70})/900$	$x_1 = -\sqrt{245 - 14\sqrt{70}}/21$	
	$c_2 = 128/225$	$x_2 = 0.0$	
	$c_3 = (322 + 13\sqrt{70})/900$	$x_3 = \sqrt{245 - 14\sqrt{70}}/21$	
	$c_4 = (322 - 13\sqrt{70})/900$	$x_4 = \sqrt{245 + 14\sqrt{70}}/21$	
6	$c_0 = 0.171324492379170$	$x_0 = -0.932469514203152$	$\cong f^{(12)}(\xi)$
	$c_1 = 0.360761573048139$	$x_1 = -0.661209386466265$	
	$c_2 = 0.467913934572691$	$x_2 = -0.238619186083197$	
	$c_3 = 0.467913934572691$	$x_3 = 0.238619186083197$	
	$c_4 = 0.360761573048131$	$x_4 = 0.661209386466265$	
	$c_5 = 0.171324492379170$	$x_5 = 0.932469514203152$	

$$I \cong c_0 f(x_0) + c_1 f(x_1) + \cdots + c_{n-1} f(x_{n-1}) \tag{20.24}$$

其中 n = 點數。至六點為止的每一個 c 以及 x 值總結於表 20.1。

範例 20.4　三點高斯－雷建德公式

問題敘述　使用表 20.1 中所述的三點公式來估計與範例 20.3 中相同函數的積分。

解法　根據表 20.1 中的三點公式來估計如範例 20.3 中相同函數的積分如下：

$$I = 0.5555556 f(-0.7745967) + 0.8888889 f(0) + 0.5555556 f(0.7745967)$$

這等於

$$I = 0.2813013 + 0.8732444 + 0.4859876 = 1.640533$$

和真正的積分值完全一樣。

由於高斯二次式需要積分區間內不等間距點的函數值,所以在函數為未知的情況之下並不適用,因此它不適用於只有表列數據的工程問題。然而,當函數為已知,此方式具有高效率的優點,尤其是需要進行很多不同積分的情況之下。

20.4 適應性二次式

雖然龍貝格積分比複合辛普森 1/3 法則更有效率,兩者皆使用等間距的點。此限制並沒有考慮到某些函數有某些相對多變的區域,可能需要更為精細的間距。因此,若要得到需要的正確度,整個函數所涵蓋的區間內都必須使用精細的間距,儘管只有某些較多變的區域有此需要。適應性二次式數值方法可以改善此問題,它會自動調整步長大小,在函數值突然改變的區域使用很小的步長,而在緩慢變化的區域內使用較大的步長。

20.4.1 MATLAB M 檔:`quadadapt`

適應性二次式 (adaptive quadrature) 方法順應的事實是,有許多函數具有高度變化的區間以及其他緩慢變化的區間。它們藉由調整步長的大小來達成這個任務,小的步長用在變化快速的區間,大的步長則是用在變化比較緩慢的區間。許多這樣的技巧使用的是複合辛普森 1/3 法則去計算子區間,很類似於用在理查森外插的複合梯形法則。也就是說,1/3 法則用在兩個層級的細化,然後這兩個層級的差異則用來估算截斷誤差。如果截斷誤差是可以接受的,就不需要更進一步細化,而對這個子區間的積分估測是可以接受的。如果誤差估測太大,步長會再被細化並且重複計算,直到誤差落在可以接受的範圍內。最後加總每個子區間的積分即可得總體的積分。

這個方法的理論基礎可以說明如下。已知 $x = a$ 到 $x = b$ 的區間,寬度 $h_1 = b - a$。使用辛普森 1/3 法則可以進行積分的第一次估算:

$$I(h_1) = \frac{h_1}{6}[f(a) + 4f(c) + f(b)] \tag{20.25}$$

其中 $c = (a + b)/2$

如同理查森外插,可以藉由將步長減半來求得更細化的估測。也就是說,藉由複合辛普森 1/3 法則,代入 $n = 4$:

$$I(h_2) = \frac{h_2}{6}[f(a) + 4f(d) + 2f(c) + 4f(e) + f(b)] \tag{20.26}$$

其中 $d = (a + c)/2$,$e = (c + b)/2$,以及 $h_2 = h_1/2$。

因為 $I(h_1)$ 及 $I(h_2)$ 是相同積分估算的結果,它們之間的差提供了誤差的量測,也就是:

$$E \cong I(h_2) - I(h_1) \tag{20.27}$$

此外，估測與誤差在任一種應用當中都可以被表示成下列算式

$$I = I(h) + E(h) \tag{20.28}$$

其中 I = 積分的真正值，$I(h)$ = 辛普森 1/3 法則 n 段分割應用的近似值，其中步長大小 $h = (b-a)/n$，$E(h)$ = 對應的截斷誤差。

利用類似理查森外插法的方法，我們可以得到對於被更精準估測的 $I(h_2)$ 值其誤差的估測，而這是一個兩個積分估測差值的函數：

$$E(h_2) = \frac{1}{15}[I(h_2) - I(h_1)] \tag{20.29}$$

誤差可以被加入 $I(h_2)$ 以產生一個更好的估測：

$$I = I(h_2) + \frac{1}{15}[I(h_2) - I(h_1)] \tag{20.30}$$

這個結果等效於布耳法則（表 19.2）。

剛才發展的方程式可以被整合成一個有效率的演算法。圖 20.6 代表一個 M 檔函數，是基於 Cleve Moler (2004) 所發展的版本改編而成。

這個函數包含一個主要的呼叫函數 `quadadapt`，以及一個實際做積分運算的遞迴函數 `quadstep`。將函數 f 以及積分上下限 a 和 b 傳給主要呼叫函數 `quadadapt`。在設定容忍誤差以後，會計算辛普森 1/3 法則的初始應用式 (式 20.25) 所需要的函數估算。這些值與積分的上下限接著被傳入 `quadstep`。在 `quadstep` 中，剩下的步長大小與函數值會被確定，以及計算兩個積分的估測值（式 (20.25) 與式 (20.26)）。

此時，兩個積分估測值的絕對差值可以用來估算誤差。根據誤差的值，可能會發生兩個狀況：

1. 如果誤差小於或是等於容忍值 (`tol`)，會產生布耳法則。函數會終止，然後回傳結果。
2. 如果誤差大於容忍值，`quadstep` 會被呼叫兩次去個別估算現在呼叫的兩個子區間。

在第二個步驟中的兩個遞迴呼叫表現了這個演算法的真正精華。它們會持續切割區間，直到容忍誤差合乎需求為止。一旦發生此情況，結果會被回傳到遞迴路徑，和原先的積分估測結合。當滿足最後的呼叫以後，整體積分會被估算並且回傳給主要的呼叫函數，然後結束計算過程。

在此需要強調的是，圖 20.6 中的演算法是一個最陽春的 `integral` 函數，是在 MATLAB 中被採用的專業根位置函數。因此，此函數並無法預防某些錯誤的發生，像是積分不存在的例子。但是這個演算法對很多應用來說都可以正常運作，而且確實能展示適應性二次式的原理。

```
function q = quadadapt(f,a,b,tol,varargin)
% Evaluates definite integral of f(x) from a to b
if nargin < 4 | isempty(tol),tol = 1.e-6;end
c = (a + b)/2;
fa = feval(f,a,varargin{:});
fc = feval(f,c,varargin{:});
fb = feval(f,b,varargin{:});
q = quadstep(f, a, b, tol, fa, fc, fb, varargin{:});
end

function q = quadstep(f,a,b,tol,fa,fc,fb,varargin)
% Recursive subfunction used by quadadapt.
h = b - a; c = (a + b)/2;
fd = feval(f,(a+c)/2,varargin{:});
fe = feval(f,(c+b)/2,varargin{:});
q1 = h/6 * (fa + 4*fc + fb);
q2 = h/12 * (fa + 4*fd + 2*fc + 4*fe + fb);
if abs(q2 - q1) <= tol
  q = q2 + (q2 - q1)/15;
else
  qa = quadstep(f, a, c, tol, fa, fd, fc, varargin{:});
  qb = quadstep(f, c, b, tol, fc, fe, fb, varargin{:});
  q = qa + qb;
end
end
```

圖 20.6 用來執行適應性二次式演算法的 M 檔,依據 Cleve Moler (2004) 所開發的版本而來。

以下為一個 MATLAB 的程序,展示如何用 quadadapt 求出在範例 20.1 中多項式的積分:

```
>>f=@(x) 0.2+25*x-200*x^2+675*x^3-900*x^4+400*x^5;
>>q = quadadapt(f,0,0.8)
q =
   1.640533333333336
```

20.4.2 MATLAB 函數:`integral`

MATLAB 有一個內建函數用以執行適應性二次式:

q = integral(*fun*, *a*, *b*)

其中 *fun* 是所想要積分的函數;*a* 及 *b*= 積分區間範圍。要注意的是,陣列運算子 .*, ./ 與 .^ 應該要使用於 *fun* 的定義中。

範例 20.5　適應性二次式

問題敘述　使用 `integral` 計算下列函數由 $x = 0$ 到 $x = 1$ 的積分：

$$f(x) = \frac{1}{(x-q)^2 + 0.01} + \frac{1}{(x-r)^2 + 0.04} - s$$

注意，當 $q = 0.3$、$r = 0.9$ 及 $s = 6$，它變成 MATLAB 用來顯示某些數值能力的內建函數 `humps`。在相對短的 x 範圍，`humps` 函數同時顯示有平緩和陡峻的區域。因此，說明與測試像 `integral` 這樣的函數是很有用的。注意到 `humps` 函數可以在給定範圍內解析地積分，並且得到完全正確的積分值為 29.85832539549867。

解法　首先，我們用內建函數 `humps` 來計算積分的值：

```
>> format long
>> Q = integral(@(x) humps(x),0,1)
ans =
  29.85832612842764
```

因此，此解具有七位的有效數字。

20.5 案例研究　　均方根電流

背景　為能有效地傳輸能源，交流電路的電流形式通常是正弦波：

$$i = i_{\text{peak}} \sin(\omega t)$$

其中 i = 電流 (A = C/s)，i_{peak} = 峰值電流 (A)，ω = 角頻率 (radians/s)，t = 時間 (s)。角頻率 ω 和週期 $T(s)$ 有關：$\omega = 2\pi/T$。

所產生的能量與電流大小有關。積分可以用來計算一個週期的平均電流：

$$\bar{i} = \frac{1}{T} \int_0^T i_{\text{peak}} \sin(\omega t)\, dt = \frac{i_{\text{peak}}}{T}(-\cos(2\pi) + \cos(0)) = 0$$

儘管平均為零，這樣的電流仍然能夠產生電能。因此，替代的平均電流必須被推導出來。

為此，電機工程師和科學家求出均方根電流 $i_{\text{rms}}(A)$ 的計算方法如下：

$$i_{\text{rms}} = \sqrt{\frac{1}{T} \int_0^T i_{\text{peak}}^2 \sin^2(\omega t)\, dt} = \frac{i_{\text{peak}}}{\sqrt{2}} \tag{20.31}$$

rms 電流是電流平方平均的平方根。因為 $1/\sqrt{2} = 0.70707$，i_{rms} 大約相當於 70% 正弦波形式的峰值電流。

這個數量是有意義的，因為它直接關係到交流電路中元件所吸收的平均功耗。要理解這一點，回想**焦耳定律 (Joule's Law)**：電路元件所吸收的瞬時功率等於電壓與通過它的電流的乘積：

$$P = iV \tag{20.32}$$

其中 $P =$ 功率 (W = J/s)，$V =$ 電壓 (V = J/C)。歐姆定律說明在電阻器中，電壓與電流成正比：

$$V = iR \tag{20.33}$$

其中 $R =$ 電阻 (Ω = V/A = J · s/C^2)。將式 (20.33) 代入式 (20.32)，得到：

$$P = i^2 R \tag{20.34}$$

積分式 (20.34) 可得一個週期的平均功率為：

$$\bar{P} = i_{\text{rms}}^2 R$$

因此，交流電路產生與電流為固定的 i_{rms} 直流電路等效的功率。

目前雖然廣泛採用簡單的正弦波，但它絕不是唯一的波形。對於其中的一些形式，如三角形或方波，i_{rms} 可以使用閉合形式積分解析地估算。然而，有些波形必須使用數值積分方法來分析。

在此案例研究中，我們會計算非正弦波形的均方根電流。我們會同時使用第 19 章的牛頓－科特公式與本章所描述的方法。

解法 積分估算為：

$$i_{\text{rms}}^2 = \int_0^{1/2} (10 e^{-t} \sin 2\pi t)^2 \, dt \tag{20.35}$$

為便於比較，完全精確的積分值至 15 位有效位數是 15.41260804810169。

各種梯形法則和辛普森 1/3 法則應用的積分估計值列於表 20.2。注意，辛普森法則較梯形法則更準確。七位有效位數的積分值是使用 128 段分割梯形法則或 32 段分割辛普森法則獲得。

圖 20.2 所發展的 M 檔可用於計算龍貝格積分：

```
>> format long
>> i2=@(t) (10*exp(-t).*sin(2*pi*t)).^2;
>> [q,ea,iter]=romberg(i2,0,.5)
q =
   15.41260804288977
ea =
      1.480058787326946e-008
iter =
       5
```

表 20.2 使用牛頓-科特公式計算出來的積分值。

技巧	分割	積分	ε_t (%)
梯形法則	1	0.0	100.0000
	2	15.163266493	1.6178
	4	15.401429095	0.0725
	8	15.411958360	4.22×10^{-3}
	16	15.412568151	2.59×10^{-4}
	32	15.412605565	1.61×10^{-5}
	64	15.412607893	1.01×10^{-6}
	128	15.412608038	6.28×10^{-8}
辛普森 1/3 法則	2	20.217688657	31.1763
	4	15.480816629	0.4426
	8	15.415468115	0.0186
	16	15.412771415	1.06×10^{-3}
	32	15.412618037	6.48×10^{-5}

因此，以預設的停止準則 es = 1×10^{-6}，五次迭代後我們獲得九個有效數字的結果。如果我們執行更嚴格的停止準則，結果會更佳：

```
>> [q,ea,iter]=romberg(i2,0,.5,1e-15)
q =
   15.41260804810169
ea =
    0
iter =
    7
```

高斯二次式也可以用來做相同的估計。首先，使用式 (20.22) 和式 (20.23) 來進行變數轉換，可得：

$$t = \frac{1}{4} + \frac{1}{4} t_d \qquad dt = \frac{1}{4} dt_d$$

這些關係可以代入式 (20.35) 產生：

$$i_{rms}^2 = \int_{-1}^{1} \left[10 e^{-(0.25+0.25t_d)} \sin 2\pi (0.25 + 0.25 t_d) \right]^2 0.25 \, dt \tag{20.36}$$

對兩點高斯-雷建德公式，此函數在 $t_d = -1/\sqrt{3}$ 和 $1/\sqrt{3}$ 的結果分別是 7.684096 和 4.313728。這些值可代入式 (20.17) 產生 11.99782 的積分估計值，代表誤差為 ε_t = 22.1%。

三點公式為（表 20.1）：

$$I = 0.5555556(1.237449) + 0.8888889(15.16327) + 0.5555556(2.684915) = 15.65755$$

其中 $\varepsilon_t = 1.6\%$。利用更多點數公式的結果摘要列於表 20.3。

最後，以 MATLAB 的內建函數 integral 估計積分：

```
>> irms2=integral(i2,0,.5)
irms2 =
   15.412608049345090
```

我們現在可以計算 i_{rms}，只須取積分的平方根。例如，利用 integral 的計算結果，我們得到：

```
>> irms=sqrt(irms2)
irms =
   3.925889459485796
```

此結果可以用來指導電路其他方面如功耗計算的設計和操作。

如在式 (20.31) 的簡單正弦波所示，一個有趣的計算會與峰值電流的比較有關。在了解這是一個最佳化問題之後，我們可以採用 fminbnd 函數以求解這個值。因為要尋找最大值，因此我們計算此函數的負值：

```
>> [tmax,imax]=fminbnd(@(t) -10*exp(-t).*sin(2*pi*t),0,.5)
tmax =
   0.22487940319321
imax =
   -7.886853873932577
```

最大電流為 7.88685 A，發生在 t = 0.2249 s。因此，對這一特定波形，均方根值約為最大值的 49.8%。

表 20.3 利用各種點數代入高斯二次式的近似積分結果。

點數	估計值	ε_t (%)
2	11.9978243	22.1
3	15.6575502	1.59
4	15.4058023	4.42×10^{-2}
5	15.4126391	2.01×10^{-4}
6	15.4126109	1.82×10^{-5}

習題

20.1 使用龍貝格積分計算

$$I = \int_1^2 \left(x + \frac{1}{x}\right)^2 dx$$

達到 $\varepsilon_s = 0.5\%$ 的正確度。你的結果應該以圖 20.1 的形式表示。利用此積分的解析解來計算透過龍貝格積分所得之結果的相對誤差百分比。確認 ε_t 比 ε_s 小。

20.2 計算下列函數的積分，以 **(a)** 解析的方式；**(b)** 龍貝格積分 ($\varepsilon_s = 0.5\%$)；**(c)** 三點高斯二次式；以及 **(d)** MATLAB 的內建函數 integral：

$$I = \int_0^8 -0.055x^4 + 0.86x^3 - 4.2x^2 + 6.3x + 2 \, dx$$

20.3 計算下列函數的積分，使用 **(a)** 龍貝格積分 ($\varepsilon_s = 0.5\%$)；**(b)** 兩點高斯二次式；以及 **(c)** MATLAB 的內建函數 integral：

$$I = \int_0^3 xe^{2x} \, dx$$

20.4 下列的誤差函數沒有閉式解：

$$\text{erf}(a) = \frac{2}{\sqrt{\pi}} \int_0^a e^{-x^2} dx$$

使用 **(a)** 兩點高斯－雷建德公式，以及 **(b)** 三點高斯－雷建德公式來計算 erf(1.5)。根據真實值計算兩種方式的相對誤差百分比。真實值可由 MATLAB 的內建函數 erf 計算。

20.5 作用於帆船桅桿的力可以利用下列函數表示：

$$F = \int_0^H 200\left(\frac{z}{5+z}\right)e^{-2z/H} \, dz$$

其中 z = 自甲板起算的高度，H = 桅桿的高度。以下列方式計算在 $H = 30$ 施加於桅桿的總力 F：**(a)** 龍貝格積分，容忍誤差為 $\varepsilon_s = 0.5\%$；**(b)** 兩點高斯－雷建德公式；以及 **(c)** MATLAB 的內建函數 integral。

20.6 均方根電流可以利用下列函數計算：

$$I_{RMS} = \sqrt{\frac{1}{T} \int_0^T i^2(t) \, dt}$$

對於 $T = 1$，假設 $i(t)$ 的定義如下：

$$i(t) = 8e^{-t/T} \sin\left(2\pi \frac{t}{T}\right) \quad \text{當 } 0 \leq t \leq T/2$$

$$i(t) = 0 \quad \text{當 } T/2 \leq t \leq T$$

以下列方式計算 I_{RMS}：**(a)** 龍貝格積分，容忍誤差為 $\varepsilon_s = 0.1\%$；**(b)** 兩點和三點高斯－雷建德公式；以及 **(c)** MATLAB 的內建函數 integral。

20.7 引起某物質溫度改變 $\Delta T(°C)$ 所需的熱為 $\Delta H(\text{cal})$，可以計算如下：

$$\Delta H = mC_p(T)\Delta T$$

其中 m = 質量 (g)，$C_p(T)$ = 熱容量 [cal/(g · °C)]，熱容量會隨溫度 $T(°C)$ 而增加如下：

$$C_p(T) = 0.132 + 1.56 \times 10^{-4}T + 2.64 \times 10^{-7}T^2$$

寫一個程式，利用 integral 函數產生一個 ΔH 對 ΔT 的圖形，其中 $m = 1$ kg，初始溫度是 $-100°C$，以及 ΔT 的變化為從 0 到 300°C。

20.8 在某一段時間內由傳輸管運送的質量可以表示如下：

$$M = \int_{t_1}^{t_2} Q(t)c(t) \, dt$$

其中 M = 質量 (mg)，t_1 = 初始時間 (min)，t_2 = 結束時間 (min)，$Q(t)$ = 流量的速率 (m³/min)，以及 $c(t)$ = 濃度 (mg/m³)。下列的函數表示式定義了流量與濃度對於時間的變動關係：

$$Q(t) = 9 + 5\cos^2(0.4t)$$
$$c(t) = 5e^{-0.5t} + 2e^{0.15t}$$

使用下列方式決定在 $t_1 = 2$ 與 $t_2 = 8$ min 之間傳輸的質量：**(a)** 龍貝格積分，容忍誤差為 $\varepsilon_s = 0.1\%$；以及 **(b)** 使用 MATLAB 的內建函數 integral。

20.9 計算下列二重積分：

$$\int_{-2}^{2} \int_0^4 (x^2 - 3y^2 + xy^3) \, dx \, dy$$

(a) 以解析的方式；以及 **(b)** 使用 MATLAB 的內建函數 integral2。

20.10 計算 19.9 節中所描述的功，但使用下列 $F(x)$ 和 $\theta(x)$ 的方程式：

$$F(x) = 1.6x - 0.045x^2$$
$$\theta(x) = -0.00055x^3 + 0.0123x^2 + 0.13x$$

其中力的單位為牛頓，而角度的單位是弧度。執行從 $x = 0$ 至 30 m 的積分。

20.11 執行與 20.5 節中相同的計算，但電流為：

$$i(t) = 6e^{-1.25t} \sin 2\pi t \qquad 當\ 0 \leq t \leq T/2$$
$$i(t) = 0 \qquad 當\ T/2 < t \leq T$$

其中 $T = 1$ s。

20.12 計算如 20.5 節所描述電路中某元件吸收的能量，但簡單正弦波電流為 $i = \sin(2\pi t/T)$，其中 $T = 1$ s。

(a) 假設歐姆定律適用，$R = 5\ \Omega$。

(b) 假設歐姆定律不適用，而電壓與電流的非線性關係為：$V = (5i - 1.25i^3)$。

20.13 假設通過某電阻器的電流可用以下函數表示：

$$i(t) = (60-t)^2 + (60-t)\sin(\sqrt{t})$$

且電阻為電流函數：

$$R = 10i + 2i^{2/3}$$

使用複合辛普森 1/3 法則，計算 $t = 0$ 至 60 的平均電壓。

20.14 如果電容最初沒有任何電荷，它的電壓可作為時間的函數計算：

$$V(t) = \frac{1}{C}\int_0^t i(t)\,dt$$

透過 MATLAB 用五階多項式去配適這些數據。然後利用數值積分函數，以及 $C = 10^{-5}$ 法拉，產生一個電壓對時間的作圖。

t, s	0	0.2	0.4	0.6
i, 10^{-3} A	0.2	0.3683	0.3819	0.2282
t, s	0.8	1	1.2	
i, 10^{-3} A	0.0486	0.0082	0.1441	

20.15 對一物體所作的功等於力乘以沿力生效方向的移動距離。給定一物體依作用力方向的速度如下：

$$v = 4t \qquad 0 \leq t \leq 5$$
$$v = 20 + (5-t)^2 \qquad 5 \leq t \leq 15$$

其中 v 的單位是 m/s。假設在任何 t，作用力皆為固定的 200 N，計算定力 200 N 所作的功。

20.16 一承受軸向負載力的桿（圖 P20.16a）將會變形，如圖 P20.16b 顯示的應力應變曲線圖。該曲線底下從零應力至破裂點的面積稱為材料的模韌性 (modulus of toughness)。它提供了一個衡量每單位體積材料破裂所需的能量，因此它代表材料承受衝擊負荷的能力。利用數值積分計算圖 P20.16b 應力應變曲線中的模韌性。

20.17 如果流經一管道的流體其流速分布為已知（圖 P20.17），流率 Q（即單位時間通過管道的水量）可以計算為 $Q = \int v\,dA$，其中 v 是速度，A 是管道的截面積。（回顧總和與積分之間的密切關係，以掌握這種關係的實際涵義。）對於圓管，$A = \pi r^2$，而 $dA = 2\pi r\,dr$。因此，

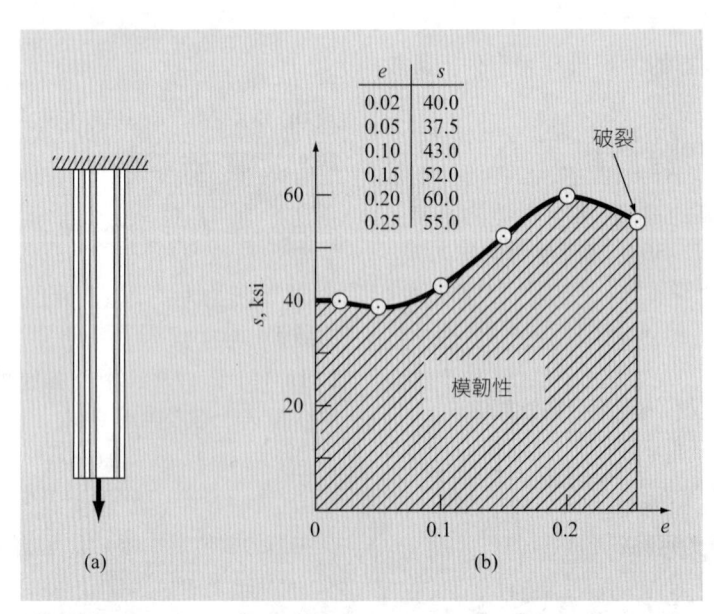

e	s
0.02	40.0
0.05	37.5
0.10	43.0
0.15	52.0
0.20	60.0
0.25	55.0

圖 P20.16 (a) 承受軸向負荷的桿，以及 (b) 所產生的應力應變曲線，應力單位是每平方英寸千磅 (10^3 lb/in^2)，而應變是無因次。

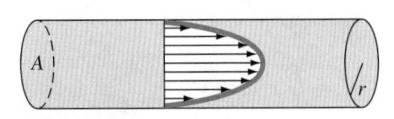

圖 P20.17

$$Q = \int_0^r v(2\pi r)\, dr$$

其中 r 是從中心向外管道的徑向測量距離。如果給定速度分布：

$$v = 2\left(1 - \frac{r}{r_0}\right)^{1/6}$$

其中 r_0 是總半徑（在此為 3 cm），使用複合梯形法則計算 Q，並討論結果。

20.18 使用以下數據，計算拉伸具有彈力常數 $k = 300$ N/m 的彈簧到 $x = 0.35$ m 所需要的功。為此，先用一個多項式來配適這些數據，然後對這些多項式作數值積分來計算功：

$F, 10^3 \cdot$ N	0	0.01	0.028	0.046
x, m	0	0.05	0.10	0.15
$F, 10^3 \cdot$ N	0.063	0.082	0.11	0.13
x, m	0.20	0.25	0.30	0.35

20.19 如果垂直速度給定如下，估計一火箭的垂直距離：

$$\begin{aligned} v &= 11t^2 - 5t & 0 \leq t \leq 10 \\ v &= 1100 - 5t & 10 \leq t \leq 20 \\ v &= 50t + 2(t-20)^2 & 20 \leq t \leq 30 \end{aligned}$$

20.20 火箭上升的速度可以用以下公式計算：

$$v = u \ln\left(\frac{m_0}{m_0 - qt}\right) - gt$$

其中 v = 上升速度，u = 燃料排出後相對於火箭的速度，m_0 為在時刻 $t = 0$ 時火箭的初始質量，q = 燃料消耗率，g = 向下重力加速度（假定為 9.81 m/s²）。如果 $u = 1850$ m/s，$m_0 = 160{,}000$ kg 和 $q = 2{,}500$ kg/s，計算 30 s 的火箭高度。

20.21 常態分布的定義是：

$$f(x) = \frac{1}{\sqrt{2\pi}} e^{-x^2/2}$$

(a) 利用 MATLAB 積分此函數從 $x = -1$ 到 1 和從 -2 到 2。
(b) 使用 MATLAB 決定此函數的反曲點。

20.22 使用龍貝格積分計算

$$\int_0^2 \frac{e^x \sin x}{1 + x^2}\, dx$$

達到 $\varepsilon_s = 0.5\%$ 的正確度。你的結果應以圖 20.1 的形式呈現。

20.23 回想高空彈跳者自由落下的速度可以用下列式子（式 (1.9)）解析地求出：

$$v(t) = \sqrt{\frac{gm}{c_d}} \tanh\left(\sqrt{\frac{gc_d}{m}}\, t\right)$$

其中 $v(t)$ = 速度 (m/s)，t = 時間 (s)，$g = 9.81$ m/s²，m = 質量 (kg)，c_d = 阻力係數 (kg/m)。
(a) 使用龍貝格積分，計算彈跳者在開始自由落下 8 秒內的距離，給定 $m = 80$ kg 與 $c_d = 0.2$ kg/m。計算的答案需達到 $\varepsilon_s = 1\%$ 的正確度。
(b) 透過 integral 作相同的計算。

20.24 證明式 (20.30) 和布耳法則等效。

20.25 如下列表格所示，地球的密度是從地心 ($r = 0$) 到地表距離的函數：

r, km	0	1100	1500	2450	3400	3630	4500
ρ, g/cm³	13	12.4	12	11.2	9.7	5.7	5.2
r, km	5380	6060	6280	6380			
ρ, g/cm³	4.7	3.6	3.4	3			

開發一個程式，透過 interp1 中的 pchip 選項來配適這些數據。產生一個圖來顯示與數據點配適的結果。然後使用一個 MATLAB 的積分函數，透過對 interp1 函數的輸出作積分，來估測地球的質量（以公噸為單位）。

20.26 開發一個 M 檔函數來執行基於圖 20.2 的龍貝格積分。透過求範例 20.1 的多項式積分來測試這個函數。接著用它來求解習題 20.1。

20.27 開發一個 M 檔函數來執行基於圖 20.6 的適應性二次式。透過求範例 20.1 中多項式的積分來測試這個函數。接著用它來求解習題 20.20。

20.28 一個河道的平均流量 Q(m³/s) 流過不規則的截面，可以計算速度與深度乘積的積分值

$$Q = \int_0^B U(y) H(y)\, dy$$

其中，$U(y)$ = 從河岸起算在距離 y(m) 的水速度 (m/s)，$H(y)$ = 從河岸起算在距離 y(m) 的水深度

(m/s)。用 integral 函數以及 spline 函數來配適 U 和 H 對以下收集自橫跨河道的數據來估算流量。

y (m)	H (m)	Y (m)	U (m/s)
0	0	0	0
1.1	0.21	1.6	0.08
2.8	0.78	4.1	0.61
4.6	1.87	4.8	0.68
6	1.44	6.1	0.55
8.1	1.28	6.8	0.42
9	0.2	9	0

20.29 用二點高斯二次式來估算下列函數在 $a = 1$ 和 $b = 5$ 的平均值

$$f(x) = \frac{2}{1 + x^2}$$

20.30 估算下列函數的積分

$$I = \int_0^4 x^3 \, dx$$

(a) 解析方式。
(b) 使用 MATLAB 內建的 integral 函數。
(c) 使用蒙地卡羅積分。

20.31 MATLAB 的 humps 函數定義一條曲線在區間 $0 \leq x \leq 2$ 有兩個高度不同的極值（峰值）。開發一個 MATLAB 腳本，使用以下方法來決定在區間的積分：**(a)** MATLAB 的 integral 函數；以及 **(b)** 蒙地卡羅積分。

20.32 估算下列函數的二重積分

$$I = \int_0^2 \int_{-3}^1 y^4 (x^2 + xy) \, dx \, dy$$

(a) 使用單一應用辛普森 1/3 法則對於每個維度積分。
(b) 用 integral2 函數檢視你的結果。

第 21 章

數值微分

章節目標

本章的主要目標為介紹數值微分。個別的目標和主題包括：

- 了解高正確度數值微分公式於等間距數據的應用。
- 知道如何處理不等間距數據的導數。
- 了解理查森外插法於數值微分的應用。
- 認識數值微分對數據誤差的敏感程度。
- 知道如何在 MATLAB 中使用 `diff` 和 `gradient` 函數來計算導數。
- 知道如何使用 MATLAB 產生等值圖和向量場。

有個問題考考你

回想高空彈跳者自由落下的速度對於時間的函數可以計算如下：

$$v(t) = \sqrt{\frac{gm}{c_d}} \tanh\left(\sqrt{\frac{gc_d}{m}}t\right) \tag{21.1}$$

在第 19 章的一開始，我們使用微積分為此方程式進行積分，以求解彈跳者在經過時間 t 以後所下降的垂直距離 z：

$$z(t) = \frac{m}{c_d} \ln\left[\cosh\left(\sqrt{\frac{gc_d}{m}}t\right)\right] \tag{21.2}$$

現在，假設眼前的問題是相反的，也就是說，我們現在需要用彈跳者的位置作為時間函數來計算速度。因為它是逆積分，可用微分來計算：

$$v(t) = \frac{dz(t)}{dt} \tag{21.3}$$

將式 (21.2) 代入式 (21.3)，並且微分後會使式子回到 (21.1)。

除了速度外,你可能也會被問到如何計算彈跳者的加速度。為此,我們可以算出速度的一階導數,或是位移的二階導數:

$$a(t) = \frac{dv(t)}{dt} = \frac{d^2z(t)}{dt^2} \tag{21.4}$$

無論何者,所得結果為:

$$a(t) = g\,\text{sech}^2\left(\sqrt{\frac{gc_d}{m}}\,t\right) \tag{21.5}$$

雖然本例可求得閉式解,但是仍有其他難以或無法求得微分解析解的函數。此外,假設有可能在自由落下期間量測到彈跳者在不同時間的位置,這些距離以及其相關的時間可以整理成離散值列表。此時就能微分這些離散數據,以求取速度和加速度。在這兩種情況中,不同的數值微分方法都能提供解答。本章將介紹其中一些方法。

21.1 介紹與背景

21.1.1 什麼是微分?

微積分 (calculus) 是變化的數學。由於工程師和科學家必須不斷地處理系統和程序的變化,因此微積分是一個不可或缺的工具,而其核心就是微分的數學概念。

微分 (differentiate) 在字典中的定義是「標記的差值;區分;……能感受到之間的差異。」在數學上,微分的基本工具是**導數 (derivative)**,代表應變數對一個自變數的變動率。如圖 21.1 所示,導數的數學定義是從差值近似開始:

$$\frac{\Delta y}{\Delta x} = \frac{f(x_i + \Delta x) - f(x_i)}{\Delta x} \tag{21.6}$$

其中 y 和 $f(x)$ 代表應變數,而 x 是自變數。如果 Δx 被允許趨近零,如同從圖 21.1a 至 c,則差值會成為導數:

$$\frac{dy}{dx} = \lim_{\Delta x \to 0} \frac{f(x_i + \Delta x) - f(x_i)}{\Delta x} \tag{21.7}$$

dy/dx(或寫作 y' 或 $f'(x_i)$)[1] 是 (x) 估算在 x_i 的 y 對 x 的一階導數。如圖 21.1c 所示,導數是曲線在點 x_i 上的切線斜率。

二階導數代表一階導數的導數:

---

[1] dy/dx 的形式是由萊布尼茲發明,y' 則是由拉格朗日提出。牛頓則是用所謂的點標記 $\dot{y}$,而目前點標記通常用於時間微分。

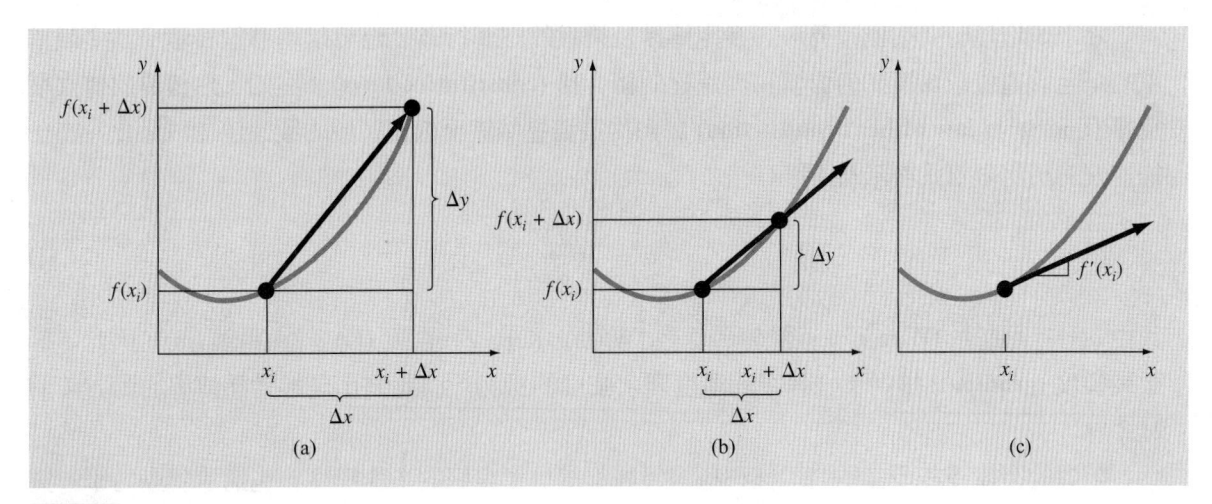

圖 21.1 導數的圖形定義：如果從 (a) 至 (c)，當 Δx 趨近零，差值近似會變成導數。

$$\frac{d^2y}{dx^2} = \frac{d}{dx}\left(\frac{dy}{dx}\right) \tag{21.8}$$

因此，二階導數告訴我們斜率的變化速度，通常稱為**曲率 (curvature)**，因為高的二階導數意味著高曲率。

最後，偏導數用於多變數的函數。偏導數可以看作是對一多變數函數取導數，而此函數點只有一個變數是保持不變。例如，取決於 x 和 y 的函數 f，其對於 x 在某點 (x, y) 的偏導數是：

$$\frac{\partial f}{\partial x} = \lim_{\Delta x \to 0} \frac{f(x + \Delta x, y) - f(x, y)}{\Delta x} \tag{21.9}$$

同樣地，對於 y 的偏導數 f 定義為：

$$\frac{\partial f}{\partial y} = \lim_{\Delta y \to 0} \frac{f(x, y + \Delta y) - f(x, y)}{\Delta y} \tag{21.10}$$

一個偏導數的直覺觀念是能馬上看出有兩個變數的函數是一個平面，而不是一條曲線。假設你是登山者，已知函數 f 隨經度（東西向 x 軸）和緯度（南北向 y 軸）形成高度變化。如果你在某特定點 (x_0, y_0) 停留，向東斜率將是 $\partial f(x_0, y_0)/\partial x$，而向北斜率將是 $\partial f(x_0, y_0)/\partial y$。

21.1.2 工程與科學的微分

函數的微分在工程和科學方面的應用之多，迫使你必須在大一就修習微分。它在工程和科學各個領域中的應用比比皆是。微分相當常見，因為我們的工作經常要描述有關時間和空間各類變數的變化。事實上，許多定律和我們工作的通則都是基於物理世界中可預測的改變。牛頓第二定律是一個最明顯的例子，它談的不是物體的位置，而是位置對時間的改變。

除了像這類時間的例子外，許多定律涉及變數的空間行為，也可以用導數表示。其中最常見的是定義電位或梯度如何影響物理過程的**組合律 (constitutive laws)**。例如，**熱傳導的傅立葉定律 (Fourier's law of heat conduction)** 將熱從高溫區域流至低溫區域的觀察值加以量化。在一維情況，可用數學式表示為：

$$q = -k\frac{dT}{dx} \tag{21.11}$$

其中 $q(x)$ = 熱通量 (W/m^2)，k = 熱傳導係數 $[W/(m \cdot K)]$，T = 溫度 (K)，x = 距離 (m)。因此，導數或**梯度 (gradient)** 提供了一個空間溫度變化強度的量測，而此變化是推動熱傳導的動力（圖 21.2）。

類似的定律在許多其他的工程和科學領域都提供了良好的工作模型，包括流體動力學、質傳、化學反應動力學、電以及固體力學（表 21.1）。能準確地估計導數是使我們在這些領域能有效率工作的重要一環。

除了在工程和科學的直接應用外，數值微分在其他各種一般的數學範圍中也很重要，包含其他數值方法的領域。例如，回想第 6 章，正割法是基於導數的有限差分近似。此外，數值微分最重要的應用可能不外乎求解微分方程式。我們已經在第 1 章看過歐拉法的類似範例。在第 24 章，我們將探討數值微分如何解決常微分方程式的邊界值問題。

這些僅是我們在追求專業的過程中會面對的少數幾個微分應用。當要分析的函數很簡單時，我們通常會選擇直接計算解析解。然而，遇到複雜的函數時，這就幾乎行不通。此外，潛在的函數往往是未知的，並且只由測量的離散點所定義。此時，我們必須有能力用接下來所敘述的數值方法，得到導數的近似值。

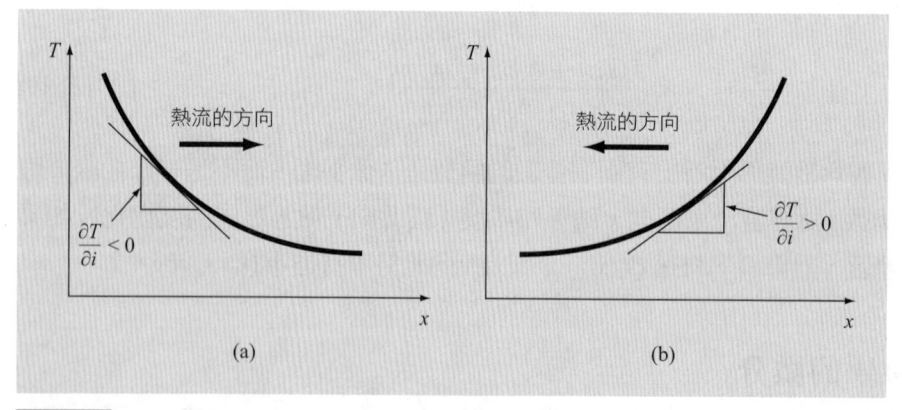

圖 21.2 溫度梯度的圖解說明。由於熱會從高溫向低溫「往下」移動，熱流在 (a) 是由左至右。然而，在直角座標上，此例的斜率為負值，因此，負梯度導致了正熱流。這是熱傳導傅立葉定律中負號的由來。(b) 顯示相反的情況，其中正梯度導致由右至左的負熱流。

表 21.1 一些常用於工程和科學之組合律的一維形式。

定律	方程式	物理領域	梯度	通量	比例
傅立葉定律	$q = -k\dfrac{dT}{dx}$	熱傳導	溫度	熱通量	導熱係數
菲克定律	$J = -D\dfrac{dc}{dx}$	質量擴散	濃度	質量通量	擴散係數
德爾西定律	$q = -k\dfrac{dh}{dx}$	流經多孔介質	揚程	流通量	滲透係數
歐姆定律	$J = -\sigma\dfrac{dV}{dx}$	電流	電壓	電流通量	電導率
牛頓黏度定律	$\tau = \mu\dfrac{du}{dx}$	流體	速度	剪應力	動力黏度
虎克定律	$\sigma = E\dfrac{\Delta L}{L}$	彈性	變形	應力	楊氏模度

21.2 高正確度微分公式

我們已經在第 4 章介紹了數值微分的各種標記。回想我們使用泰勒級數展開介紹數值微分，以獲得導數的有限差分近似。在第 4 章中，我們建立了一階和更高階導數的向前、向後以及中央差分近似。記住，這些估計值的誤差頂多是 $O(h^2)$；也就是說，其誤差和步長大小平方成正比。這種正確度是受到在推導這些方程式時，泰勒級數中被保留的項次數目所影響。我們將說明如何透過包括額外項的泰勒級數展開，來產生高正確度的有限差分公式。

例如，向前泰勒級數展開可以寫成（回想式 (4.13)）：

$$f(x_{i+1}) = f(x_i) + f'(x_i)h + \frac{f''(x_i)}{2!}h^2 + \cdots \tag{21.12}$$

可求解為：

$$f'(x_i) = \frac{f(x_{i+1}) - f(x_i)}{h} - \frac{f''(x_i)}{2!}h + O(h^2) \tag{21.13}$$

在第 4 章，我們捨棄二階和更高階導數項進行截斷，因此只剩下一個向前差分公式：

$$f'(x_i) = \frac{f(x_{i+1}) - f(x_i)}{h} + O(h) \tag{21.14}$$

和此方法相反的是，我們現在藉由代入下列二階導數的向前差分近似（回想式 (4.27)），保留二階導數項：

$$f''(x_i) = \frac{f(x_{i+2}) - 2f(x_{i+1}) + f(x_i)}{h^2} + O(h) \tag{21.15}$$

代入式 (21.13)，得到：

$$f'(x_i) = \frac{f(x_{i+1}) - f(x_i)}{h} - \frac{f(x_{i+2}) - 2f(x_{i+1}) + f(x_i)}{2h^2}h + O(h^2) \tag{21.16}$$

或者，整理各項：

$$f'(x_i) = \frac{-f(x_{i+2}) + 4f(x_{i+1}) - 3f(x_i)}{2h} + O(h^2) \tag{21.17}$$

請注意，由於包含了第二項導數，使得正確度提高至 $O(h^2)$。類似的改進版本可以開發用於向後和中央公式及更高階導數的近似。圖 21.3 至圖 21.5 歸納了這些公式，以及第 4 章的較低階版本。以下範例說明了這些公式估算導數的實用價值。

範例 21.1 高正確度微分公式

問題敘述 回想範例 4.4，我們估計下列函數的導數：

$$f(x) = -0.1x^4 - 0.15x^3 - 0.5x^2 - 0.25x + 1.2$$

在 $x = 0.5$ 時，使用有限差分和步長大小 $h = 0.25$。結果歸納如下表。請注意，誤差是根據真實值 $f'(0.5) = -0.9125$ 而來。

	向後 $O(h)$	中央 $O(h^2)$	向前 $O(h)$
估計值	−0.714	−0.934	−1.155
ε_t	21.7%	−2.4%	−26.5%

再算一次，但這次使用圖 21.3 至圖 21.5 中的高正確度公式。

解法 在這個例子中，必要的數據為：

$$\begin{aligned} x_{i-2} &= 0 & f(x_{i-2}) &= 1.2 \\ x_{i-1} &= 0.25 & f(x_{i-1}) &= 1.1035156 \\ x_i &= 0.5 & f(x_i) &= 0.925 \\ x_{i+1} &= 0.75 & f(x_{i+1}) &= 0.6363281 \\ x_{i+2} &= 1 & f(x_{i+2}) &= 0.2 \end{aligned}$$

正確度為 $O(h^2)$ 的向前差分計算如下（圖 21.3）：

$$f'(0.5) = \frac{-0.2 + 4(0.6363281) - 3(0.925)}{2(0.25)} = -0.859375 \qquad \varepsilon_t = 5.82\%$$

正確度為 $O(h^2)$ 的向後差分計算如下（圖 21.4）：

一階導數

$$f'(x_i) = \frac{f(x_{i+1}) - f(x_i)}{h} \qquad O(h)$$

$$f'(x_i) = \frac{-f(x_{i+2}) + 4f(x_{i+1}) - 3f(x_i)}{2h} \qquad O(h^2)$$

二階導數

$$f''(x_i) = \frac{f(x_{i+2}) - 2f(x_{i+1}) + f(x_i)}{h^2} \qquad O(h)$$

$$f''(x_i) = \frac{-f(x_{i+3}) + 4f(x_{i+2}) - 5f(x_{i+1}) + 2f(x_i)}{h^2} \qquad O(h^2)$$

三階導數

$$f'''(x_i) = \frac{f(x_{i+3}) - 3f(x_{i+2}) + 3f(x_{i+1}) - f(x_i)}{h^3} \qquad O(h)$$

$$f'''(x_i) = \frac{-3f(x_{i+4}) + 14f(x_{i+3}) - 24f(x_{i+2}) + 18f(x_{i+1}) - 5f(x_i)}{2h^3} \qquad O(h^2)$$

四階導數

$$f''''(x_i) = \frac{f(x_{i+4}) - 4f(x_{i+3}) + 6f(x_{i+2}) - 4f(x_{i+1}) + f(x_i)}{h^4} \qquad O(h)$$

$$f''''(x_i) = \frac{-2f(x_{i+5}) + 11f(x_{i+4}) - 24f(x_{i+3}) + 26f(x_{i+2}) - 14f(x_{i+1}) + 3f(x_i)}{h^4} \qquad O(h^2)$$

圖 21.3 向前有限差分公式：每個導數有兩種版本。後面的版本包含更多泰勒級數展開項數，因此較正確。

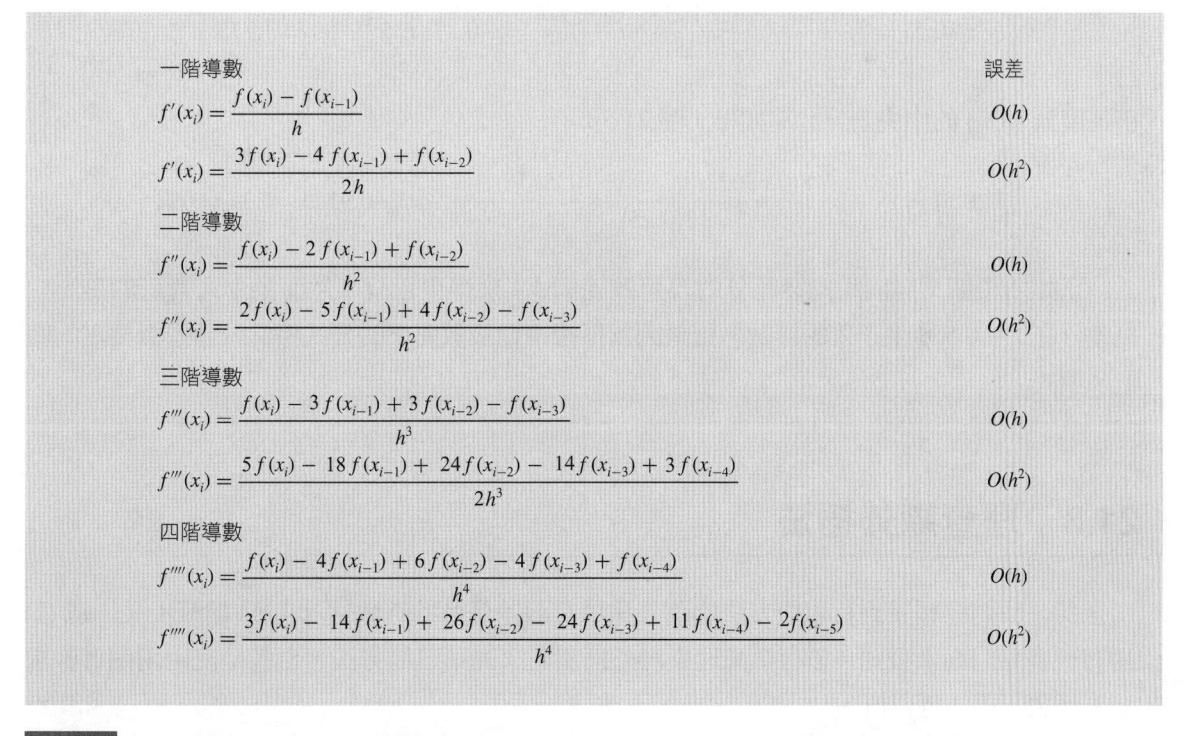

一階導數

$$f'(x_i) = \frac{f(x_i) - f(x_{i-1})}{h} \qquad O(h)$$

$$f'(x_i) = \frac{3f(x_i) - 4f(x_{i-1}) + f(x_{i-2})}{2h} \qquad O(h^2)$$

二階導數

$$f''(x_i) = \frac{f(x_i) - 2f(x_{i-1}) + f(x_{i-2})}{h^2} \qquad O(h)$$

$$f''(x_i) = \frac{2f(x_i) - 5f(x_{i-1}) + 4f(x_{i-2}) - f(x_{i-3})}{h^2} \qquad O(h^2)$$

三階導數

$$f'''(x_i) = \frac{f(x_i) - 3f(x_{i-1}) + 3f(x_{i-2}) - f(x_{i-3})}{h^3} \qquad O(h)$$

$$f'''(x_i) = \frac{5f(x_i) - 18f(x_{i-1}) + 24f(x_{i-2}) - 14f(x_{i-3}) + 3f(x_{i-4})}{2h^3} \qquad O(h^2)$$

四階導數

$$f''''(x_i) = \frac{f(x_i) - 4f(x_{i-1}) + 6f(x_{i-2}) - 4f(x_{i-3}) + f(x_{i-4})}{h^4} \qquad O(h)$$

$$f''''(x_i) = \frac{3f(x_i) - 14f(x_{i-1}) + 26f(x_{i-2}) - 24f(x_{i-3}) + 11f(x_{i-4}) - 2f(x_{i-5})}{h^4} \qquad O(h^2)$$

圖 21.4 向後有限差分公式：每個導數有兩種版本。後面的版本包含更多泰勒級數展開項數，因此較正確。

一階導數		誤差
$f'(x_i) = \dfrac{f(x_{i+1}) - f(x_{i-1})}{2h}$		$O(h^2)$
$f'(x_i) = \dfrac{-f(x_{i+2}) + 8f(x_{i+1}) - 8f(x_{i-1}) + f(x_{i-2})}{12h}$		$O(h^4)$

二階導數

$$f''(x_i) = \dfrac{f(x_{i+1}) - 2f(x_i) + f(x_{i-1})}{h^2} \qquad O(h^2)$$

$$f''(x_i) = \dfrac{-f(x_{i+2}) + 16f(x_{i+1}) - 30f(x_i) + 16f(x_{i-1}) - f(x_{i-2})}{12h^2} \qquad O(h^4)$$

三階導數

$$f'''(x_i) = \dfrac{f(x_{i+2}) - 2f(x_{i+1}) + 2f(x_{i-1}) - f(x_{i-2})}{2h^3} \qquad O(h^2)$$

$$f'''(x_i) = \dfrac{-f(x_{i+3}) + 8f(x_{i+2}) - 13f(x_{i+1}) + 13f(x_{i-1}) - 8f(x_{i-2}) + f(x_{i-3})}{8h^3} \qquad O(h^4)$$

四階導數

$$f''''(x_i) = \dfrac{f(x_{i+2}) - 4f(x_{i+1}) + 6f(x_i) - 4f(x_{i-1}) + f(x_{i-2})}{h^4} \qquad O(h^2)$$

$$f''''(x_i) = \dfrac{-f(x_{i+3}) + 12f(x_{i+2}) - 39f(x_{i+1}) + 56f(x_i) - 39f(x_{i-1}) + 12f(x_{i-2}) - f(x_{i-3})}{6h^4} \qquad O(h^4)$$

圖 21.5 中央有限差分公式：每個導數有兩種版本。後面的版本包含更多泰勒級數展開項數，因此較正確。

$$f'(0.5) = \dfrac{3(0.925) - 4(1.1035156) + 1.2}{2(0.25)} = -0.878125 \qquad \varepsilon_t = 3.77\%$$

正確度為 $O(h^4)$ 的中央差分計算如下（圖 21.5）：

$$f'(0.5) = \dfrac{-0.2 + 8(0.6363281) - 8(1.1035156) + 1.2}{12(0.25)} = -0.9125 \qquad \varepsilon_t = 0\%$$

正如所預期，向前和向後差分的誤差較範例 4.4 來得更正確。然而，令人驚訝的是，中央差分在 $x = 0.5$ 產生正確的導數。這是因為根據泰勒級數而來的公式相當於通過數據點的四階多項式。

21.3 理查森外插法

至此，我們已經看到有兩種方法能改善採用有限差分時的導數估計：(1) 縮減步長；或 (2) 使用有更多點的高階公式。還有根據理查森外插法而來的第三種方法，也就是使用兩個導數求出第三個更正確的近似值。

回想 20.2.1 節的理查森外插法提供了一種方式，可取得更好的積分估計公式（式 (20.4)）；

$$I = I(h_2) + \frac{1}{(h_1/h_2)^2 - 1}[I(h_2) - I(h_1)] \tag{21.18}$$

其中 $I(h_1)$ 和 $I(h_2)$ 為使用兩種步長大小（h_1 和 h_2）的積分估計。由於它能方便地以計算機演算法表示，這個公式在 $h_2 = h_1/2$ 時通常表示成如下：

$$I = \frac{4}{3}I(h_2) - \frac{1}{3}I(h_1) \tag{21.19}$$

同樣地，式 (21.19) 可以用導數表示為：

$$D = \frac{4}{3}D(h_2) - \frac{1}{3}D(h_1) \tag{21.20}$$

對於 $O(h^2)$ 的中央差分近似，此公式的應用將產生一個正確度為 $O(h^4)$ 的新導數估計。

範例 21.2　理查森外插法

問題敘述　使用與範例 21.1 相同的函數，估計在 $x = 0.5$、步長為 $h_1 = 0.5$ 和 $h_2 = 0.25$ 的一階導數。然後使用式 (21.20) 來計算用理查森外插法的改進估計值。回想真實值是 -0.9125。

解法　一階導數估計可用中央差分計算為：

$$D(0.5) = \frac{0.2 - 1.2}{1} = -1.0 \qquad \varepsilon_t = -9.6\%$$

以及

$$D(0.25) = \frac{0.6363281 - 1.103516}{0.5} = -0.934375 \qquad \varepsilon_t = -2.4\%$$

用式 (21.20) 來求解改進的估計值，得到：

$$D = \frac{4}{3}(-0.934375) - \frac{1}{3}(-1) = -0.9125$$

這對本範例是準確的。

上述範例得到了準確的結果，因為被分析的函數是四階多項式。結果會準確是因為理查森外插法其實等效於配適高階多項式到數據，然後用中央差分估計導數。因此，此範例能準確地符合四階多項式的導數。大部分函數當然不會如此，我們的導數估計雖然能得到改善，但並不會準確。因此，就像應用理查森外插法的例子，就可反覆迭代使用龍貝格演算法，直到結果低於可接受的誤差標準。

21.4 不等間距數據的導數

到目前為止所討論的方法，主要是求取某給定函數的導數。對於 21.2 節的有限差分近似，數據必須為等距。而對於 21.3 節的理查森外插法，數據也必須是等距，並先後產生減半區間。這種數據間距的控制，通常只適用於能用函數產生表列數值的情況。

相對地，來自實驗或實地研究數據的資訊，往往是在不等的間距蒐集而來。這種資訊無法使用前述的方法分析。

一個處理非等間距數據的方法，是用拉格朗日內插多項式（回想式 (17.21)）配適到你要估計導數的一組鄰近點位置值。請記住，此多項式不需要等間距的點。此多項式可以被解析地微分，得到一個可以用來估計導數的公式。

例如，我們可以配適二階拉格朗日多項式到三個相鄰的點 (x_0, y_0)、(x_1, y_1) 和 (x_2, y_2)。微分多項式得到：

$$f'(x) = f(x_0)\frac{2x - x_1 - x_2}{(x_0 - x_1)(x_0 - x_2)} + f(x_1)\frac{2x - x_0 - x_2}{(x_1 - x_0)(x_1 - x_2)} \\ + f(x_2)\frac{2x - x_0 - x_1}{(x_2 - x_0)(x_2 - x_1)} \tag{21.21}$$

其中 x 是要估計導數的位置值。雖然這個公式肯定比圖 21.3 至圖 21.5 中的一階導數近似複雜，但它有一些重要優勢。首先，它可以在這三點畫出的範圍內提供任何值的概算。第二，點本身不需要為等距。第三，導數估計與中央差分的正確度相同（式 (4.25)）。事實上，對於等間距點，式 (21.21) 在 $x = x_1$ 的估計可化簡為式 (4.25)。

範例 21.3　微分不等間距數據

問題敘述　如圖 21.6 所示，土壤的溫度梯度可以量測。在土壤—空氣介面的熱通量可以用傅立葉定律（表 21.1）計算：

$$q(z = 0) = -k\frac{dT}{dz}\bigg|_{z=0}$$

其中 $q(z)$ = 熱通量 (W/m^2)，k = 土壤的導熱係數 [= 0.5 W/(m．K)]，T = 溫度 (K)，z = 從地表深入到土壤的距離 (m)。請注意，熱通量為正值表示熱從空氣傳到土壤。利用數值微分估計在土壤—空氣介面的梯度，並使用所得結果求取進入地面的熱通量。

解法　式 (21.21) 可用於計算在空氣－土壤介面的導數：

$$f'(0) = 13.5\frac{2(0) - 0.0125 - 0.0375}{(0 - 0.0125)(0 - 0.0375)} + 12\frac{2(0) - 0 - 0.0375}{(0.0125 - 0)(0.0125 - 0.0375)} \\ + 10\frac{2(0) - 0 - 0.0125}{(0.0375 - 0)(0.0375 - 0.0125)}$$

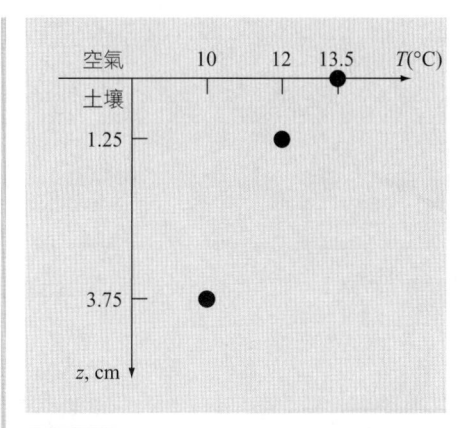

圖 21.6 土壤中溫度與深度的對照圖。

$$= -1440 + 1440 - 133.333 = -133.333 \text{ K/m}$$

這可以用來計算：

$$q(z=0) = -0.5 \frac{\text{W}}{\text{m K}} \left(-133.333 \frac{\text{K}}{\text{m}} \right) = 66.667 \frac{\text{W}}{\text{m}^2}$$

21.5 有誤差的數據之導數與積分

　　除了不等間距外，還有一個關於實驗數據微分的問題是，這些數據通常包含測量誤差。數值微分的一個缺點是，它往往會放大數據中的誤差。

　　圖 21.7a 顯示平滑、無誤差的數據，並在數值微分後產生一個平滑結果（圖 21.7b）。相對地，圖 21.7c 使用相同數據，但在不同點略有上升或下降。這些細微修改從圖 21.7c 中幾乎看不出來，然而在圖 21.7d 可以發現結果改變非常顯著。

　　誤差會被放大是因為微分是減法，因此隨機的正負誤差往往會相加。相對地，積分是一個加總的程序，所以對不確定數據的容忍度較大。基本上，由於積分運算是以加總的觀點來做，隨機的正負誤差會互相抵消。

　　不出所料，計算不準確數據導數的主要方法是使用最小平方迴歸，將可微分的平滑函數配適至數據。在沒有任何其他資訊的情況下，較低階多項式迴歸可能是不錯的第一選擇。不過，如果應變數和自變數的真實函數關係為已知，則這種關係式應該是最小平方配適的基礎。

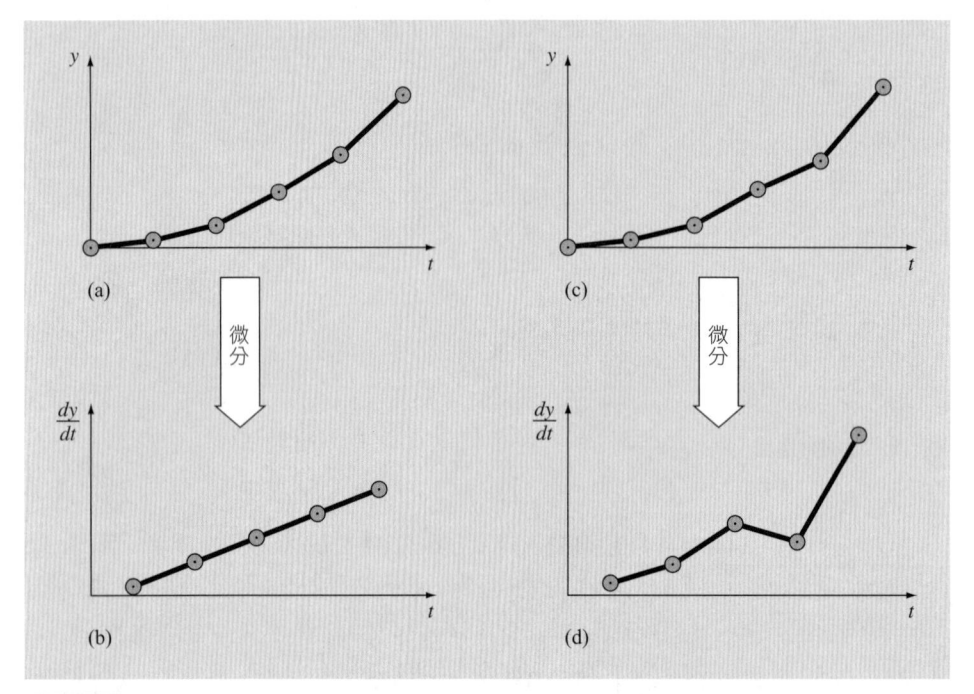

圖 21.7 數值微分如何放大數據中微小誤差之圖示：(a) 無誤差的數據；(b) 由 (a) 的曲線產生的數值微分；(c) 略作修改的數據；(d) 由 (c) 的曲線產生的微分，放大了上升的變化性。相對地，反向積分運作（從 (d) 至 (c)，採 (d) 底下面積）會傾向於縮小或平滑數據誤差。

21.6 偏導數

一維的偏導數的計算方式和常導數相同。例如，假設我們想決定二維函數 $f(x, y)$ 的偏導數。對於等間距數據，一階偏導數可以用中央差分近似：

$$\frac{\partial f}{\partial x} = \frac{f(x + \Delta x, y) - f(x - \Delta x, y)}{2\Delta x} \tag{21.22}$$

$$\frac{\partial f}{\partial y} = \frac{f(x, y + \Delta y) - f(x, y - \Delta y)}{2\Delta y} \tag{21.23}$$

到目前為止所有討論過的其他公式和方法，都可用於以類似的方式估算偏導數。

對於高階導數，我們可能想要對兩個或兩個以上不同變數的函數作微分。此結果稱為**混合偏導數 (mixed partial derivative)**。例如，我們可能要取兩自變數 $f(x, y)$ 的偏導數：

$$\frac{\partial^2 f}{\partial x \partial y} = \frac{\partial}{\partial x}\left(\frac{\partial f}{\partial y}\right) \tag{21.24}$$

要建立一個有限差分近似，我們可以先形成 x 對 y 之偏導數：

$$\frac{\partial^2 f}{\partial x \partial y} = \frac{\frac{\partial f}{\partial y}(x+\Delta x, y) - \frac{\partial f}{\partial y}(x-\Delta x, y)}{2\Delta x} \quad (21.25)$$

然後，我們可以利用有限差分估算在 y 的各偏導數：

$$\frac{\partial^2 f}{\partial x \partial y} = \frac{\frac{f(x+\Delta x, y+\Delta y) - f(x+\Delta x, y-\Delta y)}{2\Delta y} - \frac{f(x-\Delta x, y+\Delta y) - f(x-\Delta x, y-\Delta y)}{2\Delta y}}{2\Delta x} \quad (21.26)$$

整理各項後產生最終結果：

$$\frac{\partial^2 f}{\partial x \partial y} = \frac{f(x+\Delta x, y+\Delta y) - f(x+\Delta x, y-\Delta y) - f(x-\Delta x, y+\Delta y) + f(x-\Delta x, y-\Delta y)}{4\Delta x \Delta y} \quad (21.27)$$

21.7　使用 MATLAB 的數值微分

透過內建函數 `diff` 和 `gradient`，MATLAB 軟體有能力計算數據的導數。

21.7.1　MATLAB 函數：`diff`

當輸入長度 n 的一維向量，`diff` 函數會回傳一個長度 n − 1 的向量，包含相鄰元素的差分。如以下範例所描述，它們可以用來計算一階導數的有限差分近似。

範例 21.4　使用 `diff` 微分

問題敘述　探討 MATLAB 的 `diff` 函數如何能用來微分

$$f(x) = 0.2 + 25x - 200x^2 + 675x^3 - 900x^4 + 400x^5$$

從 x = 0 到 0.8。將你的結果和精確解比較：

$$f'(x) = 25 - 400x^2 + 2025x^2 - 3600x^3 + 2000x^4$$

解法　我們可以先將函數 $f(x)$ 表示為匿名函數：

```
>> f=@(x) 0.2+25*x-200*x.^2+675*x.^3-900*x.^4+400*x.^5;
```

然後產生一系列等間距的自變數和應變數：

```
>> x=0:0.1:0.8;
>> y=f(x);
```

`diff` 函數可以用來算出每個向量相鄰元素之間的差分。例如：

```
>> diff(x)
ans =
```

```
  Columns 1 through 5
    0.1000    0.1000    0.1000    0.1000    0.1000
  Columns 6 through 8
    0.1000    0.1000    0.1000
```

正如所料,結果顯示每對 x 元素間的差異。為了計算導數的區間差分近似,我們僅藉由對 x 微分來執行 y 微分的向量分割:

```
>> d=diff(y)./diff(x)
d =
  Columns 1 through 5
   10.8900   -0.0100    3.1900    8.4900    8.6900
  Columns 6 through 8
    1.3900  -11.0100  -21.3100
```

注意,因為我們使用的是等間距的值,在產生 x 值後,我們可以簡單地完成上述的計算:

```
>> d=diff(f(x))/0.1;
```

現在向量 d 包含對應相鄰元素間中點的導數估計。因此,為了建立結果圖形,我們必須先對每個區間的中點產生一個 x 值的向量:

```
>> n=length(x);
>> xm=(x(1:n-1)+x(2:n))./2;
```

最後,我們可以計算在微小解析下數值微分的值,並且包括在圖中以供比較。

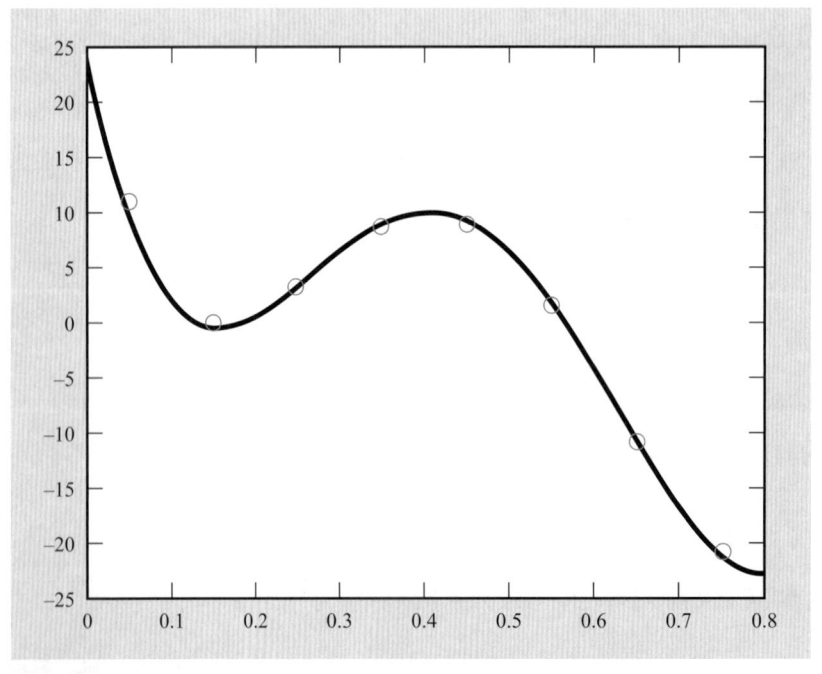

圖 21.8 精確導數(曲線)和 MATLAB diff 函數數值估計值(圓圈)之比較。

```
>> xa=0:.01:.8;
>> ya=25-400*xa+3*675*xa.^2-4*900*xa.^3+5*400*xa.^4;
```

數值和解析估計值的圖形可透過以下產生：

```
>> plot(xm,d,'o',xa,ya)
```

如圖 21.8 所示，比較結果顯示兩者一樣好。

注意，除了估算導數外，diff 函數也是方便的程式編寫工具，可用來測試某些向量的特質。舉例來說，如果 diff 函數認為某向量 x 的間距不等時，以下敘述會顯示錯誤訊息，並終止一個 M 檔：

```
if any(diff(diff(x))~=0), error('unequal spacing'), end
```

另一種常用的功用則是偵測向量為升冪或降冪。例如，以下的程式碼不接受非升冪排列（亦即單調遞增）的向量：

```
if any(diff(x)<=0), error('not in ascending order'), end
```

21.7.2　MATLAB 函數：`gradient`

gradient 函數也能傳回差分。然而，它採取的方法更適合估計自身的導數值，而不是值的區間。一個簡單的代表性語法是：

```
fx = gradient(f)
```

其中 f = 長度 n 的一維向量，而 fx 是一個長度 n 的向量，其中包含基於 f 的差分。和 diff 函數一樣，第一個傳回的值是第一個值和第二個值的差分。但是對於中間值，傳回的是相鄰值的中央差分：

$$diff_i = \frac{f_{i+1} - f_{i-1}}{2} \tag{21.28}$$

最後一個值則被計算為最後兩個值的差分。因此，結果就像是對所有的中間值都使用中央差分一般，而兩端為向前和向後差分。

注意，點的間距假設為 1。如果向量代表相同間距的數據，則以下版本將以區間劃分所有的結果，傳回導數的實際值：

```
fx = gradient(f, h)
```

其中 h = 點的間距。

範例 21.5　使用 gradient 微分

問題敘述　利用 gradient 函數,對範例 21.4 中以 diff 函數分析過的相同函數執行微分。

解法　和在範例 21.4 中一樣,我們可以產生一系列等間距的自變數和應變數:

```
>> f=@(x) 0.2+25*x-200*x.^2+675*x.^3-900*x.^4+400*x.^5;
>> x=0:0.1:0.8;
>> y=f(x);
```

使用 gradient 函數求取導數如下:

```
>> dy=gradient(y,0.1)
dy =
  Columns 1 through 5
   10.8900    5.4400    1.5900    5.8400    8.5900
  Columns 6 through 9
    5.0400   -4.8100  -16.1600  -21.3100
```

如範例 21.4,我們可以產生解析導數的值,並在圖中顯示數值估計值和解析估計值:

```
>> xa=0:.01:.8;
>> ya=25-400*xa+3*675*xa.^2-4*900*xa.^3+5*400*xa.^4;
>> plot(x,dy,'o', xa,ya)
```

　　如圖 21.9 所示,結果並不如範例 21.4 中以 diff 函數所得的結果那麼準確。這是因為 gradient 使用的區間 (0.2) 是 diff 區間 (0.1) 的兩倍。

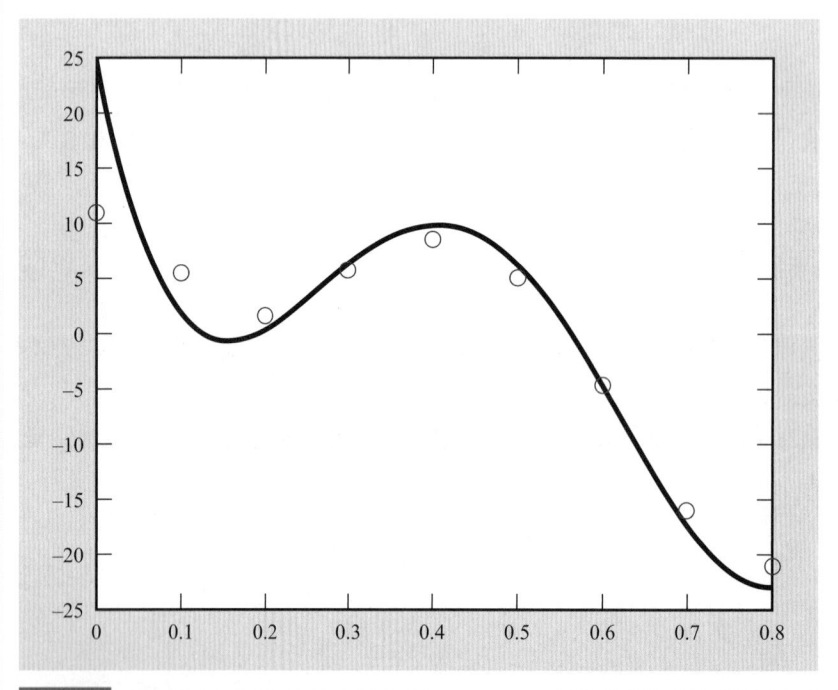

圖 21.9　精確導數(曲線)和 MATLAB gradient 函數數值估計值(圓圈)之比較。

除了一維向量外，gradient 函數特別適用於計算矩陣的偏導數。例如，對於二維矩陣 f，函數可以寫成：

[fx,fy] = gradient(f, h)

其中 fx 對應於 x（行）方向的差分，fy 對應於 y（列）方向的差分，h = 點的間距。如果忽略 h，兩個維度中的點間距均可假設為 1。在下一節，我們將說明如何用 gradient 將向量場視覺化。

21.8 案例研究　視覺化向量場

背景　除了求取一維導數外，gradient 函數對於計算二維或二維以上的偏導數也非常有用。特別是它可以與其他 MATLAB 函數結合，產生視覺化向量場。

要了解它的作法，我們可以回到 21.1.1 節最後有關偏導數的討論。回想我們用山區高度作為二維函數的範例。這種函數的數學形式表示可以是：

$$z = f(x, y)$$

其中 z = 海拔，x = 沿東西軸的測量距離，以及 y = 沿南北軸的測量距離。

在此範例中，偏導數提供沿軸方向的斜率。但是，如果要用於登山，則求取最大坡度的方向可能更重要。如果我們將這兩個偏導數當成向量的分量，答案很容易表示：

$$\nabla f = \frac{\partial f}{\partial x}\mathbf{i} + \frac{\partial f}{\partial y}\mathbf{j}$$

其中 ∇f 稱為 f 的梯度，代表最陡的斜坡，大小為：

$$\sqrt{\left(\frac{\partial f}{\partial x}\right)^2 + \left(\frac{\partial f}{\partial y}\right)^2}$$

方向為：

$$\theta = \tan^{-1}\left(\frac{\partial f/\partial y}{\partial f/\partial x}\right)$$

其中 θ = 從 x 軸逆時針量測的角度。

現在假設我們在 x-y 平面產生一個網格點，並使用上述方程式繪出各點的梯度向量。結果會是一組箭頭，顯示由各點至最高峰最陡斜的路徑；反之，如果我們繪出負的梯度，顯示的是一顆球從任一點向下滾的軌跡。

這類的圖像表示極為有用，連 MATLAB 都有特殊的函數 quiver 用來產生這種圖形。其語法的簡單表示方式是：

quiver(x, y, u, v)

其中 x 和 y 是位置座標矩陣，u 和 v 是偏導數矩陣。下面的例子說明如何使用 quiver 來視覺化向量場。

使用 gradient 函數來計算如下二維函數的偏導數：
$$f(x, y) = y - x - 2x^2 - 2xy - y^2$$
從 $x = -2$ 至 2，$y = 1$ 至 3。然後使用 quiver，在函數的等值圖上疊加一個向量場。

解法 我們可以將函數 $f(x, y)$ 以匿名函數表示：

```
>> f=@(x,y) y-x-2*x.^2-2.*x.*y-y.^2;
```

接著產生一系列等間距的自變數和應變數：

```
>> [x,y]=meshgrid(-2:.25:0, 1:.25:3);
>> z=f(x,y);
```

gradient 函數可以用來計算偏導數：

```
>> [fx,fy]=gradient(z,0.25);
```

我們可以繪出一張結果的等值圖：

```
>> cs=contour(x,y,z);clabel(cs);hold on
```

最後，由此產生的偏導數可當成向量，疊加在等值圖上：

```
>> quiver(x,y,-fx,-fy);hold off
```

注意，我們展示了負的結果，以便它們能指向「向下」。

圖 21.10 的結果顯示，此函數的峰值出現在 $x = -1$ 和 $y = 1.5$，然後朝各個方向逐漸下降。正如延長箭頭所示，梯度朝東北和西南方更崎峻地下降。

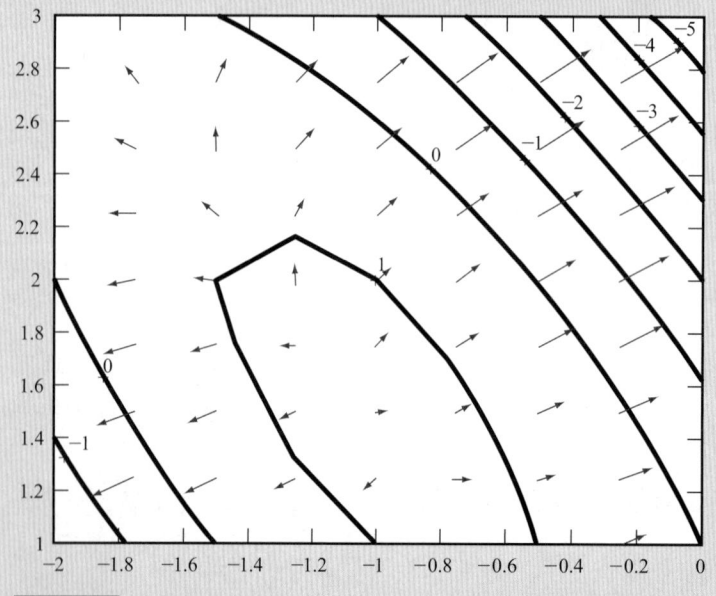

圖 21.10 MATLAB 產生的二維函數等值圖，其中偏導數的結果以箭頭顯示。

習題

◎ 習題 21.29、21.36 和 21.37 請見隨書光碟

21.1 計算 $O(h)$ 和 $O(h^2)$ 的向前和向後差分近似，以及 $y = \sin x$ 在 $x = \pi/4$ 時的一階導數的 $O(h^2)$ 和 $O(h^4)$ 中央差分近似，使用 $h = \pi/12$。計算每個近似的真實相對誤差百分比 ε_t。

21.2 使用中央差分近似，估計 $h = 0.1$ 時，$y = e^x$ 在 $x = 2$ 的一階和二階導數。使用 $O(h^2)$ 和 $O(h^4)$ 的公式來估計。

21.3 利用泰勒級數展開，求出一個中央有限差分近似的三階導數，也就是兩階正確度。為此，你必須使用四階微分對四個不同的點 x_{i-2}、x_{i-1}、x_{i+1} 及 x_{i+2} 展開。每種情況的展開都會圍繞 x_i 點。區間 Δx 會被使用在 $i-1$ 和 $i+1$ 的情況，而 $2\Delta x$ 會被使用在 $i-2$ 和 $i+2$ 的情況。這四個方程式的結合必須能消除一階和二階導數。每次展開須保持足夠的項次，以便計算要截斷的第一項，以確定近似的階次。

21.4 使用理查森外插法估計 $y = \cos x$ 在 $x = \pi/4$ 的一階導數，步長為 $h_1 = \pi/3$ 和 $h_2 = \pi/6$。採用 $O(h^2)$ 的中央差分做初始估計。

21.5 重複習題 21.4，但對象是 $\ln x$ 在 $x = 5$ 的一階導數，使用 $h_1 = 2$ 和 $h_2 = 1$。

21.6 採用式 (21.21)，以確定基於值 $x_0 = -0.5$、$x_1 = 1$、$x_2 = 2$，方程式 $y = 2x^4 - 6x^3 - 12x - 8$ 在 $x = 0$ 的一階導數。比較此結果和真實值，以及基於 $h = 1$ 時使用中央差分近似獲得的估計值。

21.7 對相等間距的數據點，證明可在 $x = x_1$ 將式 (21.21) 簡化為式 (4.25)。

21.8 開發一個 M 檔，使用龍貝格演算法估測給定函數的導數。

21.9 開發一個 M 檔，估測不等間距數據的一階導數值。使用下列數據測試檔案：

x	0.6	1.5	1.6	2.5	3.5
$f(x)$	0.9036	0.3734	0.3261	0.08422	0.01596

其中 $f(x) = 5e^{-2x}x$。將所得答案與真實導數作比較。

21.10 開發一個 M 檔函數，可計算基於圖 21.3 至圖 21.5 中公式的 $O(h^2)$ 量級的一階和二階導數。函數的第一行應設定為：

```
function [dydx, dy2dx2] = diffeq(x, y)
```

其中 x 和 y 分別是長度 n 的輸入向量，分別包含自變數和應變數，而 dydx 和 dy2dx2 為長度 n 的輸出向量，包含在每個自變數的一階和二階導數估計。該函數應產生 dydx 和 dy2dx2 對 x 的對應圖。如果 **(a)** 輸入的向量長度不同，或 **(b)** 自變數不是等間距的值，令 M 檔回傳一個錯誤訊息。使用習題 21.11 的數據測試你的程式。

21.11 以下蒐集的數據，是火箭行進距離隨時間的變化：

t, s	0	25	50	75	100	125
y, km	0	32	58	78	92	100

使用數值微分，估計火箭在每個時間的速度和加速度。

21.12 噴射戰鬥機降落在航空母艦跑道時的位置對時間如下所示：

t, s	0	0.52	1.04	1.75	2.37	3.25	3.83
x, m	153	185	208	249	261	271	273

其中 x 是至艦尾的距離。使用數值微分，計算 **(a)** 速度 (dx/dt)，和 **(b)** 加速度 (dv/dt)。

21.13 使用以下數據，求出在 $t = 10$ 秒的速度和加速度：

時間 , t, s	0	2	4	6	8	10	12	14	16
位置 , x, m	0	0.7	1.8	3.4	5.1	6.3	7.3	8.0	8.4

使用二階準確 **(a)** 中央有限差分；**(b)** 向前有限差分；以及 **(c)** 向後有限差分法。

21.14 某架飛機受到雷達追蹤，每秒取得的數據以極座標 θ 和 r 顯示如下：

t, s	200	202	204	206	208	210
θ, (rad)	0.75	0.72	0.70	0.68	0.67	0.66
r, m	5120	5370	5560	5800	6030	6240

在第 206 秒，使用中央有限差分（二階準確）找出飛機的速度 $\vec{v}$ 和加速度 $\vec{a}$ 的向量表達式。速度和加速度的極座標為：

$$\vec{v} = \dot{r}\vec{e}_r + r\dot{\theta}\vec{e}_\theta \quad \text{和} \quad \vec{a} = (\ddot{r} - r\dot{\theta}^2)\vec{e}_r + (r\ddot{\theta} + 2\dot{r}\dot{\theta})\vec{e}_\theta$$

21.15 使用迴歸估算下列數據在每個時間的加速度。分別繪出二階、三階和四階多項式的結果：

t	1	2	3.25	4.5	6	7	8	8.5	9.5	10
v	10	12	11	14	17	16	12	14	14	10

21.16 常態分布的定義是：
$$f(x) = \frac{1}{\sqrt{2\pi}} e^{-x^2/2}$$
使用 MATLAB 求出此函數的反曲點。

21.17 以下數據來自常態分布：

x	−2	−1.5	−1	−0.5	0
$f(x)$	0.05399	0.12952	0.24197	0.35207	0.39894
x	0.5	1	1.5	2	
$f(x)$	0.35207	0.24197	0.12952	0.05399	

利用 MATLAB 估算這些數據的反曲點。

21.18 使用 diff(y) 指令，開發一個基於 MATLAB 的 M 檔函數來計算下表中每個 x 值的一階和二階導數的有限差分近似。利用二階準確 $O(x^2)$ 的有限差分近似：

x	0	1	2	3	4	5	6	7	8	9	10
y	1.4	2.1	3.3	4.8	6.8	6.6	8.6	7.5	8.9	10.9	10

21.19 本題目標是將一函數一階導數的二階正確度向前、向後、中央差分近似和此導數的真實值作比較。針對下式：
$$f(x) = e^{-2x} - x$$

(a) 使用微積分，找出 $x = 2$ 時導數的正確值。
(b) 開發一個 M 檔函數，評估中央有限差分近似，從 $x = 0.5$ 開始。因此，第一次估算時，中央差分近似法的 x 值為 $x = 2 \pm 0.5$ 或 $x = 1.5$ 和 2.5，然後遞減 0.1，下降到最低值 $\Delta x = 0.01$。
(c) 重複 (b) 的二階向前和向後的差分。（注意，這些也可同時和中央差分一起在迴圈內計算。）
(d) 繪出 (b) 和 (c) 對 x 的對照圖。圖中須包含精確的結果以便作比較。

21.20 你必須量測通過一根小管的水流量。為此，你在管子的出口放水桶，並量測桶內體積，將結果以時間為函數的形式列表如下。估計在 $t = 7$ s 的水流量。

時間, s	0	1	5	8
流量, cm³	0	1	8	16.4

21.21 經過一個平坦地面的空氣流動速度 v(m/s) 在離地面數個不同距離 y(m) 處進行測量。使用**牛頓黏度定律 (Newton's viscosity law)** 來求取表面 ($y = 0$) 的剪應力 τ (N/m²)：
$$\tau = \mu \frac{du}{dy}$$
假設動力黏度值 $\mu = 1.8 \times 10^{-5}$ N·s/m²。

y, m	0	0.002	0.006	0.012	0.018	0.024
u, m/s	0	0.287	0.899	1.915	3.048	4.299

21.22 菲克第一擴散定律 (Fick's first diffusion law) 如下：
$$質量通量 = -D \frac{dc}{dx} \quad (\text{P.21.22})$$
其中質量通量 = 每單位時間通過單位面積的質量 (g/cm²/s)，D = 擴散係數 (cm²/s)，c = 濃度 (g/cm³)，x = 距離 (cm)。某環境工程師測量下列湖的孔隙水中沉積物的污染濃度（在沉積物—水的介面處，$x = 0$，並向下增加）：

x, cm	0	1	3
c, 10^{-6} g/cm³	0.06	0.32	0.6

使用最好的數值微分技術，估算在 $x = 0$ 的導數。使用此估計值與式 (P21.22) 來計算污染物從沉積物釋出至上覆水域的質量通量 ($D = 1.52 \times 10^{-6}$ cm²/s)。對於有 3.6×10^6 m² 沉積物的湖而言，有多少污染物會在一年內進入湖水中？

21.23 某油輪在上貨注油時測到以下數據：

t, min	0	10	20	30	45	60	75
V, 10^6 barrels	0.4	0.7	0.77	0.88	1.05	1.17	1.35

計算每次的流量速率 Q（即 dV/dt），至 h^2 量級。

21.24 建築工程師常用傅立葉定律來求出穿透牆壁的熱流。下列溫度是從石牆表面 ($x = 0$) 往內的測量結果：

x, m	0	0.08	0.16
T, °C	20.2	17	15

如果流量在 $x = 0$ 為 60 W/m²，計算 k。

21.25 一座湖泊在特定深度的水平表面積 A_s(m²) 可以微分體積而得：
$$A_s(z) = -\frac{dV}{dz}(z)$$

其中 V = 體積 (m^3)，z = 從表面往下量到底的深度 (m)。某物質的平均濃度 $\bar{c}$ (g/m^3) 隨深度而變化，可以積分計算為：

$$\bar{c} = \frac{\int_0^Z c(z)A_s(z)\,dz}{\int_0^Z A_s(z)\,dz}$$

其中 Z = 總深度 (m)。根據以下數據，計算平均濃度：

z, m	0	4	8	12	16
V, 10^6 m^3	9.8175	5.1051	1.9635	0.3927	0.0000
c, g/m^3	10.2	8.5	7.4	5.2	4.1

21.26 法拉第定律 (Faraday's law) 指出，電感器上的電壓降為：

$$V_L = L\frac{di}{dt}$$

其中 V_L = 電壓降 (V)，L = 電感（以 H 為單位；1 H = 1 V·s/A），i = 電流 (A)，t = 時間 (s)。從以下數據找出作為時間函數的電壓降，已知電感為 4 H：

t	0	0.1	0.2	0.3	0.5	0.7
i	0	0.16	0.32	0.56	0.84	2.0

21.27 根據法拉第定律（習題 21.26），如果電流 2A 在 400 毫秒的時間通過電感，使用下面的電壓數據估計電感：

t, ms	0	10	20	40	60	80	120	180	280	400
V, volts	0	18	29	44	49	46	35	26	15	7

21.28 物體的冷卻速率（圖 P21.28）可以表示為：

$$\frac{dT}{dt} = -k(T - T_a)$$

其中 T = 物體溫度 (°C)，T_a = 周圍介質溫度 (°C)，k = 比例常數（每分鐘）。因此，該方程式（稱為**牛頓冷卻定律 (Newton's law of cooling)**）指出冷卻速率與物體溫度和周圍介質的差分成正比。如果一個加熱到 80°C 的金屬球放入溫度保持在 T_a = 20°C 的水中，球的溫度變化為：

時間, min	0	5	10	15	20	25
T, °C	80	44.5	30.0	24.1	21.7	20.7

利用數值微分，求出在每一個時間的 dT/dt。繪出 dT/dt 對應於 $T - T_a$ 的圖，並運用線性迴歸估計 k。

21.30 對於流動在表面的流體，傅立葉定律可以計算傳至表面的熱通量：y = 與表面的垂直距離 (m)。在平板上的空氣流動量測如下，其中 y = 與表面垂直的距離：

y, cm	0	1	3	5
T, K	900	480	270	210

如果平板長 200 cm，寬 50 cm，k = 0.028 J/(s·m·K)，求出 **(a)** 表面的通量，和 **(b)** 熱傳量 (W)。注意，1 J = 1 W·s。

21.31 通過固定半徑管的層流壓力梯度為：

$$\frac{dp}{dx} = -\frac{8\mu Q}{\pi r^4}$$

其中 p = 壓力 (N/m^2)，x = 沿管中心線的距離 (m)，μ = 動力黏度 (N·s/m^2)，Q = 流量 (m^3/s)，r = 半徑 (m)。

(a) 管長度為 10 cm，流過的黏稠液體（μ = 0.005 N·s/m^2，密度 = ρ = 1×10^3 kg/m^3）流速為 10 × 10^{-6} m^3/s，管子的半徑非固定，如下表。計算壓降。

x, cm	0	2	4	5	6	7	10
r, mm	2	1.35	1.34	1.6	1.58	1.42	2

(b) 如果管子半徑固定為平均半徑，使用你的結果和這種情況下的壓降作比較。

(c) 求取管子的平均雷諾數，以確認流體是真正的層流（Re = $\rho v D/\mu$ < 2100，v = 速度）。

21.32 以下苯的比熱數據是從一個 n 階多項式而來。利用數值微分求取 n。

T, K	300	400	500	600
C_p, kJ/(kmol·K)	82.888	112.136	136.933	157.744
T, K	700	800	900	1000
C_p, kJ/(kmol·K)	175.036	189.273	200.923	210.450

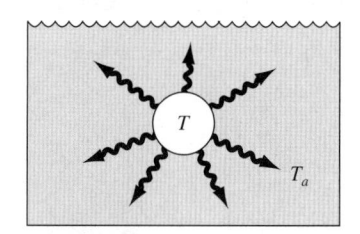

圖 P21.28

21.33 在固定壓力下的某理想氣體其比熱 c_p [J/(kg · K)] 與焓有關：

$$c_p = \frac{dh}{dT}$$

其中 h = 焓 (kJ/kg)，T = 絕對溫度 (K)。以下提供二氧化碳 (CO_2) 在不同溫度的焓。使用這些值來求取每一個列表溫度的比熱，單位為 J/(kg · K)。注意，碳和氧的原子量分別是 12.011 和 15.9994 g/mol。

T, K	750	800	900	1000
h, kJ/kmol	29,629	32,179	37,405	42,769

21.34 一個 n 階速率定律通常用來建模只和單一反應物濃度有關的化學反應：

$$\frac{dc}{dt} = -kc^n$$

其中 c = 濃度 (mole)，t = 時間 (min)，n = 反應級數（無因次），k = 反應速率 ($\text{min}^{-1} \text{mole}^{1-n}$)。微分方法可用來計算參數 k 和 n。這需要將對數轉換應用到速率定律，以產生：

$$\log\left(-\frac{dc}{dt}\right) = \log k + n \log c$$

因此，如果 n 階速率定律成立的話，則 $\log(-dc/dt)$ 與 $\log c$ 的對應圖應產生斜率為 n 的直線和 $\log k$ 的截距。利用微分方法和線性迴歸，計算以下氰酸銨轉化為尿素數據的 k 和 n：

t, min	0	5	15	30	45
c, mole	0.750	0.594	0.420	0.291	0.223

21.35 沉積物需氧量（SOD，單位是 g/(m^2 · d)）是判定水域中溶氧含量的重要參數。它的量測是將核心沉積物放在圓柱形容器中（圖 P21.35），在沉積物上小心加入一層含氧蒸餾水後，容器會被蓋好以防氣體流出。以攪拌器輕輕地混合水，並用一根氧探針追蹤水的氧濃度隨時間的下降。沉積物需氧量可以下式計算：

$$\text{SOD} = -H\frac{do}{dt}$$

其中 H = 水的深度 (m)，o = 氧氣濃度 (g/m^3)，t = 時間 (d)。

根據以下數據，且 H = 0.1 m，使用數值微分繪出 **(a)** 沉積物需氧量與時間的對應圖，和 **(b)** 沉積物需氧量與氧濃度的對應圖。

t, d	0	0.125	0.25	0.375	0.5	0.625	0.75
o, mg/L	10	7.11	4.59	2.57	1.15	0.33	0.03

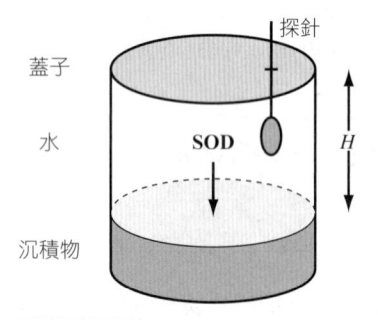

圖 P21.35

21.38 在 $x = y = 1$ 時，利用 **(a)** 解析解，**(b)** 數值解，計算下列函數的 $\partial f/\partial x$、$\partial f/\partial y$ 以及 $\partial^2 f/(\partial x \partial y)$，$\Delta x = \Delta y = 0.0001$：

$$f(x, y) = 3xy + 3x - x^3 - 3y^3$$

21.39 發展一個程式來產生和 21.8 節相同的計算與繪圖，但是用來計算的函數如下（其中 x = –3 到 3 且 y = –3 到 3）：**(a)** $f(x, y) = e^{-(x^2+y^2)}$，**(b)** $f(x, y) = xe^{-(x^2+y^2)}$

21.40 發展一個程式來產生和 21.8 節相同的計算與繪圖，但是使用 MATLAB 中的 peaks 函數，在 x 與 y 皆為 –3 到 3 的範圍。

21.41 一物體在時間 t 秒的速度 (m/s) 給定如下：

$$v = \frac{2t}{\sqrt{1+t^2}}$$

使用理查森外插法，用 h = 0.5 和 0.25，找到粒子在時間 t = 5 s 的加速度。應用此正解來計算每個估算值的真實相對誤差百分比。

第六篇

常微分方程式

6.1 概述

物理、機械、電力和熱力學的基礎定律通常是基於觀察物理性質與系統狀態的變化，而不是直接描述物理系統。這些定律通常是表達空間和時間的變化，且定義出變化的機制。當結合能量、質量或動量中的連續性定律，就會產生微分方程式。後續將這些微分方程式進行積分，就能得到以能量、質量或速度變化來描述系統空間和時間狀態的數學函數。如圖PT6.1所示，積分可以透過微積分進行解析解或電腦進行數值解執行。

第1章討論的高空彈跳者自由落下問題，即是由基礎定律推導出微分方程式的例子。回想用來描述高空彈跳者下降速度變化率的常微分方程式，就是用牛頓第二定律發展出來的：

$$\frac{dv}{dt} = g - \frac{c_d}{m}v^2 \tag{PT6.1}$$

其中 g 是重力常數，m 是質量，c_d 是阻力係數。這種以未知函數和其導數組成的方程式，稱為**微分方程式 (differential equation)**。因為它們以變數和參數的函數表示某變項的變化速率，有時稱為**速率方程式 (rate equation)**。

在式 (PT6.1) 中，被微分量 v 稱為應變數，而對 v 微分的變數 t 是自變數。當函數涉及到一個自變數，此方程式即稱為**常微分方程式 (ordinary differential equation, ODE)**，而涉及兩個或兩個以上自變數，則稱為**偏微分方程式 (partial differential equation, PDE)**。

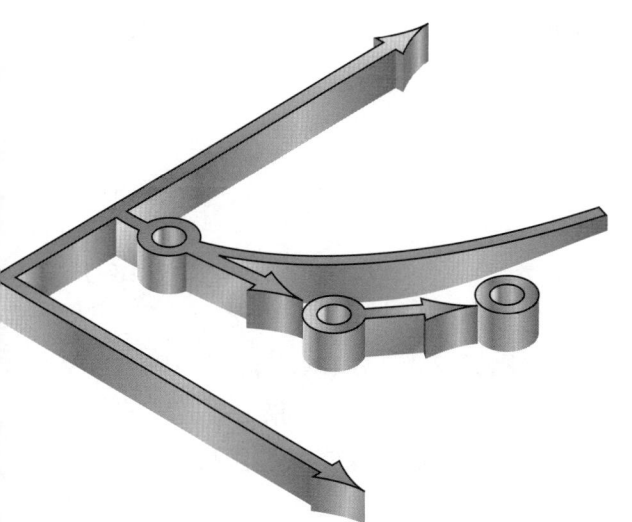

微分方程式也以其階數來作分類。例如，式 (PT6.1) 稱為**一階方程式 (first-order equation)**，因為最高的導數是一階導數。**二階方程式 (second-order equation)** 則包括二階導數。例如，描述一個未施力、有阻尼的質量彈簧系統中位置 x 的二階方程式為：

$$m\frac{d^2x}{dt^2} + c\frac{dx}{dt} + kx = 0 \tag{PT6.2}$$

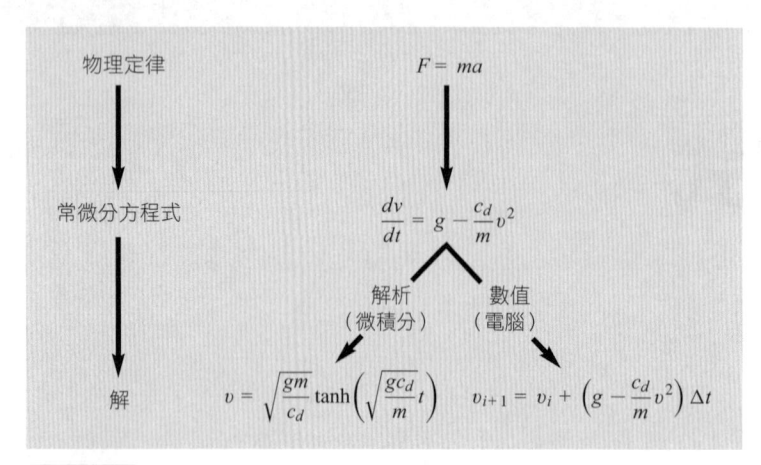

圖 PT6.1 在工程和科學中發展並求解常微分方程式的事件順序。以求解一高空彈跳者自由落下的速度為例。

其中 m 是質量，c 為阻尼係數，k 為彈力常數。同樣地，一個 n 階方程式將會包括一個 n 階導數。

高階微分方程式可簡化為一階方程式系統，這是藉由將應變數的一階導數作為一個新的變數來達成。在式 (PT6.2) 中，此即透過建立一個新變數 v 作為位移的一階導數：

$$v = \frac{dx}{dt} \tag{PT6.3}$$

其中 v 是速度。這個方程式可以藉由將自己微分來產生：

$$\frac{dv}{dt} = \frac{d^2x}{dt^2} \tag{PT6.4}$$

式 (PT6.3) 和式 (PT6.4) 可代入式 (PT6.2)，將其轉成一階方程式：

$$m\frac{dv}{dt} + cv + kx = 0 \tag{PT6.5}$$

最後一步，我們可以將式 (PT6.3) 和式 (PT6.5) 表示為速率方程式：

$$\frac{dx}{dt} = v \tag{PT6.6}$$

$$\frac{dv}{dt} = -\frac{c}{m}v - \frac{k}{m}x \tag{PT6.7}$$

如此一來，式 (PT6.6) 和式 (PT6.7) 是一對相當於原來的二階方程式（式 (PT6.2)）的一階方程式，因為其他 n 階微分方程式可同樣降階，本書此篇將著重於一階方程式的求解。

一個常微分方程式的解，是一個滿足原始微分方程式之自變數和參數的特定函數。為了說明此概念，我們先從一個簡單的四階多項式開始：

$$y = -0.5x^4 + 4x^3 - 10x^2 + 8.5x + 1 \qquad \text{(PT6.8)}$$

現在,如果微分式 (PT6.8),則會得到一個常微分方程式:

$$\frac{dy}{dx} = -2x^3 + 12x^2 - 20x + 8.5 \qquad \text{(PT6.9)}$$

此方程式也描述了多項式的行為,但方式不同於式 (PT6.8)。相對於明確地表示每個 x 值的 y 值,式 (PT6.9) 給予在每個 x 值時,y 隨著 x 的變化速率(即斜率)。圖 PT6.2 顯示 x 對函數和導數的對應圖。注意零導數表示函數是平滑的,也就是斜率值為零。此外,導數的最大絕對值顯示最大的函數斜率出現在區間的兩個端點。

正如剛才所表示的,雖然我們能在給定原始函數的情形下計算微分方程式,但這裡的目的是在給定微分方程式的條件下計算原始函數,使原始函數能代表其微分方程式的解。

如果沒有電腦,通常是使用微積分以解析方式求解常微分方程式。例如,式 (PT6.9) 可由乘以 dx 並積分得到下式:

$$y = \int (-2x^3 + 12x^2 - 20x + 8.5)\, dx \qquad \text{(PT6.10)}$$

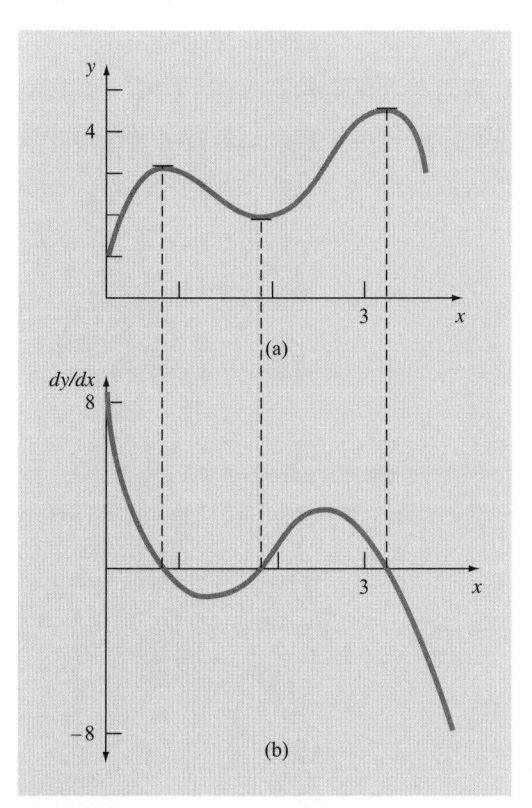

圖 PT6.2 (a) y 與 x 的對應圖。(b) 函數 $y = -0.5x^4 + 4x^3 - 10x^2 + 8.5x + 1$ 中 dy/dx 與 x 的對應圖。

因為積分無上下限，此方程式的右手邊項稱為**不定積分 (indefinite integral)**。這是相對於第五篇所討論的**定積分 (definite integral)**（比較式 (PT6.10) 與式 (19.5)）。

如果不定積分可以方程式的形式精確地評估，我們就可以使用式 (PT6.10) 的解析解。對於這個簡單的情況，可能的結果是：

$$y = -0.5x^4 + 4x^3 - 10x^2 + 8.5x + C \qquad \text{(PT6.11)}$$

此與原始函數相同，只有一個顯著的不同。在微分然後積分的過程中，我們遺失了原始方程式中的常數值 1，取而代之的是常數 C。此 C 稱為**積分常數 (constant of integration)**。會出現這樣的常數表示該式的解不是唯一。事實上，這不過是無限多個可能滿足微分方程式的函數的其中之一（對應於無限多個可能的 C 值）。例如，圖 PT6.3 顯示六種可能滿足式 (PT6.11) 的函數。

因此，要完整地得到解，微分方程式通常伴隨著輔助條件。對於一階常微分方程式而言，要確定常數並得到唯一解，就需要一種稱為初始值的輔助條件。例如，原始微分方程式可伴隨初始條件，即在 $x = 0$，$y = 1$。這些值可代入式 (PT6.11) 以確定 $C = 1$。因此，滿足微分方程式和指定初始條件的唯一解為：

$$y = -0.5x^4 + 4x^3 - 10x^2 + 8.5x + 1$$

因此，我們必須「牽制」式 (PT6.11)，強迫它符合初始條件。這麼一來，我們就發展出常微分方程式的唯一解，而且回到原始函數（式 (PT6.8)）。

對於從物理問題背景導出的微分方程式，初始條件通常有非常具體的解釋。例如，在高空彈跳者問題中，初始條件是反映時間為零時，垂直速度為零的物理事實。如果彈跳者在時間為零時已經垂直運動，為了考慮初始速度，該解將被修改。

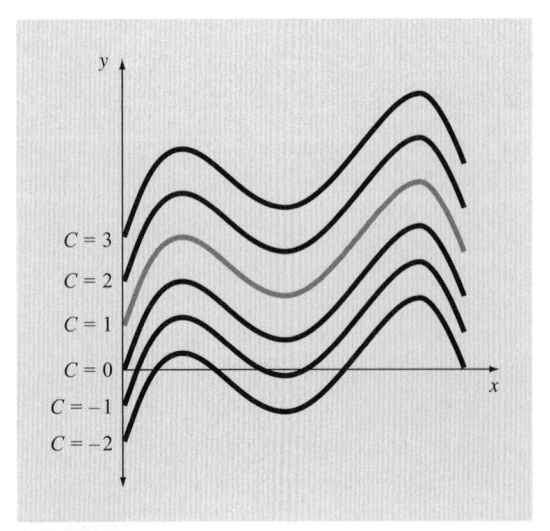

圖 PT6.3 積分 $-2x^3 + 12x^2 - 20x + 8.5$ 的六種可能解。每個解符合不同的積分常數值 C。

在處理 n 階微分方程式時，得到唯一的解需要 n 個條件。如果所有條件都指定在同一自變數值（例如，在 x 或 $t = 0$），則問題稱為**初始值問題 (initial-value problem)**。這與**邊界值問題 (boundary-value problem)** 中發生在不同自變數值的條件不同。第 22 章和第 23 章將集中於初始值問題，第 24 章則說明邊界值問題。

6.2 本篇的架構

第 22 章致力於單步法求解具有初始值的常微分方程式。顧名思義，**單步法 (one-step methods)** 只根據單一點 y_i 而無其他之前的訊息來預測或是計算未來的 y_{i+1} 值。此方法是對比於使用多個前幾次點的訊息為基礎，以外插推算一個新值的**多步法 (multistep approaches)**。

只有一個小小的例外，第 22 章提出了一個稱為**倫基－庫達法 (Runge-Kutta techniques)** 的單步法。雖然本章的架構是根據這個理論，我們選擇比較直觀、圖形化的方式來介紹這些方法。因此，本章由**歐拉法 (Euler's method)** 開始，它有一個非常直觀的圖形解釋。此外，因為已經在第 1 章介紹了歐拉法，本章的重點是量化其截斷誤差和描述其穩定性。

接下來，我們使用視覺導向的論點，發展歐拉法的兩個改進版本——**霍因法 (Heun technique)** 和**中點法 (midpoint technique)**。之後，我們正式發展倫基－庫達法 (RK) 的概念，並證明上述方法其實是一階和二階的 RK 法。之後討論經常用於工程和科學求解問題的高階 RK 公式。此外，我們還涵蓋了應用單步法求解**常微分方程式系統 (systems of ODEs)**。請注意，在第 22 章的所有應用，只適用於具有固定步長大小的情形。

第 23 章中，我們涵蓋更進階的方法來求解初始值問題。首先，我們描述**適應性 RK 法 (adaptive RK methods)**，其會針對計算的截斷誤差自動調整步長大小。因為 MATLAB 使用它們求解常微分方程式，所以這些方法特別重要。

接著，我們討論多步法。如上所述，這些演算法保留前面步驟的訊息，以便更有效地擷取解的軌跡。它們還估計截斷誤差，以控制執行步長的大小。我們描述一個簡單的方法，即以**非自己啟動霍因法 (non-self-starting Heun method)** 介紹多步法的基本重要特性。

最後，本章章末介紹了**勁度常微分方程式 (stiff ODE)**。這些常微分方程式系統都有快速和慢速解。因此，它們需要特殊的求解方法。我們引進一個**隱式解 (implicit solution)** 的技術，作為一個常用的補救辦法，並且描述以 MATLAB 的內建函數來求解勁度常微分方程式。

在第 24 章中，我們將焦點放在解決邊界值問題的兩個方法：**射擊法 (shooting method)** 和**有限差分法 (finite-difference method)**。除了顯示這些技術如何被實現，我們也說明了它們如何處理**導數邊界條件 (derivative boundary conditions)** 和**非線性常微分方程式 (nonlinear ODEs)**。

第22章

初始值問題

章節目標

本章的主要目標是介紹讀者求解常微分方程式的初始值問題。個別的目標和主題包括：

- 了解局部和全局截斷誤差，以及其與求解常微分方程式單步法中步長大小的關係。
- 了解如何執行下列的倫基－庫達 (RK) 法來求解單一常微分方程式：
  歐拉法
  霍因法
  中點法
  四階 RK 法
- 了解如何迭代霍因法的校正算子。
- 了解如何執行下列的倫基－庫達法來求解常微分方程式系統：
  歐拉法
  四階 RK 法

有個問題考考你

我們在本書一開始提出了模擬自由落下的高空彈跳者速度的問題。此問題衍生出公式化以及求解常微分方程式，也就是本章的主題。現在我們重新審視這個問題，並且計算高空彈跳者到達繩索末端後的狀況。

為此，我們首先需認知此高空彈跳者在繩索鬆弛或拉緊的情況下會受到不同的力。如果繩索是鬆弛的，則此情況的自由落下只受到重力與空氣阻力。然而，因為高空彈跳者有可能往上或往下，空氣阻力的正負號必須時時修正為往阻礙速度的方向：

$$\frac{dv}{dt} = g - \text{sign}(v)\frac{c_d}{m}v^2 \tag{22.1a}$$

其中 v 是速度 (m/s)，t 是時間 (s)，g 是重力加速度 (9.81 m/s^2)，c_d 是阻力係數 (kg/m)，m 是質

量 (kg)。**正負號函數 (signum function)**[1]，也就是上式中的 sign，會根據引數為負號或正號分別傳回 –1 或 1。因此，當高空彈跳者往下掉落（正的速度，sign = 1），阻力為負值且會降低速度。相反地，當高空彈跳者往上移動的時候（負的速度，sign = –1），阻力為正值但是也同樣會降低速度。

一旦繩索開始拉緊，很明顯地會施加給高空彈跳者一個向上的力。和之前在第 8 章中所做的一樣，我們可以使用虎克定律來作為此力的第一個近似。另外，也引進一個阻尼力，代表當繩索收縮與拉緊時的摩擦力。這些因素以及重力與空氣阻力的合力是在繩索拉緊時用以平衡的力。此結果可以得到下列的微分方程式：

$$\frac{dv}{dt} = g - \text{sign}(v)\frac{c_d}{m}v^2 - \frac{k}{m}(x-L) - \frac{\gamma}{m}v \tag{22.1b}$$

其中 k 是繩索的彈力常數 (N/m)，x 是自高空彈跳平台往下的垂直距離 (m)，L 是未拉緊的繩索長度 (m)，γ 是阻尼係數 (N·s/m)。

因為式 (22.1b) 只有在繩索拉緊的時候 ($x > L$) 才成立，彈力永遠為負值。也就是說，此力會永遠將高空彈跳者往上拉升。此阻尼力的量值大小隨著高空彈跳者的速度增加而增加，並且永遠使得高空彈跳者的速度變慢。

如果要模擬高空彈跳者的速度，我們會開始求解式 (22.1a) 直到繩索完全展開。接下來，我們可以轉為使用式 (22.1b) 來處理繩索拉緊的時期。雖然看似直接，但我們需要知道高空彈跳者的位置，這可以藉由公式化另外一個距離的微分方程式得到：

$$\frac{dx}{dt} = v \tag{22.2}$$

因此，求解高空彈跳者速度的問題等同於求解兩個常微分方程式，其中一個方程式會根據一個應變數的值而改變形式。在第 22 章和第 23 章，我們會探討求解此類以及其他類似的常微分方程式的問題。

22.1 概述

本章的主要內容是求解下列形式的常微分方程式：

$$\frac{dy}{dt} = f(t, y) \tag{22.3}$$

在第 1 章中，我們開發了一個數值方法以求解高空彈跳者自由落下速度的方程式。回想該方法為一般的形式：

---

[1] 有些電腦語言用 sgn(x) 表示正負號函數，而 MATLAB 用 sign(x) 來表示。

$$\text{新值} = \text{舊值} + \text{斜率} \times \text{步長大小}$$

或者,以數學形式表示如下:

$$y_{i+1} = y_i + \phi h \tag{22.4}$$

其中 ϕ 是斜率,又稱為**增量函數 (increment function)**。根據這個方程式,ϕ 的斜率估計可以用來在一段距離 h,由舊的值 y_i 到新的值 y_{i+1} 做外插。此公式可以逐步應用來追蹤到後續解的軌跡。這種方式稱為**單步法 (one-step method)**,因為增量函數的值是根據單一點 i 的資訊。此方法也稱為**倫基－庫達法 (Runge-Kutta method)**,是由兩位應用數學家在 1900 年代早期所提出。還有另一種方法,稱為**多步法 (multistep method)**,是利用前幾個點的資訊當作基礎來外插得到新的值,我們將會在第 23 章簡短介紹多步法。

所有的單步法都可以表示成如同式 (22.4) 的一般形式,只是在如何估計斜率的形式上會有差異。最簡單的方式就是使用微分方程式,在 t_i 處估計一次微分形式的斜率。換句話說,區間一開始的斜率是以整個區間的平均斜率來近似。這個方法稱為歐拉法,將在接下來的敘述中討論。再接下來則是討論其他的單步法,這些方法使用不同的斜率估計來得到更為正確的預測。

22.2 歐拉法

在 t_i 處的一次微分形式提供了直接的斜率估計(如圖 22.1 所示):

$$\phi = f(t_i, y_i)$$

其中 $f(t_i, y_i)$ 是在 t_i 與 y_i 處計算微分方程式所得的值。將之代入式 (22.1):

$$y_{i+1} = y_i + f(t_i, y_i)h \tag{22.5}$$

此公式即稱為**歐拉法 (Euler's method)**,也稱為**歐拉－柯西法 (Euler-Cauchy method)** 或**點斜法**

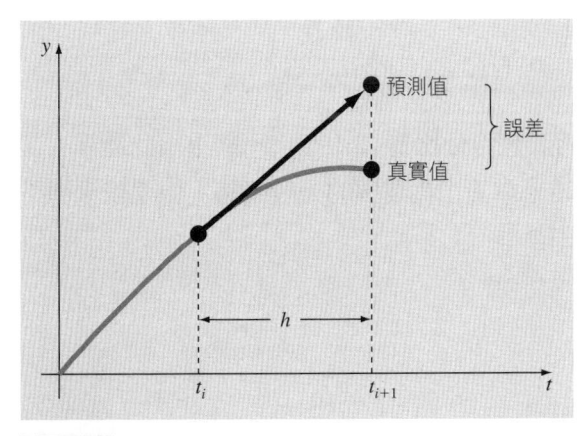

圖 22.1 歐拉法。

(point-slope method)。新的 y 值是利用斜率（等於在 t 處的一次微分）在步長大小 h 上做線性外插來得到預測值（如圖 22.1 所示）。

範例 22.1　歐拉法

問題敘述　使用歐拉法，對 $y' = 4e^{0.8t} - 0.5y$ 進行積分，其中步長大小為 1，區間為 $t = 0$ 到 4。在 $t = 0$ 的初始條件為 $y = 2$。請注意，完全正確的解可以用解析的方式得到如下：

$$y = \frac{4}{1.3}(e^{0.8t} - e^{-0.5t}) + 2e^{-0.5t}$$

解法　式 (22.5) 可以用來執行歐拉法：

$$y(1) = y(0) + f(0, 2)(1)$$

其中 $y(0) = 2$，在 $t = 0$ 的斜率估計為：

$$f(0, 2) = 4e^0 - 0.5(2) = 3$$

因此，

$$y(1) = 2 + 3(1) = 5$$

在 $t = 1$ 的真實解為：

$$y = \frac{4}{1.3}\left(e^{0.8(1)} - e^{-0.5(1)}\right) + 2e^{-0.5(1)} = 6.19463$$

因此，相對誤差百分比為：

$$\varepsilon_t = \left|\frac{6.19463 - 5}{6.19463}\right| \times 100\% = 19.28\%$$

第二步：

$$y(2) = y(1) + f(1, 5)(1)$$
$$= 5 + \left[4e^{0.8(1)} - 0.5(5)\right](1) = 11.40216$$

在 $t = 2.0$ 的真實解為 14.84392，因此其真實相對誤差百分比為 23.19%。不斷重複此運算，其結果列於表 22.1 及圖 22.2。注意，雖然計算的結果掌握了真實解的一般趨勢，但誤差量卻不小。我們將在下一節討論用較小的步長來減少誤差。

表 22.1 $y' = 4e^{0.8t} - 0.5y$ 在 $t = 0$ 的初始條件為 $y = 2$ 之數值積分值與真實值的比較。數值積分值是利用步長大小為 1 的歐拉法所計算。

t	y_{true}	y_{Euler}	$|\varepsilon_t|$ (%)
0	2.00000	2.00000	
1	6.19463	5.00000	19.28
2	14.84392	11.40216	23.19
3	33.67717	25.51321	24.24
4	75.33896	56.84931	24.54

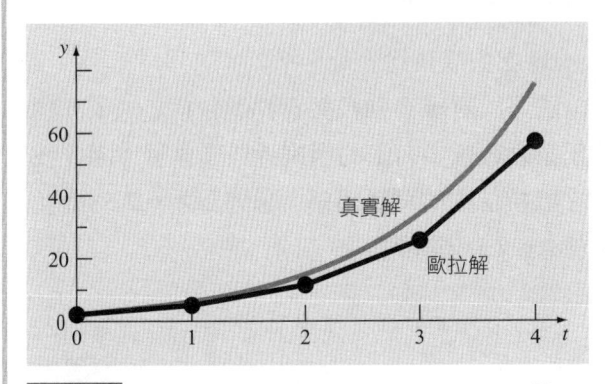

圖 22.2 利用步長大小為 1 的歐拉法計算 $y' = 4e^{0.8t} - 0.5y$ 在區間 $t = 0$ 到 4 的數值積分值與真實值的比較。在 $t = 0$ 的初始條件為 $y = 2$。

22.2.1 歐拉法的誤差分析

常微分方程式的數值解包含下列兩種形式的誤差（回想第 4 章）：

1. **截斷誤差 (truncation error)** 或離散誤差，是用來估計 y 的近似值的技巧本身的誤差。
2. **捨入誤差 (roundoff error)**，原因是電腦本身所能處理的有效數字位數有限。

截斷誤差又包含兩個部分。第一部分稱為**局部截斷誤差 (local truncation error)**，是因為在單一步驟中使用數值方法時所產生。第二部分稱為**傳遞截斷誤差 (propagated truncation error)**，是因為前面步驟產生的近似。這兩者的加總就是總誤差，稱為**全局誤差 (global truncation error)**。

要了解截斷誤差量值大小與性質，可以藉由直接從泰勒級數展開推導歐拉法來獲得。為此，首先需了解被積分的微分方程式會是如同式 (22.3) 的一般形式，$dy/dt = y'$，其中 t 和 y 分別為自變數與應變數。如果解本身——換句話說，就是用來描述 y 的行為的函數——具有連續的微分，則可以表示為在開始值 (t_i, y_i) 處的泰勒級數展開，如下（回想式 (4.13)）：

$$y_{i+1} = y_i + y_i'h + \frac{y_i''}{2!}h^2 + \cdots + \frac{y_i^{(n)}}{n!}h^n + R_n \tag{22.6}$$

其中 $h = t_{i+1} - t_i$，並且 R_n = 剩餘項，其定義如下：

$$R_n = \frac{y^{(n+1)}(\xi)}{(n+1)!}h^{n+1} \tag{22.7}$$

其中 ξ 位於 t_i 到 t_{i+1} 區間內的某處。將式 (22.3) 代入式 (22.6) 與式 (22.7) 可以得到另一個形式：

$$y_{i+1} = y_i + f(t_i, y_i)h + \frac{f'(t_i, y_i)}{2!}h^2 + \cdots + \frac{f^{(n-1)}(t_i, y_i)}{n!}h^n + O(h^{n+1}) \tag{22.8}$$

其中 $O(h^{n+1})$ 表示局部截斷誤差和步長大小的 $(n+1)$ 次方成正比。

比較式 (22.5) 與式 (22.8) 後可以看出，歐拉法可以對應泰勒級數直到並包括 $f(t_i, y_i)h$ 項。另外，此對照也指出截斷誤差發生的原因是使用泰勒級數中有限的項來近似真實解。因此我們截斷（或是說捨棄）一部分的真實解。例如，在歐拉法中的截斷誤差，是因為式 (22.5) 中並沒有包括泰勒級數展開的其他項。由式 (22.8) 減去式 (22.5)，得到：

$$E_t = \frac{f'(t_i, y_i)}{2!}h^2 + \cdots + O(h^{n+1}) \tag{22.9}$$

其中 E_t = 真實局部截斷誤差。若是使用足夠小的 h，則式 (22.9) 中的高階項通常可以忽略，結果通常表示成：

$$E_a = \frac{f'(t_i, y_i)}{2!}h^2 \tag{22.10}$$

或者

$$E_a = O(h^2) \tag{22.11}$$

其中 E_a = 近似的局部截斷誤差。

根據式 (22.11)，我們發現局部誤差與步長大小的平方以及微分方程式的一次微分成正比。我們也可以看出全局截斷誤差為 $O(h)$，也就是與步長大小成正比 (Carnahan 等人, 1969)。以上這些觀察讓我們得到以下有用的結論：

1. 全局誤差可以藉由縮小步長而減少。
2. 如果基本的函數為線性（也就是此微分方程式的解為線性），則此數值方法可以提供無誤差的預測，因為對於直線而言，二次微分等於零。

第二個結論直覺上很合理，因為歐拉法使用直線分割來近似解。因此，歐拉法又稱為**一階方法** (first-order method)。

我們也要注意到，此一般形式對於以下章節所要介紹的高階單步法也是成立的。亦即如果

基本的函數解為 n 階多項式，則 n 階的方法可以產生出完美的預測結果。更進一步，其局部截斷誤差為 $O(h^{n+1})$，而全局誤差為 $O(h^n)$。

22.2.2 歐拉法的穩定度

上一節提到，歐拉法的截斷誤差取決於以泰勒級數為基礎的步長大小是可預測的。這是一個正確度的問題。

當解常微分方程式時，解的方法的穩定度是另一個必須考量的重要因素。對於有界解的問題而言，如果誤差呈指數增長時，數值解就被認為是不穩定的。特定應用程序的穩定度可以取決於三個因素：微分方程式、數值方法和步長大小。

我們研究一個非常簡單的常微分方程式，以審視穩定時所需要的步長大小：

$$\frac{dy}{dt} = -ay \tag{22.12}$$

如果 $y(0) = y_0$，微積分就可用於求解：

$$y = y_0 e^{-at}$$

因此，該解起始於 y_0，並漸近於零。

現在假設我們使用歐拉法求解同樣的數值問題：

$$y_{i+1} = y_i + \frac{dy_i}{dt}h$$

代入式 (22.12) 得到：

$$y_{i+1} = y_i - ay_i h$$

或

$$y_{i+1} = y_i(1 - ah) \tag{22.13}$$

在括號裡的 $1 - ah$ 稱為**放大因數 (amplification factor)**。如果其絕對值大於 1，解將會無限增長。因此，穩定度顯然取決於步長大小 h。也就是說，如果 $h > 2/a$，當 $i \to \infty$，則 $|y_i| \to \infty$。在此分析的基礎上，歐拉法被認為是**有條件穩定 (conditionally stable)**。

請注意，有一些常微分方程式不論使用何種方法，誤差總是會增長。此類常微分方程式稱為**病態條件 (ill-conditioned)**。

不正確度和不穩定度的情況經常會被混淆。這可能是因為：(a) 兩者都代表數值解瓦解的情況；(b) 兩者都受步長大小的影響。然而，它們是截然不同的問題。例如，一個不正確的方法可能非常穩定。我們將在第 23 章討論勁度系統時再回到這個主題。

22.2.3 MATLAB M 檔函數：`eulode`

我們已經在第 3 章發展了一個簡單的 M 檔，用以執行歐拉法求解自由落下的高空彈跳者的問題。回想 3.6 節中，此函數使用歐拉法來計算自由落下某一給定時間後的速度。現在，讓我們發展一個更一般性並適用於所有狀況的演算法。

圖 22.3 顯示一個 M 檔，此檔是利用歐拉法計算在某一範圍內自變數 t 所對應應變數 y 的值。微分方程式右邊的函數名稱將被當作變數 dydt 以傳入函數之中。所要計算的自變數範圍之初始值與最終的值以一個向量 tspan 傳遞。初始值與步長大小分別以 y0 與 h 傳遞。

此函數首先利用增量 h 在所要計算的範圍內產生一個向量 t。如果步長大小無法整除此範圍，則最後一個值會比範圍內的最後值小。如果發生這樣的情況，則最後的值會加上 t 以使得數列能夠分布於整個範圍。而 t 向量的長度是以 n 表示。另外，應變數 y 的向量會事先被初始條件的 n 個值指定以增進效率。

```
function [t,y] = eulode(dydt,tspan,y0,h,varargin)
% eulode: Euler ODE solver
%   [t,y] = eulode(dydt,tspan,y0,h,p1,p2,...):
%           uses Euler's method to integrate an ODE
% input:
%   dydt = name of the M-file that evaluates the ODE
%   tspan = [ti, tf] where ti and tf = initial and
%           final values of independent variable
%   y0 = initial value of dependent variable
%   h = step size
%   p1,p2,... = additional parameters used by dydt
% output:
%   t = vector of independent variable
%   y = vector of solution for dependent variable
if nargin<4,error('at least 4 input arguments required'),end
ti = tspan(1);tf = tspan(2);
if ~(tf>ti),error('upper limit must be greater than lower'),end
t = (ti:h:tf)'; n = length(t);
% if necessary, add an additional value of t
% so that range goes from t = ti to tf
if t(n)<tf
  t(n+1) = tf;
  n = n+1;
end
y = y0*ones(n,1); %preallocate y to improve efficiency
for i = 1:n-1 %implement Euler's method
  y(i+1) = y(i) + dydt(t(i),y(i),varargin{:})*(t(i+1)-t(i));
end
```

圖 22.3 一個用來執行歐拉法的 M 檔。

此時，歐拉法（式 (22.5)）以單一迴圈執行：

```
for i = 1:n-1
  y(i+1) = y(i) + dydt(t(i),y(i),varargin{:})*(t(i+1) - t(i));
end
```

注意到一個函數如何用來在適當的自變數與應變數之間產生導數值。也要注意到時間步長是根據向量 t 中兩個相鄰值的差異而自動計算出來的。

需要求解的常微分方程式可以設定為不同形式。首先，微分方程式可定義為匿名函數物件。例如，對於範例 22.1 中的常微分方程式：

```
>> dydt=@(t,y) 4*exp(0.8*t) - 0.5*y;
```

可以產生的解如下：

```
>> [t,y] = eulode(dydt,[0 4],2,1);
>> disp([t,y])
```

結果為（與表 20.1 比較）：

```
         0    2.0000
    1.0000    5.0000
    2.0000   11.4022
    3.0000   25.5132
    4.0000   56.8493
```

雖然使用匿名函數對於本例有效，但對於更複雜的問題則可能需要很多行的程式才能定義常微分方程式。如果是這種情況，建立一個單獨的 M 檔是唯一的選擇。

22.3 歐拉法的改進

歐拉法最基本的誤差來源就是將區間開始的微分應用於整個區間，有兩個簡單的修正可以幫助改善這個缺點。和接下來將在 22.4 節中說明的一樣，兩種修正（包括歐拉法本身）都屬於倫基－庫達法這種分類的求解技巧。不過，由於它們的圖解詮釋都非常直接，我們在正式開始推導倫基－庫達法之前先於此處說明。

22.3.1 霍因法

一個可以改進斜率估計的方法與決定此區間內的兩個微分有關；這兩個微分分別處於區間的兩端──開始處及末端。兩個微分被平均，以獲得此區間一個改進的斜率估計值。此方法稱為**霍因法 (Heun's method)**，如圖 22.4 所示。

回想歐拉法中，一個區間開始的斜率為：

$$y'_i = f(t_i, y_i) \tag{22.14}$$

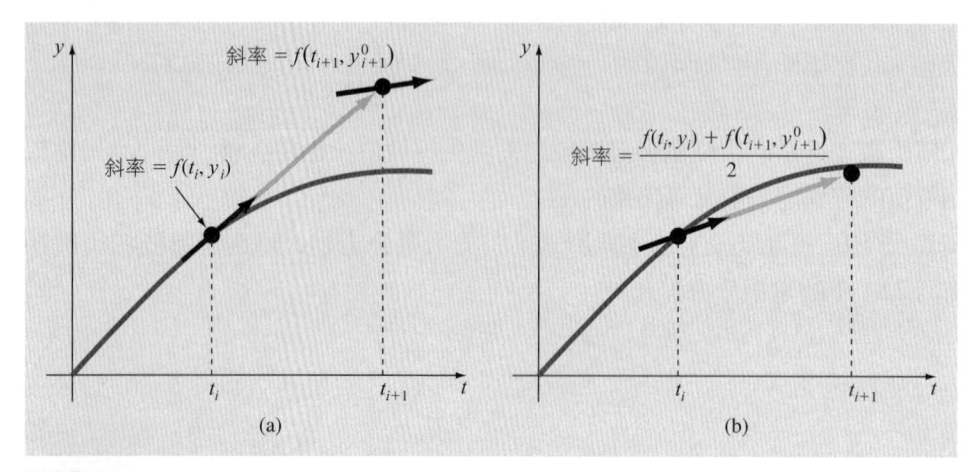

圖 22.4 圖解說明霍因法。(a) 預估算子；(b) 校正算子。

此式用來做線性外插，得到 y_{i+1}：

$$y_{i+1}^0 = y_i + f(t_i, y_i)h \tag{22.15}$$

對於標準的歐拉法，我們會就此打住。然而，在霍因法中，式 (22.15) 所計算出的 y_{i+1}^0 並不是最後的答案，而是一個中間的預測值。這也是為什麼我們用上標 0 來區分。式 (22.15) 稱為**預估算子方程式 (predictor equation)**，提供了可以允許在區間末端計算斜率的估計值：

$$y'_{i+1} = f\left(t_{i+1}, y_{i+1}^0\right) \tag{22.16}$$

因此，這兩個斜率（式 (22.14) 及式 (22.16)）可以合併以得到此區間的平均斜率：

$$\bar{y}' = \frac{f(t_i, y_i) + f\left(t_{i+1}, y_{i+1}^0\right)}{2}$$

這個平均斜率可以利用歐拉法從 y_i 線性外插出 y_{i+1}：

$$y_{i+1} = y_i + \frac{f(t_i, y_i) + f\left(t_{i+1}, y_{i+1}^0\right)}{2} h \tag{22.17}$$

此方程式又稱為**校正算子方程式 (corrector equation)**。

霍因法是一個**預估校正法 (predictor-corrector approach)**。和剛剛推導的一樣，它可以簡潔地表示成以下形式：

預估算子（如圖 22.4a 所示）： $\quad y_{i+1}^0 = y_i^m + f(t_i, y_i)h \tag{22.18}$

$$y_{i+1}^{j} \leftarrow y_i^m + \frac{f(t_i, y_i^m) + f(t_{i+1}, y_{i+1}^{j-1})}{2} h$$

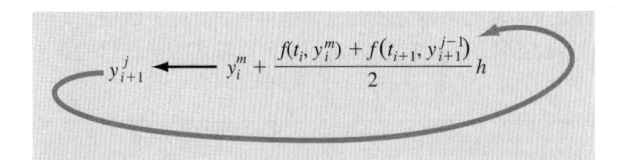

圖 22.5 圖解說明迭代霍因法中的校正算子以得到改進的估計值。

校正算子（如圖 22.4b 所示）：
$$y_{i+1}^{j} = y_i^m + \frac{f(t_i, y_i^m) + f(t_{i+1}, y_{i+1}^{j-1})}{2} h \quad (22.19)$$
（當 $j = 1, 2, \ldots, m$）

由於式 (22.19) 在等號的兩邊都具有 y_{i+1}，所以可以根據此方程式進行迭代。也就是舊的值可以不斷地代入這個方程式中，以計算出 y_{i+1} 的改進估計值。此程序如圖 22.5 所示。

和本書前面幾個章節所討論的迭代方法一樣，校正算子之收斂的終止準則如下列方程式所示：

$$|\varepsilon_a| = \left| \frac{y_{i+1}^{j} - y_{i+1}^{j-1}}{y_{i+1}^{j}} \right| \times 100\%$$

其中 y_{i+1}^{j-1} 與 y_{i+1}^{j} 分別為前一次以及現在這一次迭代而來的校正算子。我們應該了解此迭代程序並不一定能收斂到真實的答案，但是會收斂到一個具有有限截斷誤差的估計值。我們在以下範例說明。

範例 22.2　霍因法

問題敘述　使用校正算子迭代的霍因法，以步長大小為 1，在區間 $t = 0$ 到 4 積分 $y' = 4e^{0.8t} - 0.5y$。在 $t = 0$ 的初始條件為 $y = 2$。使用停止準則為 0.00001% 來終止校正算子的迭代。

解法　首先，在 (t_0, y_0) 的斜率為：

$$y_0' = 4e^0 - 0.5(2) = 3$$

接下來，預估算子可以用來計算出在 1.0 的值：

$$y_1^0 = 2 + 3(1) = 5$$

注意，這個結果也可以從標準歐拉法得到。在表 22.2 中的真實值顯示出其對應的相對誤差百分比為 19.28%。

現在要改進 y_{i+1} 的估計值，我們使用 y_1^0 來預測在此區間末端端點的斜率：

$$y_1' = f(x_1, y_1^0) = 4e^{0.8(1)} - 0.5(5) = 6.402164$$

和初始斜率合併使用，可以得到 $t = 0$ 到 1 區間的平均斜率為：

表 22.2 $y' = 4e^{0.8t} - 0.5y$ 在 $t = 0$ 的初始條件為 $y = 2$ 的情況，其數值積分值與真實值兩者的比較。數值積分值是以步長大小為 1，配合使用歐拉法及霍因法所計算。使用校正算子迭代的霍因法和未使用校正算子迭代的霍因法均已列出。

				未使用迭代		使用迭代	
t	y_{true}	y_{Euler}	$\|\varepsilon_t\|$ (%)	y_{Heun}	$\|\varepsilon_t\|$ (%)	y_{Heun}	$\|\varepsilon_t\|$ (%)
0	2.00000	2.00000		2.00000		2.00000	
1	6.19463	5.00000	19.28	6.70108	8.18	6.36087	2.68
2	14.84392	11.40216	23.19	16.31978	9.94	15.30224	3.09
3	33.67717	25.51321	24.24	37.19925	10.46	34.74328	3.17
4	75.33896	56.84931	24.54	83.33777	10.62	77.73510	3.18

$$\bar{y}' = \frac{3 + 6.402164}{2} = 4.701082$$

此結果可以代入校正算子（式 (22.19)）中，得到在 $t = 1$ 的預測：

$$y_1^1 = 2 + 4.701082(1) = 6.701082$$

此值具有真實相對誤差百分比 −8.18%。因此，未使用校正算子迭代的霍因法可以較歐拉法減少約 2.4 倍的誤差。此時，我們可以計算誤差的近似值為：

$$|\varepsilon_a| = \left|\frac{6.701082 - 5}{6.701082}\right| \times 100\% = 25.39\%$$

現在 y_1 的估計值可以藉由將這個新的值代入式 (22.19) 的右邊而更精確化：

$$y_1^2 = 2 + \frac{3 + 4e^{0.8(1)} - 0.5(6.701082)}{2} 1 = 6.275811$$

此值具有真實相對誤差百分比 1.31%，並且其誤差近似值為：

$$|\varepsilon_a| = \left|\frac{6.275811 - 6.701082}{6.275811}\right| \times 100\% = 6.776\%$$

下一步的迭代得到：

$$y_1^2 = 2 + \frac{3 + 4e^{0.8(1)} - 0.5(6.275811)}{2} 1 = 6.382129$$

此值具有真實誤差 3.03%，並且其誤差近似值為 1.666%。

　　誤差的近似值會隨著迭代的進行而減少，收斂到一個穩定的最後結果。在本範例中，經過 12 次迭代之後，此誤差的近似值落入停止準則內。此時，在 $t = 1$ 的結果為 6.36087，代表

真實相對誤差為 2.68%。表 22.2 顯示其餘的計算結果，包括歐拉法與未使用校正算子迭代之霍因法的結果。

要了解霍因法的局部誤差，可以藉由認清它與梯形法則的關聯。在前面的範例中，導數是應變數 y 及自變數 t 的函數。在多項式的例子中，常微分方程式僅是自變數的函數，所以並不需要預估算子（式 (22.18)）的步驟，且每一次迭代只需要使用一次校正算子。對於這樣的例子，此技巧可以簡潔地表示成以下的形式：

$$y_{i+1} = y_i + \frac{f(t_i) + f(t_{i+1})}{2}h \tag{22.20}$$

注意到式 (22.20) 中右邊的第二項與梯形法則（式 (19.11)）兩者之間的相似性。這兩個方法之間的關聯性可以使用下列常微分方程式來正式地說明：

$$\frac{dy}{dt} = f(t) \tag{22.21}$$

此方程式可以積分求解 y：

$$\int_{y_i}^{y_{i+1}} dy = \int_{t_i}^{t_{i+1}} f(t)\,dt \tag{22.22}$$

得到：

$$y_{i+1} - y_i = \int_{t_i}^{t_{i+1}} f(t)\,dt \tag{22.23}$$

或者

$$y_{i+1} = y_i + \int_{t_i}^{t_{i+1}} f(t)\,dt \tag{22.24}$$

現在，回想梯形法則（式 (19.11)）的定義：

$$\int_{t_i}^{t_{i+1}} f(t)\,dt = \frac{f(t_i) + f(t_{i+1})}{2}h \tag{22.25}$$

其中 $h = t_{i+1} - t_i$。將式 (22.25) 代入式 (22.24) 中可得：

$$y_{i+1} = y_i + \frac{f(t_i) + f(t_{i+1})}{2}h \tag{22.26}$$

和式 (22.20) 等效。根據這個原因，霍因法有時候也稱為梯形法則。

因為式 (22.26) 是梯形法則的直接表示，所以局部截斷誤差為（回想式 (19.14)）：

$$E_t = -\frac{f''(\xi)}{12}h^3 \qquad (22.27)$$

其中 ξ 落在 t_i 與 t_{i+1} 之間。因此，此方法是二階的，因為常微分方程式在真實解為二次式的情況下，二次微分等於零。另外，局部誤差與全局誤差分別為 $O(h^3)$ 與 $O(h^2)$。也因此，縮小步長可以使誤差收斂的速率比歐拉法還要快。

22.3.2 中點法

圖 22.6 說明了歐拉法的另一個簡單修正，稱為**中點法 (midpoint method)**。此技巧使用歐拉法預測在區間內中點的 y 值（如圖 22.6a 所示）：

$$y_{i+1/2} = y_i + f(t_i, y_i)\frac{h}{2} \qquad (22.28)$$

接下來，此預測值用來計算在中點的斜率：

$$y'_{i+1/2} = f(t_{i+1/2}, y_{i+1/2}) \qquad (22.29)$$

假設此式為一個有效的近似值，可以表示整個區間的平均斜率。接下來使用此斜率從 t_i 到 t_{i+1} 做線性外插（如圖 22.6b 所示）：

$$y_{i+1} = y_i + f(t_{i+1/2}, y_{i+1/2})h \qquad (22.30)$$

我們觀察到因為 y_{i+1} 並沒有在等號兩邊同時出現，所以校正算子（式 (22.30)）無法和霍因法一樣使用迭代來改進解。

如同我們在霍因法中的討論一樣，中點法可以連結到牛頓－科特積分公式。回想表 19.4 中

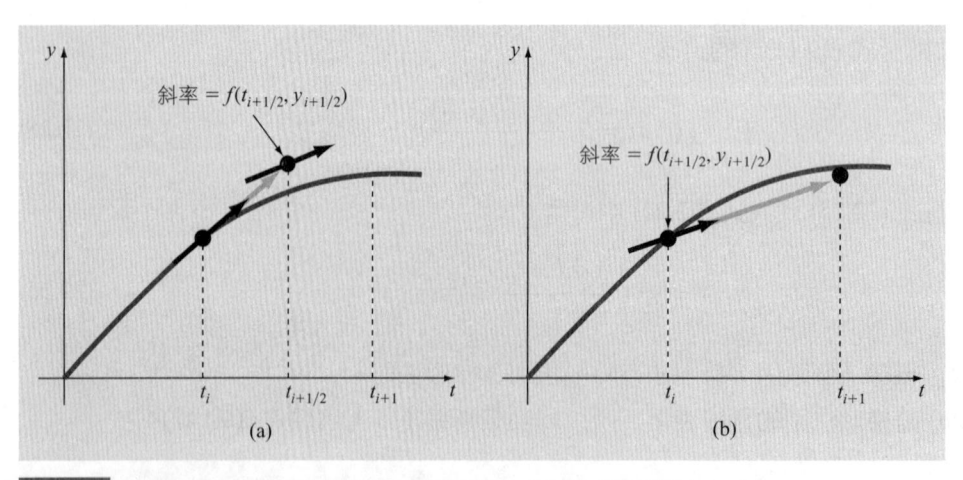

圖 22.6 中點法的圖解說明：(a) 使用預估算子；(b) 使用校正算子。

最簡單的牛頓－科特開放積分公式也稱為中點法，可以表示如下：

$$\int_a^b f(x)\,dx \cong (b-a)f(x_1) \tag{22.31}$$

其中 x_1 是區間 (a, b) 的中點。使用目前這個例子的名稱，我們可以表示如下：

$$\int_{t_i}^{t_{i+1}} f(t)\,dt \cong hf(t_{i+1/2}) \tag{22.32}$$

將此公式代入式 (22.24) 可以得到式 (22.30)。因此，和剛剛我們將霍因法稱為梯形法則的概念一樣，中點法因其內在的積分公式而被命名。

中點法比歐拉法還要好，原因是此方法使用中點的斜率估計來預測整個區間。回想我們在 4.3.4 節中對於數值微分的討論，中央有限差分是比向前或向後有限差分還要好的微分估計。運用同樣的概念，式 (22.29) 這種中央近似具有局部截斷誤差 $O(h^2)$，相較於歐拉法中具有誤差 $O(h)$ 的向前近似是更好的。因此，中點法的局部截斷誤差與全局誤差分別為 $O(h^3)$ 與 $O(h^2)$。

22.4 倫基－庫達法

倫基－庫達法（Runge-Kutta methods，或稱 **RK 法**）可以達到泰勒級數方式的正確度，而不需要計算高階的微分。此數值方法有許多變形，但均可用一般式如式 (22.4) 表示如下：

$$y_{i+1} = y_i + \phi h \tag{22.33}$$

其中 ϕ 稱為**增量函數 (increment function)**，代表整個區間的斜率。此增量函數可以寫成下列的一般形式：

$$\phi = a_1 k_1 + a_2 k_2 + \cdots + a_n k_n \tag{22.34}$$

其中 a 是常數，且各個 k 如下：

$$k_1 = f(t_i, y_i) \tag{22.34a}$$
$$k_2 = f(t_i + p_1 h, y_i + q_{11} k_1 h) \tag{22.34b}$$
$$k_3 = f(t_i + p_2 h, y_i + q_{21} k_1 h + q_{22} k_2 h) \tag{22.34c}$$
$$\vdots$$
$$k_n = f(t_i + p_{n-1}h, y_i + q_{n-1,1}k_1 h + q_{n-1,2}k_2 h + \cdots + q_{n-1,n-1}k_{n-1}h) \tag{22.34d}$$

其中 p 和 q 也都是常數。我們注意到 k 之間是遞迴的關係。換句話說，k_1 出現在求 k_2 的方程式中，k_2 出現在求 k_3 的方程式中，依此類推。因為每一個 k 都是一個函數計算，所以此遞迴關係使得 RK 法對於使用電腦運算是很有效率的。

我們可以利用不同數目的增量函數來訂出各式各樣的倫基－庫達法，n 表示項數。注意，n

= 1 的一階 RK 法即為歐拉法。一旦選擇了 n，則每個 a、p 和 q 的值可以將式 (22.33) 設為等於泰勒級數展開的項來計算。因此，至少在低階版本（方法），項數的數目 n 通常表示方法的階數。例如，在 22.4.1 節中，二階的 RK 法使用兩項增量函數 ($n = 2$)。這些二階方法在微分方程式為二次式時是完全正確的。另外，因為在推導中省略具有 h^3 與更高階的項，所以局部截斷誤差為 $O(h^3)$，而全局誤差為 $O(h^2)$。在 22.4.2 節中，我們將介紹四階 RK 法 ($n = 4$)，其全局截斷誤差為 $O(h^4)$。

22.4.1　二階倫基－庫達法

式 (22.33) 的二階版本如下：

$$y_{i+1} = y_i + (a_1 k_1 + a_2 k_2)h \tag{22.35}$$

其中

$$k_1 = f(t_i, y_i) \tag{22.35a}$$
$$k_2 = f(t_i + p_1 h, y_i + q_{11} k_1 h) \tag{22.35b}$$

a_1、a_2、p_1 和 q_{11} 的值可以藉由將式 (22.35) 設為等於二階的泰勒級數而計算得出。如此一來，可以推導出三個方程式求解四個未知常數（細節請參考 Chapra 和 Canale, 2010）。三個方程式如下：

$$a_1 + a_2 = 1 \tag{22.36}$$
$$a_2 p_1 = 1/2 \tag{22.37}$$
$$a_2 q_{11} = 1/2 \tag{22.38}$$

因為有四個未知數卻只有三個方程式，上述這些方程式稱為欠定的。因此，我們必須假設其中一個未知數的值以決定其他三個。假設我們指定一個數字給 a_2，接下來式 (22.36) 到式 (22.38) 可以聯立解出：

$$a_1 = 1 - a_2 \tag{22.39}$$
$$p_1 = q_{11} = \frac{1}{2a_2} \tag{22.40}$$

因為我們可以選擇無限多個值給 a_2，所以會有無限多種的二階 RK 法。當在常微分方程式的解為二次、線性或常數的情況下，每一個版本都可以得到完全正確的相同結果。然而，這裡的各種版本在解更為複雜的情況時（通常是這樣的狀況）會得到不同的結果。接下來介紹最常採用的三種版本。

未使用迭代的霍因法 (a_2 = 1/2)　假設 a_2 等於 $1/2$，則式 (22.39) 到式 (22.40) 可以求解出 $a_1 = 1/2$，並且 $p_1 = q_{11} = 1$。將這些參數一起代入式 (22.35) 中，可以得到：

$$y_{i+1} = y_i + \left(\frac{1}{2}k_1 + \frac{1}{2}k_2\right)h \tag{22.41}$$

其中

$$k_1 = f(t_i, y_i) \tag{22.41a}$$
$$k_2 = f(t_i + h, y_i + k_1 h) \tag{20.41b}$$

我們注意到 k_1 是區間開始的斜率，而 k_2 是區間末端的斜率。因此，二階倫基－庫達法實際上是未使用校正算子迭代的霍因法。

中點法 (a_2 = 1)　假設 a_2 等於 1，則 $a_1 = 0$ 且 $p_1 = q_{11} = 1/2$，以及式 (22.35) 會變成：

$$y_{i+1} = y_i + k_2 h \tag{22.42}$$

其中

$$k_1 = f(t_i, y_i) \tag{22.42a}$$
$$k_2 = f(t_i + h/2, y_i + k_1 h/2) \tag{22.42b}$$

以上即是中點法。

羅斯頓法 (Ralston's Method)(a_2 = 3/4)　Ralston (1962) 以及 Ralston 和 Rabinowitz (1978) 的結論是，選取 $a_2 = 3/4$ 會提供二階 RK 演算法截斷誤差的最小界限。在這個版本中，$a_1 = 1/4$ 且 $p_1 = q_{11} = 2/3$，式 (22.35) 變成：

$$y_{i+1} = y_i + \left(\frac{1}{4}k_1 + \frac{3}{4}k_2\right)h \tag{22.43}$$

其中

$$k_1 = f(t_i, y_i) \tag{22.43a}$$
$$k_2 = f\left(t_i + \frac{2}{3}h, y_i + \frac{2}{3}k_1 h\right) \tag{22.43b}$$

22.4.2　古典四階倫基－庫達法

最普遍使用的倫基－庫達法為四階。和二階倫基－庫達法相同，它也有無限多種版本（方法）。以下為最常用的形式，稱為**古典四階 RK 法 (classical fourth-order RK method)**：

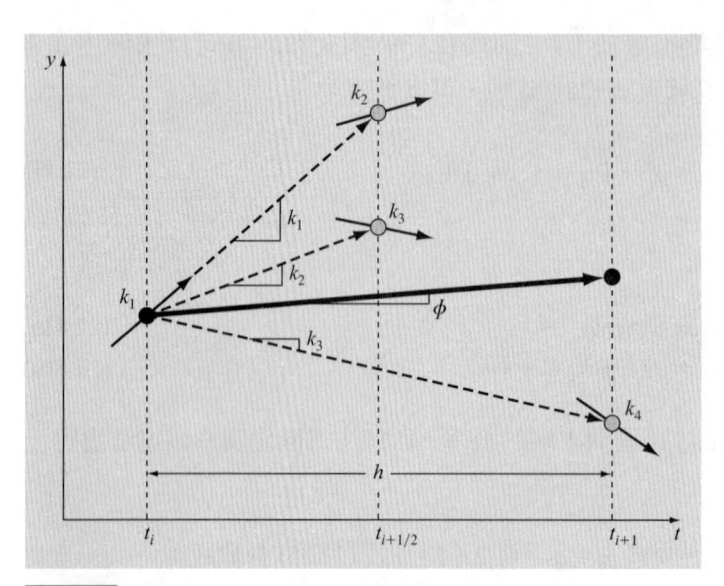

圖 22.7 圖解說明用來組成四階 RK 法的斜率估計。

$$y_{i+1} = y_i + \frac{1}{6}(k_1 + 2k_2 + 2k_3 + k_4)h \tag{22.44}$$

其中

$$k_1 = f(t_i, y_i) \tag{22.44a}$$

$$k_2 = f\left(t_i + \frac{1}{2}h, y_i + \frac{1}{2}k_1 h\right) \tag{22.44b}$$

$$k_3 = f\left(t_i + \frac{1}{2}h, y_i + \frac{1}{2}k_2 h\right) \tag{22.44c}$$

$$k_4 = f(t_i + h, y_i + k_3 h) \tag{22.44d}$$

若常微分方程式僅是 t 的函數，則古典四階 RK 法和辛普森 1/3 法則很相似。另外，四階 RK 法也和霍因法類似，因為都是透過多個斜率估計來得到改進的區間平均斜率。依圖 22.7 所示，每個 k 代表一個斜率。式 (22.44) 代表的是此改進斜率的加權平均。

範例 22.3　古典四階 RK 法

問題敘述　使用古典四階 RK 法，以步長大小為 1，在區間 $t = 0$ 到 1 積分 $y' = 4e^{0.8t} - 0.5y$。在 $t = 0$ 的初始條件為 $y(0) = 2$。

解法　在這個例子中，區間開始處的斜率可以計算如下：

$$k_1 = f(0, 2) = 4e^{0.8(0)} - 0.5(2) = 3$$

利用此值求解在中點的 y 值與斜率：

$$y(0.5) = 2 + 3(0.5) = 3.5$$
$$k_2 = f(0.5, 3.5) = 4e^{0.8(0.5)} - 0.5(3.5) = 4.217299$$

使用此斜率計算在中點處另一個 y 值與另一個斜率：

$$y(0.5) = 2 + 4.217299(0.5) = 4.108649$$
$$k_3 = f(0.5, 4.108649) = 4e^{0.8(0.5)} - 0.5(4.108649) = 3.912974$$

接下來，使用此斜率計算在區間末端的 y 值與斜率：

$$y(1.0) = 2 + 3.912974(1.0) = 5.912974$$
$$k_4 = f(1.0, 5.912974) = 4e^{0.8(1.0)} - 0.5(5.912974) = 5.945677$$

最後，合併使用這四個斜率估計值來計算出平均斜率。此平均斜率用來計算此區間末端的最後預測值。

$$\phi = \frac{1}{6}[3 + 2(4.217299) + 2(3.912974) + 5.945677] = 4.201037$$
$$y(1.0) = 2 + 4.201037(1.0) = 6.201037$$

得到和真實解 6.194631 非常相近的答案 ($\varepsilon_t = 0.103\%$)。

當然也可以開發出五階或是更高階的 RK 法。例如，布查 (Butcher, 1964) 五階 RK 法如下：

$$y_{i+1} = y_i + \frac{1}{90}(7k_1 + 32k_3 + 12k_4 + 32k_5 + 7k_6)h \tag{22.45}$$

其中

$$k_1 = f(t_i, y_i) \tag{22.45a}$$

$$k_2 = f\left(t_i + \frac{1}{4}h, y_i + \frac{1}{4}k_1 h\right) \tag{22.45b}$$

$$k_3 = f\left(t_i + \frac{1}{4}h, y_i + \frac{1}{8}k_1 h + \frac{1}{8}k_2 h\right) \tag{22.45c}$$

$$k_4 = f\left(t_i + \frac{1}{2}h, y_i - \frac{1}{2}k_2 h + k_3 h\right) \tag{22.45d}$$

$$k_5 = f\left(t_i + \frac{3}{4}h, y_i + \frac{3}{16}k_1 h + \frac{9}{16}k_4 h\right) \tag{22.45e}$$

$$k_6 = f\left(t_i + h, y_i - \frac{3}{7}k_1 h + \frac{2}{7}k_2 h + \frac{12}{7}k_3 h - \frac{12}{7}k_4 h + \frac{8}{7}k_5 h\right) \tag{22.45f}$$

我們注意到布查法以及表 19.2 中的布耳法則兩者之間的相似性。如所預期，此方法具有全局截斷誤差 $O(h^5)$。

雖然五階的版本提供我們更好的正確度，但是它需要六個函數的計算。回想小於四階或四階的版本中，n 階 RK 法需要 n 個函數的計算。有趣的是，比四階更高的 RK 法，通常還需要一個或兩個額外的函數計算。因為函數計算表示需要更多的運算時間，所以五階以及比五階還高的方法反倒被認為比四階的版本更沒有效率，這也是四階 RK 法為什麼成為主流的原因之一。

22.5 方程式系統

許多實際的工程及科學問題需要求解的是聯立常微分方程式系統，而不只是單一方程式。常微分方程式系統一般表示成如下形式：

$$\begin{aligned}\frac{dy_1}{dt} &= f_1(t, y_1, y_2, \ldots, y_n) \\ \frac{dy_2}{dt} &= f_2(t, y_1, y_2, \ldots, y_n) \\ &\vdots \\ \frac{dy_n}{dt} &= f_n(t, y_1, y_2, \ldots, y_n)\end{aligned} \tag{22.46}$$

求此系統的解需要在開始值 t 時已知的 n 個初始條件。

本章章首計算高空彈跳者的速度與位置的範例就是一例。在高空彈跳過程中自由落下的部分，等同於求解下列常微分方程式系統：

$$\frac{dx}{dt} = v \tag{22.47}$$

$$\frac{dv}{dt} = g - \frac{c_d}{m}v^2 \tag{22.48}$$

若將高空彈跳者起跳的靜止平台定義為 $x = 0$，則初始條件為 $x(0) = v(0) = 0$。

22.5.1 歐拉法

本章對單一方程式所討論的所有數值方法都可以推展應用於常微分方程式系統。工程上的應用可能會遇到求解上千行聯立方程式的情況。在這樣的情況下，求解方程式系統的程序就是對於每一行方程式都使用單一步驟求解，然後再進行下一個步驟。以下舉歐拉法的例子作為說明。

範例 22.4 利用歐拉法求解常微分方程式系統

問題敘述 使用歐拉法求解自由落下高空彈跳者的速度與位置。假設 $t = 0$，$x = v = 0$，並且積

分到 $t = 10$ s，使用的步長大小為 2 s。和範例 1.1 及範例 1.2 一樣，重力加速度為 9.81 m/s^2，且高空彈跳者的質量為 68.1 kg，阻力係數為 0.25 kg/m。

回想速度的解析解為（參考式 (1.9)）：

$$v(t) = \sqrt{\frac{gm}{c_d}} \tanh\left(\sqrt{\frac{gc_d}{m}} t\right)$$

此結果可以代入式 (22.47) 中，積分得到距離的解析解如下：

$$x(t) = \frac{m}{c_d} \ln\left[\cosh\left(\sqrt{\frac{gc_d}{m}} t\right)\right]$$

使用這些解析解來計算數值方法結果的真實相對誤差。

解法 此常微分方程式可以用來計算在 $t = 0$ 的斜率為：

$$\frac{dx}{dt} = 0$$
$$\frac{dv}{dt} = 9.81 - \frac{0.25}{68.1}(0)^2 = 9.81$$

接下來使用歐拉法計算在 $t = 2$ 的值：

$$x = 0 + 0(2) = 0$$
$$v = 0 + 9.81(2) = 19.62$$

經由計算，我們得到解析解：$x(2) = 19.16629$ 與 $v(2) = 18.72919$。因此，相對誤差百分比分別為 100% 與 4.756%。

此程序可以重複進行計算，在 $t = 4$ 的結果如下：

$$x = 0 + 19.62(2) = 39.24$$
$$v = 19.62 + \left(9.81 - \frac{0.25}{68.1}(19.62)^2\right)2 = 36.41368$$

依照這個方式繼續進行計算，所得到的結果列於表 22.3。

表 22.3 以歐拉法作數值分析所求得高空彈跳者自由落下的距離與速度。

t	x_{true}	v_{true}	x_{Euler}	v_{Euler}	$\varepsilon_t(x)$	$\varepsilon_t(v)$
0	0	0	0	0		
2	19.1663	18.7292	0	19.6200	100.00%	4.76%
4	71.9304	33.1118	39.2400	36.4137	45.45%	9.97%
6	147.9462	42.0762	112.0674	46.2983	24.25%	10.03%
8	237.5104	46.9575	204.6640	50.1802	13.83%	6.86%
10	334.1782	49.4214	305.0244	51.3123	8.72%	3.83%

雖然上述範例說明了歐拉法如何用來執行常微分方程式系統，但是結果並不夠正確，因為步長選得太大。另外，距離的結果也令人不甚滿意，因為 x 的值要到第二次迭代才會改變。使用較小的步長可以緩和這些問題。接下來會討論一種高階的求解器 (solver)，即使在選用相對較大的步長時，它也能夠提供適當的解。

22.5.2 倫基－庫達法

本章中的任何一個高階的 RK 法都可以用於求解方程式系統。然而，在決定斜率時要很小心。圖 22.7 說明如何進行四階 RK 法。我們首先建立在初始值所有變數的斜率。接下來利用這些斜率（一組 k_1）預測在區間中點處應變數的值。這些中點值用來計算在中點處的一組斜率（也就是所有的 k_2）。將這些新的斜率代入起始點來預測另一組中點，並且推導出在這另一組中點的新的斜率預測（也就是所有的 k_3）。接著用這些值計算在區間末端的斜率預測值（也就是所有的 k_4）。最後，合併所有 k 成為一組增量函數（如式 (22.44)），並且代入區間的起點做最後的預測。以下範例用來說明整個程序。

範例 22.5 利用四階 RK 法求解常微分方程式系統

問題敘述 使用四階 RK 法求解範例 22.4 中所討論的問題。

解法 首先，使用式 (22.46) 的函數形式來表示常微分方程式如下：

$$\frac{dx}{dt} = f_1(t, x, v) = v$$

$$\frac{dv}{dt} = f_2(t, x, v) = g - \frac{c_d}{m}v^2$$

求解的第一步是計算在區間開始處所有的斜率：

$$k_{1,1} = f_1(0, 0, 0) = 0$$
$$k_{1,2} = f_2(0, 0, 0) = 9.81 - \frac{0.25}{68.1}(0)^2 = 9.81$$

其中 $k_{i,j}$ 是第 j 個應變數的第 i 個 k 值。接下來，我們要計算第一個區間中點的第一個 x 及 v：

$$x(1) = x(0) + k_{1,1}\frac{h}{2} = 0 + 0\frac{2}{2} = 0$$

$$v(1) = v(0) + k_{1,2}\frac{h}{2} = 0 + 9.81\frac{2}{2} = 9.81$$

並且利用此值計算出第一組中點斜率：

$$k_{2,1} = f_1(1, 0, 9.81) = 9.8100$$
$$k_{2,2} = f_2(1, 0, 9.81) = 9.4567$$

這些斜率值用於決定第二組的中點預測值：

$$x(1) = x(0) + k_{2,1}\frac{h}{2} = 0 + 9.8100\frac{2}{2} = 9.8100$$

$$v(1) = v(0) + k_{2,2}\frac{h}{2} = 0 + 9.4567\frac{2}{2} = 9.4567$$

接下來決定第二組的中點斜率：

$$k_{3,1} = f_1(1, 9.8100, 9.4567) = 9.4567$$
$$k_{3,2} = f_2(1, 9.8100, 9.4567) = 9.4817$$

以上這些值可以用來計算在區間末端的預測值：

$$x(2) = x(0) + k_{3,1}h = 0 + 9.4567(2) = 18.9134$$
$$v(2) = v(0) + k_{3,2}h = 0 + 9.4817(2) = 18.9634$$

再來是計算此區間末端的斜率：

$$k_{4,1} = f_1(2, 18.9134, 18.9634) = 18.9634$$
$$k_{4,2} = f_2(2, 18.9134, 18.9634) = 8.4898$$

根據式 (22.44)，可以計算出 k 的值：

$$x(2) = 0 + \frac{1}{6}[0 + 2(9.8100 + 9.4567) + 18.9634]2 = 19.1656$$

$$v(2) = 0 + \frac{1}{6}[9.8100 + 2(9.4567 + 9.4817) + 8.4898]2 = 18.7256$$

在接下來的步長中不斷地依照此方式進行計算，其結果列於表 22.4。相對於以歐拉法求得的結果，四階 RK 法的預測更接近真實值，在第一步就得到了具高正確度以及非零的距離。

表 22.4 利用四階 RK 法作數值分析所求得高空彈跳者自由落下的距離與速度。

t	x_{true}	v_{true}	x_{RK4}	v_{RK4}	$\varepsilon_t(x)$	$\varepsilon_t(v)$
0	0	0	0	0		
2	19.1663	18.7292	19.1656	18.7256	0.004%	0.019%
4	71.9304	33.1118	71.9311	33.0995	0.001%	0.037%
6	147.9462	42.0762	147.9521	42.0547	0.004%	0.051%
8	237.5104	46.9575	237.5104	46.9345	0.000%	0.049%
10	334.1782	49.4214	334.1626	49.4027	0.005%	0.038%

22.5.3 MATLAB M 檔函數：`rk4sys`

圖 22.8 顯示的 M 檔稱為 `rk4sys`，使用四階倫基－庫達法來求解常微分方程式系統。此程式碼類似於之前所發展以歐拉法求解單一常微分方程式的函數（圖 22.3）。例如，它藉由傳送引數以定義常微分方程式的函數名稱。

```
function [tp,yp] = rk4sys(dydt,tspan,y0,h,varargin)
% rk4sys: fourth-order Runge-Kutta for a system of ODEs
%   [t,y] = rk4sys(dydt,tspan,y0,h,p1,p2,...): integrates
%           a system of ODEs with fourth-order RK method
% input:
%   dydt = name of the M-file that evaluates the ODEs
%   tspan = [ti, tf]; initial and final times with output
%                    generated at interval of h, or
%         = [t0 t1 ... tf]; specific times where solution output
%   y0 = initial values of dependent variables
%   h = step size
%   p1,p2,... = additional parameters used by dydt
% output:
%   tp = vector of independent variable
%   yp = vector of solution for dependent variables
if nargin<4,error('at least 4 input arguments required'), end
if any(diff(tspan)<=0),error('tspan not ascending order'), end
n = length(tspan);
ti = tspan(1);tf = tspan(n);
if n == 2
  t = (ti:h:tf)'; n = length(t);
  if t(n)<tf
    t(n+1) = tf;
    n = n+1;
  end
else
  t = tspan;
end
tt = ti; y(1,:) = y0;
np = 1; tp(np) = tt; yp(np,:) = y(1,:);
i=1;
while(1)
  tend = t(np+1);
  hh = t(np+1) - t(np);
if hh>h,hh = h;end
while(1)
```

圖 22.8 執行四階 RK 法求解常微分方程式系統的 M 檔。

```
        if tt+hh>tend,hh = tend-tt;end
        k1 = dydt(tt,y(i,:),varargin{:})';
        ymid = y(i,:) + k1.*hh./2;
        k2 = dydt(tt+hh/2,ymid,varargin{:})';
        ymid = y(i,:) + k2*hh/2;
        k3 = dydt(tt+hh/2,ymid,varargin{:})';
        yend = y(i,:) + k3*hh;
        k4 = dydt(tt+hh,yend,varargin{:})';
        phi = (k1+2*(k2+k3)+k4)/6;
        y(i+1,:) = y(i,:) + phi*hh;
        tt = tt+hh;
        i=i+1;
        if tt>=tend,break,end
    end
    np = np+1; tp(np) = tt; yp(np,:) = y(i,:);
    if tt>=tf,break,end
end
```

圖 22.8（續） 執行四階 RK 法求解常微分方程式系統的 M 檔。

然而，它有一個額外的功能，可以產生取決於如何輸入指定變數 tspan 的兩種輸出方式。如圖 22.3 所示，我們可以設定 tspan=[ti tf]，其中 ti 和 tf 分別是起始和最後時間。程式會自動產生限制在等距離區間 h 的輸出值，如果想要取得在特定時間的結果，我們可以定義 tspan = [t0,t1,...,tf]。請注意，在這兩種情況下，tspan 值必須升序排列。

如範例 22.5 所示，我們可以使用 rk4sys 求解同樣的問題。首先，我們可以針對常微分方程式開發 M 檔：

```
function dy = dydtsys(t, y)
dy = [y(2);9.81-0.25/68.1*y(2)^2];
```

其中 y(1)＝距離 (x) 且 y(2)＝速度 (v)。產生解如下：

```
>> [t y] = rk4sys(@dydtsys,[0 10],[0 0],2);
>> disp([t' y(:,1) y(:,2)])
         0         0         0
    2.0000   19.1656   18.7256
    4.0000   71.9311   33.0995
    6.0000  147.9521   42.0547
    8.0000  237.5104   46.9345
   10.0000  334.1626   49.4027
```

我們也可以使用 tspan 產生自變數特定值的結果。例如，

```
>> tspan=[0 6 10];
>> [t y] = rk4sys(@dydtsys,tspan,[0 0],2);
```

```
>> disp([t' y(:,1) y(:,2)])
         0           0           0
    6.0000    147.9521     42.0547
   10.0000    334.1626     49.4027
```

22.6 案例研究　捕食模型與混沌

背景　工程師和科學家要處理各種有關非線性常微分方程式系統的問題。本案例研究著重於其中的兩個應用。第一個應用為研究物種相互作用的捕食模型。第二個應用是模擬大氣中流體力學所推導出的方程式。

捕食模型 (predator-prey models) 是 20 世紀早期，由義大利數學家渥爾特拉 (VitoVolterra) 和美國生物學家洛特卡 (Alfred Lotka) 分別開發出來的。這些方程式通常稱為**洛特卡－渥爾特拉方程式 (Lotka-Volterra equations)**。最簡單的版本是以下的常微分方程式對：

$$\frac{dx}{dt} = ax - bxy \tag{22.49}$$

$$\frac{dy}{dt} = -cy + dxy \tag{22.50}$$

其中 x 和 y 分別是獵物和捕食者的數量，a 為獵物成長率，c 為捕食者死亡率，b 和 d 分別是捕食－獵物相互作用對獵物死亡和捕食者成長率的定性影響。這些乘積項（即涉及 xy 的項）使方程式成為非線性。

由美國氣象學家洛倫茲 (Edward Lorenz) 建立的**洛倫茲方程式 (Lorenz equations)** 模型，是一個基於大氣流體力學的簡單非線性模型：

$$\frac{dx}{dt} = -\sigma x + \sigma y$$

$$\frac{dy}{dt} = rx - y - xz$$

$$\frac{dz}{dt} = -bz + xy$$

洛倫茲開發這些方程式，找出大氣流體行動 x，和在水平、垂直兩個方向的溫度變化 y 和 z 之間的關連性。與捕食模型相似，非線性來自簡單乘積項：xz 和 xy。

利用數值方法求解這些方程式。將結果繪圖，以看出應變數的時間變化。此外，繪出應變數對彼此的對應圖以看看是否有出現任何有趣的模式。

解法　以下的參數值可用於模擬捕食模型：$a = 1.2$，$b = 0.6$，$c = 0.8$，以及 $d = 0.3$。以 $x = 2$ 和 $y = 1$ 為初始條件，並從 $t = 0$ 到 30 積分，使用步長大小 $h = 0.0625$。

首先，我們可以建立一個函數來囊括微分方程式：

```
function yp = predprey(t,y,a,b,c,d)
yp = [a*y(1)-b*y(1)*y(2);-c*y(2)+d*y(1)*y(2)];
```

以下的程式檔案使用此函數結合歐拉法和四階 RK 法來產生解。請注意，函數 eulersys 是基於更新 rk4sys 函數而得（圖 22.8）。這類 M 檔的開發會留至作業練習。除了將解以時間序列圖（x 和 y 對 t）顯示以外，程式檔案也產生一個 x 對 y 的時序圖，這種**相平面圖 (phase-plane plot)** 對闡明那些可能不明顯的模型基本結構的功能往往很有幫助。

```
h=0.0625;tspan=[0 40];y0=[2 1];
a=1.2;b=0.6;c=0.8;d=0.3;
[t y] = eulersys(@predprey,tspan,y0,h,a,b,c,d);
subplot(2,2,1);plot(t,y(:,1),t,y(:,2),'--')
legend('prey','predator');title('(a) Euler time plot')
subplot(2,2,2);plot(y(:,1),y(:,2))
title('(b) Euler phase plane plot')
[t y] = rk4sys(@predprey,tspan,y0,h,a,b,c,d);
subplot(2,2,3);plot(t,y(:,1),t,y(:,2),'--')
title('(c) RK4 time plot')
subplot(2,2,4);plot(y(:,1),y(:,2))
title('(d) RK4 phase plane plot')
```

以歐拉法得到的解顯示在圖 22.9 的上方。時間序列（圖 22.9a）顯示振幅振盪正在擴大。相平面圖（圖 22.9b）更證實了這一點。這些結果表明最粗略的歐拉法需要較小的時間步長以獲得準確的結果。

相對地，由於其截斷誤差小得多，RK4 法可使用相同的時間步長獲得較好的結果。圖 22.9c 顯示循環模式會逐漸出現。由於最初的捕食者數量少，獵物會呈指數增長。在某一時間點，獵物會多到一個程度使得捕食者數量開始增加。最後，捕食者的增加造成獵物下降，此下降進而導致捕食者的減少。這個過程重複發生。正如所預期，捕食者的峰值會落在獵物峰值之後。此外，此過程有固定的週期，也就是説它在一段時間後會開始重複。

代表 RK4 法正確解的相平面圖（圖 22.9d）顯示捕食者和獵物之間的相互作用相當於一個閉合的逆時針軌道。有趣的是，軌道中有一個休息或臨界點 (critical point)。這一點的確實位置可以被算出；先將式 (22.49) 和式 (22.50) 設定為穩態（$dy/dt = dx/dt = 0$），然後算出 $(x, y) = (0, 0)$ 和 $(c/d, a/b)$ 的解。前者是直覺的結果，因為如果一開始既沒有捕食者也沒有獵物的話，就什麼都不會發生。後者是較有趣的結果，就是如果將初始條件設定在 $x = c/d$ 和 $y = a/b$，導數將為零，而數量則會保持不變。

現在讓我們使用相同的方法，以下列參數值進行洛倫茲運動軌跡方程式的調查：$a = 10$，$b = 8/3$，和 $r = 28$。採用初始條件為 $x = y = z = 5$，並從 $t = 0$ 至 20 積分。對於這種情況，我們將使用四階 RK 法，以固定的時間步長 $h = 0.03125$ 求解。

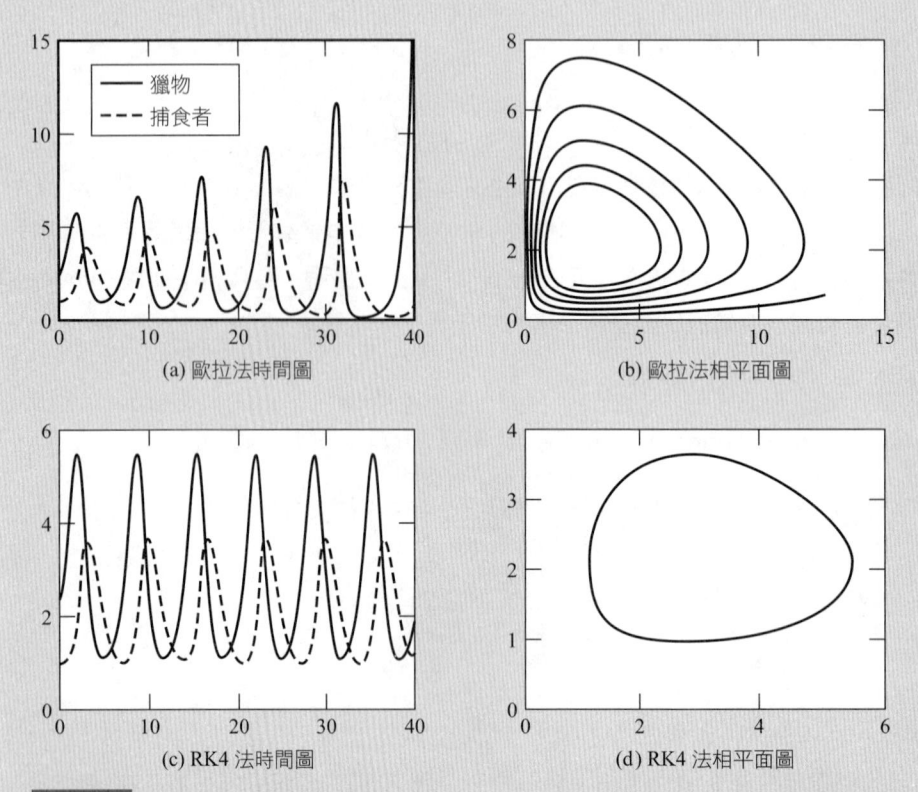

圖 22.9 洛特卡－渥爾特拉模型的解。歐拉法：(a) 時間序列圖，(b) 相平面圖；以及 RK4 法：(c) 時間序列圖，(d) 相平面圖。

結果完全不同於洛特卡－渥爾特拉方程式的行為。如圖 22.10 所示，變數 x 似乎經歷幾近隨機模式振盪，從負值至正值彈來彈去。其他變數的行為也類似。不過，即使模式看似隨機，頻率和振幅振盪看似相當一致。

這種解法的一個有趣特性可以用將 x 的初始條件些微改變（從 5 至 5.001）來説明，結果是圖 22.10 中疊加的虛線。儘管這些解一路來大致相同，到一段時間後（約 $t = 15$）開始明顯分歧。因此我們可以看到，洛倫茲方程式對初始條件相當敏感。**混沌 (chaotic)** 一詞即是用來描述這種解。在洛倫茲原來的研究中，他的結論為長期氣象預報是不可能的！

動力系統對初始條件微小擾動的敏感度有時稱為**蝴蝶效應 (butterfly effect)**。這個想法是蝴蝶拍動翅膀可能會引起大氣中的微小變化，最終導致如龍捲風大規模的天氣現象。

雖然時間序列圖是混沌的，從相平面圖能看出基本結構。由於我們在處理的是三個自變數，我們可以產生投影量。圖 22.11 顯示 xy、xz 和 yz 平面的投影量。此處要注意的是，從相平面的觀點來檢視結構時，結構很明顯。該解會在看似臨界點的周圍形成軌道。專門研究此類非線性系統的數學家稱這些點為**奇怪吸引子 (strange attractors)**。

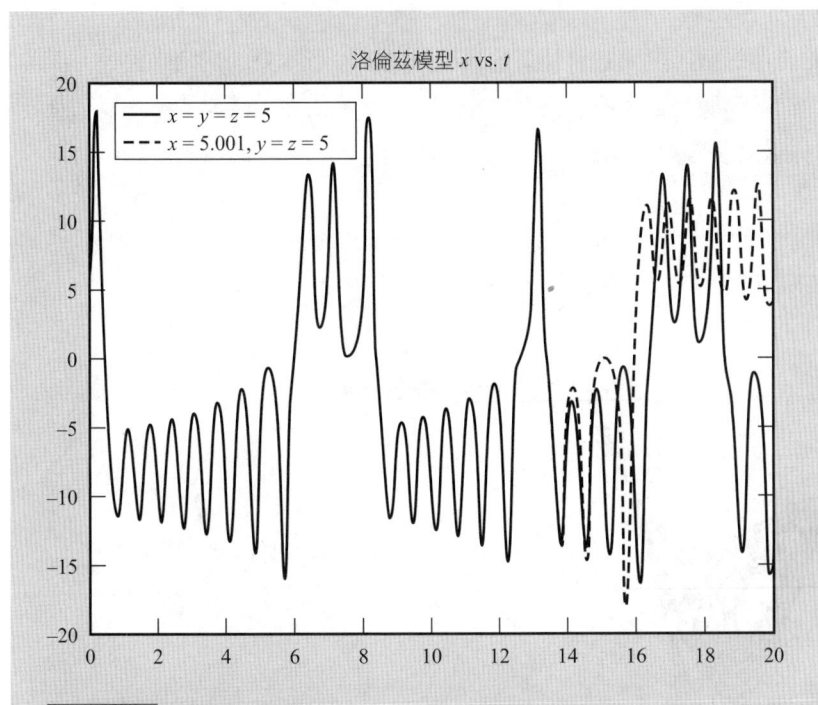

圖 22.10 洛倫茲方程式中 x 對 t 的時域表示。實線時間序列的初始條件為 (5, 5, 5)。虛線是在 x 的初始條件受到稍許干擾後 (5.001, 5, 5)。

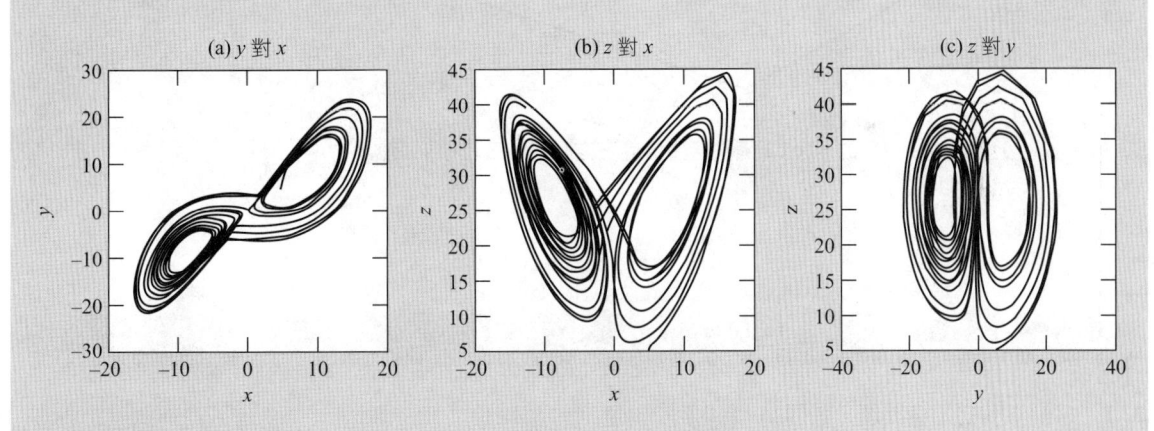

圖 22.11 洛倫茲方程式的相平面圖。(a) xy，(b) xz 和 (c) yz 投影量。

除了雙變數的投影量，MATLAB 的 `plot3` 函數提供了一種方式可直接產生三維相平面圖：

```
>> plot3(y(:,1),y(:,2),y(:,2))
>> xlabel('x');ylabel('y');zlabel('z');grid
```

和圖 22.11 類似，圖 22.12 的三維圖描繪圍繞著一對臨界點的明確模式軌跡。

最後，混沌系統對初始條件的敏感度對數值計算的意義非凡。除了本身的初始條件外，不同的步長大小或不同的演算法（有時甚至是不同的計算機）都可能產生微小差異的解。以在圖 22.10 的相同方式，這些差異最終將導致大偏差。本章和第 23 章中一些問題的目的即是想凸顯這個議題。

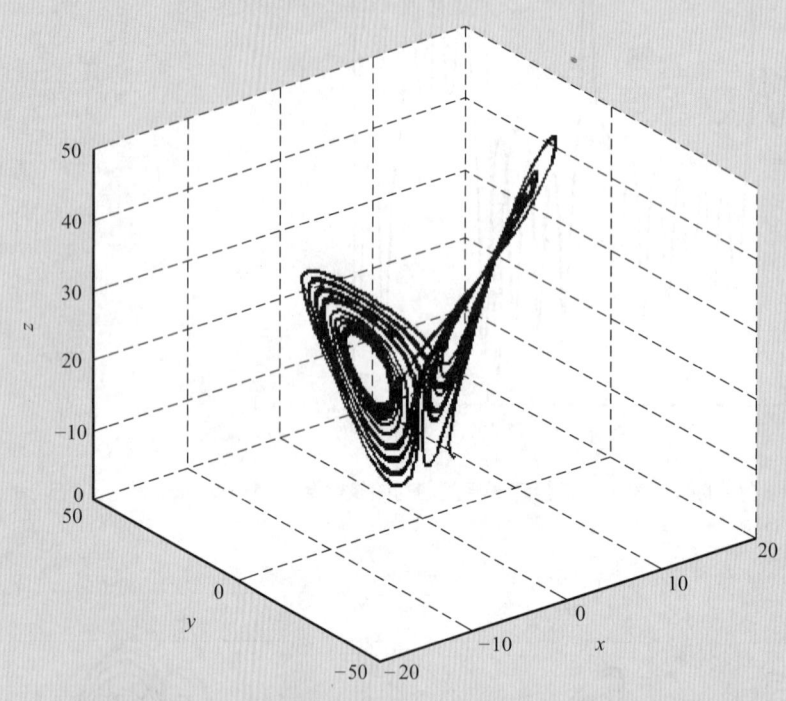

圖 22.12 以 MATLAB 的 `plot3` 函數產生洛倫茲方程式的三維相平面圖。

習題

22.1 求解下列初始值問題，區間為 $t = 0$ 到 2，且在 $t = 0$ 的初始條件為 $y(0) = 1$。將所有的結果展示在同一張圖上。

$$\frac{dy}{dt} = yt^2 - 1.1y$$

(a) 以解析的方式。
(b) 使用歐拉法，步長大小 $h = 0.5$ 與 $h = 0.25$。
(c) 使用中點法且 $h = 0.5$。
(d) 使用四階 RK 法且 $h = 0.5$。

22.2 求解下列問題，區間為 $x = 0$ 到 1，且在 $t = 0$ 的初始條件為 $y(0) = 1$，並且使用步長大小為 0.25。將所有的結果展示在同一張圖上。

$$\frac{dy}{dx} = (1 + 2x)\sqrt{y}$$

(a) 以解析的方式。
(b) 使用歐拉法。
(c) 以未使用迭代的霍因法。
(d) 使用羅斯頓法。
(e) 使用四階 RK 法。

22.3 求解下列問題，區間為 $t = 0$ 到 3，且在 $t = 0$ 的初始條件為 $y(0) = 1$，並且使用步長大小為 0.5。將所有的結果展示在同一張圖上。

$$\frac{dy}{dt} = -y + t^2$$

以下列方式求解：**(a)** 未使用校正算子迭代的霍因法；**(b)** 使用校正算子迭代的霍因法，直到達到 $\varepsilon_s <$ 0.1% 的正確度；**(c)** 中點法；**(d)** 羅斯頓法。

22.4 人口成長在工程與科學領域中有許多應用。一個最簡單的模型是假設在任何時間 t，人口的變化率 p 與目前的人口成正比：

$$\frac{dp}{dt} = k_g p \qquad (P22.4.1)$$

其中 k_g = 成長率。在 1950 至 2000 年間，以百萬為單位的全球人口數如下：

t	1950	1955	1960	1965	1970	1975
p	2555	2780	3040	3346	3708	4087
t	1980	1985	1990	1995	2000	
p	4454	4850	5276	5686	6079	

(a) 假設式 (P22.4.1) 成立，使用 1950 至 1970 年的資料估計 k_g。
(b) 使用四階 RK 法及 (a) 的結果，模擬從 1950 至 2050 年的全球人口數，以 5 年為步長大小。將你的模擬結果與數據點顯示在同一張圖上。

22.5 習題 22.4 中的模型在人口成長沒有限制的情況下是適當的，但是此模型會因為各種因素而崩潰，像是糧食短缺、污染，以及缺乏居住成長的空間等。在這種情況，成長率並非常數，但可以表示如下：

$$k_g = k_{gm}(1 - p/p_{\max})$$

其中 k_{gm} = 在無限制條件下人口的最大成長率，p = 人口，$p_{\max}$ = 最大人口。$p_{\max}$ 有時稱為**承載容量 (carrying capacity)**。因此，在低人口密度 $p \ll p_{\max}$ 時，$k_g \to k_{gm}$。當 p 趨近於 $p_{\max}$，則成長率趨近於零。使用此成長率公式，則人口變化率可模型化為：

$$\frac{dp}{dt} = k_{gm}(1 - p/p_{\max})p$$

此稱為**後勤模型 (logistic model)**。此模型的解析解為：

$$p = p_0 \frac{p_{\max}}{p_0 + (p_{\max} - p_0)e^{-k_{gm}t}}$$

使用下列方法模擬 1950 至 2050 年的全球人口：**(a)** 解析解的方式，以及 **(b)** 四階 RK 法，步長大小為 5 年。使用下列初始條件及參數值：p_0（於 1950 年時）為 2,555 百萬人，$k_{gm} = 0.026/$ 年，$p_{\max} = 12,000$ 百萬人。將你的結果與習題 22.4 中的數據點顯示在同一張圖上。

22.6 假設一個由地球表面向上發射的物體上只有向下的重力作用。在這種情況下，平衡的力量可計算如下：

$$\frac{dv}{dt} = -g(0)\frac{R^2}{(R+x)^2}$$

其中 v = 向上速度 (m/s)，t = 時間 (s)，x = 從地球表面衡量的向上高度 (m)，$g(0)$ = 地球表面的重力加速度 ($\cong 9.81$ m/s^2)，和 R = 地球半徑 ($\cong 6.37 \times 10^6$ m)。已知 $dx/dt = v$，若 $v(t = 0) = 1500$ m/s，使用歐拉法計算可以得到的最大高度。

22.7 求解下列的常微分方程式對，區間在 $t = 0$ 到 0.4 且使用的步長大小為 0.1。初始條件為 $y(0) = 2$ 與 $z(0) = 4$。使用下列方法求解：**(a)** 歐拉法，以及 **(b)** 四階 RK 法。在同一張圖上畫出你的結果。

$$\frac{dy}{dt} = -2y + 4e^{-t}$$

$$\frac{dz}{dt} = -\frac{yz^2}{3}$$

22.8 凡得波方程式 (van der Pol equation) 是真空管年代的一種電路模型：

$$\frac{d^2y}{dt^2} - (1 - y^2)\frac{dy}{dt} + y = 0$$

給定初始條件 $y(0) = y'(0) = 1$，使用歐拉法求解此方程式，區間 $t = 0$ 到 10 且步長大小為 **(a)** 0.2，以及 **(b)** 0.1。在同一張圖上畫出兩個解。

22.9 給定初始條件 $y(0) = 1$ 且 $y'(0) = 0$，在區間 $t = 0$ 到 4 求解下列初始值問題：

$$\frac{d^2y}{dt^2} + 9y = 0$$

使用下列方法求解：**(a)** 歐拉法，以及 **(b)** 四階 RK 法。在兩種情況中，使用的步長大小均為 0.1。在同一張圖上畫出你的結果，並且畫出完全正確的解 $y = \cos 3t$。

22.10 開發一個 M 檔，用迭代的霍因法來求解單一常微分方程式。設計此 M 檔可以畫出結果的圖形。用你的程式求解習題 22.5 中的人口問題來測試此 M 檔。使用 5 年的步長大小，並使用校正算子迭代直到達到 $\varepsilon_s < 0.1\%$ 的正確度。

22.11 開發一個 M 檔，使用中點法來求解單一常微分方程式，設計此 M 檔可以畫出結果的圖形。

用你的程式求解習題 22.5 中的人口問題來測試此 M 檔，使用步長大小為 5 年。

22.12 開發一個 M 檔，使用四階 RK 法來求解單一常微分方程式，設計此 M 檔可以畫出結果的圖形。用你的程式求解習題 22.2 的問題來測試此 M 檔，使用步長大小為 0.1。

22.13 開發一個 M 檔，使用歐拉法來求解常微分方程式系統，設計此 M 檔可以畫出結果的圖形。用你的程式求解習題 22.7 的問題，所使用的步長大小為 0.075。

22.14 皇家島國家公園 (Isle Royale National Park) 位於蘇必略湖 (Lake Superior)，是由一座大島和許多小島所組成的 210 平方英里大小的群島。自 1900 年有麋鹿後，1930 年其數量接近 3,000，大量消費當地植被。1949 年野狼由安大略省越過冰橋。自 1950 年代末期起，麋鹿和狼的數目開始被追蹤並記錄。**(a)** 從 1960 年到 2020 年，積分洛特卡－渥爾特拉方程式（22.6 節），使用以下係數值：a = 0.23、b = 0.0133、c = 0.4，以及 d = 0.0004。將你的模擬數據與時間序列圖作比較，並算出麋鹿和野狼模型和數據的剩餘值平方和。**(b)** 發展你的解的相平面圖。

22.15 下列常微分方程式描述了彈簧－質量系統阻尼的運動（圖 P22.15）：

$$m\frac{d^2x}{dt^2} + c\frac{dx}{dt} + kx = 0$$

其中 x = 平衡位置位移 (m)，t = 時間 (s)，m = 20 kg 質量，c = 阻尼係數 (N·s/m)。阻尼係數 c 有三個值：5（未阻尼）、40（臨界阻尼）、200（過阻尼）。彈力常數 k = 20 N/m，初始速度是零，以及初始的位移 x = 1 m。使用數值方法解這個方程式，時間 0 ≤ t ≤ 15 s。在同一張圖上畫出阻尼係數三個值的位移隨時間之相對圖。

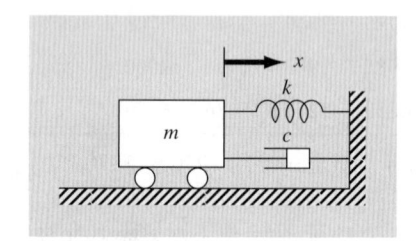

圖 P22.15

22.16 球形桶底部有一個圓形孔，液體會由此流出（圖 P22.16）。通過孔的流速可估計為：

年份	麋鹿	野狼	年份	麋鹿	野狼	年份	麋鹿	野狼
1959	563	20	1975	1355	41	1991	1313	12
1960	610	22	1976	1282	44	1992	1590	12
1961	628	22	1977	1143	34	1993	1879	13
1962	639	23	1978	1001	40	1994	1770	17
1963	663	20	1979	1028	43	1995	2422	16
1964	707	26	1980	910	50	1996	1163	22
1965	733	28	1981	863	30	1997	500	24
1966	765	26	1982	872	14	1998	699	14
1967	912	22	1983	932	23	1999	750	25
1968	1042	22	1984	1038	24	2000	850	29
1969	1268	17	1985	1115	22	2001	900	19
1970	1295	18	1986	1192	20	2002	1100	17
1971	1439	20	1987	1268	16	2003	900	19
1972	1493	23	1988	1335	12	2004	750	29
1973	1435	24	1989	1397	12	2005	540	30
1974	1467	31	1990	1216	15	2006	450	30

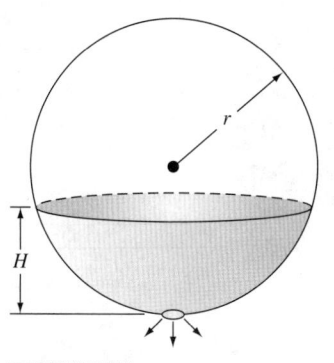

圖 P22.16 球形桶。

$$Q_{out} = CA\sqrt{2gh}$$

其中 Q_{out} = 流出率 (m³/s) 和 C = 經驗得出的係數，A = 孔板面積 (m²)，g = 重力常數 (= 9.81 m/s²)，h = 桶內液體的深度。使用本章所介紹的其中一種數值方法，若球桶直徑為 3 m，水初始高度為 2.75 m，計算水要流盡所需要的時間。請注意，孔直徑為 3 cm，C = 0.55。

22.17 在調查凶殺或意外死亡案件時，死亡時間的估計往往很重要。實驗觀察顯示，一個物體表面溫度的變化與物體本體溫度及周圍環境溫度之間的差異成某種正比。這就是所謂的牛頓冷卻定律。因此，若 $T(t)$ 是物體在時刻 t 的溫度，以及 T_a 是恆定環境溫度：

$$\frac{dT}{dt} = -K(T - T_a)$$

其中 $K > 0$ 是一個比例常數。假設在時刻 $t = 0$ 發現一具屍體，測量其溫度是 T_o。假設死者在死亡時的體溫為正常體溫 T_d，一般為 37°C。另外假設屍體被發現時的體溫為 29.5°C，而且 2 小時後屍體體溫是 23.5°C，環境溫度為 20°C。

(a) 求出 K 值和死亡時間。
(b) 以數值方法求解常微分方程式並繪出結果。

22.18 在兩個串聯的反應器中有反應式 $A \to B$。反應器完全混合，但並非在穩定狀態。每個攪拌反應器的非穩態質量平衡表示如下：

$$\frac{dCA_1}{dt} = \frac{1}{\tau}(CA_0 - CA_1) - kCA_1$$

$$\frac{dCB_1}{dt} = -\frac{1}{\tau}CB_1 + kCA_1$$

$$\frac{dCA_2}{dt} = \frac{1}{\tau}(CA_1 - CA_2) - kCA_2$$

$$\frac{dCB_2}{dt} = \frac{1}{\tau}(CB_1 - CB_2) + kCA_2$$

其中 CA_0 = 在第一個反應器入口 A 的濃度，CA_1 = 第一個反應器出口（和第二個反應器入口）A 的濃度，CA_2 = 第二個反應器出口 A 的濃度，CB_1 = 第一個反應器出口（和第二個反應器入口）B 的濃度，CB_2 = 在第二個反應器中 B 的濃度，τ = 每個反應器停留時間，和 k = A 反應到產生 B 的速率常數。如果 CA_0 等於 20，求出在反應開始後的前 10 min，A 和 B 在兩個反應器內的濃度。使用 k = 0.12/min 和 τ = 5 min，並假設所有應變數的初始條件都為零。

22.19 以下方程式可以描述非等溫間歇反應器：

$$\frac{dC}{dt} = -e^{(-10/(T+273))}C$$

$$\frac{dT}{dt} = 1000e^{(-10/(T+273))}C - 10(T - 20)$$

其中 C 是反應物濃度，T 是反應器的溫度。一開始該反應器是在 15°C，且反應物的濃度為 C，是 1.0 gmol/L。找出反應物濃度和反應器溫度的時間函數。

22.20 以下公式可用於模擬帆船桅桿受風力影響的撓度：

$$\frac{d^2y}{dz^2} = \frac{f(z)}{2EI}(L - z)^2$$

其中 $f(z)$ = 風力，E = 彈性係數，L = 桅桿長度，I = 慣性矩。注意，該力隨高度變化是根據：

$$f(z) = \frac{200z}{5 + z}e^{-2z/30}$$

若在 $z = 0$ 時，$y = 0$ 和 $dy/dz = 0$。使用 $L = 30$，$E = 1.25 \times 10^8$，$I = 0.05$ 的參數值計算撓度。

22.21 一個池塘水渠通過管道如圖 P22.21 所示。根據一些簡化假設，下列微分方程式描述深度如何隨時間而變化：

$$\frac{dh}{dt} = -\frac{\pi d^2}{4A(h)}\sqrt{2g(h + e)}$$

其中 h = 深度 (m)，t = 時間 (s)，d = 管道直徑 (m)，$A(h)$ = 面積為池塘深度的函數 (m²)，g = 重力常數 (= 9.81 m/s²)，e = 池塘底下管道出口的深度 (m)。根據以下面積－深度表，求解此微分方程式，以計算使池塘淨空所需的時間。已知 $h(0)$ = 6 m，d = 0.25 m，e = 1 m。

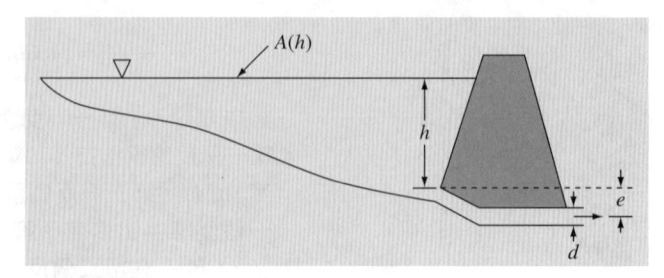

圖 P22.21

h, m	6	5	4	3	2	1	0
$A(h)$, 10^4 m^2	1.17	0.97	0.67	0.45	0.32	0.18	0

22.22 工程師和科學家使用質量－彈簧模型，以深入了解像是地震等干擾對動態結構的影響。圖 P22.22 顯示三層樓房的代表圖。在此例中，我們只需做結構水平運動的分析。利用牛頓第二定律，本系統的力平衡可以制定為：

$$\frac{d^2x_1}{dt^2} = -\frac{k_1}{m_1}x_1 + \frac{k_2}{m_1}(x_2 - x_1)$$

$$\frac{d^2x_2}{dt^2} = \frac{k_2}{m_2}(x_1 - x_2) + \frac{k_3}{m_2}(x_3 - x_2)$$

$$\frac{d^2x_3}{dt^2} = \frac{k_3}{m_3}(x_2 - x_3)$$

模擬這種結構的動態從 $t = 0$ 至 20 s，已知的初始條件為一樓速度是 $dx_1/dt = 1$ m/s，且所有其他位移和速度的初始值為零。將你的結果呈現在 **(a)** 位移和 **(b)** 速度的兩個時間序列圖。此外，建立一個三維相平面位移圖。

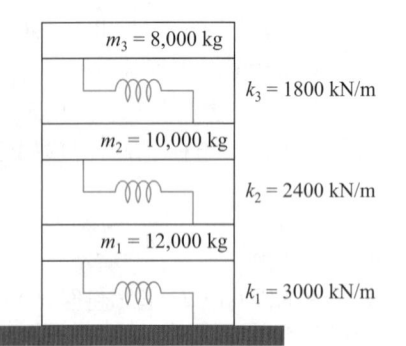

圖 P22.22

$m_3 = 8{,}000$ kg
$k_3 = 1800$ kN/m
$m_2 = 10{,}000$ kg
$k_2 = 2400$ kN/m
$m_1 = 12{,}000$ kg
$k_1 = 3000$ kN/m

22.23 重複在 22.6 節洛倫茲方程式的相同模擬，但以中點法產生解。

22.24 執行 22.6 節中洛倫茲方程式解的相同模擬，但使用 $r = 99.96$。將你的結果和 22.6 節的結果比較。

22.25 圖 P22.25 顯示在一個連續攪拌流通的生物反應器中，主導細菌培養和其營養源（基質）濃度的運動交互作用。

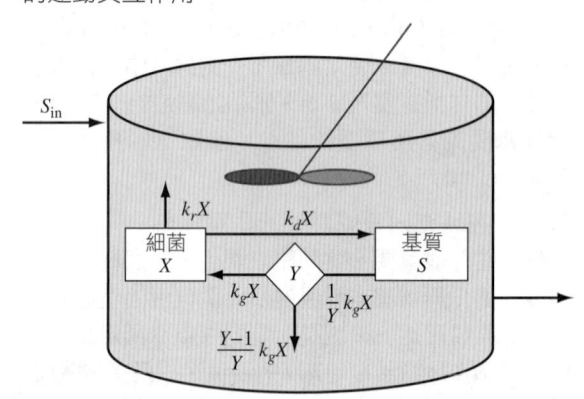

圖 P22.25 連續攪拌流通的生物反應器生長細菌培養。

細菌生物質 X (gC/m^3) 和基質濃度 S (gC/m^3) 的質量平衡可寫為

$$\frac{dX}{dt} = \left(k_{g,\max}\frac{S}{K_s + S} - k_d - k_r - \frac{1}{\tau_w}\right)X$$

$$\frac{dS}{dt} = -\frac{1}{Y}k_{g,\max}\frac{S}{K_s + S}X + k_dX + \frac{1}{\tau_w}(S_{in} - S)$$

其中 t = 時間 (h)，$k_{g,max}$ = 最大細菌生長率 (/d)，K_s = 半飽和常數 (gC/m^3)，k_d = 死亡率 (/d)，k_r = 呼吸率 (/h)，Q = 流量 (m^3/h)，V = 反應器體積 (m^3)，Y = 產量係數 (gC-cell/gC$_{\text{-substrate}}$)，和 S_{in} = 流入基質濃度 (mgC/m^3)。模擬在此反應器中的基質、細菌和總有機碳 $(X + S)$ 在以下三個停留時間如何隨時間變化：(a) τ_w = 20 h，(b) τ_w = 10 h，和 (c) τ_w = 5 h。應用以下參數來模擬：$X(0)$ = 100 gC/m^3，$S(0) = 0$，$k_{g,max}$ = 0.2/hr，K_s = 150 gC/m^3，$k_d = k_r$ = 0.01/hr，Y = 0.5 gC-cell /gC$_{\text{-substrate}}$，V = 0.01 m^3，和 S_{in} = 1000 gC/m^3，並繪圖來呈現你的結果。

第23章

適應性方法與勁度系統

章節目標

本章的主要目標是介紹讀者求解常微分方程式初始值問題的更進階方法。個別的目標和主題包括：
- 了解倫基－庫達－費伯格法如何利用不同階數的 RK 法來提供調整步長大小的誤差估計值。
- 熟悉 MATLAB 的內建函數來求解常微分方程式。
- 學習如何調整 MATLAB 常微分方程式解法器中的選項。
- 學習如何傳遞參數至 MATLAB 常微分方程式解法器。
- 了解求解常微分方程式的單步法與多步法之間的差異。
- 了解勁度的意義以及它和求解常微分方程式之間的關聯。

23.1 適應性倫基－庫達法

到目前為止，我們所討論的求解常微分方程式之數值方法都是使用固定的步長大小。對於許多問題，這麼做會造成嚴重的限制。例如，假設我們要積分一個如圖 23.1 所示的常微分方程式。解的變化程度在大部分的範圍內很緩和。這告訴我們使用大的步長可以得到還不錯的結果。然而，在 $t = 1.75$ 到 2.25 的區域，此解遇到突然的改變。這個結果導致我們必須採用非常小的步長，才可以正確地擷取函數中暴衝 (impulsive) 的行為。如果使用固定步長大小的演算法，在突然改變的區域內使用的小步長就必須用於整個演算。使用不必要的小步長代表更多的演算量，在改變緩和的區域誠屬浪費。

能自動調整步長大小的演算法可以避免過度使用計算量，因此有很大的好處。由於它會「適應」解的軌跡，所以又稱為**適應性步長大小控制 (adaptive step-size control)**。在執行這種方法時，每一步皆需要估計局部截斷誤差。此誤差估計可以當作縮短或增長步長大小的依據。

在進行之前，我們應該注意到此方法除了可求解常微分方程式之外，還可以用來求定積分。定積分的計算方式如下：

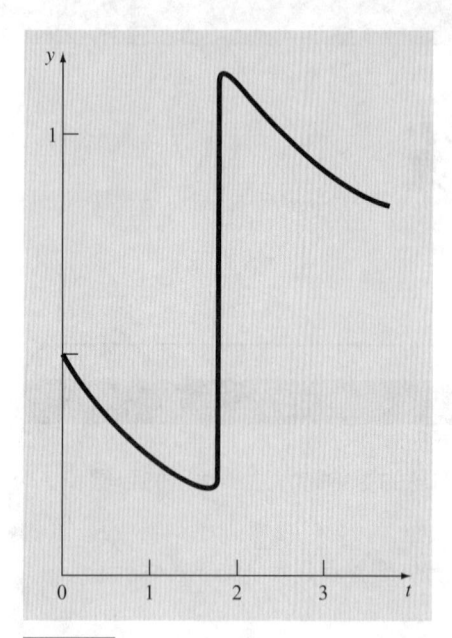

圖 23.1 一個有突變解的常微分方程式。在這種情況下，自動調整步長大小的方法會有很大的助益。

$$I = \int_a^b f(x)\,dx$$

等效於求解微分的方程式：

$$\frac{dy}{dx} = f(x)$$

在給定初始條件 $y(a) = 0$ 的情況之下求解 $y(b)$。因此，以下要介紹的技巧可以有效率地計算定積分，即使要積分的是一個平緩但具有暴衝的函數。

有兩種主要方法可以整合適應性步長大小控制成為單步法。**步長減半 (step halving)** 的方式是每一步做兩次，一次是一整步，接下來是兩個半步。這兩者之間的差異代表局部截斷誤差的估計值，我們根據這個誤差估計值調整步長大小。

第二個方式稱為**嵌入式 RK 法 (embedded RK method)**，局部截斷誤差的估計值是根據兩個不同階數 RK 法預測值之間的差異。這是目前主流的使用方式，因為此方法比步長減半法更有效率。

嵌入法是費伯格 (Fehlberg) 所發展出來的，因此也稱為 **RK －費伯格法 (RK-Fehlberg methods)**。表面上看來，使用兩個不同階數的 RK 法做預測似乎要在計算上付出非常昂貴的代價。例如，使用四階與五階的預測，每一步都需要 10 個函數計算（回想式 (22.44) 與式 (22.45)）。然而，費伯格很巧妙地藉由伴隨的四階 RK 法中所使用之相同函數計算來推導出五階 RK 法。如此一來，只需六個函數的計算就可以得到所需要的誤差估計值。

23.1.1　非勁度系統所使用的 MATLAB 函數

自從費伯格開發出此方式之後,還有許多更好的方式也被開發出來,其中幾種方式可以在 MATLAB 的內建函數中找到。

ode23　ode23 函數使用 BS23 演算法(Bogacki 和 Shampine, 1989;Shampine, 1994),同時使用二階與三階的 RK 公式來求解常微分方程式,並且利用誤差估計值調整步長大小。用來進行求解的公式如下:

$$y_{i+1} = y_i + \frac{1}{9}(2k_1 + 3k_2 + 4k_3)h \tag{23.1}$$

其中

$$k_1 = f(t_i, y_i) \tag{23.1a}$$

$$k_2 = f\left(t_i + \frac{1}{2}h, y_i + \frac{1}{2}k_1 h\right) \tag{23.1b}$$

$$k_3 = f\left(t_i + \frac{3}{4}h, y_i + \frac{3}{4}k_2 h\right) \tag{23.1c}$$

誤差估計值為:

$$E_{i+1} = \frac{1}{72}(-5k_1 + 6k_2 + 8k_3 - 9k_4)h \tag{23.2}$$

其中

$$k_4 = f(t_{i+1}, y_{i+1}) \tag{23.2a}$$

注意,雖然看起來有四個函數計算,但是實際上只有三個,因為在第一步之後的 k_1 也就是前一步的 k_4。因此,此方法只使用了三個函數計算,就可以得到預測值與誤差估計值,而不是一般合併利用二階(兩個函數計算)及三階(三個函數計算)RK 公式所需要的五個函數計算。

在每一步之後,我們要檢查誤差是否落於想要的容許量範圍之內。如果是,則 y_{i+1} 這個值是可接受的,k_4 即變成下一步的 k_1。如果誤差太大,則縮小步長大小之後重複此步驟,直到誤差估計值滿足以下條件:

$$E \leq \max(\text{RelTol} \times |y|, \text{AbsTol}) \tag{23.3}$$

其中 RelTol 為相對容許量(預設值為 10^{-3}),AbsTol 為絕對容許量(預設值為 10^{-6})。要注意的是,此相對誤差的準則是使用分數,而不是到目前為止常用的相對誤差百分比。

ode45　ode45 函數的演算法是由 Dormand 和 Prince (1980) 所開發,同時使用四階與五階 RK 公式來求解常微分方程式,並且利用誤差估計值來調整步長大小。MATLAB 建議使用 ode45 函數來做許多問題的第一次嘗試。

ode113　ode113 函數使用可變階數的亞當－巴斯－摩頓解法器 (Adams-Bashforth-Moulton solver)。此方法對於嚴格的誤差容許量或是需要大量運算的常微分方程式函數特別有用。這是一個多步法，將在 23.2 節中介紹。

我們可以用很多不同的方式呼叫這些函數。最簡單的方式如下：

```
[t, y] = ode45(odefun, tspan, y0)
```

其中 y 是解的陣列，其中每一行都是一個應變數，而每一列都對應到行向量 t 中的時間，odefun 是傳回微分方程式右手邊行向量的函數名稱，tspan 指定了積分區間，而 y0= 包含初始值的向量。

我們注意到 tspan 可以用兩種方式來公式化。第一種方式是輸入兩個數字的向量：

```
tspan = [ti tf];
```

積分區間為 ti 到 tf。第二種方式是在指定的時間點 t0,t1,...,tn 上進行積分（都增加或都減少），方法如下：

```
tspan = [t0 t1 ... tn];
```

以下是一個範例，說明如何使用 ode45 求解單一常微分方程式 $y' = 4e^{0.8t} - 0.5y$，從 $t = 0$ 至 4，初始條件為 $y(0) = 2$。回想範例 22.1，該解析解在 $t = 4$ 是 75.33896。以一個匿名函數代表常微分方程式，ode45 可以數值方法產生同樣的結果如下：

```
>> dydt=@(t,y) 4*exp(0.8*t)-0.5*y;
>> [t,y]=ode45(dydt,[0 4],2);
>> y(length(t))
ans =
   75.3390
```

依下面範例所描述，當處理方程式系統時，常微分方程式通常是儲存在自己的 M 檔中。

範例 23.1　使用 MATLAB 求解常微分方程式系統

問題敘述　使用 ode45 來求解下列的非線性常微分方程式組，區間為 $t = 0$ 到 20：

$$\frac{dy_1}{dt} = 1.2y_1 - 0.6y_1 y_2 \qquad \frac{dy_2}{dt} = -0.8y_2 + 0.3y_1 y_2$$

其中在 $t = 0$ 時，$y_1 = 2$，$y_2 = 1$。這樣的方程式稱為**捕食方程式 (predator-prey equations)**。

解法　在開始使用 MATLAB 進行計算之前，必須先建立一個函數來計算常微分方程式右邊的項。有一種方式是建立 M 檔如下：

```
function yp = predprey(t,y)
yp = [1.2*y(1)-0.6*y(1)*y(2);-0.8*y(2)+0.3*y(1)*y(2)];
```

我們將此 M 檔儲存，並命名為 predprey.m。

接下來，輸入下列的指令指定積分範圍與初始條件：

```
>> tspan = [0 20];
>> y0 = [2, 1];
```

使用解法器的方式如下：

```
>> [t,y] = ode45(@predprey, tspan, y0);
```

此指令會在 tspan 所指定的範圍內，以 y_0 的初始條件開始求解 predprey.m 檔中的微分方程式。求解的結果可以透過輸入下列指令顯示：

```
>> plot(t,y)
```

得到圖 23.2 所示。

除了時間序列圖外，也可畫出相平面圖（phase-plane plot）──應變數彼此相對的圖。

```
>> plot(y(:,1),y(:,2))
```

如圖 23.3 所示。

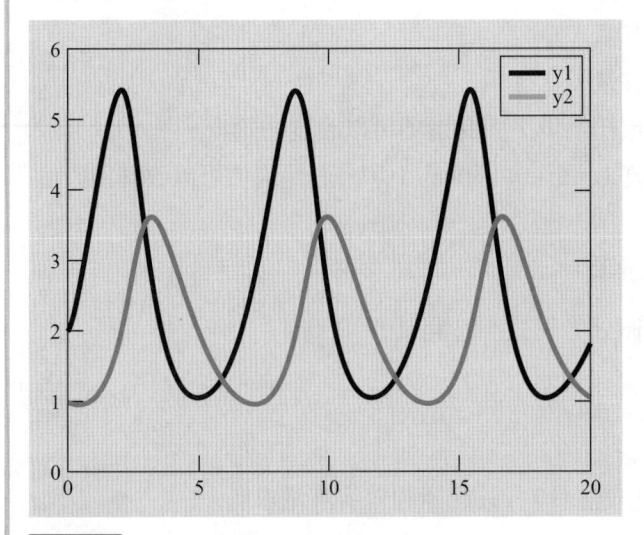

圖 23.2 以 MATLAB 求出的捕食模型的解。

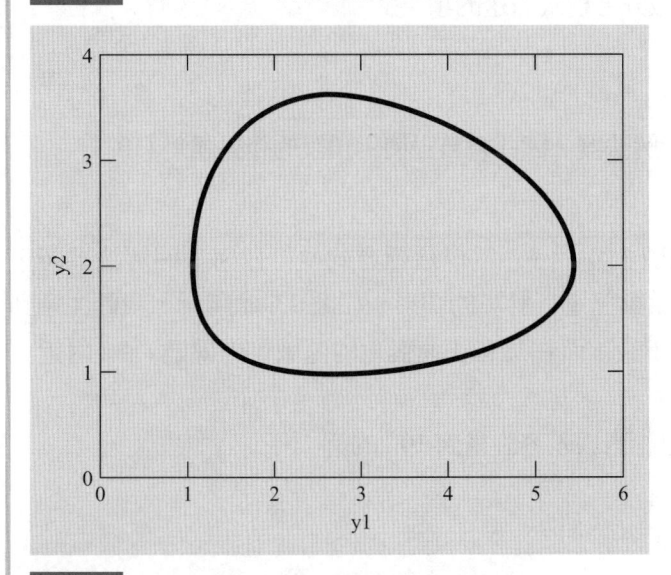

圖 23.3 以 MATLAB 求出的捕食模型的相平面圖。

和之前的範例一樣，MATLAB 解法器使用預設的參數來控制不同層面的積分。另外，對於微分方程式的參數依舊無法控制。要達到控制這些特性的目的，我們增加引數如下：

```
[t, y] = ode45(odefun, tspan, y0, options, p1, p2,...)
```

其中 `options` 是由 `odeset` 函數所建立的資料結構，可以用來控制解的特性，而 `p1, p2,...` 是可以傳入 `odefun` 的參數。

`odeset` 函數的一般語法如下：

```
options = odeset('par₁',val₁,'par₂',val₂,...)
```

其中參數 par_i 具有值 val_i。想要得到所有參數的完整清單，只需在命令提示字元後面輸入 `odeset` 就可以顯示。常用的參數如下：

- `'RelTol'`　　　　用來調整相對容許量。
- `'AbsTol'`　　　　用來調整絕對容許量。
- `'InitialStep'`　解法器會自動決定初始步，而此選項可以設定初始步。
- `'MaxStep'`　　　最大的步長預設值為 `tspan` 區間的 1/10，而此選項可以改變預設值。

範例 23.2　使用 odeset 來控制積分選項

問題敘述　使用 `ode23` 來求解下列的常微分方程式，區間為 $t = 0$ 到 4：

$$\frac{dy}{dt} = 10e^{-(t-2)^2/[2(0.075)^2]} - 0.6y$$

其中 $y(0) = 0.5$。分別以預設值 (10^{-3}) 及更嚴格 (10^{-4}) 的相對誤差容許量求解。

解法　首先，建立一個 M 檔來計算常微分方程式右邊的項：

```
function yp = dydt(t, y)
yp = 10*exp(-(t-2)*(t-2)/(2*.075^2))-0.6*y;
```

接下來，我們可以不需使用選項來執行解法器，因此會自動使用預設的相對誤差 (10^{-3})：

```
>> ode23(@dydt, [0 4], 0.5);
```

注意，我們尚未設定函數等於輸出變數 `[t, y]`。當以這種方式執行任何一個解法器時，MATLAB 會自動建立一張以圓圈表示該點已進行計算的圖形。如圖 23.4a 所示，我們注意到 `ode23` 在平滑的區域使用相對較大的步長，而在具有快速變化的區域，也就是 $t = 2$ 附近，使用較小的步長。

我們也可以藉由 `odeset` 函數設定相對誤差容許量到 10^{-4} 的解：

```
>> options=odeset('RelTol',1e-4);
>> ode23(@dydt, [0, 4], 0.5, options);
```

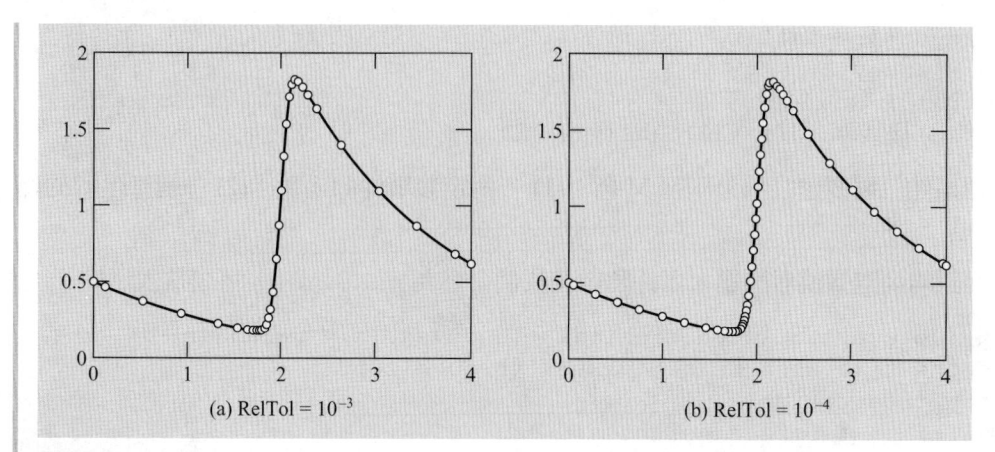

圖 23.4 以 MATLAB 求解常微分方程式。對於 (b)，使用較小的相對誤差容許量，所以需要更多步。

如圖 23.4b 所示，此解法器會用較多的小步長步驟去得到改善的正確度。

23.1.2 事件

MATLAB 中的常微方程式解法器通常是用來求取一個被指定細節的積分值。也就是說，它們常常用來求取應變數從初始值到終止值所有的解，然而在許多問題上，我們並不知道終止時間為何。

本書中一直出現的自由落下高空彈跳者就是一個很好的例子。假設試跳教練疏忽了將繩索繫在彈跳者上，那麼這個例子的最終時間，就是彈跳者撞到地面的時間，並非已知。事實上，求解常微方程式的目的將會是確定彈跳者什麼時候撞到地面。

MATLAB 中的 events 選項提供了一個工具去解決這樣的問題。它會不斷求解微分方程式，直到其中一個應變數到 0 為止。當然，我們可能常常需要在不是零的時候即終止計算。如以下所述，這種情形是很容易處理的。

我們會用彈跳者問題去說明這個方法。常微分方程式系統可以列式如下：

$$\frac{dx}{dt} = v$$

$$\frac{dv}{dt} = g - \frac{c_d}{m}v|v|$$

其中 x = 距離 (m)，t = 時間 (s)，v = 速度 (m/s)，其中正速度代表了向下的方向，g = 重力加速度 (= 9.81 m/s^2)，c_d = 一個二階阻力係數 (kg/m)，m = 質量 (kg)。注意在這個方程式中，距離和速度都是以正值代表向下方向，地面代表距離為 0。在此例，我們將假設彈跳者的初始距離是距離地表面 200 m 的高度，初始速度是 20 m/s 的向上方向，也就是 $x(0) = -200$ 與 $v(0) = -20$。

第一步是用 M 檔的形式列出常微分方程式系統：

```
function dydt=freefall(t,y,cd,m)
% y(1) = x and y(2) = v
grav = 9.81;
dydt = [y(2);grav-cd/m*y(2)*abs(y(2))];
```

為了要執行這個事件，需要建立另外兩個 M 檔：(1) 一個定義事件的函數；(2) 一個產生解的程式。

對於眼前面對的高空彈跳者問題，事件函數（我們命名為 endevent）可以被表示如下：

```
function [detect,stopint,direction] = endevent(t,y,varargin)
% Locate the time when height passes through zero
% and stop integration
detect=y(1);         % Detect height = 0
stopint = 1;         % Stop the integration
direction = 0;       % Direction does not matter
```

這個函數會接收自變數 (t) 的值以及應變數 (y) 的值和模型參數 (varargin)，然後它會計算並且回傳三個變數。首先，detect，會定義當應變數 y(1) 等於零的時候，也就是當高度 $x = 0$，MATLAB 必須偵測事件。第二，stopint，會被設定為 1，這會引導 MATLAB 在事件發生時停止運算。最後一個變數，direction，在所有 0 都被偵測到的狀況下，會被設定為 0（這是預設值）；如果只有增加事件函數被偵測到為 0，則 direction 就會被設定為 +1；如果只有減少事件函數被偵測到為 0，則 direction 就會被設定為 –1。在我們的例子當中，因為接近零的方向並不是很重要，所以我們設定 direction 為 0[1]。

最後，可以建立一個程式來產生解：

```
opts = odeset('events',@endevent);
y0 = [-200 -20];
[t,y,te,ye] = ode45(@freefall,[0 inf],y0,opts,0.25,68.1);
te,ye
plot(t,-y(:,1),'-',t,y(:,2),'--','LineWidth',2)
legend('Height (m)','Velocity (m/s)')
xlabel('time (s)');
ylabel('x (m) and v (m/s)')
```

在第一句，odeset 函數被用來召喚 events 選項，並指定我們要找尋的事件會被定義在 endevent 函數中。接著我們設定初始條件 (y0) 與積分區間 (tspan)。因為我們並不知道彈跳者什麼時候會撞擊地面，我們設定積分區間的上限為無限大。第三句使用 ode45 函數來產生正確的解。在所有 MTALAB 的 ODE 解法器中，函數會回傳的答案都是以向量 t 與 y 的形式。此外，當 events 選項被召喚時，ode45 也可以回傳事件發生的時間 (te)，以及相關的應變數 (ye) 的值，程式中的其他句只是展示及繪出結果。在執行程式時，輸出會被展示如下：

```
te =
    9.5475
```

---

[1] 正如前面所提到，我們可能想偵測一個非零的事件，舉例來說，我們可能想去偵測當高空彈跳者到達 $x = 5$ 的情況。為此，我們只需設定 detect = y(1) - 5。

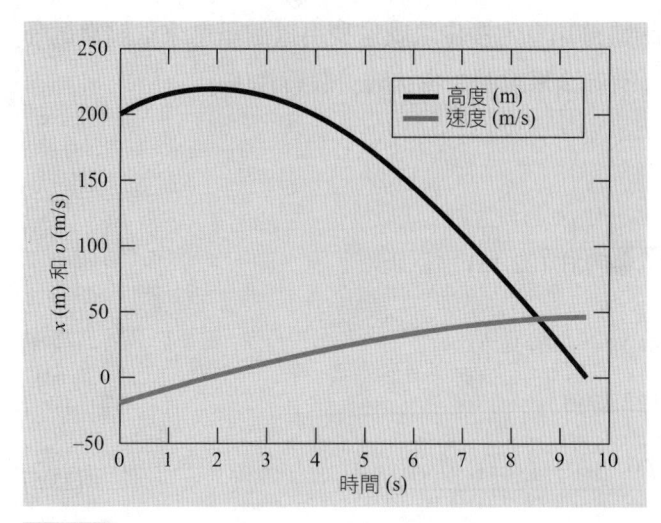

圖 23.5 MATLAB 產生的離地高度圖以及沒有綁上繩索的高空彈跳者的自由落下速度。

```
ye =
    0.0000    46.2454
```

如圖 23.5 所示。因此，彈跳者會在 9.5475 秒的時候撞擊地面，速度為 46.2454 m/s。

23.2 多步法

前面所討論的單步法是利用在單一點 t_i 的資訊去預測在未來某點 t_{i+1} 所對應的應變數 y_{i+1} 的值（如圖 23.6a 所示）。還有一個方式稱為**多步法 (multistep method)**（如圖 23.6b 所示），是根據以下的意涵：一旦計算開始，由前一個點所得到的珍貴訊息是我們可以掌控的，而與前面這

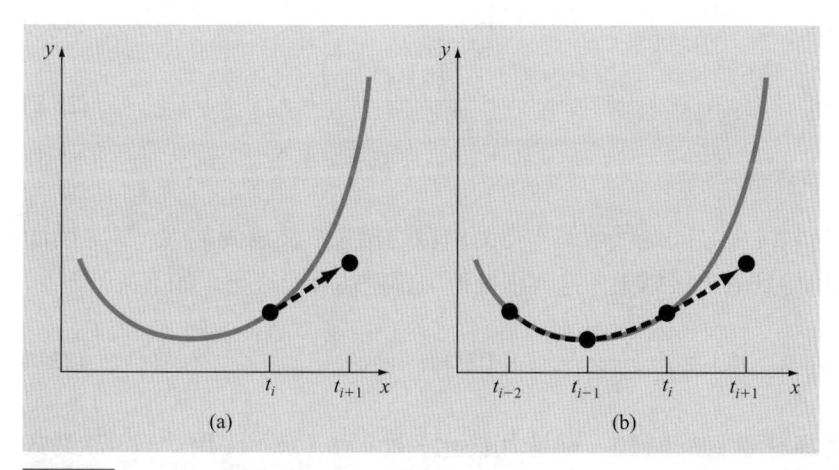

圖 23.6 圖解說明求解常微分方程式的 (a) 單步法與 (b) 多步法兩者之間的基本差異。

些值相連接的曲線可提供我們有關這個解的軌跡訊息。多步法就是利用這個訊息來求解常微分方程式。在本節中，我們介紹一個簡單的二階方法來說明多步法的一般特性。

23.2.1 非自己啟動霍因法

回想霍因法使用歐拉法當作預估算子（參考式 (22.15)）：

$$y_{i+1}^0 = y_i + f(t_i, y_i)h \tag{23.4}$$

以及使用梯形法則當作校正算子（參考式 (22.17)）：

$$y_{i+1} = y_i + \frac{f(t_i, y_i) + f(t_{i+1}, y_{i+1}^0)}{2}h \tag{23.5}$$

因此，預估算子及校正算子分別具有局部截斷誤差 $O(h^2)$ 與 $O(h^3)$。這表示此預估算子是此方法中最弱的一環，因為它的誤差最大。此弱點非常嚴重，因為迭代修正步驟的效率取決於初始預測值的正確度。因此，要改進霍因法的一種方式就是要開發具有局部誤差為 $O(h^3)$ 的預估算子。這可以藉由使用歐拉法和在 y_i 的斜率以及前一點 y_{i-1} 的額外資訊達到，如下：

$$y_{i+1}^0 = y_{i-1} + f(t_i, y_i)2h \tag{23.6}$$

這個公式可獲得 $O(h^3)$，但是代價是要使用較大的步長大小 $2h$。另外，注意到此方程式非自己啟動，因為它需要應變數 y_{i-1} 的前一個值。這個值在一般初始值問題中無法得到。因為如此，式 (23.5) 及式 (23.6) 稱為**非自己啟動霍因法 (non-self-starting Heun method)**。如圖 23.7 所示，式 (23.6) 中所估計的導數是落在中點而不是區間開始的地方。這個中點法改進了預估算子的局部誤差至 $O(h^3)$。

非自己啟動霍因法可以總結如下：

預估算子（如圖 23.7a 所示）： $y_{i+1}^0 = y_{i-1}^m + f(t_i, y_i^m)2h$ (23.7)

校正算子（如圖 23.7b 所示）： $y_{i+1}^j = y_i^m + \dfrac{f(t_i, y_i^m) + f(t_{i+1}, y_{i+1}^{j-1})}{2}h$ (23.8)

（當 $j = 1, 2, \ldots, m$）

其中上標表示校正算子在 $j = 1$ 到 m 之間迭代地運作得到精緻的結果。注意到 y_i^m 及 y_{i-1}^m 是前面的時間步長中校正算子迭代所得到的最後結果。迭代根據近似誤差估計而終止，如下：

$$|\varepsilon_a| = \left| \frac{y_{i+1}^j - y_{i+1}^{j-1}}{y_{i+1}^j} \right| \times 100\% \tag{23.9}$$

當 $|\varepsilon_a|$ 小於預先指派的誤差容許量 ε_s 的時候，則迭代終止，此時 $j = m$。使用式 (23.7) 到式 (23.9) 來求解常微分方程式的過程會在以下的範例中說明。

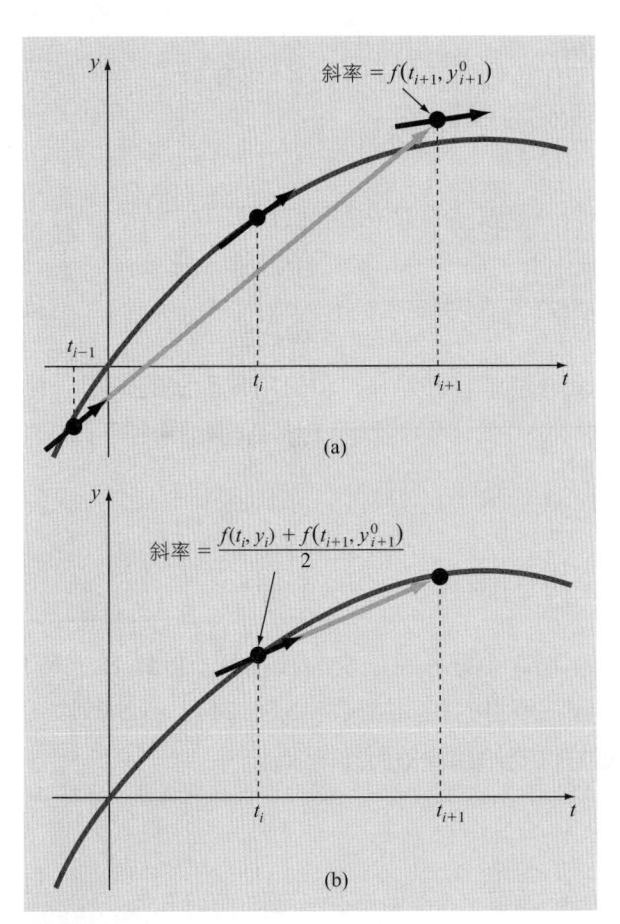

圖 23.7 非自己啟動霍因法的圖解說明。(a) 使用中點法當作預估算子；(b) 使用梯形法則當作校正算子。

範例 23.3　非自己啟動霍因法

問題敘述　使用非自己啟動霍因法求解在範例 22.2 中使用霍因法所進行的相同運算。也就是以步長大小為 1，在區間 $t = 0$ 到 4 積分 $y' = 4e^{0.8t} - 0.5y$。如同範例 22.2，在 $t = 0$ 的初始條件為 $y = 2$。然而因為現在使用多步法，我們需要額外的資訊，在 $t = -1$，y 的值為 -0.3929953。

解法　預估算子（式 (23.7)）可以用來從 $t = -1$ 到 1 做線性外插：

$$y_1^0 = -0.3929953 + [4e^{0.8(0)} - 0.5(2)]2 = 5.607005$$

校正算子（式 (23.8)）可以用來計算值如下：

$$y_1^1 = 2 + \frac{4e^{0.8(0)} - 0.5(2) + 4e^{0.8(1)} - 0.5(5.607005)}{2}1 = 6.549331$$

此值代表真實相對誤差百分比為 -5.73%（真實值 = 6.194631）。這個誤差比在自己啟動霍因法 (self-starting Heun method) 中所求得的 -8.18% 還要小。

現在，式 (23.8) 可以迭代使用來改進這個解：

$$y_1^2 = 2 + \frac{3 + 4e^{0.8(1)} - 0.5(6.549331)}{2}1 = 6.313749$$

此值代表誤差為 −1.92%。利用式 (23.9)，可以得到此誤差的近似估計值為：

$$|\varepsilon_a| = \left|\frac{6.313749 - 6.549331}{6.313749}\right| \times 100\% = 3.7\%$$

式 (23.8) 可以迭代使用，直到 ε_a 小於預先指派的誤差容許量 ε_s。和使用霍因法的情形一樣（回想範例 22.2），迭代的結果收斂到 6.36087 ($\varepsilon_t = -2.68\%$)。然而，因為初始預估算子的值較正確，所以多步法收斂的速率較快。

對於第二步，預估算子為：

$$y_2^0 = 2 + [4e^{0.8(1)} - 0.5(6.36087)]\,2 = 13.44346 \qquad \varepsilon_t = 9.43\%$$

比原始的霍因法所計算的預測值 12.0826 ($\varepsilon_t = 18\%$) 更好。第一次的校正算子得到 15.76693 ($\varepsilon_t = 6.8\%$)，接下來的迭代收斂到自己啟動霍因法所得的相同結果：15.30224 ($\varepsilon_t = -3.09\%$)。和前一步一樣，校正算子收斂的速率因為有較好的初始預測值而獲得改善。

23.2.2　誤差估計值

除了提供較好的效率之外，非自己啟動霍因法也可以用來估計局部截斷誤差。和我們在 23.1 節中所討論的適應性 RK 法一樣，這個誤差估計值可以當作改變步長大小的準則。

此誤差估計值可以由預估算子等效於中點法而推導出來。因此，其局部截斷誤差為（參考表 19.4）：

$$E_p = \frac{1}{3}h^3 y^{(3)}(\xi_p) = \frac{1}{3}h^3 f''(\xi_p) \tag{23.10}$$

其中下標 p 表示預估算子的誤差。此誤差估計值可以和預估算子那一步所得到的估計值 y_{i+1} 合併使用，得到：

$$真實值 = y_{i+1}^0 + \frac{1}{3}h^3 y^{(3)}(\xi_p) \tag{23.11}$$

由於已知校正算子等效於梯形法則，因此局部截斷誤差的估計值相似估計為（表 19.2）：

$$E_c = -\frac{1}{12}h^3 y^{(3)}(\xi_c) = -\frac{1}{12}h^3 f''(\xi_c) \tag{23.12}$$

此誤差估計值可以和校正算子所得到的估計值 y_{i+1} 合併使用，得到：

$$\text{真實值} = y_{i+1}^m - \frac{1}{12}h^3 y^{(3)}(\xi_c) \tag{23.13}$$

將式 (23.13) 減去式 (23.11)，可以得到：

$$0 = y_{i+1}^m - y_{i+1}^0 - \frac{5}{12}h^3 y^{(3)}(\xi) \tag{23.14}$$

其中 ξ 落在 t_{i-1} 與 t_i 之間。現在，將式 (23.14) 除以 5 並且重新改寫，結果得到：

$$\frac{y_{i+1}^0 - y_{i+1}^m}{5} = -\frac{1}{12}h^3 y^{(3)}(\xi) \tag{23.15}$$

我們注意到式 (23.12) 和式 (23.15) 的右手邊項除了三階導數的引數之外，兩者是一致的。如果這個區間中，三階導數的值變化不大，我們可以假設右邊的項相等，因此左邊的項也應該相等，如下：

$$E_c = -\frac{y_{i+1}^0 - y_{i+1}^m}{5} \tag{23.16}$$

因此，我們得到可以用來估計每一步截斷誤差的關係，其根據的兩個量是計算過程的常態副產品：預估算子 (y_{i+1}^0) 與校正算子 (y_{i+1}^m)。

範例 23.4　每一步截斷誤差的估計

問題敘述　使用式 (23.16) 來估計範例 23.3 中每一步的截斷誤差。我們注意到在 $t = 1$ 與 $t = 2$ 的真實值分別為 6.194631 與 14.84392。

解法　在 $t_{i+1} = 1$ 時，根據預估算子得到 5.607005，並且由校正算子得到 6.360865。這些值可以代入式 (23.16) 中得到：

$$E_c = -\frac{6.360865 - 5.607005}{5} = -0.150722$$

和完全正確的誤差比較，相當不錯：

$$E_t = 6.194631 - 6.360865 = -0.1662341$$

在 $t_{i+1} = 2$ 時，根據預估算子得到 13.44346，而根據校正算子則得到 15.30224，此兩個值可以用來計算：

$$E_c = -\frac{15.30224 - 13.44346}{5} = -0.37176$$

和完全正確的誤差比較也相當不錯，$E_t = 14.84392 - 15.30224 = -0.45831$。

以上是對多步法的簡短介紹，額外的資訊可以在其他參考資料中找到（如 Chapra 和 Canale, 2010）。雖然多步法適用於某些種類的問題，但是通常並不為大部分工程與科學問題所採用。即便如此，它確實有用，例如 MATLAB 中的函數 `ode113` 就是一個多步法。這也是為什麼我們要用本節來介紹它的一些基本概念。

23.3 勁度

勁度 (stiffness) 是在求解常微分方程式中可能會發生的一個特殊問題。一個**勁度系統 (stiff system)** 同時包含快速變化與緩慢變化的部分。有時，快速變化的部分只是很快地消失的無常暫態，在暫態消失之後，解會被緩慢變化的部分所支配。雖然暫態現象只占積分區間的一小部分，但是卻可決定整個解所需要的時間步長。

無論是獨立的或系統性的常微分方程式都可以是僵直的。一個單一勁度常微分方程式的例子如下：

$$\frac{dy}{dt} = -1000y + 3000 - 2000e^{-t} \qquad (23.17)$$

如果 $y(0) = 0$，則解析解可以開發如下：

$$y = 3 - 0.998e^{-1000t} - 2.002e^{-t} \qquad (23.18)$$

如圖 23.8 所示，解在一開始由快速的指數項 (e^{-1000t}) 所支配。在一個短暫的時間 ($t < 0.005$) 後，此暫態消失，然後此解被緩慢的指數項 (e^{-t}) 所支配。

要了解達到穩定求解所需的步長大小，可以藉由檢查式 (23.17) 中的齊次項得到：

$$\frac{dy}{dt} = -ay \qquad (23.19)$$

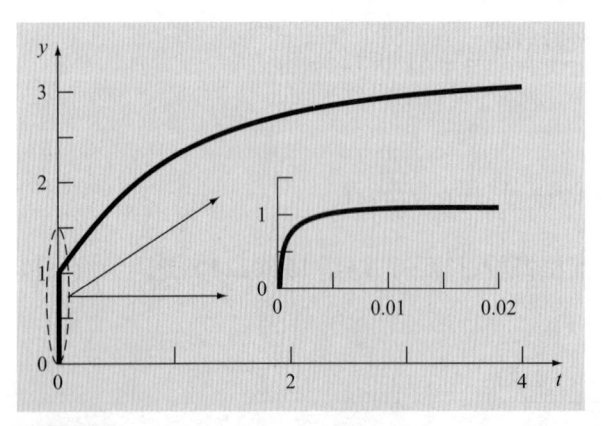

圖 23.8 單一常微分方程式勁度解的圖形。雖然解看起來由 1 開始，但是實際上在小於 0.005 的時間單位內曾經發生一個由 $y = 0$ 到 1 的快速暫態。此暫態只有在很精細的時間比例縮放之下才能察覺。

如果 $y(0) = y_0$，則可以利用微積分得到解如下：

$$y = y_0 e^{-at}$$

因此，此解由 y_0 開始且漸近於零。

我們可以使用歐拉法數值求解此問題：

$$y_{i+1} = y_i + \frac{dy_i}{dt}h$$

以式 (23.19) 代入，可以得到：

$$y_{i+1} = y_i - ay_i h$$

或者

$$y_{i+1} = y_i(1 - ah) \tag{23.20}$$

此公式的穩定度很明顯地是靠步長大小 h 來決定，也就是 $|1 - ah|$ 必須小於 1。如此一來，如果 $h > 2/a$，則當 $i \to \infty$ 時，$|y_i| \to \infty$。

對於式 (23.18) 中快速暫態的部分，此準則可以用來顯示步長大小必須 $< 2/1000 = 0.002$ 才能維持穩定度。另外，我們也必須注意到，當此準則維持穩定度（也就是有界解）時，則需要更小的步長大小來得到正確的解。因此，雖然暫態只在積分區間內的一個很小部分發生，卻控制了所容許的最大步長大小。

與其採用顯性的方法，隱性的方法倒是能提供補救的方案。這樣的表示方法稱為**隱性 (implicit)**，因為未知數同時出現在方程式等號的兩邊。歐拉法的隱性形式可以藉由計算某一未來時間的導數而開發出來：

$$y_{i+1} = y_i + \frac{dy_{i+1}}{dt}h$$

此方法稱為**向後歐拉法 (backward Euler's method)** 或**隱性歐拉法 (implicit Euler's method)**。以式 (23.19) 代入，可以得到：

$$y_{i+1} = y_i - ay_{i+1}h$$

接下來可解出：

$$y_{i+1} = \frac{y_i}{1 + ah} \tag{23.21}$$

在這個情況下，無論步長大小為何，當 $i \to \infty$ 時，$|y_i| \to 0$。因此，此方法稱為**無條件穩定 (unconditionally stable)**。

範例 23.5　顯性與隱性歐拉法

問題敘述　使用顯性與隱性歐拉法求解式 (23.17)，其中 $y(0) = 0$。(a) 使用顯性歐拉法，且步長大小為 0.0005 與 0.0015 來求解 $t = 0$ 到 0.006 的 y。(b) 使用隱性歐拉法，且步長大小為 0.05 來求解 $t = 0$ 到 0.4 的 y。

解法　(a) 對於這個問題，顯性歐拉法為：

$$y_{i+1} = y_i + (-1000 y_i + 3000 - 2000 e^{-t_i})h$$

對於 $h = 0.0005$ 求解的結果在圖 23.9a 中與解析解一併顯示。雖然此結果具有截斷誤差，但能夠捕捉解析解的大致形狀。相對地，當增加步長大小到剛好小於穩定度的界限 ($h = 0.0015$) 時，則解顯示出振盪。使用 $h > 0.002$ 會得到完全不穩定的解，也就是說，當持續求解時會趨向無窮大。

(b) 隱性的歐拉法為：

$$y_{i+1} = y_i + (-1000 y_{i+1} + 3000 - 2000 e^{-t_{i+1}})h$$

現在由於此常微分方程式是線性的，我們可以重新整理這個方程式，使等號的左邊只有 y_{i+1}：

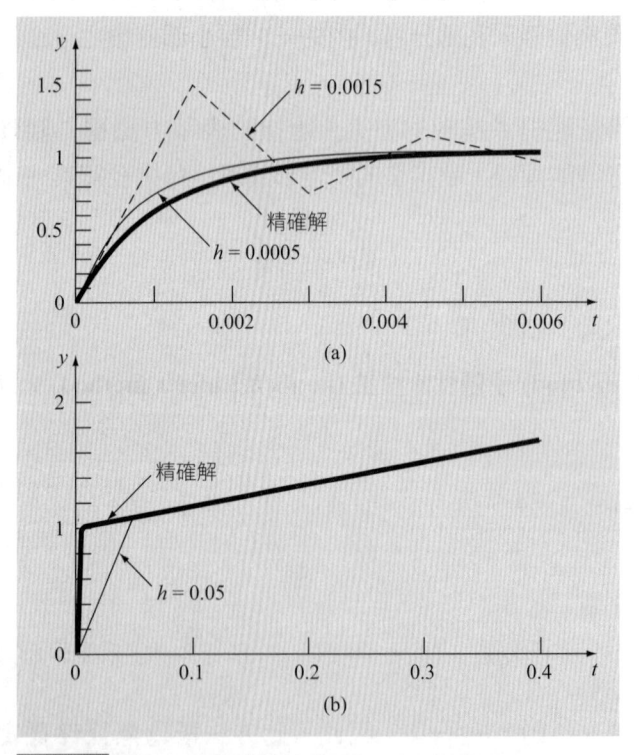

圖 23.9　使用 (a) 顯性歐拉法以及 (b) 隱性歐拉法求解勁度常微分方程式的解。

$$y_{i+1} = \frac{y_i + 3000h - 2000he^{-t_{i+1}}}{1 + 1000h}$$

$h = 0.05$ 求解的結果在圖 23.9b 中與解析解一併顯示。雖然我們使用了比導致顯性歐拉法不穩定還要大的步長大小，此數值方法所計算的結果還是能夠相當地符合解析解。

常微分方程式系統也可能是僵直的。例如：

$$\frac{dy_1}{dt} = -5y_1 + 3y_2 \tag{23.22a}$$

$$\frac{dy_2}{dt} = 100y_1 - 301y_2 \tag{23.22b}$$

對於初始條件 $y_1(0) = 52.29$ 與 $y_2(0) = 83.82$，所得到的精確解為：

$$y_1 = 52.96e^{-3.9899t} - 0.67e^{-302.0101t} \tag{23.23a}$$
$$y_2 = 17.83e^{-3.9899t} + 65.99e^{-302.0101t} \tag{23.23b}$$

我們注意到指數項為負，而量值大小的差異是兩個量級。和單一方程式的情形一樣，大的指數項響應快速且是系統勁度的核心。

目前的範例中，系統的隱性歐拉法可以公式化如下：

$$y_{1,i+1} = y_{1,i} + (-5y_{1,i+1} + 3y_{2,i+1})h \tag{23.24a}$$
$$y_{2,i+1} = y_{2,i} + (100y_{1,i+1} - 301y_{2,i+1})h \tag{23.24b}$$

合併相同的項整理得到：

$$(1 + 5h)y_{1,i+1} - 3y_{2,i+1} = y_{1,i} \tag{23.25a}$$
$$-100y_{1,i+1} + (1 + 301h)y_{2,i+1} = y_{2,i} \tag{23.25b}$$

因此，我們可以看出此問題是由在每一時間步長中求解一組聯立方程式所組成。

對於非線性的常微分方程式，求解變得更為困難，因為需要求解非線性聯立方程式系統（回想 12.2 節）。因此，雖然可以藉由隱性的方式增加穩定度，但是代價是使得求解的複雜度增加。

23.3.1 勁度系統的 MATLAB 函數

MATLAB 具有許多內建函數可以用來求解勁度系統的常微分方程式。這些函數包括：

ode15s：此函數是根據數學微分公式的變階解法器。它屬於多步解法器，可以選擇性地使用 Gear 反向微分 (Gear backward differentiation) 公式，適用於低到中正確度的勁度系統。

ode23s：此函數是根據修改的二階羅森布洛克 (Rosenbrock) 公式。因為它是單步解法器，所以在粗糙的容許量之下會比 `ode15s` 更有效率。它在求解某些種類的勁度問題上比 `ode15s` 還要好。

ode23t：此函數可以執行「自由」內插的梯形法則。適用於低正確度的中等勁度問題，其中你需要的是不具數值阻尼的解。

ode23tb：此函數是隱性倫基－庫達公式的一種執行，此公式的第一階段為梯形法則，而第二階段為反向微分二階公式。此解法器在粗糙的容許量之下比 `ode15s` 更有效率。

範例 23.6　MATLAB 求解勁度常微分方程式

問題敘述　凡得波方程式 (van der Pol equation) 是在真空管時代的一種電路模型：

$$\frac{d^2 y_1}{dt^2} - \mu(1 - y_1^2)\frac{dy_1}{dt} + y_1 = 0 \tag{E23.6.1}$$

當 μ 變大時，此方程式的解變得更具勁度。給定 $y_1(0) = dy_1/dt = 1$ 的初始條件，使用 MATLAB 求解下列兩種情況：(a) 對於 $\mu = 1$，使用 `ode45` 在 $t = 0$ 到 20 求解；以及 (b) 對於 $\mu = 1000$，使用 `ode23s` 在 $t = 0$ 到 6000 求解。

解法　(a) 第一步是利用以下定義，將此二階常微分方程式轉換成一對一階的常微分方程式：

$$\frac{dy_1}{dt} = y_2$$

使用此方程式，式 (E23.6.1) 可以改寫成：

$$\frac{dy_2}{dt} = \mu(1 - y_1^2)y_2 - y_1 = 0$$

我們可以開發一個 M 檔來儲存這一對微分方程式：

```
function yp = vanderpol(t,y,mu)
yp = [y(2);mu*(1-y(1)^2)*y(2)-y(1)];
```

注意，μ 的值是以參數的形式傳遞。和範例 23.1 中一樣，使用 `ode45` 來求解並畫出結果：

```
>> [t,y] = ode45(@vanderpol,[0 20],[1 1],[],1);
>> plot(t,y(:,1),'-',t,y(:,2),'--')
>> legend('y1','y2');
```

由於我們並沒有指派任何選項，所以必須使用開放的中括號 `[]` 占位置。圖 23.10a 所示的平滑特性告訴我們，凡得波方程式在 $\mu = 1$ 的情況下並非為勁度系統。

(b) 如果在勁度情況下 ($\mu = 1000$) 使用標準的解法器，如 `ode45`，則求解會慘敗（不相信的話可以試試看）。然而，`ode23s` 可以有效地達成：

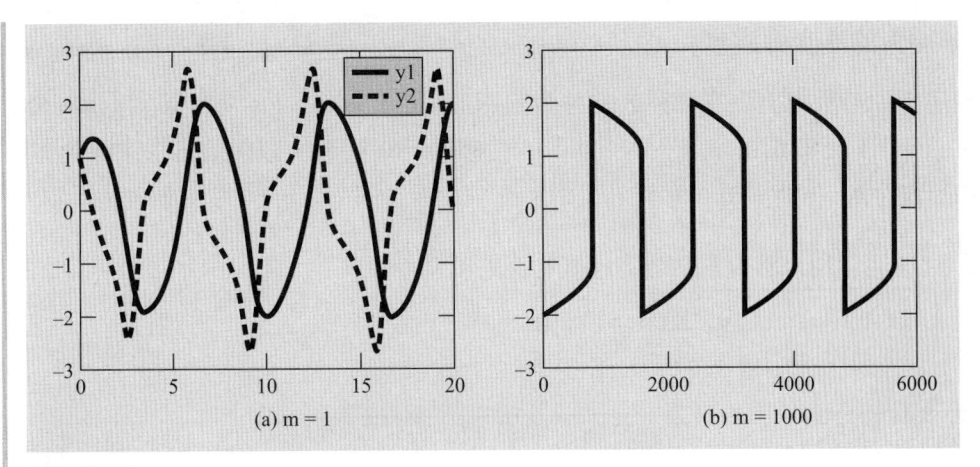

圖 23.10 凡得波方程式的解。(a) 使用 `ode45` 求解的非勁度形式；(b) 使用 `ode23s` 所解出的勁度形式。

```
>> [t,y] = ode23s(@vanderpol,[0 6000],[1 1],[],1000);
>> plot(t,y(:,1))
```

圖形中只顯示 y_1 的部分，因為 y_2 的結果需要較大的縮放比例。注意，此解（圖 23.10b）的邊緣比圖 23.10a 中的圖形更為陡峭。這是此解具有「勁度」的圖像證明。

23.4 MATLAB 應用：綁繩索的高空彈跳者

在此節中，我們將使用 MATLAB 來求解高空彈跳者以繩索連接靜止平台的垂直動態。延續第 22 章一開始所述，此問題由求解兩個垂直位置與速度的耦合常微分方程式所組成。對於位置的微分方程式為：

$$\frac{dx}{dt} = v \tag{23.26}$$

速度的微分方程式則根據繩索是否已經完全伸展且開始拉緊而有所不同。因此，如果高空彈跳者落下的距離小於繩索的長度，則其僅受到地心引力和空氣阻力：

$$\frac{dv}{dt} = g - \text{sign}(v)\frac{c_d}{m}v^2 \tag{23.27a}$$

一旦此繩索開始拉緊，則繩索的彈力與阻尼力也必須包含在模型之內：

$$\frac{dv}{dt} = g - \text{sign}(v)\frac{c_d}{m}v^2 - \frac{k}{m}(x-L)\frac{\gamma}{m}v \tag{23.27b}$$

以下範例顯示 MATLAB 如何用來求解這個問題。

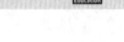

範例 23.7 綁繩索的高空彈跳者

問題敘述　利用下列參數求出高空彈跳者的位置與速度：$L = 30$ m，$g = 9.81$ m/s^2，$m = 68.1$ kg，$c_d = 0.25$ kg/m，$k = 40$ N/m，$\gamma = 8$ N·s/m。在區間 $t = 0$ 到 50 s 以數值方法求解此方程式，給定的初始條件為 $x(0) = v(0) = 0$。

解法　以下的 M 檔可以用來計算常微分方程式右邊的項：

```
function dydt = bungee(t,y,L,cd,m,k,gamma)
g = 9.81;
cord = 0;
if y(1) > L %determine if the cord exerts a force
  cord = k/m*(y(1)-L)+gamma/m*y(2);
end
dydt = [y(2); g - sign(y(2))*cd/m*y(2)^2 - cord];
```

注意，導數以行向量的形式回傳，是因為 MATLAB 的解法器需要這樣的格式。

因為這些方程式並非勁度的，所以我們可以使用 ode45 得到解，並且在圖形上畫出來：

```
>> [t,y] = ode45(@bungee,[0 50],[0 0],[],30,0.25,68.1,40,8);
>> plot(t,-y(:,1),'-',t,y(:,2),':')
>> legend('x (m)','v (m/s)')
```

如圖 23.11 所示，我們調換了距離的正負號，使得負的距離代表往下。注意到此模擬擷取了高空彈跳者反彈的運動。

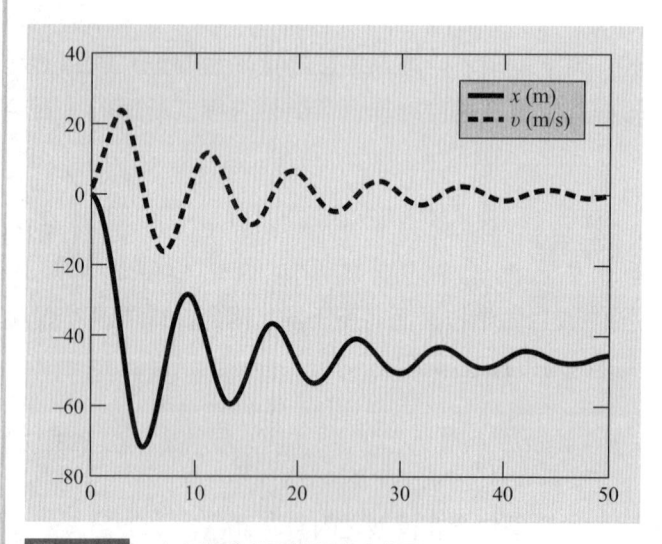

圖 23.11　高空彈跳者距離與速度的圖。

23.5 案例研究　　普林尼的間歇噴泉

背景　據說羅馬自然哲學家普林尼長老 (Pliny the Elder) 的花園中有一座間歇噴泉。如圖 23.12 所示，水以固定流率 Q_{in} 進入一個圓柱桶，直至水位到達 y_{high}。然後水會從一個圓形排放管吸出，在排放管出口產生一個噴泉。水會不斷噴出直至水位降到 y_{low}，然後排放管會吸滿空氣，導至噴泉停止。此時水會重新流入圓柱桶，然後整個過程會自此重複。

當進行虹吸時，根據**托里切利定律 (Torricelli's law)**，流出率 Q_{out} 可以計算如下：

$$Q_{out} = C\sqrt{2gy}\pi r^2 \tag{23.28}$$

不論管內的水量有多少，計算並繪出以時間函數表示的桶內水位，時間為 100 秒。假設一個空箱的初始條件 $y(0) = 0$，並採用下列參數：

$R_T = 0.05$ m　　　　$r = 0.007$ m　　$y_{low} = 0.025$ m
$y_{high} = 0.1$ m　　　　$C = 0.6$　　　　$g = 9.81$ m/s^2
$Q_{in} = 50 \times 10^{-6}$ m^3/s

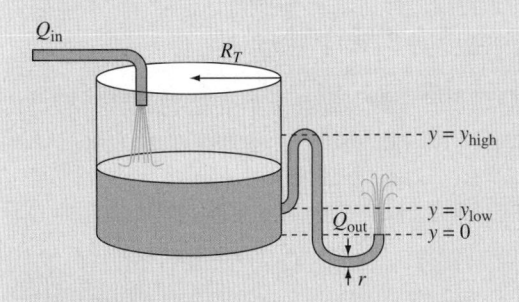

圖 23.12　間歇噴泉。

解法　當噴泉運作時，桶內體積 $V(\text{m}^3)$ 變化的速率取決於流入減去流出的簡單平衡：

$$\frac{dV}{dt} = Q_{in} - Q_{out} \tag{23.29}$$

其中 $V =$ 體積 (m^3)。由於箱體是圓柱形，$V = \pi R_t^2 y$。將此關係式和式 (23.28) 代入式 (23.29) 得到：

$$\frac{dy}{dt} = \frac{Q_{in} - C\sqrt{2gy}\pi r^2}{\pi R_t^2} \tag{23.30}$$

當噴泉沒有運作時，分子的第二項為零。我們可以將此機制的模式引入新的無維度變數 *siphon*，噴泉關閉時此值為零，噴泉運作時此值為 1。

$$\frac{dy}{dt} = \frac{Q_{in} - siphon \times C\sqrt{2gy}\pi r^2}{\pi R_t^2} \tag{23.31}$$

在目前情況下，*siphon* 可以視為一個泉水開關。此兩狀態的變數稱為**布林變數 (Boolean variable)** 或**邏輯變數 (logical variable)**，其中 0 等於假值 (false)，1 等於真值 (true)。

接下來，我們要作 *siphon* 和應變數 *y* 的連結。首先，當水位低於 y_{low}，*siphon* 設定為零。反之，當水位超出 y_{high} 時，*siphon* 設定為 1。以下 M 檔函數在計算導數時即遵循這個邏輯：

```
function dy = Plinyode(t,y)
global siphon
Rt = 0.05; r = 0.007; yhi = 0.1; ylo = 0.025;
C = 0.6; g = 9.81; Qin = 0.00005;
if y(1) <= ylo
  siphon = 0;
elseif y(1) >= yhi
  siphon = 1;
end
Qout = siphon * C * sqrt(2 * g * y(1)) * pi * r ^ 2;
dy = (Qin - Qout) / (pi * Rt ^ 2);
```

注意，因為 siphon 的值必須在不同函數間維持一致，因此 siphon 被設定為全域變數。雖然不鼓勵使用全域變數（特別是在較大的程式），但在目前情況下，它是有用的。

以下程序使用內建的 ode45 函數來積分 Plinyode 和產生解的圖形：

```
global siphon
siphon = 0;
tspan = [0 100]; y0 = 0;
[tp,yp]=ode45(@Plinyode,tspan,y0);
plot(tp,yp)
xlabel('time, (s)')
ylabel('water level in tank, (m)')
```

如圖 23.13 所示，這個結果顯然不正確。除了一開始的注入時間，水位似乎在達到 y_{high} 之前就開始淨空。同樣地，當它排水時，排水管在水位降到 y_{low} 之前就被切斷。

此時，你可能懷疑解此問題需要比 ode45 程式更強的工具，因此可能會想利用其他常微分方程式的 MATLAB 求解器，如 ode23s 或 ode23tb。但是假使你這樣做，你會發現雖然這些程序會產生略為不同的結果，這些結果依然不正確。

會有這個麻煩是因為常微分方程式在水管的開關點是間斷的。例如，水注入圓柱桶時，導數只取決於固定的入流水，在本例為定值 6.366×10^{-3} m/s。然而，一旦水位達到 y_{high}，水會開始外流，導數會突然下降到 -1.013×10^{-2} m/s。雖然 MATLAB 使用的適應性步長大小程式能解決許多問題，但在處理這種不連續性時往往力不從心。因為它們會將解的行為與不同步長所得的結果進行比較，這種間斷就像是踩進漆黑街道上的坑洞一樣。

至此，你的第一個念頭可能是乾脆放棄。畢竟，如果對 MATLAB 而言太困難，沒有人會期待你求出解。但因為專業工程師和科學家很少能擺脫這種要求，你唯一的辦法是根據自己的數值方法知識發展出補救的方法。

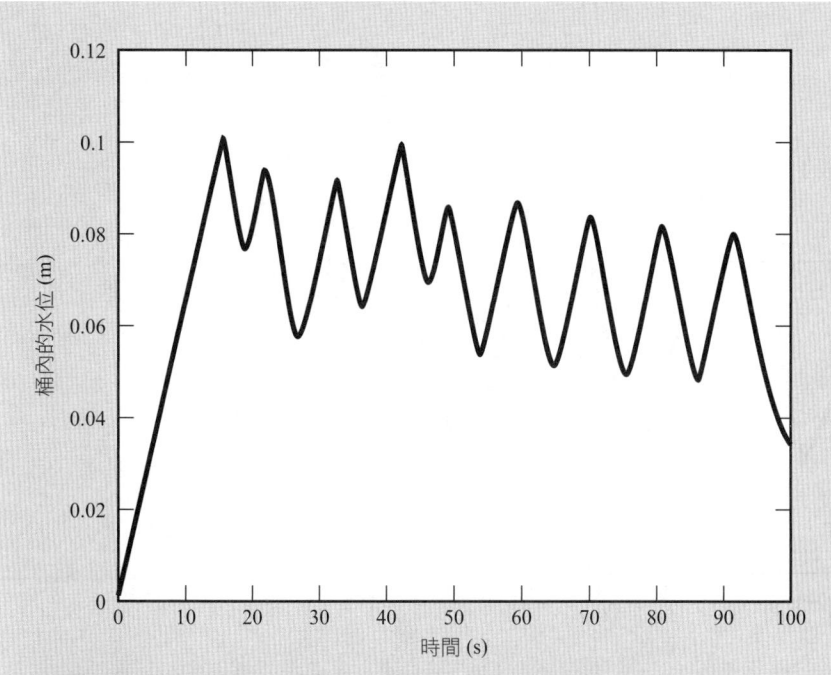

圖 23.13 以 ode45 模擬普林尼噴泉水位與時間。

由於這個問題是因為要用適應性步長跨越間斷而產生，因此倒不如改用最簡單的方法，也就是使用固定的小步長。仔細想想，這也不正是你要穿越漆黑街道避免路上坑洞的方式嗎？要進行這個策略，我們只需要將 ode45 以第 22 章（圖 22.8）中固定步長的 rk4sys 函數取代。對於上述程式，第四行將可表示為：

[tp,yp] = rk4sys(@Plinyode,tspan,y0,0.0625);

如圖 23.14 所示，現在的解法將如預期發展。當週期重複時，水桶填滿至 y_{high}，然後清空到 y_{low} 為止。

本案例研究給了我們兩個寶貴的訊息。首先，雖然人往往不會如此認為，但是簡單才是最好的。畢竟套用愛因斯坦的名言：「凡事都應盡可能簡化，但不能過於簡單。」其次，你永遠不應該盲目地相信電腦所產生的每個結果。你大概聽過這個老掉牙的說法：「垃圾進，垃圾出」，就是用來形容數據品質對電腦輸出的效度所造成的影響。不幸的是，一些人認為，不管什麼東西（數據）進去，或是不論裡面發生什麼事（演算法），電腦輸出的一定是聖旨。圖 23.13 所描繪的情況特別危險──雖然輸出不正確，但並無明顯的錯誤；也就是說，模擬不會不穩定或產生負水位。事實上，儘管不正確，該解仍將產生向上和向下間歇噴泉的方式。

希望本案例研究能夠清楚顯示，即使是優秀如 MATLAB 的軟體也並非萬無一失。因此，心思縝密的工程師和科學家總會以其豐富的經驗與對求解問題的了解，用正面的懷疑態度來檢視數值輸出。

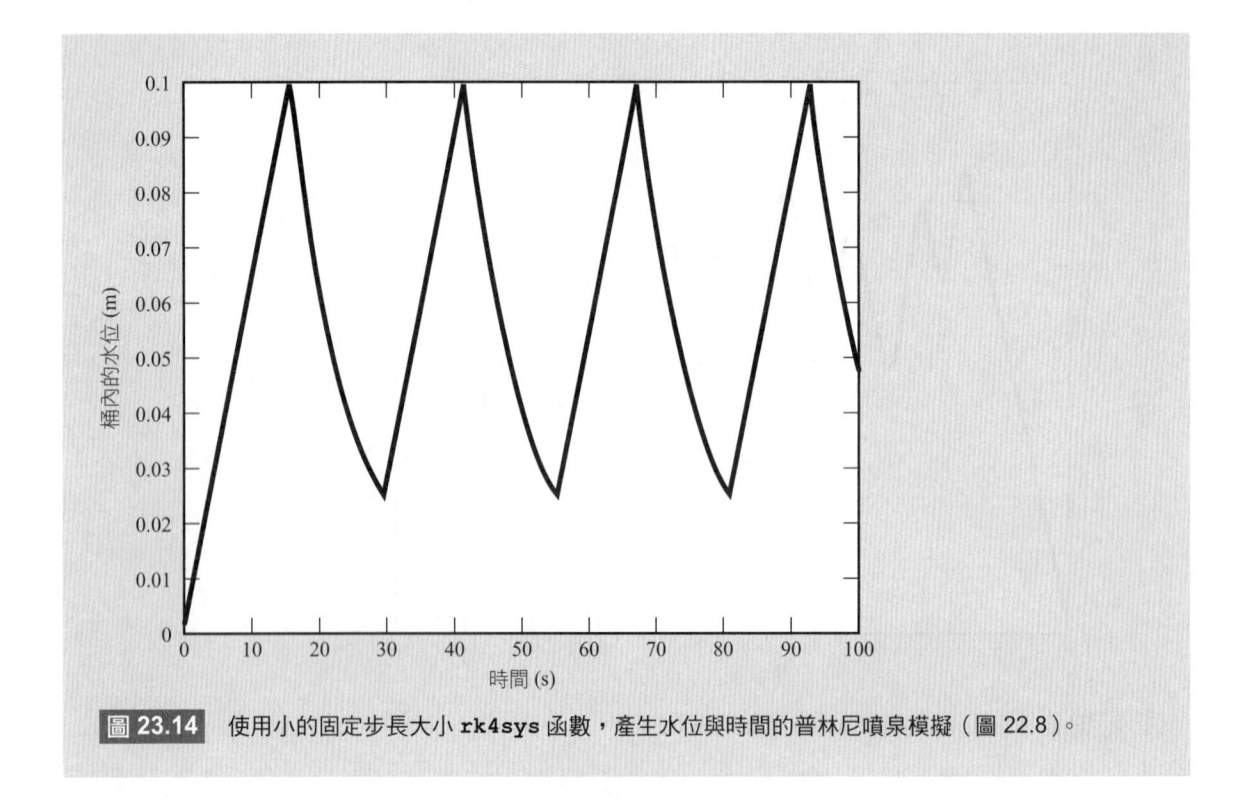

圖 23.14 使用小的固定步長大小 `rk4sys` 函數，產生水位與時間的普林尼噴泉模擬（圖 22.8）。

習題

習題 23.24、23.25 和 23.32 請見隨書光碟

23.1 重複 23.5 節中普林尼噴泉同樣的模擬，但是以 `ode23`、`ode23s` 以及 `ode113` 來求解。使用 `subplot` 發展一垂直三格的時間序列圖。

23.2 以下的常微分方程式為某流行病的模型：

$$\frac{dS}{dt} = -aSI$$

$$\frac{dI}{dt} = aSI - rI$$

$$\frac{dR}{dt} = rI$$

其中 S = 容易感染的健康者，I = 受感染者，R = 復原者，a = 感染率，r = 復原率。一座城市有 10,000 人，他們都容易感染。

(a) 如果一受感染者在 $t = 0$ 時進入該城市，計算此流行病的進程，直到受感染者人數低於 10。使用下列參數：$a = 0.002/$(人·週) 和 $r = 0.15/$天，發展所有狀態變數的時間序列圖，並產生 S 與 I 與 R 的相平面圖。

(b) 假設復原後會喪失免疫力，使得復原者變得容易受到感染。這種再度感染機制可以計算為 ρR，其中 ρ = 再度感染率。修改模型以涵蓋此機制，並使用 $\rho = 0.03/$ 天重複 **(a)** 的計算。

23.3 求解下列初始值問題，區間為 $t = 2$ 到 3：

$$\frac{dy}{dt} = -0.5y + e^{-t}$$

使用非自己啟動霍因法，其中步長大小為 0.5，初始條件為 $y(1.5) = 5.222138$ 與 $y(2.0) = 4.143883$。使用校正算子迭代，直到 $\varepsilon_s = 0.1\%$。根據由解析方式所得到完全正確的解，即 $y(2.5) = 3.273888$ 與 $y(3.0) = 2.577988$，計算你的結果的相對誤差百分比。

23.4 求解下列初始值問題，區間為 $t = 0$ 到 0.5：

$$\frac{dy}{dt} = yt^2 - y$$

使用四階 RK 法預測在 $t = 0.25$ 的第一個值。接下來，使用非自己啟動霍因法預測在 $t = 0.5$ 的值。注意：$y(0) = 1$。

23.5 給定

$$\frac{dy}{dt} = -100{,}000y + 99{,}999e^{-t}$$

(a) 使用顯性歐拉法，估計能夠維持穩定度的步長大小。

(b) 如果 $y(0) = 0$，使用隱性歐拉法求解，區間為 $t = 0$ 到 2 以及步長大小為 0.1。

23.6 給定

$$\frac{dy}{dt} = 30(\sin t - y) + 3\cos t$$

如果 $y(0) = 0$，使用隱性歐拉法求解，區間為 $t = 0$ 到 4 以及步長大小為 0.4。

23.7 給定

$$\frac{dx_1}{dt} = 999x_1 + 1999x_2$$

$$\frac{dx_2}{dt} = -1000x_1 - 2000x_2$$

如果 $x_1(0) = x_2(0) = 1$，使用 **(a)** 顯性歐拉法與 **(b)** 隱性歐拉法求解，區間為 $t = 0$ 到 0.2 以及步長大小為 0.05。

23.8 下列非線性的寄生常微分方程式 (parasitic ODE) 是宏貝克 (Hornbeck) 在 1975 年首先提出：

$$\frac{dy}{dt} = 5(y - t^2)$$

給定初始條件 $y(0) = 0.08$，在區間 $t = 0$ 到 5 利用以下方法求解此方程式：

(a) 以解析的方式。
(b) 使用四階 RK 法，步長大小固定為 0.03125。
(c) 使用 MATLAB 函數 ode45。
(d) 使用 MATLAB 函數 ode23s。
(e) 使用 MATLAB 函數 ode23tb。

以圖的形式呈現你的結果。

23.9 回想範例 20.5，下列 humps 函數在相對較短的 x 範圍中，表現出平坦和陡峭的區域：

$$f(x) = \frac{1}{(x-0.3)^2 + 0.01} + \frac{1}{(x-0.9)^2 + 0.04} - 6$$

計算在 $x = 0$ 和 1 的定積分函數值，使用 **(a)** quad 和 **(b)** ode45 函數。

23.10 單擺的振盪可以使用下列非線性模型來模擬：

$$\frac{d^2\theta}{dt^2} + \frac{g}{l}\sin\theta = 0$$

其中 θ = 位移的角度，g = 重力常數，l = 單擺長度。對於小的角位移，$\sin\theta$ 可以近似為 θ，並且此模型可以線性化為：

$$\frac{d^2\theta}{dt^2} + \frac{g}{l}\theta = 0$$

使用 ode45 求解線性與非線性模型中的 θ，並以時間的函數表示，其中 $l = 0.6$ m 與 $g = 9.81$ m/s^2。首先，求解初始條件為小的位移（$\theta = \pi/8$ 且 $d\theta/dt = 0$）。接下來，重複大位移的計算（$\theta = \pi/2$）。在每一個情況中，在同一張圖上繪出線性與非線性模擬的結果。

23.11 利用在 23.1.2 節提到的事件選項來求出一個 1 m 長線性鐘擺的週期（見習題 23.10 中的敘述）。使用下列初始條件計算週期：**(a)** $\theta = \pi/8$，**(b)** $\theta = \pi/4$，及 **(c)** $\theta = \pi/2$。對於這三個例子，設定初始角速度為零。〔提示：一個計算週期的好方法是去計算鐘擺須要經過多少時間才會達到 $\theta = 0$（也就是弧形的底部）。〕週期等於這個值的四倍。

23.12 重複習題 23.11，但是改為習題 23.10 中敘述的非線性鐘擺。

23.13 以下系統是會在求解化學反應動力學時出現的勁度常微分方程式的典型例子：

$$\frac{dc_1}{dt} = -0.013c_1 - 1000c_1c_3$$

$$\frac{dc_2}{dt} = -2500c_2c_3$$

$$\frac{dc_3}{dt} = -0.013c_1 - 1000c_1c_3 - 2500c_2c_3$$

從 $t = 0$ 到 50，以初始條件 $c_1(0) = c_2(0) = 1$ 和 $c_3(0) = 0$ 求解方程式。如果可以執行 MATLAB 軟體，使用標準（如 ode45）和勁度（如 ode23s）函數來獲得解。

23.14 以下是勁度的二階常微分方程式：

$$\frac{d^2y}{dx^2} = -1001\frac{dy}{dx} - 1000y$$

以 **(a)** 解析方法和 **(b)** 數值方法求解此微分方程式，$x = 0$ 至 5。對於 **(b)**，使用 $h = 0.5$ 和隱性的方式。注意，初始條件是 $y(0) = 1$ 和 $y'(0) = 0$。以圖形顯示這兩個結果。

23.15 如圖 P23.15 所示，在 x-y 平面有一長度為 l 的細桿擺動。此桿是以一銷固定在一端，另一端有一質量。注意，$g = 9.81$ m/s^2，$l = 0.5$ m。該系統可以下式求解：

$$\ddot{\theta} - \frac{g}{l}\theta = 0$$

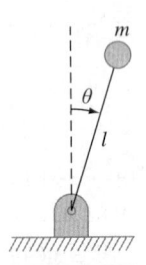

圖 P23.15

使 $\theta(0) = 0$ 和 $\dot{\theta}(0) = 0.25$ rad/s。使用本章討論的任何方法求解，並繪出角度與時間以及角速度與時間的圖。（提示：分解二階常微分方程式。）

23.16 給定一階常微分方程式：
$$\frac{dx}{dt} = -700x - 1000e^{-t}$$
$$x(t=0) = 4$$

在 $0 \leq t \leq 5$ 的時間內，使用數值方法解此勁度微分方程式，並也以解析的方法求解，並繪製解析解與數值解中快速暫態和緩慢轉換的時間相圖。

23.17 求解以下的微分方程式，由 $t = 0$ 到 2：
$$\frac{dy}{dt} = -10y$$

初始條件為 $y(0) = 1$。使用以下方法來獲得解：**(a)** 解析方法，**(b)** 顯性歐拉法，和 **(c)** 隱性歐拉法。對於 **(b)** 和 **(c)**，使用 $h = 0.1$ 和 0.2。繪出你的結果。

23.18 22.6 節所描述的洛特卡－渥爾特拉方程式經過修正，可以包括會影響捕食動態的其他因素。例如，除了捕食之外，獵物的數量也會受其他因素限制，像是空間。空間限制可納入模型作為承載容量（回想習題 22.5 的邏輯模型）：
$$\frac{dx}{dt} = a\left(1 - \frac{x}{K}\right)x - bxy$$
$$\frac{dy}{dt} = -cy + dxy$$

其中 K = 承載能力。使用與 22.6 節相同的參數值和初始條件，以 ode45 積分這些方程式，區間為 $t = 0$ 到 100，並繪出時間序列和結果的相平面圖。
(a) 使用一個非常大的值 $K = 10^8$，以驗證獲得與 22.6 節相同的結果。
(b) 以更實際的承載容量 $K = 200$ 和 **(a)** 比較。討論你的結果。

23.19 兩個質量以線性彈簧附著在牆壁上（圖 P23.19）。基於牛頓第二定律的力平衡可表示為：
$$\frac{d^2x_1}{dt^2} = -\frac{k_1}{m_1}(x_1 - L_1) + \frac{k_2}{m_1}(x_2 - x_1 - w_1 - L_2)$$
$$\frac{d^2x_2}{dt^2} = -\frac{k_2}{m_2}(x_2 - x_1 - w_1 - L_2)$$

其中 k = 彈力常數，m = 質量，L = 未伸長彈簧的長度，w = 質量的寬度。使用以下參數值，計算作為時間函數的質量位置：$k_1 = k_2 = 5$，$m_1 = m_2 = 2$，$w_1 = w_2 = 5$，以及 $L_1 = L_2 = 2$。設置初始條件為 $x_1 = L_1$ 和 $x_2 = L_1 + w_1 + L_2 + 6$。執行模擬從 $t = 0$ 到 20。建構位移和速度的時間序列圖。此外，建立 x_1 對 x_2 的相平面圖。

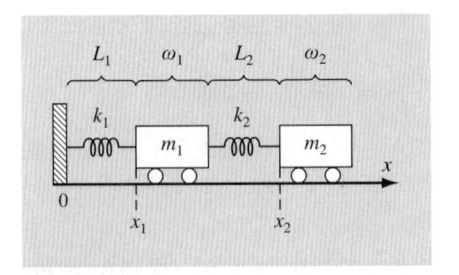

圖 P23.19

23.20 利用 ode45，對習題 23.19 中所描述的系統做微分方程式的積分。產生垂直排列的子圖形，繪出位移（上圖）與速度（下圖）。利用 fft 函數來計算第一個質量位移的離散傅立葉轉換 (DFT)。產生並且繪出頻譜圖來確認系統的共振頻率。

23.21 做和習題 23.20 相同的運算，但是架構改如習題 22.22 中的第一層樓。

23.22 利用在 23.1.2 節中所描述的方法與範例，但是求出當高空彈跳者離地面最遠時的確切時間、高度及速度，並且產生解的圖形。

23.23 如圖 P23.23 所描繪，一個雙擺由一單擺與另一單擺相連。我們將上、下單擺分別用下標標記為 1 和 2，並將原點放在上擺的樞紐點，y 往上遞增。我們進一步假設此系統受重力在垂直面振盪，單擺桿是無質量且剛性，單擺質量可考慮為點質量。在這些假設下，力平衡可用來推導以下的運動方程式：

$$\frac{d^2\theta_1}{dt^2} = \frac{-g(2m_1+m_2)\sin\theta_1 - m_2 g \sin(\theta_1-2\theta_2) - 2\sin(\theta_1-\theta_2)m_2((d\theta_2/dt)^2 L_2 + (d\theta_1/dt)^2 L_1\cos(\theta_1-\theta_2))}{L_1(2m_1+m_2-m_2\cos(2\theta_1-\theta_2))}$$

$$\frac{d^2\theta_2}{dt^2} = \frac{2\sin(\theta_1-\theta_2)((d\theta_1/dt)^2 L_1(m_1+m_2) + g(m_1+m_2)\cos(\theta_1) + (d\theta_2/dt)^2 L_2 m_2\cos(\theta_1-\theta_2))}{L_2(2m_1+m_2-m_2\cos(2\theta_1-\theta_2))}$$

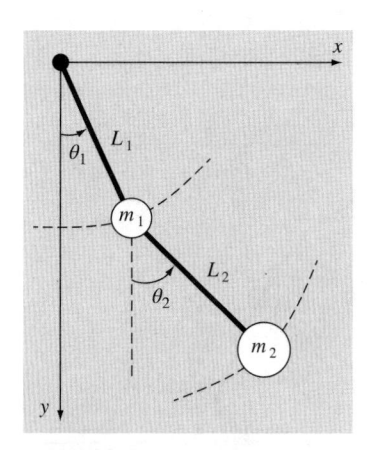

圖 P23.23 一個雙擺。

其中下標 1 和 2 分別代表上擺與下擺，θ = 角度（徑度）和 0 = 垂直向下和逆時間為正，t = 時間 (s)，g = 重力加速度 (=9.81 m/s^2)，m = 質量 (kg)，L = 長度 (m)。注意質量的 x 和 y 座標是角度的函數，如下：

$$x_1 = L_1\sin\theta_1 \qquad y_1 = -L_1\cos\theta_1$$
$$x_2 = x_1+L_2\sin\theta_2 \qquad y_2 = y_1-L_2\cos\theta_2$$

(a) 使用 `ode45` 求解一質量的角度和角速度隨時間改變自 $t = 0$ 到 40 s。使用 `subplot` 產生一堆疊圖，讓角度的時間序列圖在上板，θ_2 對應 θ_1 狀態空間的圖在下板。

(b) 產生一動畫圖描繪單擺的運動。用以下條件測試你的程式碼：

案例 1（小位移）：$L_1 = L_2 = 1$ m，$m_1 = m_2 = 0.25$ kg，使用初始條件：$\theta_1 = 0.5$ m 和 $\theta_2 = d\theta_1/dt = d\theta_2/dt = 0$。

案例 2（大位移）：$L_1 = L_2 = 1$ m，$m_1 = 0.5$ kg，$m_2 = 0.25$ kg，使用初始條件：$\theta_1 = 1$ m 和 $\theta_2 = d\theta_1/dt = d\theta_2/dt = 0$。

23.26 你要去度假兩週，並將你的寵物金魚「飛弟」放入你的浴缸。注意要先將水脫氯！然後你在浴缸上方放上氣密塑膠玻璃蓋，以免飛弟被你的貓「魔王」傷害。你誤將一大湯匙的糖混到浴缸中（你以為那是魚飼料！）。不幸地，水裡有細菌（記得你已去除氯了！），會分解糖並在此過程中消耗溶解氧。氧化反應依循一階反應動力，反應率為 $k_d = 0.15/d$。浴缸起初的糖濃度為 20 mgO$_2$/L，氧氣濃度為 8.4 mgO$_2$/L。注意糖（以氧當量表示）和溶解氧的質量平衡可寫為

$$\frac{dL}{dt} = -k_d L$$

$$\frac{do}{dt} = -k_d L$$

其中 L = 以氧當量表示的糖濃度 (mg/L)，t = 時間 (d)，和 o = 溶解氧濃度 (mg/L)。因此，當糖氧化時，從浴缸有等量氧損耗。開發一個 MATLAB 腳本，使用 `ode45` 以數值方法計算糖與氧的濃度，並表示為時間的函數，然後創作每一個對應時間的圖。當氧濃度低於一臨界氧標準 2 mgO$_2$/L 時，使用 `event`（事件）讓計算自動停止。

23.27 細菌自基質生長可以表示為下列的微分方程式對

$$\frac{dX}{dt} = Yk_{max}\frac{S}{k_s+S}X$$

$$\frac{dS}{dt} = -k_{max}\frac{S}{k_s+S}X$$

其中 X = 細菌質量，t = 時間 (d)，Y = 產量係數，k_{max} = 細菌最大生長率，S = 基質濃度，和 k_s = 半飽和常數。參數值為 $Y = 0.75$，$k_{max} = 0.3$，和 $k_s = 1 \times 10^{-4}$，且在 $t = 0$ 的初始條件為 $S(0) = 5$ 和 $X(0) = 0.05$。注意，不論 X 或 S 都不會低於零，因為負值是不可能的。(a) 使用 `ode23` 求解 X 和 S 從 $t = 0$ 到 25。(b) 重複求解，但設相對容差為 1×10^{-6}。(c) 持續用相對容差為 1×10^{-6} 求解，但決定哪一個 MATLAB ode 求解器（包括 stiff 求解器）得到的是正確（亦即正值）的結果。使用 `tic` 和 `toc` 函數來決定每一個選項的執行時間。

23.28 一個擺盪單擺的振動可以下列非線性模型模擬：

$$\frac{d^2\theta}{dt^2} = -\frac{g}{l}\sin\theta$$

其中 θ = 位移角度（徑度），g = 重力常數 (= 9.81 m/s^2)，l = 單擺長度。

(a) 將此方程式表示為一對一階常微分方程式。(b) 使用 ode45 求解 θ 和 dθ/dt 並表示為時間的函數，其中 l = 0.65 m，初始條件為 θ = π/8 和 dθ/dt = 0。
(c) 產生你結果的圖，(d) 使用 diff 函數，依據在 (b) 產生的角速度向量 (dθ/dt) 來產生角加速度 ($d^2θ/dt^2$) 對應時間的圖。用 subplot 呈現所有圖並表示成一垂直三板面圖，讓上圖、中圖、下圖分別對應 θ、dθ/dt、$d^2θ/dt^2$。

23.29 一些人從很高的高度完成高空跳傘。假設有一名 80 kg 的高空跳傘者從地表上高度 36.500 km 跳出。該高空跳傘者的投影面積 A = 0.55 m^2；無因次阻力係數 C_d = 1。注意重力加速度 g (m/s^2) 可以和高度關連

$$g = 9.806412 - 0.000003039734z$$

其中 z = 地表上高度 (m)，空氣密度為 ρ (kg/m^3)，在不同高度可以列表為

z (km)	ρ (kg/m^3)	z (km)	ρ (kg/m^3)	z (km)	ρ (kg/m^3)
−1	1.3470	6	0.6601	25	0.04008
0	1.2250	7	0.5900	30	0.01841
1	1.1120	8	0.5258	40	0.003996
2	1.0070	9	0.4671	50	0.001027
3	0.9093	10	0.4135	60	0.0003097
4	0.8194	15	0.1948	70	8.283×10^{-5}
5	0.7364	20	0.08891	80	1.846×10^{-5}

(a) 依據重力與阻力的力平衡，根據高空跳傘者的力平衡來推導速度和距離的微分方程式。
(b) 用一個數值方法，求解於跳傘者達到高度在地表上一公里終止的速度與距離。畫出你的結果。

23.30 如圖 P23.30 所示，一位跳傘手從一架平行於地面做直線飛行的飛機上跳下。(a) 使用力平衡，推導四個微分方程式對應距離與速度變化率的 x 和 y 分量。[提示：體認 sinθ = v_y/v 和 cosθ = v_x/v]。
(b) 假設降落傘未曾打開，使用拉爾斯頓二階法，用 Δt = 0.25 s 產生從 t = 0 直到跳傘手撞到地面的解。阻力係數為 0.25 kg/m，質量為 80 kg，且地面低於飛機初始高度位置 2000 m。初始條件為 v_x = 135 m/s，v_y = x = y = 0。(c) 創作一個卡式座標 (x–y) 的位置圖。(d) 重複 (b) 和 (c)，但使用 ode45 和 events 選項來決定跳傘手何時會撞到地面。

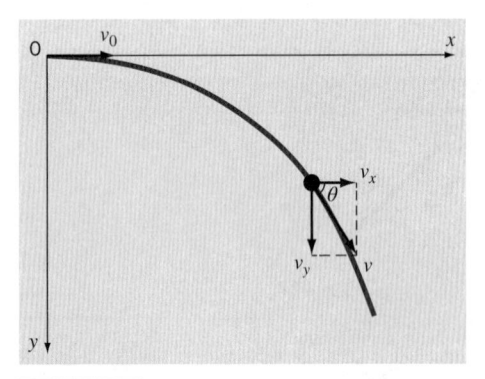

圖 P23.30

23.31 一懸臂樑其彈力曲線的基礎微分方程式（圖 P23.31）給定為

$$EI \frac{d^2y}{dx^2} = -P(L - x)$$

其中 E = 彈性模數，I 為慣性矩。用 ode45 求解樑的偏移。以下的參數值適用：E = 2×10^{11} Pa，I = 0.00033 m^4，P = 4.5 kN，L = 3 m。創作一個你的結果和解析解的圖：

$$y = -\frac{PLx^2}{2EI} + \frac{Px^3}{6EI}$$

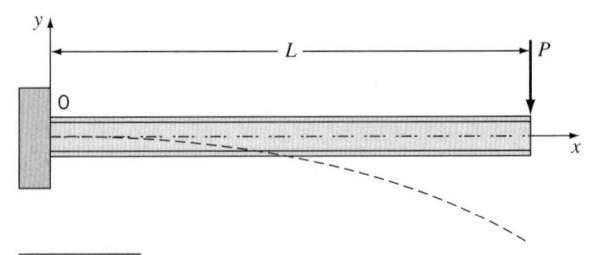

圖 P23.31

第 24 章

邊界值問題

章節目標

本章的主要目標是介紹讀者求解常微分方程式的邊界值問題。個別的目標和主題包括：

- 了解初始值和邊界值問題兩者的差異。
- 知道如何將 n 階常微分方程式表達成 n 個一階常微分方程式的系統。
- 知道如何利用線性內差產生正確的「射擊」點，對線性常微分方程式執行射擊法。
- 了解如何使用導數邊界條件於射擊法中。
- 知道如何使用根位置產生正確的「射擊」點，透過射擊法求解非線性常微分方程式。
- 知道如何執行有限差分法。
- 了解如何將導數邊界條件導入有限差分法。
- 知道如何透過對非線性代數方程式系統使用根位置法，以有限差分法求解非線性常微分方程式。
- 熟悉內建的 MATLAB 函數 `bvp4c` 來求解邊界值 ODE。

● 有個問題考考你

到目前為止，我們已經藉由積分單一常微分方程式來計算自由落下高空彈跳者的速度：

$$\frac{dv}{dt} = g - \frac{c_d}{m}v^2 \tag{24.1}$$

假設你需要計算的是時間函數的彈跳者位置，而不是速度。有一種方法就是認清速度是位移的一階導數：

$$\frac{dx}{dt} = v \tag{24.2}$$

因此，求解式 (24.1) 和式 (24.2) 的兩個常微分方程式系統，我們就可以同時算出速度和位置。

不過，由於我們現在要積分兩個常微分方程式，我們需要兩個條件才能求得解。我們已經熟悉一種方式，就是當我們已知在初始時間的位置與速度值：

$$x(t=0) = x_i$$
$$v(t=0) = v_i$$

在此條件下，我們能輕鬆地用第 22 章和第 23 章所描述的數值方法來積分這兩個常微分方程式。這叫做**初始值問題 (initial-value problem)**。

但是若我們不知道在 $t = 0$ 時的位置和速度值呢？假設我們只知道起始的位置，而且我們想知道的是彈跳者在某個未來的時間落在指定的位置。換句話說：

$$x(t=0) = x_i$$
$$x(t=t_f) = x_f$$

由於這兩個條件來自自變數不同的值，這就是所謂的**邊界值問題 (boundary-value problem)**。

此類問題需要特別的求解技巧，有些和前兩章談過的初始值問題求解方法相關，但是還有其他技巧是用完全不同的策略來求解。本章的目的就是介紹其中比較常見的方法。

24.1 介紹和背景

24.1.1 什麼是邊界值問題？

一個常微分方程式會伴隨有輔助條件，它們是用來評估在求解方程式時所計算出來的積分常數。n 階方程式需要 n 個條件。如果所有條件都被指定在同一個自變數的值，則這是一個初始值問題（圖 24.1a）。到目前為止，第六篇（第 22 章和第 23 章）的內容都在討論這種類型的問題。

相對地，有時在單一點的條件是未知的，所給定的條件分屬自變數的不同值。因為這些值常常指定在系統的極端點或邊界，它們習慣上被稱為邊界值問題（圖 24.1b）。許多不同的重要工程應用皆屬於這一類。在本章中，我們要討論一些解決這類問題的基本方法。

24.1.2 工程與科學中的邊界值問題

在本章一開始，我們說明了對於自由落下物體位置和速度的計算可以制定為邊界值問題。在該例中，一對常微分方程式對時間積分。雖然還有其他可以開發的時間變數範例，但邊界值問題在對空間積分時顯得更自然。這是因為輔助條件往往是指定於空間的不同位置。

一個很好的例子是一根定位在兩恆溫牆之間的橫桿穩態溫度分布的模擬（圖 24.2）。桿的橫切面很小，足以使徑向溫度梯度最小化，導致溫度成為僅是軸座標 x 的函數。熱會沿桿的縱軸藉由傳導而轉移，而在桿和周圍氣體之間藉由對流而轉移。在此例中，假設輻射可忽略。[1]

如圖 24.2 所示，對厚度 Δx 的微分元素的熱平衡為：

---

[1] 我們將在本章後面的範例 24.4 處理輻射問題。

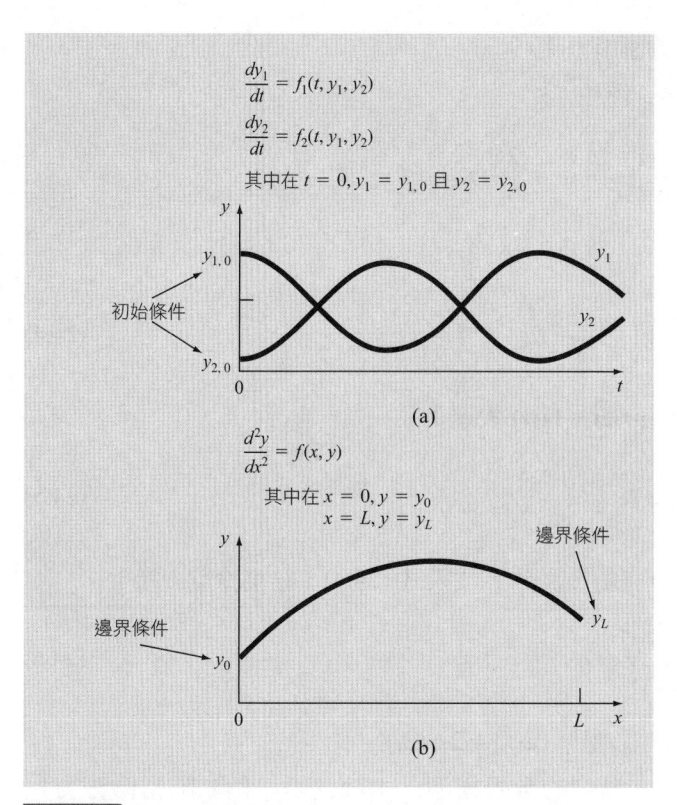

圖 24.1 初始值與邊界值問題。(a) 一個初始值問題，其中所有條件都指定在自變數的相同值；(b) 一個邊界值問題，其中條件指定在自變數的不同值。

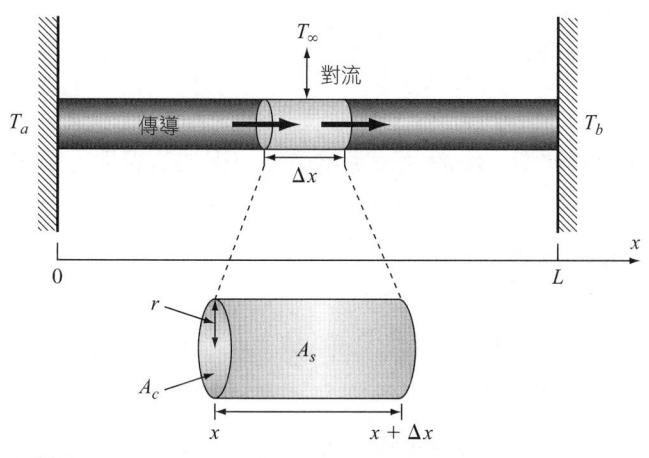

圖 24.2 一加熱桿有傳導和對流之微分元素的熱平衡。

$$0 = q(x)A_c - q(x + \Delta x)A_c + hA_s(T_\infty - T) \tag{24.3}$$

其中 $q(x)$ = 因為傳導的流入量 [J/(m^2 · s)]；$q(x + \Delta x)$ = 因為傳導的流出量 [J/(m^2 · s)]；A_c = 截面積 [m^2] = πr^2，r = 半徑 [m]；h = 熱對流轉換係數 [J/(m^2 · K · s)]；A_s = 元素表面積 [m^2] =

$2\pi r\Delta x$；T_∞ = 周圍氣體的溫度 [K]；T = 桿的溫度 [K]。

式 (24.3) 可以藉由除以元素體積 ($\pi r^2 \Delta x$) 產生：

$$0 = \frac{q(x) - q(x + \Delta x)}{\Delta x} + \frac{2h}{r}(T_\infty - T)$$

以 $\Delta x \to 0$ 得到：

$$0 = -\frac{dq}{dx} + \frac{2h}{r}(T_\infty - T) \tag{24.4}$$

流量和溫度梯度的關係可以**傅立葉定律 (Fourier's law)** 表示：

$$q = -k\frac{dT}{dx} \tag{24.5}$$

其中 k = 導熱係數 [J/(s·m·K)]。式 (24.5) 可對 x 微分，代入式 (24.4)，結果除以 k 產生：

$$0 = \frac{d^2T}{dx^2} + h'(T_\infty - T) \tag{24.6}$$

其中 h' = 熱轉移參數反映對流和傳導的相對影響量 [m^{-2}] = $2h/(rk)$。

式 (24.6) 顯示一個可用來計算沿桿軸向溫度的數學模型。由於它是一個二階常微分方程式，求解將需要兩個條件。如圖 24.2 所示，一個常見的情況是桿兩端的溫度為固定值。數學上可以表示成：

$$T(0) = T_a$$
$$T(L) = T_b$$

它們實際代表桿的「邊界」條件的這個事實正是「邊界條件」這個術語的由來。

給定這些條件，即可求解式 (24.6) 所代表的模型。由於此特定常微分方程式為線性，故可求得解析解，以下範例即說明如何求解。

範例 24.1　加熱桿之解析解

問題敘述　利用微積分求解式 (24.6)，已知桿為 10 m，h' = 0.05 m^{-2} [h = 1 J/(m^2·K·s)，r = 0.2 m，k = 200 J/(s·m·K)]，T_∞ = 200 K，以及邊界條件：

$$T(0) = 300\ K \qquad T(10) = 400\ K$$

解法　求解此常微分方程式有許多方法。一種直接的方法是先將方程式展開如下：

$$\frac{d^2T}{dx^2} - h'T = -h'T_\infty$$

由於此為有固定係數的線性常微分方程式，一般解可以藉由將等號右邊設為零，並假設解的形式為 $T = e^{\lambda x}$ 得到。將解與其二階導數代入齊次常微分方程式，所產生形式如下：

$$\lambda^2 e^{\lambda x} - h' e^{\lambda x} = 0$$

可以解得 $\lambda = \pm\sqrt{h'}$。因此，一般解是：

$$T = Ae^{\lambda x} + Be^{-\lambda x}$$

其中 A 和 B 是積分常數。運用未定係數法，我們可以得出特定解 $T = T_\infty$。因此，整體解是：

$$T = T_\infty + Ae^{\lambda x} + Be^{-\lambda x}$$

可以邊界條件求常數：

$$T_a = T_\infty + A + B$$
$$T_b = T_\infty + Ae^{\lambda L} + Be^{-\lambda L}$$

這兩個方程式可以聯立解得：

$$A = \frac{(T_a - T_\infty)e^{-\lambda L} - (T_b - T_\infty)}{e^{-\lambda L} - e^{\lambda L}}$$

$$B = \frac{(T_b - T_\infty) - (T_a - T_\infty)e^{\lambda L}}{e^{-\lambda L} - e^{\lambda L}}$$

將此問題所給予的參數值代入後，可得 $A = 20.4671$ 和 $B = 79.5329$。因此，最後的解為：

$$T = 200 + 20.4671 e^{\sqrt{0.05}\,x} + 79.5329 e^{-\sqrt{0.05}\,x} \tag{24.7}$$

如圖 24.3 所示，該解是一個連接兩個邊界溫度的平滑曲線。中間溫度之所以較低，是熱對流因較冷的周圍氣體而有所損失所致。

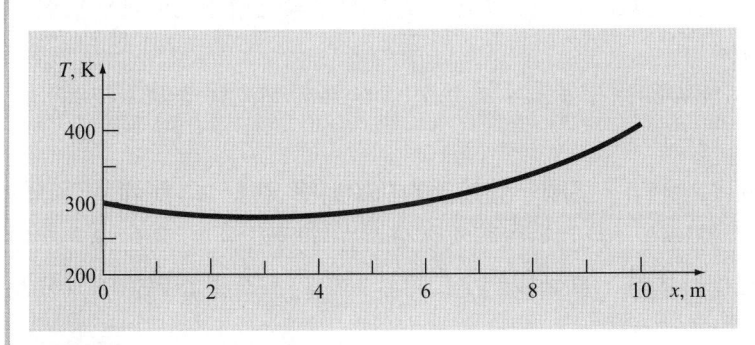

圖 24.3 加熱桿的解析解。

在以下各節中，我們將舉例說明以數值方法求解在範例 24.1 以解析解處理的相同問題。正確的解析解將有助於評估以近似數值方法求得解的正確度。

24.2 射擊法

射擊法 (shooting method) 是根據將邊界值問題轉換成等效的初始值問題，然後使用試誤法求得初始值版本的解，使其能滿足給定的邊界條件。

雖然此法可用於高階和非線性方程式，它也是前一節加熱桿之二階線性常微分方程式例子的良好示範：

$$0 = \frac{d^2T}{dx^2} + h'(T_\infty - T) \tag{24.8}$$

邊界條件為：

$$T(0) = T_a$$
$$T(L) = T_b$$

藉由定義溫度變化的速率，或**梯度 (gradient)**，此邊界值問題可轉換成初始值問題如下：

$$\frac{dT}{dx} = z \tag{24.9}$$

重新展開式 (24.8) 為：

$$\frac{dz}{dx} = -h'(T_\infty - T) \tag{24.10}$$

如此一來，我們已經將單一的二階方程式式 (24.8) 轉換成一對一階常微分方程式（式 (24.9) 和式 (24.10)）。

如果我們有 T 和 z 的初始條件，就可以用第 22 章和第 23 章所描述的方法將這些方程式當作初始值問題求解。但是我們只有一個變數的初始值 $T(0) = T_a$，因此只能猜測另外那個變數的初始值為 $z(0) = z_{a1}$，然後執行積分。

在執行積分後，我們將會在區間末端產生 T 值，稱為 T_{b1}。除非我們超級幸運，否則此結果不會是需要的結果 T_b。

現在，若我們假設 T_{b1} 值太高 ($T_{b1} > T_b$)，那麼一個較低的初始斜率 $z(0) = z_{a2}$ 應產生更好的預測看來似乎合理。利用此一新的猜測值，我們可以再次積分，在區間末端 T_{b2} 產生第二次結果。接著我們可以繼續透過試誤法進行猜測，直到我們達到可產生 $T(L) = T_b$ 此正確值的 $z(0)$ 為止。

說明至此，射擊法名稱的由來應該很清楚了。正如你需調整砲彈的射出角度以命中一個目標，我們藉由猜測 $z(0)$ 的值來調整解的軌跡，直到射中目標 $T(L) = T_b$ 為止。

我們當然可以繼續猜測，但對於線性常微分方程式其實有更具效率的策略。在這種例子中，完美射擊點 z_a 的軌跡和兩個試誤 (z_{a1}, T_{b1}) 和 (z_{a2}, T_{b2}) 的結果線性相關。因此，我們可以使用線性內插來找出所需的軌跡：

$$z_a = z_{a1} + \frac{z_{a2} - z_{a1}}{T_{b2} - T_{b1}}(T_b - T_{b1}) \tag{24.11}$$

以下範例將說明此方法。

範例 24.2　求解線性常微分方程式的射擊法

問題敘述　使用射擊法來求解式 (24.6)，條件皆如範例 24.1：$L = 10$ m，$h' = 0.05$ m^{-2}，$T_\infty = 200$ K，$T(0) = 300$ K，且 $T(10) = 400$ K。

解法　首先將式 (24.6) 展開成一對一階常微分方程式：

$$\frac{dT}{dx} = z$$

$$\frac{dz}{dx} = -0.05(200 - T)$$

依溫度初始值 $T(0) = 300$ K，我們隨意猜測 $z(0)$ 的初始值 $z_{a1} = -5$ K/m。從 $x = 0$ 至 10 積分該常微分方程式對可求得解。要達到此目的，我們可以先設立存放這對微分方程式的 M 檔，然後使用 MATLAB 的 `ode45` 函數：

```
function dy=Ex2402(x,y)
dy=[y(2);-0.05*(200-y(1))];
```

我們可以產生解如下：

```
>> [t,y]=ode45(@Ex2402,[0 10],[300,-5]);
>> Tb1=y(length(y))
Tb1 =
   569.7539
```

如此一來，我們在區間末端獲得值 $T_{b1} = 569.7539$（如圖 24.4a 所示），此值不同於需要的邊界條件 $T_b = 400$。因此，我們再猜測 $z_{a2} = -20$，並將整個計算再執行一次。這一次可以得到 $T_{b2} = 259.5131$（如圖 24.4b 所示）。

由於原始的常微分方程式為線性，我們可以使用式 (24.11) 找出正確軌跡，以產生完美的射擊：

$$z_a = -5 + \frac{-20 - (-5)}{259.5131 - 569.7539}(400 - 569.7539) = -13.2075$$

這個值可以用來與 `ode45` 結合產生正確無誤的解，如圖 24.4c 所示。

雖然不是很明顯，但解析解也被繪在圖 24.4c 中。於是，射擊法會產生與正確結果幾乎無異的解。

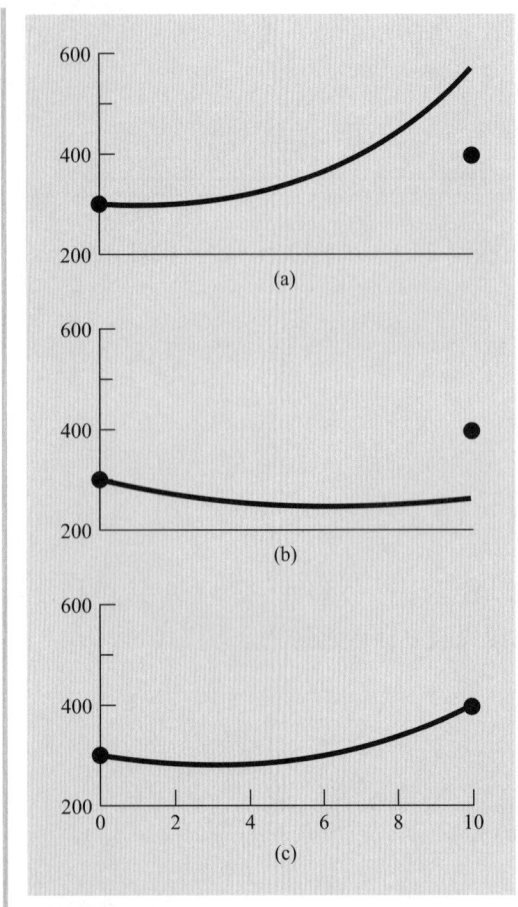

圖 24.4 使用射擊法計算的溫度 (K) 與距離 (m)：(a) 第一「槍」，(b) 第二「槍」，(c) 最後準確「擊中」。

24.2.1 導數邊界條件

直至目前所討論的固定或**狄利克雷邊界條件 (Dirichlet boundary condition)** 只是用於工程和科學多種類型的其中一種。還有一種常見的狀況是給定導數的情況，通常稱為**紐曼邊界條件 (Neumann boundary condition)**。

由於它已經是設定好為同時計算應變數及其導數，將導數邊界條件納入射擊法是相對直觀的。

和固定邊界條件的例子一樣，我們先使用一對一階微分方程式表達二階常微分方程式。此時，有一個必要的初始條件，不管是應變數或其導數都將是未知數。根據我們對此不存在的初始條件的猜測，我們產生可用來計算給定終止條件的解。和初始條件相同，此終止條件可以是應變數或是其導數。對線性常微分方程式而言，此時可用內插法來判斷未知初始條件的值，以產生最後的完美「射擊」命中終止條件。

範例 24.3 使用導數邊界條件的射擊法

問題敘述 利用射擊法求解式 (24.6)，求解範例 24.1 的橫桿問題：$L = 10$ m，$h' = 0.05$ m^{-2} [$h = 1$ J/(m^2 · K · s)，$r = 0.2$ m，$k = 200$ J/(s · m · K)]，$T_\infty = 200$ K，$T(10) = 400$ K。然而，在此例中，兩端溫度並非都是固定的 300 K；左端需承受對流，如圖 24.5 所示。為了簡單起見，我們將假定終端面積和桿表面的熱對流轉移係數相同。

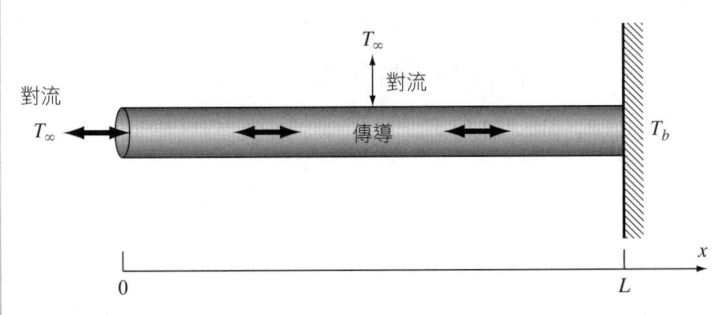

圖 24.5 一端為熱對流邊界條件、另一端則為定溫的桿。

解法 如範例 24.2 所示，式 (24.6) 先展開為：

$$\frac{dT}{dx} = z$$

$$\frac{dz}{dx} = -0.05(200 - T)$$

雖然可能不明顯，但末端的熱對流等同於指定梯度邊界條件。為了了解這一點，我們必須認知，因為系統在穩態，因此對流必須等於桿左側邊界 ($x = 0$) 的傳導。利用傅立葉定律（式 (24.5)）代表傳導，桿終端的熱平衡可公式化為：

$$hA_c(T_\infty - T(0)) = -kA_c \frac{dT}{dx}(0) \tag{24.12}$$

這個方程式可以求解梯度如下：

$$\frac{dT}{dx}(0) = \frac{h}{k}(T(0) - T_\infty) \tag{24.13}$$

如果我們猜測一個溫度值，我們可以看到此方程式會指定梯度。

射擊法是藉由任意猜測 $T(0)$ 的值來執行。如果我們選擇 $T(0) = T_{a1} = 300$ K，式 (24.13) 會產生梯度的初始值：

$$z_{a1} = \frac{dT}{dx}(0) = \frac{1}{200}(300 - 200) = 0.5$$

從 $x = 0$ 至 10 積分此常微分方程式對可得到該解。我們可以先設立如範例 24.2 中存放這對微分方程式的 M 檔，然後使用 MATLAB 的 `ode45` 函數。接著可產生解如下：

```
>> [t,y]=ode45(@Ex2402,[0 10],[300,0.5]);
>> Tb1=y(length(y))
Tb1 =
    683.5088
```

正如所預期的，區間末端的值 T_{b1} = 683.5088 K 不同於理想的邊界條件 T_b = 400。因此，我們再做另一次猜測 T_{a2} = 150 K，相當於 z_{a2} = −0.25，然後再次執行計算：

```
>> [t,y]=ode45(@Ex2402,[0 10],[150,-0.25]);
>> Tb2=y(length(y))
Tb2 =
   -41.7544
```

線性內插可以用來計算正確的初始溫度：

$$T_a = 300 + \frac{150 - 300}{-41.7544 - 683.5088}(400 - 683.5088) = 241.3643 \text{ K}$$

此結果相當於梯度 z_a = 0.2068。使用這些初始條件，`ode45` 可以用來產生正確的解，如圖 24.6 所示。

注意，我們可以確認我們的邊界條件已被滿足，將初始條件代入式 (24.12) 可得：

$$1 \frac{\text{J}}{\text{m}^2\text{K s}} \pi \times (0.2 \text{ m})^2 \times (200 \text{ K} - 241.3643 \text{ K}) = -200 \frac{\text{J}}{\text{m K s}} \pi \times (0.2 \text{ m})^2 \times 0.2068 \frac{\text{K}}{\text{m}}$$

計算完成後產生的結果是 −5.1980 J/s = −5.1980 J/s。因此，傳導和對流是相等的，且桿左端的傳熱率為 5.1980 W。

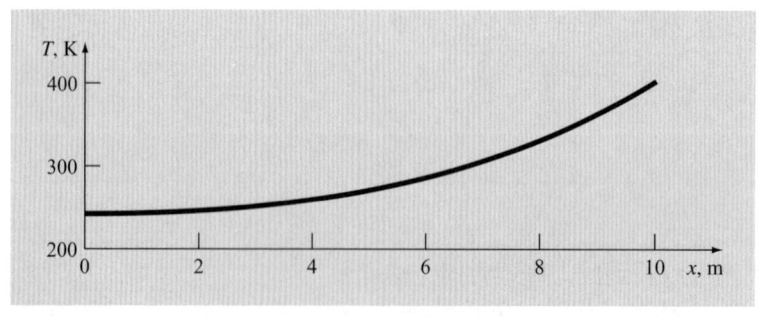

圖 24.6 一端為熱對流邊界條件、一端為固定溫度的二階常微分方程式的解。

24.2.2 非線性常微分方程式的射擊法

對於非線性邊界值問題而言，通過解的兩點的線性內插或外插法不見得能準確估計所需要的邊界條件以產生一個正確的解。還有一種方法是執行射擊法的應用三次，然後利用二次內插多項式來估計適當的邊界條件。不過，這種做法可能不會產生正確的答案，而且會需要額外的迭代來找出精確的解。

對於非線性問題的另一種做法是將其重新以根的問題方式來處理。回想根問題之目的是找到可以使函數 $f(x) = 0$ 的 x 值。現在，讓我們使用加熱桿的問題來看看該如何將射擊法處理成根的形式。

首先，我們應了解一對微分方程式的解其實也是一個「函數」，因為我們猜測桿左端條件 z_a，且積分產生右端溫度的預測值 T_b。因此，我們可以把積分想成是：

$$T_b = f(z_a)$$

也就是說，它代表一個藉由猜測 z_a 產生 T_b 的過程。這麼一來，我們可以看到我們要的是可以產生所需 T_b 的 z_a 值。如範例所示，假如我們希望 $T_b = 400$，則這個問題可以寫成：

$$400 = f(z_a)$$

藉由將目標值 400 放到方程式的右手邊，我們產生一個可以代表 $f(z_a)$ 與我們想要的 400 之間差值或**剩餘值 (residual)** 的新函數 $res(z_a)$：

$$res(z_a) = f(z_a) - 400$$

如果我們驅使此新函數使其為零，即可獲得解。以下範例說明此法。

> **範例 24.4　非線性常微分方程式的射擊法**
>
> **問題敘述**　雖然我們說明了射擊法，但式 (24.6) 其實並不是一個完全實際的加熱桿模型。比如說，這種桿會以非線性的輻射流失熱能。
>
> 假設以下的非線性常微分方程式是用來模擬加熱桿的溫度：
>
> $$0 = \frac{d^2T}{dx^2} + h'(T_\infty - T) + \sigma'(T_\infty^4 - T^4)$$
>
> 其中 σ' = 反映輻射相關影響的桿熱轉換係數，熱傳導參數 $= 2.7 \times 10^{-9}$ $K^{-3}m^{-2}$。這個方程式可以說明射擊法如何用於求解兩點非線性邊界值問題。其餘的條件與範例 24.2 相同：$L = 10$ m，$h' = 0.05$ m^{-2}，$T_\infty = 200$ K，$T(0) = 300$ K，$T(10) = 400$ K。
>
> **解法**　正如線性常微分方程式，非線性二階方程式首先展開為兩個一階常微分方程式：

$$\frac{dT}{dx} = z$$
$$\frac{dz}{dx} = -0.05(200 - T) - 2.7 \times 10^{-9}(1.6 \times 10^9 - T^4)$$

發展一 M 檔用於計算這些方程式的右邊項：

```
function dy=dydxn(x,y)
dy=[y(2);-0.05*(200-y(1))-2.7e-9*(1.6e9-y(1)^4)];
```

接下來，我們能建立一個方程式去囊括我們會嘗試驅使其為零的剩餘值：

```
function r=res(za)
[x,y]=ode45(@dydxn,[0 10],[300 za]);
r=y(length(x),1)-400;
```

注意到我們如何使用 ode45 函數來求解這兩個常微分方程式，以便產生桿末端的溫度 y(length(x),1)。然後，我們可以用 fzero 函數找出根：

```
>> fzero(@res,-50)
ans =
  -41.7434
```

因此，我們可以發現，如果將初始軌跡設為 $z(0) = -41.7434$，剩餘值函數將被趨為零，且在桿末端的溫度邊界條件 $T(10) = 400$ 將被滿足。產生整體解並畫出溫度和 x 的對應圖後，可以驗證此結果：

```
>> [x,y]=ode45(@dydxn,[0 10],[300 fzero(@res,-50)]);
>> plot(x,y(:,1))
```

圖 24.7 顯示所得結果以及範例 24.2 的原始線性情形。正如預期，由於幅射使得額外的熱流失到周圍氣體，使得非線性情形被壓抑得比線性模型來得低。

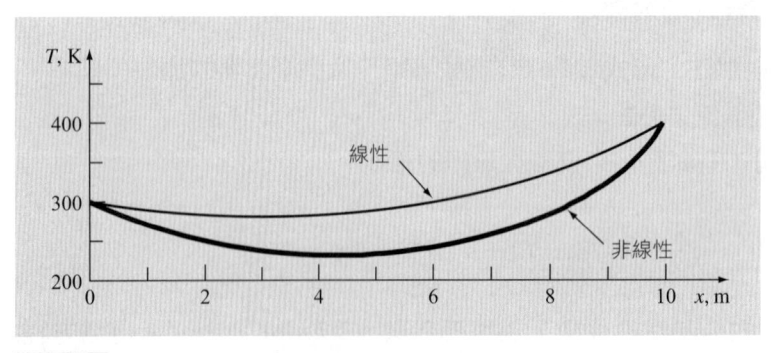

圖 24.7 使用射擊法求解非線性問題的結果。

24.3 有限差分法

替代射擊法最常見的方法是有限差分法，其中有限差分（第 21 章）會被用來取代原始方程式的導數。因此，一個線性微分方程式會被轉化為一組聯立代數方程式，可以用第三篇的方法得到解。

我們可以用加熱桿模型（式 (24.6)）對此加以說明：

$$0 = \frac{d^2T}{dx^2} + h'(T_\infty - T) \tag{24.14}$$

先將解域分為一連串節點（圖 24.8）。在每一個節點，有限差分近似可以寫為方程式的導數。例如，在節點 i，二階導數可以表示為（圖 21.5）：

$$\frac{d^2T}{dx^2} = \frac{T_{i-1} - 2T_i + T_{i+1}}{\Delta x^2} \tag{24.15}$$

此近似值可代入式 (24.14)，得到：

$$\frac{T_{i-1} - 2T_i + T_{i+1}}{\Delta x^2} + h'(T_\infty - T_i) = 0$$

因此，此微分方程式已經轉化為代數方程式。合併各項得到：

$$-T_{i-1} + (2 + h'\Delta x^2)T_i - T_{i+1} = h'\Delta x^2 T_\infty \tag{24.16}$$

這個方程式可以針對桿內部 $n-1$ 個節點而寫。第一個和最後一個節點 T_0 和 T_n 分別指定為邊界條件。因此，問題可簡化為求解 $n-1$ 個未知數的 $n-1$ 次聯立線性代數方程式。

在討論範例之前，我們先說明式 (24.16) 的兩個優點。首先，由於節點編號有連續性，且因為每個方程式都包含一個節點 (i) 和其相鄰的節點（$i-1$ 和 $i+1$），線性代數方程式的解集合會呈三對角線化。如此，它們可以使用適合求解這類系統的高效率演算法（回想 9.4 節）。

另外，審視式 (24.16) 的左邊係數後，我們發現該線性方程式系統也將對角線化。因此，使用類似高斯－塞德法的迭代技巧（12.1 節）也可以產生收斂解。

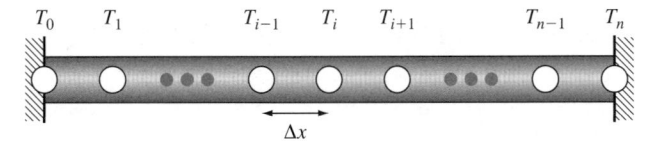

圖 24.8 為了執行有限差分法，將加熱桿區分為一系列節點。

範例 24.5　邊界值問題的有限差分近似

問題敘述　使用有限差分法求解與範例 24.1 和範例 24.2 相同的問題。使用分割長度為 $\Delta x = 2$ m 的四個內部節點。

解法　使用範例 24.1 中的參數和 $\Delta x = 2$ m，我們可以為桿的每一個內部節點寫出式 (24.16)。舉例來說，對於節點 1：

$$-T_0 + 2.2T_1 - T_2 = 40$$

代入邊界條件 $T_0 = 300$ 得到：

$$2.2T_1 - T_2 = 340$$

針對其他內部節點寫下式 (24.16) 後，該方程式可組成矩陣形式如下：

$$\begin{bmatrix} 2.2 & -1 & 0 & 0 \\ -1 & 2.2 & -1 & 0 \\ 0 & -1 & 2.2 & -1 \\ 0 & 0 & -1 & 2.2 \end{bmatrix} \begin{Bmatrix} T_1 \\ T_2 \\ T_3 \\ T_4 \end{Bmatrix} = \begin{Bmatrix} 340 \\ 40 \\ 40 \\ 440 \end{Bmatrix}$$

注意此矩陣同時是三對角矩陣和對角線矩陣。

使用 MATLAB 產生解：

```
>> A=[2.2 -1 0 0;
-1 2.2 -1 0;
0 -1 2.2 -1;
0 0 -1 2.2];
>> b=[340 40 40 440]';
>> T=A\b
T =
  283.2660
  283.1853
  299.7416
  336.2462
```

表 24.1 比較了式 (24.7) 的解析解，以及使用射擊法（範例 24.2）和有限差分法（範例 24.5）所獲得的數值解。注意，雖然有一些差異，但它們其實差不多。此外，最大的差異發生在有限差分法，因為我們使用範例 24.5 的節點間距過粗。如果使用更細的節點間距將得到更好的一致性。

24.3.1　導數邊界條件

我們在討論射擊法時有提到，固定或者狄利克雷邊界條件只是用於工程以及科學多種類型中的一種形式。還有一種常見的做法稱為紐曼邊界條件，是用於已知導數。

表 24.1　將溫度的正確解析解和以射擊法與有限差分法得到的結果作比較。

x	解析解	射擊法	有限差分法
0	300	300	300
2	282.8634	282.8889	283.2660
4	282.5775	282.6158	283.1853
6	299.0843	299.1254	299.7416
8	335.7404	335.7718	336.2462
10	400	400	400

我們可以用前面提過的加熱桿來說明如何將導數邊界條件納入有限差分法：

$$0 = \frac{d^2T}{dx^2} + h'(T_\infty - T)$$

然而，不同於之前的討論，我們將對桿的一端訂出導數邊界條件：

$$\frac{dT}{dx}(0) = T'_a$$
$$T(L) = T_b$$

這麼一來，我們在解域的一端有一個導數邊界條件，在另一端則有一個固定邊界條件。

和上節所述相同，桿分成一系列節點，而每個內部節點都有一個微分方程式的有限差分（式 (24.16)）。然而，由於節點左端的溫度並未指定，因此它也必須被包括在內。圖 24.9 描述了加熱板左邊界適用導數邊界條件的節點 (0)。對此節點寫下式 (24.16) 可得：

$$-T_{-1} + (2 + h'\Delta x^2)T_0 - T_1 = h'\Delta x^2 T_\infty \tag{24.17}$$

注意，此方程式需要一個位於桿左末端節點的假想節點 (–1)。雖然此外部節點似乎代表著困難，實際上它可將導數邊界條件納入問題內。這可由中央差分（式 (4.25)）以一階導數在 x 維度 (0) 點上表示為：

$$\frac{dT}{dx} = \frac{T_1 - T_{-1}}{2\Delta x}$$

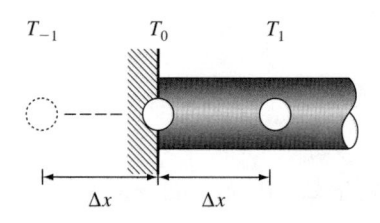

圖 24.9　一加熱桿的左邊界節點。為近似邊界導數，一個假想節點位於距桿末端左側 Δx 處。

求解為：

$$T_{-1} = T_1 - 2\Delta x \frac{dT}{dx}$$

現在我們有一個可以實際反映導數影響的 T_{-1} 的方程式。可以將它代入式 (24.17)，得到：

$$(2 + h'\Delta x^2)T_0 - 2T_1 = h'\Delta x^2 T_\infty - 2\Delta x \frac{dT}{dx} \tag{24.18}$$

因此，我們將導數納入了平衡方程式。

一個導數邊界條件的常見例子是桿的末端為絕熱。在這種情況下，導數被設定為零。這個結論直接來自於傅立葉定律（式 (24.5)），因為絕熱邊界意味著熱通量（梯度）必須為零。以下範例說明解會如何受到這種邊界條件的影響。

範例 24.6　納入導數邊界條件

問題敘述　針對 10 m 桿有 $\Delta x = 2$ m，$h' = 0.05$ m^{-2}，$T_\infty = 200$ K，以及邊界條件：$T'_a = 0$ 和 $T_b = 400$ K 產生有限差分解。注意，第一個條件意味著桿的左端解的斜率應該是零。另外，也產生 $dT/dx = -20$ 在 $x = 0$ 的解。

解法　式 (24.18) 可以用來代表節點 0 如下：

$$2.2T_0 - 2T_1 = 40$$

我們可以針對內部節點改寫式 (24.16)。例如，對於節點 1：

$$-T_0 + 2.2T_1 - T_2 = 40$$

類似的方法可用於其餘的內部節點。最後的方程式系統可組成矩陣形式為：

$$\begin{bmatrix} 2.2 & -2 & & & \\ -1 & 2.2 & -1 & & \\ & -1 & 2.2 & -1 & \\ & & -1 & 2.2 & -1 \\ & & & -1 & 2.2 \end{bmatrix} \begin{Bmatrix} T_0 \\ T_1 \\ T_2 \\ T_3 \\ T_4 \end{Bmatrix} = \begin{Bmatrix} 40 \\ 40 \\ 40 \\ 40 \\ 440 \end{Bmatrix}$$

這些方程式可以求解為：

$$T_0 = 243.0278$$
$$T_1 = 247.3306$$
$$T_2 = 261.0994$$
$$T_3 = 287.0882$$
$$T_4 = 330.4946$$

如圖 24.10 所示，由於零導數條件，該解在 $x = 0$ 是平坦的，然後在 $x = 10$ 處，曲線會上升到 $T = 400$ 的固定條件。

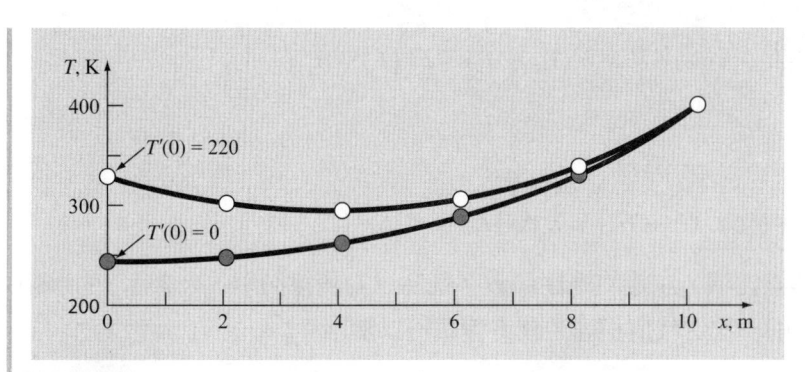

圖 24.10 以一端為導數邊界條件，另一端為固定邊界條件之二階常微分方程式的解。兩個例子顯示在 $x = 0$ 的微分導數值不同。

將導數在 $x = 0$ 處設為 -20，可得聯立方程式為：

$$\begin{bmatrix} 2.2 & -2 & & & \\ -1 & 2.2 & -1 & & \\ & -1 & 2.2 & -1 & \\ & & -1 & 2.2 & -1 \\ & & & -1 & 2.2 \end{bmatrix} \begin{Bmatrix} T_0 \\ T_1 \\ T_2 \\ T_3 \\ T_4 \end{Bmatrix} = \begin{Bmatrix} 120 \\ 40 \\ 40 \\ 40 \\ 440 \end{Bmatrix}$$

這可以解出：

$$T_0 = 328.2710$$
$$T_1 = 301.0981$$
$$T_2 = 294.1448$$
$$T_3 = 306.0204$$
$$T_4 = 339.1002$$

如圖 24.10 所示，由於我們將邊界設為負導數，因此解在 $x = 0$ 處的曲線向下。

24.3.2 非線性常微分方程式的有限差分法

針對非線性常微分方程式，有限差分法的替代產生非線性聯立方程式系統。因此，求解這些問題最普遍的辦法是根位置方法，像是 12.2.2 節中所描述的牛頓－拉夫生法的方程式系統。雖然這種做法可行，但有時連續性取代其實更簡單。

範例 24.4 中所介紹具對流和輻射的加熱桿，可以為這種做法提供很好的示範：

$$0 = \frac{d^2T}{dx^2} + h'(T_\infty - T) + \sigma''(T_\infty^4 - T^4)$$

我們可以將這個微分方程式轉換成代數形式，在節點 i 寫出此方程式，然後代入式 (24.15) 的二階導數：

$$0 = \frac{T_{i-1} - 2T_i + T_{i+1}}{\Delta x^2} + h'(T_\infty - T_i) + \sigma'(T_\infty^4 - T_i^4)$$

合併各項得到：

$$-T_{i-1} + (2 + h'\Delta x^2)T_i - T_{i+1} = h'\Delta x^2 T_\infty + \sigma'\Delta x^2 (T_\infty^4 - T_i^4)$$

注意，雖然右邊有一個非線性項，左邊的線性代數系統為以對角優勢形式來表示。如果我們假設右邊未知的非線性項和前一次迭代值相等，該方程式可以解為：

$$T_i = \frac{h'\Delta x^2 T_\infty + \sigma'\Delta x^2 (T_\infty^4 - T_i^4) + T_{i-1} + T_{i+1}}{2 + h'\Delta x^2} \tag{24.19}$$

正如高斯－塞德法，我們可以使用式 (24.19) 來連續計算每個節點的溫度，並迭代直到過程收斂到可以接受的範圍。雖然這種方法不適用於所有情況，許多實際系統的常微分方程式可以因此而收斂，所以它有時對工程和科學中常遇到的問題會有助益。

範例 24.7 非線性常微分方程式的有限差分法

問題敘述 利用有限差分法，模擬同時受到對流和輻射的加熱桿溫度：

$$0 = \frac{d^2T}{dx^2} + h'(T_\infty - T) + \sigma'(T_\infty^4 - T^4)$$

其中 $\sigma' = 2.7 \times 10^{-9}$ $K^{-3}m^{-2}$，$L = 10$ m，$h' = 0.05$ m^{-2}，$T_\infty = 200$ K，$T(0) = 300$ K，$T(10) = 400$ K。利用四個內部節點，分割長度為 $\Delta x = 2$ m。回想我們曾在範例 24.4 以射擊法求解同樣的問題。

解法 使用式 (24.19)，我們可以成功地解出桿內部節點的溫度。以標準高斯－塞德技術為主，內部節點的初始值是零，而邊界節點設於固定條件 $T_0 = 300$ 和 $T_5 = 400$。第一次迭代的結果為：

$$T_1 = \frac{0.05(2)^2\,200 + 2.7\times 10^{-9'}(2)^2(200^4 - 0^4) + 300 + 0}{2 + 0.05(2)^2} = 159.2432$$

$$T_2 = \frac{0.05(2)^2\,200 + 2.7\times 10^{-9'}(2)^2(200^4 - 0^4) + 159.2432 + 0}{2 + 0.05(2)^2} = 97.9674$$

$$T_3 = \frac{0.05(2)^2\,200 + 2.7\times 10^{-9'}(2)^2(200^4 - 0^4) + 97.9674 + 0}{2 + 0.05(2)^2} = 70.4461$$

$$T_4 = \frac{0.05(2)^2\,200 + 2.7\times 10^{-9'}(2)^2(200^4 - 0^4) + 70.4461 + 400}{2 + 0.05(2)^2} = 226.8704$$

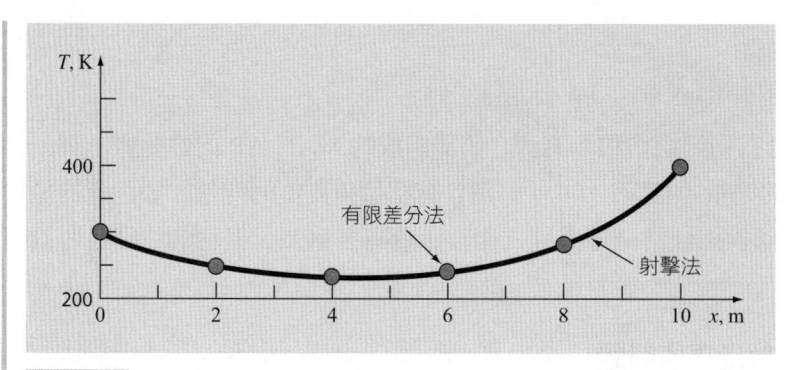

[圖 24.11] 實心圓是使用有限差分法求解非線性問題的結果，與範例 24.4 中的射擊法產生的線作比較。

此程序將繼續進行，直到我們收斂在最終結果：

$$T_0 = 300$$
$$T_1 = 250.4827$$
$$T_2 = 236.2962$$
$$T_3 = 245.7596$$
$$T_4 = 286.4921$$
$$T_5 = 400$$

所得結果與範例 24.4 以射擊法所產生的結果一併顯示在圖 24.11。

24.4 MATLAB 函數：`bvp4c`

bvp4c 函數透過對一組形式為 $y' = f(x, y)$ 在區間 $[a, b]$ 的常微分方程式積分來求解常微分方程式的邊界值問題，受制於汎用型二點邊界條件。其語法的一個簡易表示式為

sol = bvp4c(*odefun*,*bcfun*,*solinit*)

其中 *sol* = 一含有解的組成，*odefun* = 設定待求解常微分方程式的函數，*bcfun* = 計算在邊界條件殘值的函數，*solinit* = 此區含有解的初始網格和初始猜測值的組成。

odefun 的通用格式為

dy = *odefun(x,y)*

其中 x = 一純量，y = 一個含有應變數 $[y_1;y_2]$ 的行向量，dy = 一個含有導數 $[dy_1;\ dy_2]$ 的行向量。

bcfun 的通用格式為

res = *bcfun(ya,yb)*

其中 *ya* 和 *yb* = 含有在邊界值 $x = a$ 和 $x = b$ 的應變數數值的行向量，*res* = 一個含有在計算與指定邊界值之間殘值的行向量。

solinit 的通用格式為

solinit = bvpinit(*xmesh*, *yinit*);

其中 *bvpinit* = 一個可產生含有初始網格和解猜測之猜測組成的 MATLAB 內建函數，*xmesh* = 一個含有初始網格排序節點的向量，和 *yinit* = 一個含有初始猜測值的向量。要注意的是，儘管你選擇的初始網格和猜測值對線性常微分方程式而言不會有多重要，但它們往往是有效率地求解非線性方程式的關鍵。

範例 24.8　使用 bvp4c 求解邊界值問題

問題敘述　使用 bvp4c 求解下列二階常微分方程式

$$\frac{d^2y}{dx^2} + y = 1$$

受制於以下邊界條件

$$y(0) = 1$$
$$y(\pi/2) = 0$$

解法　首先，將此二階方程式表示成一對一階的常微分方程式

$$\frac{dy}{dx} = z$$
$$\frac{dz}{dx} = 1 - y$$

接著，設定一函數來儲存一階常微分方程式

```
function dy = odes(x,y)
dy = [y(2); 1-y(1)];
```

我們現在可以開發含有邊界條件的函數。作法就像求解根問題一樣，因為當邊界條件被滿足時，我們會設定兩個應為零的函數。為此，在左右邊界的未知數向量被定義為 ya 和 yb。因此，可以將第一個條件 $y(0) = 1$ 制定為 ya(1)-1；而第二個條件 $y(\pi/2) = 0$ 則對應到 yb(1)。

```
function r = bcs(ya,yb)
r = [ya(1)-1; yb(1)];
```

最後，我們可以設定 solinit 用 bvpinit 函數來存放初始網格和解的猜測值。我們將隨意挑選 10 個等間距的網格點，和 $y = 1$ 和 $z = dy/dx = -1$ 的初始猜測值。

```
solinit = bvpinit(linspace(0,pi/2,10),[1,-1]);
```

產生解的整個腳本為

```
clc
solinit = bvpinit(linspace(0,pi/2,10),[1,-1]);
```

```
sol = bvp4c(@odes,@bcs,solinit);
x = linspace(0,pi/2);
y = deval(sol,x);
plot(x,y(1,:))
```

其中 `deval` 是一個內建的 MATLAB 函數，用以下一般語法來計算微分方程式問題的解

```
yxint = deval(sol,xint)
```

其中 `deval` 計算向量 `xint` 所有的數值解，而 `sol` 則是常微分方程式問題求解器回傳的組成（在此例為 `bvp4c`）。

腳本執行後會產生下圖。注意，此範例開發的腳本和函數僅需稍加修改，即可應用到其他的邊界值問題。章末習題有幾題就是來測試你修改的能力。

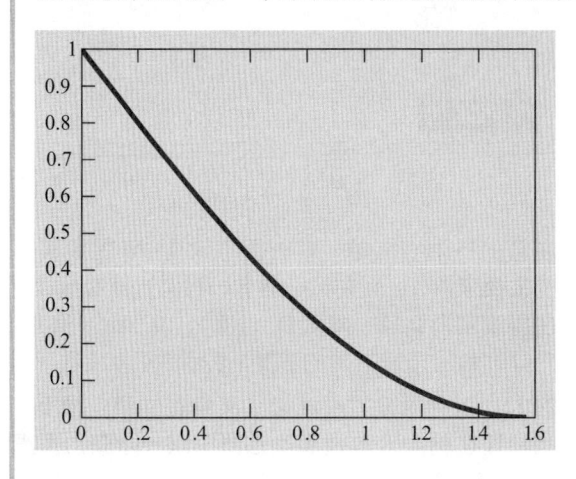

習題

24.1 桿的穩態熱平衡可表示為：

$$\frac{d^2 T}{dx^2} - 0.15T = 0$$

已知桿長為 10 m，且 $T(0) = 240$ 和 $T(10) = 150$。使用 **(a)** 解析方法，**(b)** 射擊法，**(c)** 有限差分法，在 $\Delta x = 1$ 求解。

24.2 重複習題 24.1，但右端為絕緣，而左端溫度固定在 240。

24.3 使用射擊法求解：

$$7\frac{d^2 y}{dx^2} - 2\frac{dy}{dx} - y + x = 0$$

邊界條件為 $y(0) = 5$ 和 $y(20) = 8$。

24.4 以 $\Delta x = 2$ 的有限差分法求解習題 24.3。

24.5 以下的非線性微分方程式已在範例 24.4 和 24.7 中求得解：

$$0 = \frac{d^2 T}{dx^2} + h'(T_\infty - T) + \sigma''(T_\infty^4 - T^4) \quad \text{(P24.5)}$$

這種方程式有時候會被線性化以獲得近似解，採用的方法是一階泰勒級數展開，將方程式中的四次項線性化為：

$$\sigma' T^4 = \sigma' \bar{T}^4 + 4\sigma' \bar{T}^3 (T - \bar{T})$$

其中 $\bar{T}$ 是線性化的基準溫度。將此關係代入式 (P24.5)，然後以有限差分法求解此線性方程式。使用 $\bar{T} = 300$，$\Delta x = 1$ m，和範例 24.4 的參數獲得解。將所得的解與範例 24.4 和 24.7 以非線性方式所得的結果一起繪於同一張圖。

24.6 開發一 M 檔來執行射擊法，求解使用狄利克雷邊界條件的線性二階常微分方程式。使用習題 24.1 來測試所得程式。

24.7 開發一 M 檔來執行有限差分法，求解使用狄利克雷邊界條件的線性二階常微分方程式。使用範例 24.5 來測試所得程式。

24.8 一均勻熱源的絕熱加熱桿可模組化為**卜瓦松方程式 (Poisson equation)**：

$$\frac{d^2T}{dx^2} = -f(x)$$

給定熱源 $f(x) = 25°C/m^2$，邊界條件 $T(x = 0) = 40°C$ 以及 $T(x = 10) = 200°C$，以下列方式求解溫度分布：**(a)** 射擊法，**(b)** 有限差分法 ($\Delta x = 2$)。

24.9 重複習題 24.8，但是熱源為空間可變函數：$f(x) = 0.12x^3 - 2.4x^2 + 12x$。

24.10 錐形冷卻鰭板的溫度分布（圖 P24.10）表示為下列無因次微分方程式：

$$\frac{d^2u}{dx^2} + \left(\frac{2}{x}\right)\left(\frac{du}{dx} - pu\right) = 0$$

其中 u = 溫度 $(0 \leq u \leq 1)$，x = 軸向距離 $(0 \leq x \leq 1)$，p 為描述熱轉換以及幾何的無因次參數：

$$p = \frac{hL}{k}\sqrt{1 + \frac{4}{2m^2}}$$

其中 h = 熱傳係數，k = 熱導係數，L = 錐的長度或高度，m = 錐壁斜率。方程式的邊界條件為：

$$u(x = 0) = 0 \qquad u(x = 1) = 1$$

以有限差分法求解此溫度分布的方程式。使用二階正確的有限差分計算公式為導數。寫出電腦程式以獲得解，並繪出對 $p = 10$、20、50 和 100 各值的溫度與軸向位移的對應圖。

24.11 化合物 A 在 4 cm 長的管內擴散，並且在擴散過程中產生反應。反應擴散的方程式為：

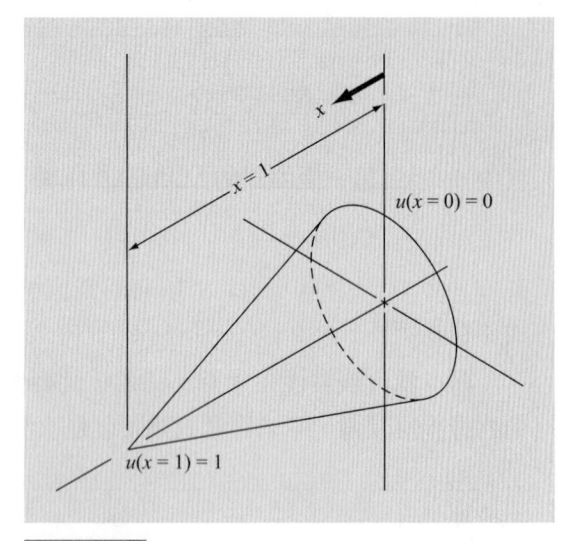

圖 P24.10

$$D\frac{d^2A}{dx^2} - kA = 0$$

在管的一端 ($x = 0$)，有一個導致 0.1 M 固定濃度的主要來源 A，而在另一端有一材料迅速吸收 A，使得濃度為 0 M。如果 $D = 1.5 \times 10^{-6}$ cm^2/s 且 $k = 5 \times 10^{-6}$ s^{-1}，求管中 A 的濃度，表示為距離函數。

24.12 下列微分方程式描述某物質的穩態濃度，此物質在軸向分散推流反應器中以一階動力反應（圖 P24.12）：

$$D\frac{d^2c}{dx^2} - U\frac{dc}{dx} - kc = 0$$

其中 D = 擴散係數 (m^2/hr)，c = 濃度 (mol/L)，x = 距離 (m)，U = 速度 (m/hr)，k = 反應速率 (/hr)。邊界條件可以寫成：

$$Uc_{in} = Uc(x = 0) - D\frac{dc}{dx}(x = 0)$$

$$\frac{dc}{dx}(x = L) = 0$$

其中 c_{in} = 流入濃度 (mol/L)，L = 反應器的長度

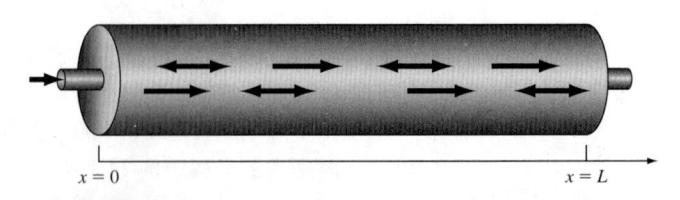

圖 P.24.12 軸向分散推流反應器。

(m)。這些稱為**丹克沃茨邊界條件 (Danckwerts boundary conditions)**。

使用有限差分法來求解濃度，並以距離的函數表示，給定以下參數：$D = 5000 \text{ m}^2/\text{hr}$，$U = 100$ m/hr，$k = 2/\text{hr}$，$L = 100$ m，$c_{in} = 100$ mol/L。使用 $\Delta x = 10$ m 的中央有限差分近似來獲得解。將所得的數值結果和解析解作比較。

$$c = \frac{Uc_{in}}{(U-D\lambda_1)\lambda_2 e^{\lambda_2 L} - (U-D\lambda_2)\lambda_1 e^{\lambda_1 L}} \times (\lambda_2 e^{\lambda_2 L} e^{\lambda_1 x} - \lambda_1 e^{\lambda_1 L} e^{\lambda_2 x})$$

其中

$$\frac{\lambda_1}{\lambda_2} = \frac{U}{2D}\left(1 \pm \sqrt{1 + \frac{4kD}{U^2}}\right)$$

24.13 一連串的一階液相反應會產生一個需要的生成物 (B) 和一個不需要的副生成物 (C)：

$$A \xrightarrow{k_1} B \xrightarrow{k_2} C$$

如果反應是在軸向分散推流反應器中發生（圖 P24.12），可用穩態質量平衡來發展下列二階常微分方程式：

$$D\frac{d^2 c_a}{dx^2} - U\frac{dc_a}{dx} - k_1 c_a = 0$$

$$D\frac{d^2 c_b}{dx^2} - U\frac{dc_b}{dx} + k_1 c_a - k_2 c_b = 0$$

$$D\frac{d^2 c_c}{dx^2} - U\frac{dc_c}{dx} + k_2 c_b = 0$$

使用有限差分法，求解各個反應物為距離函數的濃度：$D = 0.1 \text{ m}^2/\text{min}$，$U = 1$ m/min，$k_1 = 3/\text{min}$，$k_2 = 1/\text{min}$，$L = 0.5$ m，$c_{a,in} = 10$ mol/L。以 $\Delta x = 0.05$ m 的中央有限差分近似來獲得解，並如習題 24.12 所述，假設丹克沃茨邊界條件。此外，計算為距離函數的反應物之總和。你的結果是否合理？

24.14 厚度為 L_f(cm) 的生物膜在某固體表面長成（圖 P24.14）。穿越厚度 L (cm) 的擴散層後，某化合物 A 擴散進入生物膜，並在此以一個不可逆的一階反應轉換成生成物 B。

在此可用穩態質量平衡來推導得到化合物 A 的常微分方程式：

$$D\frac{d^2 c_a}{dx^2} = 0 \qquad 0 \leq x < L$$

$$D_f\frac{d^2 c_a}{dx^2} - kc_a = 0 \qquad L \leq x < L + L_f$$

其中 D = 擴散層的擴散係數 = $0.08 \text{ cm}^2/\text{d}$，$D_f$ = 生物膜的擴散係數 = $0.04 \text{ cm}^2/\text{d}$，$k$ = 轉換 A 到 B 的一階速率 = $2000/\text{d}$，使用以下邊界條件：

$$c_a = c_{a0} \qquad 在 x = 0$$

$$\frac{dc_a}{dx} = 0 \qquad 在 x = L + L_f$$

其中 $c_{a0} = A$ 在大塊液體的濃度 = 100 mol/L。使用有限差分法，計算 A 從 $x = 0$ 至 $L + L_f$ 的穩態分布，其中 $L = 0.008$ cm 和 $L_f = 0.004$ cm。使用中央有限差分，$\Delta x = 0.001$ cm。

24.15 一電纜掛在兩個支撐點 A 和 B 上（圖 P24.15）。電纜上的負載分布隨 x 而變化：

$$w = w_o\left[1 + \sin\left(\frac{\pi x}{2l_A}\right)\right]$$

其中 $w_o = 450$ N/m。$x = 0$ 的電纜斜率 $(dy/dx) = 0$，

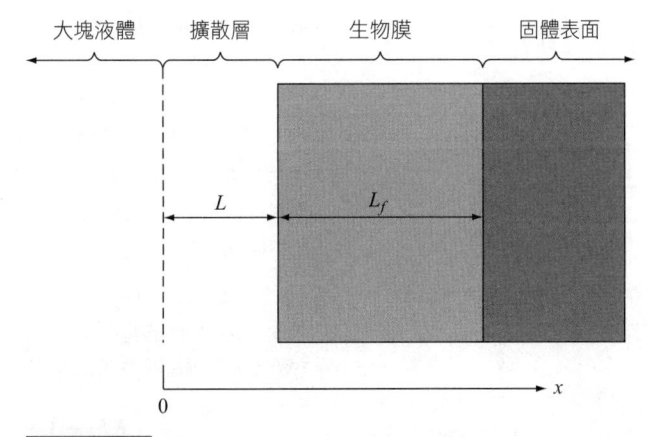

圖 P.24.14 在某固體表面長成的生物膜。

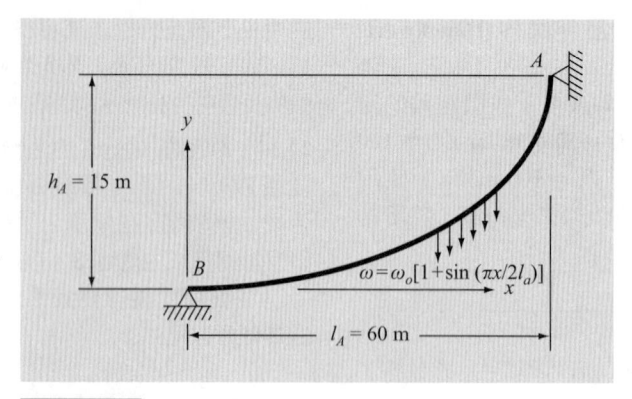

圖 P24.15

同時也是電纜最低點。它也是電纜張力為最小值 T_o 的點。電纜的微分方程式為：

$$\frac{d^2y}{dx^2} = \frac{w_o}{T_o}\left[1 + \sin\left(\frac{\pi x}{2l_A}\right)\right]$$

使用數值方法解這個方程式，並繪出電纜的形狀 (y 對 x)。對數值解而言，T_o 為未知，所以解必須使用類似於射擊法的迭代法，使各種 T_o 的值收斂到正確的 h_A 值。

24.16 某簡單均勻負載樑其彈性曲線的基本微分方程式為（圖 P24.16）：

$$EI\frac{d^2y}{dx^2} = \frac{wLx}{2} - \frac{wx^2}{2}$$

其中 E = 彈性係數，I = 慣性矩，邊界條件為 $y(0) = y(L) = 0$。以 **(a)** 有限差分法 ($\Delta x = 0.6$ m) 和 **(b)** 射擊法求解偏轉的光束。使用以下的參數值：$E = 200$ GPa，$I = 30{,}000$ cm^4，$w = 15$ kN/m，$L = 3$ m。將你的數值結果和解析解比較：

$$y = \frac{wLx^3}{12EI} - \frac{wx^4}{24EI} - \frac{wL^3x}{24EI}$$

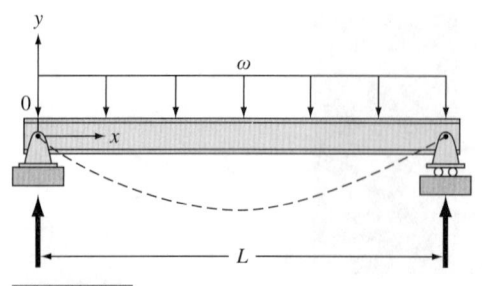

圖 P24.16

24.17 在習題 24.16，均勻負載樑其彈性曲線的基本微分方程式為：

$$EI\frac{d^2y}{dx^2} = \frac{wLx}{2} - \frac{wx^2}{2}$$

注意，右邊代表為 x 函數的動量。使用撓度的四階導數可以對等地將其公式化如下：

$$EI\frac{d^4y}{dx^4} = -w$$

這裡需要四個邊界條件。依圖 P24.16 所顯示的條件，末端位移為零，$y(0) = y(L) = 0$，末端動量也是零，$y''(0) = y''(L) = 0$。使用有限差分法 ($\Delta x = 0.6$ m) 求解樑的撓度。使用下面的參數值：$E = 200$ GPa，$I = 30{,}000$ cm^4，$w = 15$ kN/m，$L = 3$ m。將你的數值結果與習題 24.16 的解析解作比較。

24.18 根據一些簡化假設，一維且非受壓的含水層之地下水位穩態高度（圖 P24.18）可以用下列的二階常微分方程式模組化：

$$K\bar{h}\frac{d^2h}{dx^2} + N = 0$$

其中 x = 位移 (m)，K = 水力傳導係數 (m/d)，h = 地下水位高度 (m)，$\bar{h}$ = 地下水位平均高度 (m)，N = 滲入率 (m/d)。

求解 $x = 0$ 至 1000 m 地下水位高度，$h(0) = 10$ m 和 $h(1000) = 5$ m。使用下列參數計算：$K = 1$ m/d 和 $N = 0.0001$ m/d。設定地下水位的平均高度為邊界條件的平均值。以 **(a)** 射擊法和 **(b)** 有限差分法 ($\Delta x = 100$ m) 來獲得解。

24.19 習題 24.18 中用了一個線性地下水模型來模擬非受壓含水層的地下水高度。用下列非線性常微分方程式可以得到更實際的結果：

$$\frac{d}{dx}\left(Kh\frac{dh}{dx}\right) + N = 0$$

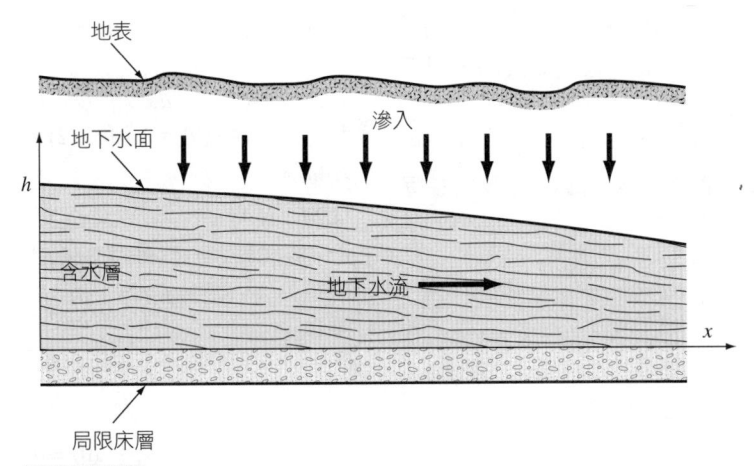

圖 P24.18 一個非受壓或「井泉」(phreatic) 含水層。

其中 x = 位移 (m)，K = 水力傳導係數 (m/d)，h = 地下水位高度 (m)，N = 滲入率 (m/d)。以習題 24.18 相同的情況求解地下水位高度。也就是從 $x = 0$ 至 1000 m，以 $h(0) = 10$ m，$h(1000) = 5$ m，$K = 1$ m/d，$N = 0.0001$ m/d 求解。使用 **(a)** 射擊法和 **(b)** 有限差分法 ($\Delta x = 100$ m) 獲得解。

24.20 正如傅立葉定律和熱平衡可用來分析溫度的分布，類似的關係可用以模擬其他工程領域的實際問題。舉例來說，電機工程師建模靜電場時就會使用類似的方法。根據一些簡化假設，一個類似的傅立葉定律可用一維形式表示：

$$D = -\varepsilon \frac{dV}{dx}$$

其中 D 是所謂的電通量密度向量，ε = 材料介電係數，V = 靜電勢。同樣地，一個卜瓦松方程式（見習題 24.8）的靜電場可以一維代表如下：

$$\frac{d^2V}{dx^2} = -\frac{\rho_v}{\varepsilon}$$

其中 ρ_v = 電荷密度。利用 $\Delta x = 2$ 的有限差分法來計算電線的 V 值，其中 $V(0) = 1000$，$V(20) = 0$，$\varepsilon = 2$，$L = 20$，$\rho_v = 30$。

24.21 假設落體的位置是由以下的微分方程式決定：

$$\frac{d^2x}{dt^2} + \frac{c}{m}\frac{dx}{dt} - g = 0$$

其中 c = 一階阻力係數 = 12.5 kg/s，m = 質量 = 70 kg，g = 重力加速度 = 9.81 m/s^2。配合下列邊界條件，用射擊法求解這個方程式：

$$x(0) = 0$$
$$x(12) = 500$$

24.22 如圖 P24.22 所示，一個絕緣金屬桿的左端有一個固定溫度 (T_0) 邊界條件。桿的右端連接了一個填滿水並有熱傳導的薄壁空心管。管子的右端為絕熱，並且和周遭固定溫度 (T_∞) 對流。管上位置 x 的對流熱通量 (W/m^2) 可以表示為：

$$J_{conv} = h(T_\infty - T_2(x))$$

其中 h = 熱對流的轉換方程式係數 [W/(m^2·K)]。使用 $\Delta x = 0.1$ m 有限差分法來計算溫度分布，假設金屬桿以及管子均為半徑為 r(m) 的圓柱體。使用下列參數進行分析：$L_{rod} = 0.6$ m，$L_{tube} = 0.8$ m，$T_0 = 400$ K，$T_\infty = 300$ K，$r = 3$ cm，$\rho_1 = 7870$ kg/m^3，$C_{p1} = 447$ J/(kg·K)，$k_1 = 80.2$ W/(m·K)，$\rho_2 = 1000$

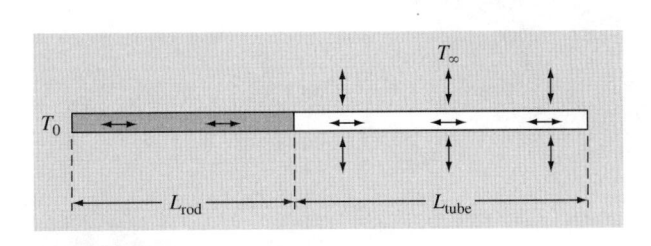

圖 P24.22

kg/m^3，C_{p2} = 4.18 kJ/(kg · K)，k_2 = 0.615 W/(m · K)，h = 3000 W/(m^2 · K)。以下標 1 代表金屬桿，以下標 2 代表管子。

24.23 進行與習題 24.22 相同的計算，但是水管也是絕熱的（亦即沒有對流），且右端管壁維持在固定邊界條件為 200 K 的溫度。

24.24 用 bvp4c 求解以下方程式：

$$\frac{d^2 y}{dx^2} + y = 0$$

受到下列邊界條件

$$y(0) = 1$$

$$\frac{dy}{dx}(1) = 0$$

24.25 圖 P24.25a 顯示一均勻樑承受一線性增加的分布負荷。所得彈力曲線（見圖 P24.25b）的方程式如下：

$$EI\frac{d^2 y}{dx^2} - \frac{w_0}{6}\left(Lx - \frac{x^3}{L}\right) = 0$$

注意所得彈力曲線的解析解為（見圖 P24.25b）

$$y = \frac{w_0}{120 EIL}(-x^5 + 2L^2 x^3 - L^4 x)$$

使用 bvp4c 求解彈力曲線的微分方程式，對應 L = 600 cm，E = 50,000 kN/cm^2，I = 30,000 cm^4，w_0 = 2.5 kN/cm。然後將數值解（點）和解析解（線）畫在同一張圖上。

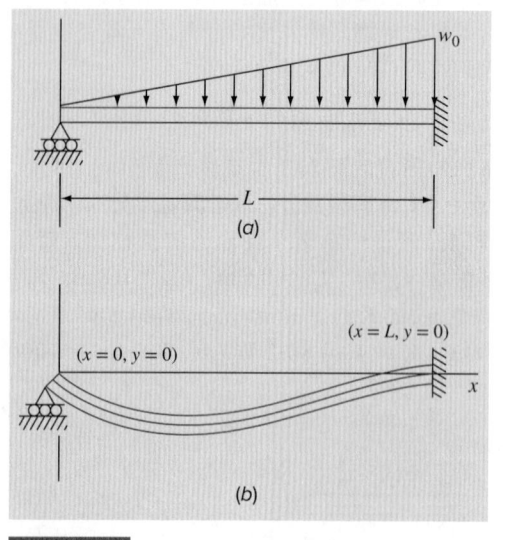

24.26 使用 bvp4c 求解邊界值常微分方程式

$$\frac{d^2 u}{dx^2} + 6\frac{du}{dx} - u = 2$$

用邊界條件 $u(0)$ = 10 和 $u(2)$ = 1。畫出 u 對應 x 結果的圖。

24.27 使用 bvp4c 求解以下無因次化常微分方程式，該式描述一個有內熱源 S 的圓桿中溫度的分布

$$\frac{d^2 T}{dr^2} + \frac{1}{r}\frac{dT}{dr} + S = 0$$

在 $0 \leq r \leq 1$ 的範圍，用以下邊界條件

$$T(1) = 1$$

$$\frac{dT}{dr}(0) = 0$$

對應 S = 1、10 和 20 K/m^2。將所有三種情況的溫度對應半徑圖畫在同一張圖上。

24.28 一有均勻熱源的加熱桿可以用波松方程式建模：

$$\frac{d^2 T}{dx^2} = -f(x)$$

給定熱源 $f(x)$ = 25 和邊界條件 $T(0)$ = 40 和 $T(10)$ = 200，用 bvp4c 求解溫度分布。

24.29 重複習題 24.28，但是使用以下熱源：

$f(x) = 0.12x^3 - 2.4 x^2 + 12 x$

圖 P24.25

索引

2s complement　二補數　103
50th percentile　第 50 百分位數　315

A

absolute error　絕對誤差　97
accuracy　正確度　96
adaptive integration　適應性積分　422
adaptive quadrature　適應性二次式　457, 470
adaptive RK methods　適應性 RK 法　507
adaptive step-size control　適應性步長大小控制　543
alkalinity　鹼度　154
allosteric enzymes　異位性酵素　340
alphanumeric　字母　30
amplification factor　放大因數　515
analytical solution　解析解　7
Andrade's equation　安德雷德方程式　347
anonymous function　匿名函數　78
Antoine equation　安托安方程式　366
a priori　事前　98, 142
Archimedes' principle　阿基米德定律　154
areal integral　面積分　427
arithmetic mean　算術平均值　315
around the mean　圍繞在平均值　330
around the regression line　圍繞在迴歸直線　330
array operations　陣列運算　35
Arrhenius equation　阿瑞尼斯方程式　47, 366
ascent　上升　200
associative　結合性　218
augmentation matrix　增廣矩陣　220

B

backward Euler's method　向後歐拉法　557
banded matrix　帶狀矩陣　217
base-2　基底為 2　103
base-8　基底為 8　103
base-10　基底為 10　102
bias　偏差　96
bilinear　雙線性　411
binary search　二元搜尋　396
binary　二進位制　103
bisection　二分法　130
bit　位元　102
Boolean variable　布林變數　564

boundary-value problem　邊界值問題　507, 572
bracketing methods　包圍法　130, 134
Brent's root-finding method　布倫特求根法　130, 167, 169
buoyancy　浮力　154
butterfly curve　蝴蝶曲線　48
butterfly effect　蝴蝶效應　536

C

calculator mode　計算器模式　2, 24
calculus　微積分　482
carrying capacity　承載容量　539
Cartesian coordinates　234　笛卡爾座標
centered finite difference　中央有限差分　118
chaotic　混沌　536
character string　字元串列　30
Cholesky factorization 或 Cholesky decomposition　丘列斯基（矩陣）分解　268
clamped end condition　夾緊端點條件　405
classical fourth-order RK method　古典四階 RK 法　525
closed-form solution　閉式解　7
closed forms　閉合形式　427
closed integration　閉合積分　422
coefficient of determination　決定係數　331
coefficient of restitution　恢復係數　90
Colebrook equation　科布魯克方程式　176, 184
column-sum norm　行總和範數　279
column vector　行向量　215
column　行　215
command mode　指令模式　2
commutative　交換性　218
companion matrix　友矩陣　174
complete pivoting　完全軸元　246
composite　複合的　431
computer mathematics　計算機數學　1
concatenate　連接　28
conditionally stable　有條件穩定　515
conservation laws　守恆定律　10
conservation of charge　電荷不滅定律　226
conservation of energy　能量守恆　227
constant of integration　積分常數　506

constitutive laws　組合律　484
continuity condition　連續性條件　398
control code　控制符號　58
convergent　收斂的　155
corrector equation　校正算子方程式　518
correlation coefficient　相關係數　331
cubic spline　三階樣條　391
curvature　曲率　483
curve fitting　曲線配適　309

D

Danckwerts boundary conditions　丹克沃茨邊界條件　593
Darcy-Weisbach equation　達西－衛斯巴哈方程式　184
decimal　十進位制　102
decisions　決策　61
definite integral　定積分　506
degrees of freedom　自由度　316
dependent variable　應變數　4
derivative boundary conditions　導數邊界條件　507
derivative mean-value theorem　導數均值定理　114
derivative　導數　421, 482
descent　下降　200
determinant　行列式值　235
diagonally dominant　對角優勢　292
diagonal matrix　對角矩陣　216
differential equation　微分方程式　6, 503
differentiate　微分　482
direct　直接　200
Dirichlet boundary condition　狄利克雷邊界條件　578
distributed variable problem　分布變數問題　210
distributive　分配性　218
diverge　發散　155
double integral　二重積分　446
dummy variable　虛變數　85

E

eigenvalue　特徵值　211
eigenvector　特徵向量　211
electroneutrality　電中性　154
element-by-element operations　元素對元素運算　35
element　元素　215

597

ellipsis　省略符號　30
embedded RK method　嵌入式 RK 法　544
enzymes　酵素　339
epilimnion　表水層　413
error　誤差　96
Euclidean norm　歐幾里得範數　278
Euler-Cauchy method　歐拉－柯西法　511
Euler's method　歐拉法　9, 507, 511
explicit function　顯函數　132
exponential model　指數模型　333
external stimuli　外力刺激　276
extrapolation　外插　383

F

false-position formula　試位公式　145
false position　試位法　130, 144
Fanning friction factor　費寧摩擦因子　153
fast Fourier transform, FFT　快速傅立葉轉換　311
finite-difference approximation　有限差分近似　8
finite-difference method　有限差分法　507
finite difference　有限差分　116
first-order approximation　一階近似　111
first-order equation　一階方程式　503
first-order method　一階方法　514
fixed-point iteration　固定點迭代法　130, 155
floating-point format　浮點數格式　104
floating-point operations 或 flops　浮點運算　244
forcing function　強制函數　4, 276
for loop　for 迴圈　68
format code　格式符號　58
Fourier analysis　傅立葉分析　311, 355
Fourier's law of heat conduction　熱傳導的傅立葉定律　484
Fourier's law　傅立葉定律　574
frame rate　播放速度　73
friction factor　阻力因子　176
Frobenius norm　弗比尼斯範數　279
frustum　截頭錐體　21
function file　函數檔案　51
function functions　函數中的函數　77

G

Gauss elimination　高斯消去法　211
Gauss-Legendre formula　高斯－雷建德公式　463
Gauss quadrature　高斯二次式　422, 457, 463
Gauss-Seidel method　高斯－塞德法　211, 289
general linear least-squares model　一般線性最小平方模型　311
global optimum　全域最佳條件　190
global truncation error　全局誤差　513
global variable　全域變數　54
golden ratio　黃金比例　191
golden-section search　黃金分割搜尋法　130
gradient　梯度　200, 484, 576

H

H1 line　H1 行　51
half-saturation constant　半飽和常數　339
Heun's method　霍因法　517
Heun technique　霍因法　507
high-accuracy finite-difference formulas　高正確度有限差分公式　422
histogram　直方圖　318
Hooke's law　虎克定律　201
hypolimnion　深水層　413
hypothesis testing　假設檢驗　310

I

identity matrix　單位矩陣　216
IEEE double-precision format　IEEE 倍精度　106
ill-conditioned　病態條件　102, 235, 515
implicit Euler's method　隱性歐拉法　557
implicit solution　隱式解　507
implicit　隱性（的）　132, 557
imprecision　不精密度　96
inaccuracy　不正確度　96
incremental search　遞增搜尋　136
increment function　增量函數　511, 523
indefinite integral　不定積分　506
independent variable　自變數　4
infinite loop　無窮迴圈　71
initial-value problem　初始值問題　507, 572
inner product　內積　33
interact　交互作用　276
interpolation　內插　13, 309, 311
inverse interpolation　反內插　382
inverse matrix　反矩陣　219
inverse quadratic interpolation　逆二次內插　167
iteration　迭代　98

J

Jacobian matrix　亞可比矩陣　301
Jacobian　亞可比　299
Jacobi iteration　亞可比迭代法　291
Jacobi method　亞可比法　211
Joule's Law　焦耳定律　474

K

Kirchhoff's current and voltage rules　克希赫夫電流和電壓定律　226
knot　結點　395

L

Lagrange interpolating polynomial　拉格朗日內插多項式　311
Lagrange polynomial　拉格朗日多項式　168
Laplace equation　拉普拉斯方程式　307
least squares criterion　最小平方準則　326
least-squares regression　最小平方迴歸　309
linear algebraic equations　線性代數方程式　209
linear convergence　線性收斂　157
linear interpolation method　線性內插法　144, 167
linear interpolation　線性內插　367, 371
linear Lagrange interpolating polynomial　線性拉格朗日內插多項式　379
linear regression　線性迴歸　311
linear　線性的　111
local function　區域函數　52
local optimum　區域最佳條件　190
local truncation error　局部截斷誤差　513
local variable　局部變數　54
logical variable　邏輯變數　564
logistic model　後勤模型　539
loops　迴圈　61
Lorenz equations　洛倫茲方程式　534
Lotka-Volterra equations　洛特卡－渥爾特拉方程式　534
lower triangular matrix　下三角矩陣　216
LU factorization　LU 分解　211
lumped drag coefficient　集總阻力係數　5
lumped variable problem　集中變數問題　210

索引 599

M

machine epsilon 或 machine precision 機器精度 105
Mach number 馬赫數 185
Maclaurin series expansion 馬克勞林級數展開式 47, 99
main diagonal 主對角線 216
main function 或 primary function 主函數 56
Manning's equation 曼寧方程式 46
mantissa 尾數 106
mass balance 質量平衡 229
mathematical model 數學模型 2
matrix algebra 矩陣代數 211
matrix condition number 矩陣條件數 280
matrix inverse 反矩陣 211
matrix（複數為 matrices） 矩陣 27, 215
maximum likelihood principle 最大概度原則 329
median 中位數 315
M-file M 檔 50
Michaelis-Menten model 米凱利斯－馬丁模型 339
midpoint method 中點法 522
midpoint technique 中點法 507
midtest loop 中間測試迴圈 71
minimax criterion 最小極大準則 326
minors 子行列式 236
mixed partial derivative 混合偏導數 492
modal class interval 眾數組區間 318
model errors 模型誤差 125
mode 眾數 315
mode 模式 2
modified secant method 修改的正割法 165
Monte Carlo simulation 蒙地卡羅模擬 323
multimodal 多模組 190
multiple linear regression 多元線性迴歸 311
multiple root 重根 134
multiple-segment integration formulas 多次區間積分公式 431
multistep approaches 多步法 507
multistep methods 多步法 511, 551

N

naive Gauss elimination 單純高斯消去法 239
nesting 巢狀結構 75

Neumann boundary condition 紐曼邊界條件 578
Newton-Cotes formulas 牛頓－科特公式 422, 427
Newton-Cotes open integration formulas 牛頓－科特開放積分公式 445
Newton linear-interpolation formula 牛頓線性內插公式 371
Newton-Raphson formula 牛頓－拉夫生公式 160
Newton-Raphson method 牛頓－拉夫生法 130
Newton's interpolating polynomial 牛頓內插多項式 311
nongradient 無梯度 200
nonlinear ODEs 非線性常微分方程式 507
nonlinear regression 非線性迴歸 311
nonlinear simultaneous equations 非線性聯立方程式 211
non-self-starting Heun method 非自己啟動霍因法 552
nonsingular 非奇異 219
normal distribution 常態分布 318
normal equations 正規方程式 327
normalization 正規化 241
normalize 正規化 97, 104
norm 範數 278
not-a-knot end condition 非結點端點條件 405
number system 數字系統 102
numerical integration 數值積分 13
numerical methods 數值方法 1, 7

O

octal 八進位制 103
Ohm's law 歐姆定律 227
one-point iteration 單一點迭代法 155
one-step methods 單步法 507, 511
open forms 開放形式 427
open integration formulas 開放積分公式 422
open methods 開放法 130, 134, 155
optimization 最佳化 13, 130
ordinary differential equation, ODE 常微分方程式 503
ordinary differential equations 常微分方程式 14
outer product 外積 34
overdetermined 過定的 224, 358
overflow error 溢位錯誤 104
overflow 溢位 107
overrelaxation 過鬆弛法 293

P

panes 窗格 41
parabolic interpolation 拋物線內插法 130
parameter 參數 4, 276
partial differential equation, PDE 偏微分方程式 503
partial pivoting 部分軸元 211, 246
passed function 傳遞函數 79
permutation matrix 排列矩陣 219
phase-plane plot 相平面圖 535
piecewise cubic Hermite interpolation 分段三階厄米特內插 408
piecewise function 片段函數 89
pivot element 軸元元素 241
pivot equation 軸元方程式 241
pixmap 快照 73
point-slope method 點斜法 511
Poisson equation 卜瓦松方程式 592
polynomial interpolation 多項式內插 368
polynomial regression 多項式迴歸 311, 349
positional notation 位置標記 102
position value 或 place value 位置值 102
posttest loop 事後測試迴圈 71
potential energy 位能 201
power equation 冪方程式 333
precision 精密度 96
predator-prey equations 捕食方程式 546
predator-prey models 捕食模型 534
predictor-corrector approach 預估校正法 518
predictor equation 預估算子方程式 518
pretest loop 預先測試迴圈 71
principal 主軸 216
product 產物 339
programming mode 編程模式 2
propagated truncation error 傳遞截斷誤差 513
proportionality 比例 276

Q

QR factorization QR 分解 358
quadratic convergence 二次收斂 161
quadrature 二次式 424

R

random number generation 隨機數產生 311
range 間距 315

rate equation　速率方程式　503
Redlich-Kwong equation of state　芮立許－廓狀態方程式　181
regression　迴歸　13
residual　剩餘值　325, 581
Richardson extrapolation　理查森外插法　422, 457, 458
RK-Fehlberg methods　RK－費伯格法　544
Romberg integration　龍貝格積分　422, 457, 461
root location　根位置　13
rotation matrix　旋轉矩陣　231
roundoff error　捨入誤差　2, 105, 513
row-sum norm　列總和範數　279
row vector　列向量　215
row　列　215
Runge-Kutta methods，或稱 RK 法　倫基－庫達法　523
Runge-Kutta methods/techniques　倫基－庫達法　507, 511
Runge's function　倫基函數　385

S

saturation-growth-rate equation　飽和成長率方程式　333
scope　範圍　53
script file　脚本檔案　50
secant method　正割法　130, 165
second forward finite difference　二次向前有限差分　120
second-order equation　二階方程式　503
sensitivity analysis　敏感性分析　81
sequential search　循序搜尋　396
shooting method　射擊法　507
signed magnitude method　符號大小表示法　103
significand 或 mantissa　有效位數或尾數　104
signum function　正負號函數　510
Simpson's 1/3 rule　辛普森 1/3 法則　422, 436
Simpson's 3/8 rule　辛普森 3/8 法則　422, 439
Simpson's rules　辛普森法則　435
single-line if　單行 if　61
singular value decomposition　奇異值分解　358
singular　奇異的　235
spectral norm　頻譜範數　280
spline function　樣條函數　391
spline interpolation　樣條內插　311
spline　樣條　392
square matrix　方陣　215
standard deviation　標準差　315
standard error of the estimate　估計的標準誤差　329
steady-state　穩態　11
step halving　步長減半　544
stiffness　勁度　556
stiff ODE　勁度常微分方程式　507
stiff system　勁度系統　556
Stokes drag　史托克斯阻力　15
Stokes Settling Law　史托克斯沉澱定律　347
stopping criterion　停止準則　98
strange attractors　奇怪吸引子　536
subfunction　子函數　56
substrate　基質　339
subtractive cancellation　減法相消　108
successive overrelaxation　逐次過鬆弛法　293
successive substitution　逐次代換法　156, 297
superposition　疊加　276
Swamee-Jain equation　Swamee-Jain 方程式　177
symmetric matrix　對稱矩陣　216
systems of ODEs　常微分方程式系統　507

T

table lookup　查表法　395
Taylor series　泰勒級數　109
Taylor theorem　泰勒定理　109
terminal velocity　終端速度　5, 7
thermocline　溫躍層　413
time-variable　時間變數　10
top-down design　由上而下的設計　75
Torricelli's law　托里切利定律　563
total numerical error　總數值誤差量　120
transient　暫態　10
transpose of a matrix　矩陣轉置　219
trapezoidal rule　梯形法則　422, 429
trend analysis　趨勢分析　310
trial and error　試誤法　129
tridiagonal matrix　三對角線矩陣　211, 217
tridiagonal system　三對角線系統　250
truncation error　截斷誤差　2, 109, 513
two-dimensional interpolation　二維內插　410

U

uncertainty　不確定性　96
unconditionally stable　無條件穩定　557
underflow　下溢　107
underrelaxation　欠鬆弛法　293
unimodal　單峰　192
upper triangular matrix　上三角矩陣　216

V

Vandermonde matrix　凡德芒矩陣　286, 370
van der Pol equation　凡得波方程式　539
variance　變異數　315
vectorization　向量化　70
vectors　向量　27
volume integral　體積分　427
von Karman equation　馮卡曼方程式　153

W

while...break structure　while...break 結構　71
while loop　while 迴圈　68
word　字元　102
workspace　工作空間　53

Z

zero-order approximation　零階近似　110
zero　零值　129